EDA软件电路设计经典丛书

Cadence电路设计入门与应用

郝　梅　于学禹　贾建收　王雅琴　等编著

机 械 工 业 出 版 社

本书主要介绍了 Allegro SPB 15.2 软件包的各个软件模块的使用，主要内容为：原理图图形库的设计、PCB 封装库的设计、原理图的输入、PCB 的设计、信号完整性的仿真分析、PCB 设计的可靠性分析、自动布线器的使用及约束管理器的设置等。

编写本书的目的是希望读者不但能够掌握 Cadence 软件的基本概念和基本操作知识，而且能够熟练掌握 Cadence 软件的各种高级应用，同时能够掌握高速 PCB 的可靠性设计、信号完整性分析、信号仿真等内容；使读者能够快速全面掌握 Cadence 软件，更好地适应企业和社会的需要，在实际工作中能够得心应手。

本书结构合理、入门简单、内容详实、实例丰富，既可作为高等学校相关专业师生的参考书，同时也可以作为广大电路设计者及电路爱好者必不可少的参考书或者培训教材，尤其对于专职的 PCB 设计人员，将是一本非常实用的参考书。

图书在版编目（CIP）数据

Cadence 电路设计入门与应用/郝梅等编著．—北京：机械工业出版社，2007.8

（EDA 软件电路设计经典丛书）

ISBN 978-7-111-21902-6

Ⅰ.C…　Ⅱ.郝…　Ⅲ.印刷电路—计算机辅助设计　Ⅳ.TN410.2

中国版本图书馆 CIP 数据核字（2007）第 108801 号

机械工业出版社（北京市百万庄大街 22 号　邮政编码 100037）
策划编辑：张俊红　责任编辑：朱　林　版式设计：霍永明
责任校对：陈立辉　封面设计：马精明　责任印制：李　妍
北京鑫海金澳胶印有限公司印刷
2007 年 10 月第 1 版第 1 次印刷
184mm×260mm · 29.75 印张 · 739 千字
0001—4000 册
标准书号：ISBN 978-7-111-21902-6
定价：50.00 元

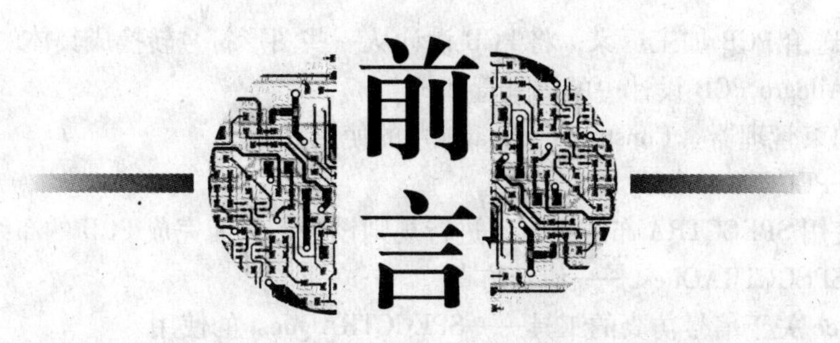

Cadence 公司是全球最大的 EDA 软件厂商，其 Cadence 系列软件是一个大型的 EDA 软件，使用它基本可以完成电子设计的方方面面，包括 ASIC 设计、FPGA 设计和 PCB 设计及其各项仿真分析等。在仿真电路图设计、自动布局布线、版图设计及验证等方面相对于其他 EDA 软件有着绝对的优势。所以，越来越多的工程师选择使用了 Cadence 的系列软件。

目前有关 Cadence 系列软件使用的工具书非常少，而 Cadence 提供的帮助文件又不够系统，为此总结本书几位作者多年的电路设计和 PCB 设计经验以及对 Cadence 公司的系统互连设计平台软件——Allegro SPB 15. 2 的使用心得，编写了本书。

本书从实际应用的角度出发，全面系统地介绍了 Cadence 软件的基本操作环境，重点介绍了 Cadence 软件的原理图设计、印制电路板（PCB）设计和库设计，同时对电路仿真、信号完整性分析、PCB 的可靠性设计也进行了详细的讨论。各章节及其主要内容如下：

第 1 章：EDA 软件概述

主要介绍 EDA 软件近几十年的发展历程，并对在信号互连设计方面比较常用的 EDA 软件做一个概述。

第 2 章：Cadence 软件的运行环境及安装

主要讲解了 Cadence 软件的 Allegro 系统互连设计平台的运行环境和安装方法。

第 3 章：Cadence 软件工具的简介及操作说明

主要讲解了 Cadence 软件系统互连设计 SPB 工具包所包含的工具，并对每一个工具做一个概述。

第 4 章：项目管理器介绍

主要介绍项目管理器的整体使用。介绍从建立一个新项目到从这个项目可以进行的一些模块之间的转换和具体的模块间的联系。

第 5 章：Cadence PCB 封装库的制作及使用

主要介绍使用 Cadence 软件进行原理图 Symbol 库的制作方法及库的使用。

第 6 章：Cadence 原理图元件（本书中元件包括元件和器件）库的制作及使用

主要介绍使用 Cadence 软件进行 PCB 封装库的制作方法及库的使用方法。

第 7 章：Concept HDL 原理图设计

主要讲述了如何使用 Concept HDL 软件来进行原理图设计。

第 8 章：Allegro PCB 设计

讲解了如何使用 Cadence 公司的 PCB Editor 软件来进行 PCB 的设计。

第 9 章：生成 PCB 加工文件

介绍如何使用 Cadence 工具将 PCB 设计转换成可以用来生产加工的 PCB 文件（Artwork \

光绘文件)，传送给 PCB 加工厂家，将 PCB 设计从一些图形符号转换成具体的产品。

第 10 章：Allegro PCB 设计中的约束管理

主要讲解约束管理器（Constraint Manager）的使用。

第 11 章：SPECCTRA 布线工具

介绍如何使用 SPECCTRA 布线工具，进行规则设置，进而完成 PCB 的布线设计。

第 12 章：SPECCTRAQuest——信号仿真

介绍 Cadence 关于信号仿真的工具——SPECCTRAQuest 的使用

第 13 章：PCB 设计的可靠性

针对 PCB 的可靠性设计进行介绍。

第 14 章：印制电路板设计实例（一）

以一个完整项目的设计为例，将整个设计的各个流程给大家做个讲述，以加深读者对工具的使用。

第 15 章：印制电路板设计实例（二）

本例简单介绍了一个项目的设计，主要是希望读者朋友能够自己动手完成其中细节部分的设计，本例做引导作用。

本书由郝梅、于学禹、贾建收、王雅琴为主编写，参与本书编写工作的人员还有张海涛、渠丽娜、田雪、林丽君、吴雪、齐霞、张玲玲、尤晓丽、王涛和王巧芳；另外，秦冀、蒋伟、曹霖、董凯、曾妍、曲佩、姜海燕、孙玉林、张博、李晓凯、丁海波和王国玉进行了全书的图片处理和文字校对工作，这里，对所有工作人员的辛勤劳动表示衷心的感谢！在编写的过程中也得到了很多同事和网友的大力帮助，在此一并表示最诚恳的感谢！

由于作者的理论水平和实际经验有限，在本书编写过程中可能会存在一些不足之处或者错误，恳请广大读者批评指正。

编者

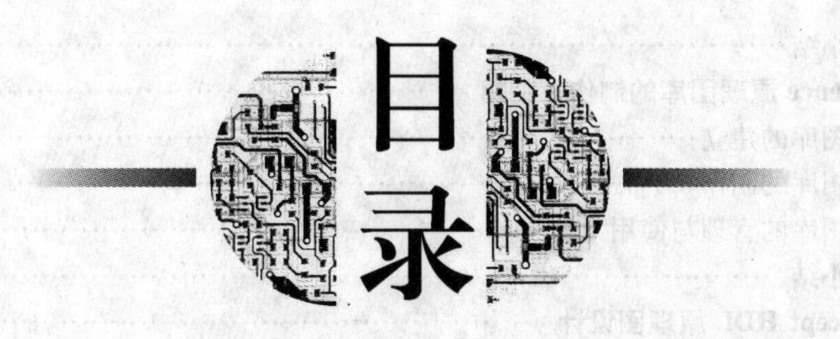

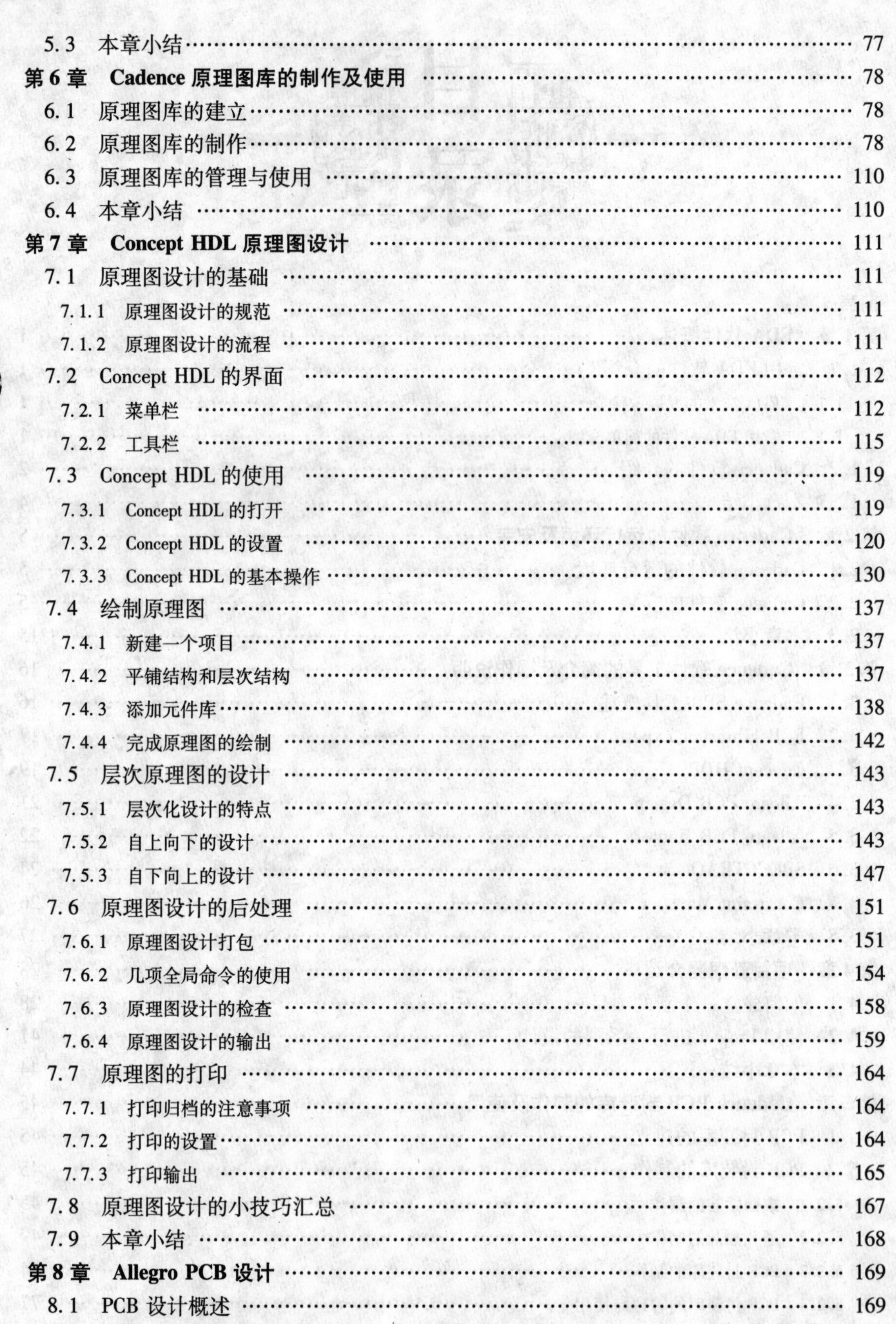

EDA软件·电路设计经典丛书

Cadence 电路设计入门与应用

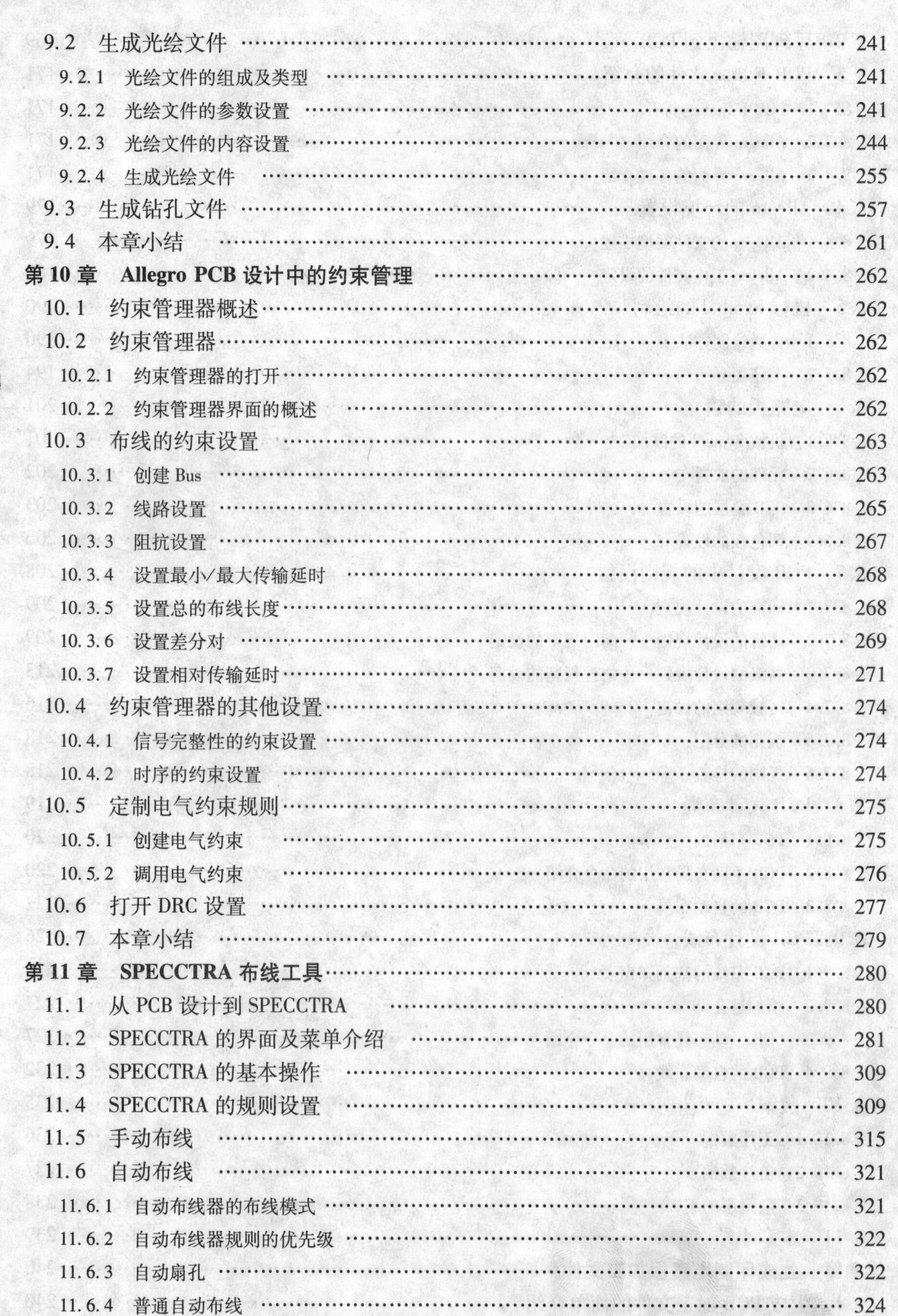

EDA软件电路设计经典丛书

Cadence电路设计入门与应用

EDA软件·电路设计经典丛书

第1章 EDA软件概述

本章主要给大家简单介绍EDA软件近几十年的发展历程，并对在信号互连设计方面比较常用的EDA软件做一个概述。最后，着重介绍一下Cadence软件，以便给读者一个初步的印象。

1.1 常用EDA软件的介绍

1.1.1 EDA技术的发展

EDA（Electronic Design Automatic）是电子设计自动化的简称，是从20世纪90年代的CAD（Computer Aided Design，计算机辅助设计）发展起来的。在当时，CAD技术的应用与发展，引发了一场工具设计与制造领域的革命，它极大地改变了产品设计和制造的传统设计方式。伴随着CAD的逐渐发展，CAD技术主要的3个分支也得到了飞速的发展。

1）CAM（Computer Aided Manufacturing，计算机辅助制造）技术将产品的设计与制造有机地结合起来使计算机辅助渗透到设计与制造的全过程，以实现整体效益的集成化和智能化的制造系统。

2）CAE（Computer Aided Engineering，计算机辅助工程）技术，从产品的方案设计阶段起，增加了电路功能设计和结构设计，并开始使用电气连接网络将两者结合在一起。

3）CAT（Computer Aided Test，计算机辅助测试）技术，在产品的开发、生产过程中，对产品进行测试、检验。

随着以上的各种CAD技术的发展，工程师们的设计方法也由全人工设计开始向人和计算机共同完成电子系统设计逐步过渡，一直发展到目前的电子设计自动化（EDA）技术。可以说EDA是CAD发展的必然趋势，是CAD的高级阶段。就目前的现状来看，可以看到数字系统的设计也基本实现了设计自动化的要求。

1.1.2 常用EDA软件的简单介绍

EDA软件是一个庞大的软件系统，包括专用集成电路设计、电路设计、版图设计，以及所包含的模拟、仿真、分析等软件。本节只对信号互连设计上比较常用的软件做一个简单的介绍。

1）Protel软件。Protel是Protel公司在20世纪80年代末推出的电路行业的CAD软件。它较早地在国内使用，普及率也是最高的，目前国内许多高校的电路专业还开设了相关的课程。它是个完整的全方位电路设计系统，包含了原理图绘制、模拟电路与数字电路混合信号仿真、多层印制电路板设计（包含印制电路板自动布线）、可编程逻辑器件设计、图表生成、电路表格生成、支持宏操作等功能，并具有Client/Server（客户机/服务器）体系结构，同时还兼容一些其他设计软件的文件格式，如 OrCAD、Pspice、Excel 等。另外，还与业界的其他软件有接口，如毛坯类的 CAD 软件，高级自动布线类的 SPECCTRA 软件，等。

2）Mentor 软件。Mentor 软件是 Mentor Graphics 公司（中文名称为明导公司）的产品。其产品线涵盖了 EDA 软件的所有方面，是目前高端 EDA 软件中涵盖面最广的软件之一。产品主要包括 Design for Test、FPGA Advantage、IC Design FLOW、SOC Verification、PCB System 五大类。其中的 EN2004、WG2004、Hyperlynx 等软件工程师们都是十分熟悉的，在此就不详细讲述其主要功能了。

3）Cadence 软件。Cadence 软件是目前 EDA 软件行业中的一个知名软件，同时其中的 Allegro 系统互连设计平台又是本书所要详细讲述的。

1.2 Cadence 软件的介绍

Cadence 软件是美国 Cadence（中文名称：铿腾）公司的产品。它是一个大型的 EDA 软件，使用它基本可以完成电子设计的方方面面。包括：专用集成电路（ASIC）设计、FPGA 设计和 PCB 设计等。尤其在仿真电路图设计、自动布局布线、版图设计及验证等方面相对于其他 EDA 软件有着绝对的优势。此外，Cadence 公司还开发了自己的编程语言——skill 语言，通过 skill 语言与 C 语言的结合，使工程师们可以在 Cadence 平台上开发一些适合自己的工具。下面首先介绍一下 Cadence 的各个软件及主要功能。目前，Cadence 软件产品总共分为 4 个平台：

1. Incisive 功能验证平台

此平台主要是为大型复杂的芯片提供高效快速的功能验证。随着芯片的大小和嵌入式软件复杂度的增加，工程师们所面临的挑战也随之增长。为了有效地验证负责的数字电路、片上系统以及混合信号集成电路，Cadence 公司推出了此验证平台。其中包含软件：

1）Incisive Unified Simulator 软件；

2）Incisive XLD 软件；

3）NC SC 软件；

4）Incisive Conformal ASIC 软件；

5）Incisive Conformal Ultra 软件；

6）Incisive Conformal Custom 软件；

7）NC Verilog 软件；

8）NC VHDL 软件；

9）Incisive SPW 软件；

10）Palladium 软件。

2. Encounter 数字 IC 设计平台

此平台为数字集成电路设计平台，为工程师们使用的复杂、高性能的芯片提供经过验证的设计工具和设计方法，为工程师缩短全芯片设计的时间，并提供最佳硅片质量。其中包含软件：

1）SOC Encounter 软件；

2）Nano Encounter 软件；

3） First Encounter 软件；

4） NanoRoute Ultra 软件；

5） CeltIC 软件；

6） SignalStorm NDC 软件；

7） VoltageStorm 软件；

8） Encounter RTL Compiler 软件；

9） BuildGates 软件；

10） Physically Knowledgeable Synthesis（PKS）软件；

11） Dracula 软件；

12） SignalStorm NDC 软件；

13） Encounter Test Solutions 软件；

14） QuickView 软件；

15） MaskCompose 软件；

16） Chameleon 软件；

17） Fire&ICE 软件；

18） Fire&ICE QXT 软件。

3. Virtuoso 定制设计平台

Virtuoso 定制设计平台是 Cadence 推出的一套全新、全面的系统，能够在多个工艺节点上加速定制 IC 的精确设计。伴随着个人消费产品和无线产品的飞速发展，人们对这些产品新功能新特色的无止境的追求推动了射频、模拟和混合信号应用设备的发展。从而，IC 设计师必须全面精确掌握电压、电流、电荷以及电阻、电容等参数值的连续比例。这时，全定制设计平台为定制模拟、射频和混合信号 IC 提供迅速而精确的设计方式。其分类包括：

1） Virtuoso 定制设计平台 L。为完整的从前端到后端模拟、射频、混合信号和定制数字设计提供了业界领先的设计系统的入门级配置。

2） Virtuoso 定制设计平台 XL。扩充了 L 系列，为终端用户提供了更高级别的设计辅助，包括普通设计任务的 5 倍加速、约束和原理图驱动的物理实现以及其他改良。

3） Virtuoso 定制设计平台 GXL。由该平台最先进的设计配置和分析技术构成，包括增强的物理设计能力以及改进的模拟环境。

4. Allegro 系统互连设计平台

Allegro 系统互连设计平台是 Cadence 推出的能够协同设计高性能集成电路、封装和印制电路板的平台。编写此书也是为读者详细地讲述 Cadence 这个平台，力求广大工程师们能够熟练应用这个平台来进行互连设计。目前，PCB 设计已经不是单纯的 PCB 的布局和布线设计，而是系统的互连设计。系统互连是一个信号的逻辑、物理和电气连接，及其相应的回路以及功率配送系统。

应用平台的协同设计方法，工程师们可以迅速优化 I/O 缓冲器之间和跨集成电路、封装和 PCB 的系统互连。同时，约束驱动的 Allegro 流程包括高级功能用于设计捕捉、信号完整性和物理实现。由于它还得到 Cadence Encounter 与 Virtuoso 平台的支持，Allegro 协同设计方法使得高效的设计链协同成为现实。其主要软件包括：

1） Allegro Design Entry CIS 软件；

2）Allegro Package Designer and Allegro Package SI 软件；

3）Allegro Design Entry HDL 软件。

原理图输入软件，是 Allegro 系统互连设计平台 600 系列的一个软件，提供了原理图的输入与分析的环境，能够真正地完成工程的同步设计，与 Allegro 高度的集成，无论从此原理图输入软件导出到 PCB 设计软件还是从 PCB 设计软件反标回来都是非常方便的。配合约束管理器的使用，原理图设计工程师可以和 PCB 设计工程师自动地进行高速设计要求的交流，进而加速了设计流程。同时，还支持 skill 语言的二次开发与 CAE 视图，方便工程师们进行软件的再开发。

4）Allegro PCB Editor 软件是高速、约束驱动的印制电路板设计软件。为创建和编辑复杂、多层、高速、高密度的印制电路板设计提供了一个交互式约束驱动的环境，允许工程师在设计过程任意阶段中定义、管理和验证关键的高速信号，为广大的工程师们提供了一个从原理图输入，到通用电气约束管理环境，再到强大的自动/交互式的印制电路板的布局、布线，进而到信号完整性分析的一个集成式的环境。同时它又是一个完整的高速印制电路板的环境，对其他的 EDA 软件有丰富的接口，如库管理软件、自动/交互式布线器软件、射频协同设计、机械 CAD、DFM（可制造性设计）软件和热分析软件等。

5）Allegro PCB Librarian 软件是自动化库部件生成、验证和管理的软件。它是一个高级的库开发环境，提供大量的库开发工具箱，加快大引脚数目 EDA 库部件的创建、验证和管理。使用可扩展标记语言（XML）数据驱动的符号生成技术，使得库管理者可以更高效地，开发与维护一致性的库。它可以很方便地从可移植数据文件（PDF）中复制文件直接粘贴到引脚信息为库开发者大大节约了时间，同时还支持库在 Internet 的发布。

6）Allegro PCB Router 软件是强大的互连布线软件。在 Cadence 公司成功收购了 OrCAD 公司后，原业界领先的自动/交互布线软件——SPECCTRA 软件被整合成为目前的 Allegro PCB Router 软件。除了 PCB Editor 与 SPECCTRA 的接口更方便外，在 PCB Editor 中，也可以直接调用 SPECCTRA 的部分功能，如扇孔、区域布线等。PCB Router 软件提供能够处理目前高速电路设计要求的线网计划、时序、串扰、层集合布线及特殊的几何要求。

7）Allegro PCB SI 软件是高速系统级的设计与分析软件。它给工程师提供一个集成的高速设计与分析环境，能流水线完成高速数字印制电路板系统和高速集成电路封装设计，方便工程师在周期内的所有阶段都能优化、解决电气性能的相关问题。

1.3 本章小结

本章先简述了 EDA 的发展历程和信号互连设计方面的常用的两个软件 Protel 和 Mentor。最后，对 Cadence 软件做了一个概述，并且对以后要学到的 Cadence 的软件模块：Allegro Design Entry HDL，Allegro PCB Editor、Allegro PCB Librarian、Allegro PCB Router、Allegro PCB SI 等 5 个模块做了个简要的说明。本章的目的就是给读者一个初步的印象，将在以后的学习中对这 5 个模块分章节地做详细的讨论。

第2章　Cadence 软件的运行环境及安装

本章主要讲解 Cadence 软件的 Allegro 系统互连设计平台的运行环境和安装方法，以 Cadence SPB 15.2 版本在 Windows 2000 下安装为例，将安装方法及其在安装过程中的注意事项逐步展现给大家。

2.1　Cadence 软件的运行环境

在介绍 Cadence SPB 15.2 的安装之前，首先对 Cadence SPB 15.2 的运行环境做一个介绍，以防止在安装和以后的使用过程中出现因运行环境而产生一些问题。

Cadence 可以运行于 Windows、Solaris、HP 及 IBM 的 AIX 平台上。本书只介绍 Cadence SPB 15.2 应用于 Windows 系统的情况。下面给出一个基本配置和推荐配置供大家参考。

SPB 15.2 基本配置如下：

1）操作系统：Windows NT SP6a/Windows 2000 SP2/Windows XP Pro。

2）CPU：主频为 1GHz 或更高 CPU。

3）内存：128MB 或更高。

4）硬盘：3GB 以上剩余空间。

5）鼠标：三键鼠标。

6）其他：网卡，光盘驱动器，显示器。

SPB 15.2 推荐配置如下：

1）操作系统：Windows XP Pro。

2）CPU：Pentium 4，1.8GHz。

3）内存：512MB。

4）硬盘：5GB 以上剩余空间。

5）鼠标：三键鼠标。

6）其他：百兆以太网卡，光盘驱动器，17in（1in = 25.4mm）液晶显示器。

2.2　Cadence 软件的安装

Cadence SPB 的系列产品都是必须在取得有效授权的情况下才能使用，Cadence SPB 的授权分为两种：一种是网络许可另一种是单点许可。无论采用哪种方式的许可，都必须取得 Cadence 公司的正式授权并正确设置好 License 后，方能安装 Cadence SPB 系列软件。

下面就以 Windows 2000 操作系统为例，来给大家讲解一下 Cadence SPB 15.2 安装过程。其他操作系统同理。

注意：在进行安装的时候，要确保安装路径没有空格，且所选盘有足够的空间。

Cadence SPB 15.2 安装过程：

1）首先，将“Disk1”光盘放入光驱。一般情况下，软件会自动运行，弹出如图 2-1 所示的对话框。如果软件没有自动运行，可以打开光盘然后双击 setup.exe 文件，会弹出图 2-2 所示的对话框开始安装软件。

图 2-1　Cadence SPB 自动运行对话框

对图 2-1 中各按钮的描述如下：

install software：单击此按钮开始安装软件，将弹出图 2-2 所示的对话框。

browse software：浏览软件内容。

view readme：查看 readme 文件。

2）图 2-2 所示的安装向导对话框提示将要开始安装，等待一段时间后开始安装软件。

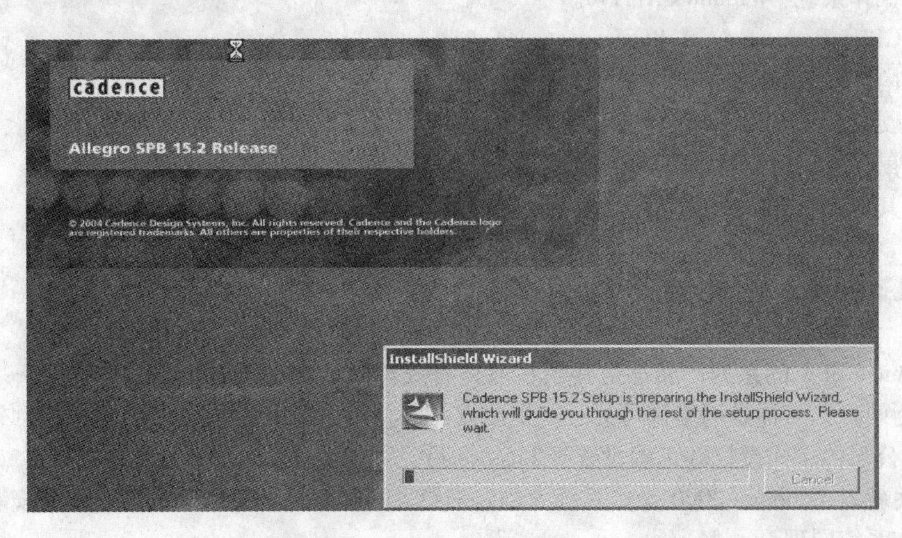

图 2-2　安装向导对话框

3）在图 2-2 中所示的进度完成后，弹出图 2-3 所示的对话框正式开始安装软件。

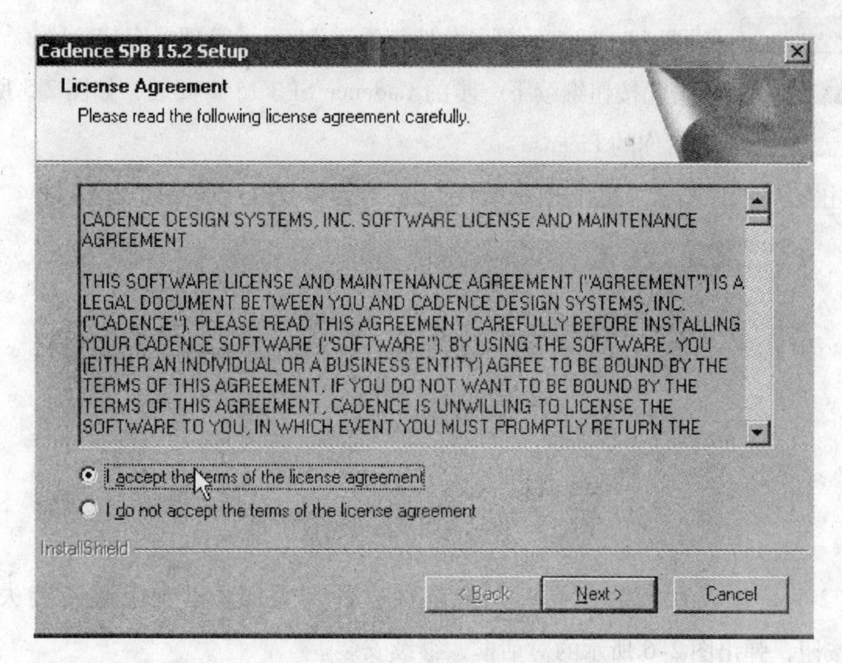

图 2-3　许可证认证对话框

4）如图 2-3 所示，选中“I accept the terms of the license agreement”，然后单击 Next > 按钮，弹出如图 2-4 所示的许可证相关项对话框。

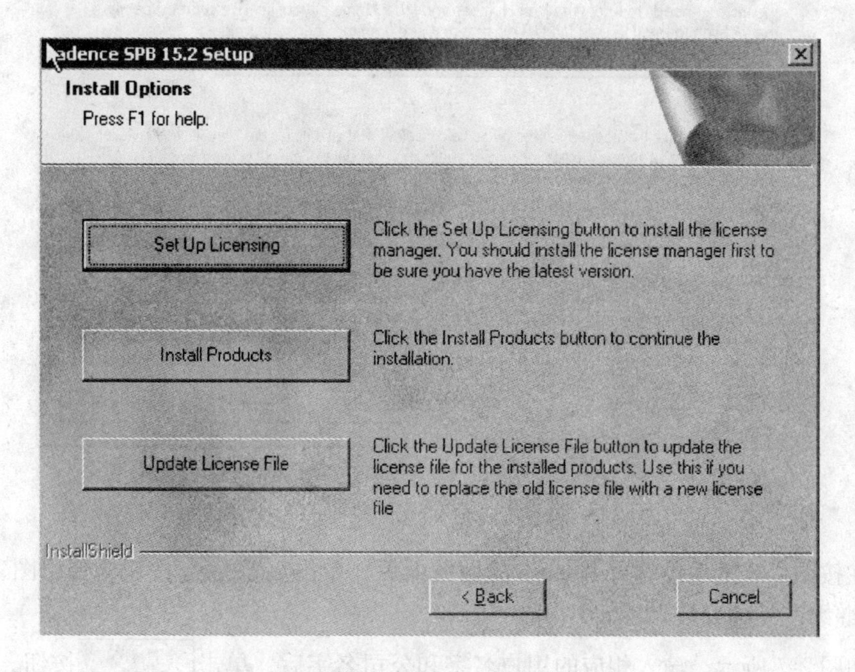

图 2-4　许可证相关项对话框

图2-4中：

Set Up Licensing：设置Licensing，单击此按钮进入License管理器安装阶段。

Install Products：单击此按钮继续下一步的Cadence SPB 15.2安装，如图2-5所示。

Update License File：更新你的License。

5）单击Install Products按钮弹出图2-5所示的对话框，继续产品的安装。

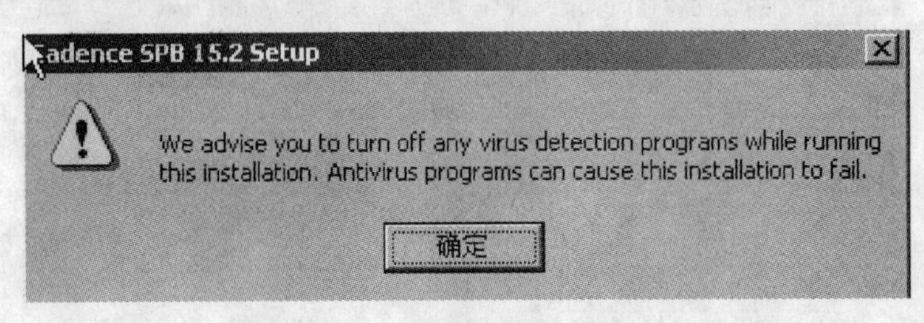

图2-5　提示关闭杀毒软件对话框

6）图2-5是建议在安装产品时，将杀毒软件都关闭，以免引起安装失败。单击确定按钮，弹出图2-6所示的对话框，继续安装。

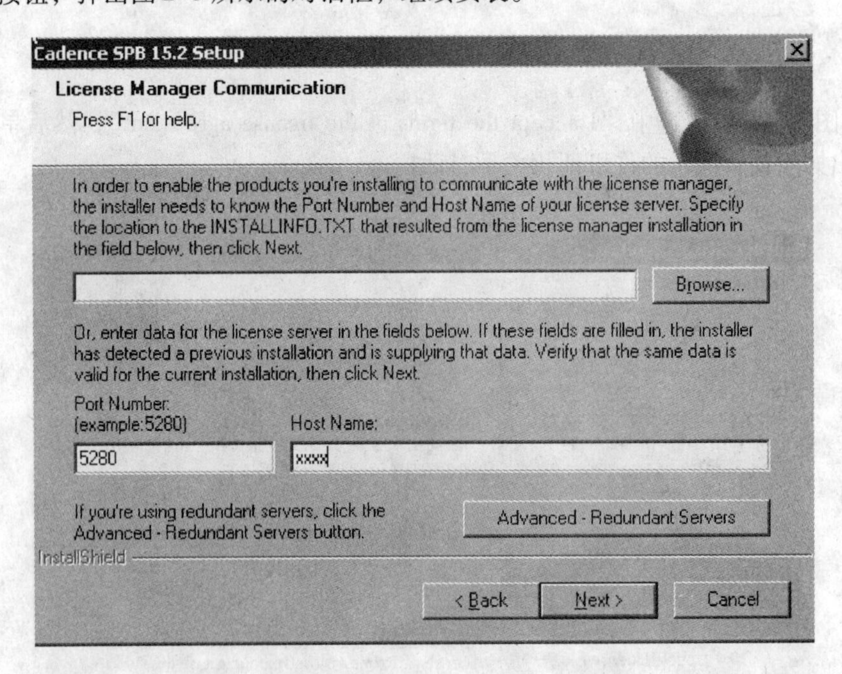

图2-6　设置License对话框

7）在按图2-6所示设置好License的服务器后，单击Next >按钮，弹出图2-7所示的对话框，继续产品的安装。

8）如图2-7所示，输入相应的用户名字和公司名字后，单击Next >按钮，弹出图2-8所示的对话框，继续产品的安装。

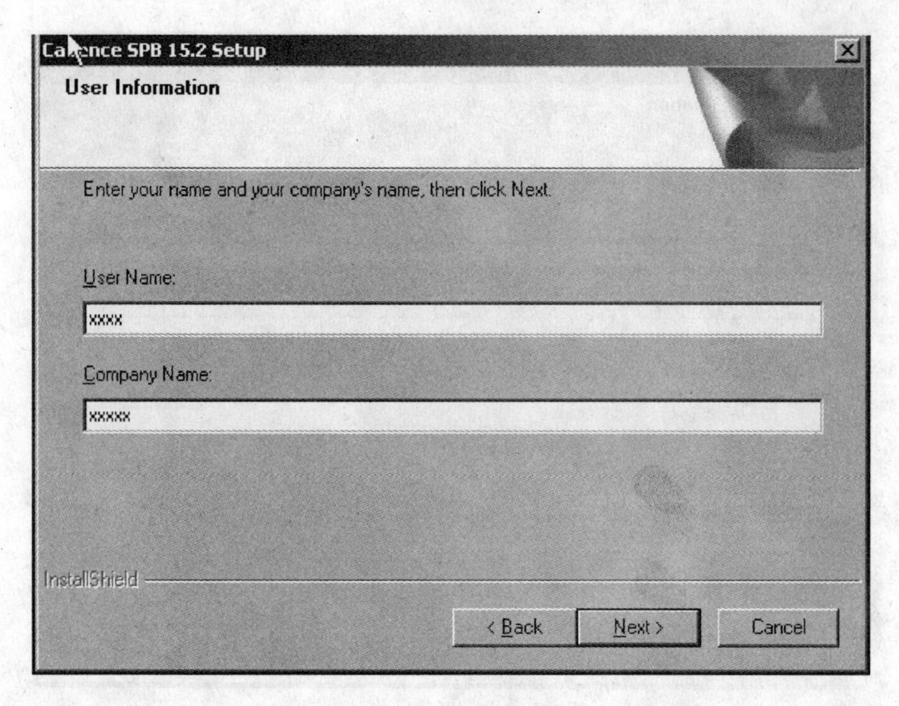

图 2-7 用户信息对话框

9）如图 2-8 所示，在确认了所提供的注册信息后，单击 Yes 按钮，弹出图 2-9 所示的对话框，继续产品的安装。

10）如图 2-9 所示，如有 Cadence 公司给的模块安装清单就直接调入清单，如没有就空着。然后单击 Next > 按钮，弹出图 2-10 所示的对话框，继续安装产品。

11）如图 2-10 所示，选择产品安装盘和安装目录后，单击 Next > 按钮，弹出如图 2-11 所示的对话框，继续安装产品。

建议：最好只更改盘符，而不更改默认的 cadence \ spb _ 15. 2 目录。

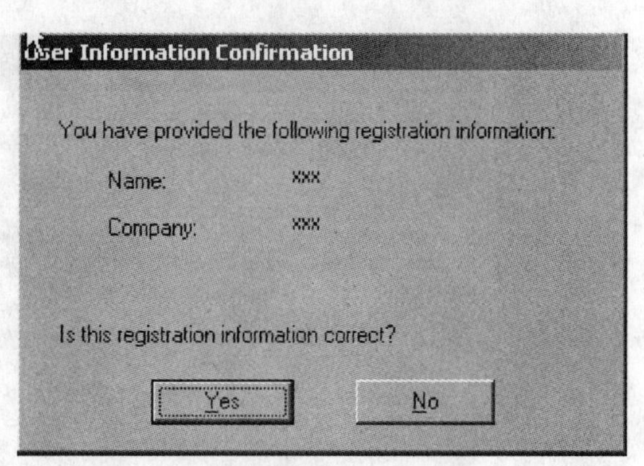

图 2-8 用户信息确认对话框 Confirmation

12）如图 2-11 所示，根据自己的需要和 Cadence 公司的授权情况，选中相应的模块后，软件会自动计算所选模块需要的硬盘容量和对应安装盘剩余容量。然后单击 Next > 按钮，弹出如图 2-12 所示的对话框，继续产品的安装。

提示：如果在第 10 步导入了 Cadence 公司的产品清单，在图 2-11 中就会自动地根据清单选中相应的产品。

图 2-12 中，设置你的 home 目录，home 目录是默认的工作目录，是必须设置的，它是基本不占用硬盘空间的。

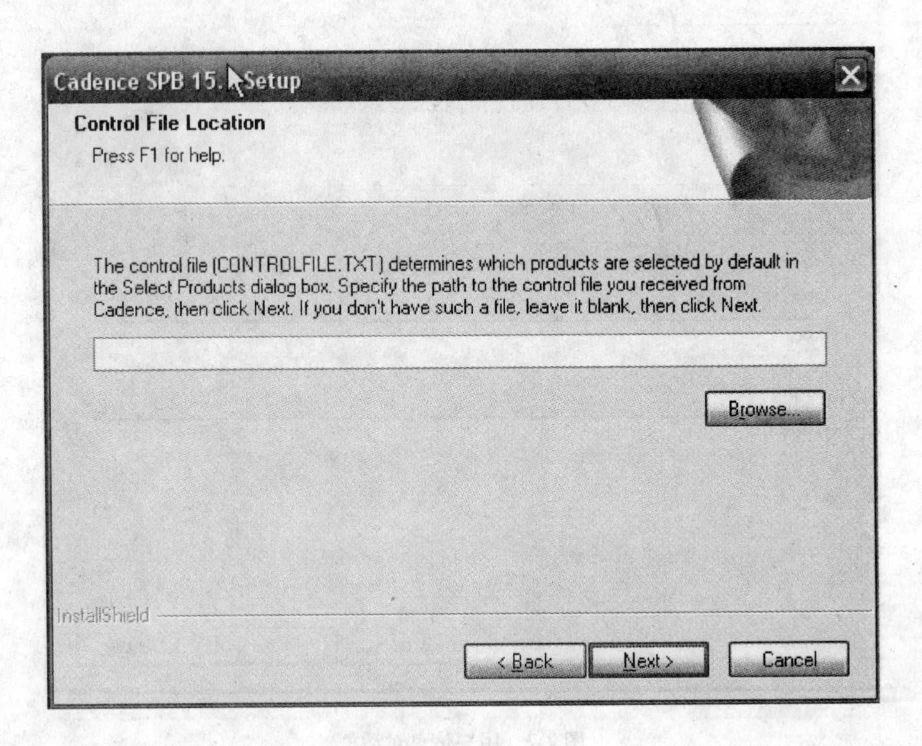

图 2-9　控制文件地址

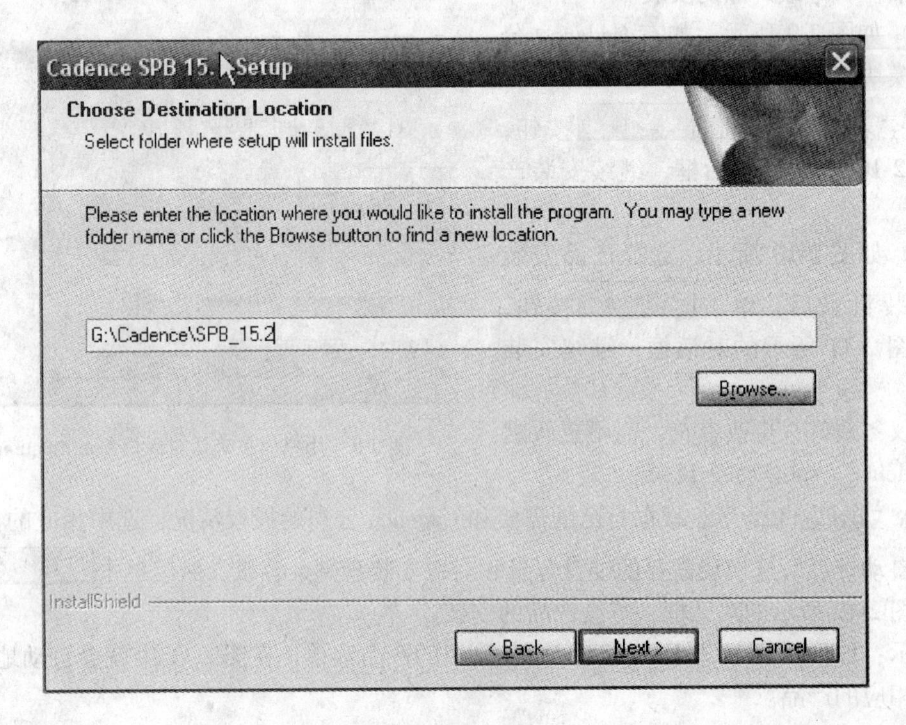

图 2-10　设置安装路径

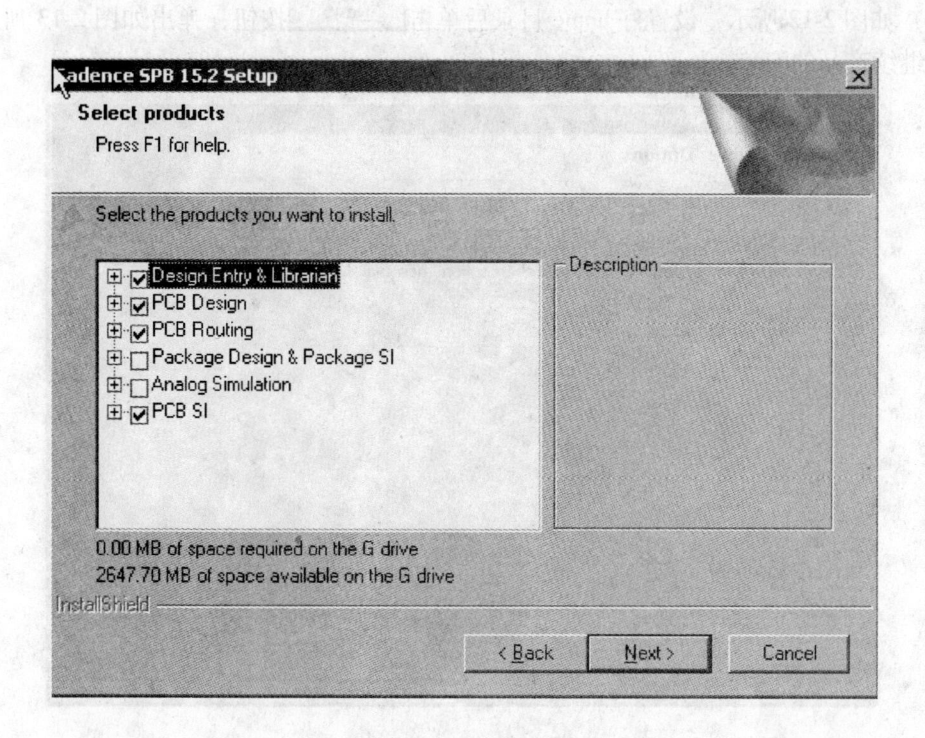

图 2-11　选择安装产品

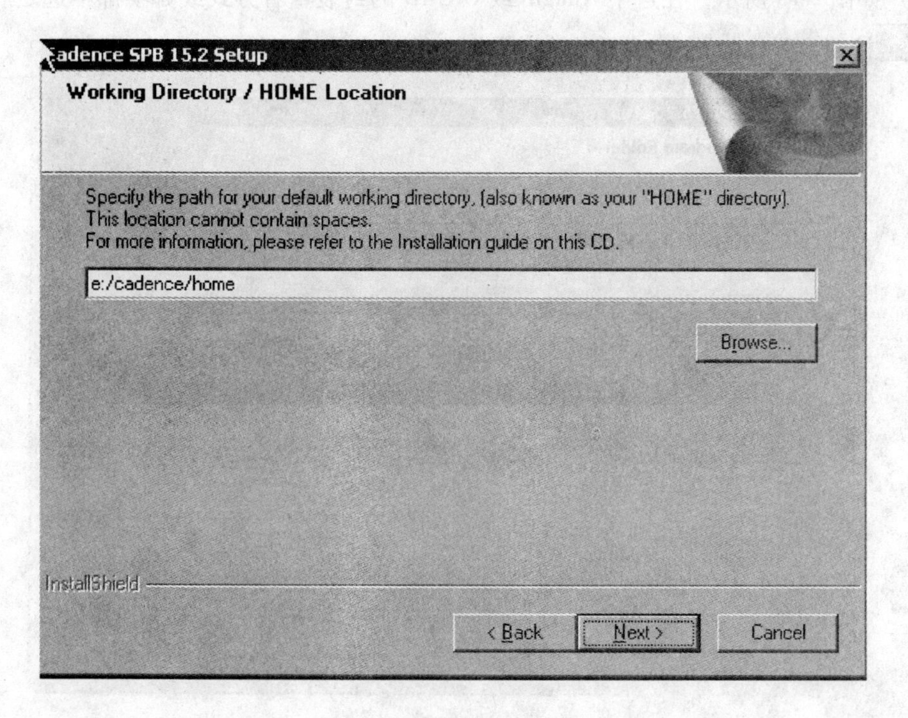

图 2-12　设置 home 目录

13）如图 2-12 所示，设置好 home 目录后单击 Next> 按钮，弹出如图 2-13 所示的对话框，继续产品的安装。

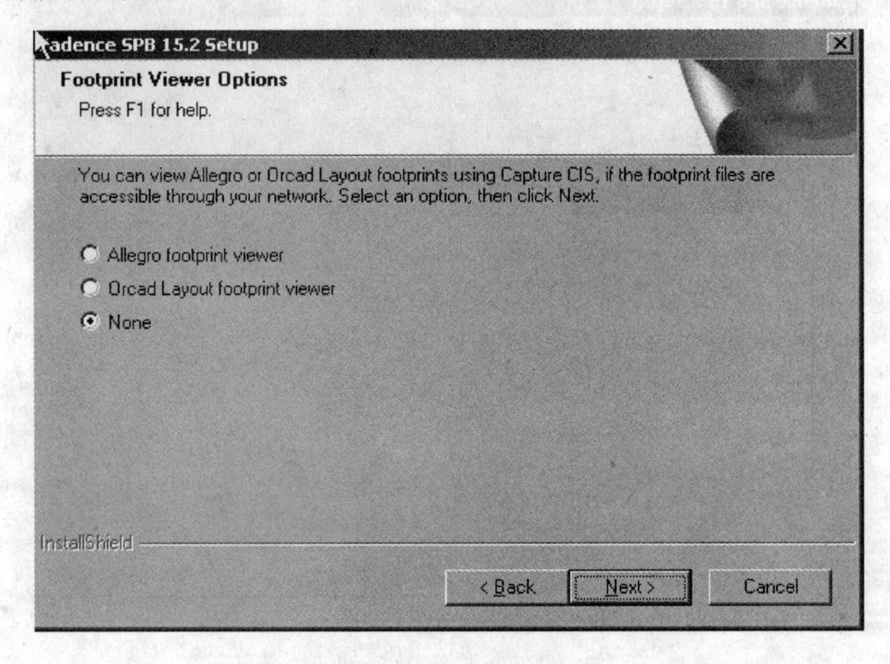

图 2-13　显示脚本观察项

14）如图 2-13 所示，在选中 Allegro 或 OrCAD 的封装查看方式或哪项都不选之后，单击 Next> 按钮，弹出如图 2-14 所示的对话框，继续产品的安装。

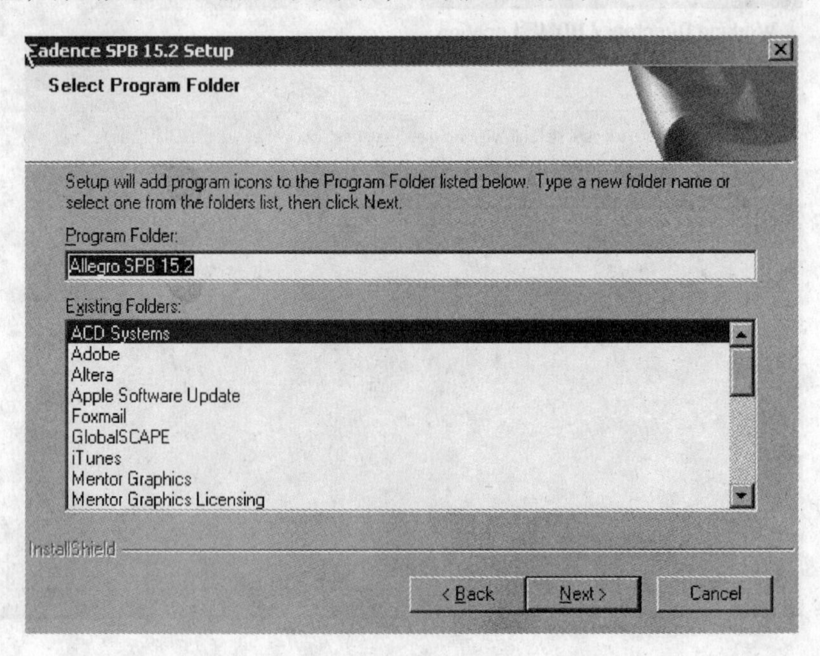

图 2-14　选择程序文件名

15）如图 2-14 所示，设置好程序开始菜单目录后单击 Next > 按钮，弹出如图 2-15 所示的对话框，继续产品的安装。

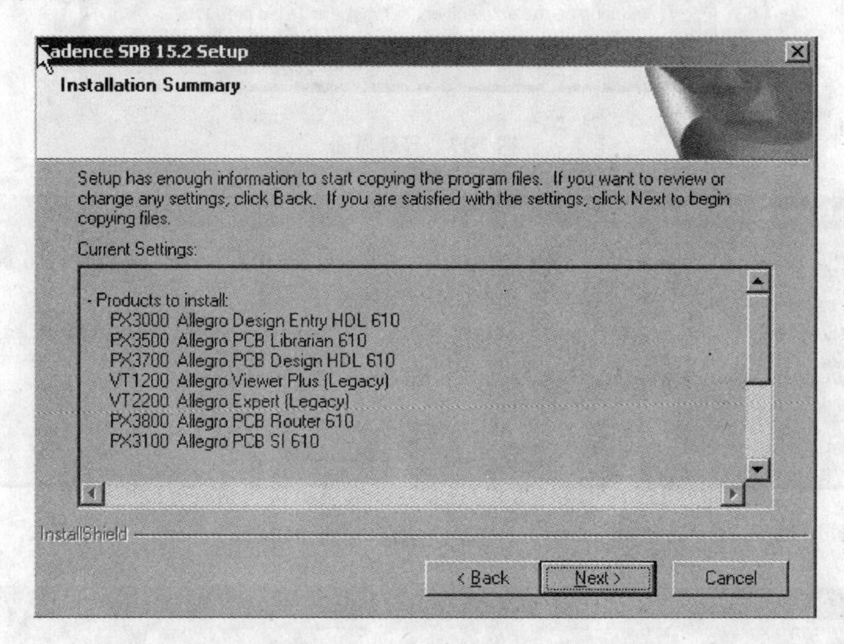

图 2-15　显示安装输入摘要

16）如图 2-15 所示，确认所选择模块无误后，单击 Next > 按钮，弹出如图 2-16 所示的对话框，继续产品的安装，否则返回上一步。

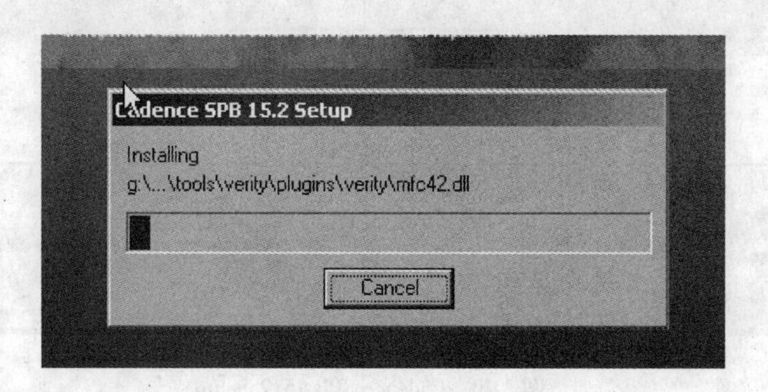

图 2-16　开始安装界面

17）图 2-16 所示是显示 Cadence SPB 15. 2 的安装进程，在等待一段时间后，会自动弹出图 2-17 所示的界面，继续产品的安装。

18）如图 2-17 所示，软件自动设置好环境变量后，会自动跳到图 2-18，继续设置变量。

19）如图 2-18 所示，单击 否(N) 按钮，弹出如图 2-19 所示的对话框，继续下一步。

20）图 2-19 中单击 否(N) 按钮，弹出如图 2-20 所示的对话框，继续下一步。

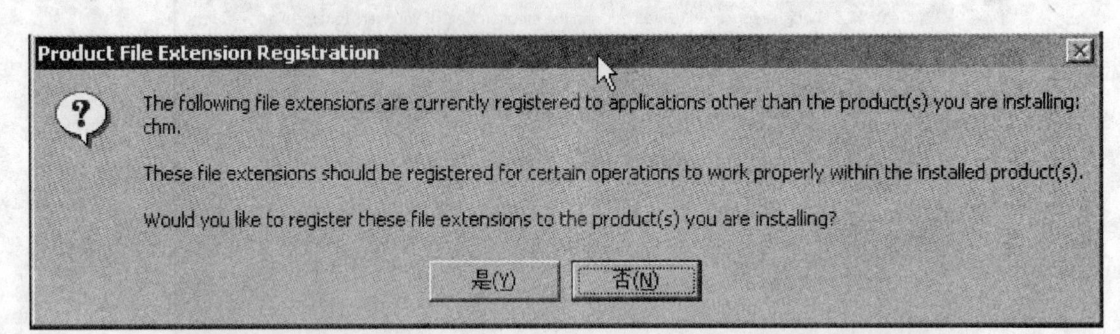

图 2-17　等待界面

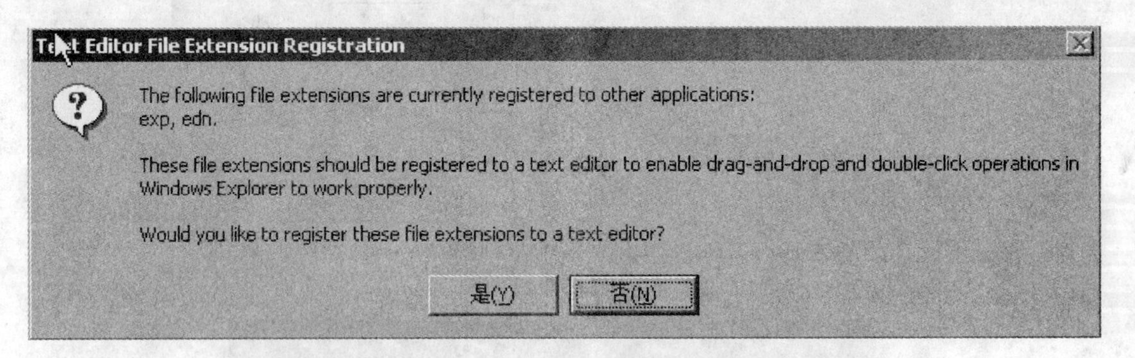

图 2-18　产品文件额外注册对话框

图 2-19　文本文件额外注册

图 2-20　Cadence SPB 15. 2 Setup

21）如图 2-20 所示，等待一段时间后软件自动删除在安装过程产生的一些临时文件，并会继续下一步的安装，如图 2-21 所示。

图 2-21 中，提示不要忘记安装 Concept HDL 的库。

22）单击 确定 按钮，弹出如图 2-22 所示的对话框，继续下一步的安装。

整个软件全部安装完成后，需要系统重新启动，选择立即重启或稍后重启后，单击 Finish 按钮，完成整个产品的安装。

图 2-21　提示安装 Concept HDL 库

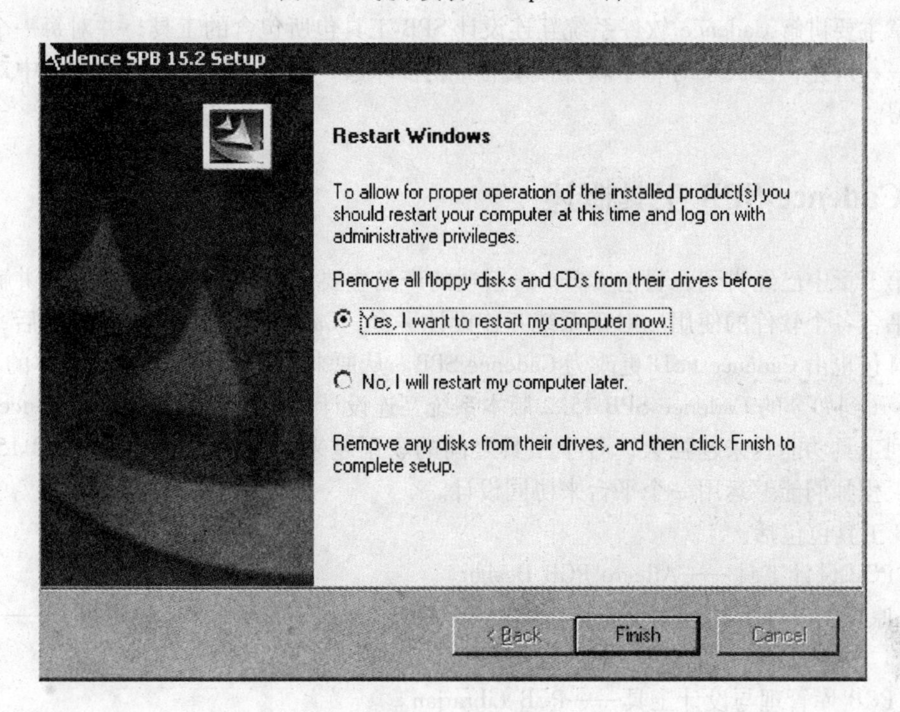

图 2-22　完成安装

2.3　本章小结

本章主要讲解 Cadence SPB 系列的软件的运行环境和安装方法，并给大家推荐了两个运行 Cadence SPB 系列的软件的配置。最后，以 Cadence SPB 15.2 在 Windows 2000 操作系统中的安装为例，给大家讲述了 Cadence SPB 系列软件的安装。

第3章　Cadence软件工具的简介及操作说明

本章主要讲解Cadence软件系统互连设计SPB工具包所包含的工具，并对每一个工具的操作做一一讲述，使大家对每个软件模块有个初步印象，方便大家在后面的章节中对这些模块的学习。

3.1　Cadence SPB工具概述

在第1章中已经讲到，目前Cadence公司的产品主要分为4个平台，本书只讲解系统互连设计平台各个软件的使用。对于系统互连设计平台，Cadence在推出15.1版本后，这个平台的工具包也由Cadence PSD更改为Cadence SPB。从原来Cadence PSD 14.2版本的PCB Design Expert到如今的Cadence SPB 15.2版本系统互连设计平台的推出，使得Cadence PCB设计的系列工具功能越来越强大，各个工具之间的联系越来越紧密。可以说，SPB 15.2版本真正使工程师们能够运用一个平台来协同设计。

SPB工具包包括：

1）PCB设计工具——Allegro PCB Design。

2）原理图设计工具（本书只讲解Concept HDL，对Capture CIS不做讲解）——Concept HDL。

3）PCB库管理与设计工具——PCB Librarian。

4）自动交互布线工具——PCB Router。

5）信号仿真工具——SPECCTRAQuest。

此外，SPB工具包还包括Constraint Manager、EMControl和DFMI等工具。

通过这些工具的使用，工程师们可以很好地建立起一个Cadence系统互连设计平台，从而打造一个完整的高速设计流程（见图3-1）。

面对当前PCB设计密度越来越高，信号速率越来越高，PCB设计早已不再是单纯的布局、布线。如何能够更好地约束高速关键信号，从而保证所设计产品的性能是每个PCB设计者所追求的目标。同样，各个EDA厂商也在不断地研发新产品、新功能来更好地服务PCB设计者。下面就分节介绍一下SPB工具包各软件的特点。

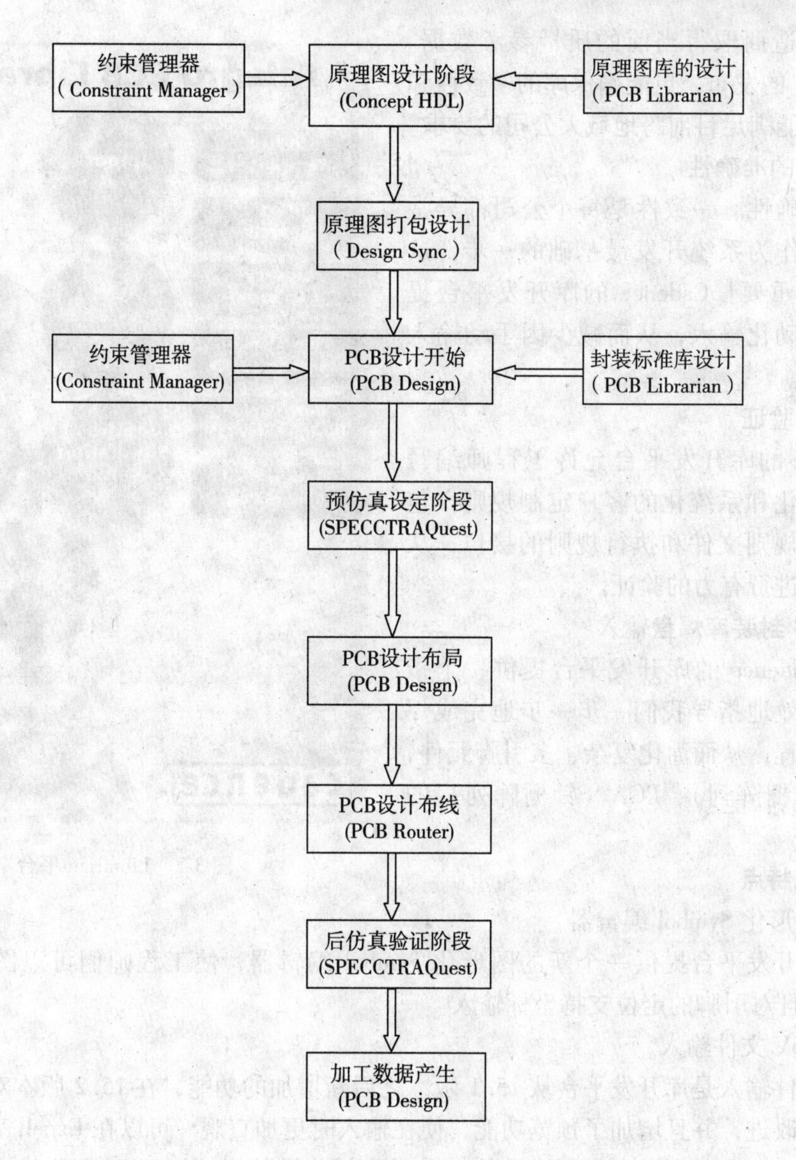

图 3-1 PCB 设计流程

3.2 PCB Librarian Expert

Allegro PCB Librarian 610（专家级）是一个高级的库开发环境，提供 EDA 库部件的创建、验证和管理。原理图库主要由 Library Explorer 和 Part Developer 两部分来完成，而 PCB 库，则还需要 PCB Librarian 来共同完成。如图 3-2 所示，Allegro PCB Librarian 610 是原理图库和 PCB 封装库共同融合而成的一个整体，提供一个巨大的库开发工具箱。

下面讲述一下这个巨大的工具开发箱的主要特点：

1. 库开发者能对库进行高效的开发和维护一致性

库的开发使用 XML 数据驱动的符号生成技术，不仅降低了符号生成的时间，而且能确

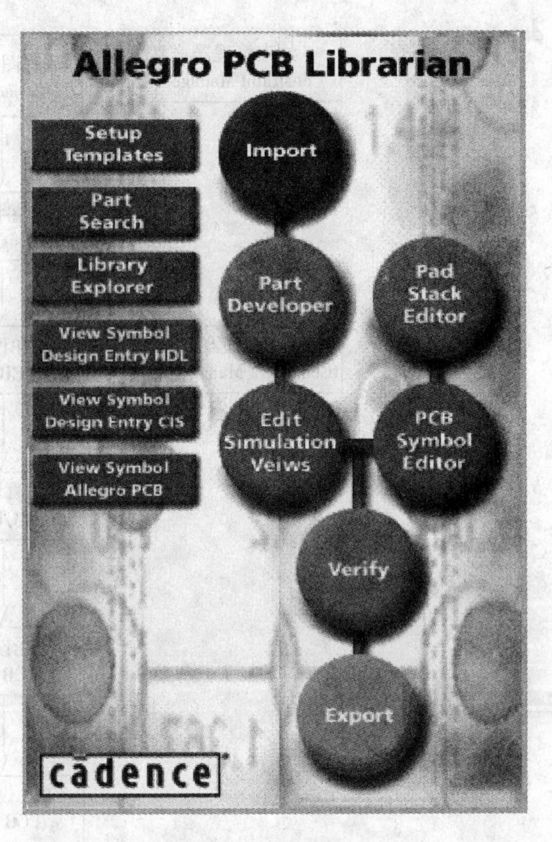

图 3-2　Librarian 平台

保从元件制造商取得当前的质量参考数据。通过 Internet 的发布，更能确保库的一致性和及时性，以能满足目前跨地域大公司的要求。

2. 设计的准确性

库的准确性、一致性是每个公司都异常看重的，库作为系统开发最基础的一步，这点显得尤为重要！Cadence 的库开发平台提供大量的自动化输入，从而减少因手动输入引起的出错。

3. 元件验证

Cadence 的库开发平台允许工程师编写和编译程序化和系统化的客户定制规则，包括用于创建规则文件和执行规则的接口，从而对元件能进行有力的验证。

4. PCB 封装库焊盘输入

通过 Cadence 的库开发平台提供一个指导工具，有效地指导我们一步一步地完成焊盘的生产过程，从而简化复杂、多引脚元件，如 BGA（球栅阵列）、PGA（针栅阵列）的引脚输入。

5. 其他特点

（1）图形化 Symbol 编辑器

新的库开发平台提供一个新的图形化 Symbol 编辑器，使工程师们可以图形化地编辑 Symbol，并且对引脚的定位支持坐标输入。

（2）CSV 文件输入

CSV 文件输入是库开发平台从 15.1 版本之后新增加的功能，在 15.2 版本对这项功能又做了很大的改进，并且增加了预览功能，使在输入时更加直观。可以在 Excell 表格中输入好引脚、分好 Part（对于引脚非常多元件，需要分部分设计）。然后以 .CSV 格式导入库开发平台中，极大地节约了时间。

（3）FPGA 输入

FPGA 元件越来越被广大的工程师们所使用，而 FPGA 一般引脚重多，在库设计时，需时很多。Cadence 库开发平台支持从 FPGA 厂商提供的数据直接输入。现在支持的 FPGA 系列包括：

1）Actel-act1、act2、act3、3200dx、40mx、42mx、54sx；

2）Altera-flex10k、flex10ka、flex10kb、flex10ke、flex6000、flex8000、max3000a、max5000、max7000、max7000a、max7000ae、max7000e、max7000s；

3）Xilinx 6. x。

（4）从 PDF 资料中输入引脚信息

目前的元件信息基本都是 PDF 格式的，Cadence 库开发平台的 Part Developer 支持从 PDF

datasheets（元件资料的英文名称）简单方便地输入数据。

3.3　Concept HDL

Cadence 的原理图设计工具包括 Concept HDL 和 Capture CIS 两种，本书只讲解其中的 Concept HDL。Concept HDL 有两种版本，即 Concept HDL 210（Concept HDL 练习级）和 Concept HDL 610（Concept HDL 专家级）。

专家级的 Concept HDL 610 是一个高度集成的原理图输入工具，提供一个原理图设计输入和分析环境。下面给大家详细讲述一下 Concept HDL 610 的主要特点。

1. 层次化的设计

在 Concept HDL 中，对于原理图设计的总体结构有两种：一种是平铺结构；另一种是层次结构。层次结构是 Concept HDL 的一个特点，它避免了平铺设计所带来的冗余，使结构更加明了。无论给原理图设计者还是原理图阅读者都能带来很多的方便。层次结构包括两种结构：Top-Down 和 Down-Top

（1）Top-Down 结构

Top-Down 的结构是由上至下的一种设计方法，需要原理图总体设计人员在 Top 层规划好结构，例如 Power 块、Clk 模块、FPGA 模块等，然后再对这些单个部分操作。此方法比较适合团队分工来共同完成一个大的项目，要注意的是各个块之间的接口和信号的命名。

（2）Down-Top 结构

Down－Top 的结构是一种从下至上的设计方法，对 Concept HDL 而言，这种方法更加方便，更加适合个人做逻辑设计。它是通过将一页原理图做成一个模块，通过添加元件一样将这页原理图添加到 Top 层。这种反向的设计方法，恰恰反映了下面要讲述的 Concept HDL 的另外一个特点——模块的重复调用。

2. 模块的重复调用

模块的重复调用是 Concept HDL 提供的一个非常方便工程师使用的功能。它可以将一页原理图生成一个 Symbol，这样相当于把这页原理图当作一个库。再使用时就可以像添加元件库一页来添加整页原理图来使用，但是原理图生成的库和元件库不是完全一样的，这些在后面的内容中还会给大家详细探讨。

这种方法只能使用于层次化的结构中，且最好是采用的 Down-Top 结构。它的方便之处在于可以将常用的固定电路，如 Clk、Power、Connect 等设计成一个原理图库，这样在以后的设计中就只需要添加这个原理图就可以了。不仅为工程师们节约了大量的时间，且减少了出错率，而且使得原理图更加规范、可读、美观。

3. 三个重要的全局命令

Concept HDL 提供三个重要的全局命令，以方便对整个项目进行操作。它们分别是全局查找、全局导航、全局更新。

（1）全局查找——Global Find

此功能能很方便地对整个项目进行查找网名、查找元件的操作，并且它还支持通配符的使用。

（2）全局导航——Global Navigate

此功能使我们在检查、查看原理图时变得异常方便。通过这个功能，可以很方便地在每页之间来回地跳转。

（3）全局更新——Global Modification

全局更新功能包括属性更改、属性删除、元件更改三项。对此功能在15.2版本之前只能通过在命令栏键入一定命令来修改，在15.2版本专门设计成如图3-3所示的界面，将更方便我们的使用。

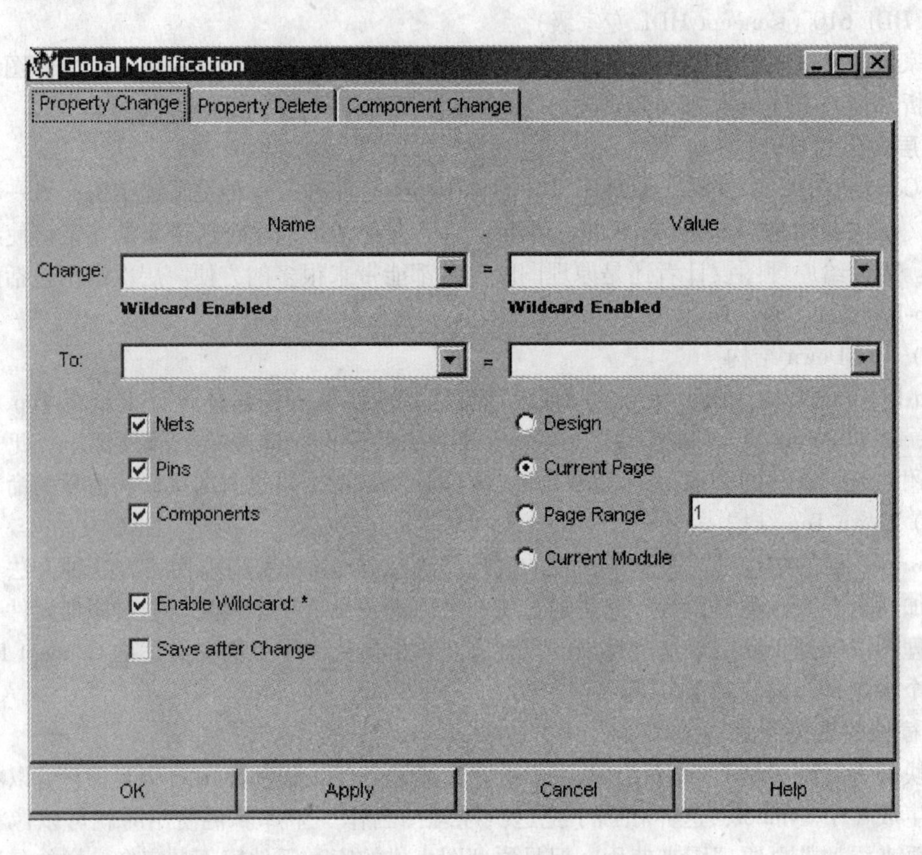

图3-3　Global Modification

对这三个功能的详细讲解及其要注意的地方，会在以后的章节中做详细的讲述。

4. 约束管理器和项目管理器的使用

约束管理器（Constraint Manager）的使用，使原理图设计者可以对整个电路印制电路板进行约束管理。

项目管理器（Part Manager）的使用，使设计者对整个项目所用到的元件进行总体的管理且会自动检查元件库使用是否正确。

5. 其他特点

（1）简洁的界面，丰富的菜单

Concept HDL的界面简洁，条理清楚，每个菜单栏都很明了。其中最出色的一个就是上下文菜单功能，选中一项后，点击鼠标右键，软件会自动地弹出和此项有关的命令操作供选择使用。

（2）群组的使用

通过对组（Group）命令的使用，可以完成组的复制、删除、移动功能，并且在不同页、不同模块之间也可以使用此功能。

（3）库的分部分和PPT显示

目前的库许多都是动辄1000引脚以上，Concept HDL支持对多引脚分部分（Part）添加，并且支持PPT显示。当然，前提是在库设计时设定好相应的属性。

（4）轻松导出BOM（材料清单）

Concept HDL提供专门的接口使工程师们能够轻松地导出BOM，并且可以输出到由公司根据自己的要求制定的专用模板上。

（5）Skill语言的二次开发功能

Concept HDL支持使用skill语言对其进行二次开发，以满足工程师的特殊需求。

Concept HDL还有许多特点，在此就不一一赘述了。在后面的章节中会给大家做详细的讲述。

3.4 Allegro PCB Design

Allegro PCB Design是Cadence软件中的PCB设计工具，根据License的授权不同分为Allegro PCB Design 610（专家级）和Allegro PCB Design 220（练习级）两个版本。因为PCB Design 220版本只是PCB Design 610的简化版本，所以在本书中只针对Allegro PCB Design 610进行讲解。

Allegro PCB Design 610是一个高速的、约束驱动的印制电路板设计软件，为创建和编辑复杂、多层、高速、高密度的印制板电路设计提供一个交互式、约束驱动的设计环境。

Allegro PCB Design 610的特点如下：

1. 完整的高速设计环境

PCB Design 610提供了一个完整的、易操作的设计环境。对上与原理图编写软件、封装库的制作软件有机地结合，对下与信号仿真软件、布线软件完全地融合。另外，对其他软件如结构设计、装配检查、可制造性分析、射频的设计等软件提供丰富的接口。

当完成原理图设计和设定好了PCB封装库的路径后，就可以很方便地将元件、网表导入到PCB Design 610软件中，开始布局、布线及仿真分析。布局、布线时可以自由选择对整板或部分元件自动布局、布线或手工布局、布线。在PCB设计的任何时候，都可以使用信号仿真分析软件对所关心的重要信号进行仿真分析，以便于随时地调整布局或布线来找到最佳的方案。在完成PCB设计后，PCB Design 610可以导出许多种文件格式供其他EDA软件使用如IDF（图像描述文件）、IPF（供热分析软件使用），DXF（供CAD软件使用），Place_txt（供贴片使用）等。

2. 由前至后的约束管理系统

Constraint Manager（约束管理器）能够对PCB Design 610提供一个从前到后、完整的规则约束管理。并且能够对如差分信号、长度、时序、曼哈顿比、过孔以及电气的约束的规则实时地显示。

在15.1版以后，Cadence公司将约束管理器的使用范围从原来版本的只能在后端（PCB

设计模块中）使用扩展到从前段（原理图设计阶段）到后端的一个完整的设计流程中。这样原理图设计者可以通过设定一些约束管理来约束或提示PCB设计者后面的工作，而PCB设计者在进行PCB设计之前通过约束管理器来设定一些约束规则，在PCB设计时，约束管理器会动态地显示违背规则的情况。这就避免了约束转换及静态设计的规则检查，从而提高PCB设计的效率。

3. 模块的重复调用

在Concept HDL中，模块的重复调用是Cadence的一大特色，模块化的设计为原理图的设计工程师们带来了不少的便利。而在PCB Editor（PCB Design 610模块）中，通过其特有的import/export功能，也可以共享通用的电路模块并整合最新的设计更新。

在PCB Editor中，对相同部分的布局、布线，可以通过import/export Sub-Drawing的方式来实现相同部分的模块在不同印制电路板之间的调用。另外，还可以通过导出Techfile将PCB中的信息，包括印制电路板单位、印制电路板大小、叠层设置、规则设置等导出，供以后的PCB设计直接调用。

4. 差分信号的设置

由于抗干扰能力强、有效控制EMI（Electro Magnetic Interference，电磁干扰）、时序定位精确的优点，差分信号（Differential Signal）在高速电路设计中的应用越来越广泛，而对差分信号的布线要求就是严格地控制等长、等间距。

在PCB Editor中，把差分信号作为一个独特的整体，通过在约束管理器中一整套规则设置来驱动差分信号的布线。在编辑差分信号时，使用交互式的推/挤方法，与电气规则保持一致，从而避免使差分信号等长、等间距而进行冗长的后编辑。

5. 灵活的敷铜处理功能

在Cadence 15.0版之后，PCB Editor模块对敷铜处理特别是正片层敷铜的处理做了很多的改进，不仅在菜单栏中专门添加了Shape项来方便工程师进行敷铜处理，并且开始使用动态敷铜（Dynamic Copper）和静态敷铜（Static Solid）的敷铜方式。当使用动态敷铜时，如果布局、布线做了调整且与所敷铜层有规则上的冲突时，敷铜层会动态地调整，以满足规则要求。当使用静态敷铜时，就不会动态地调整。

6. 二次开发的功能

PCB Editor模块支持用户使用skill语言对其进行再开发，这样用户就可以通过skill语言来开发一些适合自己使用的其他功能。

以上总结了PCB Editor模块的主要特点，对于此模块的其他一些优点会在第8章中讲解此模块使用的过程中，逐步地给大家讲解。

3.5 Allegro PCB Router

Allegro PCB Router是Cadence公司推出的一套自动和交互布线工具。其本身就是众多工程师都颇为熟悉的SPECCTRA软件。在Cadence SPB 15.1版之后，Cadence公司将SPECCTRA软件完全融合到系统互连设计平台中，并定义为Allegro PCB Router软件。所以其本身就是SPECCTRA软件的升级版本。下面简要讲解SPECCTRA软件。

SPECCTRA软件原是形状技术开拓者——Cooper & Chyan Technology（CCT）公司的产

品，在被 Cadence 公司整合以后，更名为 SPECCTRA 软件。目前用的普遍版本是 Cadence 于 2002 年推出的 SPECCTRA 10.2 版本。SPECCTRA 10.2 是 Cadence 一个单独模块，可以脱离 Cadence 平台单独使用，并且可以运行在 Windows 95/98、Windows NT4.0/2000/XP 或 UNIX 系统等众多的环境下。

SPECCTRA 是一个功能强大、性能优良的 PCB 布线工具软件。它无栅格放置和布线，克服了传统映射对内存的大量需求。在 EDA 行业内，基于形状技术的、无栅格 SPECCTRA 自动布线器被公认为最好的 PCB 布线器。因此，在业内相当地流行，尤其对密集元件的高速电路设计布线效率显著。

SPECCTRA 在业界如此流行还有一个突出的特点——能与许多 EDA 软件配合使用。SPECCTRA 能与许多高、低端的 EDA 软件，如 OrCAD、PADS、Board Station、Zuken Visula、Protel 等配合使用完成 PCB 的布局和布线工作。

在简单了解了 SPECCTRA 软件后，就来看一下 Cadence SPB 15.2 版本的自动交互布线工具 Allegro PCB Router（本身还是 SPECCTRA 软件）的特点：

1. 高度、规则驱动的布线

Allegro 印制电路板布线器提供的功能能够处理高速电路设计要求的线网计划、时序、串扰、层集合布线以及特殊的要求。

（1）线网拓扑

线网拓扑能够定义线网上的引脚布线顺序，还可以插入中间布线点，使得设计者能进行互连控制，即使当网络中包含诸如端接电阻等分离元件，还可以定义最小或最大导线延时或长度，以确保某个特定信号能在指定的时间段内达到它的目标。

（2）串扰

串扰问题是 PCB 设计工程师经常遇到的问题，如何很好地避免串扰是每个工程师都面临的难题。串扰是受几何或者平行规则限制的，在 Allegro PCB Router 中，工程师可以定义可接受的间隙和长度参数，布线器会在指定的距离后自动地分开并行布线。工程师还可以生成间隙对比长度表格，以便更精确地对串扰建模。通过评估导线承载信号的电气特性，可以减少串扰，不仅如此，与同一层和相邻层导线相关的噪声也可以被考虑进去。累积噪声串扰受到电气特性的耦合噪声规则的控制，可以定义好所允许的最大累积串扰噪声。Allegro PCB Router 在布线过程中会动态地计算平排布线和一前一后布线所引起的最大累积串扰噪声。

（3）布线层集合的定义

在对阻抗控制的连线或高速总线的连线时，为了完成布线，一般会改变布线层，但是在叠层设定好的情况下，如果随意地改变布线层势必会引起阻抗的变化，为了避免这个问题，Allegro PCB Router 允许工程师定义一个层集合，使得需要阻抗控制的线只能布在这个层集合里，而层集合里面的各个层具有相同的阻抗值。

（4）差分信号线的布线控制

对差分信号线的布线，Allegro PCB Router 有很强的驱动布线能力，只要定义好线宽、间距，Allegro PCB Router 会自动匹配长度，完成布线工作。

2. 高级物理规则

Allegro PCB Router 的高级物理规则的特点是能够完成电气参数的控制、串扰报告以及导线长度规则检查。电气参数的控制包括为特定线、特定网名设定特定规则，可以对一信号线在不同层上设定不同线宽、间距、过孔类型等。

3. 盲埋孔、微过孔的设计

对于现在高密度多层板的设计，每一个过孔所占用的空间都是异常重要的，Allegro PCB Router 提供处理盲孔或掩埋过孔、线绑定以及表面安装元件（SMD）下过孔的功能。Allegro PCB Router 的微过孔功能是由松下公司开发，所以完全支持松下公司业界领先的 ALIVH（Any Layer Inner Via Hole，任意层内部导通孔）技术。

4. 可制造性的设计

Allegro PCB Router 的可制造性设计能够显著提供制造的成品率，可以自动增加线间距及测试点。

5. DO 文件写入功能

对一个 PCB 的布线，需要很长的时间来设定许多规则，Allegro PCB Router 支持工程师以 DO 文件形式直接导入规则。可以使用语言写好 DO 文件，然后直接导入布线器就可以了。

6. 其他特点

1）高速规则/约束支持延时、串扰、阻抗控制、差分对以及线网计划。

2）真正的 45°或者对角布线。

3）交互式布线和组建布局规划功能。

4）密度分析功能。

作为公认的 EDA 业界最领先的布线器——Allegro PCB Router，还有许多优点及使用技巧，会在后面的章节中给大家详细地讲述。

3.6 SPECCTRAQuest

SPECCTRAQuest 610 是 Cadence 推出的高度系统级的设计与分析工具。在 Cadence SPB 15.1 版本之后，SPECCTRAQuest 610 也称作 Allegro PCB SI 610。SPECCTRAQuest 610 主要是为工程师们提供一个集成的高速设计与分析环境。方便信号完整性工程师能够在设计的各个阶段都能探究、优化和解决信号完整性的相关问题。

不断增长的设计密度、复杂度以及更高的边沿速率意味着，为了避免在设计后端出现耗时且麻烦的仿真—修改—仿真，必须解决贯穿整个设计阶段的高速问题。传统的“后端设计分析”——在 PCB 设计的最后解决高速问题，已经不能适应目前的设计了，必须在设计的一开始通过布局、布线来解决高速问题。为了最优化电气性能，同时整个产品成本最低，工程师需要用有效的方法来探讨拓扑和模型及其制造裕量。SPECCTRAQuest 610 能够在电路板、多电路板、系统级、跨多个设计配置进行设计分析，并且与 Cadence 的原理图设计工具、PCB 设计工具、布线工具紧密集成为全面的、端到端的、约束驱动的、高速电路板系统设计流程。

SPECCTRAQuest 610 的组件主要包括：模型完整性、SigXplorer 拓扑探索环境、SigNoise 模拟子系统、约束管理器、布局编辑器、布线器以及 EMControl 设计规则检查器。

SPECCTRAQuest 610 的特点为：

1. 紧密集成的高速设计和分析解决方案

SPECCTRAQuest 610 能够直接读写 Allegro PCB Design 的数据库，避免可能的转换问题并允许约束和模型嵌入到电路设计文件中。方便工程师开发最优约束，使用约束驱动流程来提高设计质量、可靠性和一板成功的几率。

2. 基于 Spice 的模拟器

SPECCTRAQuest 610 子系统包括一个基于 Spice 的模拟器和宏—建模功能，它基于 Spice 结构化建模的优点和行为级建模的速度。

3. 解决方案使用空间探索

SPECCTRAQuest 610 使用 SigXplorer 组件和图形化编辑器允许工程师通过解决方案空间探索开发约束，SigXplorer 的使用功能使能够在设计早期解决问题。

4. 模型的完整性

SPECCTRAQuest 610 能够接受各种不同的高速数字电路建模格式的元件模型。对 IBIS3.2建模标准的支持允许 SPECCTRAQuest 610 使用由大多数半导体制造商生成的模型，还可以使用 Mentor/Quad XTK 模拟器格式转换模型。另外，模型完整性还提供 Hspice 到IBIS 的转换模块，使我们能很方便地将 Hspice 模型转换为 IBIS 模型。

5. 有效驱动物理设计流程

SPECCTRAQuest 610 允许工程师捕捉设计约束作为电气约束集合（ECSet）并保存到 PCB 数据库中，用于驱动物理设计流程。通过此方法，能更好地将仿真分析与 PCB 设计紧密结合。

6. SigXplorer 的三大功能

1）预布线拓扑探索和解决方案空间分析。

2）约束驱动的设计流程。

3）后布线分析。

7. 模拟子系统功能

SigNoise 是用于信号完整性、串扰以及 EMI 分析的 Cadence 模拟环境。SigNoise 包括 tlsim模拟引擎、SigWave 波形显示、判定与建模语言（DML）、由其他建模格式转换的转换器以及库模型编辑/管理子系统。

8. 其他特点

（1）高速约束驱动的设计流程

SPECCTRAQuest 610 允许工程师根据特定的设计情况和自己本身情况来选择在多大程度上介入物理设计过程。

（2）差分信号设计

差分信号是从一个差分驱动器使用正、反两种形式在两根导线上向差分接收器传送相同信息的一种方法。SPECCTRAQuest 610 差分对探究和参数提取功能允许把差分信号作为一个单元在布局和后端模拟中进行模拟分析，并且允许工程师扫描设计参数，比如差分阻抗延时/长度。

（3）同步系统设计

SPECCTRAQuest 610 的标准同步设计流程是建立在基于规则的设计流程基础上的，它通过使用 SigNoise 执行预布线和后布线信号完整性（SI）分析。

（4）基于规则的设计

当设计规则已经确定时，SPECCTRAQuest 610 能够以电子形式将设计规则导入到设计数据库中。这样的话，就可以使用 SPECCTRAQuest 610 来分析不同的布局，随着移动元件，约束管理器将实时显示对电气规则的影响，工程师们可以很清晰地看到结果。

SPECCTRAQuest 610 是一整套工具集，在这里只是列出了一些主要的特点，并没有做详细的讲述，因为在后面的章节中会做详细的讲述。

3.7 Constraint Manager

Constraint Manager（CM，约束管理器）本身不是 Cadence SPB 系列的一个单独模块，它是集成与 SI 工具、Concept HDL 工具、PCB 设计工具集成的一个功能模块。它不能独立地使用，所以没有单独的 License 文件。因为其在整个 PCB 设计流程中有重要的作用，所以将其作为一个重要的模块来专门的讲解。约束管理器的界面非常简单，各个功能条理都很明朗，如图 3-4 所示。

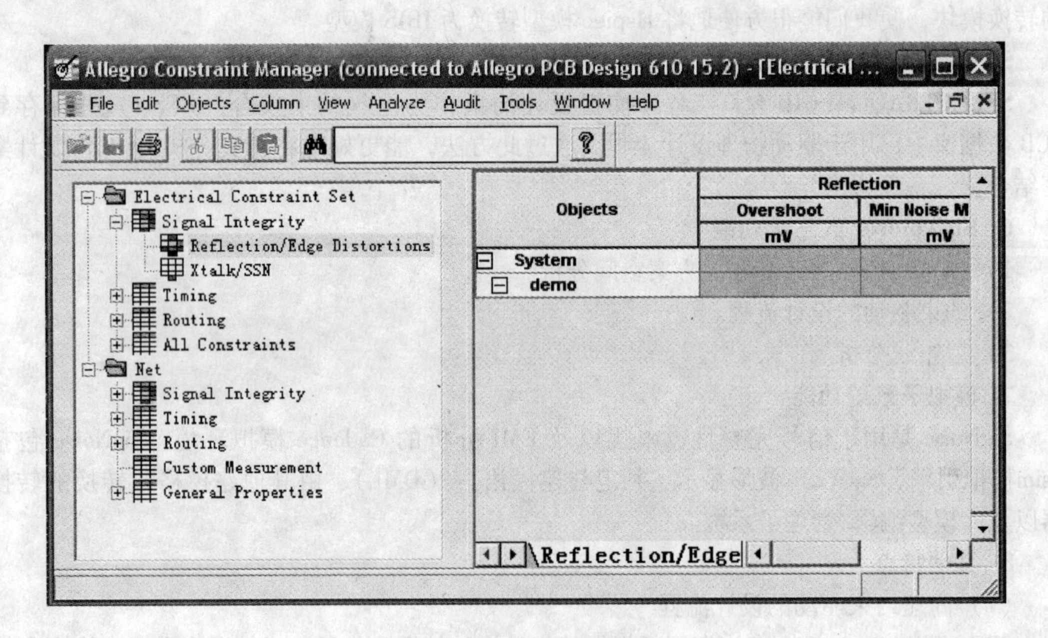

图 3-4　约束管理器界面

约束管理器有两个部分：一个是电气规则的设置（Electrical Constraint Set），另一个是网络（Net）规则的约束。电气规则的设置主要是针对整个 PCB 采用不同的约束规则和它们的约束值。网络规则的约束主要针对是 PCB 不同的网络名来设置约束规则。

约束管理器主要特点有 3 个：

1. 电子表格式的约束信息

约束管理器采用电子表格式的约束信息，在添加约束值时，工程师只需在相应表格中填入一定的数值即可，使工程师在添加约束时，异常简单并且一目了然。

2. 实时显示结果

不论是新添加约束还是修改约束规则，约束管理器都能实时显示结果，并且根据不同的颜色来区分相应的类。

3. 与信号互连平台紧密结合

约束管理器与 Concept HDL、PCB Editor、PCB SI 紧密结合，使得无论在 PCB 设计的哪个阶段，都可以随时对关键信号用 PCB SI 工具进行仿真分析，根据仿真结果设定一定的规则来驱动布局、布线。

3.8　本章小结

本章主要对 Cadence 的信号互连设计平台的几个常用软件的优点、特点做了简要的介绍，以便大家在后面的章节中学习工具使用之前，知道学习的重点所在。本章介绍的几个软件包括：

（1）PCB Librarian Expert——PCB 库管理与设计工具

（2）Concept HDL——原理图设计工具

（3）Allegro PCB Design——PCB 设计工具

（4）Allegro PCB Router——自动和交互布线工具

（5）SPECCTRAQuest——信号仿真工具

（6）Constraint Manager——约束管理器

对以上软件会在后面分章做详细的讲述，后面的内容将主要偏重于软件的使用、软件的操作及一些技巧等。

第4章　项目管理器介绍

本章着重介绍项目管理器的整体使用，即介绍从建立一个新项目（Project）到从这个项目可以进行的一些模块之间的转换和具体的模块间的联系，因此不会涉及到详细的工具使用，具体的使用会在每一个具体的章节里面进行描述。

4.1　如何建立一个新的项目

在开始/所有程序中找到 Allegro SPB 15.2 的程序，如图4-1所示。

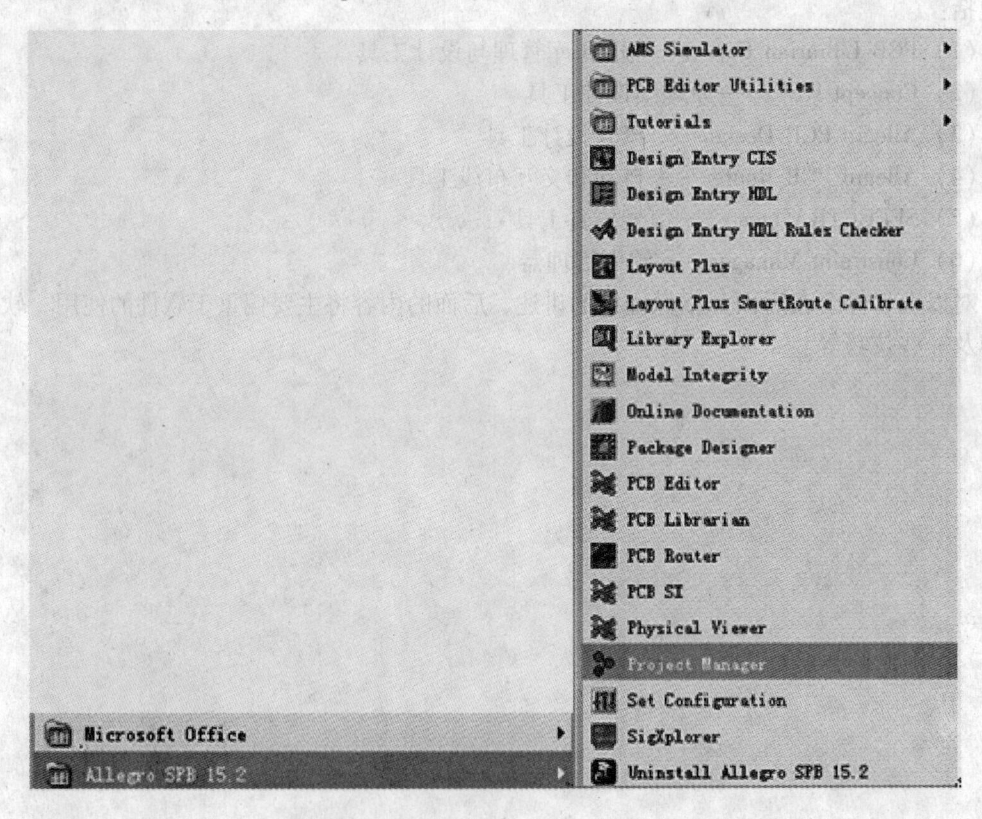

图4-1　打开 Project Manager 界面

用鼠标左键单击“Project Manager”打开管理器，出现如图4-2所示的用户界面，此处提醒读者选择不同功能的模块。每一部分的具体的使用会在相应的章节中进行详细介绍。本章先介绍每个模块的适用情况。

1）Allegro Design Entry HDL 210（Concept HDL Studies）——原理图设计模块（学习型）；

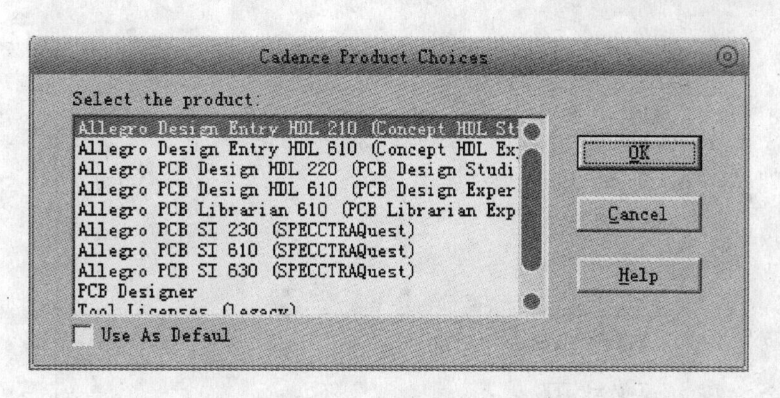

图 4-2　Cadence Product Choices 界面

2）Allegro Design Entry HDL 610（Concept HDL Expert）——原理图设计模块（专家型）；

3）Allegro PCB Design HDL 220（PCB Design Studies）——PCB 设计模块（学习型）；

4）Allegro PCB Design HDL 610（PCB Design Expert）——PCB 设计模块（专家型）；

5）Allegro PCB Librarian HDL 610（PCB Librarian Expert）——PCB 库设计模块（专家型）；

6）Allegro PCB SI 230/610/630（SPECCTRAQuest）——信号分析模块；

7）PCB Designer——PCB 设计；

8）Tool Licenses（legacy）——工具许可证。

读者或许已经注意到图 4-2 中有一个“Use As Default”复选框，如果选中此复选框，就表示每次启动管理器就直接进入选定的模块，不会再出现此模块选择的界面。选定模块之后，点击 OK 按钮，就进入如图 4-3 所示的界面。

进入到 Project Manager 界面以后，也可以通过菜单“File/Change Product”项改变模块。如图 4-4 所示，用鼠标左键单击“Change Product”项就会出现如图 4-4 所示的 Change Product 界面，可以重新选择需要的模块。

图 4-3　Project Manager 界面

图 4-4 Change Product 操作界面

在图 4-3Project Manager 界面可以看到有 3 个模块，下面分别进行说明：

1. Create Design Project——创建一个设计项目

在图 4-3 中，用鼠标左键单击"Create Design Project"图标，出现如图 4-5 所示的 Project Name and Location 对话框：在"Project name"下面的空白处填写新建项目的名称，例如：test，点击"Location"框右边的 ... 按钮，可以改变项目存放的位置。如图 4-6 所示，填写了名字和确定了存放路径的 Project Name and Location 对话框，单击 下一步(N) > 按钮，出现如图 4-7 所示的 Project Libraries 对话框。

这是让读者选择需要使用的库，读者可以根据需要进行选择，单击 Add --> 按钮，就可以将选中的库添加到右边的空白框中，如果不需要，则可以单击 Remove <-- 按钮将库移出。也可以选择 Add All --> 按钮添加所有库，单击 Remove All <-- 按钮移出所有库。为了方

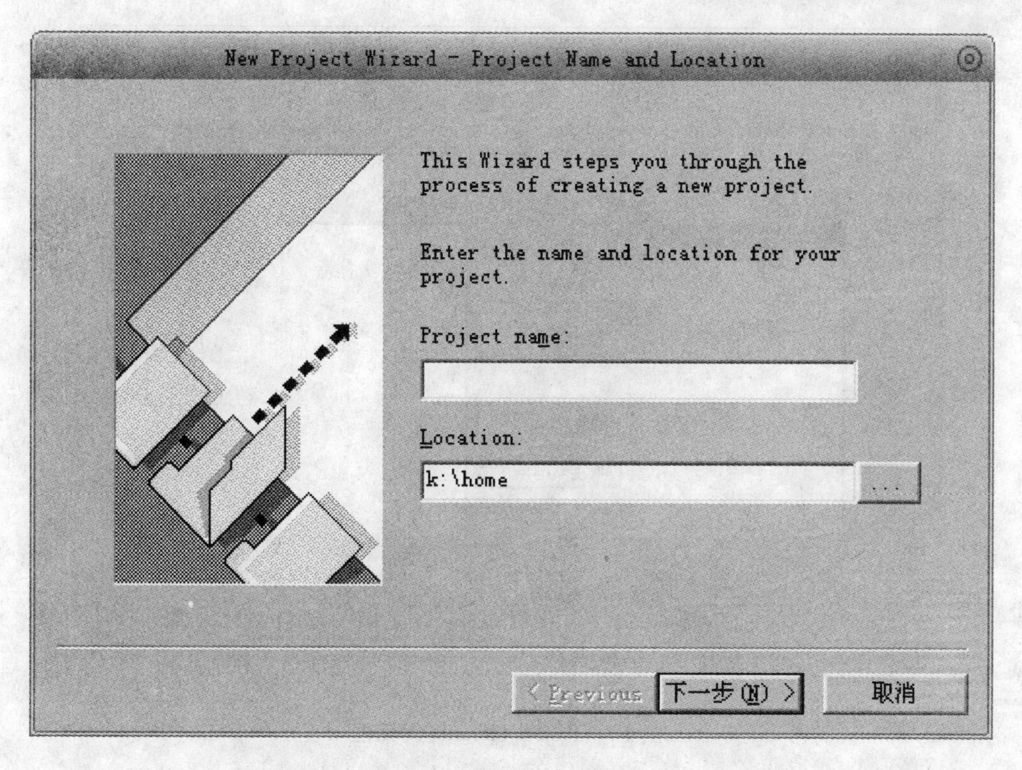

图4-5　Project Name and Location 对话框一

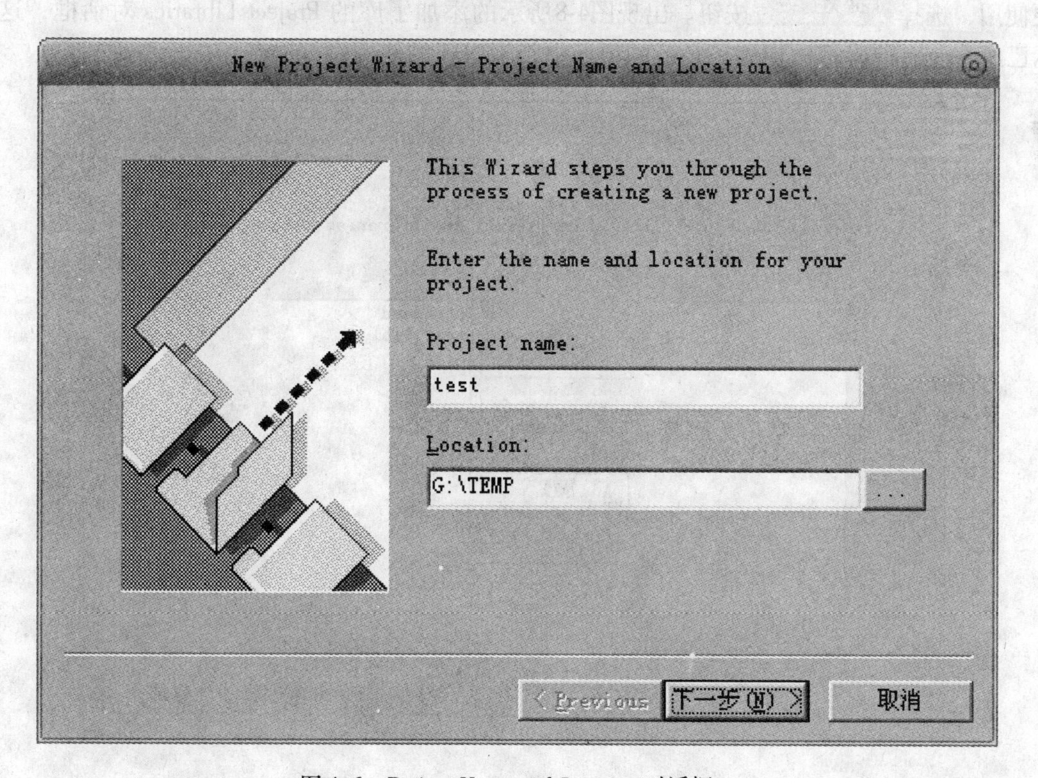

图4-6　Project Name and Location 对话框二

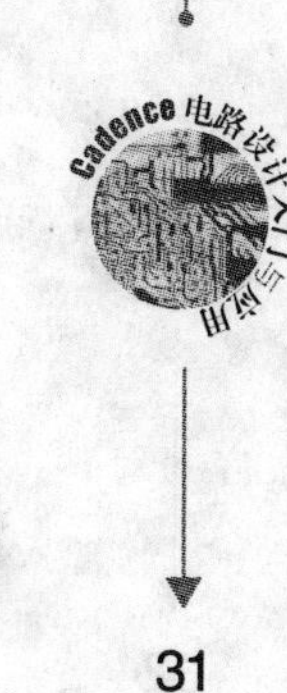

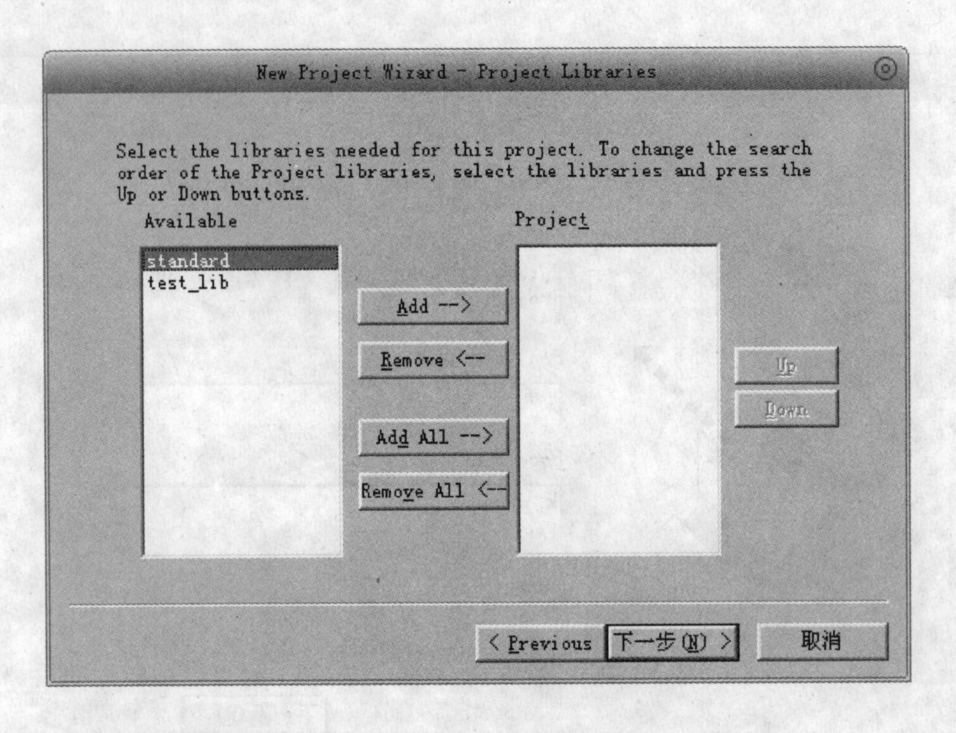

图 4-7 Project Libraries 对话框

便使用，选择 Add All --> 按钮。出现图4-8所示的添加了库的 Project Libraries 对话框，这表示已经将所有的库都添加到了自己的项目中，为后面的使用做好准备。

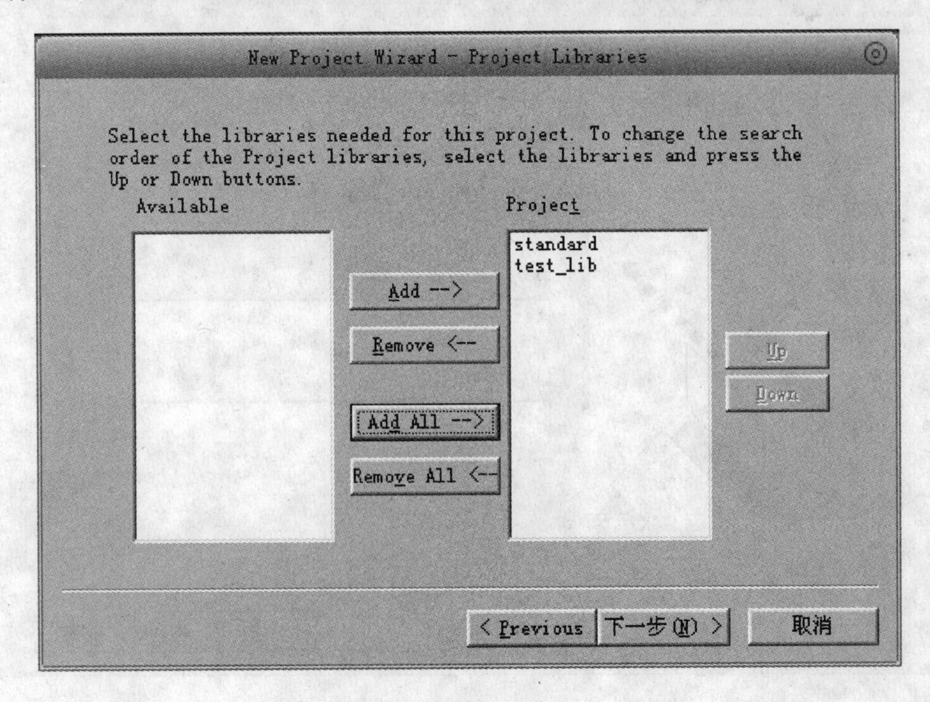

图 4-8 添加了库的 Project Libraries 对话框

读者或许已经注意到，在图4-7所示的对话框中，空白框右边的 Up 和 Down 按钮是灰的，而当将库添加完毕，鼠标点击任一库时，这两个按钮被激活，这里给读者介绍一下这两个按钮的作用，它们可以调节库的顺序，例如，选中 standard 库，单击 Down 按钮，就可以将 standard 的位置向下调整，调整后的结果如图4-9所示。

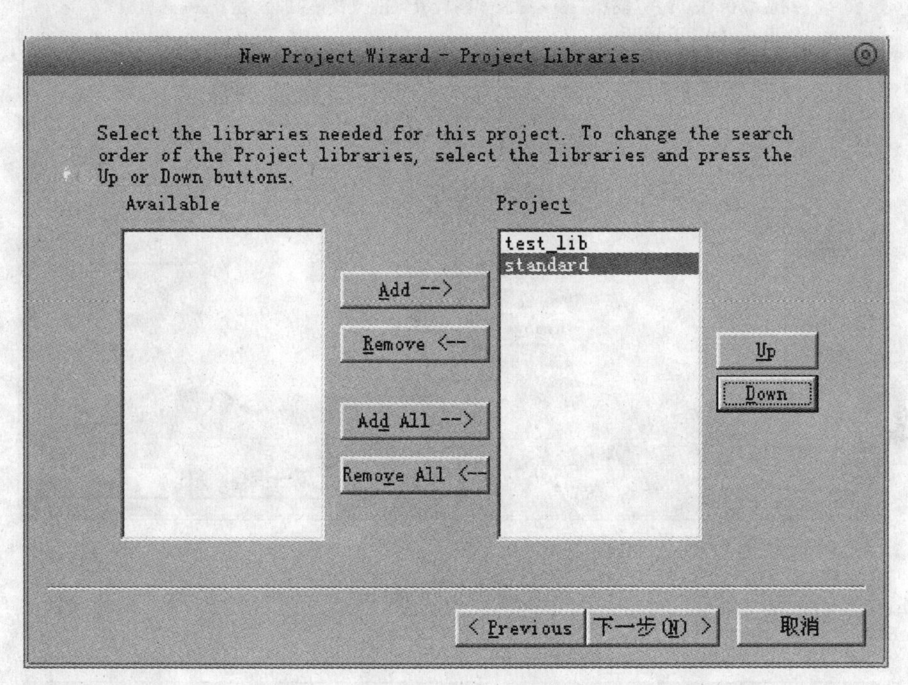

图4-9　向下调整结果

再选中 standard 库，单击 Up 按钮，就可以向上调整，调整后的结果如图4-10所示。

继续单击 下一步(N) > 按钮，出现如图4-11所示的 Design Name 对话框。

在空白框内输入设计的名称，例如：test，如图4-12所示。

单击 下一步(N) > 按钮，出现如图4-13所示的对话框，单击 Finish 按钮，会出现图4-14的创建成功提示框。

单击 确定 按钮，进入如图4-15所示的项目设计界面。

此界面的功能模块会在4.2节中进行介绍。

2. Open Project——打开已有设计项目

在图4-3中，如果用鼠标左键单击“Open Project”图标，则出现如图4-16所示的界面，找到刚才新建的 test. cpm 文件，选中（见图4-17），单击 打开(O) 按钮，就会出现如图4-15所示的项目设计界面。

3. Create Library Project——创建一个库项目

在图4-3中，如果用鼠标左键单击“Create Library Project”图标，则出现如图4-18所示的 Project Type 对话框，选择 Non-DM 。

单击 下一步(N) > 按钮，出现如图4-19所示的 Project Name and Location 对话框。

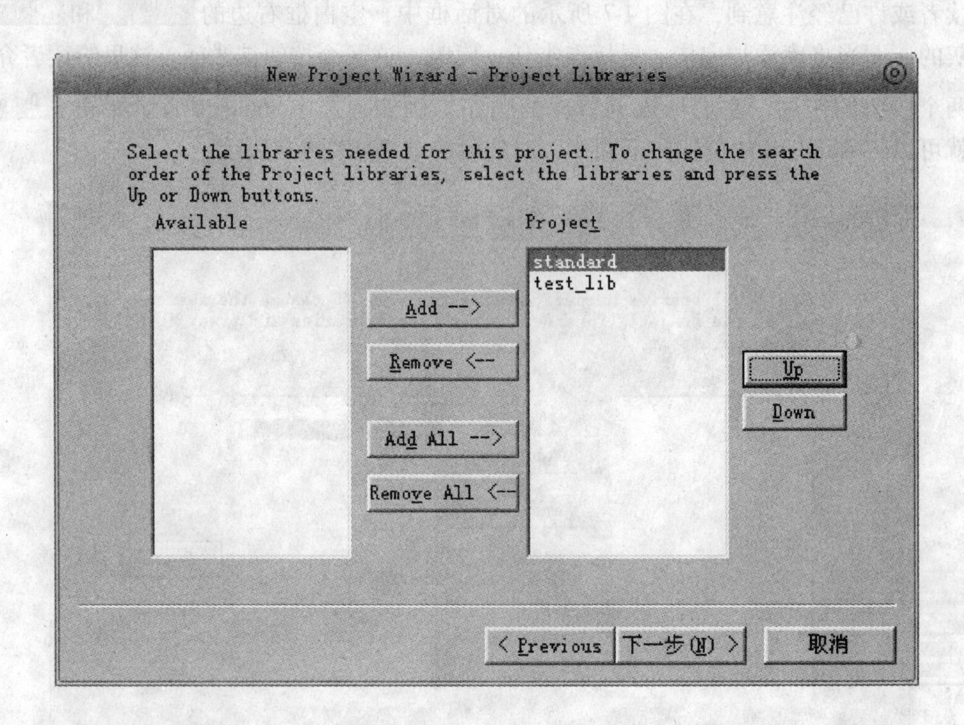

图4-10　向上调整结果

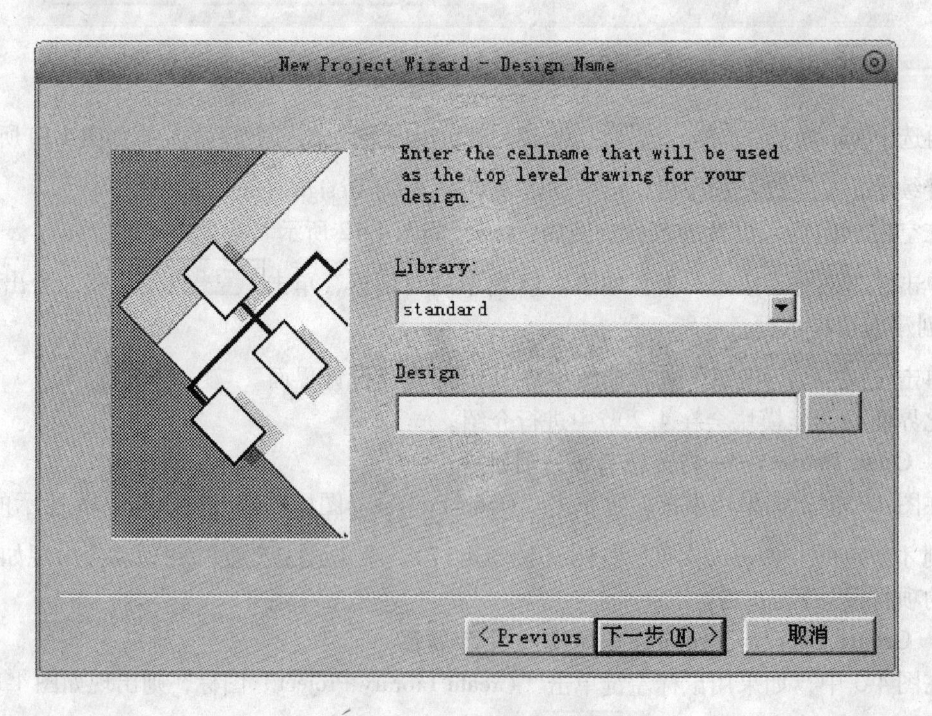

图4-11　Design Name 对话框

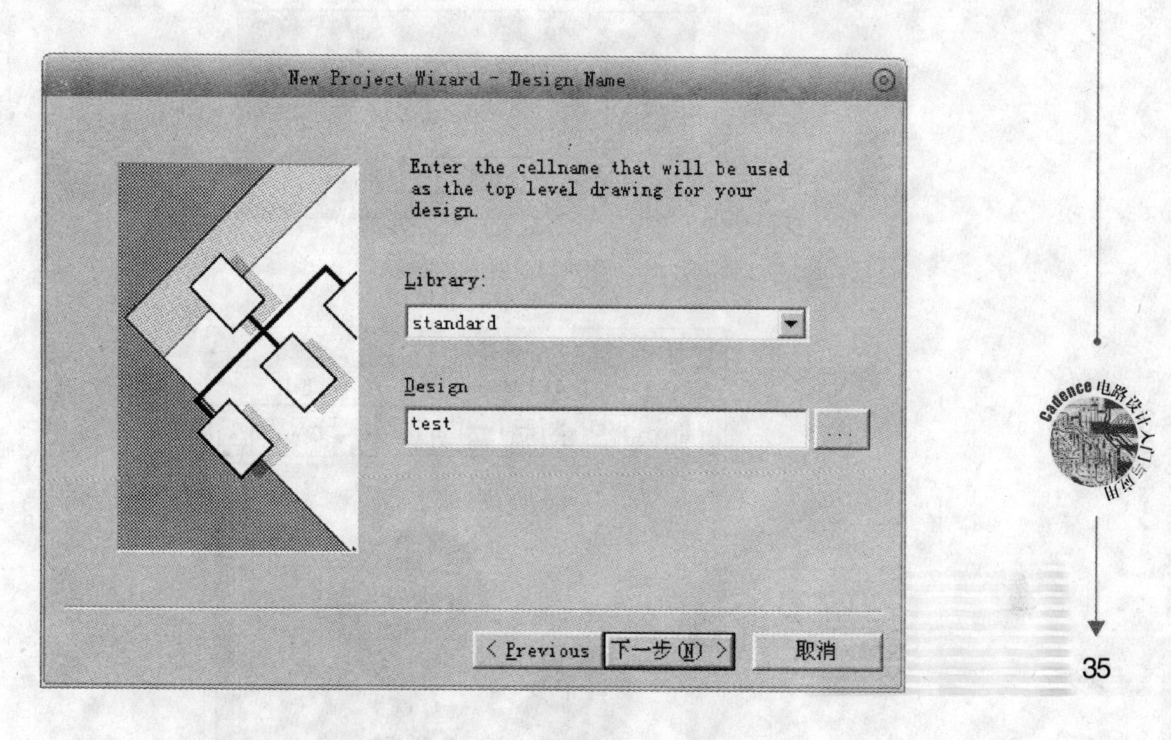

图 4-12　输入设计名称 test 后的 Design Name 对话框

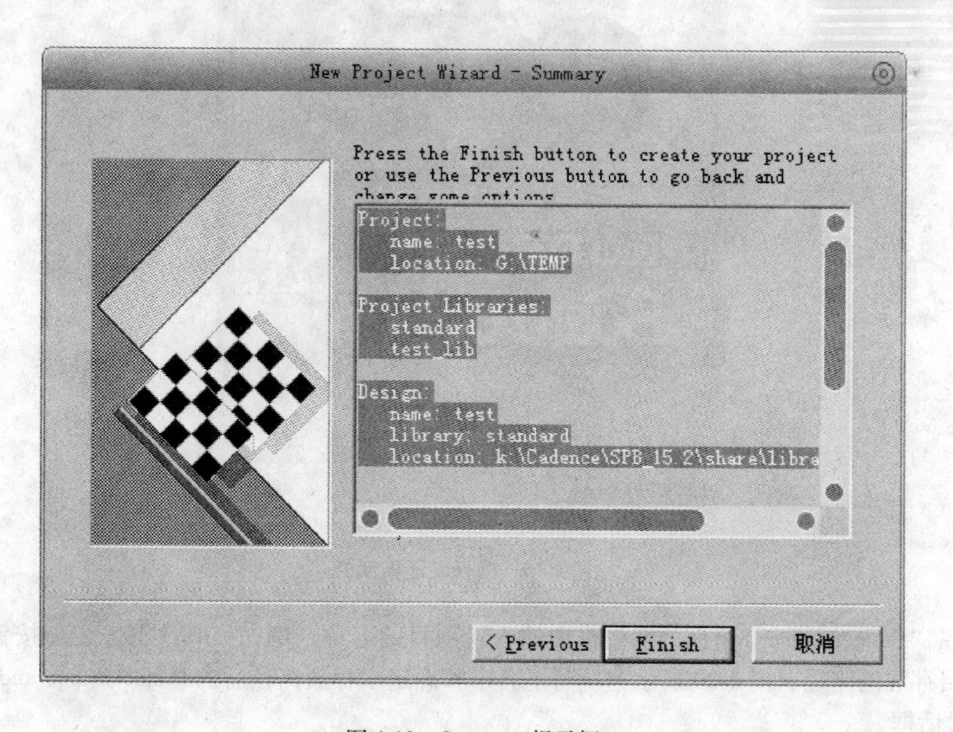

图 4-13　Summary 提示框

图 4-14　创建成功提示框

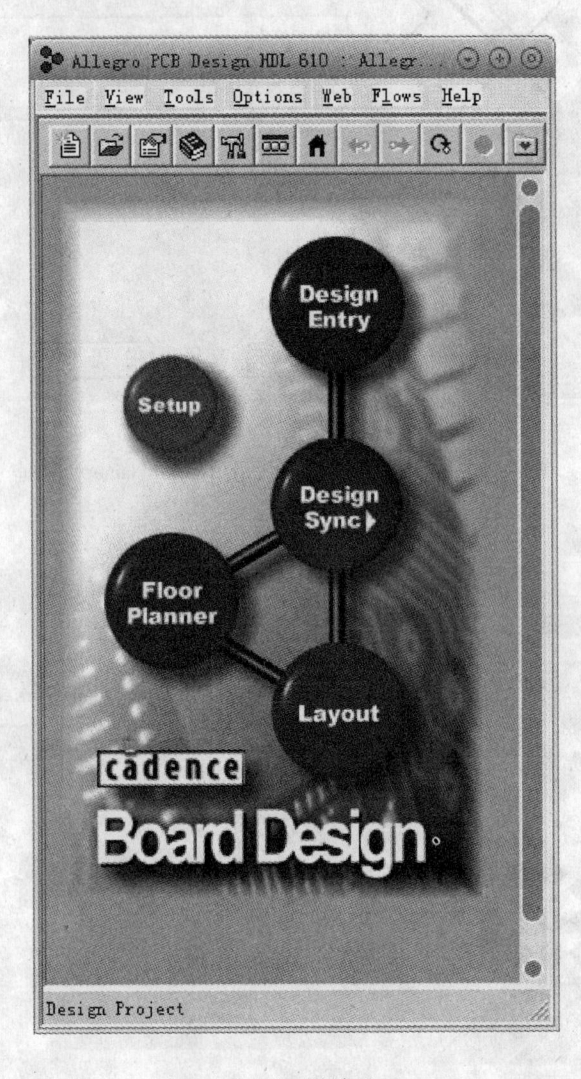

图 4-15　项目设计界面

在“Project name”下面的空白框中输入新项目的名称，例如：lib，单击 ... 按钮选择库项目存放的路径，图 4-20 所示为填写了名字和确定了存放路径后的 Project Name and Location 对话框。

单击 下一步(N) > 按钮，出现如图 4-21 所示的 Libraries 对话框。

图 4-16　打开 Project

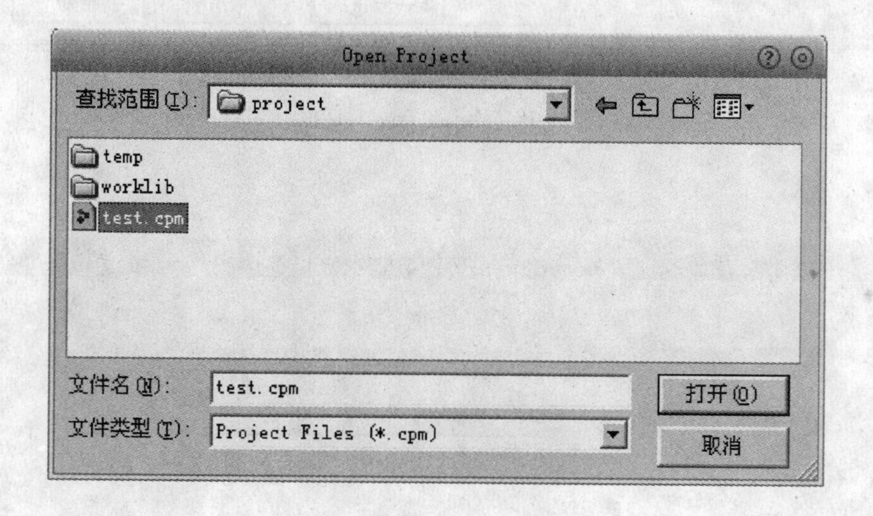

图 4-17　打开 test. cpm

此对话框有 3 个按钮：

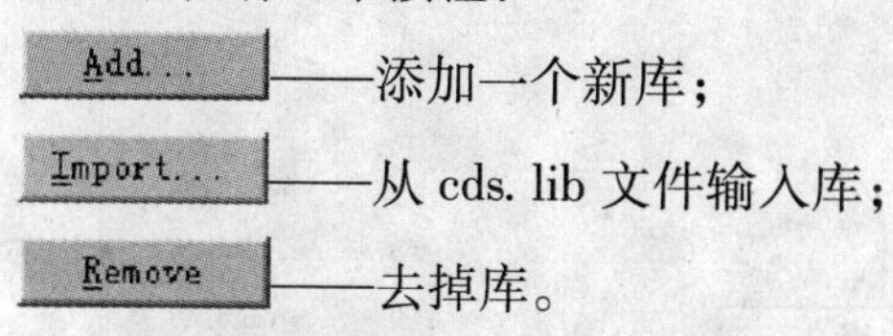

——添加一个新库；

——从 cds. lib 文件输入库；

——去掉库。

继续单击[下一步(N) >]按钮，出现如图 4-22 所示的 Summary 对话框。

单击[完成]按钮，出现如图 4-23 所示的库创建成功提示框。

单击[确定]按钮，进入到库设计 Library Project 界面，如图 4-24 所示。Library Project 界面将在第 5 章中做详细介绍，因此本节不做介绍。

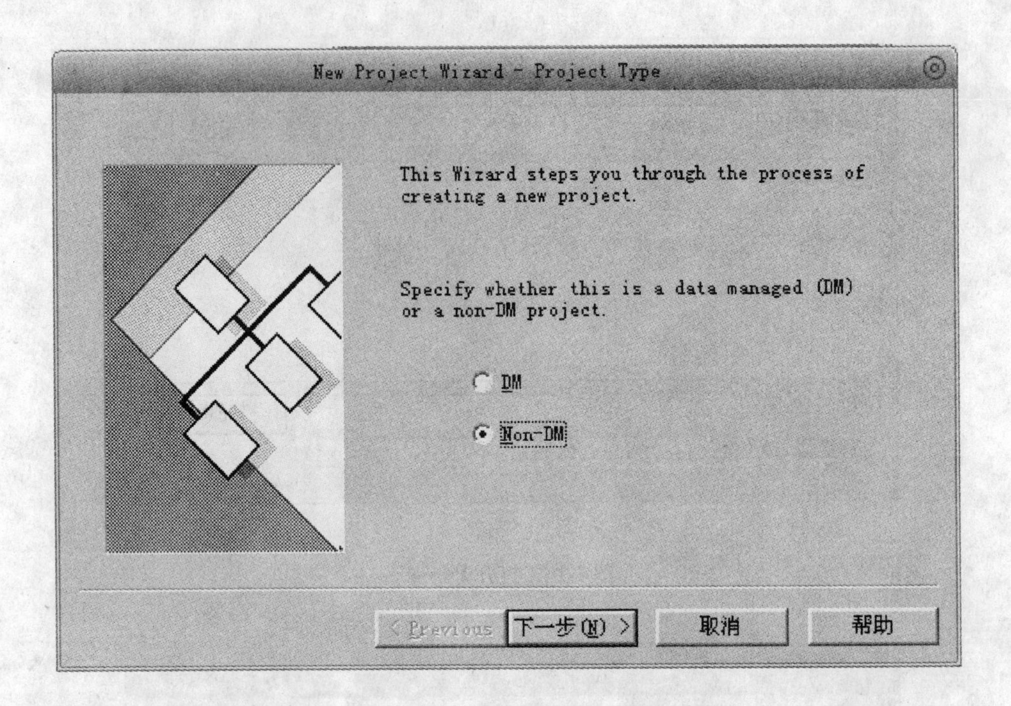

图 4-18　Project Type 对话框

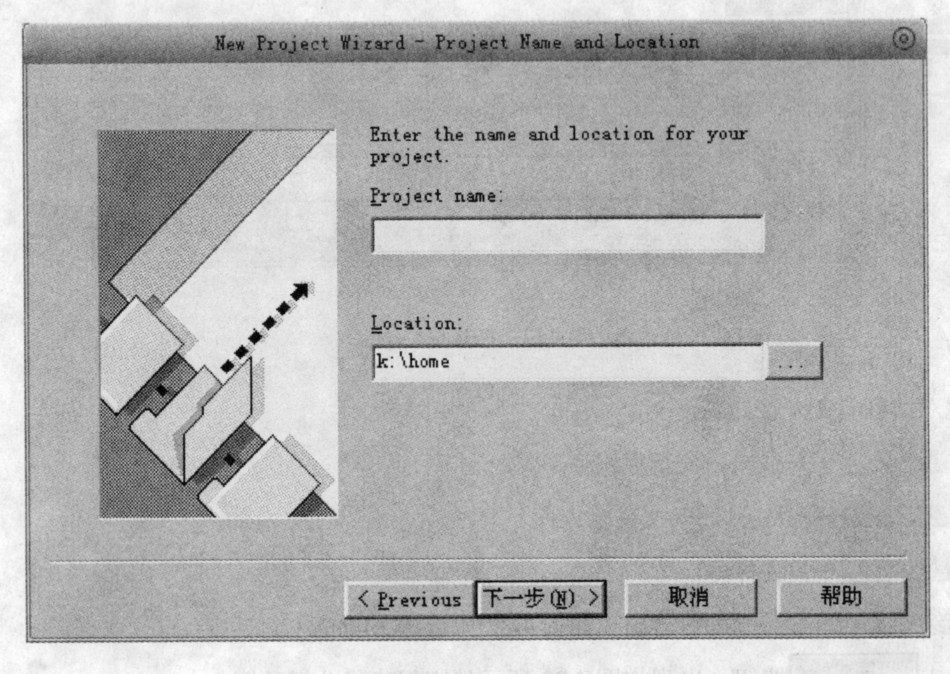

图 4-19　Project Name and Location 对话框一

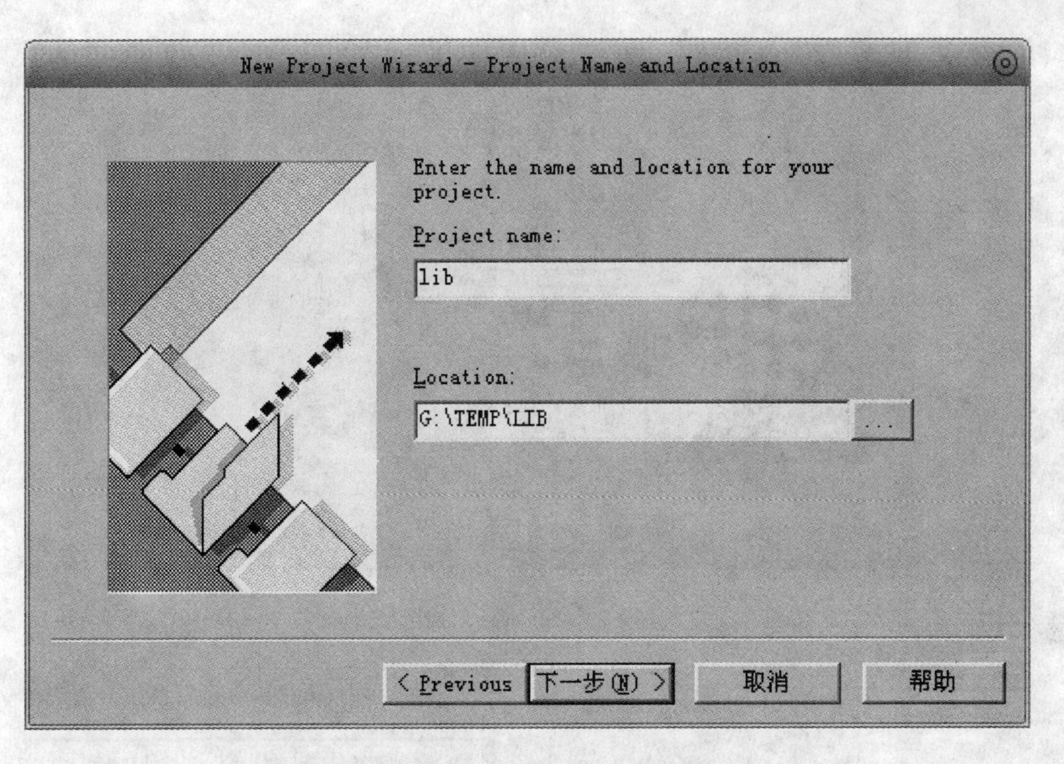

图 4-20　Project Name and Location 对话框二

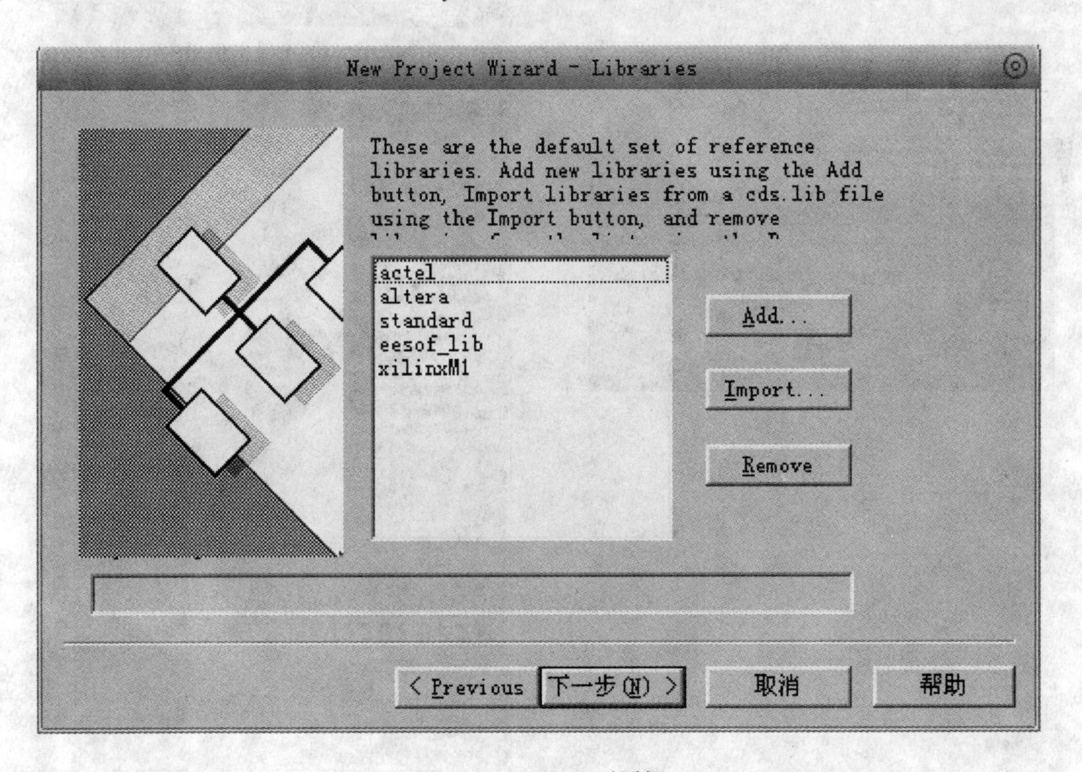

图 4-21　Libraries 对话框

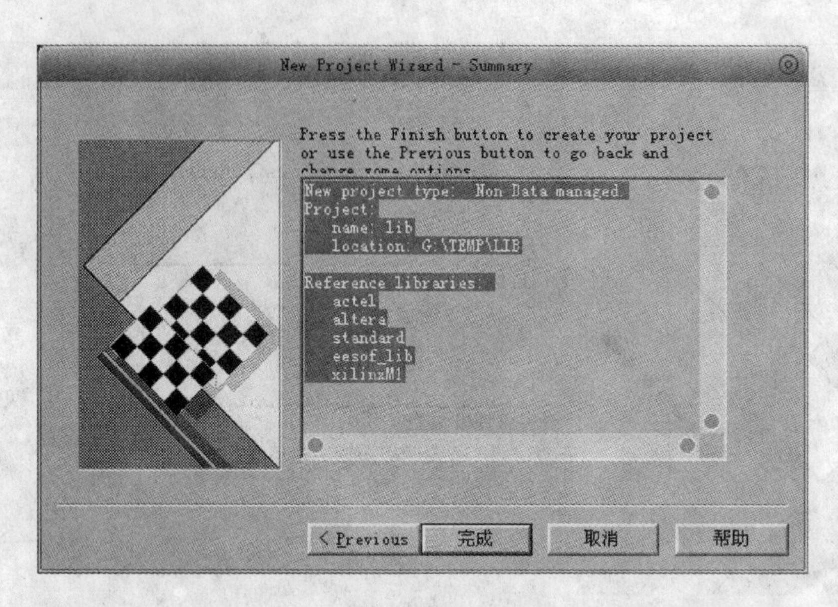

图 4-22 Summary 对话框

图 4-23 库创建成功提示框

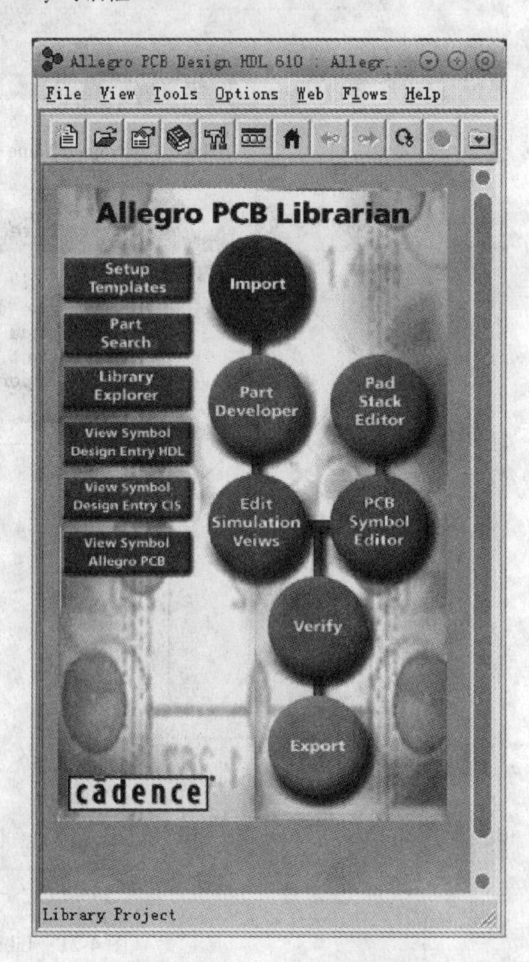

图 4-24 Library Project 界面

4.2　使用 Project 进行一系列的设计

本节将对4.1节中图4-15所示的项目设计界面进行介绍。

1. Setup

图4-15中的 Setup 是项目设置图标，单击此图标，进入如图4-25所示的 Project Setup 对话框。

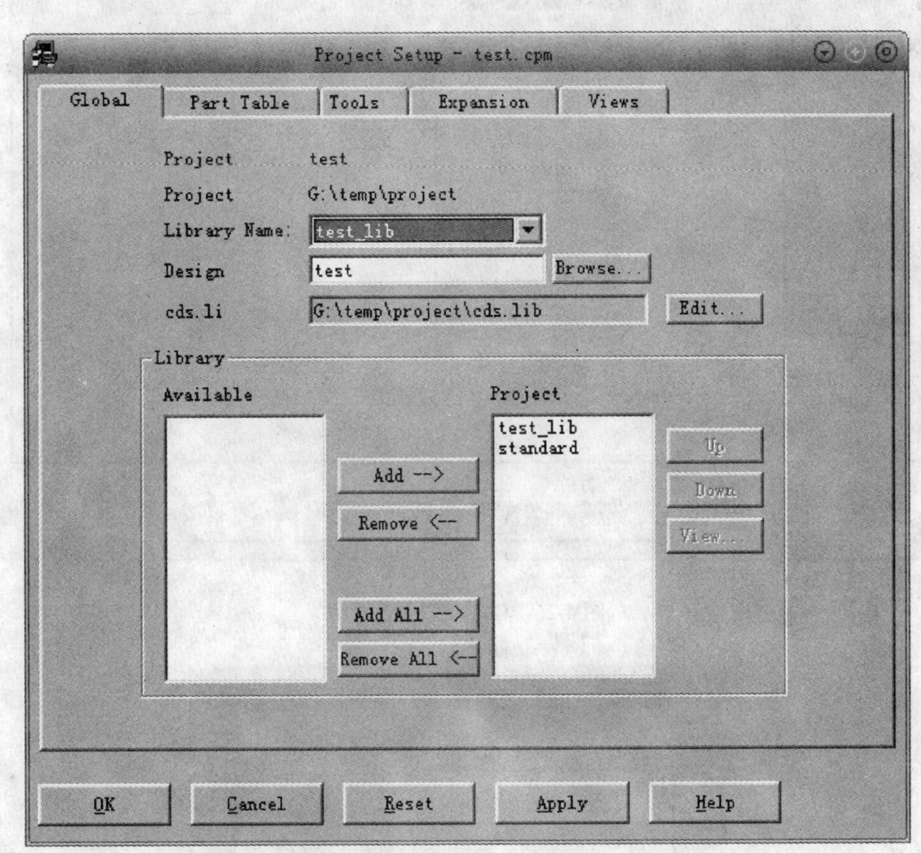

图4-25　Project Setup 对话框

该对话框有5个选项卡，本书着重介绍 Global（全局设置信息）选项卡，其他的请读者自行学习，在后面的相关章节中也会有介绍。

在图4-25中可以看到整个项目的情况，包括项目名称、存储位置、使用的库名字、具体设计的名字、库设置文件路径。

单击▼，出现如图4-26所示的 Global 选项卡介绍，可以看到此设计使用的全部库信息。

单击 Browse... 按钮，出现如图4-27所示的 Select Cell 对话框，选择需要进行的设计，单击 OK 按钮，进行其他设置。

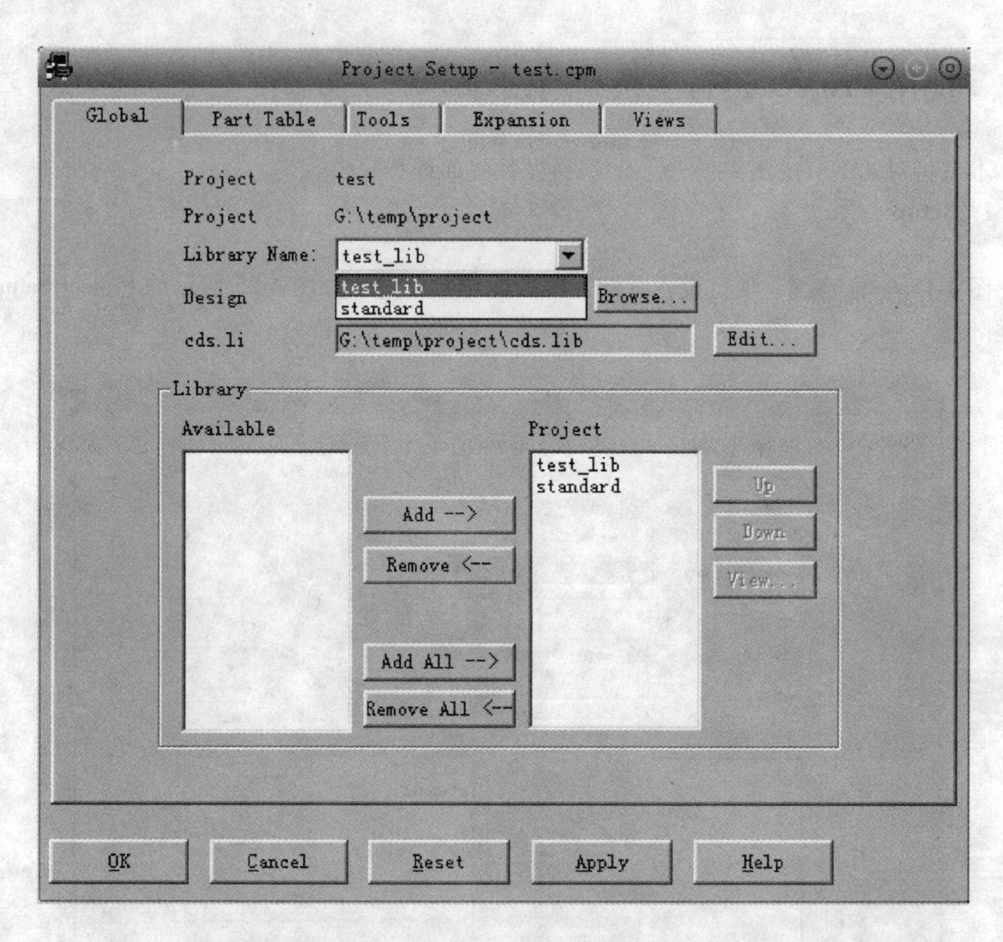

图 4-26 Global 选项卡介绍

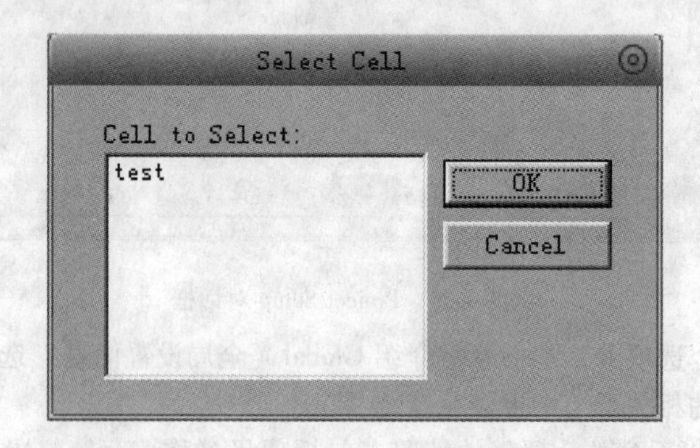

图 4-27 Select Cell 对话框

单击图 4-26 中的 Edit... 按钮，出现如图 4-28 所示的可编辑的 cds. lib 文件，此处可以定义设计所使用的库的路径，在后面的章节中会有介绍。

2. Design Entry

单击图 4-15 中的 Design Entry 图标进入原理图设计界面，第 7 章中将对此进行详细的介绍，本

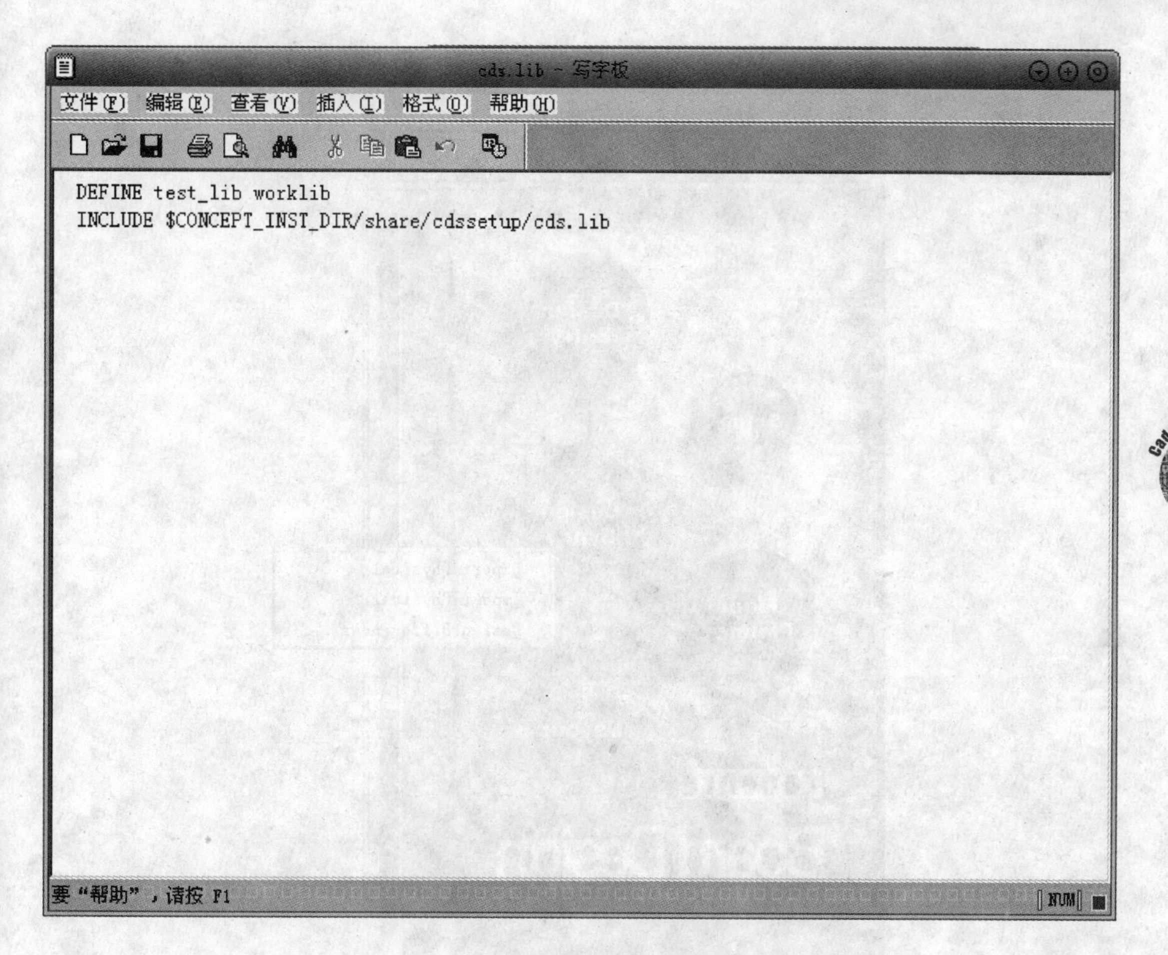

图 4-28　cds. lib 文件

节就不再介绍。

3. Design Sync

图 4-15 中的Design Sync图标是联系原理图和 PCB 的纽带，单击鼠标左键，出现如图 4-29 所示的 Design Sync 对话框。

单击"Design Sync"图标出现 3 个菜单，下面简单说明一下，在原理图设计和 PCB 设计章节中将进行详细的介绍。

1）Export Physical：从原理图输出到 PCB 设计界面。

2）Import Physical：从 PCB 文件输入信息到原理图。

3）Design Differences：检查原理图和 PCB 的一致性。

4. Layout

单击图 4-15 中的Layout图标进入 PCB 设计界面，第 8 章中将对此进行详细的介绍，本节不再介绍。

图4-29　Design Sync 对话框

4.3　本章小结

本章主要对项目管理器的基本功能进行了介绍，具体内容在后面相关的章节中进行详细介绍。

本章要求读者对 Cadence 工具有一个基本的认识，知道各个模块之间的联系，并请读者根据本章的介绍自行建立 Design Project 文件和 Library Project 文件，并掌握创建方法。

第 5 章　Cadence PCB 封装库的制作及使用

封装库是进行 PCB 设计时使用的元件图形库。本章主要介绍使用 Cadence 软件进行 PCB 封装库制作的方法及封装库的使用方法。

5.1　PCB 封装库的建立

本书第 4 章中介绍了如何建立一个库文件，按照第 4 章的步骤请读者自行建立一个名为 lib. cpm 的项目，从开始/程序中打开项目管理器，打开此 lib. cpm 文件，出现如图 4-24 所示的 Library Project 界面，鼠标左键单击 PCB Symbol Editor 图标就可以进入到 PCB 封装库设计界面。具体的封装库的制作将在第 5. 2 节进行介绍。

5.2　PCB 封装库的制作

为了更好地学习和掌握封装库的制作，首先介绍一下封装库，封装库就是所选用的元件在 PCB 上的真实反映，应包含真实元件适合焊接的焊盘和外形尺寸。因此进行 PCB 封装库制作之前，首先要进行焊盘的设计。焊盘又分为表面贴装的（smd pad）和通孔插装的（thd pin），下面分别进行介绍。

5.2.1　表面贴装的制作

本小节将以具体的元件为例进行焊盘的设计。

例 5-2-1：intel 公司 p30 _ tsop56 flash 元件库的制作，具体元件信息如图 5-2 和表 5-1 所示。

在图 4-24Library Project 界面中，鼠标左键单击 Pad Stack Editor 图标进入表面贴装（Pad）设计界面，如图 5-1 所示。

从图 5-2 中可知，焊盘的宽度为 b，长度为 L；查表 5-1 可知，b、L 均有 3 种值，Min（最小值）、Nom（中间值）、Max（最大值），读者可以根据具体的要求进行选择，一般选择 Nom 所对应的值。考虑到每个公司和个人所使用的工艺规范不同，b 和 L 需要根据具体的公司规范和个人经验进行调整，根据经验，计算出来的 b = 0. 3mm，L = 1. 3mm。在图 5-1 中的 Parameters 进行设置，设置后的结果如图 5-3 所示。请读者自行进行对比设置。单击菜单“File”，选择“Save As”对此 Pad 进行命名，命名可以根据公司和个人的习惯进行。此处命名为 REC130 ×030MM _ SMD，REC 表示此 Pad 的形状是长方形的，130 ×030 表示此 Pad 的长和宽，mm 表示此 Pad 的尺寸是公制的，SMD 表示此 Pad 是贴装的。

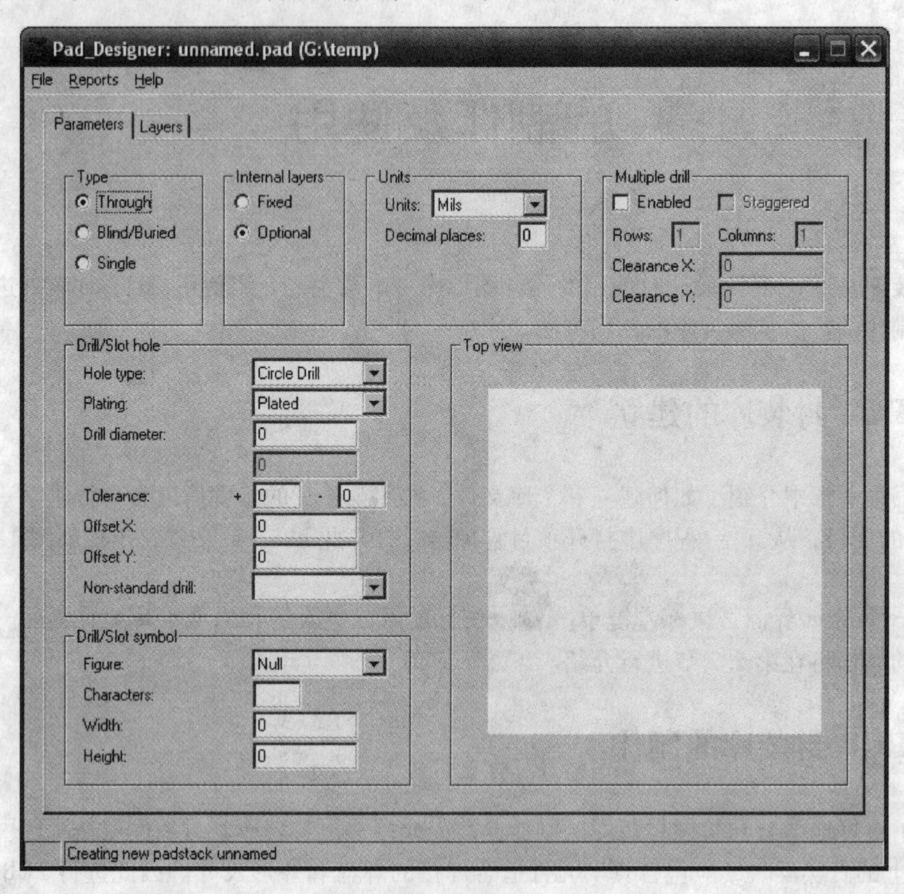

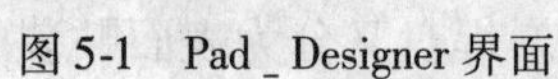
图 5-1 Pad _ Designer 界面

表 5-1 TSOP 封装尺寸信息

产品信息	Symbol	尺寸/mm			尺寸/in		
		Min	Nom	Max	Min	Nom	Max
Package Height（封装高度）	A	—	—	1. 200	—	—	0. 047
Package Body Thickness（封装体厚度）	A_2	0. 965	0. 995	1. 025	0. 038	0. 039	0. 040
Lead Width（引脚宽度）	b	0. 100	0. 150	0. 200	0. 004	0. 006	0. 008
Lead Thickness（引脚厚度）	c	0. 100	0. 150	0. 200	0. 004	0. 006	0. 008
Package Body Length（封装体长度）	D_1	18. 200	18. 400	18. 600	0. 717	0. 724	0. 732
Package Body Width（封装体宽度）	E	13. 800	14. 000	14. 200	0. 543	0. 551	0. 559
Lead Pitch（引脚间距）	e	—	0. 500	—	—	0. 0197	—
Terminal Dimension（带引脚长度的封装尺寸）	D	19. 800	20. 00	20. 200	0. 780	0. 787	0. 795
Lead Tip Length（引脚长度）	L	0. 500	0. 600	0. 700	0. 020	0. 024	0. 028
Lead Count（引脚数）	N	—	56	—	—	56	—
Lead Tip Angle（引脚尖端角度）	θ	0°	3°	5°	0°	3°	5°
Lead to Package Offset（引脚与封装距离）	Z	0. 150	0. 250	0. 350	0. 006	0. 010	0. 014

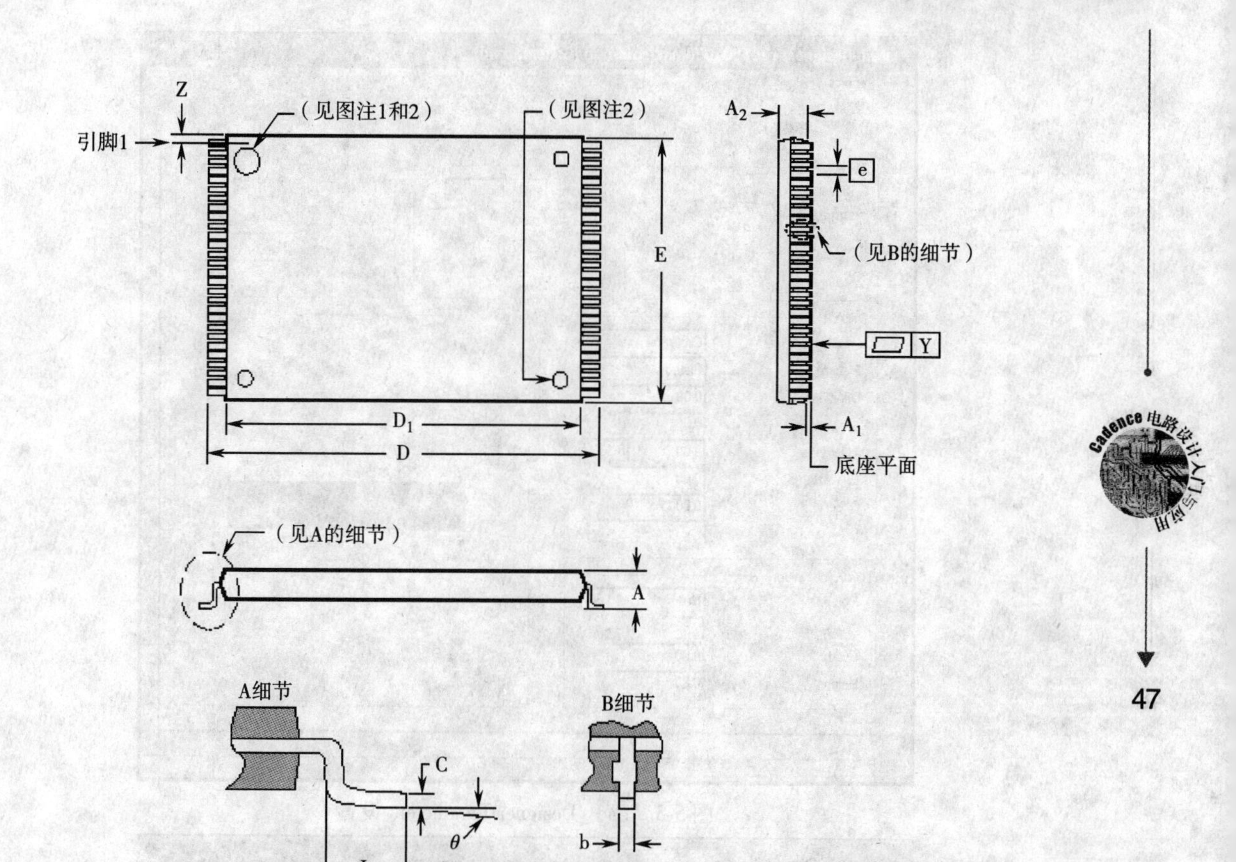

图 5-2　56-Lead TSOP Package 信息

注：1. 该标记表示引脚 1

2. 如果有两个标记，则大的标记引脚 1

继续对图 5-1 中 Layers 进行参数设置。

1）BEGINLAYER 设置：在 Regular Pad 一栏中对应 Geometry 选择 Rectangle，对应 Width 栏输入焊盘的长度 1. 30mm，Height 栏输入焊盘的宽度 0. 30mm。设置后的结果如图 5-4 所示，在 Views 栏选择 Top 就可以预览到 Pad 的外形。

2）SOLDERMASK _TOP 设置：在 Regular Pad 一栏中对应 Geometry 选择 Rectangle，对应 Width 栏输入焊盘的长度 1. 40mm，Height 栏输入焊盘的宽度 0. 40mm。设置后的结果如图 5-5所示，在 Views 栏选择 Top 就可以预览到 Pad 的外形。细心的读者可能已经发现，这两个地方的尺寸有细微的差别，那是因为要确保加工完成后的印制电路板上的 Pad 形状和大小同我们所设计的完全一致，就要求焊盘对应的阻焊层比 Pad 大少许，一般要大为 0. 1mm。

到此 Pad 的制作已经完成，Pad 的种类和形状有很多种，在此无法一一举例，还请读者朋友们见谅，但是制作的方法都是一样的，根据具体的资料要求，读者需要自己掌握。

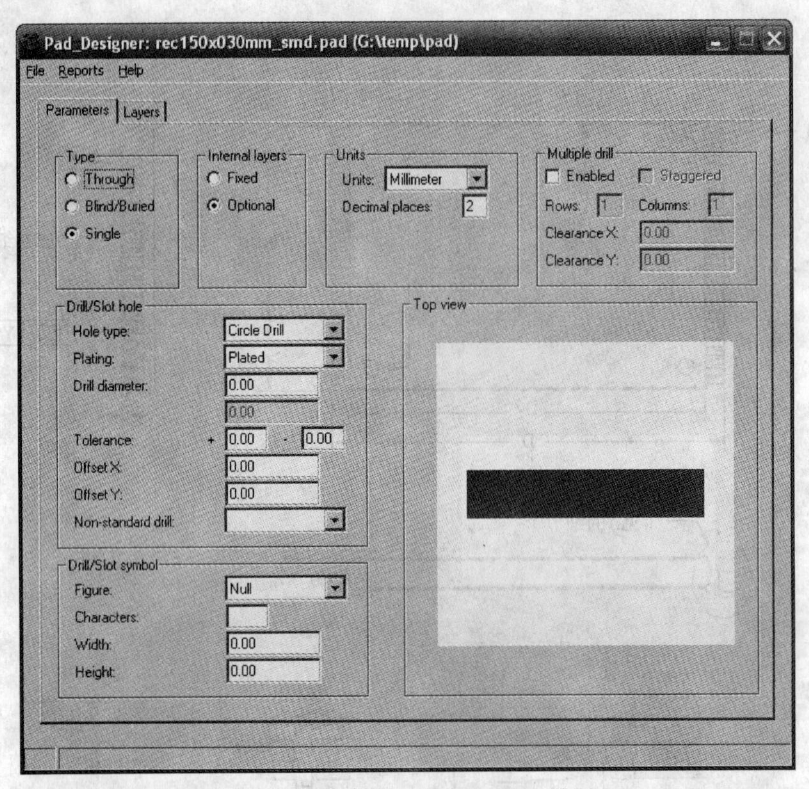

图 5-3 Pad _ Designer Parameters 设置

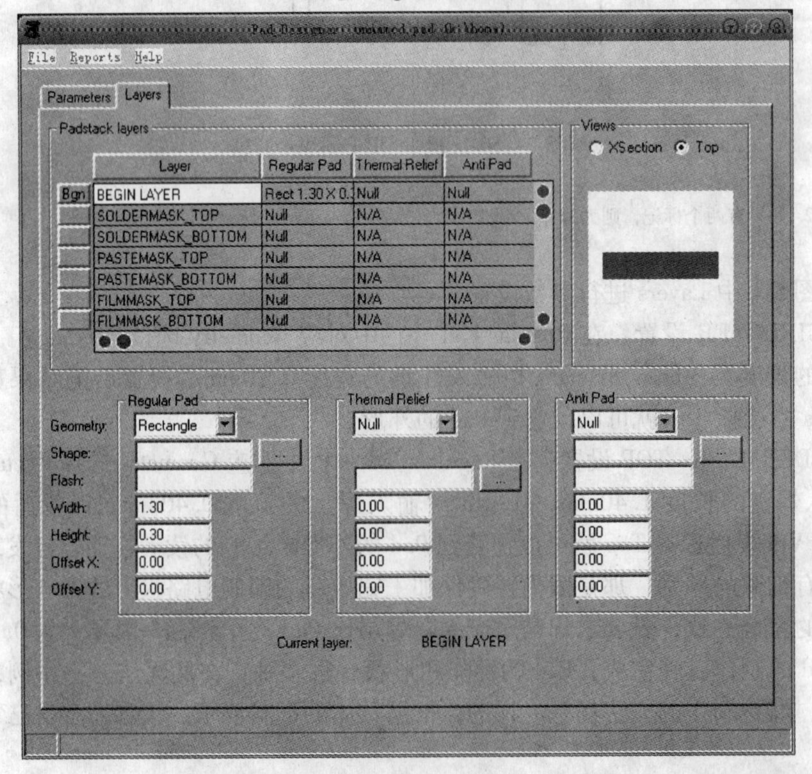

图 5-4 Pad _ Designer BEGINLAYER 设置

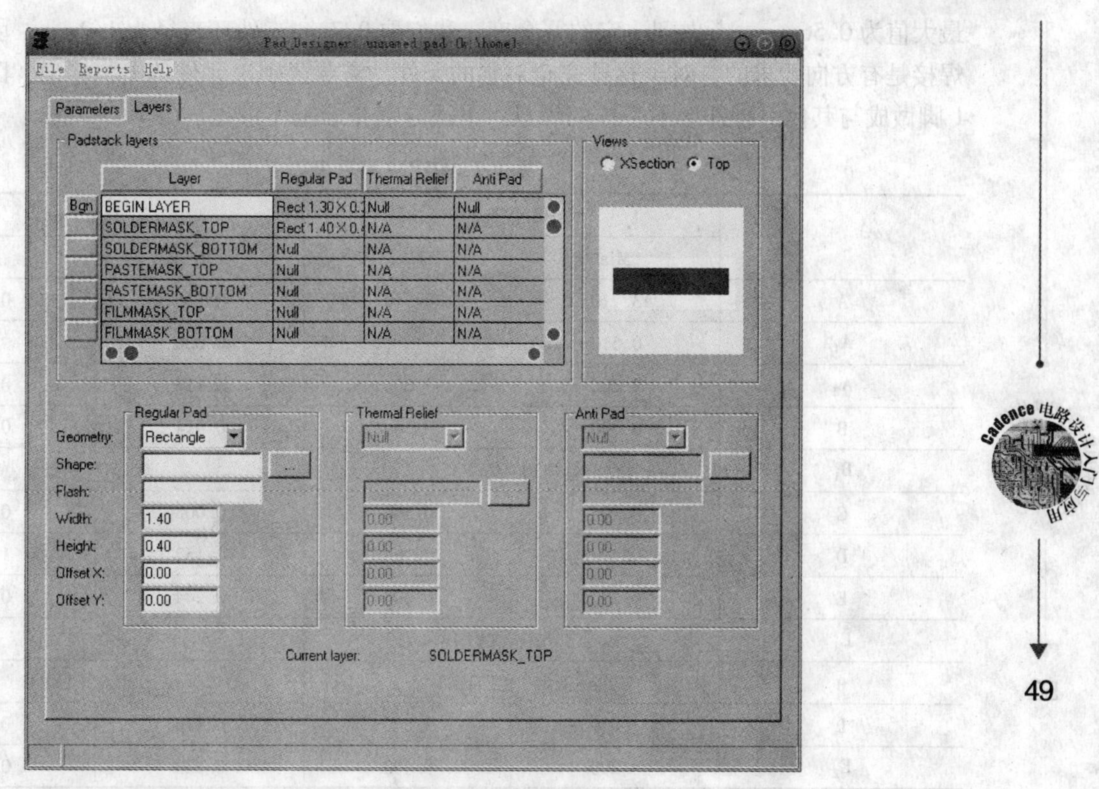

图 5-5　Pad _ Designer SOLDERMASK _ TOP 设置

5.2.2　通孔插装的制作

读者要有这样一个概念，通孔插装（Pin）与表面贴装（Pad）是有区别的，由于通孔的 Pin 跟 PCB 的负片在需要的时候也会有连接关系，因此还需要特别制作内层连接的 Flash。

元件资料如图 5-6 和表 5-2 所示。由表 5-2 可以看出，元件引脚的最小值为 0.36mm，

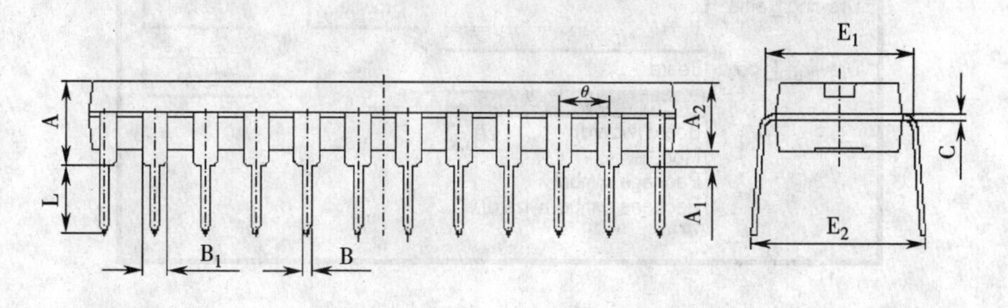

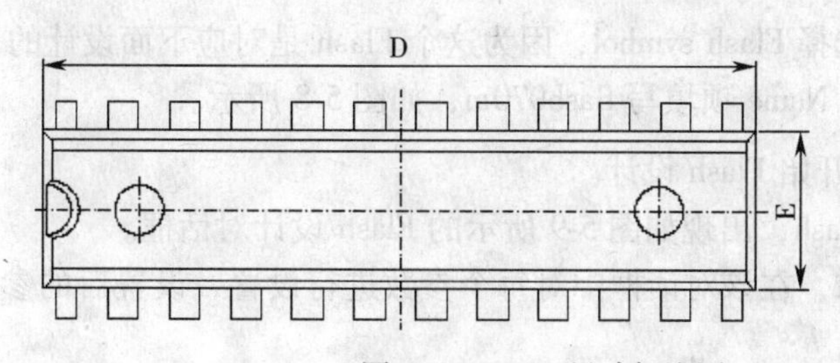

图 5-6　DIP24 尺寸标注图

最大值为0.56mm。考虑到一定的冗余度，我们取0.7mm，外环直径为1.2mm。由于元件的焊接是有方向要求的，对于这种完全对称的元件，需要区别出元件的1脚标记，因此需要将1脚做成与其他引脚外形不一样的焊盘。下面分别介绍制作过程。

表5-2　DIP24尺寸表

符　号	尺寸/mm		尺寸/in	
	Min	Max	Min	Max
A	3.710	4.310	0.146	0.170
A_1	0.510		0.020	
A_2	3.200	3.600	0.126	0.142
B	0.380	0.560	0.014	0.022
B_1	1.270（TYP）		0.050（TYP）	
C	0.204	0.360	0.008	0.014
D	28.250	28.850	1.152	1.175
E	6.200	6.600	0.244	0.260
E_1	7.620（TYP）		0.300（TYP）	
θ	2.540（TYP）		0.100（TYP）	
L	3.000	3.800	0.116	0.142
E_2	8.200	9.400	0.323	0.370

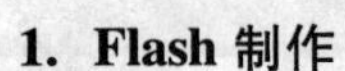

1. Flash制作

1）在程序中打开PCB Editor，在File菜单中选择new，出现如图5-7所示的对话框。

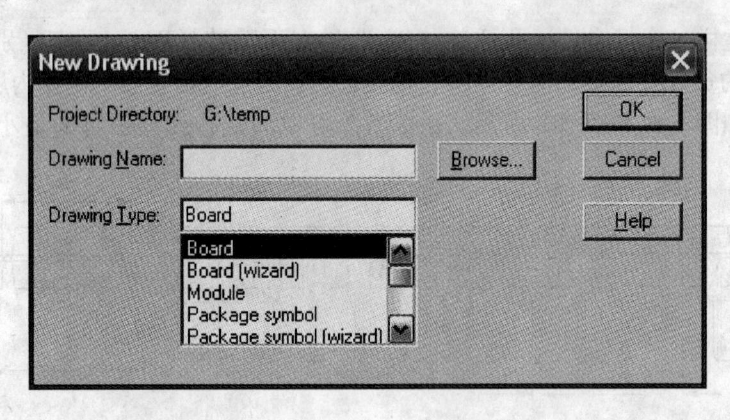

图5-7　New Drawing对话框

2）在Drawing Type栏选择Flash symbol，因为这个Flash是对应下面设计的070mm孔径的Pin设计的，因此Drawing Name项填写flash070m，如图5-8所示。

3）单击 OK 按钮，开始Flash设计。

4）在add菜单中选择flash，出现如图5-9所示的Flash设计对话框。

5）根据具体的规范要求，在该对话框中对每个参数进行设置，设置后的参数如图5-10所示。

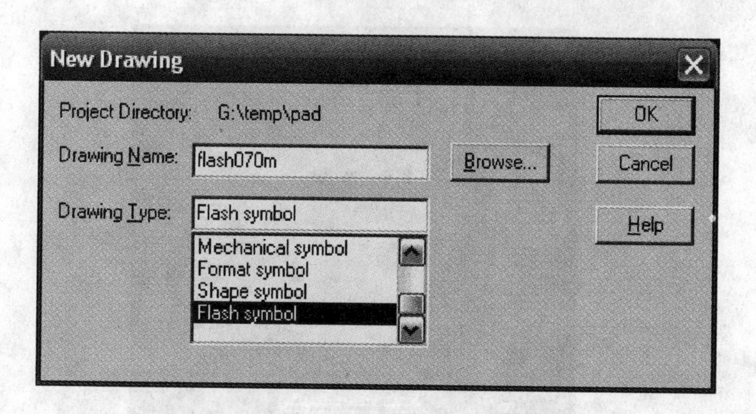

图 5-8　New Drawing 对话框设置

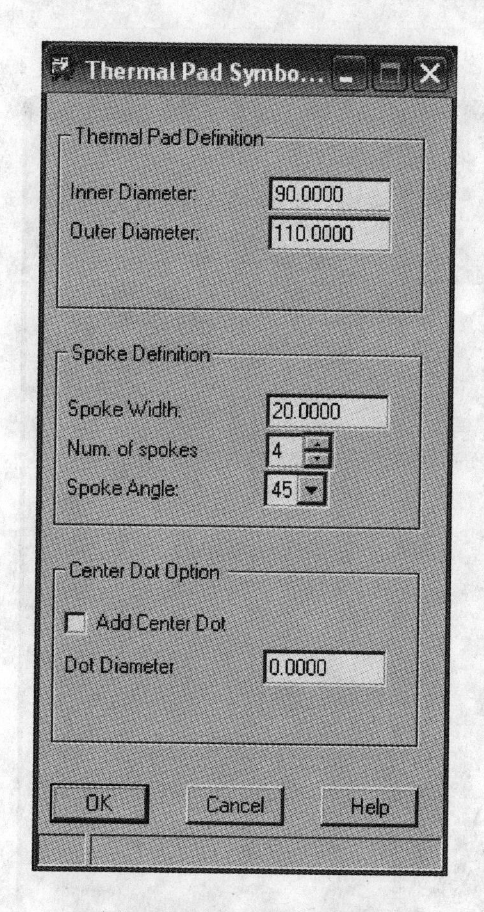

图 5-9　Flash 设计对话框

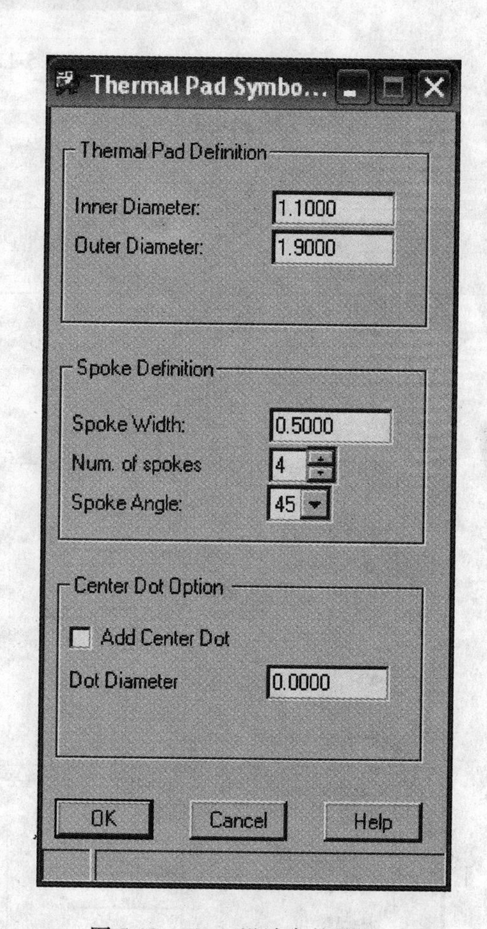

图 5-10　Flash 设计参数设置

6）单击 OK 按钮，保存设计，就完成了 Flash 的设计，如图 5-11 所示。

2. 1 脚焊盘的设计（这里将其设计成方形）

1）打开 Pad _ Designer 软件，如图 5-12 所示。

图 5-11　Flash 图形

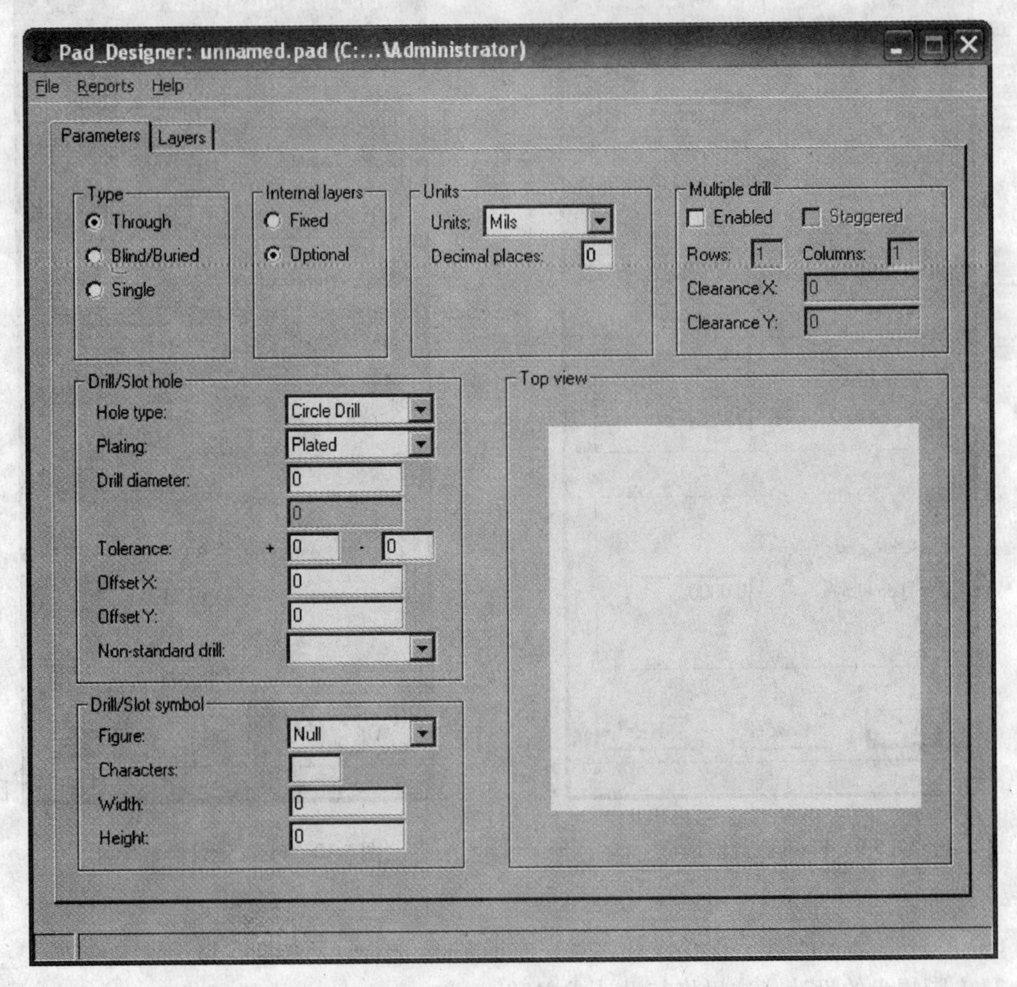

图 5-12　Pad _ Designer 界面

2）Pramameters 设置：由于设计的是通孔焊盘，Type 此处应选择 Through，Internal layers 选择 Optional（可选的），Units 选择 Millimeter（公制），Decimal places（精度）填写 2。对应 Hole type 选择 Circle Drill，Plating 选择 Plated，Drill diameter 填写 0.70，如图 5-13 所示。

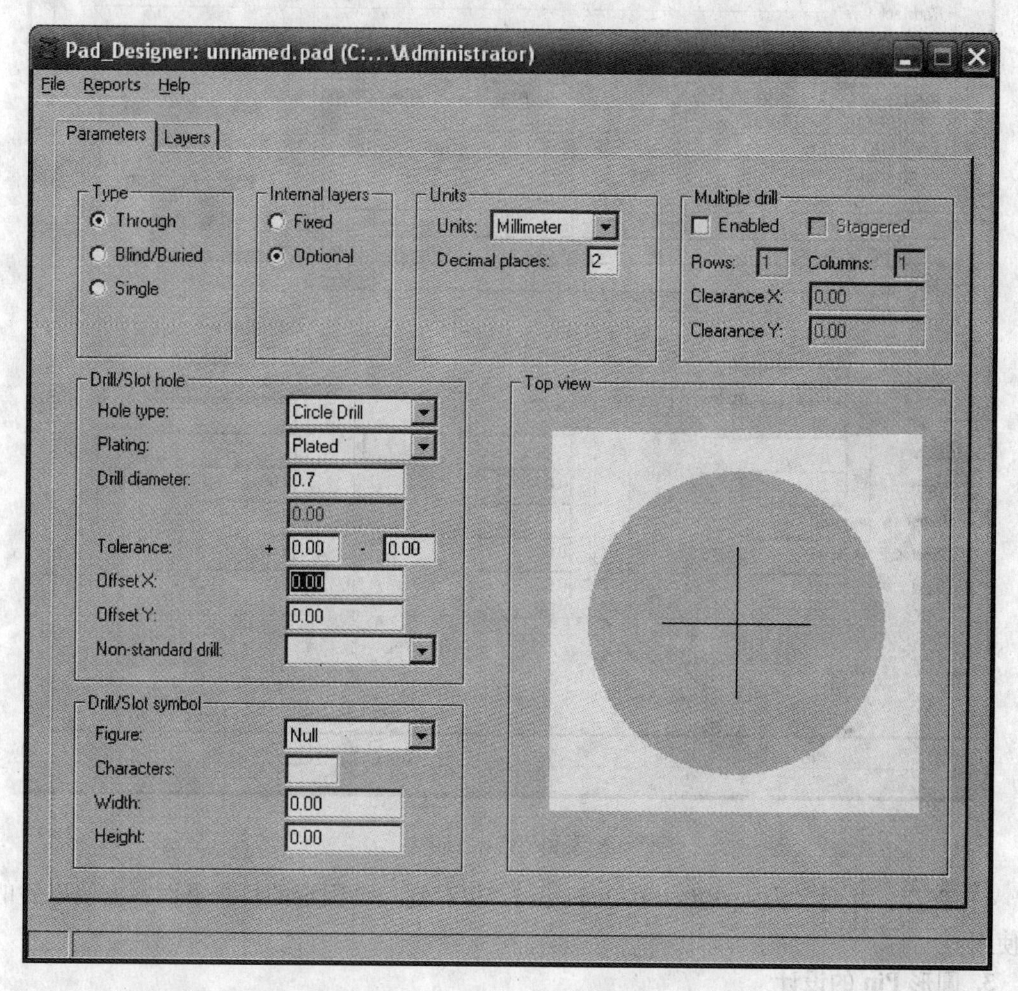

图 5-13　Pad _ Designer 参数设置

3）Layers 设置：鼠标分别点在对应的图 5-14 中的前 5 行，分别进行设置。

开始层（BEGIN LAYER）设置：鼠标点在开始层上，对应的 Regular Pad 选择 Square，对应栏的宽度和高度填写 1.2，其余为空。

内层（DEFAULT INTERNAL）设置：同样的方法，Regular Pad 选择 Circle，对应栏的宽度和高度填写 1.1，Thermal Relief 选择 Flash，Anti Pad 选择 Circle，对应栏的宽度和高度填写 1.5，其余为空。

结束层（END LAYER）设置：方法和参数同开始层一样。

SOLDMASK _ TOP 设置：其 Regular Pad 选择的形状同开始层一样，对应栏的高度和宽度要比 Pin 的稍大一点，一般多出 0.1mm 就足够了，因此这里填写 1.3。

SOLDMASK _ BOTTOM 设置：方法和参数同 SOLDMASK TOP 一样。

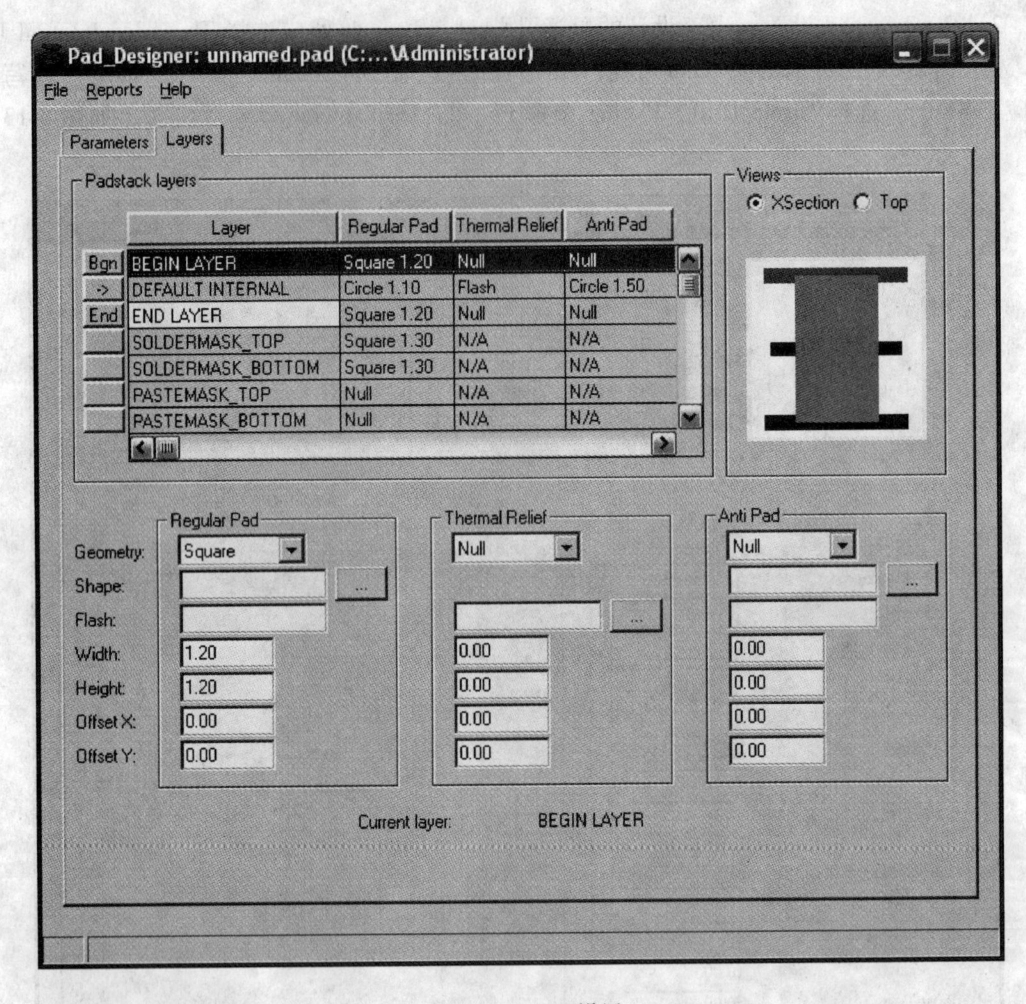

图 5-14　Layers 设置

4）保存，并命名为 sqr120cir 070mm. pad，保存到一个固定的目录下面，方便以后的设计使用。

3. 圆形 Pin 的设计

其方法同 1 脚方焊盘的设计，惟一不同的地方就是开始层、结束层以及对应的 SOLDMASK 的 Regular Pad 选成 Circle 就可以了。命名为 pad120cir 070mm. pad，也保存到同一个目录下面。

5. 2. 3　PCB 封装库的制作

以上都是为做库进行的准备工作，现在开始进入库设计。

例 5-2-2：sop56 库设计。

在开始/所有程序/AllegroSPB15. 2 中打开 PCB Librarian，然后单击 File 菜单中的 new，出现如图 5-15 所示的对话框。

在 Drawing Type 中选择 Package symbol（wizard）（封装库设计向导），命名为 sop56_0. 50mm。单击 Browse... 按钮选择库的存放路径，如图 5-16 所示。

单击 OK 按钮，出现如图 5-17 所示的对话框。

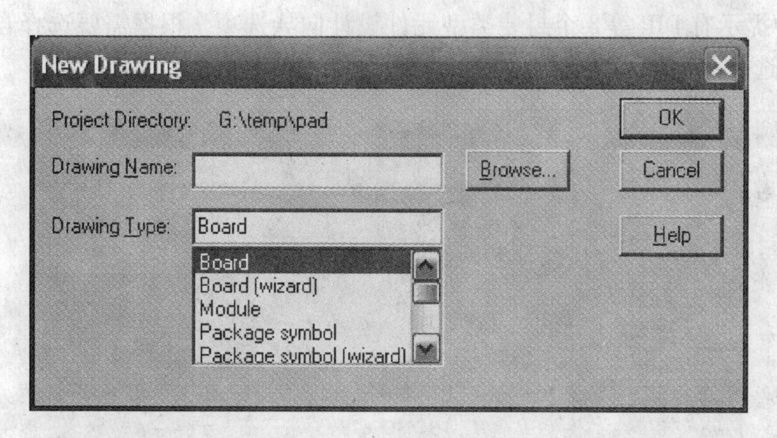

图 5-15　New Drawing 对话框一

图 5-16　New Drawing 对话框二

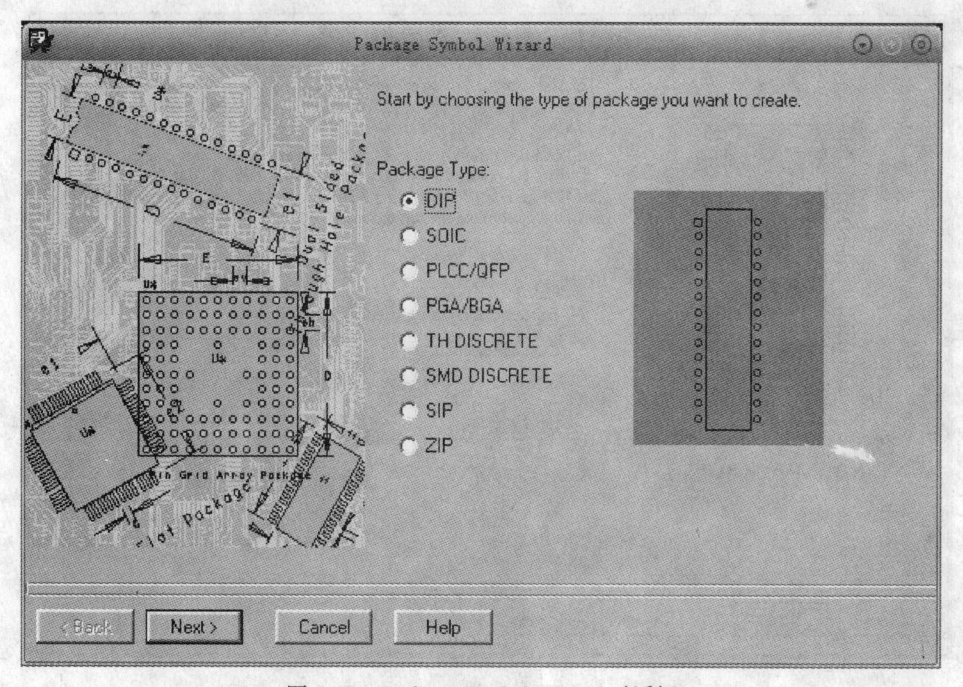

图 5-17　Package Symbol Wizard 对话框

图5-17中提示有DIP等8个封装类型元件设计向导选项，根据需要选择自己所需的设计向导，此处选择SOIC设计向导，如图5-18所示。

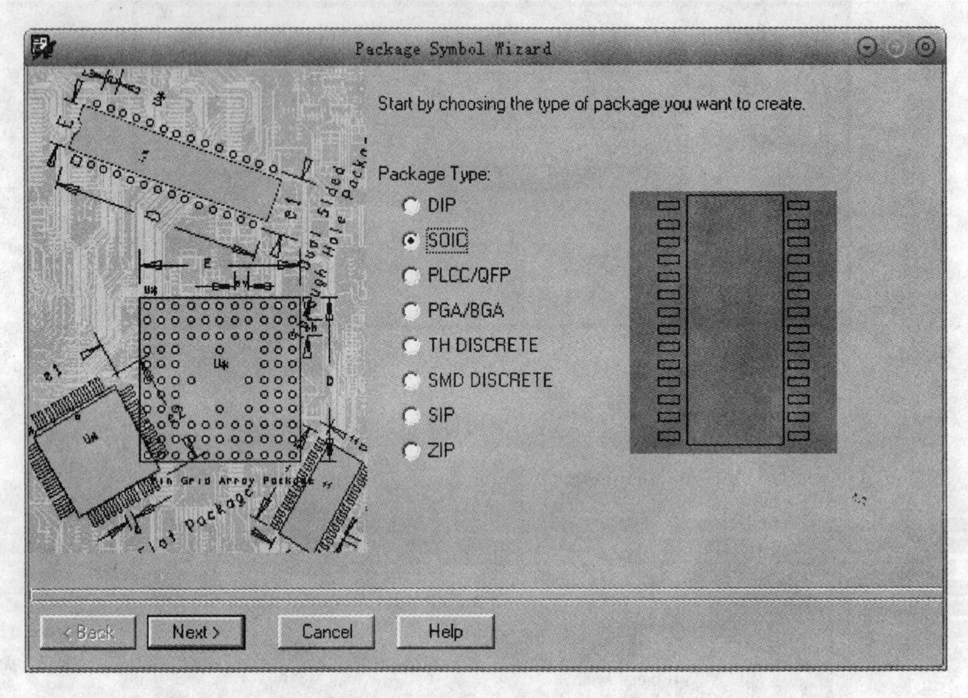

图5-18　SOIC设计向导对话框

单击 Next > 按钮，出现如图5-19所示的对话框。

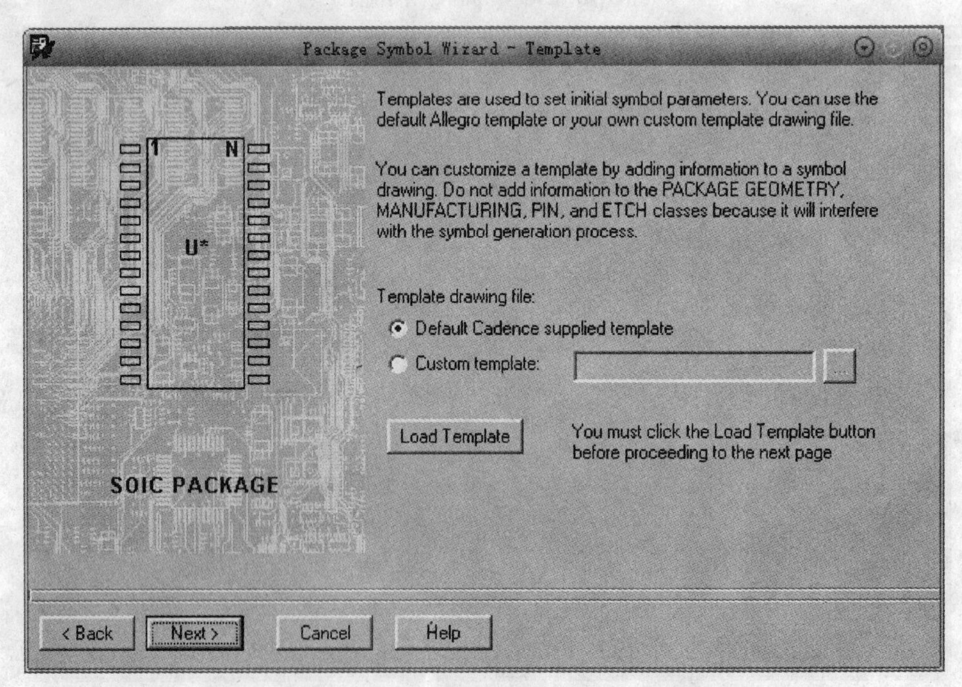

图5-19　Package Symbol Wizard-Template对话框

单击 Load Template 按钮，然后单击 Next > 按钮，出现如图 5-20 所示的对话框。

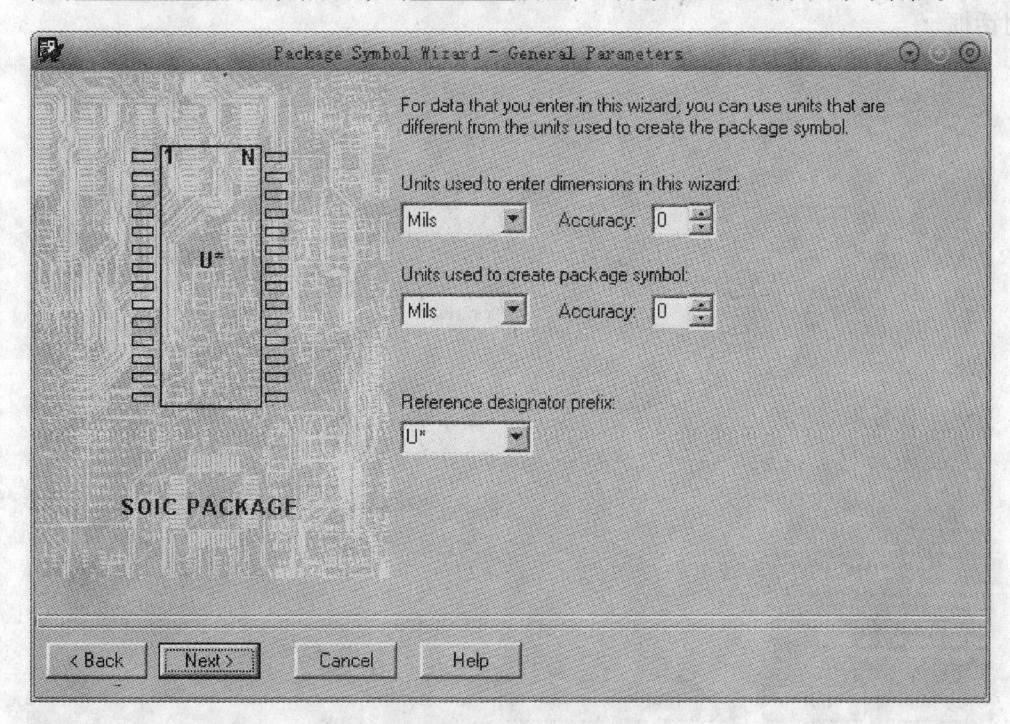

图 5-20　SOIC Package 参数设置对话框

参数进行设置后，如图 5-21 所示。

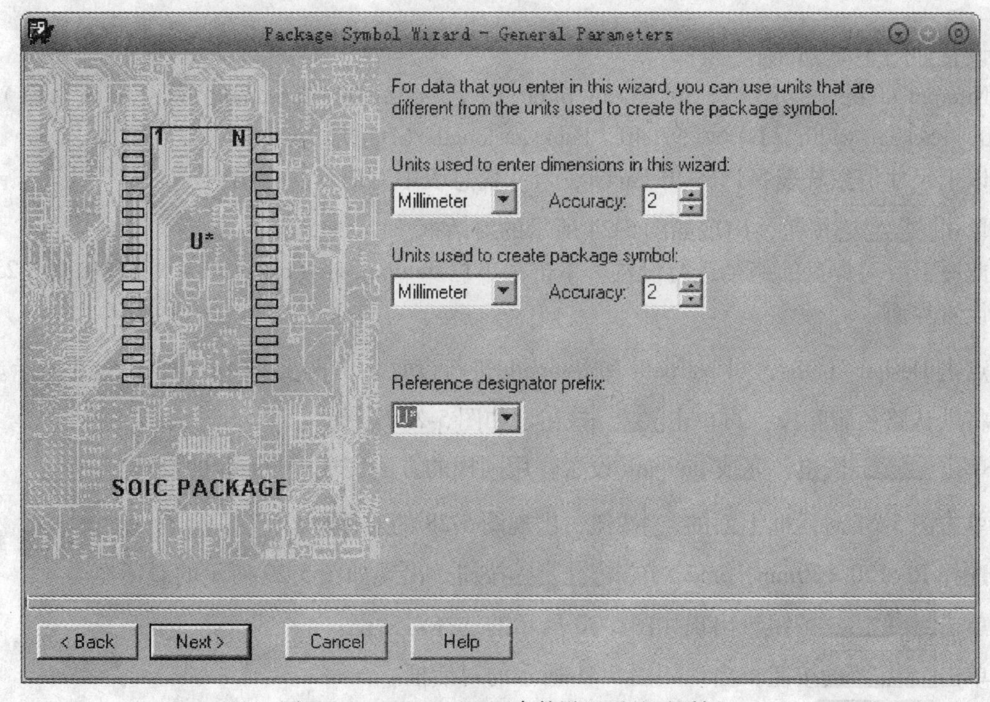

图 5-21　SOIC Package 参数设置后的对话框

图5-21的参数设置，选择公制，精度为2位。单击 Next > 按钮，出现如图5-22所示的对话框。

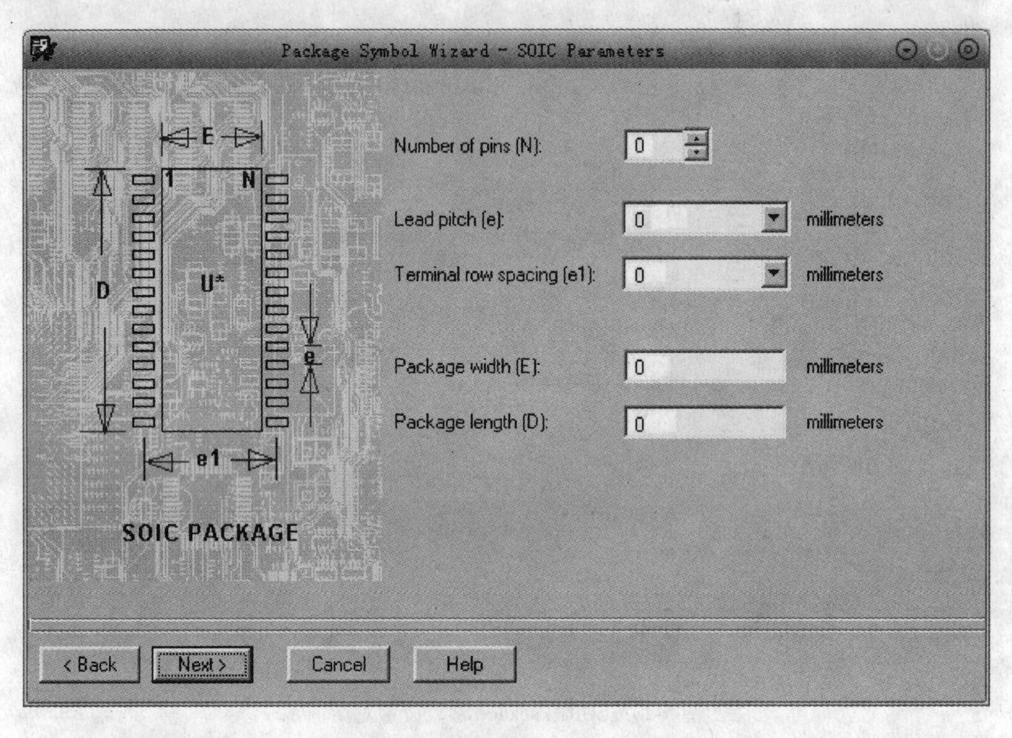

图5-22　SOIC Package 封装尺寸设置

设置如图5-23所示：

Number of pins（N）选56，Lead pitch（e）选0.50，Terminal row spacing（e1）选19.20，Package width（E）填17.40，Package length（D）填14.0。

以上尺寸信息从表5-1 TSOP Package 尺寸信息表中对应计算得出。

单击 Next > 按钮，出现如图5-24所示的对话框。

此时需要对焊盘的路径进行设置。单击菜单栏 Setup/User Preferences…出现如图5-25所示的设置界面。

点击 Design _ paths，对 padpath 和 psmpath 进行设置。单击 ... 按钮，如图5-26所示。

将默认路径删除掉，再单击 ... 按钮，如图5-27所示。

单击 OK 按钮，完成 padpath 设置。用同样的方法完成 psmpath 的设置。

单击图5-24对话框上面的 ... 按钮，出现图5-28的对话框。

选择 Rec130×30mm _ Smd，单击 OK 按钮，出现如图5-29所示的对话框。

单击 Next > 按钮，出现如图5-30所示的选择对话框。

单击 Next > 按钮，出现如图5-31所示的对话框。

单击 Finish 按钮，完成库设计，如图5-32所示。

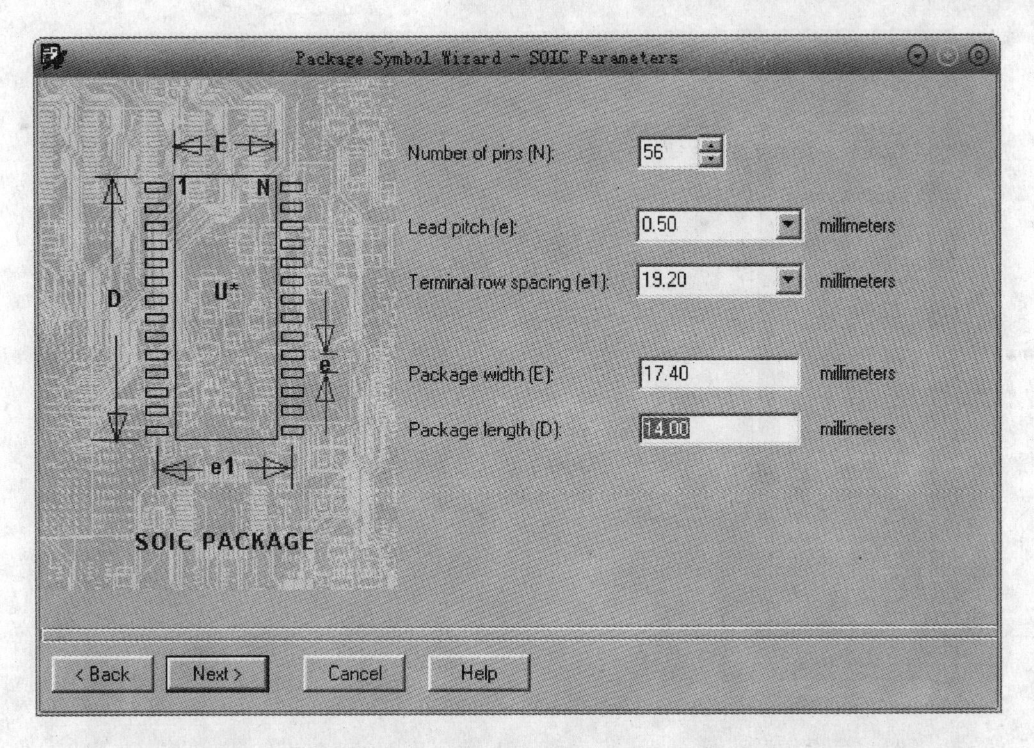

图 5-23　SOP56 Package 封装尺寸设置

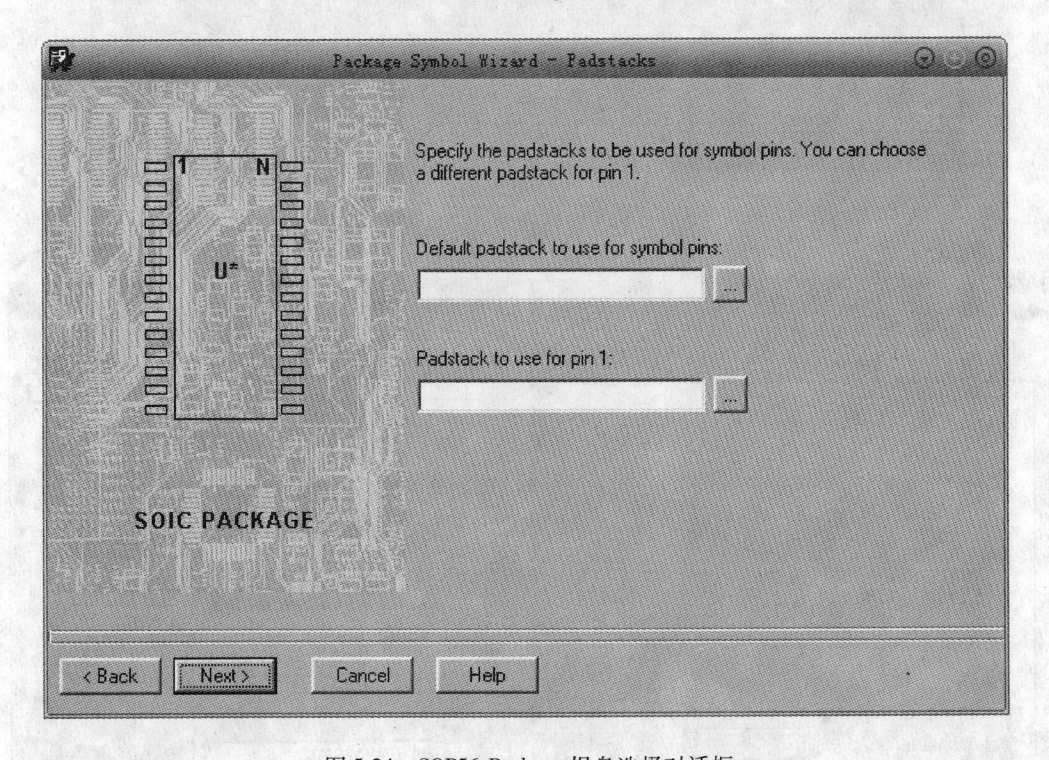

图 5-24　SOP56 Package 焊盘选择对话框

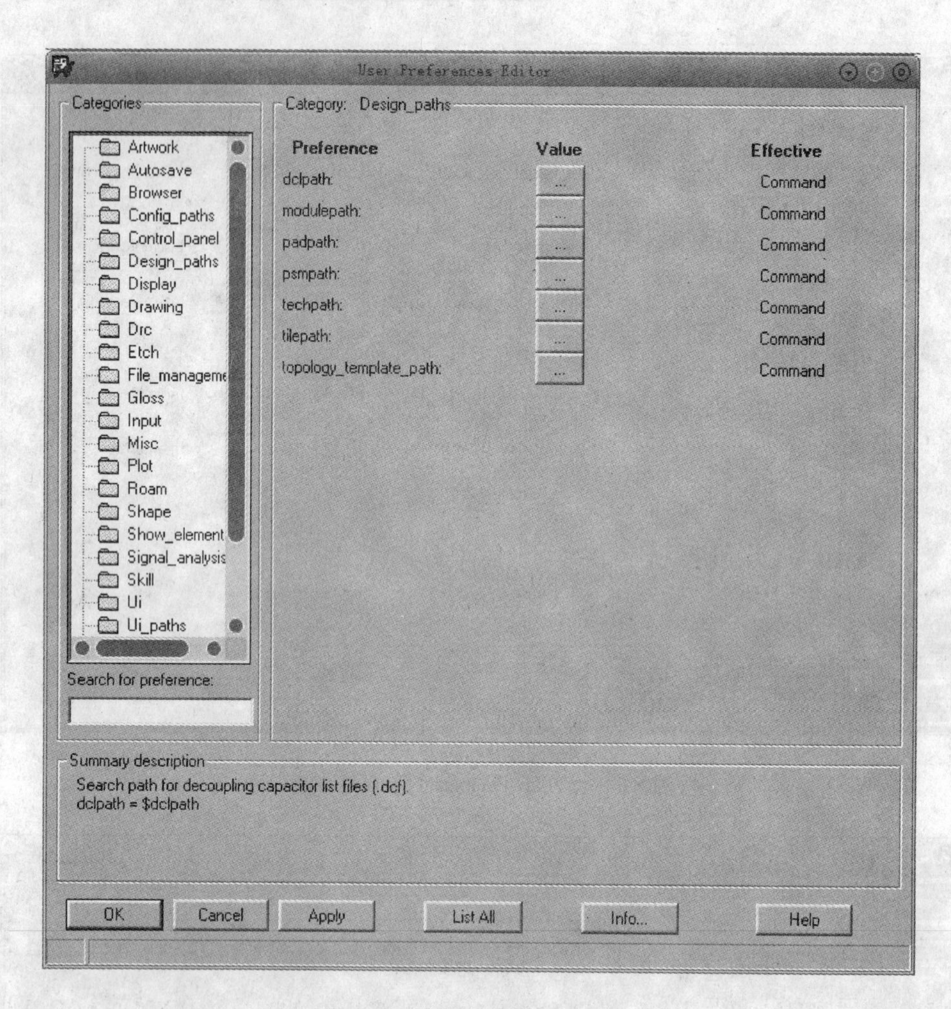

图 5-25　库设计参数设置界面

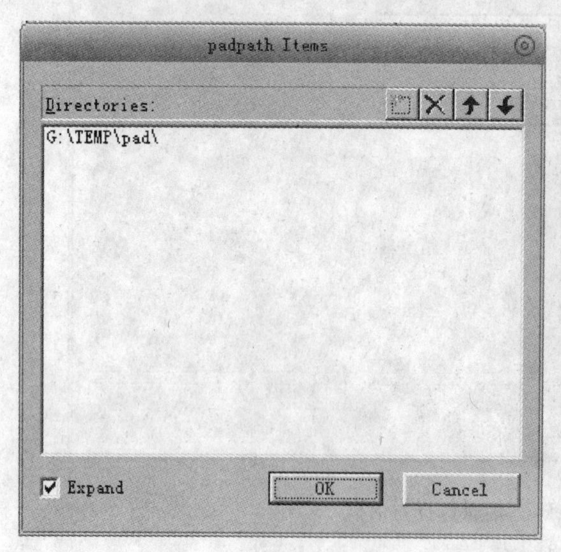

图 5-26　padpath 设置

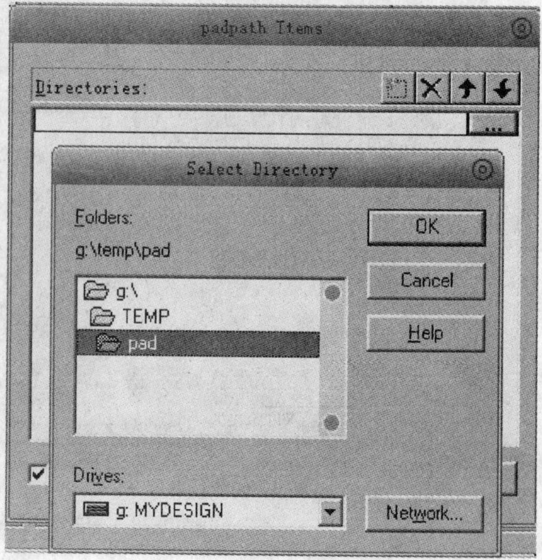

图 5-27　padpath 设置后

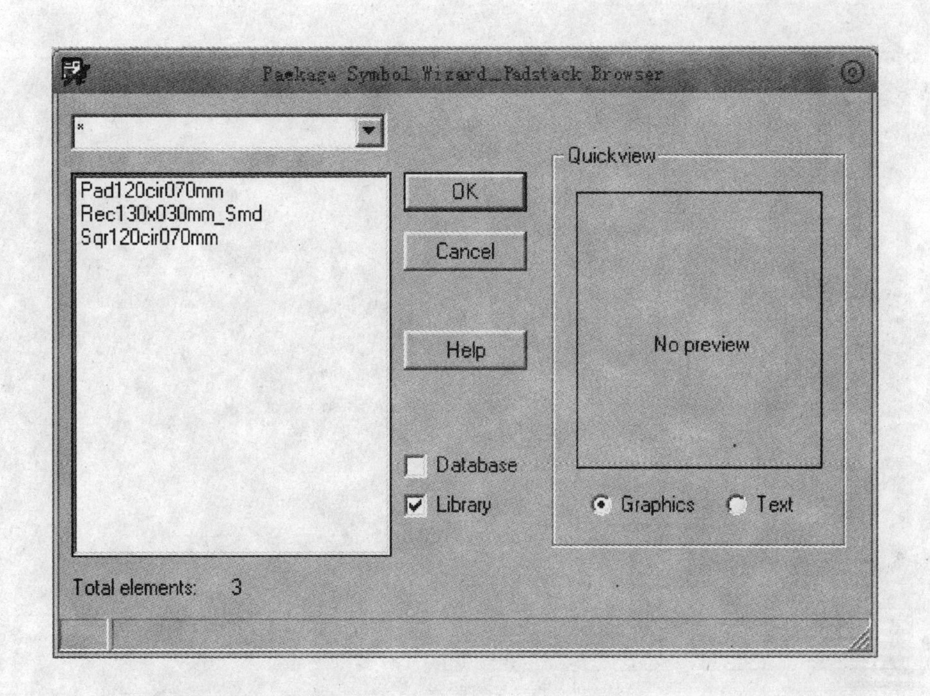

图 5-28　Padstack Browser 对话框

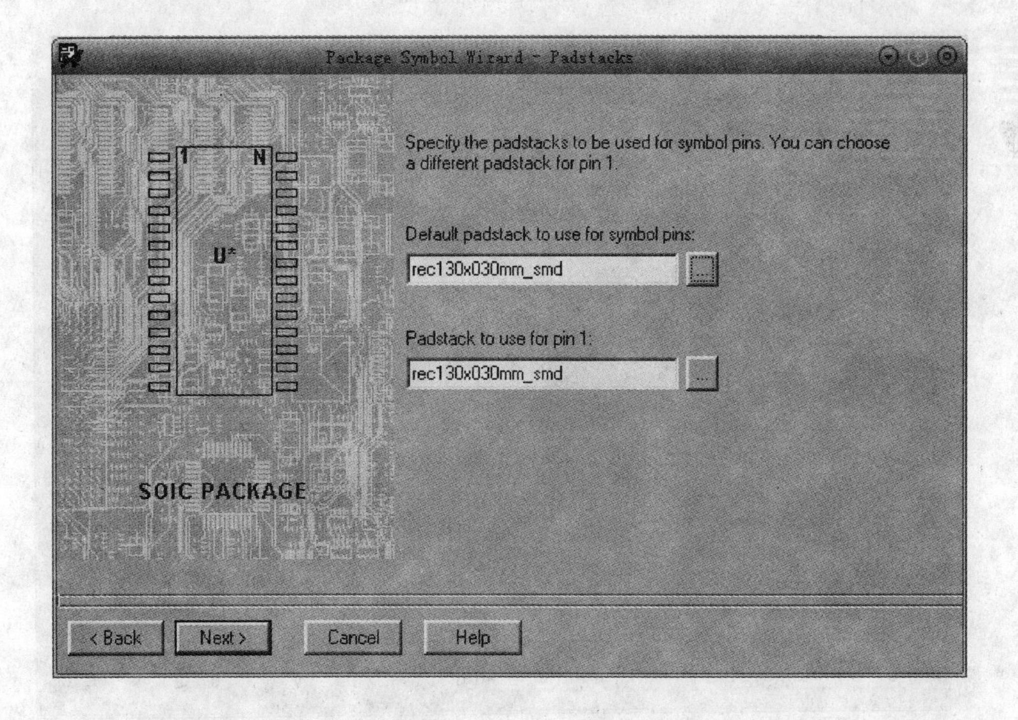

图 5-29　Padstacks 对话框

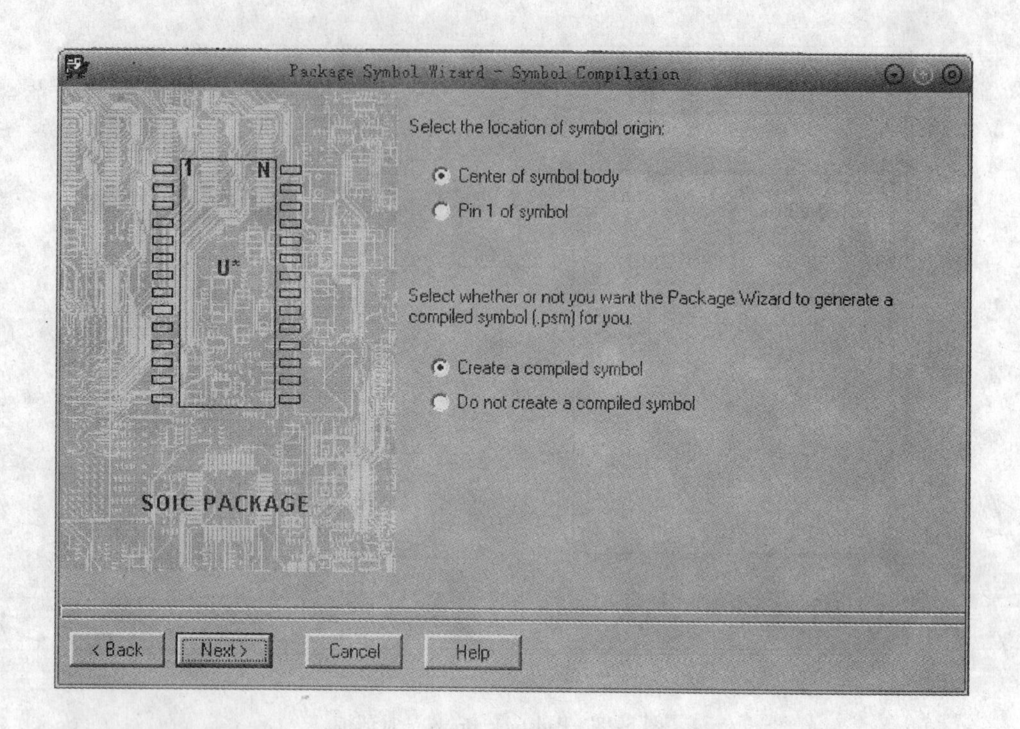

图 5-30　Symbol Compilation 对话框

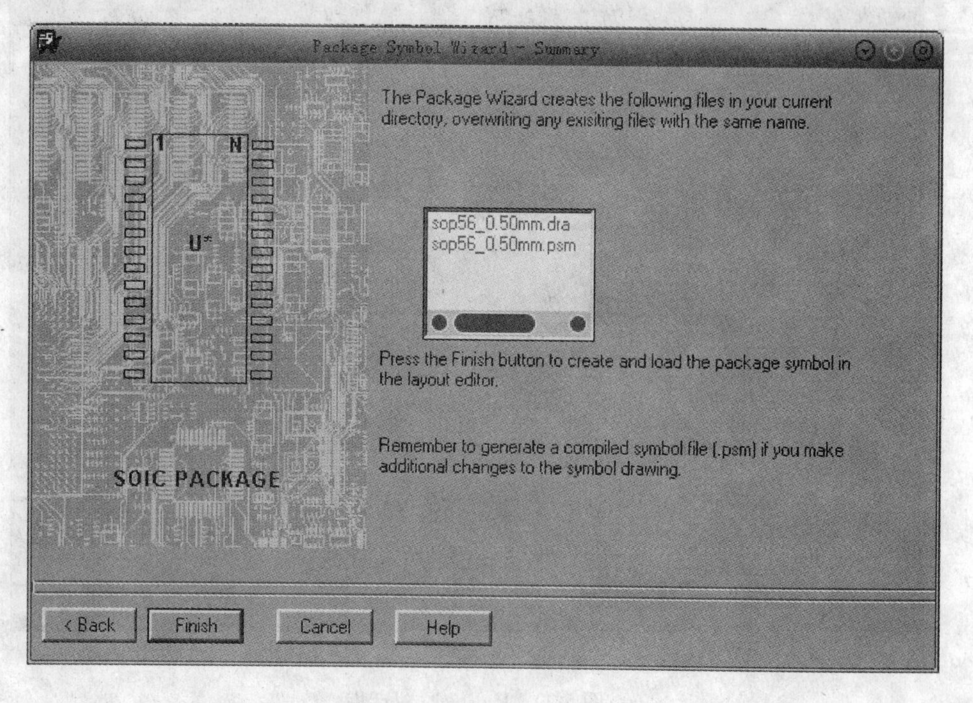

图 5-31　Summary 对话框

图 5-32　sop56PCB 封装库

单击工具栏中按钮或快捷键 Ctrl + F5，出现如图 5-33 所示的对话框。

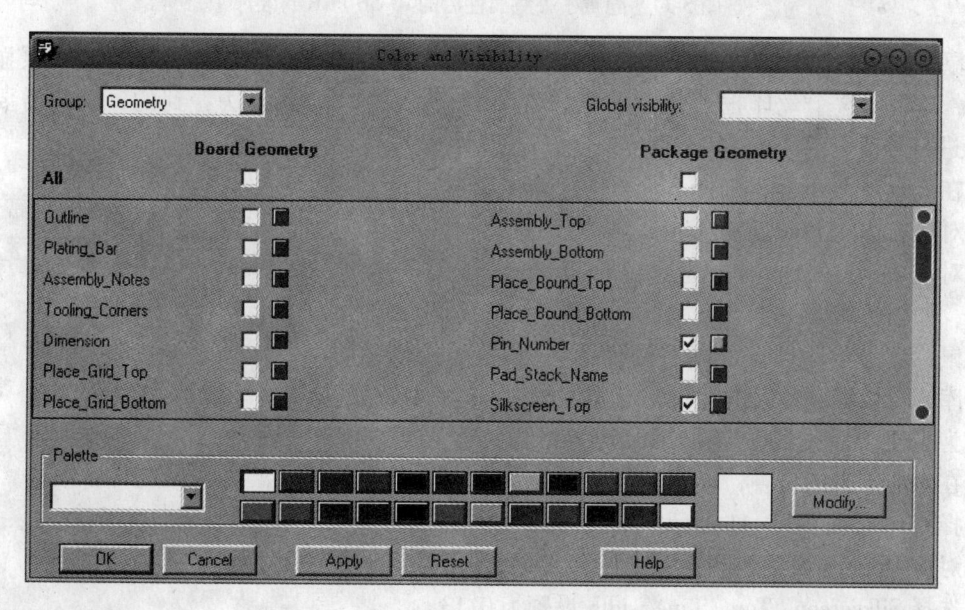

图 5-33　设计显示项对话框

将其他项隐藏掉，仅选中 Pin _ Number、Silkscreen _ Top，单击 Apply 按钮，单击 OK 按钮，库显示如图 5-34 所示。

单击工具栏中的 i 图标或快捷键 F5，左边 Find 面板中选择 Lines，如图 5-35 所示。

图 5-34　隐藏了一些属性后的 sop56 PCB 封装库

鼠标点击封装图形的丝印框，出现如图 5-36 所示的解释框。其中 width 一项显示为 0.00，这说明这个丝印框仅仅是示意，在制作 PCB 的时候是无法看到的，因此需要对此 Lines进行修改，给 Lines 赋予宽度。

在 Edit 菜单下面，选择 Change 项，如图 5-37 所示。

对应右边的 Find 选择 Lines，如图 5-38 所示。

对应右边的 Options 选择 Line width，填写数值 0.13，如图 5-39 所示。

鼠标点击丝印框，可以看到如图 5-40 所示的修改后的库，可以看到此时的边框是有宽度的。

为了便于后续的装连加工，需要给出一个装配方向。在对应 1 脚的位置，增加 1 脚的标记。在 Add 菜单中选择 Circle，如图 5-41 所示。

对应 Options 设置如图 5-42 所示，Package Geometry 选项选择 Silkscreen _ Top，Line width 设置为 0.13。

设计一个比例合适的圆，此时库设计全部完成，如图 5-43 所示。

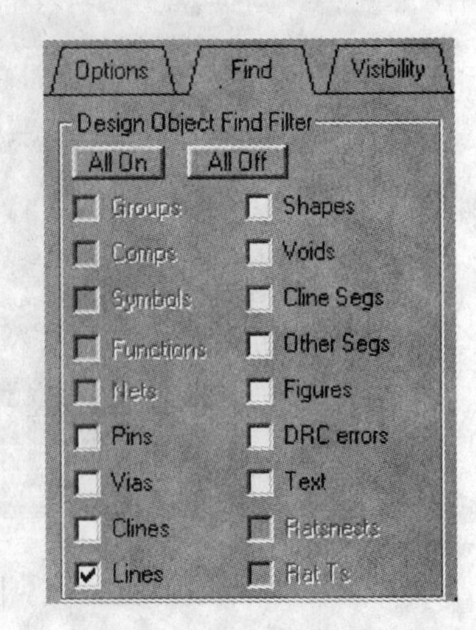

图 5-35　Find 选择框

例 5-2-3：DIP24 库设计实例。

在开始/所有程序/Allegro SPB15.2 中打开 PCB Librarian，然后选择 File 菜单中的 new 项，出现如图 5-15 所示的对话框。Drawing Type 项选择 Package symbol（wizard）（封装库设计向导）。命名为 dip24 _ 2.54mm，如图 5-44 所示。

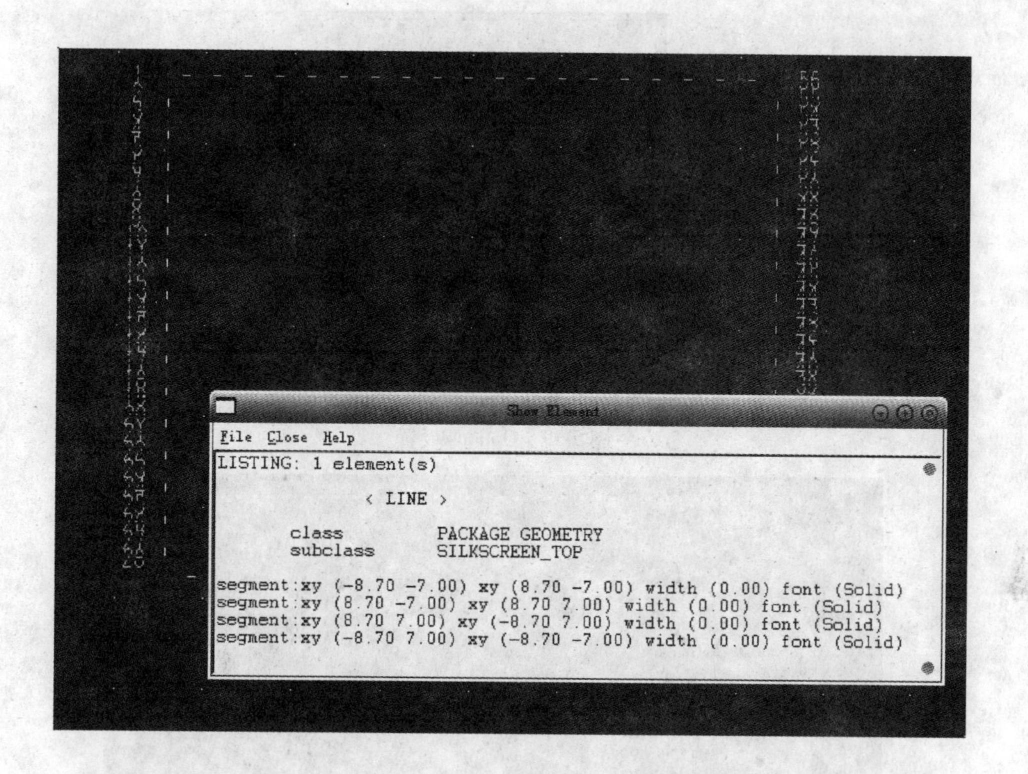

图 5-36　Show Element 解释框

Edit View Add Display Se
Move Shift+F7
Copy Shift+F9
Mirror
Spin
Change
Delete
Z-Copy Shape
Vertex F7
Delete Vertex
Text
Properties F12
Undo
Redo

图 5-37　Edit 菜单

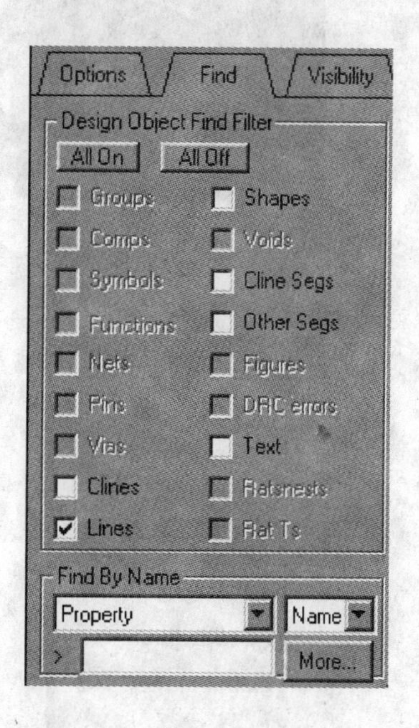

图 5-38　修改 Find 选择框

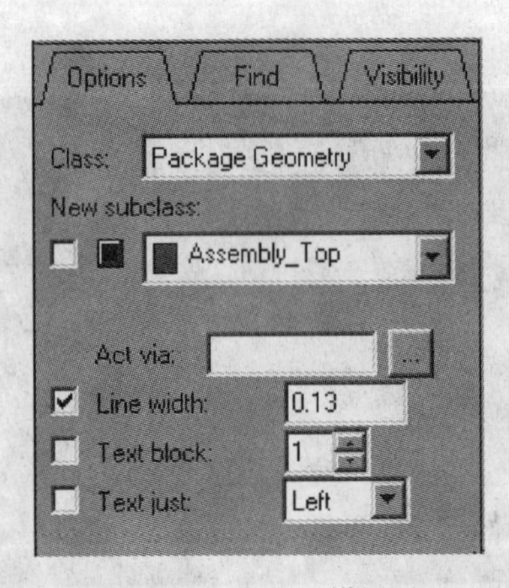

图 5-39　Options 设置

图 5-40　修改了 Lines 值的库

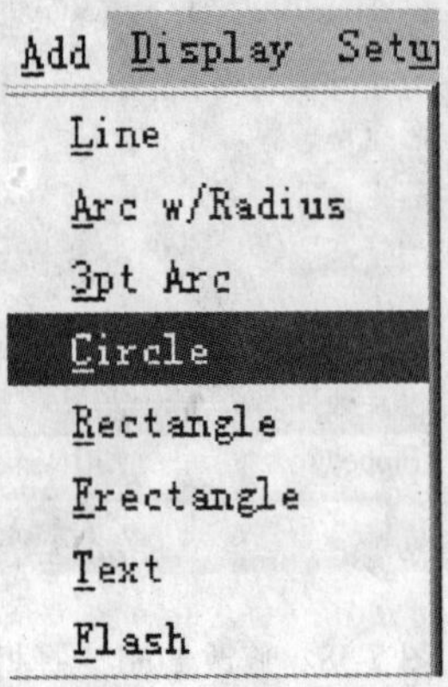

Add　Display　Setu

Line
Arc w/Radius
3pt Arc
Circle
Rectangle
Frectangle
Text
Flash

图 5-41　Add 菜单

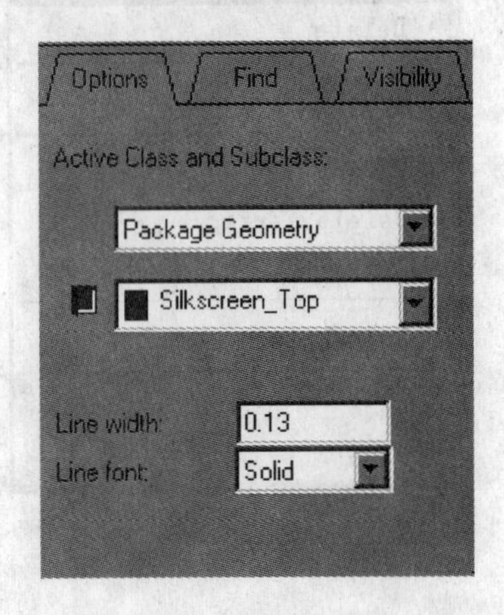

图 5-42　Options 设置

图 5-43　完成后的 sop56 库

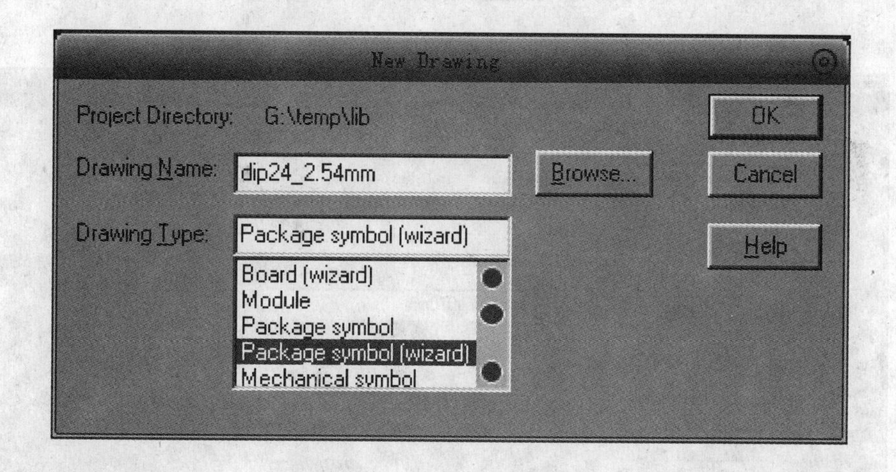

图 5-44　New Drawing 对话框

单击 OK 按钮，出现如图 5-45 所示的选择框。

选中 DIP 设计向导，单击 Next > 按钮，接下来的操作同 sop56 一样，请读者朋友根据向导提示一步步进行设计，直到选择焊盘会有所区别，如图 5-46 所示，1 脚选择设计好的方形焊盘。

接下来的设计也与 sop56 的设计相同，直至完成设计，如图 5-47 所示。

例 5-2-4：BGA144 封装设计。

封装资料如图 5-48 和表 5-3 所示。

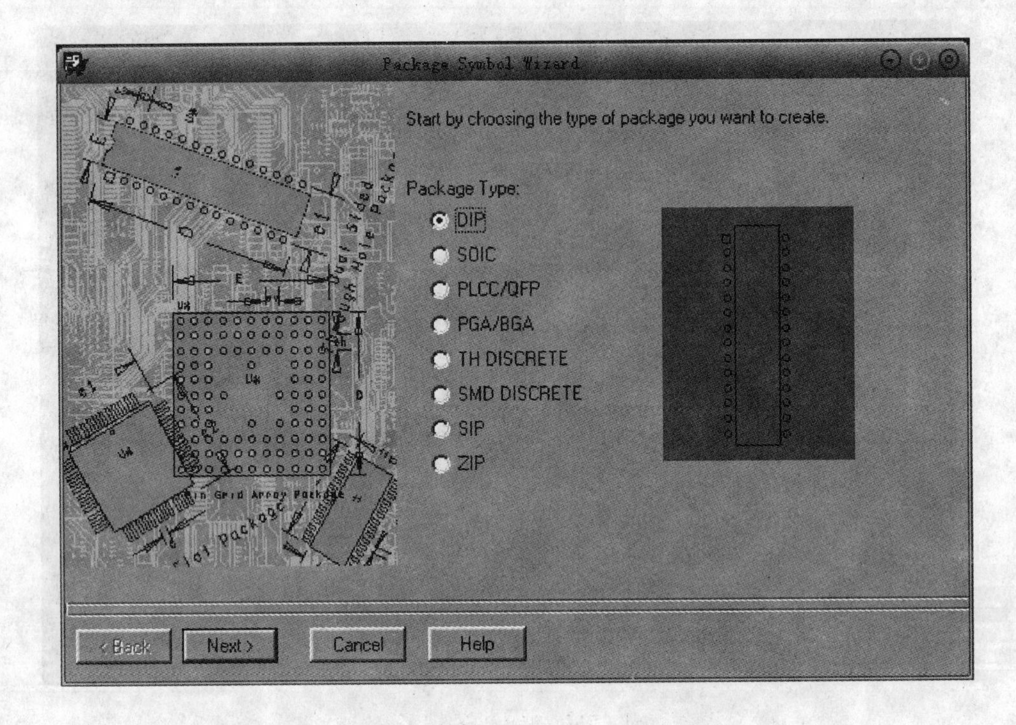

图 5-45 Package Symbol Wizard 选择框

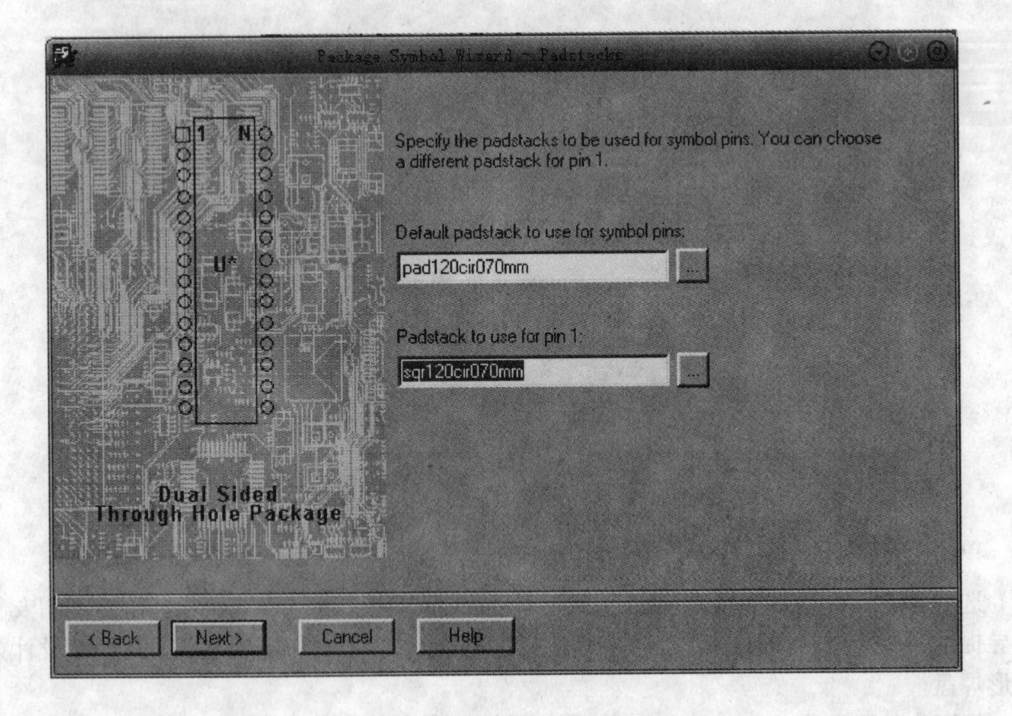

图 5-46 Package Symbol Wizard-Padstacks 选择框

图5-47 dip24封装库

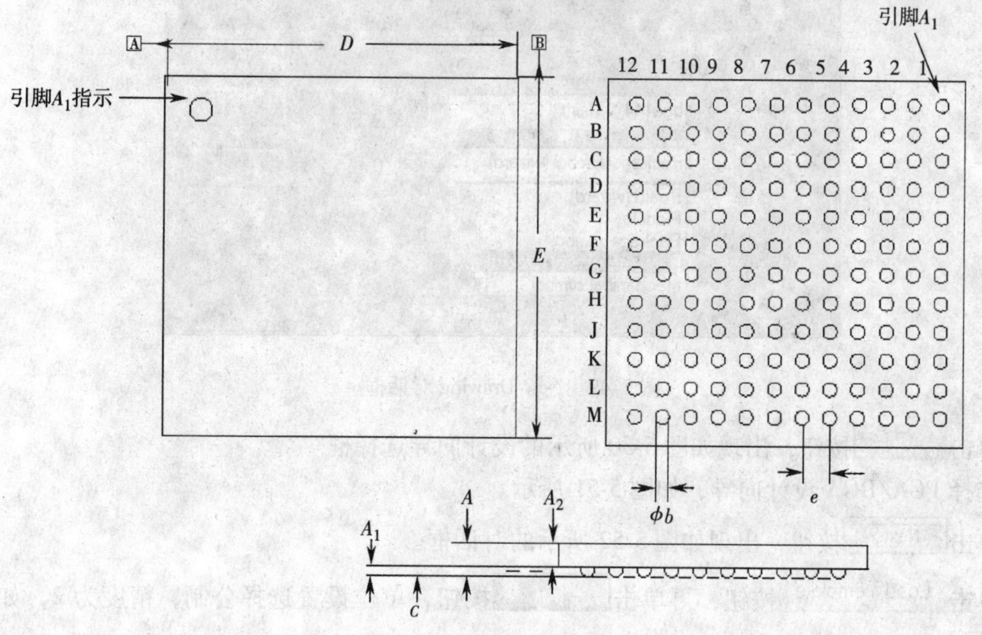

图5-48 BGA144尺寸标注

表 5-3　BGA144 尺寸表

封装尺寸数据			
符　号	尺寸/mm		
	Min	Nom	Max
A	—	—	1.70
A_1	0.30	—	—
A_2	0.25	—	1.10
D/E	13.00BSC		
b	0.50	0.60	0.70
M	12		
e	1.00BSC		
N	144		

从图 5-48 及表 5-3 中知道此元件的焊盘尺直径最小值为 0.50mm，对于 BGA 来说 PCB 设计的焊盘要比实际焊盘稍小，请根据国家标准或者企业标准自行计算，本书仅给出 BGA 设计方法。

首先进行焊盘设计，参照以上所讲的焊盘设计方法，设计 pad045cir045mm _ smd 的焊盘，存放在指定的 pad 路径下面，便于以后库设计时使用。

在开始/所有程序/Allegro SPB15.2 中打开 PCB Librarian，然后选择 File 菜单中的 new，出现如图 5-15 所示的对话框。Drawing Type 选择 Package symbol（wizard）（封装库设计向导），命名为 bga144 _ 1.0mm，如图 5-49 所示。

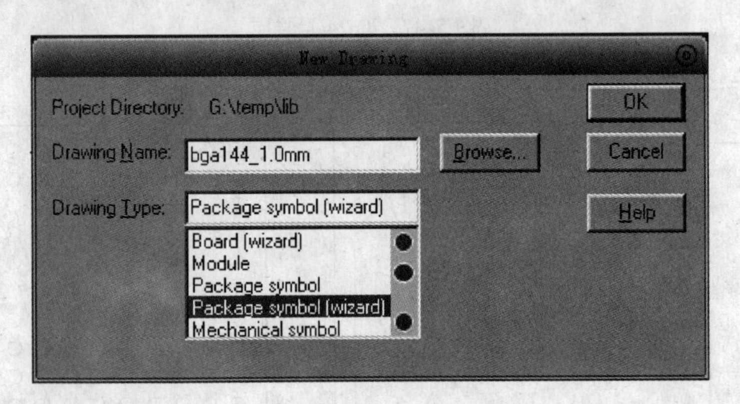

图 5-49　New Drawing 对话框

单击 OK 按钮，出现如图 5-50 所示的设计向导选择框。

选择 PGA/BGA 设计向导，如图 5-51 所示。

单击 Next > 按钮，出现如图 5-52 所示的对话框。

单击 Load Template 按钮，再单击 Next > 按钮，单位设置选择公制，精度为 2，如图 5-53所示。

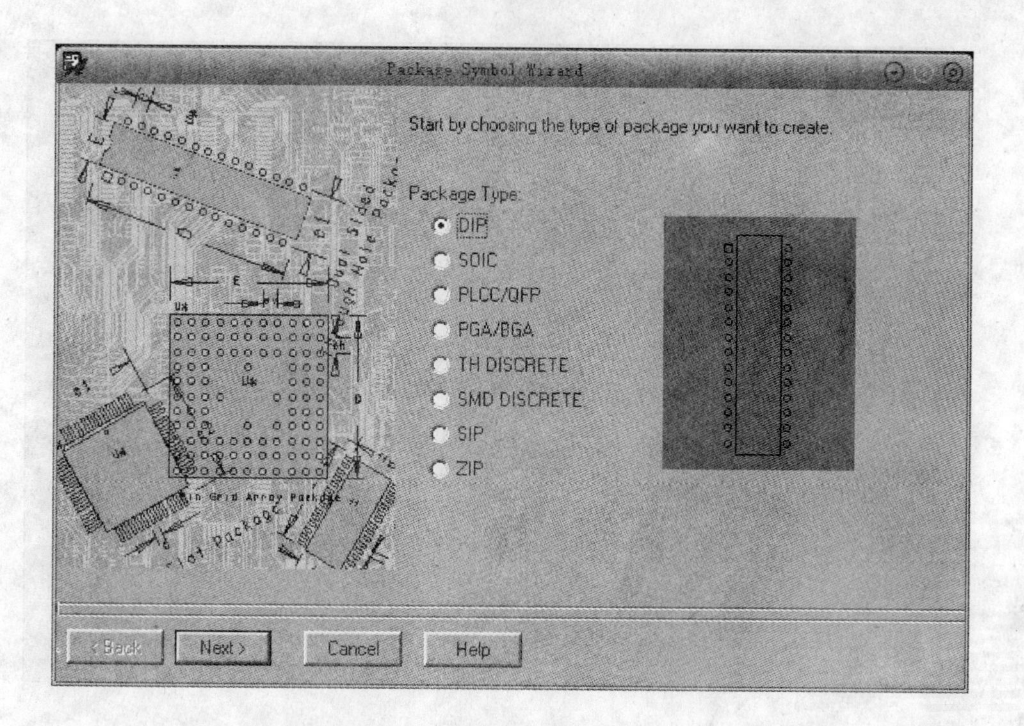

图 5-50　Package Symbol Wizard 选择框

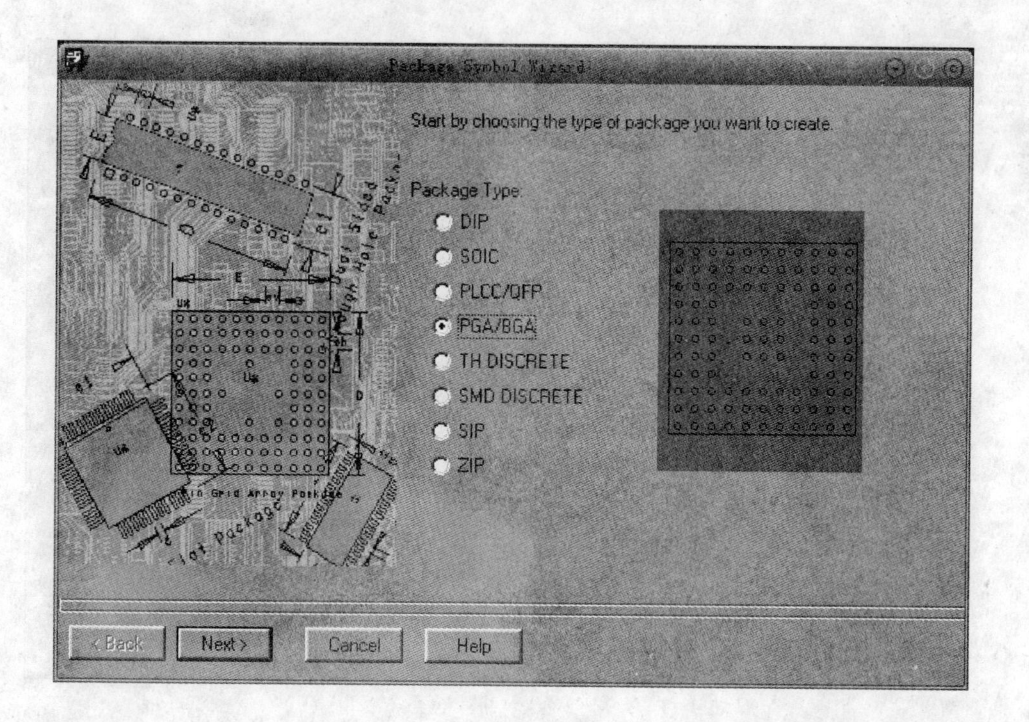

图 5-51　PGA/BGA 设计向导

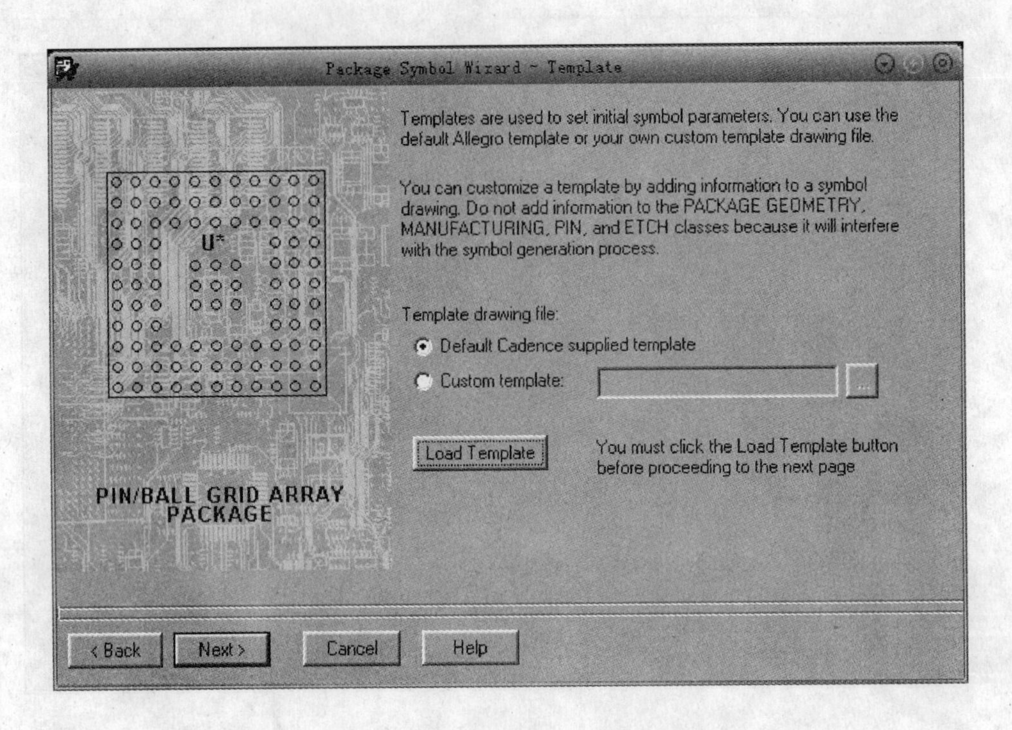

图5-52 Package Symbol Wizard-Template 对话框

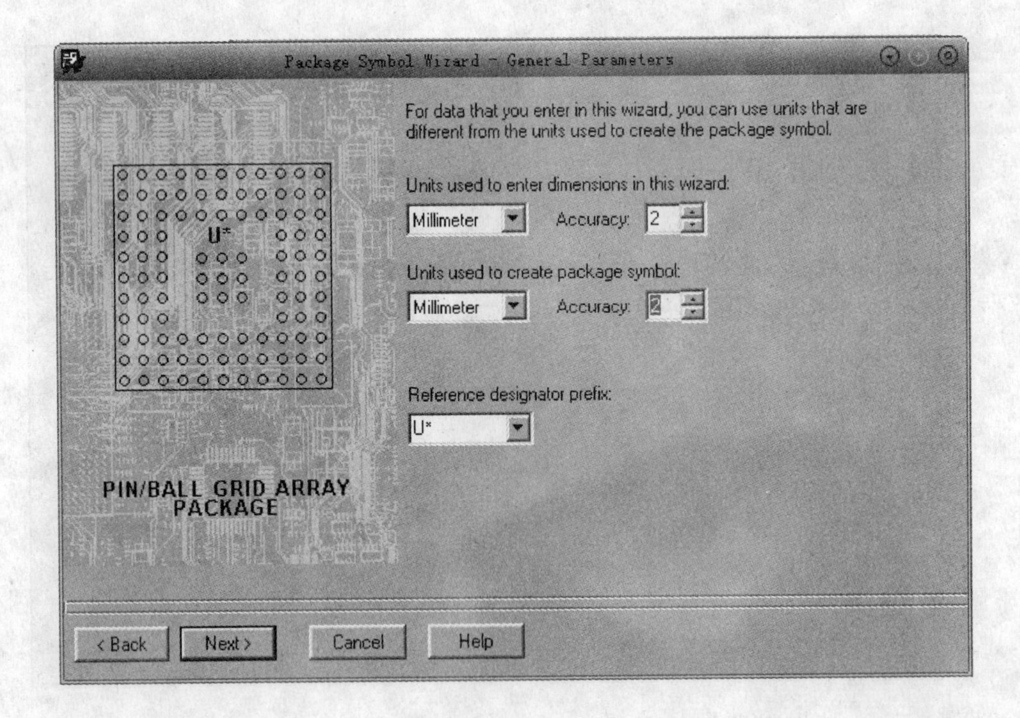

图5-53 Package Symbol Wizard-General Parameters 设置

单击 Next > 按钮，根据具体的元件资料，将参数填写完整，行和列均填写 12，如图 5-54所示。

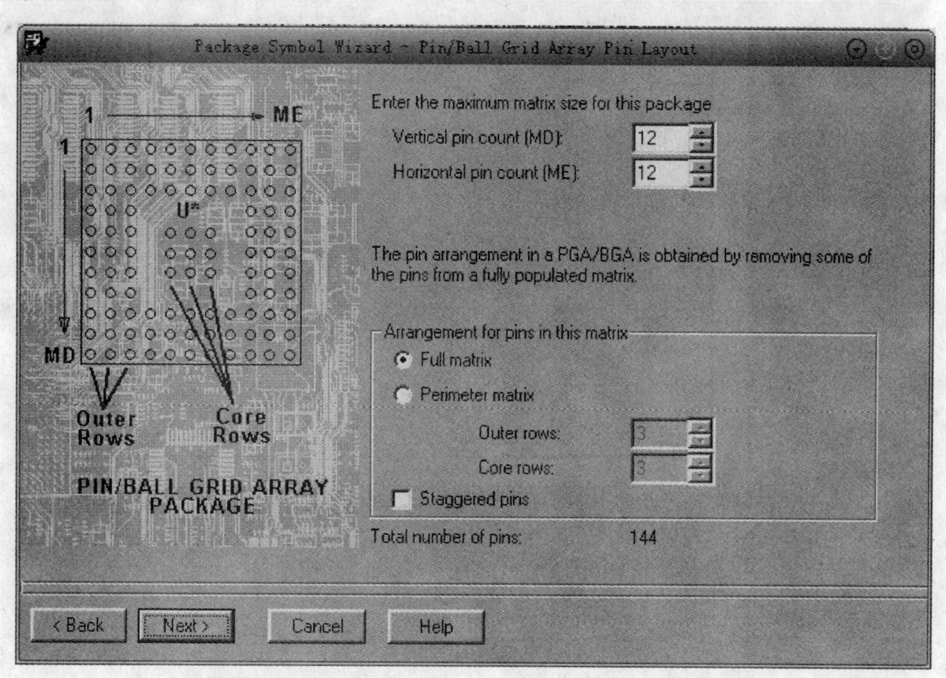

图 5-54 BGA 设计向导封装参数设置

单击 Next > 按钮，在 Pin numbering scheme 栏选择 Number Right Letter Down，选择 JEDECstandard项，如图 5-55 所示设置。

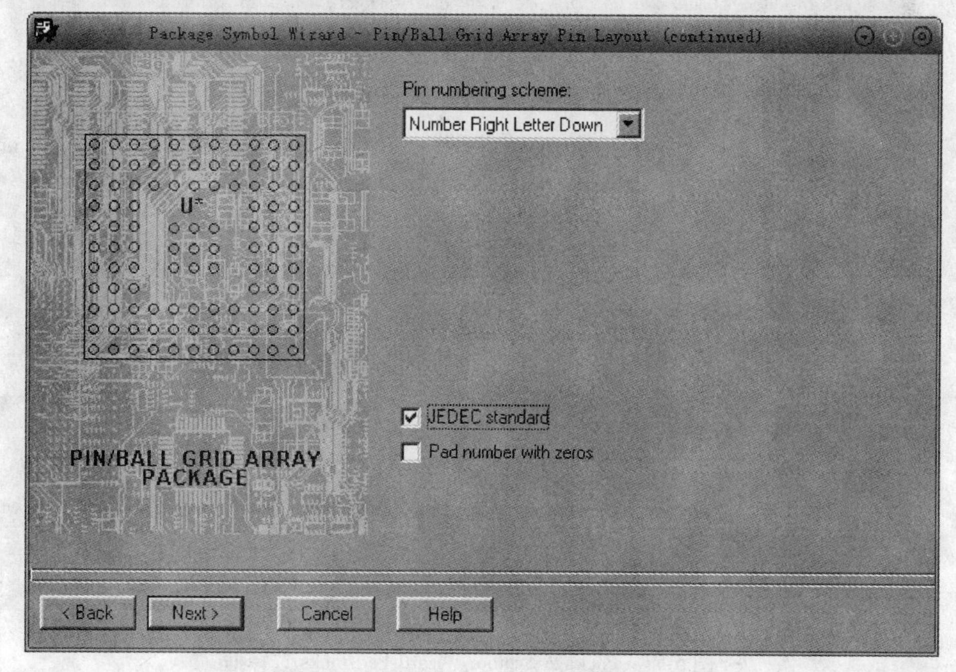

图 5-55 BGA 设计向导 Pin 顺序选择

单击 Next> 按钮，对应元件资料填写相应的封装信息，如图 5-56 所示。

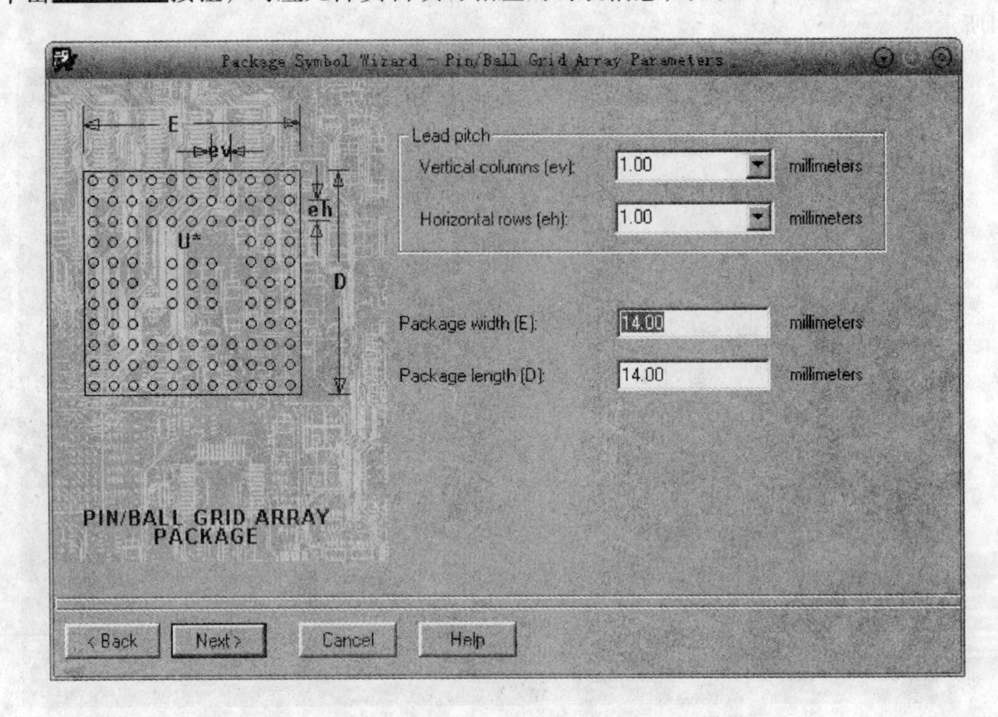

图 5-56　填写 BGA 封装信息

单击 Next> 按钮，选择焊盘 pad045cir045mm _ smd，如图 5-57 所示。

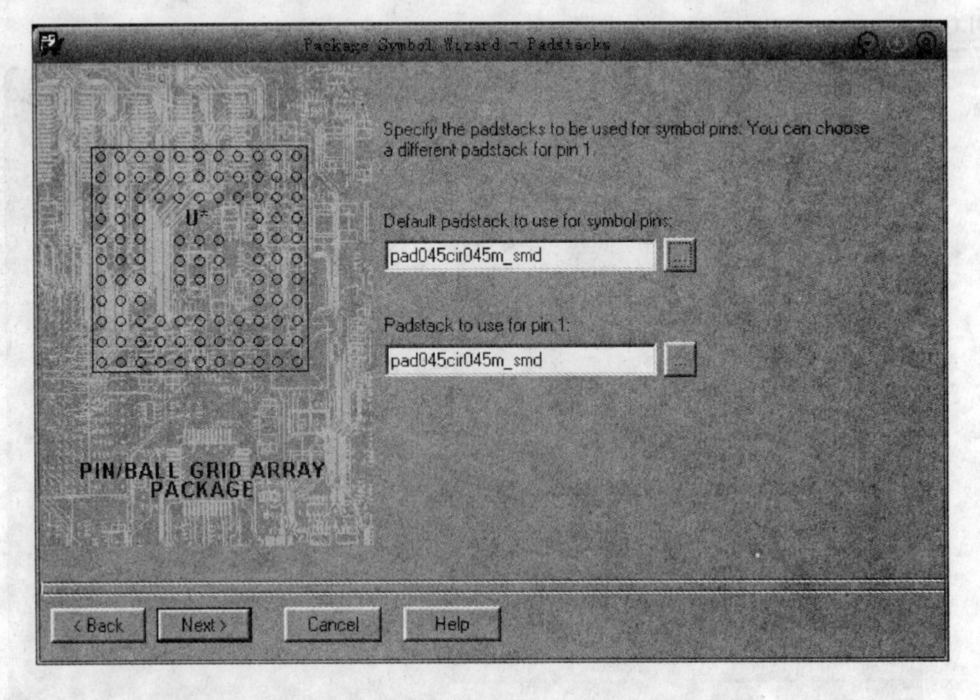

图 5-57　Package Symbol Wizard-Padstacks 选择框

单击 Next> 按钮，出现如图 5-58 所示对话框。

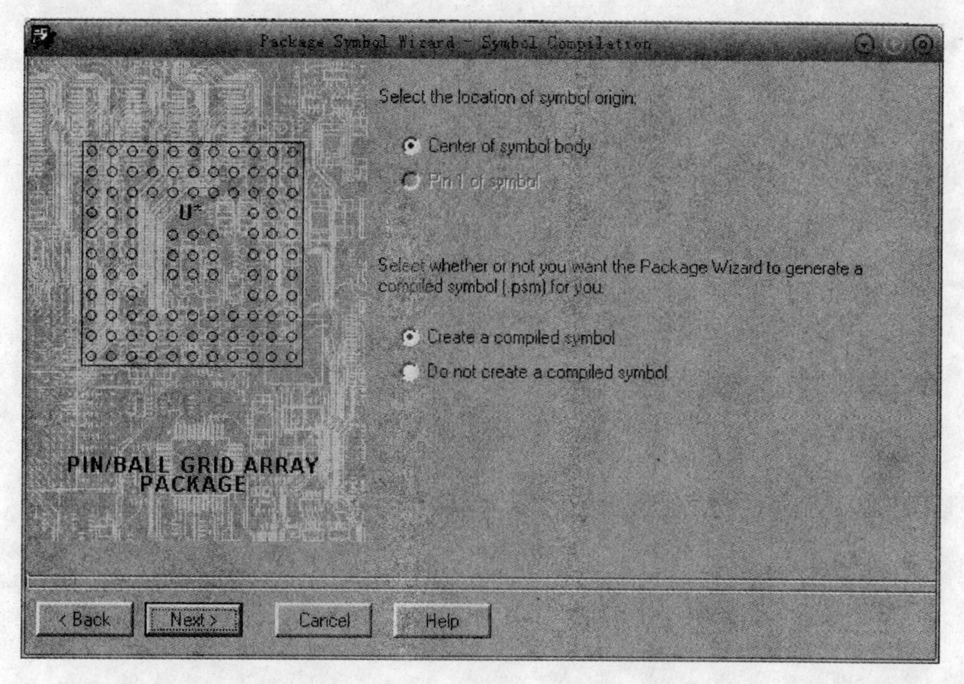

图 5-58　Package Symbol Wizard-Symbol Compilation 对话框

单击 Next> 按钮，出现如图 5-59 所示的对话框。

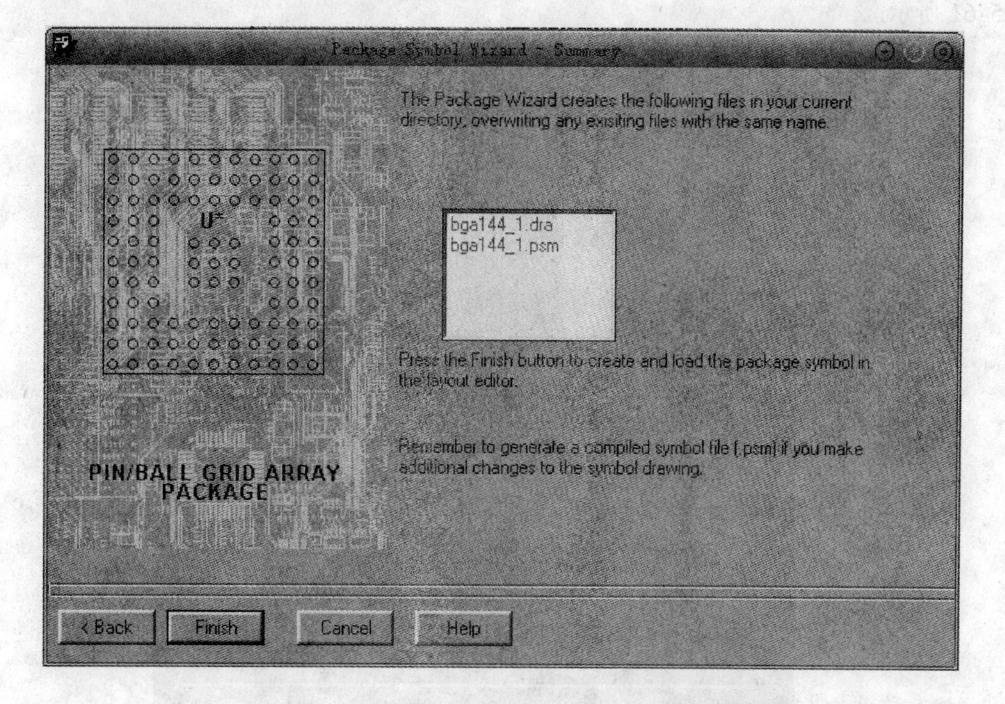

图 5-59　Package Symbol Wizard-Summary 对话框

单击 Finish 按钮，完成库的基本设计，如图 5-60 图示。

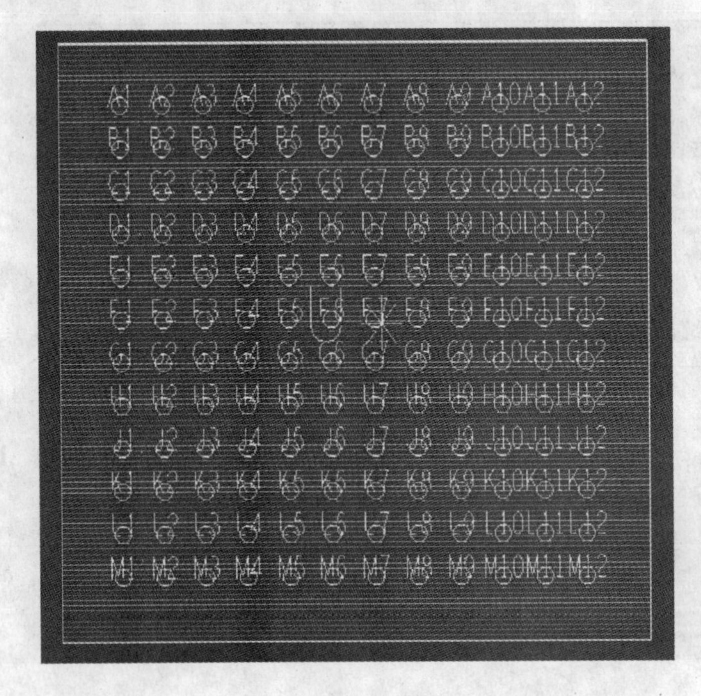

图 5-60　BGA144 基本图形

使用与设计 sop56 相同的方法，对库的 Lines 进行修改，增加 1 脚标记，完成后的库如图 5-61 所示。

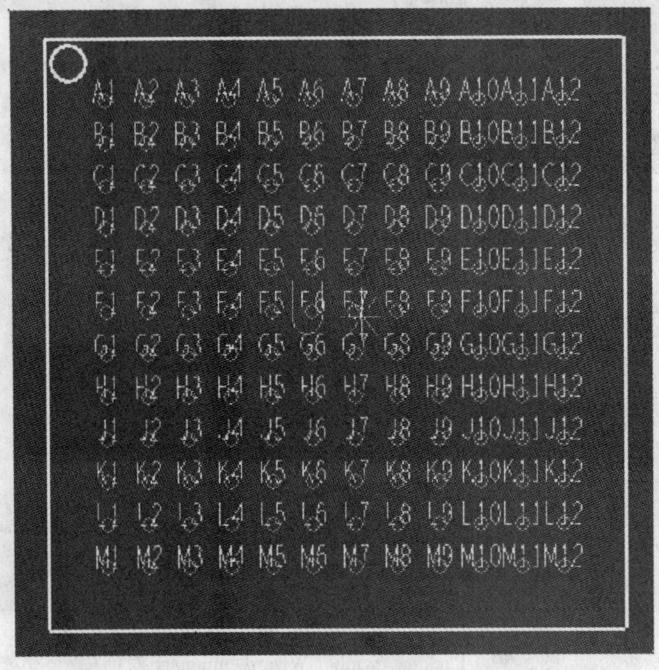

图 5-61　BGA144 完成设计

封装库的设计就介绍到这里，其他类型的封装设计也是类似的，请读者自行学习。

5.2.4 PCB 封装库的管理与使用

PCB 封装库要有固定的存放路径，封装库命名要有一定的特点，要让使用者看到封装库的名字就基本知道大致的库信息，方便管理和使用。

5.3 本章小结

本章着重介绍了 PCB 封装库的设计过程，都是以实际元件为例，从设计焊盘开始到完成一个完整的封装。读者们要花费一定的精力进行学习，掌握库设计过程，以及如何准确地将库设计出来，并确保在后续的加工和焊接使用过程中都能够满足要求，这需要设计的规范和经验的积累。

请读者自行设计一个元件封装库，来掌握本章的内容。

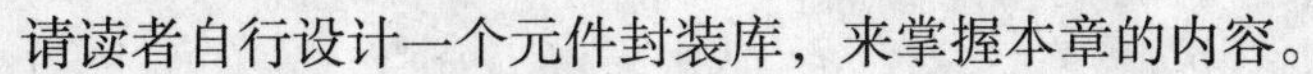

第6章　Cadence原理图库的制作及使用

本章主要介绍使用Cadence软件进行原理图库的制作方法及库的使用。

6.1　原理图库的建立

原理图库的建立同第5章lib的建立过程一样，此处不做介绍。

6.2　原理图库的制作

从程序中打开Project Manager，如图6-1所示。

单击Open Project，找到在第5章建立的lib库文件，打开，如图6-2所示。

选择库设计模块，单击图6-2所示的界面中的File菜单，进行转换，如图6-3所示。

单击Change Product项，出现如图6-4所示的对话框。

选择Allegro PCB Librarian 610（PCB Librarian Expert）项，单击 OK 按钮，完成设计模块选择。

单击图6-2中的图标，进入库设计软件界面，如图6-5所示。

新建一个元件库，操作如图6-6所示。

选择File菜单中的New/Cell项，出现New Cell对话框，如图6-7所示。

在Cell对应的空白栏处输入元件库的名称，可以以元件型号命名，例如要制作XCV300EFG256的原理图元件库，此处输入XCV300EFG256，单击 OK 按钮，出现如图6-8所示的界面。

选中项目栏中的Packages，单击鼠标右键，出现如图6-9所示的界面。

图6-1　Project Manager界面

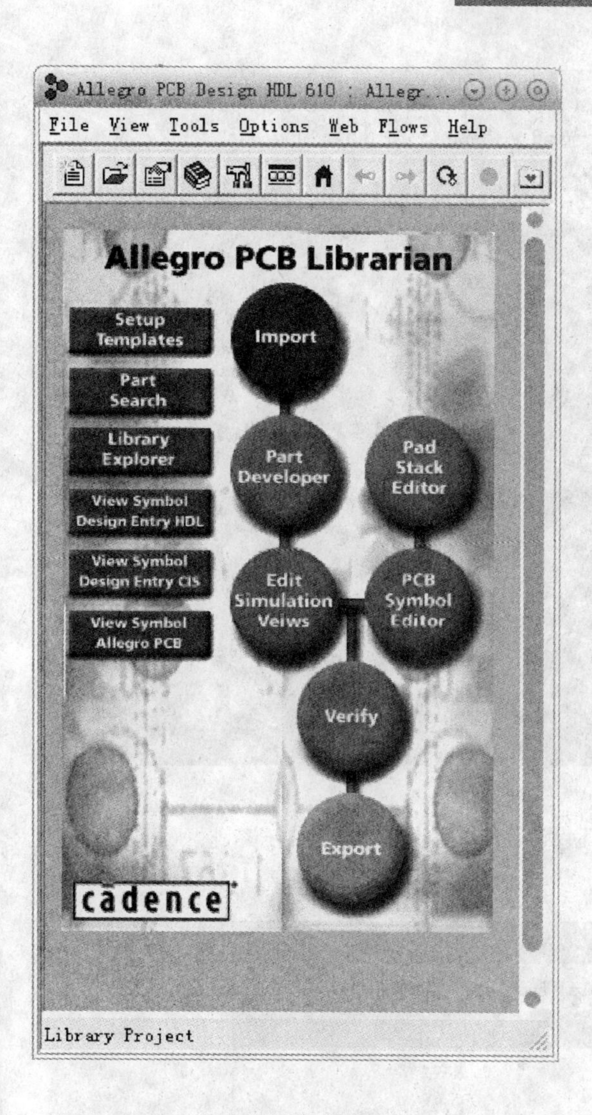

图 6-2　库设计模块选择界面

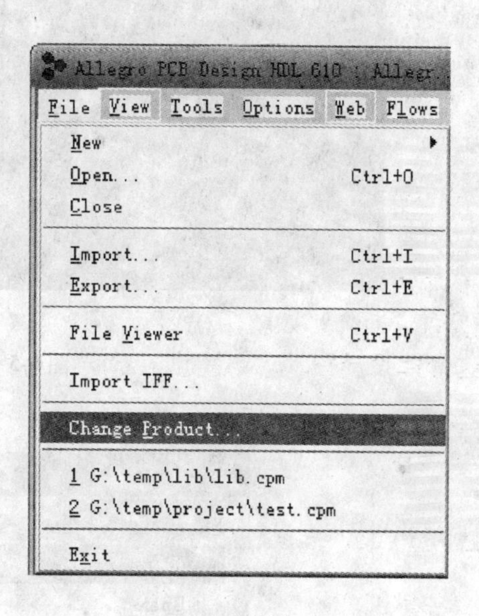

图 6-3　Change Product 操作

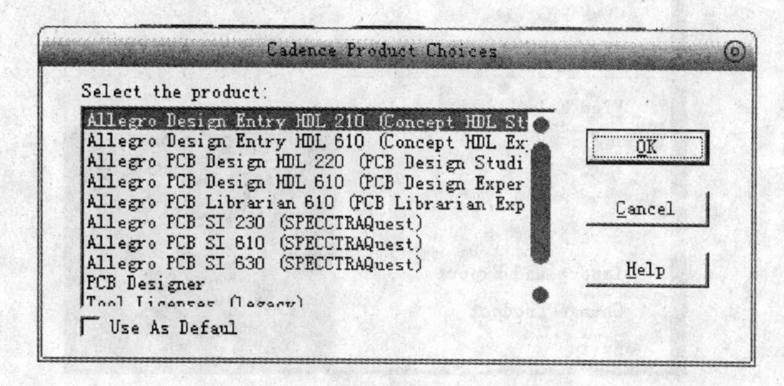

图 6-4　Cadence Product Choices 对话框

图 6-5　库设计软件界面

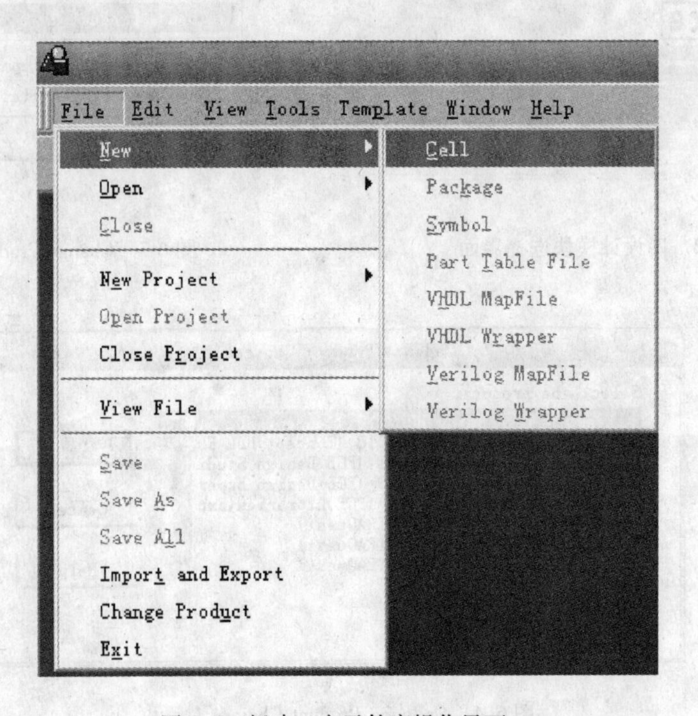

图 6-6　新建一个元件库操作界面

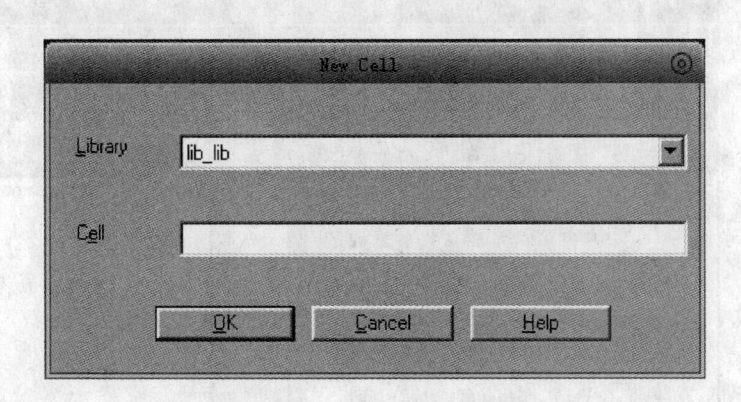

图 6-7　New Cell 对话框

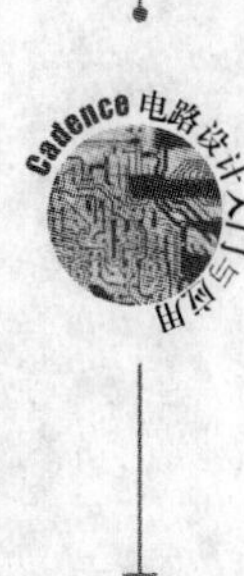

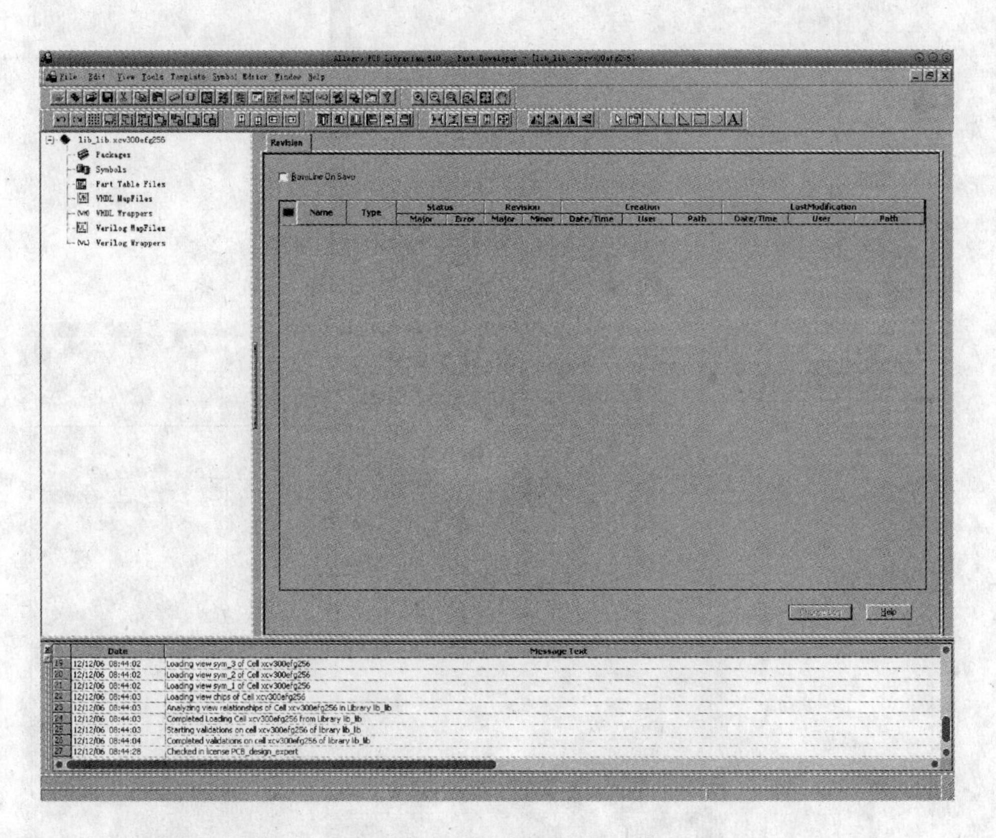

图 6-8　XCV300EFG256 的原理图元件库设计界面一

单击 New 选项，出现如图 6-10 所示的界面。

选中图 6-10 中的 General 项时的界面可以设计元件的类和位号的前缀（这在 PCB 设计中会用到，此处不作介绍）。此处选择 IC（芯片），位号前缀可以选择 U，也可以根据自己的习惯和企业规范自行输入。

选中图 6-10 中的 Package Pin 为当前界面，鼠标左键单击 Pins 如图 6-11 所示。

单击 Add 添加 Logical Pin，出现如图 6-12 所示的界面。

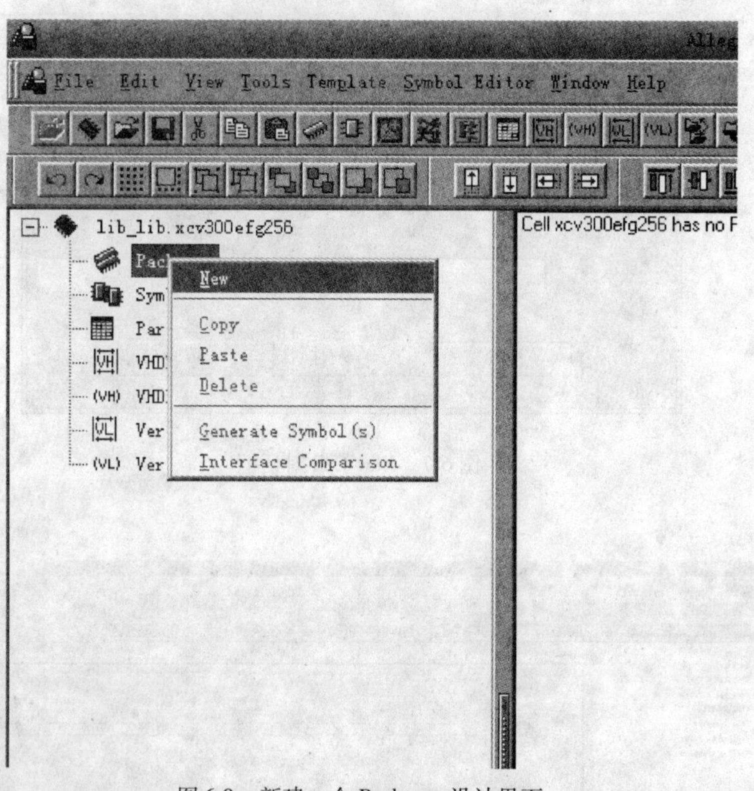

图 6-9　新建一个 Packages 设计界面

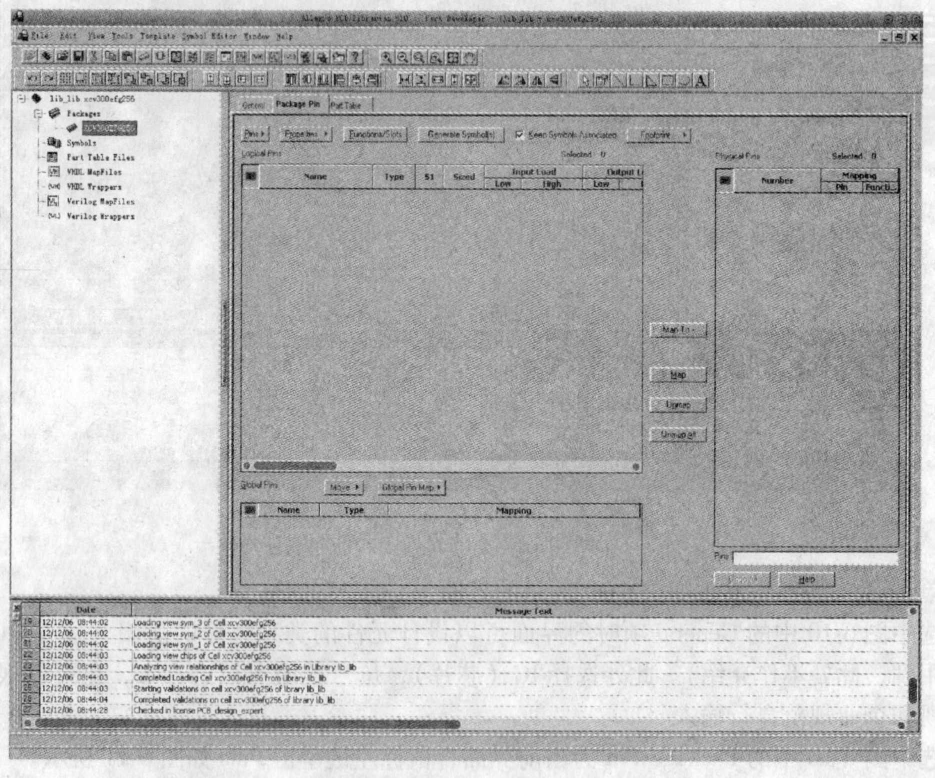

图 6-10　XCV300EFG256 的原理图元件库设计界面二

图 6-11 Package Pin 界面

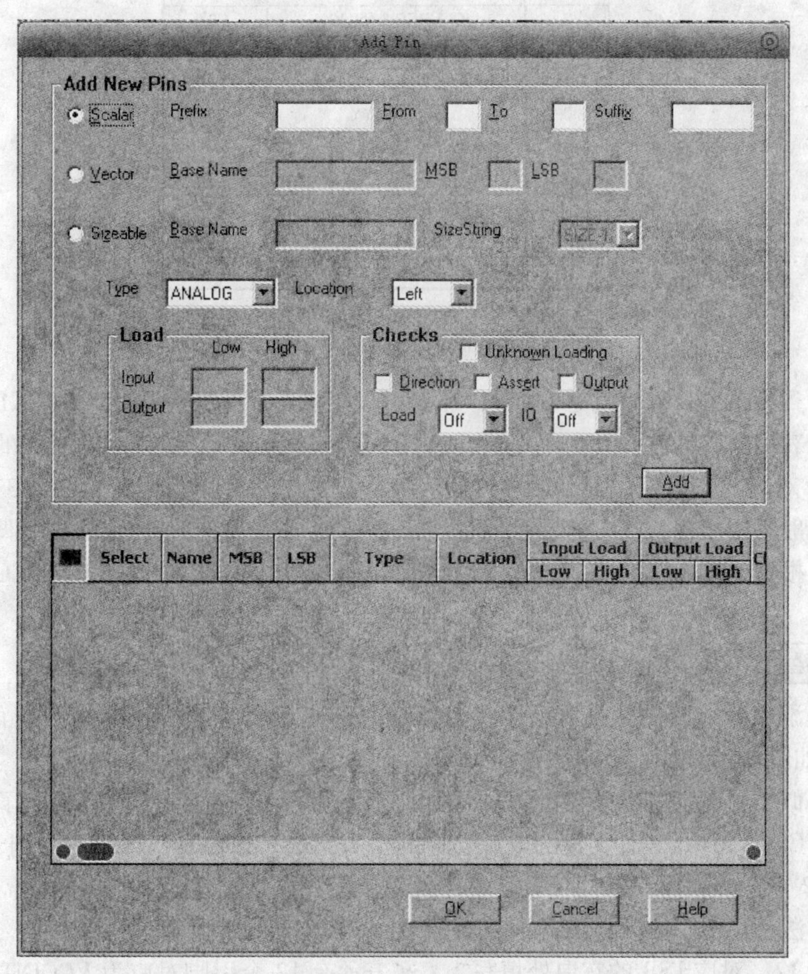

图 6-12 Add Pin 界面

由 Datasheet（用户可以在 baidu 等搜索引擎中输入“XCV300EFG256”查找）上找到引脚信息，如图 6-13 所示列出了一部分引脚信息，需要将整个元件的信息添加进去，请看 Datasheet。

XCV200E, XCV300E

Bank	Pin Description引脚描述	Pin #
0	GCK3	B8
0	IO	B3
0	IO	E7
0	IO	D8
0	IO_L0N_Y	C5
0	IO_VREF_L0P_Y	A3[2]
0	IO_L1N_YY	D5
0	IO_L1P_YY	E6
0	IO_VREF_L2N_YY	B4
0	IO_L2P_YY	A4
0	IO_L3N_Y	D6
0	IO_L3P_Y	B5
0	IO_VREF_L4N_YY	C6[1]
0	IO_L4P_YY	A5
0	IO_L5N_YY	B6
0	IO_L5P_YY	C7
0	IO_L6N_Y	D7
0	IO_L6P_Y	C8
0	IO_VREF_L7N_Y	B7
0	IO_L7P_Y	A6
0	IO_LVDS_DLL_L8N	A7

图 6-13　XCV300EFG256 部分引脚定义表格

可以看到第一个引脚信息是 GCK3，那么可以想到，或许还有 GCK0、GCK1 等，查找整个引脚定义表格，共计有 GCK0 ~ GCK3，选择 Scalar 输入方式，在 Prefix 对应的空白处填写 GCK，From 对应的空白处填写开始序号 0，To 对应的空白处填写最后的序号 3，Suffix 对应的空白处一般不用填写，在有扩展项的情况下才需要填写。在 Type 处设置引脚类型，点开下拉菜单，根据 Datasheet 上的定义进行选择，没有定义的，可以选择 UNSPEC，如图 6-14 所示。

单击 Add 按钮，添加引脚，如图 6-15 所示。

然后是添加 IO，首先数一下总计有多少个 IO，此元件有 10 个 IO，用同样的方法输入 10 个 IO，如图 6-16 所示。

其他类似的引脚都可以采用此方法添加，但是电源和地输入就有所不同了，此元件有 VCCINT、VCCO、GND 三种类型的电源、地的引脚定义，以添加 VCCINT 为例，VCCINT 引脚共计有 12 个，必须输入 12 个 VCCINT，而软件不允许重复输入引脚，因此需要使用另外一种输入方法，选中 Vector 输入方法，对应 Base Name 的空白栏填写 VCCINT，对应 MSB 的空白处填写 12，对应 LSB 的空白处填写 1，这表示有 12 个引脚对应为 VCCINT 的定义，对应 Type 下拉菜单选择 POWER，使用同样的方法将所有的引脚添加上，然后单击

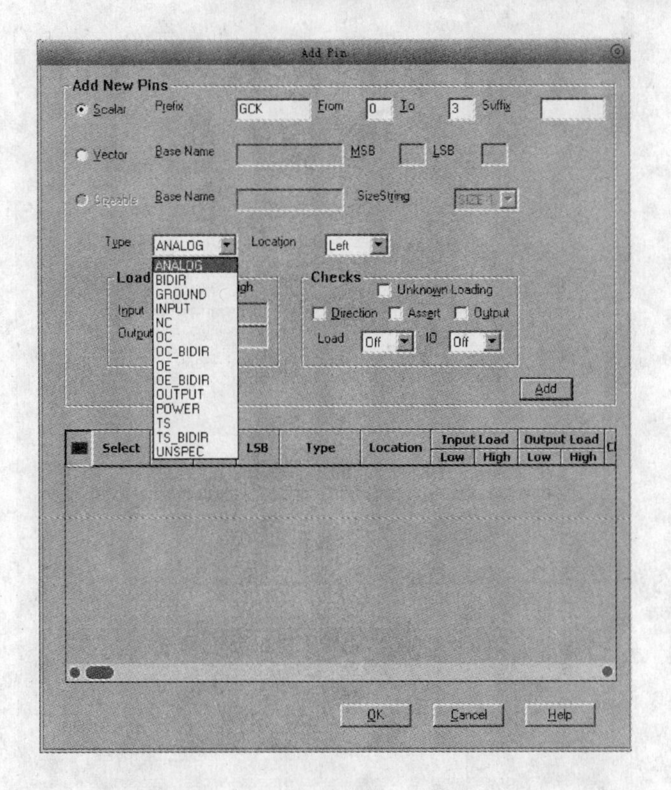

图 6-14　Scalar 方式输入引脚界面

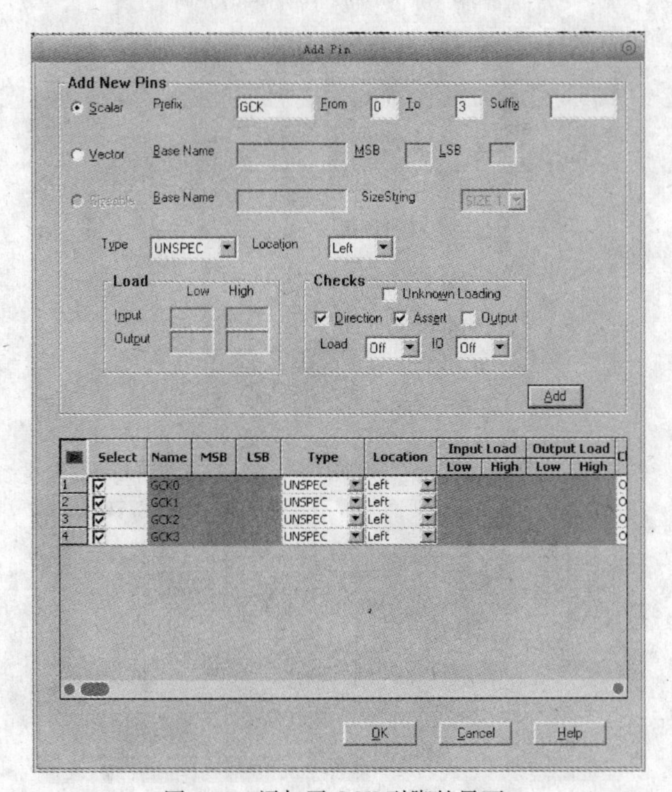

图 6-15　添加了 GCK 引脚的界面

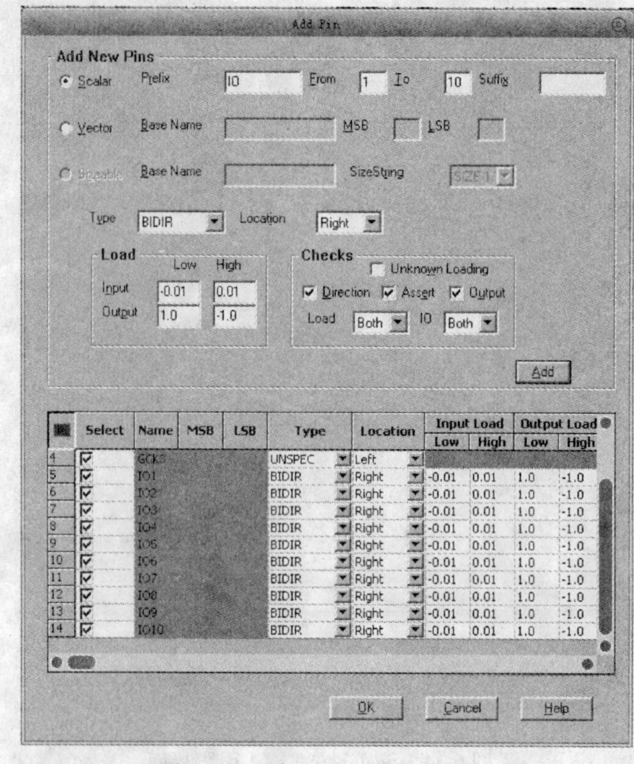

图 6-16　添加了 IO 引脚的界面

OK按钮，如图 6-17 所示。

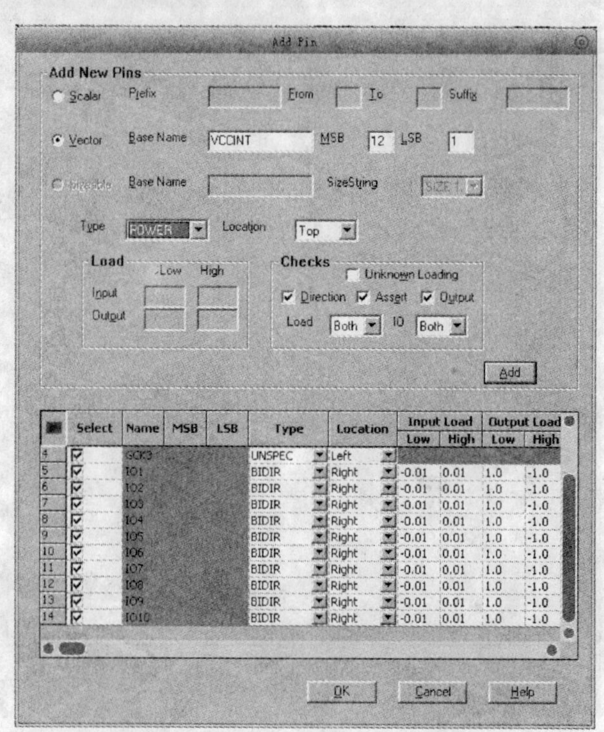

图 6-17　Vector 方式输入引脚界面

单击 Add 按钮，如图 6-18 所示。使用上述两种添加引脚定义的方法，将所有的引脚定义添加完成。单击 OK 按钮，完成逻辑引脚的添加，如图 6-19 所示。

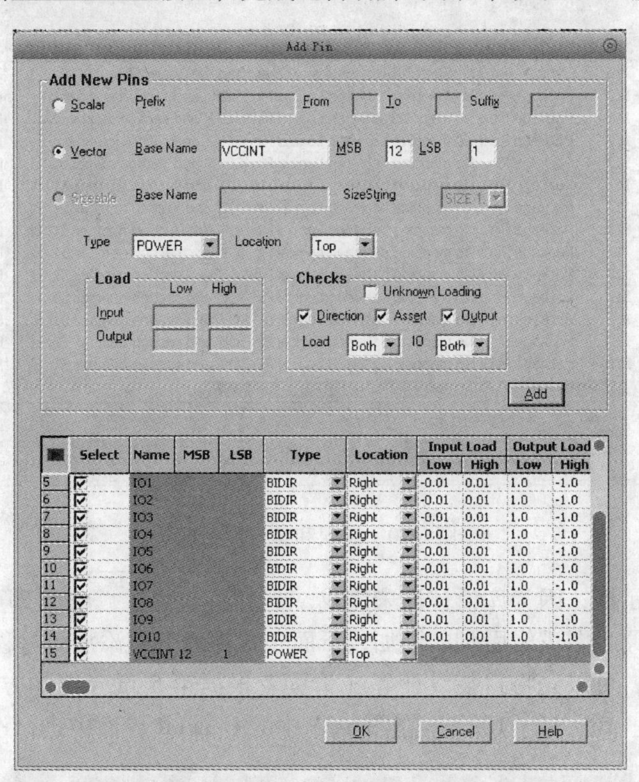

图 6-18　添加了 VCCINT 引脚的界面

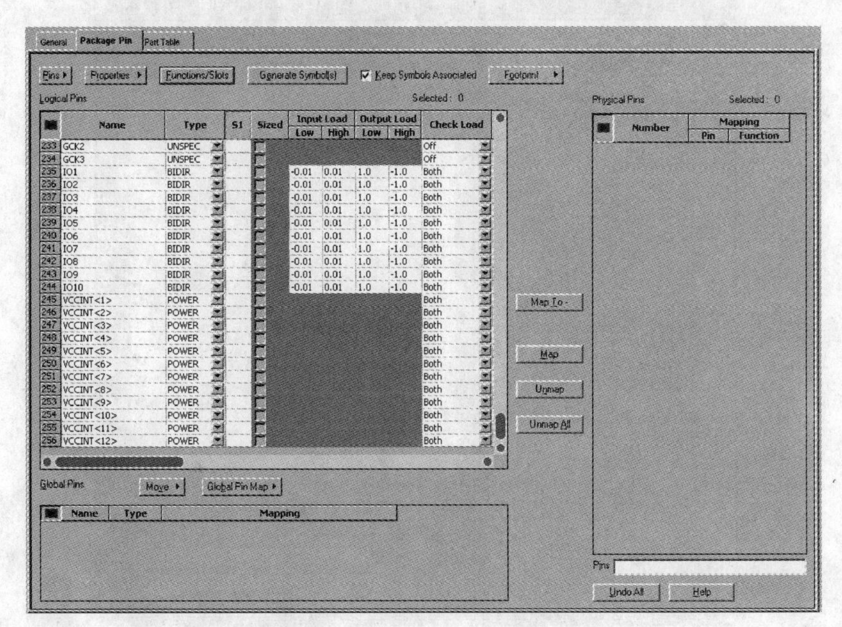

图 6-19　完成了引脚添加的界面

保存设计，出现如图 6-20 所示的提示框。

Errors & Warnings

	Id	Description	Type
1	pdv_216	Symbol 'sym_1' : Size of the symbol is greater than the Sheet Size	Error
2	pdv_117	Package Pin : No mapping between Logical Pin 'GCK0' and section number S1. ...	Error
3	pdv_117	Package Pin : No mapping between Logical Pin 'GCK1' and section number S1. ...	Error
4	pdv_117	Package Pin : No mapping between Logical Pin 'GCK2' and section number S1. ...	Error
5	pdv_117	Package Pin : No mapping between Logical Pin 'GCK3' and section number S1. ...	Error
6	pdv_117	Package Pin : No mapping between Logical Pin 'IO1' and section number S1. Bl...	Error
7	pdv_117	Package Pin : No mapping between Logical Pin 'IO2' and section number S1. Bl...	Error
8	pdv_117	Package Pin : No mapping between Logical Pin 'IO3' and section number S1. Bl...	Error
9	pdv_117	Package Pin : No mapping between Logical Pin 'IO4' and section number S1. Bl...	Error
10	pdv_117	Package Pin : No mapping between Logical Pin 'IO5' and section number S1. Bl...	Error
11	pdv_117	Package Pin : No mapping between Logical Pin 'IO6' and section number S1. Bl...	Error
12	pdv_117	Package Pin : No mapping between Logical Pin 'IO7' and section number S1. Bl...	Error
13	pdv_117	Package Pin : No mapping between Logical Pin 'IO8' and section number S1. Bl...	Error
14	pdv_117	Package Pin : No mapping between Logical Pin 'IO9' and section number S1. Bl...	Error

OK　Cancel　Help

图 6-20　错误和警告提示框

这是正常的提示框，因为库设计还未完成，单击 OK 按钮即可。

以上已经完成原理图逻辑引脚的添加，下面介绍物理引脚添加的过程。

添加物理引脚，可以先将封装设计好（请读者根据第 5 章介绍的方法自行完成设计），封装名称为 bga256_ 16×16_ 100m，在图 6-21 中的 General 界面中进行设置。

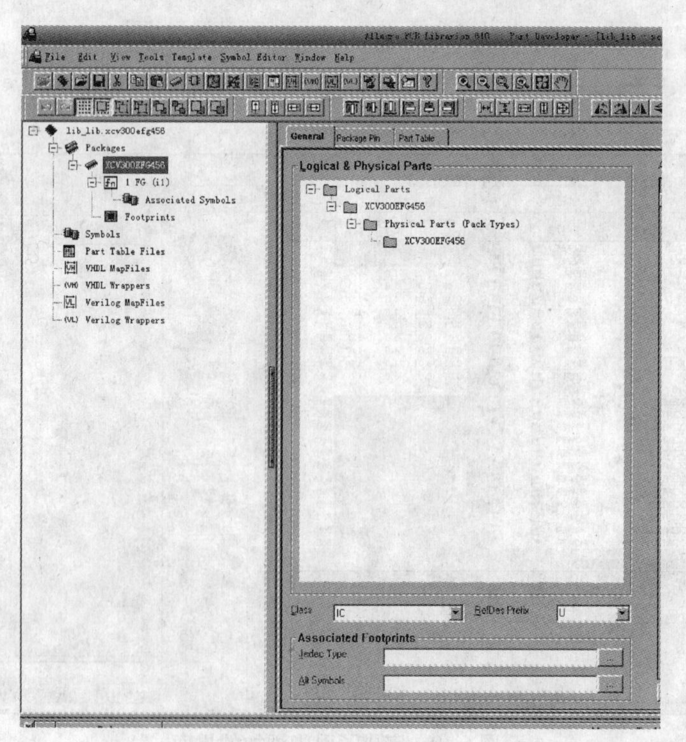

图 6-21　General 界面

对应图 6-21 中的 Jedec Type 栏单击 ... 按钮，出现如图 6-22 所示的封装库选择界面。

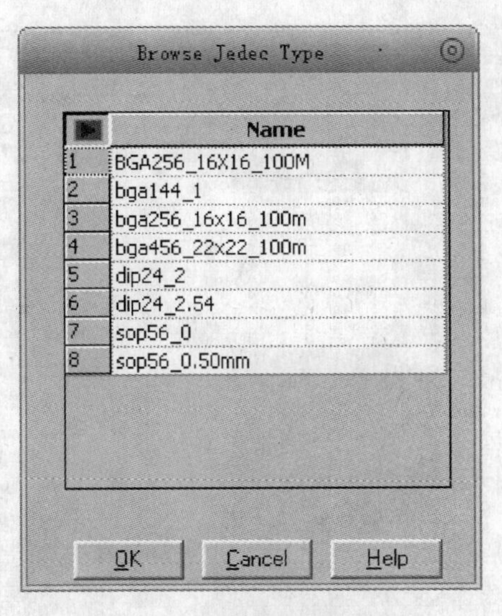

图 6-22　封装库选择界面

选中 bga256_ 16 × 16_ 100m，单击 OK 按钮。换到 Package Pin 界面，单击 Footprint，如图 6-23 所示。

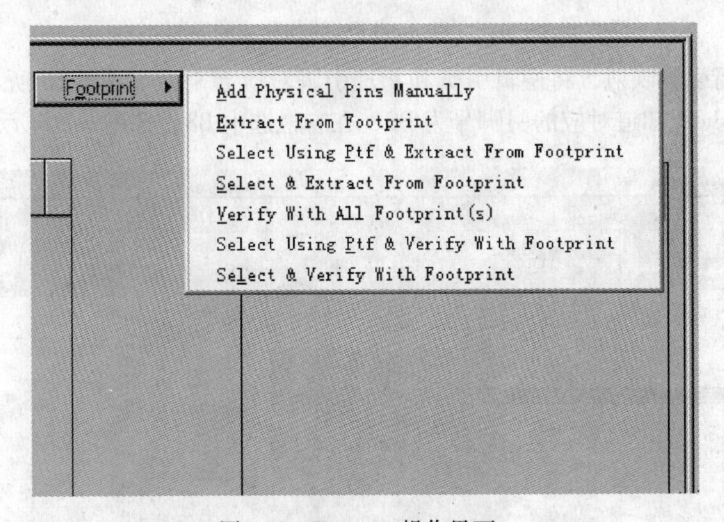

图 6-23　Footprint 操作界面

单击 Foot print 下拉菜单中的 Extract From Footprint 项，从选择的封装中提取引脚的物理信息，出现如图 6-24 所示的提示框。

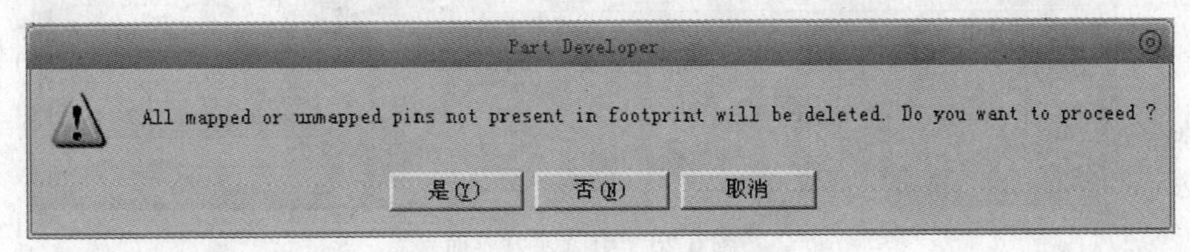

图 6-24　Part Developer 提示框

单击[是(Y)]按钮，完成引脚信息提取，如图6-25所示。

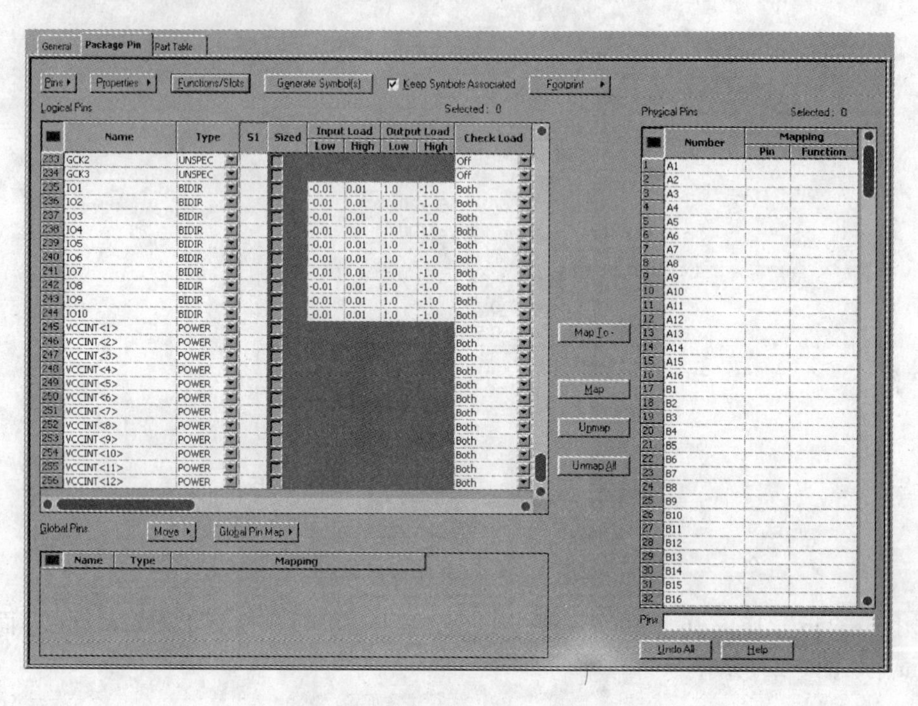

图6-25　Physical Pin添加完成的界面

下一步进行引脚映射，将逻辑引脚和物理引脚对应起来，如图6-26所示，在左栏选中GCK3，由datasheet知道对应的引脚号为B8，在右栏选中B8，如图6-26所示。

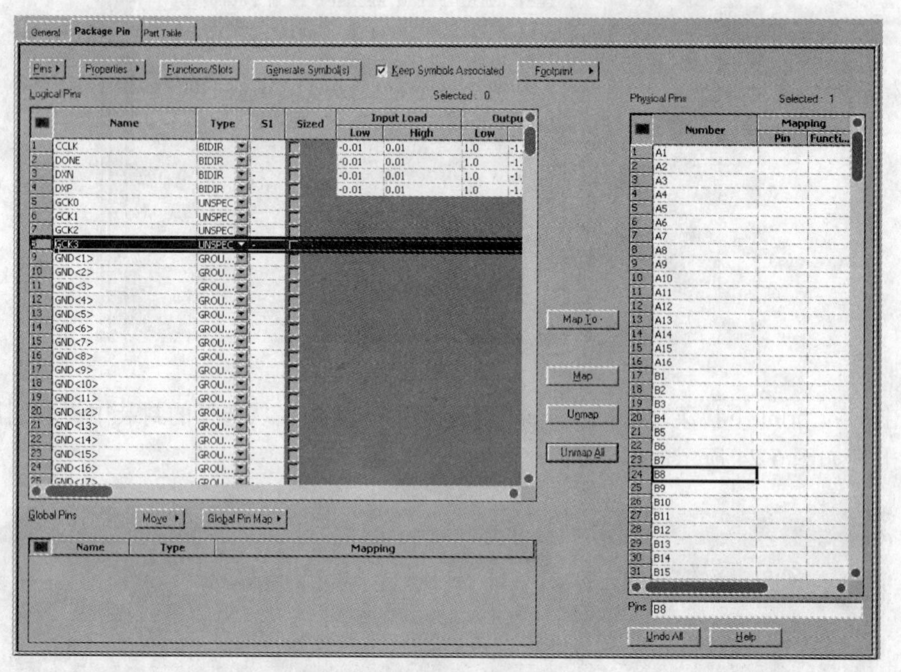

图6-26　引脚映射界面

单击 Map 按钮，完成 GCK3 的引脚映射，如图 6-27 所示。

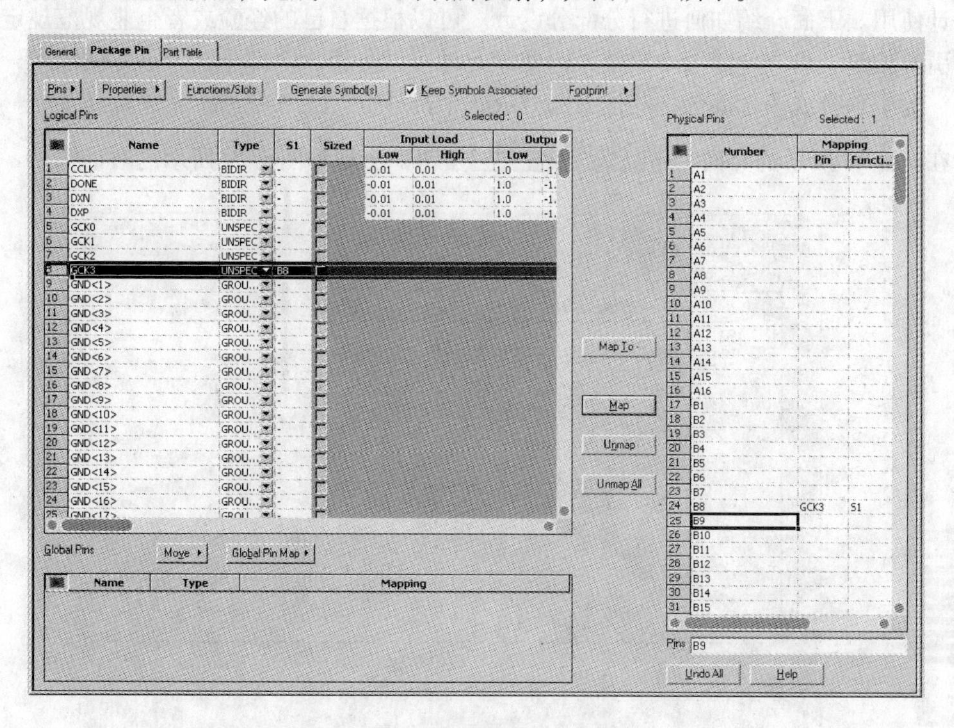

图 6-27　GCK3 映射完成的界面

按照同样的方法完成所有的引脚映射，如图 6-28 所示。

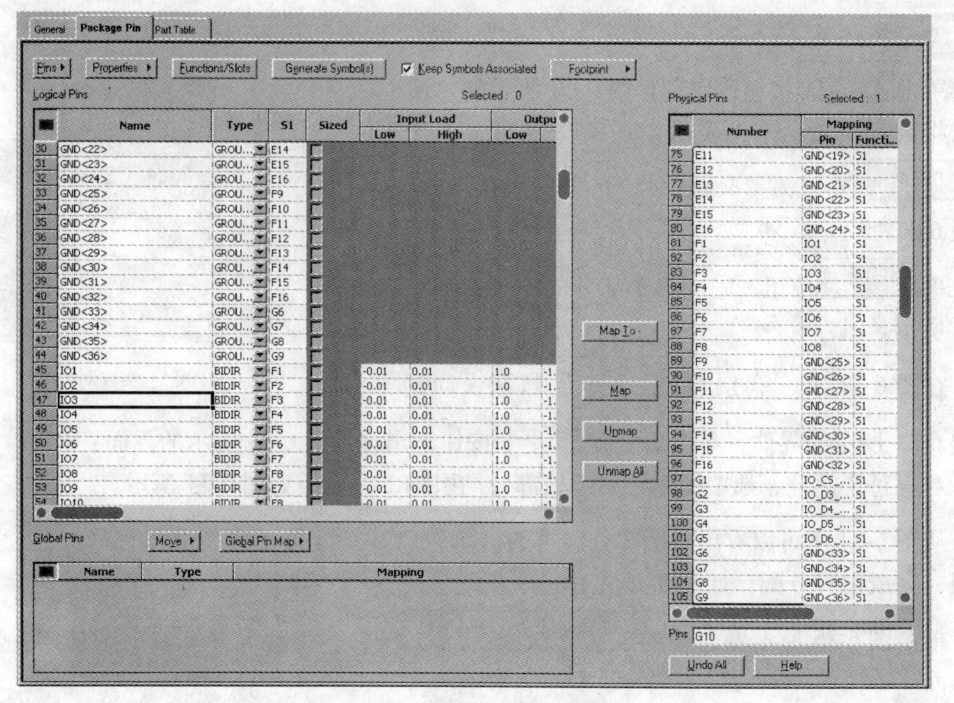

图 6-28　所有引脚映射完成的界面

由于此元件有256个引脚，因此需要将元件库分成多个part（部分），方便后续的原理图设计使用。下面介绍如何进行分部分设计。可以根据自己的经验或者企业规范规定每个部分的引脚数量，以方便使用为原则，因此此元件可以分为4个部分，为了方便使用，可以将电源、地单独分成一个部分，其他引脚分成3个部分。

在图6-28所示的界面单击 Functions/Slots 按钮，出现如图6-29所示的对话框。

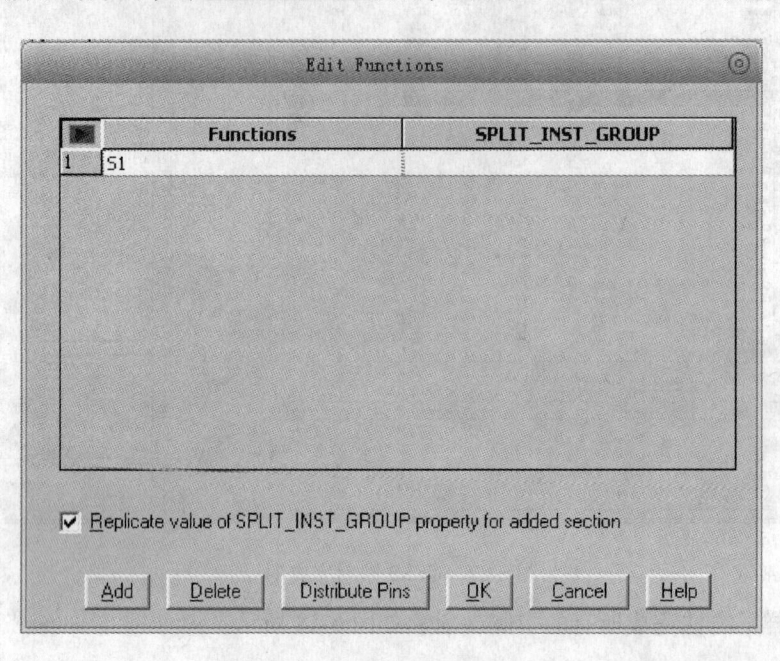

图6-29　Edit Functions对话框

单击 Add 按钮，出现如图6-30所示的对话框。

将数字1改为3，表示增加3个部分，单击 OK 按钮，就分成了4个部分，S1～S4，如图6-31所示。

单击 OK 按钮，完成每个部分的添加，如图6-32所示。

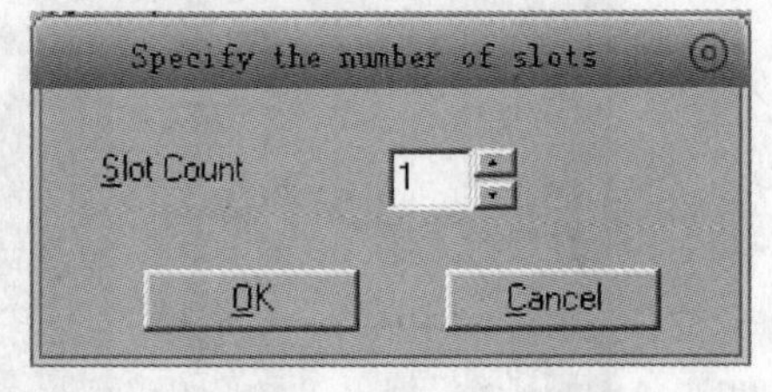

图6-30　确定总数对话框

在图6-32中，单击 Functions/Slots 按钮，回到如图6-31所示的界面，单击 Distribute Pins 按钮，出现如图6-33所示的界面：

对应每个部分，选中的就是属于该部分的引脚，完成后如图6-34所示。

从图6-34中可以看出每个部分包含的引脚数以及具体包含哪些引脚。单击 OK 按钮，完成引脚分配，如图6-35所示。

单击图6-35所示界面中的 Generate Symbol(s) 按钮，创建元件库，出现如图6-36所示的界面。

单击 OK 按钮，出现如图6-37所示的界面。

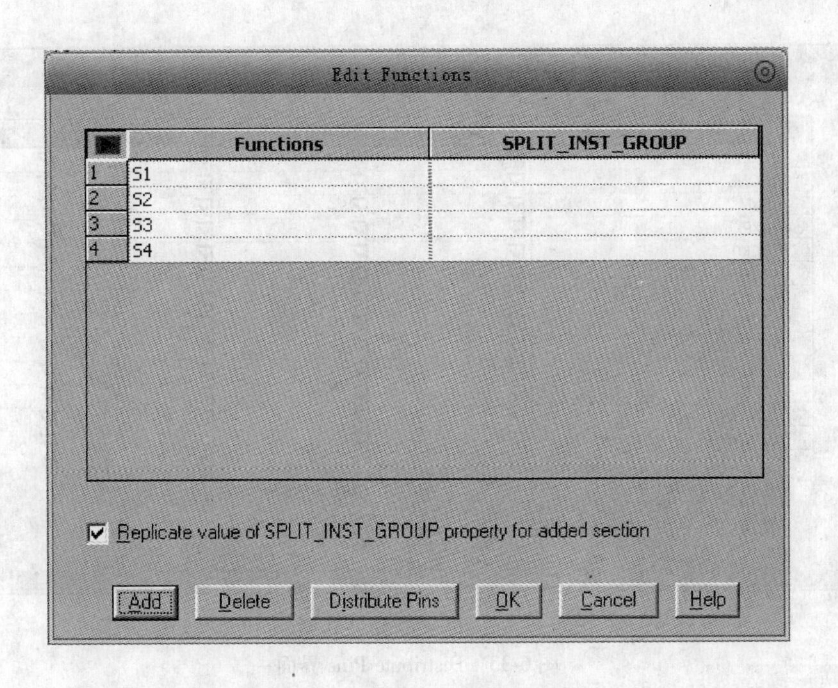

图 6-31　分成 4 个部分的界面

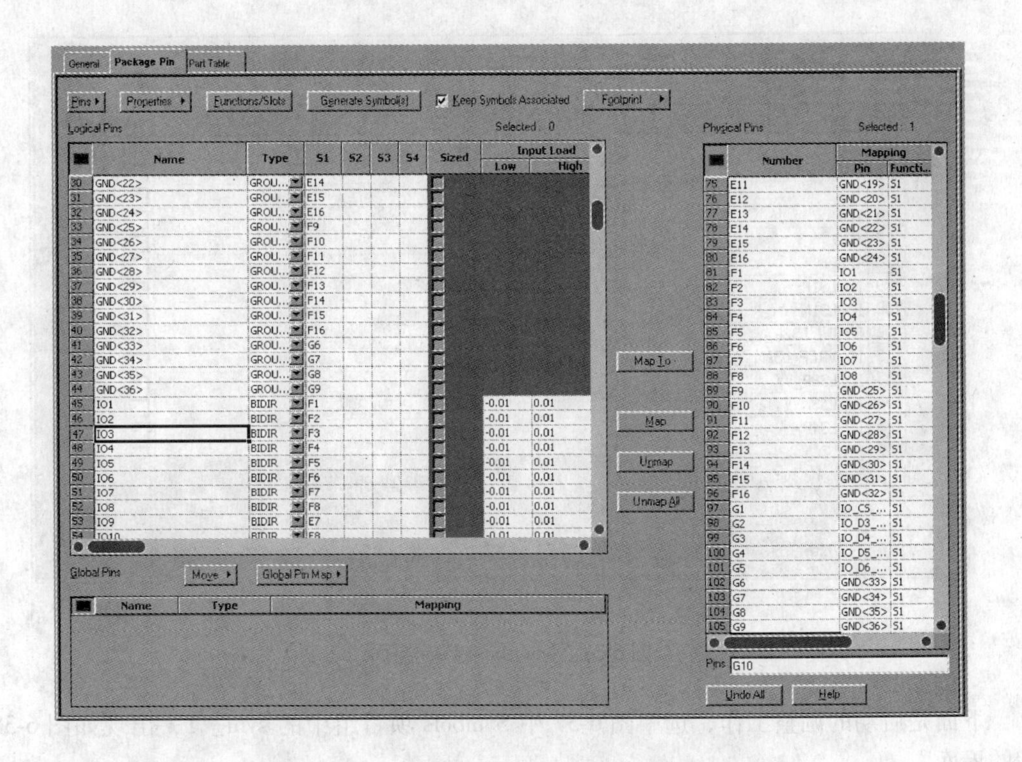

图 6-32　已添加 S1、S2、S3、S4 4 个部分的界面

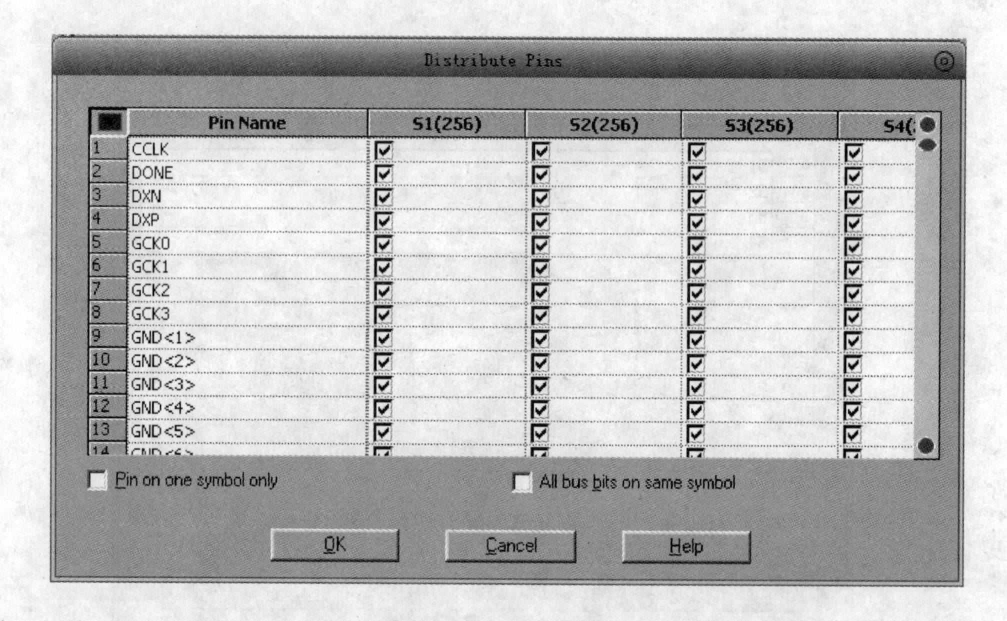

图 6-33　Distributc Pins 界面一

Distribute Pins

	Pin Name	S1(62)	S2(66)	S3(64)	S4(
123	M2	☐	☐	☑	☐
124	PROGRAM	☐	☐	☑	☐
125	TCK	☐	☐	☑	☐
126	TDI	☐	☐	☑	☐
127	TDO	☐	☐	☑	☐
128	TMS	☐	☐	☑	☐
129	IO_L31P	☐	☑	☐	☐
130	IO_L31N	☐	☑	☐	☐
131	IO_D4_L32P_Y	☐	☑	☐	☐
132	IO_VREF_L32N_Y	☐	☑	☐	☐
133	IO_L33P_YY	☐	☑	☐	☐
134	IO_L33N_YY	☐	☑	☐	☐
135	IO_L34P	☐	☑	☐	☐

☐ Pin on one symbol only　☐ All bus bits on same symbol

OK　Cancel　Help

图 6-34　Distribute Pins 界面二

下面是后期的调整工作，选中图 6-37 中 Symbols 项目组中的 sym_ 1，出现如图 6-38 所示的界面。

选 Symbol Pins 为当前界面，如图 6-39 所示。

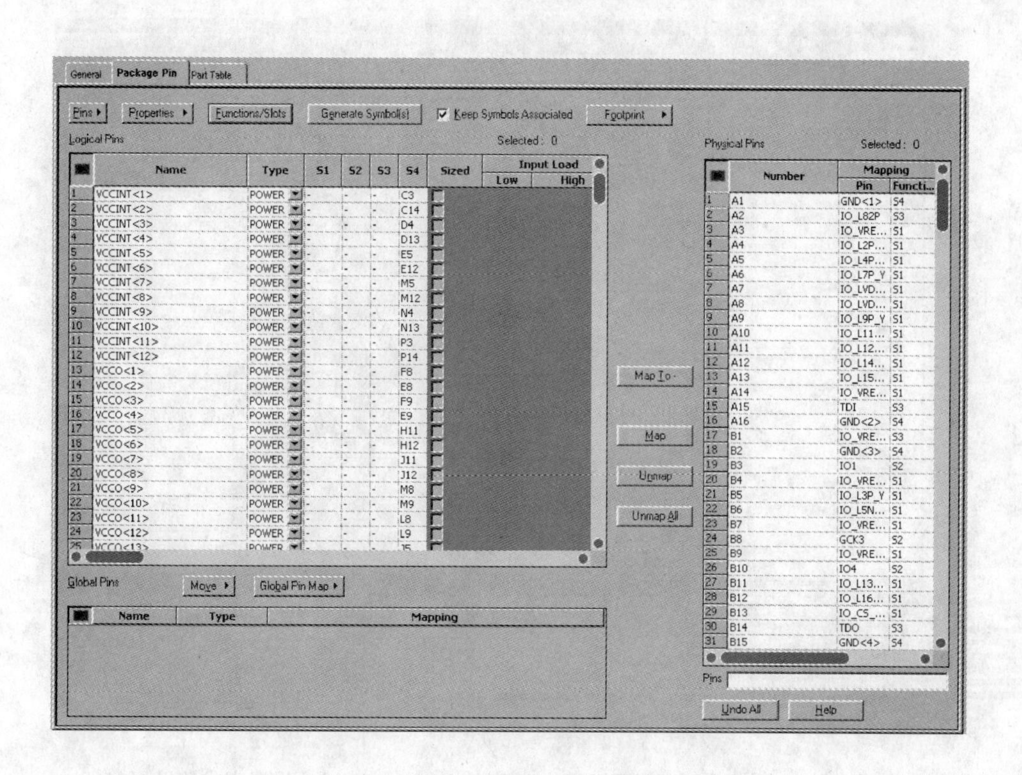

图 6-35　完成引脚分配的界面

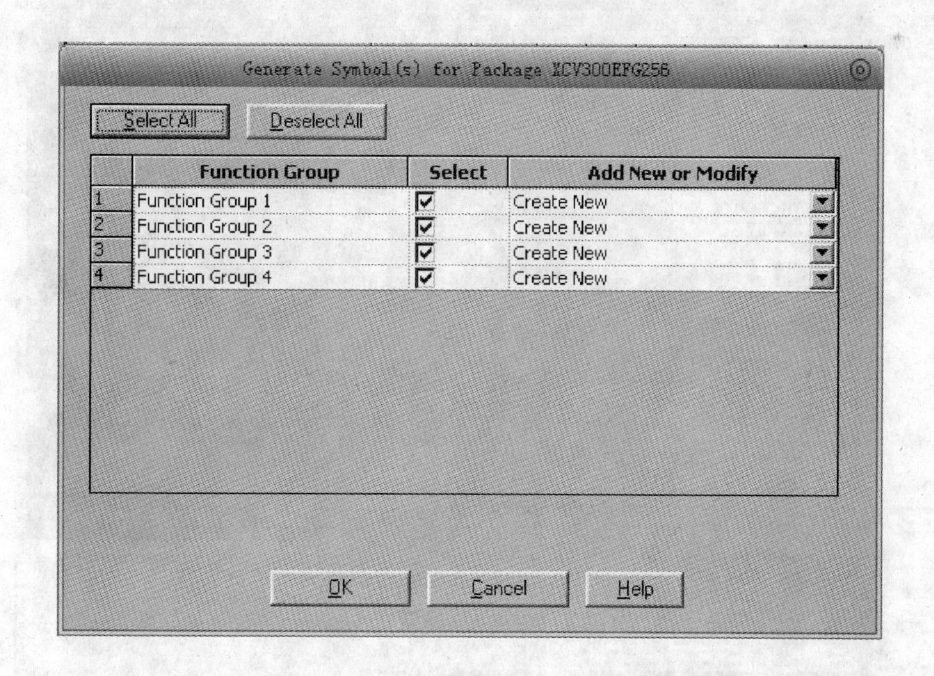

图 6-36　对应 XCV300EFG256 封装库的 Generate Symbol 界面

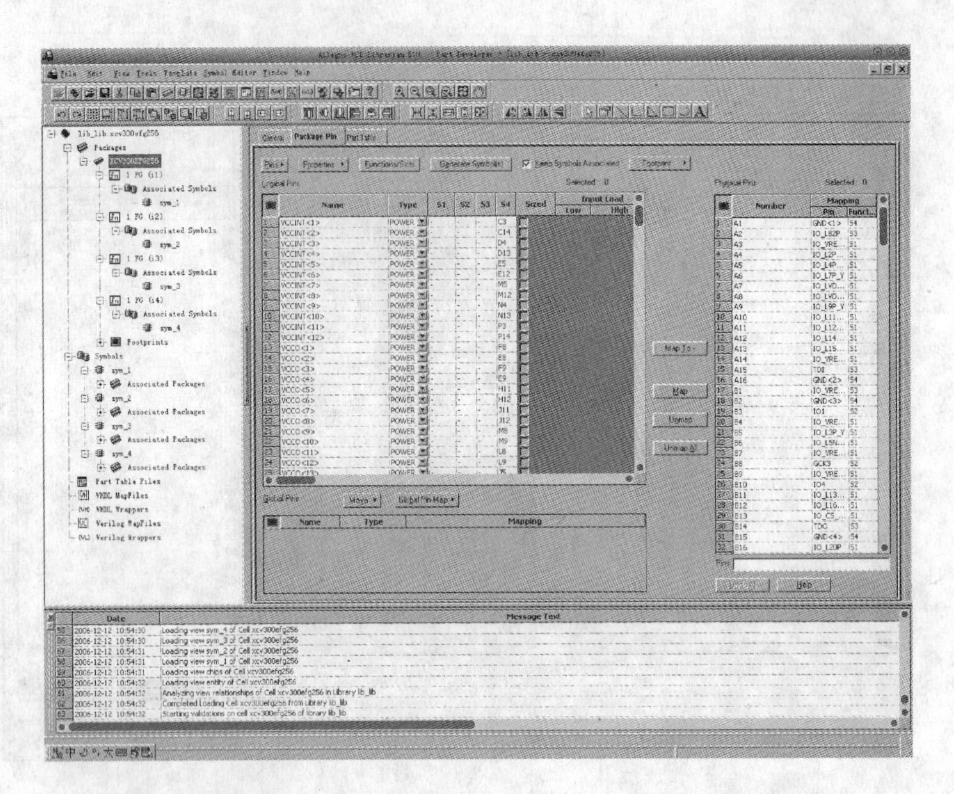

图 6-37　对应 XCV300EFG256 封装库的 Generate Symbol 设置完成的界面

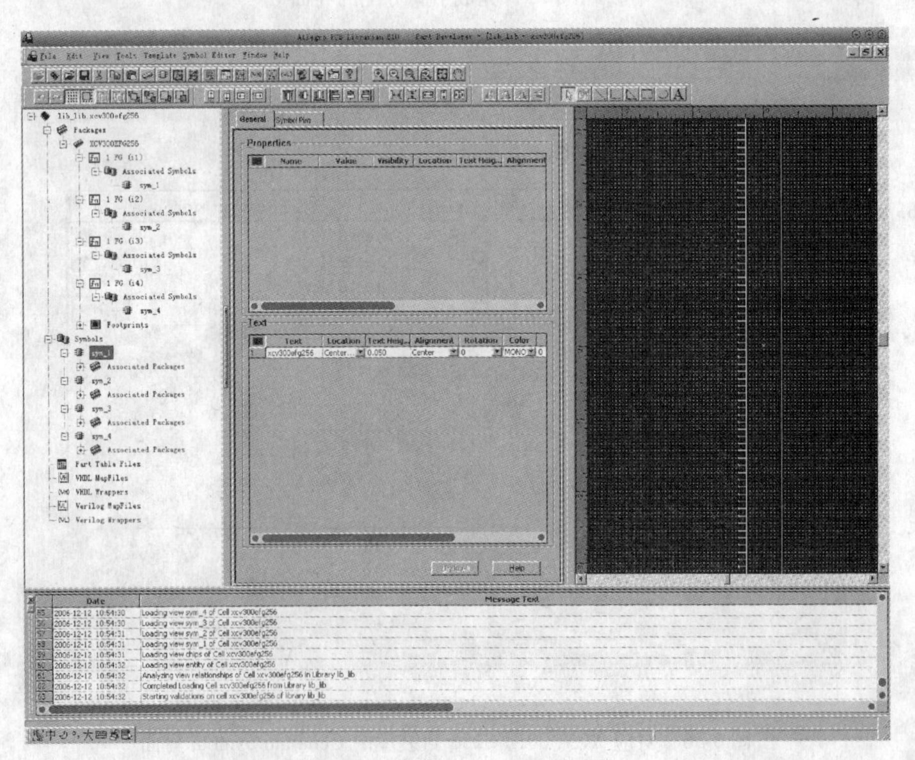

图 6-38　选中 sym_ 1 后界面

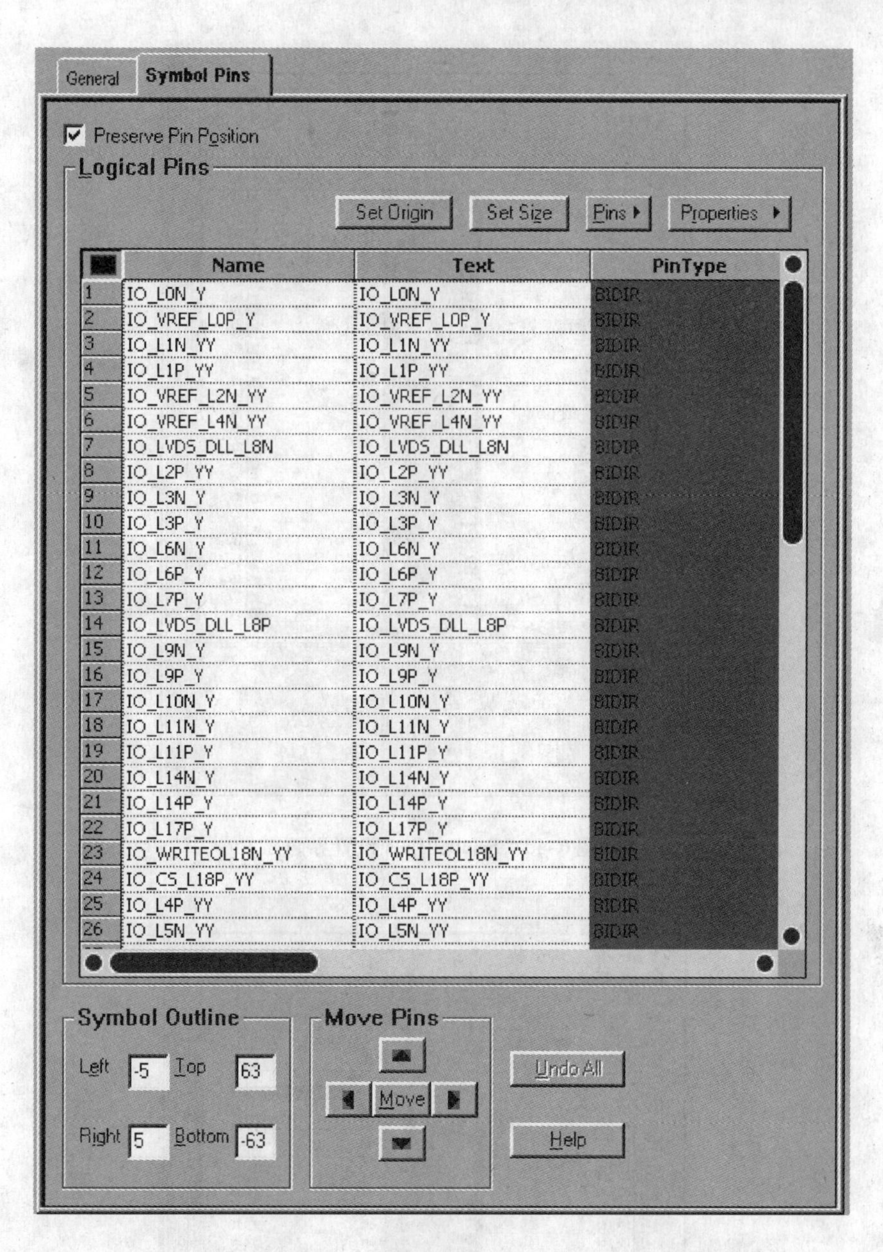

图 6-39　Symbol Pins 设置界面一

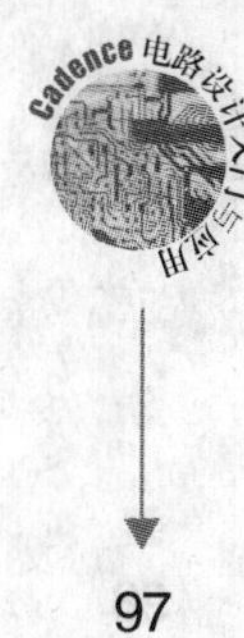

向右拖动窗口下面的滚动条，直至看到 Location 对应栏，如图 6-40 所示。

可以看到，所有的引脚位置都是 left，为了方便后面的使用，需要对引脚的位置进行重新调整，单击 left 对应栏的下拉按钮，出现如图 6-41 所示的引脚位置调整的界面。

选择要调整的位置（可以根据自己使用的习惯和方便进行调整），这里选择 Right 来继续设计。按照同样的方法将其他引脚进行调整，使左右两侧的引脚分布大致相同。调整后出现如图 6-42 所示的界面。

保存文件后，单击菜单图标按钮，进入 sym_ 1 的修改界面，如图 6-43 所示。

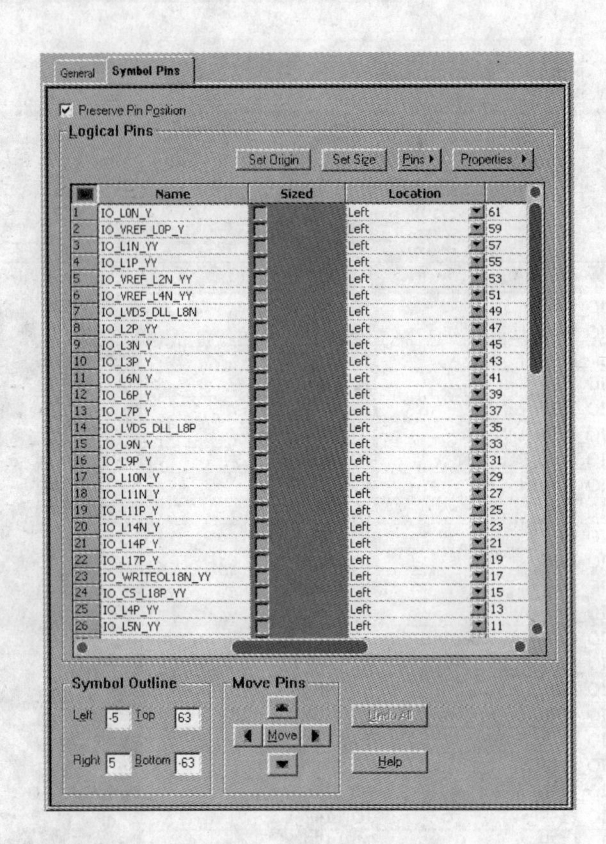

图 6-40 Symbol Pins 设置界面二

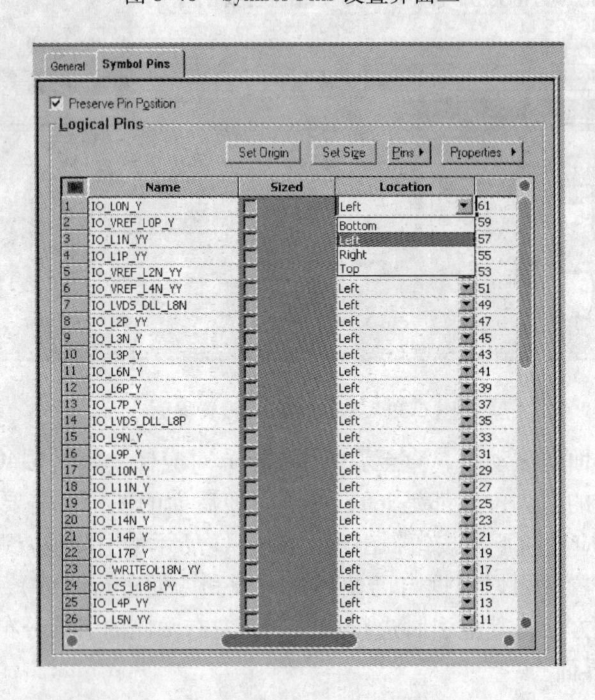

图 6-41 引脚位置调整界面

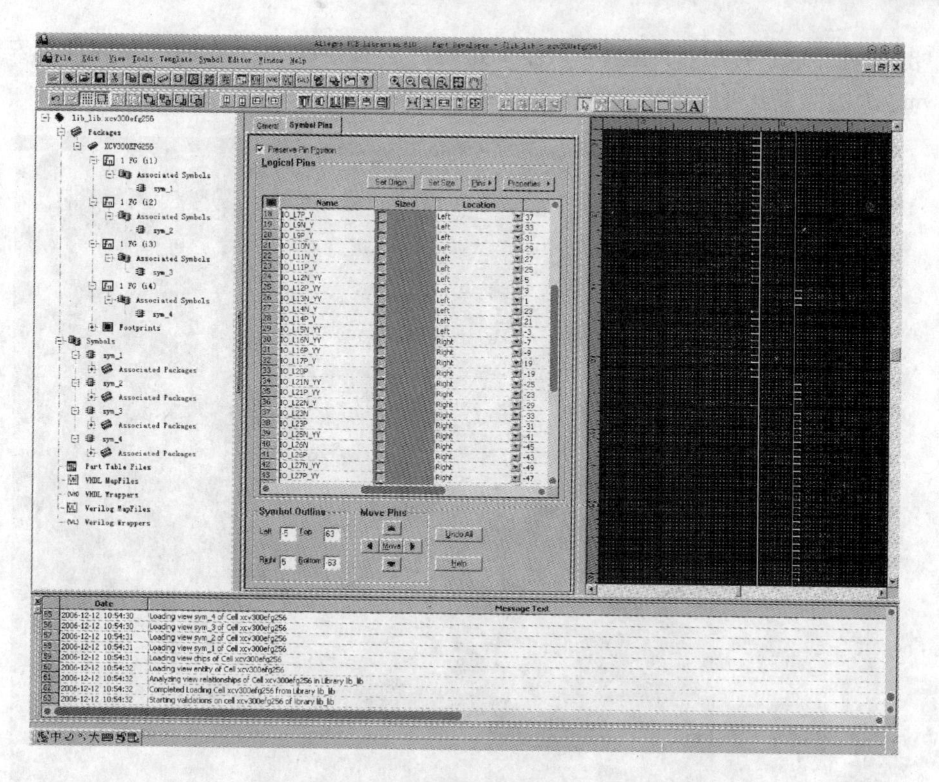

图 6-42　引脚调整完成的界面

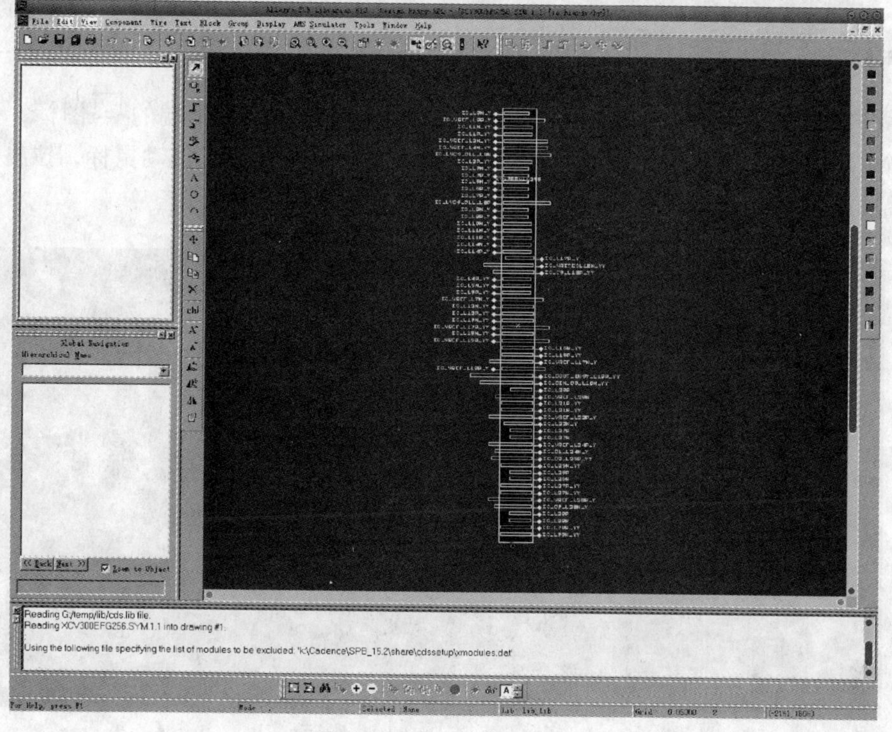

图 6-43　sym_ 1 的修改

单击左侧图标中的，选中 sym_ 1 边框，向右拖动（当然也可以选择向左拖动），增大 sym_ 1 边框直至可以不重合的排列左右两排引脚，如图 6-44 所示。

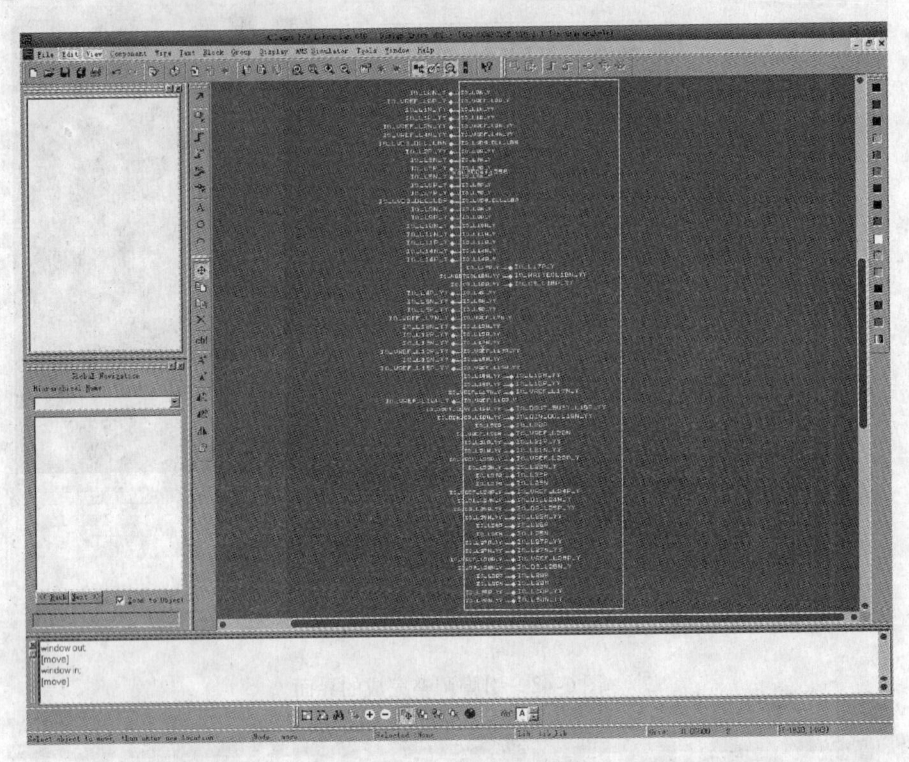

图 6-44　增大 sym_ 1 边框

将位于 Right 的引脚调整到 sym_ 1 的图框右侧。单击窗口最下端的图标，可以整体选中多个引脚，在需要选中的引脚附近单击鼠标左键，然后放开，拖动鼠标，拉出一个选择框，将需要选中的引脚框住，如图 6-45 所示。

图 6-45　选中 3 个引脚示意图一

再单击鼠标左键，被选中的引脚将会改变颜色，如果引脚没有被完全选中，那么未被选中部分是不会变颜色的，如图 6-46 所示。

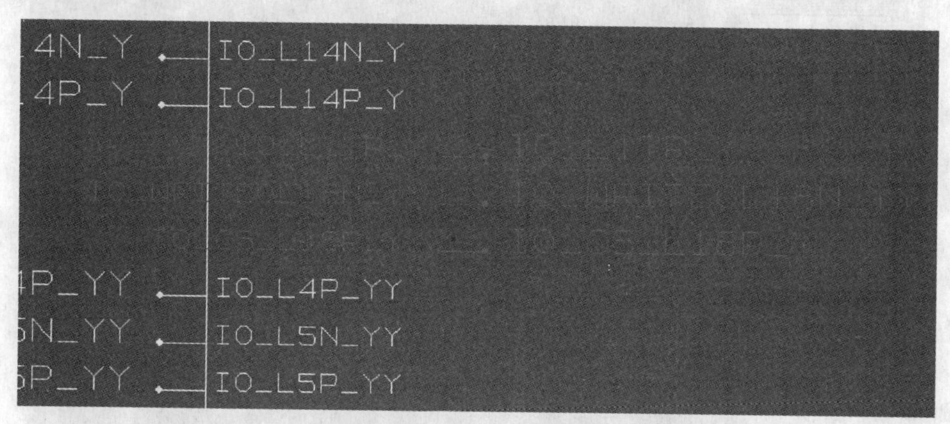

图 6-46　选中 3 个引脚示意图二

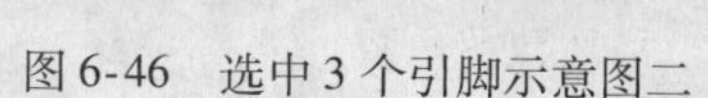

单击窗口最下端的图标，就可以移动这些选中的引脚了，移动后如图 6-47 所示。

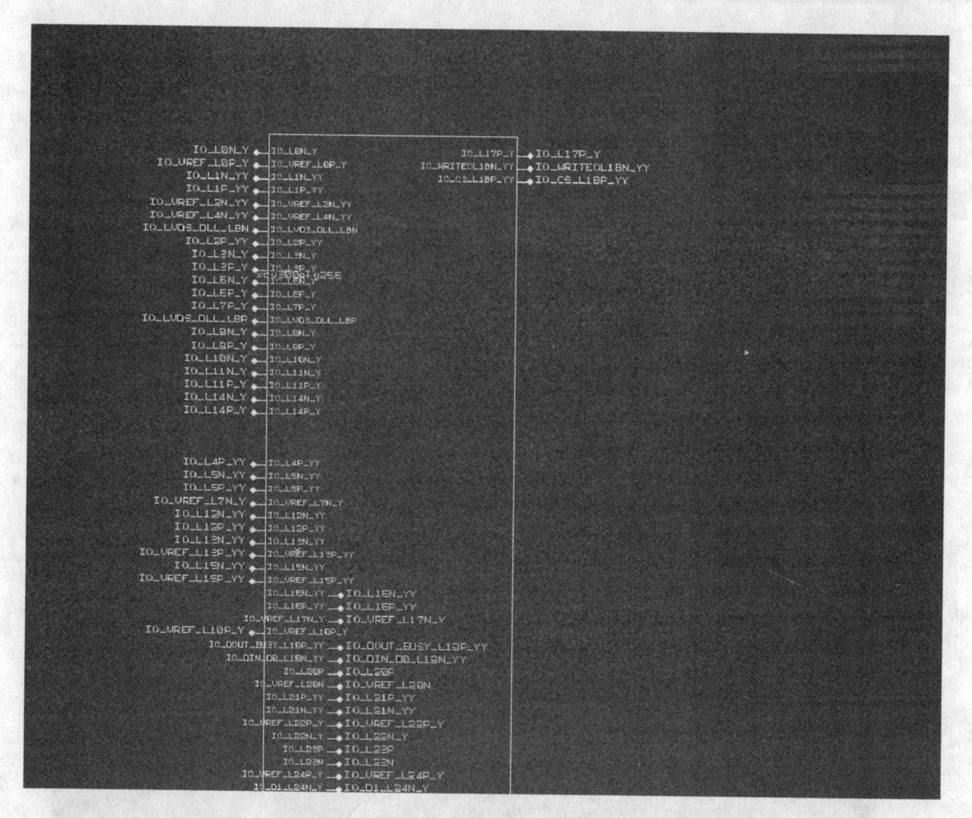

图 6-47　选中的 3 个引脚移到 Right

按照同样的方法将需要调整到 Right 的引脚移动到 Right 位置，并调整 sym_ 1 的边框到合适大小（方法同以上增加 sym_ 1 的边框大小），最后保存，完成 sym_ 1 的引脚调整，如图 6-48 所示。

图 6-48　完成 sym_ 1 引脚调整的界面

接下来还要对 sym_ 1 进行完善，将 sym_ 1 放大如图 6-49 所示。

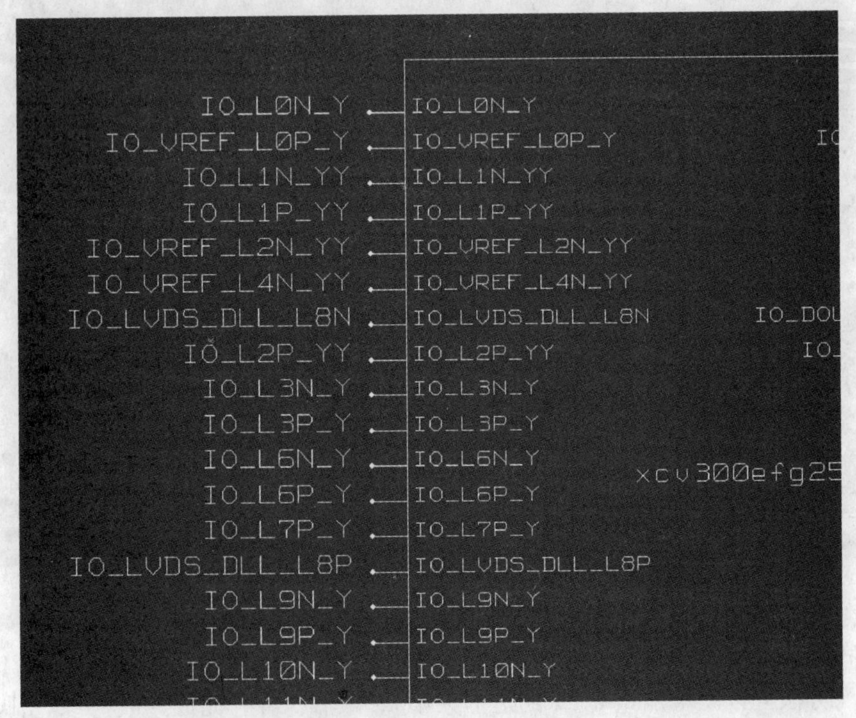

图 6-49　放大后的 sym _1 图示

从图 6-49 中可以看出，这些引脚的顺序是不连续的，有些乱，这还需要进一步地调整。回到如图 6-42 所示的界面，关掉打开的 XCV300EFG256 封装库，重新打开 XCV300EFG256，选中 sym_ 1，界面会被刷新，如图 6-50 所示。

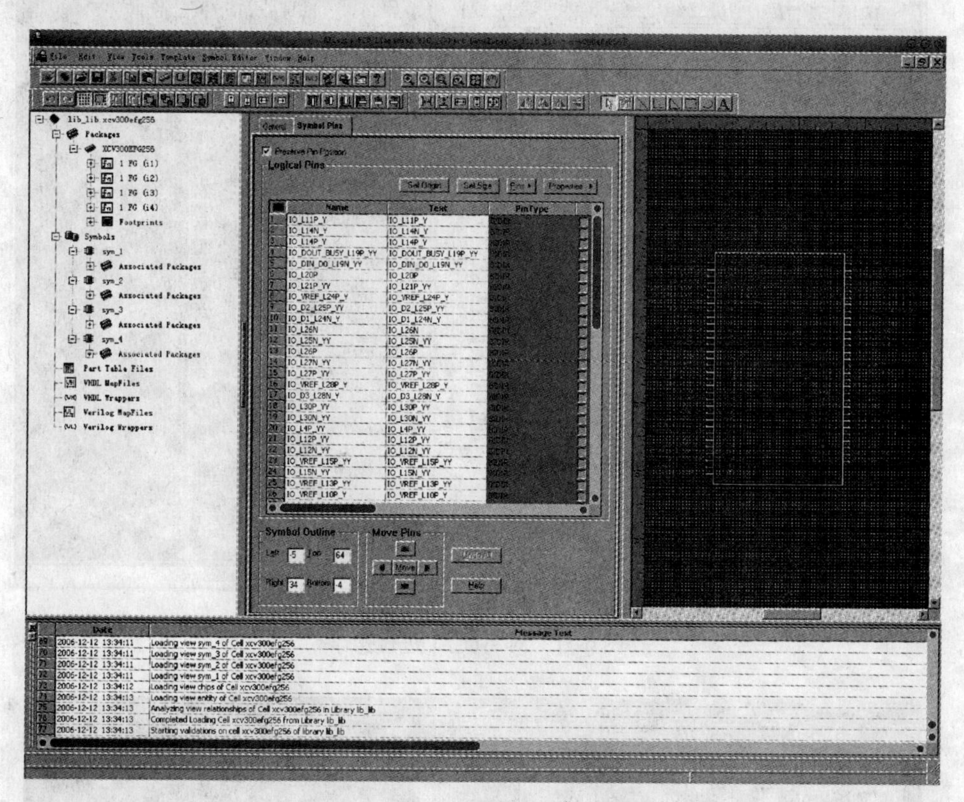

图 6-50　sym_ 1 刷新后的界面

鼠标放在 sym_ 1 图上，按鼠标右键，可以选择放大、缩小等操作，选择放大操作，直至可以很清楚的看到引脚定义，也可以选在移动窗口下面和右侧的滚动条来调整窗口主要显示的内容，如图 6-51 所示。

在图 6-49 中看出，需要将 IO_ L2P_ YY 调整到与 IO_ VREF_ L2N_ YY 相邻的位置，选中该引脚，如图 6-52 所示。

单击图 6-51 中的 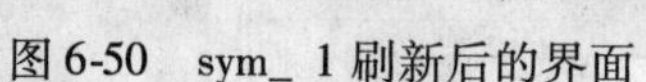 按钮的箭头，4 个箭头表示 4 个可移动的方向，根据需要进行选择点击向上箭头，表示向上移动，需要移几次就点击几次，就可以完成引脚位置移动，其他的按照同样的方法根据需要进行调整，直至所有调整都完成，如图 6-53 所示。

保存文件后选中 sym_ 1，单击菜单图标，进入 sym_ 1 引脚重新调整后的界面，如图 6-54 所示。

至此就完成了 sym_ 1 的设计，sym_ 2、sym_ 3、sym_ 4 也按照同样的方法完成。引脚调整也可以在如图 6-54 所示的界面进行，其操作类似于图 6-43 ~ 图 6-48 的介绍，选中引脚，然后移到需要放置的位置。在此就不详细介绍了，请读者自己学习！

完成设计之后，还要对一些关键属性进行设置，关键属性是指通过这些属性可以惟一确

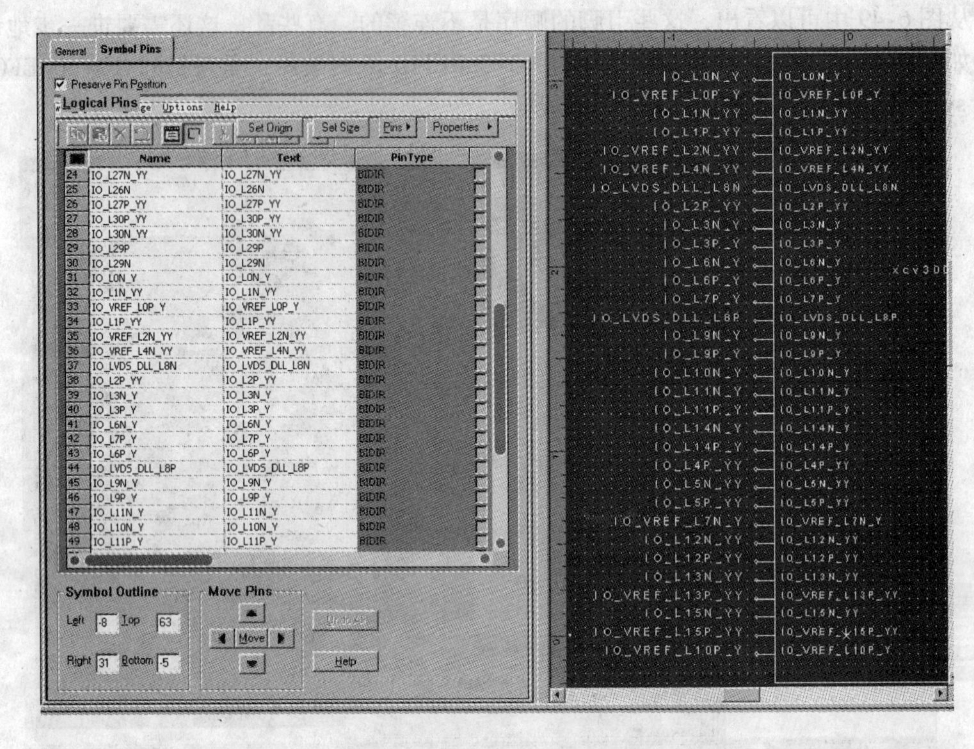

图 6-51　对 sym_ 1 进行操作

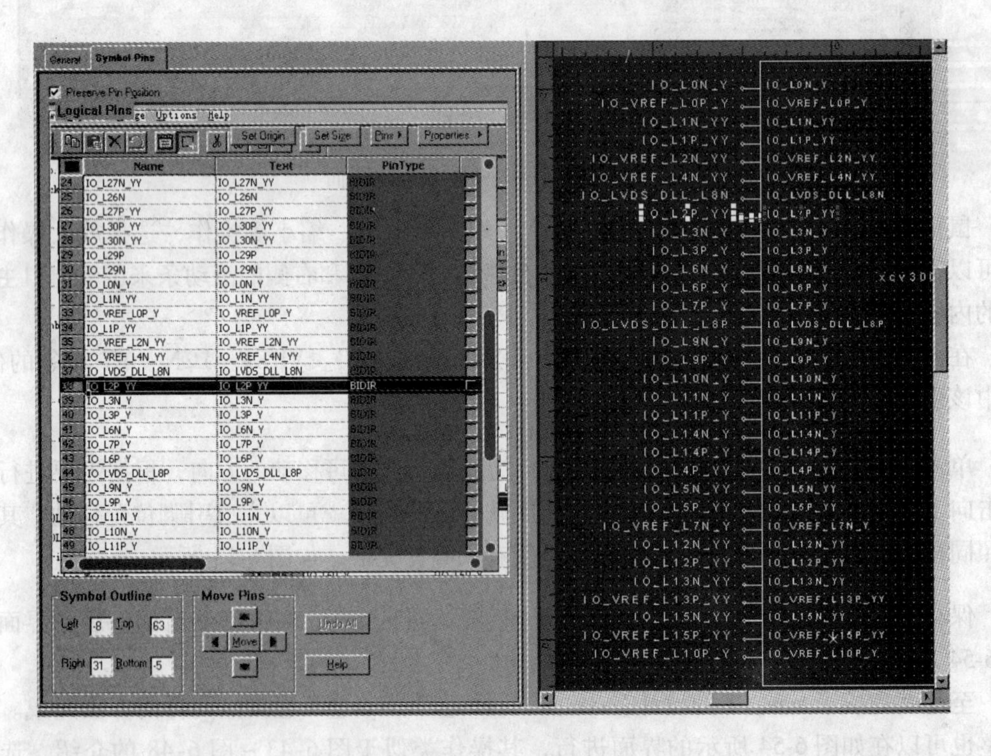

图 6-52　选中 IO_ L2P_ YY

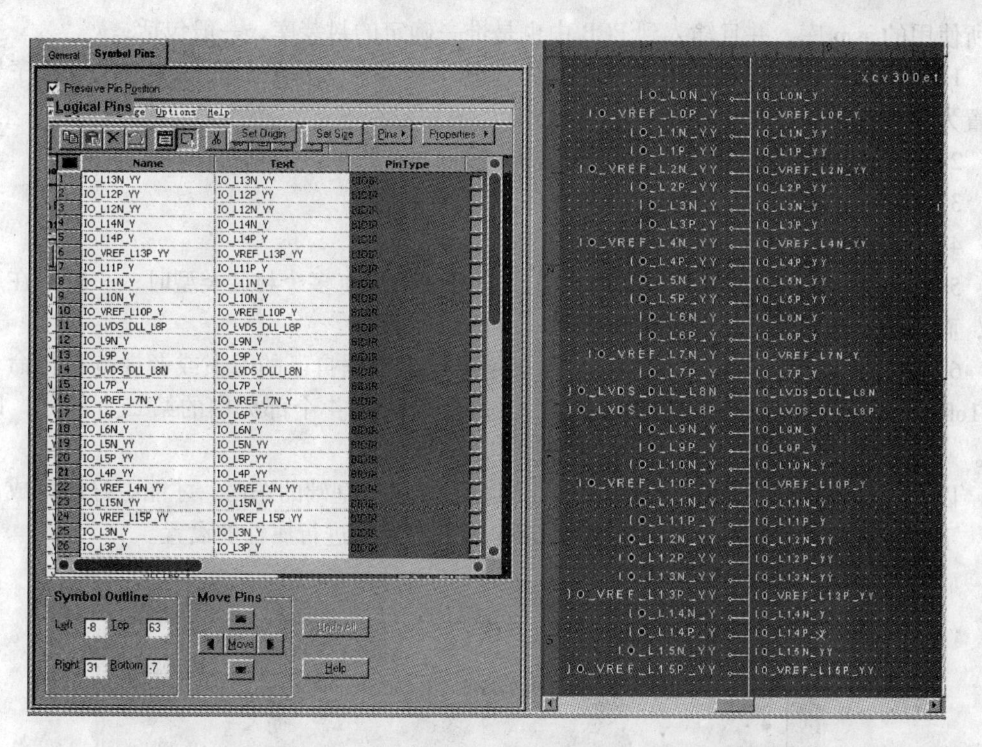

图 6-53　完成引脚重新调整的 sym_ 1 界面

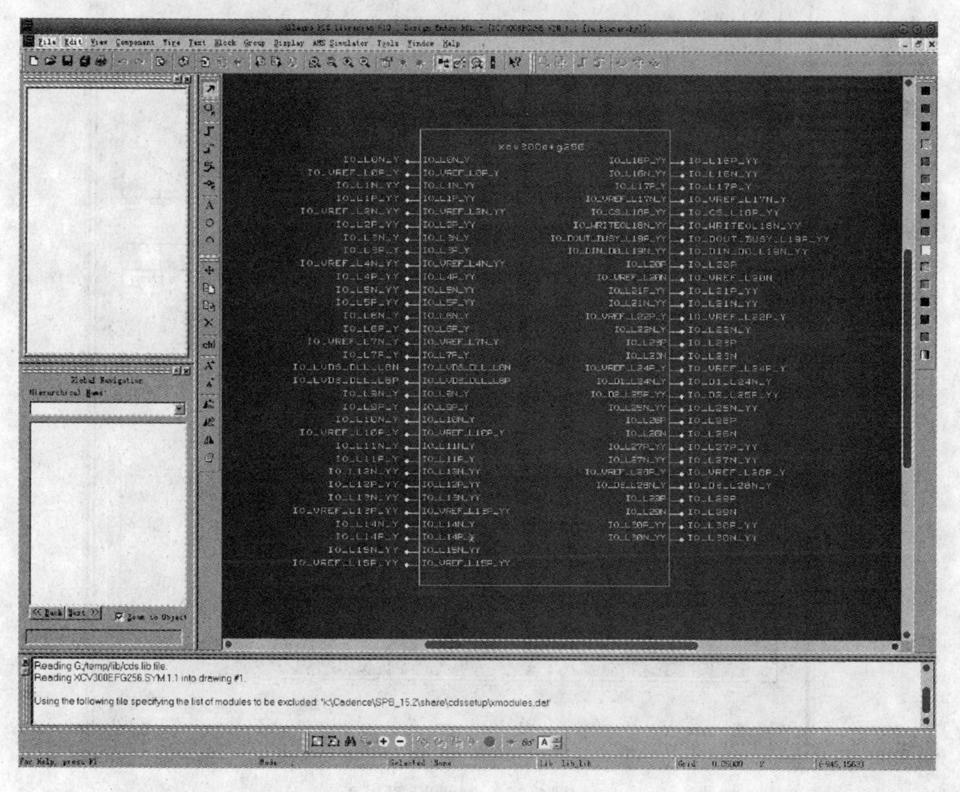

图 6-54　完成引脚重新调整后界面

定所使用的 sym 库，并且输入到 PCB 中也是惟一确定的封装库，一般包括：

1）$ Location：是指元件在原理图及 PCB 中的编号，一般由元件字符代号及序号组成设置为“元件字符代号。”

2）Path：是指在原理图中放置元件的先后顺序，由软件自动排序。

3）Group：组属性，一个 symbol 有多个部分时需要。

4）Value：元件标称值，设置为“?”。

5）Jedec_ Type：元件封装名称，当该 symbol 对应有多个封装类型时，一般不在库中指定，而是画原理图时再根据需要来指定。

6）Split_ INST_ Name：每个部分的名字。可以根据自己的习惯或者规范进行命名，例如 1of4，就表示 4 个部分中的第一个部分，2of4 就表示 4 个部分中的第二个部分，以此类推。

以上是简单的介绍，还请读者朋友详细地了解这些基础的东西，才能更好地完成设计。下面进行属性设置的介绍，在如图 6-55 所示的界面进行属性的设置。

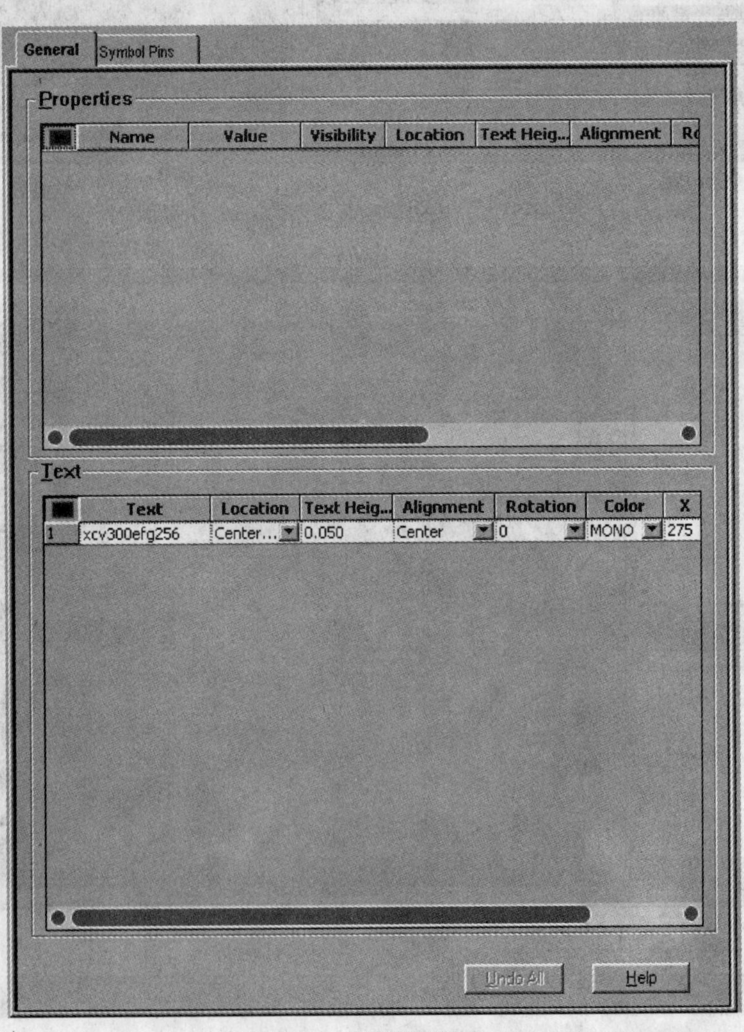

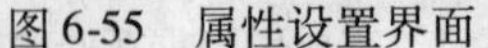
图 6-55　属性设置界面

单击[按钮图标]按钮，出现如图 6-56 所示的界面。

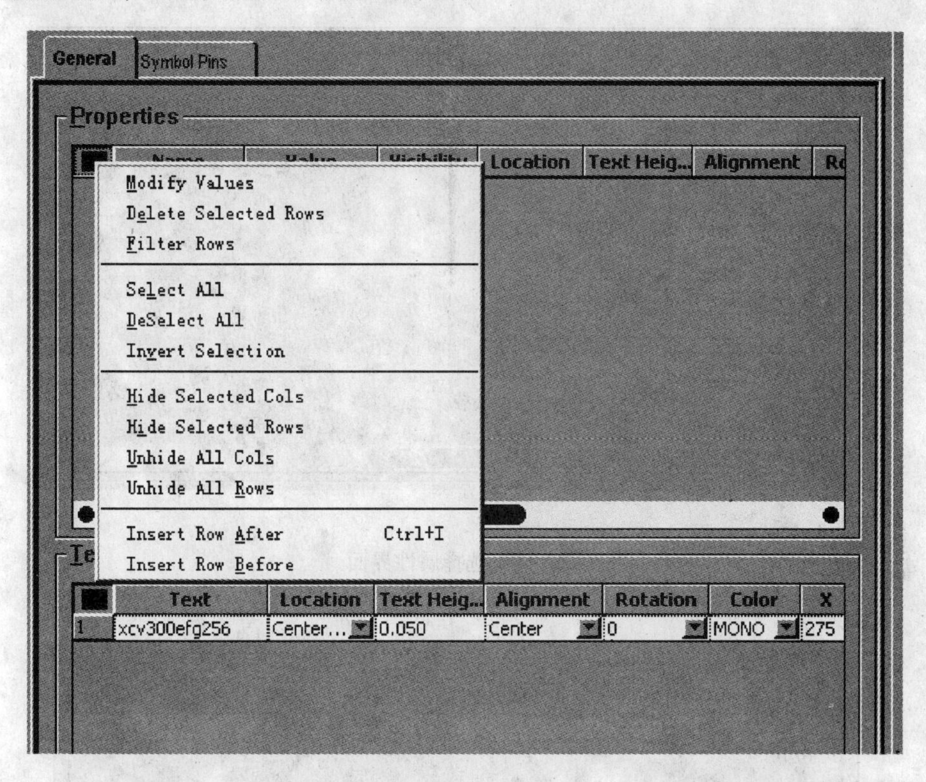

图 6-56　增加属性界面

鼠标单击 Insert Row After 项或者 Insert Row Before 项，增加属性设置，如图 6-57 所示。

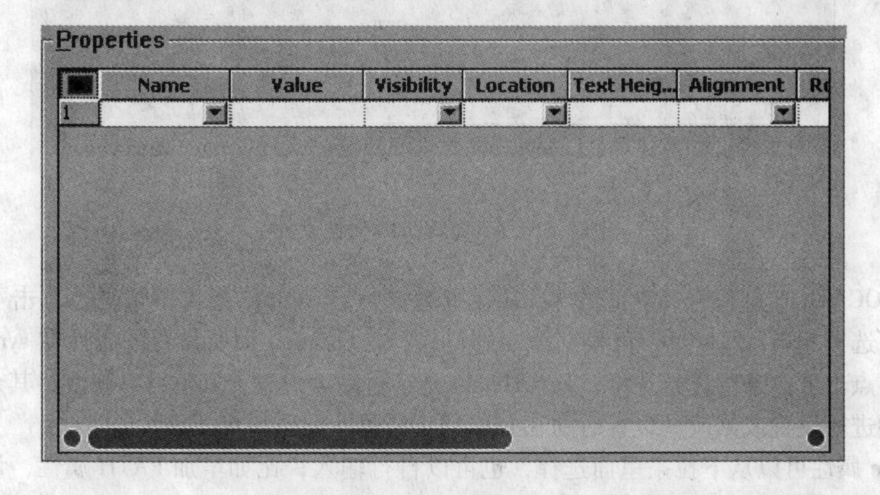

图 6-57　增加了 1 个属性的界面

首先对 Name 进行设置，单击下拉条，如图 6-58 所示。

选择 $ LOCATION，如图 6-59 所示。

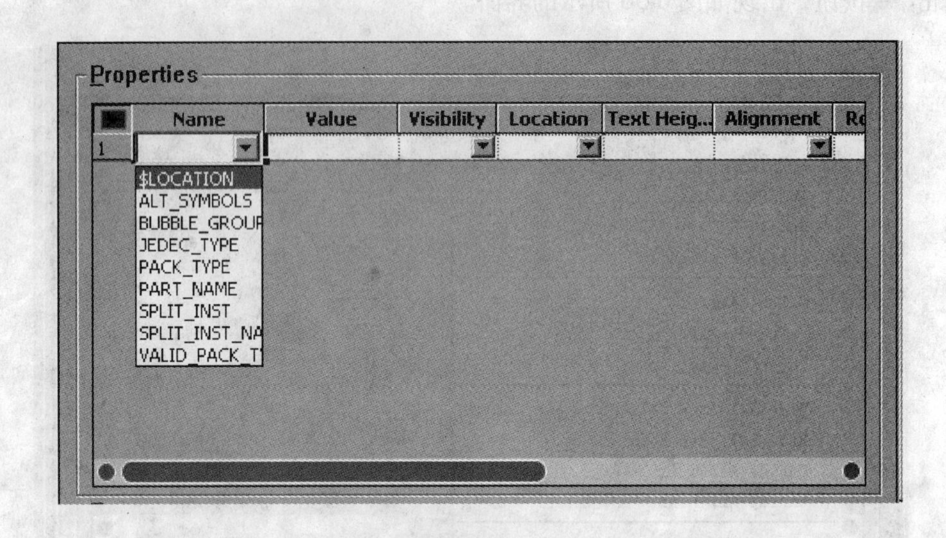

图 6-58　选择属性界面

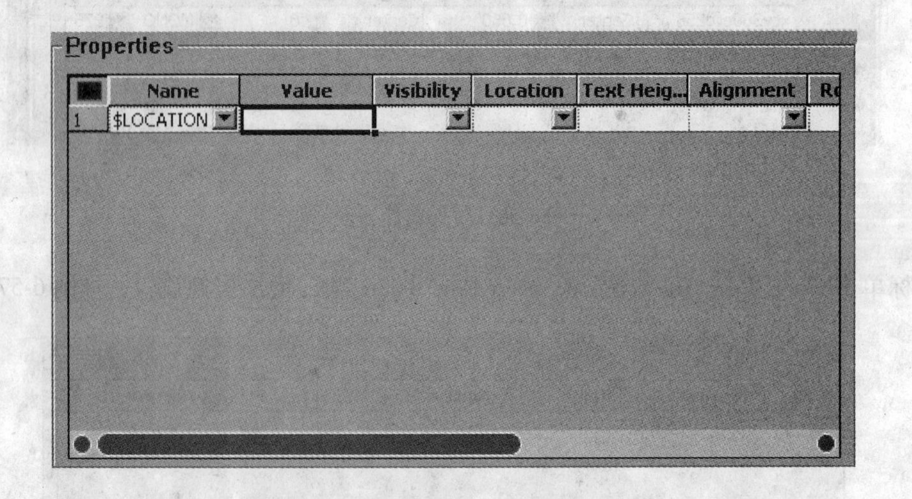

图 6-59　$ LOCATION 属性设置

$ LOCATION 即位号，对应的 Value 设置为 ic?；Visibility 指可不可见，点击下拉条进行选择，选择 Value 即可见，可根据需要进行选择；Location 即所设置的属性在 sym 中的具体位置，点击下拉条可进行选择；Text Height 是字符高度设置，其值可以修改；其余的可以根据需要进行设置或修改。设置后的 $ LOCATION 属性如图 6-60 所示。

Name 属性可以从下拉条里面选择，也可以自行输入，比如增加 PATH 属性，设置后如图 6-61 所示。

同样的方法增加其他的属性，完成属性设置后如图 6-62 所示。

保存设计，按照同样的方法完成另外 3 个部分的属性设置。至此就完成了 XCV300EFG256 的原理图库设计。

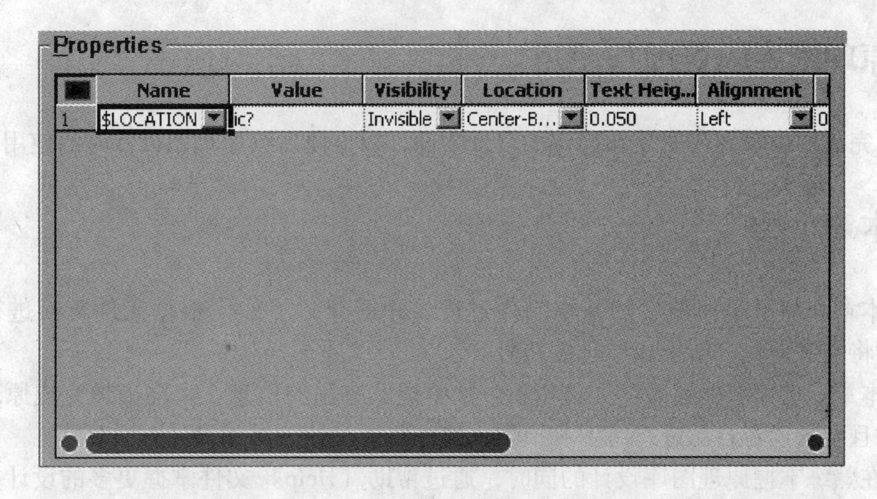

图 6-60　$ LOCATION 属性设置完成后的界面

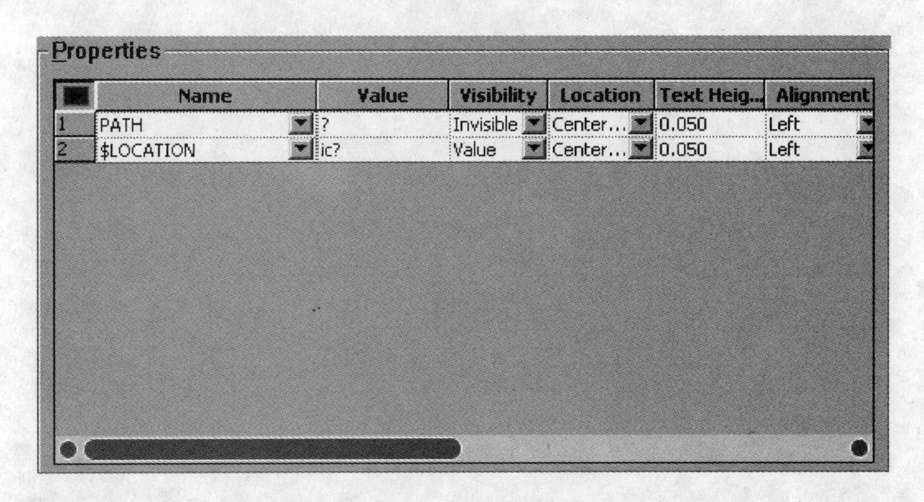

图 6-61　PATH 属性设置完成后的界面

Properties

	Name	Value	Visibility	Location	Text Heig...	Alignment
1	VALUE	?	Invisible	Center...	0.050	Left
2	GROUP	?	Invisible	Center...	0.050	Left
3	JEDEC_TYPE	?	Invisible	Center...	0.050	Left
4	SPLIT_INST_NAME	1of4	Invisible	Center...	0.050	Left
5	PATH	?	Invisible	Center...	0.050	Left
6	$LOCATION	ic?	Value	Center...	0.050	Left

图 6-62　完成 sym_ 1 属性设置后的界面

6.3 原理图库的管理与使用

设计完成的原理图库要放在固定的目录下面，以方便后续原理图设计时的使用。

6.4 本章小结

1）本章介绍了原理图库的基本制作过程，详细介绍了如何根据元件资料进行库的设计，如何将文字信息，转换成原理图符号。

2）本章要求读者能够看懂元件资料，从中提取有用的信息，来准确地完成原理图库的设计，并且要求读者自己进行练习和摸索，熟练掌握设计工具和设计方法。

3）在熟练掌握原理图库设计的同时，通过帮助（Help）文件掌握更多的设计方法和设计技巧。

第7章　Concept HDL 原理图设计

本章主要学习如何使用 Concept HDL 软件来进行原理图设计。在详细介绍 Concept HDL 后，会以一个项目为例子来给大家讲解如何进行一个项目的原理图设计，在讲解的过程中会对原理图设计要注意的问题、一些技巧、一些习惯性的设置等做专门地批注。

7.1　原理图设计的基础

在进行原理图设计之前，必须先学习一下原理图设计的一些基本规范和原理图设计的基本流程。当然根据每个公司的要求不一样，原理图设计的规范和流程并不是完全一样的，在此给大家讲解一下基本规范和典型的原理图设计流程。

原理图设计的基本要求是：规范性、可读性、美观性。

7.1.1　原理图设计的规范

1. 图幅的使用要统一

对于一个项目的原理图设计，顶层图、分页图使用多大的图幅要统一。在进行原理图设计之前，要选好图幅，如：A2、A3、A4 等。每个公司可以根据自己的需要将图幅设计成一定的格式然后做成原理图库，以便原理图设计者使用从而保证统一性。

2. 各功能布局的统一性

在一页原理图中，各个功能布局要注意统一性。如：电源一般在左上角，核心芯片在中间，时钟一般在右下角等。

3. 网络命名统一

1）电源和地的命名统一。如：3V3（3.3V 的电源）、2V5（2.5V 的电源）、5V（5V 的电源）、GND（地平面）、PGND（保护地）等。

2）差分信号命名统一。如：用 P 来代替 +，用 N 来代替 -。

3）全局网名统一用“\ G”来表示。

4）总线的命名统一用“〈M. . N〉”来表示。

5）低有效信号统一用“_ N”来表示。

6）数据类信号用 DATA 来表示，时钟类信号用 CLK 来表示，地址类信号用 ADDR 来表示等。

4. 网名、位号、属性等的字体要大小适中，便于阅读

5. 元件的摆放整齐有序、布局合理

7.1.2　原理图设计的流程

进行一个项目的原理图设计，主要分为 3 个阶段。

1. 设计前准备阶段

此阶段主要是设计前的准备工作。包括：总体方案的设计、元件的选型、库的设计及将其添加到项目中。

2. 设计阶段

在准备工作都完成之后，就进入设计阶段开始设计工作。这阶段主要包括：新建一个项目、Concept HDL 的初始化的设置和原理图的设计工作。

3. 设计后输出阶段

完成了设计后，要对原理图进行仔细的检查、打包封装、导出物料表及完成原理图的打印、输出工作，开始 PCB 设计工作。

图 7-1 是一个项目原理图设计的基本流程，供工程师们参考。

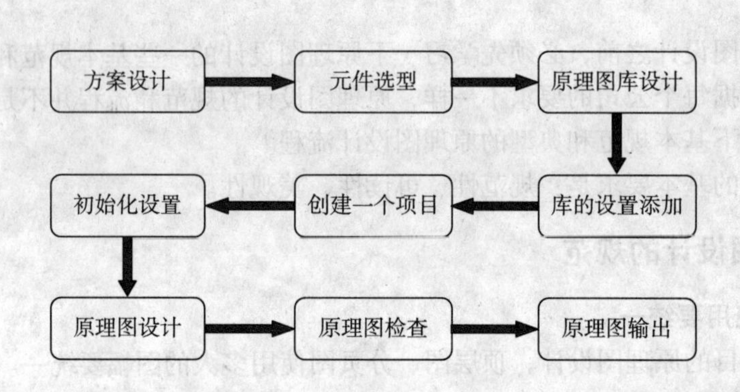

图 7-1　原理图设计流程

7.2　Concept HDL 的界面

Concept HDL 是 Cadence 公司的原理图输入工具，提供原理图输入与分析的一个真正的协同设计的环境。其用户界面由标题栏、菜单栏、工具栏、设计窗口、状态栏及命令栏组成，如图 7-2 所示。

对于 Concept HDL 界面的 6 个部分，标题栏显示当前所打开的页面及页面状态，设计窗口就是整个设计所在的窗口，也就是图 7-2 中所示中间区域，命令栏是供工程师写入命令的窗口（可以通过点击 View/Console Window 来控制是否打开），状态栏是显示当前状态的一栏，包括样式、选中、使用库、栅格和鼠标位置坐标。这 4 项相对都比较容易理解，就不分节在做讲解了。下面分节详细讲解一下菜单栏和工具栏。

7.2.1　菜单栏

Concept HDL 的菜单栏是由 13 个下拉菜单组成，它们分别是：File（文件类）、Edit（编辑类）、View（查看类）、Component（元件类）、Wire（线类）、Text（字符类）、Block（模块类）、Group（群组类）、Display（显示类）、AMS Simulator（仿真类）、Tools（工具类）、Window（窗口类）、Help（帮助），如图 7-3 所示。

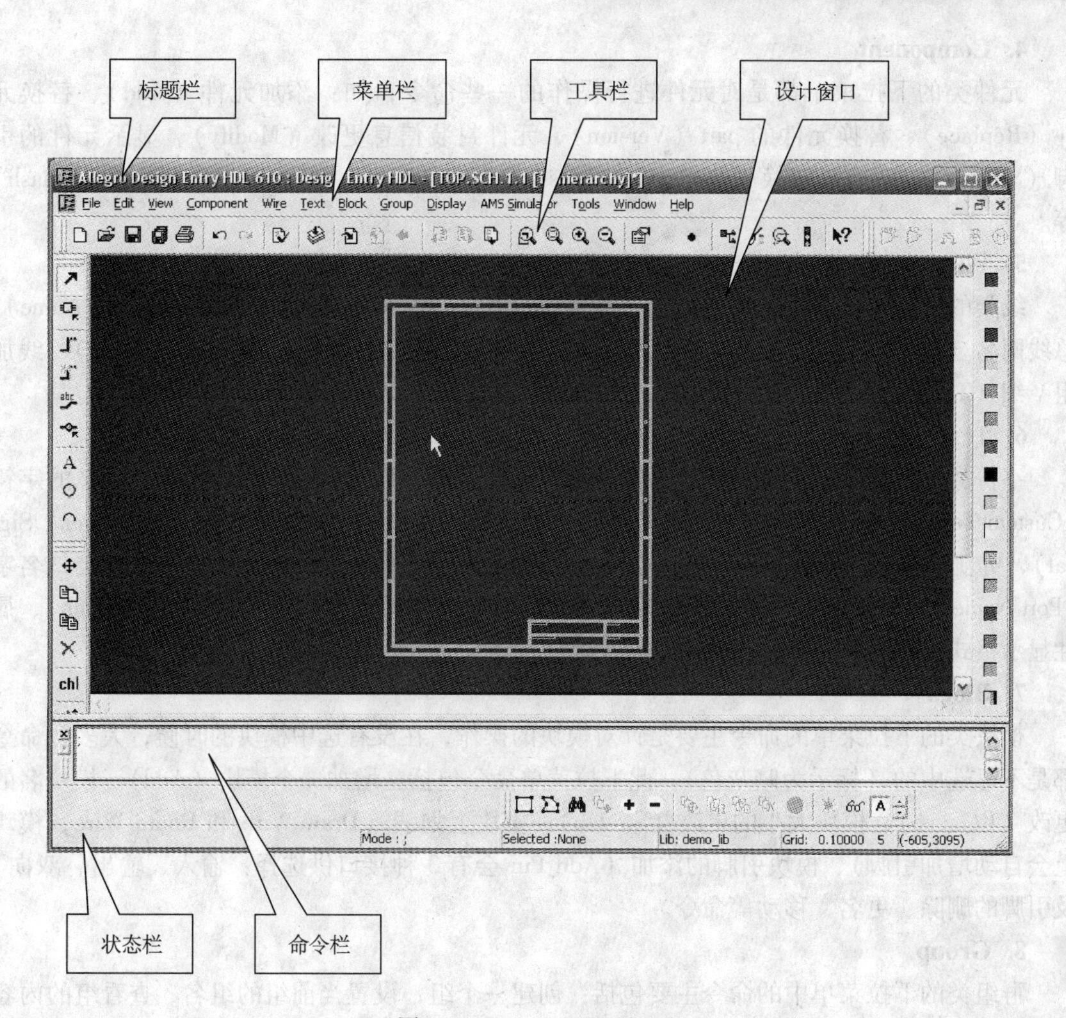

图 7-2　Concept HDL 界面

File　Edit　View　Component　Wire　Text　Block　Group　Display　AMS Simulator　Tools　Window　Help

图 7-3　菜单栏

1. File

文件类的下拉菜单中的命令主要包括：新建、打开、关闭及保存一个文件及转换（Revert）、恢复（Recover）、移动（Remove）、编辑页面、编辑层次图、更好序列号、输入\输出原理图信息、原理图打印相关的设置、退出等命令。

2. Edit

编辑类的下拉菜单主要是对元件和线进行编辑的一些命令，如：后退\前进命令（Undo\Redo）、移动、复制（包括三项：一般复制（Copy）、全复制（Copy All）、重复复制（Copy Repeat））、排列（Array）、删除、镜像、旋转、层次图显示、创建圆\圆弧等。

3. View

查看类的下拉菜单的命令主要是控制整个界面的，如：缩放界面、界面的上下左右移动及界面中的控制栏、错误表示栏、命令栏是否打开等。

4. Component

元件类的下拉菜单都是对元件进行操作的一些命令，如：添加元件（Add）、替换元件（Replace）、替换元件的 part（Version）、元件封装信息更改（Modify）、显示元件的引脚（Section）、交换\转换引脚（Swaps Pins\Bubble Pins）、删除元件所有属性（Smash）等。

5. Wire

线类的下拉菜单命令主要包括：连线命令（Draw 和 Route）、添加网名（Signal Name）、总线网名（Bus Name）、总线符号设置（Bus Tap）、加连接点（Dot/Connection Point）、线加粗\细（Thick\Thin）、线样式选择（Pattern）等。

6. Text

字符类的下拉菜单主要包括：添加一个带属性字符（Property）、增加一个自定义的字符（Custom Text）、查看字符属性（Attributes）、分配电源\信号引脚模型（Assign Power\Signal）、更新当前页面的字符（Update Sheet Variables）、更改字符（Change）、增加接口名字（Port Name）、设置字符大小（Set Size）、交换字符（Swap）、更改字符属性（Reattach）、属性显示格式选择（Property Display）等。

7. Block

模块类的下拉菜单的命令主要是针对模块的操作，在没有选中模块的时候，大多数命令都是不可选中的（标示为暗灰色）。此下拉菜单命令包括：增加一个模块（Add）、模块名的更改（Rename）、模块大小的更改（Stretch）、模块上划线（Draw Wire 和 Route Wire，模块上会自动增加引脚）、模块引脚的添加（Add Pin 会有 3 种接口供选择：输入、输出、双向）及引脚的删除、更名、移动等命令。

8. Group

群组类的下拉菜单中的命令主要包括：创建一个组，设置当前组的组名、查看组的内容以及对当前组的移动、删除、复制、设置字符大小、选择颜色表示、高亮显示及元件更新等命令。

9. Display

显示类的下拉菜单中的命令都是与项目中元件、网名等显示有关的，包括：高亮显示（Highlight）、去除高亮显示（Dehighlight）、属性的显示（Attachments）、颜色标示（Color）、显示元件信息（Component）、星号显示一个网名连接多处引脚（Connections）、显示任一点的坐标（Coordinate）、显示当前项目目录（Directory）、显示任意两点的距离（Distance）、显示历史操作（History）、显示定义的热键（Keys）、显示未保存定义（Modified）、显示网名（Net）、星号显示每个元件的原点（Origins）、星号显示每个引脚的位置（Pins）、显示选中元件的引脚名（Pin Names）、显示所有属性（Properties）、显示返回的信息（Return）、显示选中字符的大小（Text Size）等。

10. AMS Simulator

仿真类的命令栏，其下拉菜单中的命令主要包括和仿真相关的命令，如：新建、编辑、删除一个仿真项、运行仿真、创建网表、查看网表、编辑模型、高级分析、反标仿真结果、编辑仿真结果等。

11. Tools

工具类的下拉菜单包括命令：扩展设计（Expand Design）、取消扩展（Unexpand Design）、编辑模式（Occurrence Edit）、全局查找（Global Find）、全局导航（Global Navigate）、全局更新（Global Update）、打开约束管理器（Constraints）、检查原理图（Check）、查看错误（Error）、标识信息（Markers）、运行脚本文件（Run Script）、反标示原理图（Back Annotate）、仿真（Simulate）、层次编辑（Hierarchy Editor）、生成模块（Generate View）、元件管理（Part Manager）、模型分配（Model Assignment）、打包后运行项（Packager Utilities）、自动对比项（Design Differences）、设计统一（Design Association）、工具选项（Options）、工具栏定制（Customize）等。

12. Window

窗口类的下拉菜单中主要都是与窗口相关的一些命令，如：新窗口、刷新窗口、层叠放置窗口、上下放置窗口、重排图标及当前显示项的选择。

13. Help

帮助类的下拉菜单命令都是与帮助相关的一些命令，如：在线帮助、新版本更新项、此工具的学习及学习文档。

7.2.2　工具栏

Concept HDL 的工具栏有常用的工具栏如：标准工具栏（Standard）、模块工具栏（Block）、添加工具栏（Add）、编辑工具栏（Edit）、颜色工具栏（Color）、标记工具栏（Markers）、群组工具栏（Group）及仿真类的模拟工具栏（Analog）、无源工具栏（Passive）、有源工具栏（Source）、线性工具栏（Linear）、分立工具栏（Discrete）、混合工具栏（Misc）共13个工具栏组成。

Concept HDL 的13个工具栏可以有用户通过单击菜单栏中的 View/Toolbars 自己选择打开那些项，如图7-4所示。

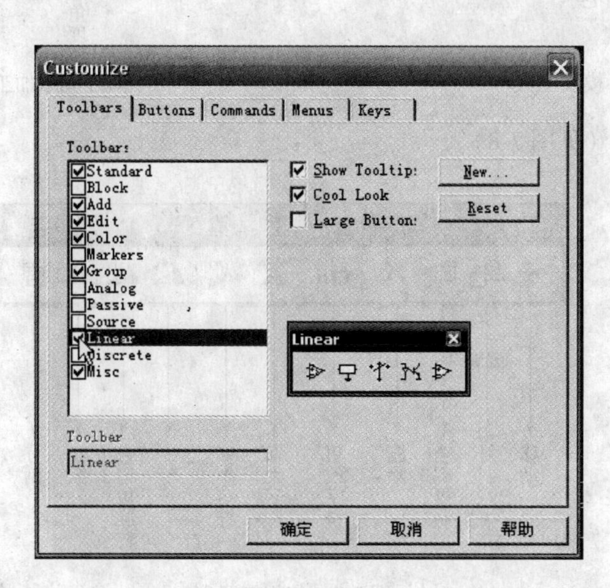

图7-4　工具栏的定制

1. 标准工具栏（见图 7-5）

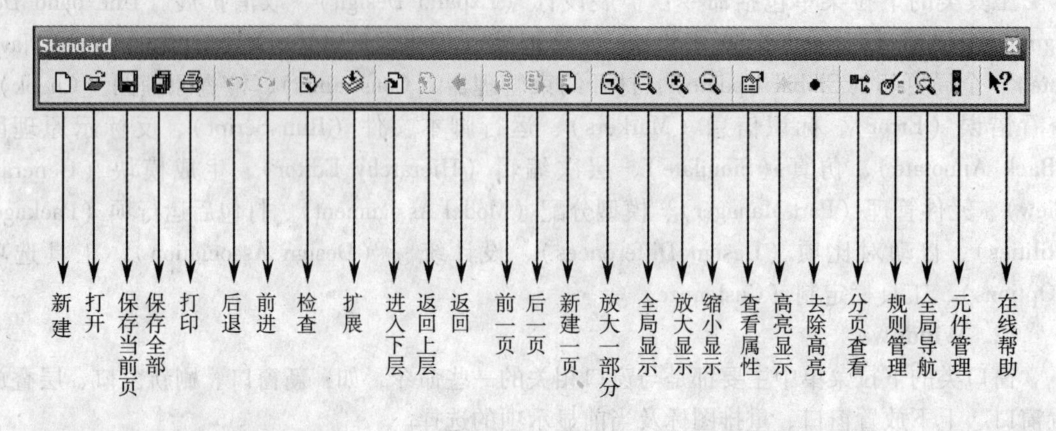

图 7-5　标准工具栏

2. 模块工具栏（见图 7-6）

3. 添加工具栏（见图 7-7）

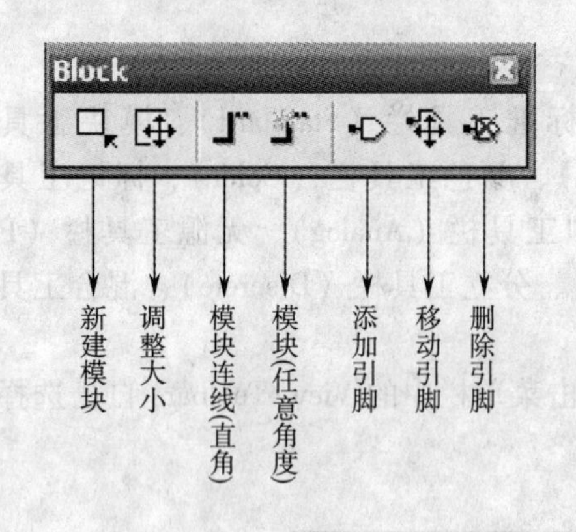

图 7-6　模块工具栏

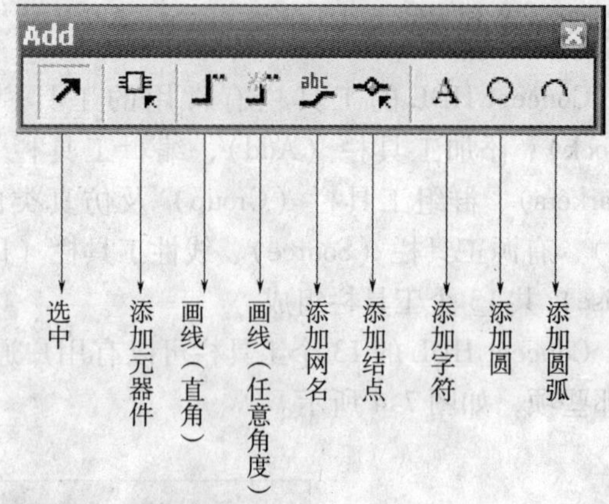

图 7-7　添加工具栏

4. 编辑工具栏（见图 7-8）

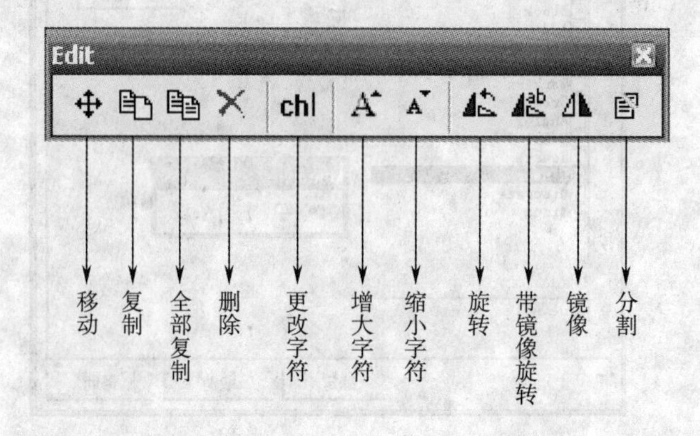

图 7-8　编辑工具栏

5. 颜色工具栏（见图 7-9）

图 7-9　颜色工具栏

在进行高亮或颜色标注的时候选择不同的颜色进行标示。

6. 符号工具栏（见图 7-10）

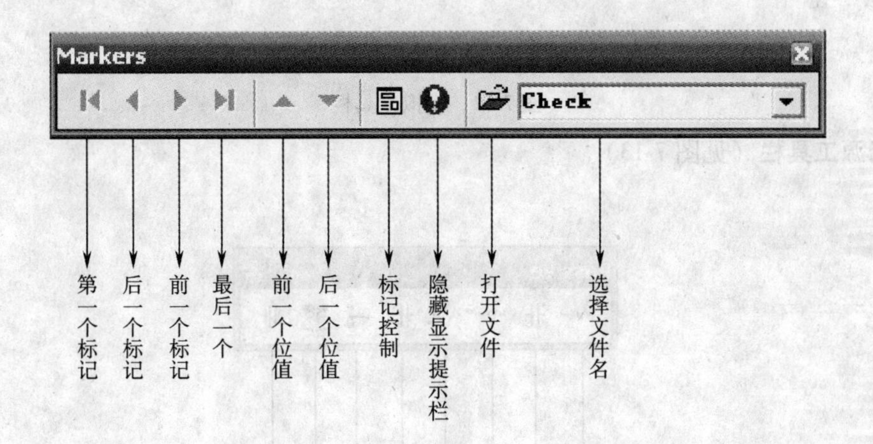

图 7-10　符号工具栏

7. 群组工具栏（见图 7-11）

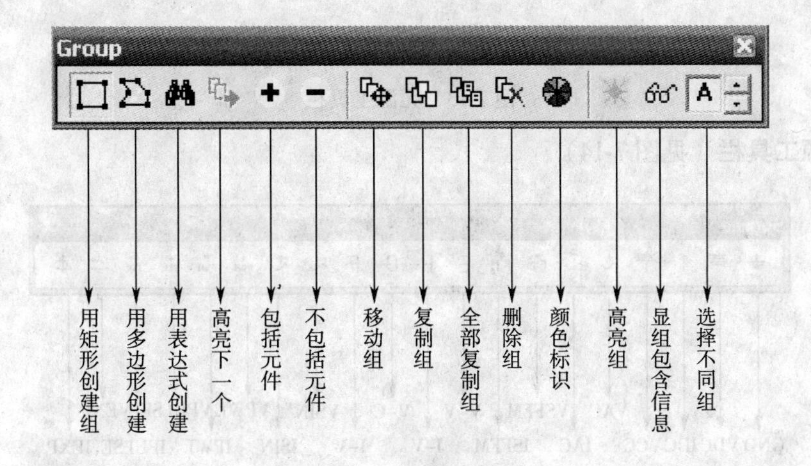

图 7-11　群组工具栏

8. 模拟工具栏（见图 7-12）

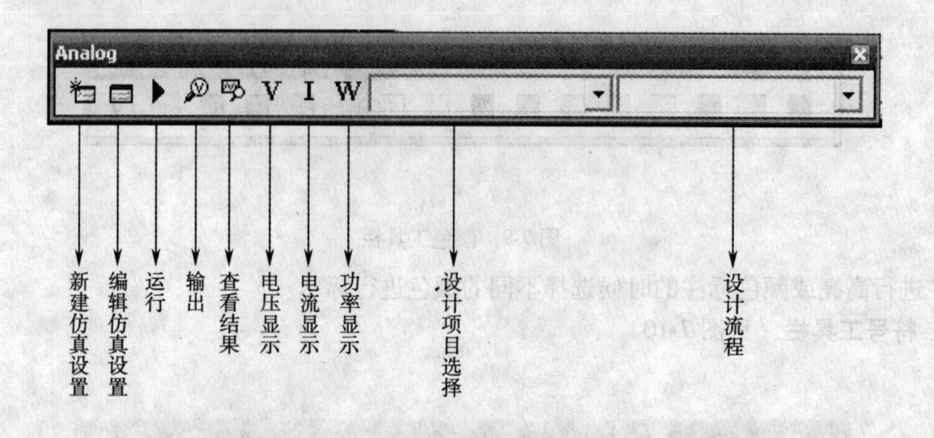

图 7-12 模拟工具栏

9. 无源工具栏（见图 7-13）

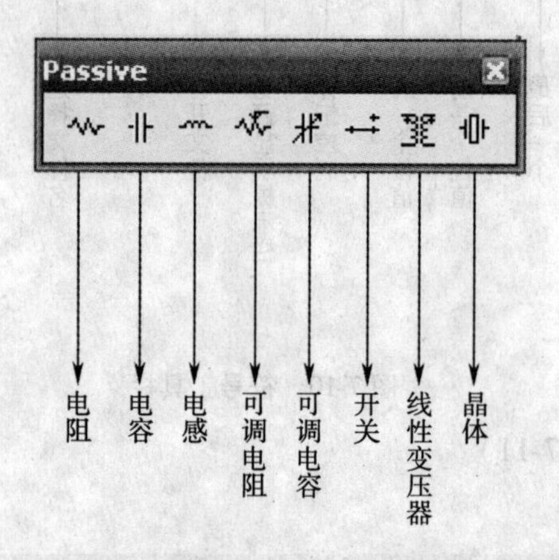

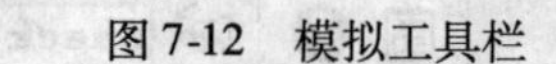

图 7-13 无源工具栏

10. 有源工具栏（见图 7-14）

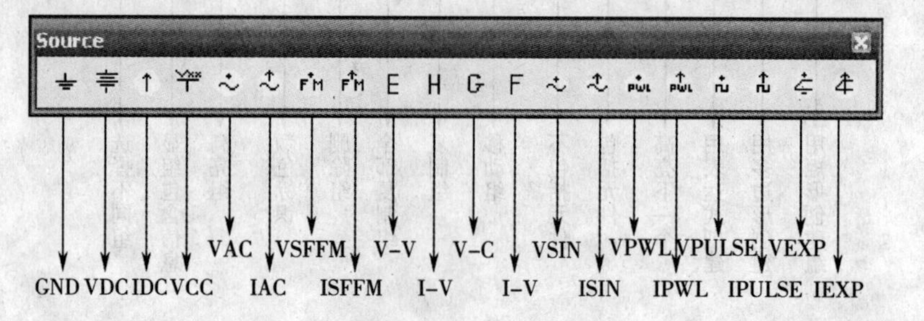

图 7-14 有源工具栏

11. 线性工具栏（见图 7-15）

12. 分立工具栏（见图 7-16）

13. 混合工具栏（见图 7-17）

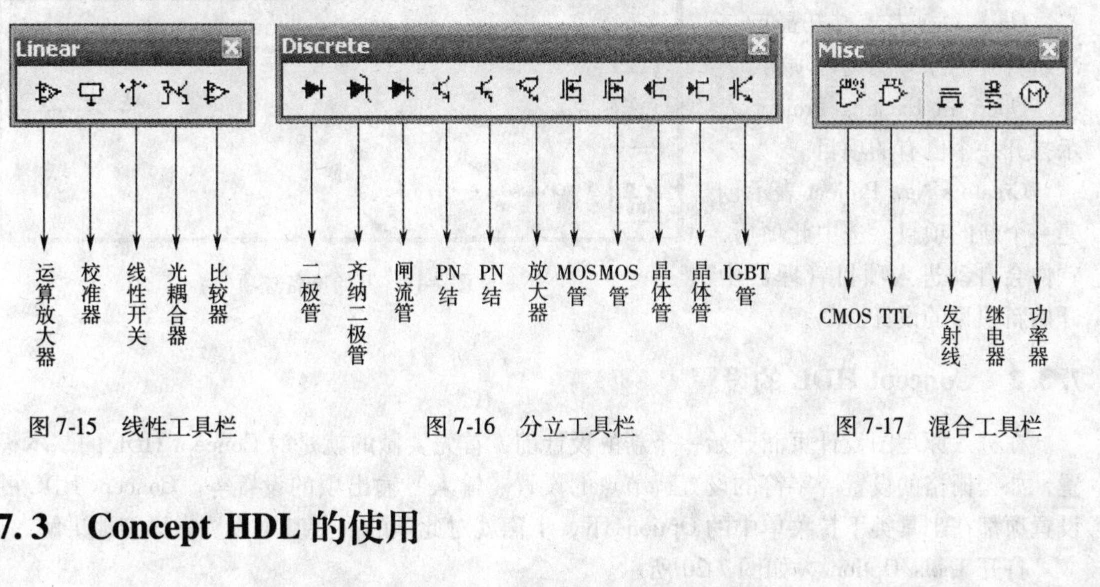

图 7-15　线性工具栏　　图 7-16　分立工具栏　　图 7-17　混合工具栏

7.3 Concept HDL 的使用

本节主要讲解 Concept HDL 的使用，包括：Concept HDL 的打开、Concept HDL 的设置和 Concept HDL 的基本操作等。

7.3.1 Concept HDL 的打开

打开或新建一个原理图设计项目有两种方式：

1）通过项目管理器进入。此部分的操作在本书第 4 章已经讲解，在此就不再重复了。

2）通过开始菜单/程序/Allegro SPB15.2/Design Entry HDL 进入。

在执行了上述的操作后，Cadence 会提示选择相应的 license（产品许可），如图 7-18 所示。

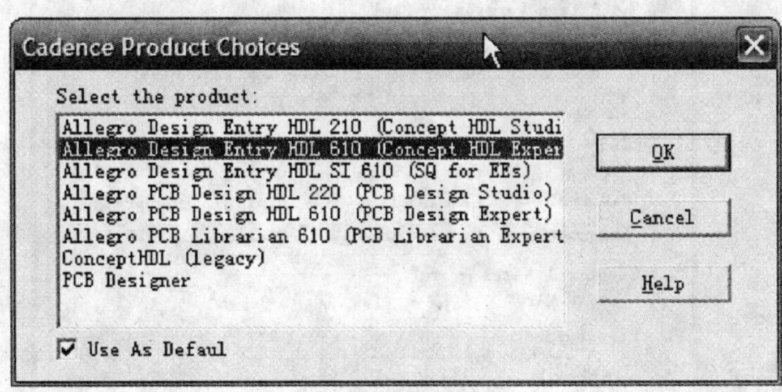

图 7-18　产品的选择

在根据 Cadence 公司许可选择相应的产品许可后，就可以进入原理图设计界面中，进行原理图设计了。为了避免以后每次进入的时候都进行产品许可的选择，可以将如图 7-18 中的 Use As Default 项选中。

在进入到原理图设计页面中后，和第一种方式一样，可以选择打开一个已有的设计或者新建一个原理图设计项目，如图 7-19 所示。

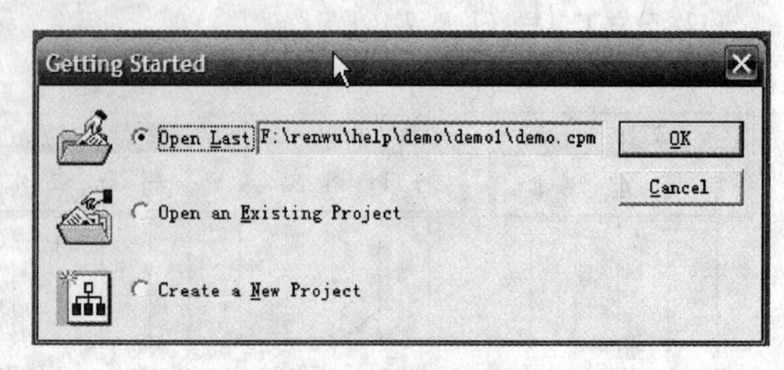

图 7-19　开始准备选项

Open Last 表示打开最后一次所打开的原理图设计项目。

Open an Existing Project 表示打开一个已有的项目。

Create a New Project 表示创建一个新的项目。选中此项后，软件会自动进入项目管理器中开始新项目的设计。

7.3.2　Concept HDL 的设置

在进入原理图设计页面开始一个新的设计前，首先要做的就是对 Concept HDL 的基本设置，如：栅格的设置、字符的设置、节点的设置、输入\输出项的设置等。Concept HDL 的设置项都在工具类下拉菜单中的 Options 下，下面就对此项的一些基本设置做详细地讲解。

打开 Tools/Options，如图 7-20 所示。

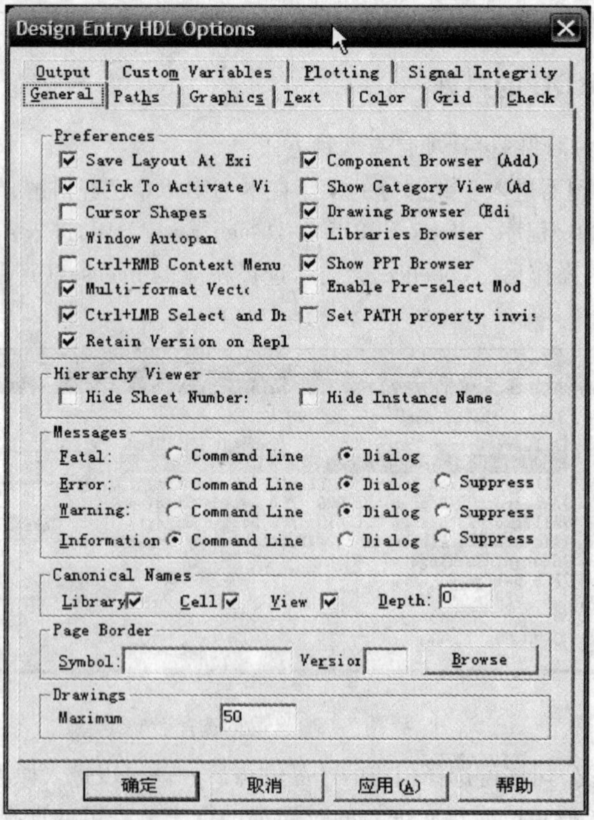

图 7-20　HDL 各项设置

1. General 项中各选项功能描述（见表 7-1）

表 7-1　General 各选项功能描述

选　项	功 能 描 述
Save Layout at Exit	当退出时，保持 Design Entry HDL 原有的窗口和工具栏设置
Click to Activate View	选择此项，单击激活窗口；不选中时，当光标移动到窗口时，自动激活
Cursor Shapes	在命令模式下，允许使用不同的光标形状
Window Autopan	整体移动窗口功能
Ctrl + RMB Context Menu	选择此项：Ctrl 按键 + 单击鼠标右键才能弹出右键菜单 不选择此项：单击鼠标右键直接弹出右键菜单，一般情况下不选中此项
Multi-format Vectors	多种格式的信号命名方式 选择此项：〈〉、()、[]、冒号（:）、逗号（,）、与（&）都是特殊符号，不能在用作信号名 不选择此项：上述符号除〈〉可以指示矢量信号和冒号（:）代表连接关系，其余符号都无特殊含义，可以用作信号名，一般默认选中此项
Ctrl + LMB Select and Drag	改变选择，拖动及 Stroke 的命令所执行的行为 选择此项： 直接按住鼠标左键画出相应的符号，即可以使用 Stroke（鼠标图形命令，读者可以参见 7.3.3 节）功能；按住 Ctrl 键，鼠标左键单击一个对象，移动鼠标就可以移动对象；按下 Ctrl 键或 Shift 键，按住并拖动鼠标左键，可以选择多个对象。按下鼠标右键，在弹出菜单中选择 Exclude 项即可以去掉选中的元件、属性或连线 不选择此项： 选择一个对象，拖动鼠标即可移动对象；按下并拖动鼠标左键，就可以选择多个对象，按下鼠标右键，在弹出的菜单中选择 Exclude 项可以选择去掉元件，属性或连线；按住 Ctrl 键或 Shift 键，同时按住鼠标左键画出相应的符号，即可以使用 Stroke 功能
Component Browser (Add)	选择此项，在命令输入栏中输入“add”，然后回车，即可以打开添加元件对话框
Show Category View (Add)	选择此项，打开添加元件对话框，默认显示的是 Category View 项 不选择此项，打开添加元件对话框，默认显示的是 Library View 项
Drawing Browser (Edit)	选择此项，在命令输入栏中输入“edit”，然后回车，既可以打开 View Open 窗口
Libraries Browser (Lib)	选择此项，在命令输入栏中输入“lib”，然后回车，即可以打开 Search Stack 窗口；不选择此项，则打开库路径的提示框
Show PPT Browser	选择此项，在添加元件的时候软件会自动打开 Physical Part Filter 项
Enable Pre-Select Mode	打开 Design Entry HDL 菜单的预选模式
Set PATH Property Invisible	选择此项，在放置元件的时候，元件的属性全为不可见，不选择此项，则默认全部显示元件属性
Hierarchy Viewer	Hide Sheet Number 表示隐藏层次视图窗口中的模块的页码 Hide Instance Name 表示隐藏层次视图窗口中的实例名

（续）

选　项	功 能 描 述
Messages	设置在何处显示哪种类型（Fatal、Error、Warning、Information）的信息 举例来说，当设置了一个很小的逻辑网格尺寸（0.002），Design Entry HDL 会给出警告信息“网格太小，无法显示”，此消息如何显示就根据此处的设置 Command Line 表示在命令输入栏中显示信息， Dialog 表示以对话框的形式显示信息， Suppress 表示不显示信息（对于致命的错误，这项是不能选择的）
Canonical Names	在使用全局查找（Global Find）、全局导航（Global Navigation）和查看属性（Attributes）的时候，控制显示的命名方式，根据选择与不选择 Library、Cell 和 View 来实现显示与不显示 Library、Cell 和 View 3 项内容 Depth 表示在显示格式中的 Lib. Cell：View 的显示层级
Page Border	给新建的原理图页设定一个默认的图幅 单击 Browse 按钮在相应的库中选择一个图幅即可，设定之后，新建原理图页就是有图幅的页面，不用再手动调入图幅了
Maximum Drawings	设定 Design Entry HDL 可以同时打开的原理图页面窗口，默认值是 50

2. Output 项

如图 7-21 所示为 Output 项的各选项内容。

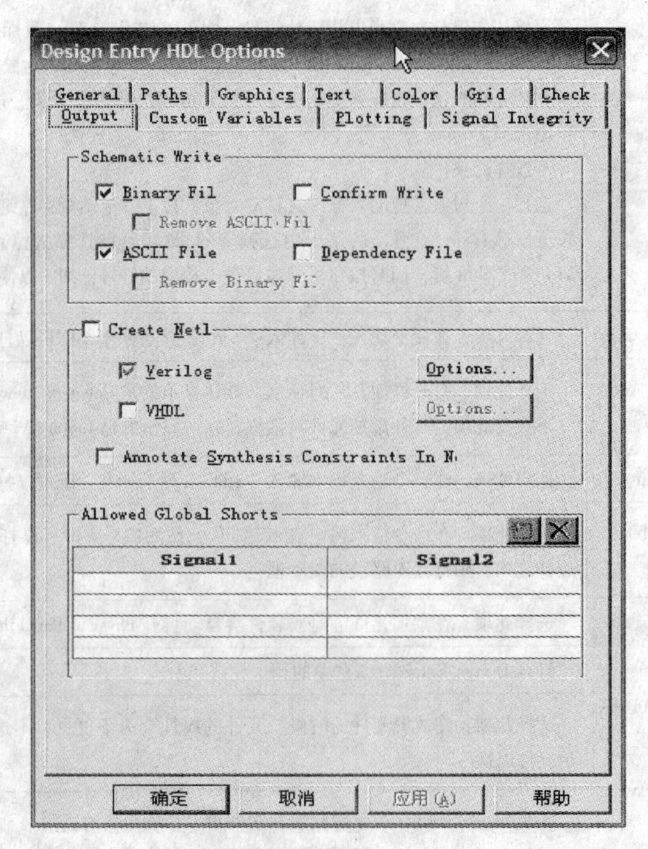

图 7-21　Output 选项

Output 项中各选项的功能描述如表 7-2 所示。

表 7-2 Output 各选项功能描述

选　项	功 能 描 述
Binary File	保存逻辑的二进制格式的文件
ASCII File	保存逻辑的 ASCII 格式的文件
Confirm Write	保存前需确认
Dependency File	按照相关信息保存 ASCII 文件
Create Netlist	当保存设计时创建一个 VHDL 或 Verilog 文本描述
Verilog	当保存设计时创建一个 Verilog 文本描述
Verilog 栏的 Options	显示 Verilog 的网表设置对话框
VHDL	当保存设计时创建一个 VHDL 文本描述
VHDL 栏的 Options	显示 VHDL 的网表设置对话框
Annotate Synthesis Constraints in Netlist	选择此项，Design Entry HDL 会报告设计中的约束信息
Allowed Global Shorts	添加全局网名列表，这些信号网名可以在设计中短路 当在 Signal1 栏中填写了第一个全局网名，在 Signal2 中填写了第二个全局网名，再当它们短路时，不会报错 （此项设置一般情况下可以不进行设置，如要设置请慎重）

3. Paths 项

如图 7-22 所示为 Paths 项的各选项内容。

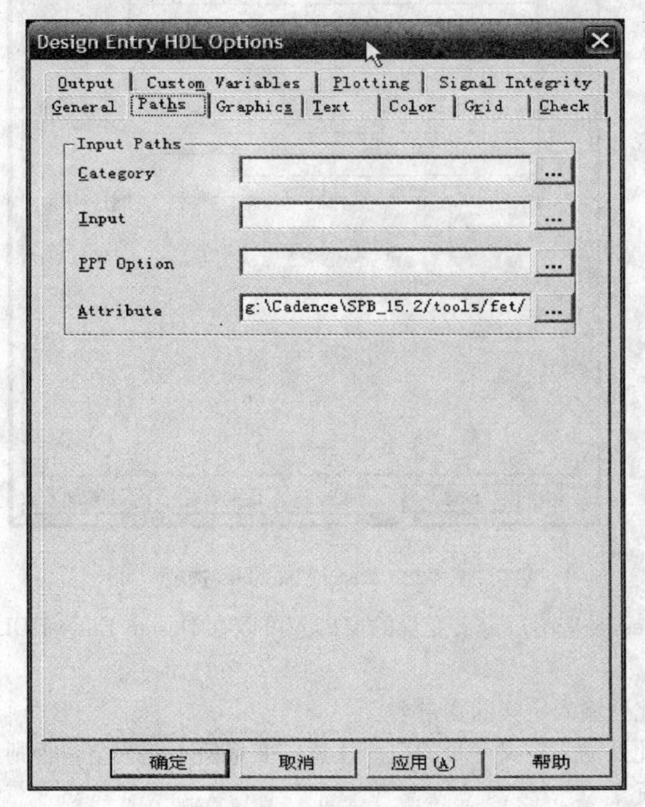

图 7-22　Paths 选项

Paths 项中各选项的功能描述如表 7-3 所示。

表 7-3　Paths 各选项功能描述

选　　项	功 能 描 述
Category File Path	指定类别文件（. cat）的目录
Input Script	指定 Design Entry HDL 控制命令的文件路径，在启动 Design Entry HDL 的时候运行此文件
PPT Option Set	指定 PPT 选项设置文件的路径，可以作为默认设置
Attribute Directory	指定属性显示对话框中显示选项加载的属性文件（. att）默认路径为〈安装路径〉/tools/fet/concept/attributes

4. Custom Variables 项

如图 7-23 所示为 Custom Variables 项的各选项内容。

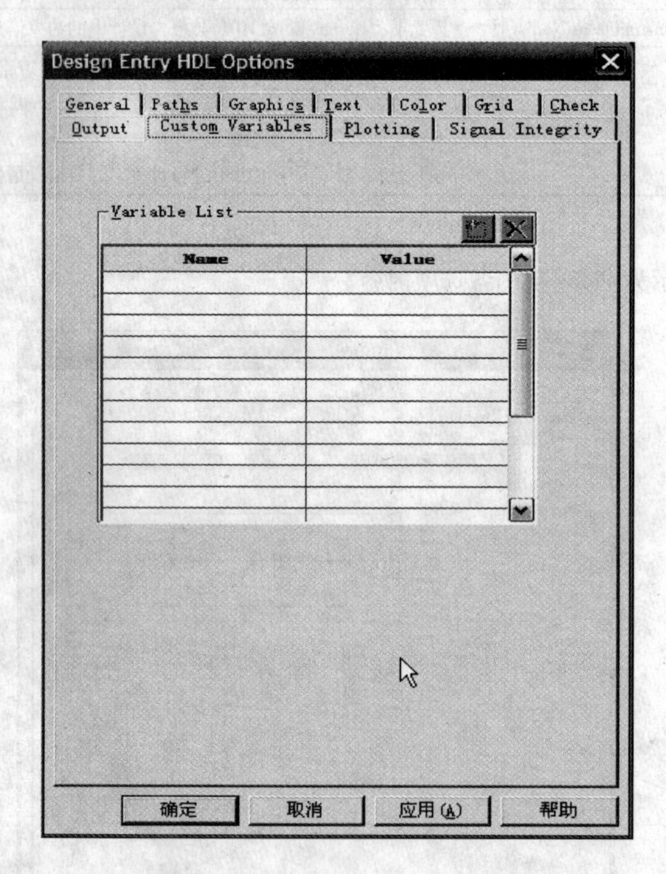

图 7-23　Custom Variables 选项

Custom Variables 项是用户定义变量的窗口，可以在 Design Entry HDL 定义变量，放置在原理图中。

Name 表示在此处输入定义的变量名。

Value 表示在此处输入定义变量的值。注意：变量值不能为空，否则会删掉此变量。

5. Graphics 项

如图 7-24 所示为 Graphics 项的各选项内容。

图 7-24　Graphics 选项

Graphics 项中各选项的功能描述如表 7-4 所示。

表 7-4　Graphics 各选项功能描述

选　项	功 能 描 述
Add	划线时，以垂直直线方式（Orthogonal）或直接拉斜线方式（Direct）
Move	移动时，以垂直直线方式（Orthogonal）或直接拉斜线方式（Direct）
Auto Route On Move	移动元件的时候，线随元件移动自动延伸
Auto Heavy If Bus name	添加总线信号名时，线自动加粗
Auto Name on Tap	在命令总线高低位时，自动插入确定的总线位的总线位符号、数据位及网络名
Tap Symbol	指定在原理图中使用的总线位符号
Open	添加空心的连接点
Filled	添加实心的连接
Auto Dot At Intersection	网络连接时，自动显示节点
Logic Dot Radius	调整原理图中的网络连接节点的直径
Symbol Dot Radius	调整 Symbol（符号）中的网络连接节点的直径

6. Text 项

如图 7-25 所示为 Text 项的各选项内容。

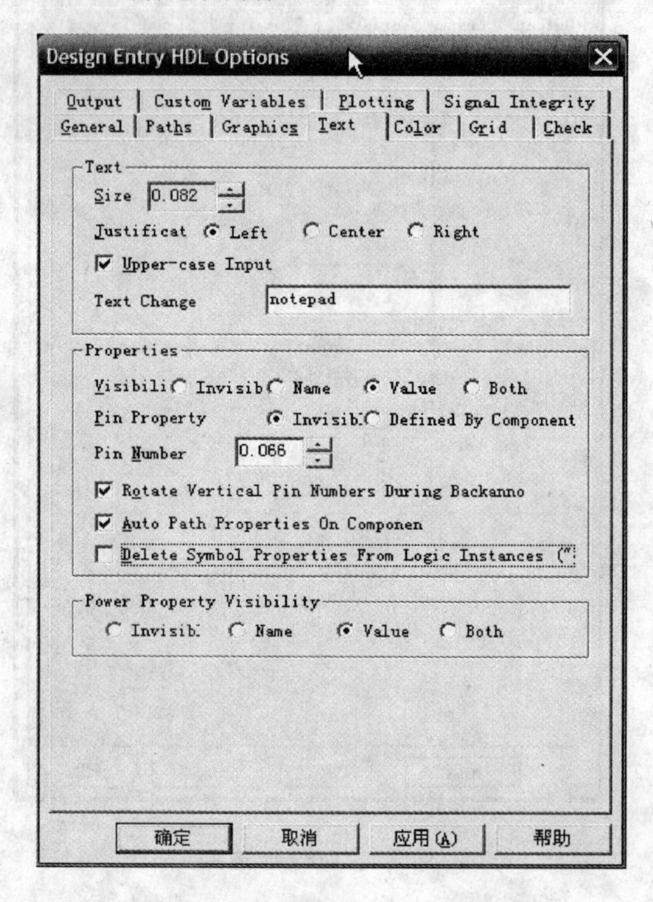

图 7-25　Text 选项

Text 项中各选项的功能描述如表 7-5 所示。

表 7-5　Text 各选项功能描述

选　项	功 能 描 述
Size	指定文本（属性名、属性值、信号名及注释）在原理图中的大小，默认值是 0.082in，最小为 0.008in，最大为 1.476in 注意：如果在设计的过程中更改了文本的大小，则只对以后添加的文本有效，对先前已经添加的无效；对于如果更改整页的文本大小，会在后面小技巧章节中讲述
Justification	调整文本的位置居左（Left）、居中（Center）、居右（Right）
Upper-case Input	显示所有的文本
Text Change Editor	指定默认的文本编辑器
Visibility	控制属性的显示，都不显示（Invisible）、只显示名字（Name）、只显示值（Value）、显示名字和值（Both）
Pin Property Visibility	控制当放置 Symbol 或元件的时候，引脚属性是否显示，Invisible 表示不显示，Defined by Component 表示显示

（续）

选　项	功 能 描 述
Pin Number Size	调整引脚号的大小，默认为 0.066in 注意：引脚号的大小和文本大小无关
Rotate Vertical Pin Numbers During Backannotation	选中此项：自动旋转垂直引脚的引脚号，如果已经反标则不处理
Auto Path Properties On Components	对添加的部分自动添加 Path 属性
Delete Symbol Properties From Logic Instances (“sticky off”)	当元件属性被删去时，自动删掉原理图中相应的默认属性
Power Property Visibility	控制电源引脚属性的可见性显示，可以选择 Invisible、Name、Value 及 Both，默认的是 Value

7. Plotting 项

如图 7-26 所示为 Plotting 项的各选项内容。

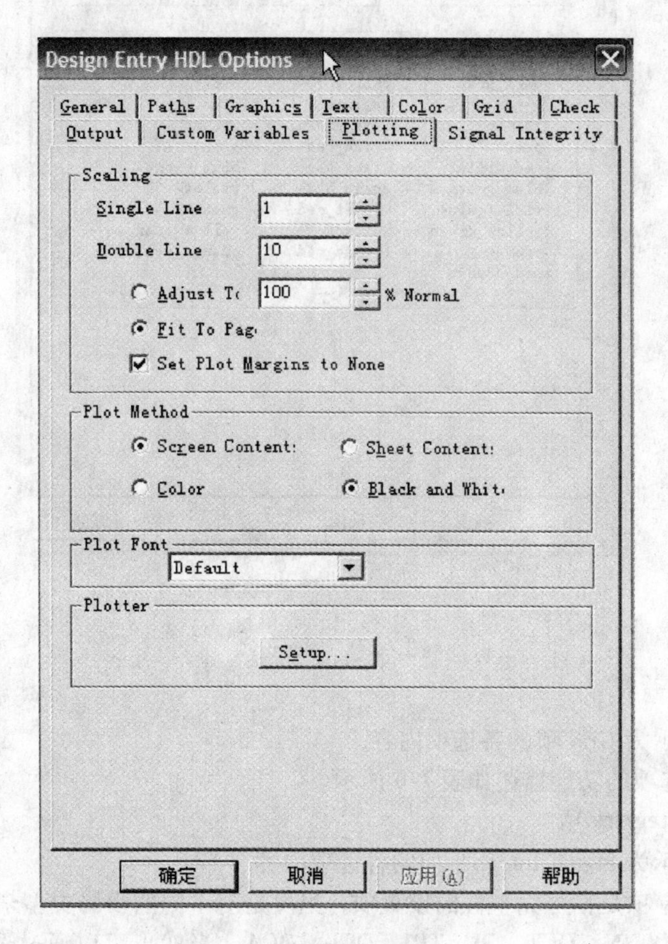

图 7-26　Plotting 选项

Plotting 选项主要是对打印的一些设置，因为原理图的打印及归档工作是一项非常重要的工作，但不属于设计前的设置项，所以在后面专门安排了一节来进行讲解。

8. Color 项

Color 项是对 Design Entry HDL 中颜色进行设置的项，包括：图形颜色（线、连接点、符号、圆弧、属性、注释、高亮）和背景的颜色选取，如图 7-27 所示。

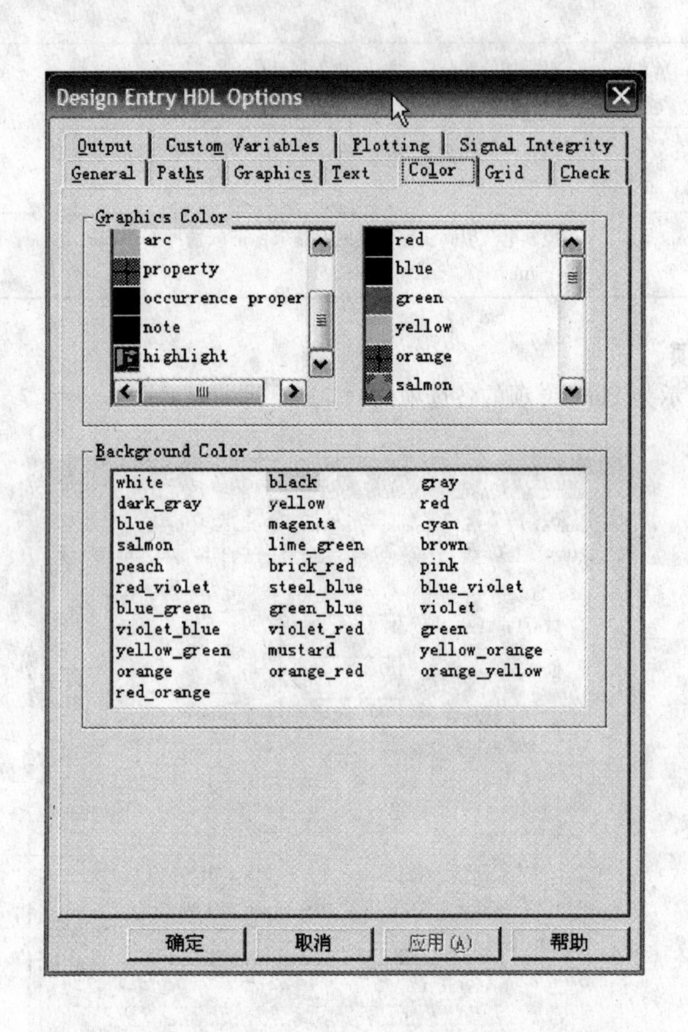

图 7-27　Color 选项

9. Grid 项

如图 7-28 所示为 Grid 项的各选项内容。

Grid 项中各选项的功能描述如表 7-6 所示。

10. Signal Integrity 项

如图 7-29 所示为 Signal Integrity 项的各选项内容。

Signal Integrity 项是信号完整性的设置项，主要是对不同的引脚类型来赋予一定的模型。这些引脚类型包括：IN、OUT、BI、TRI、OCL、OCA。当然也可以通过选择 Retain Existing Xnets and Diffpairs 项来改变差分及 Xnets 的设置。

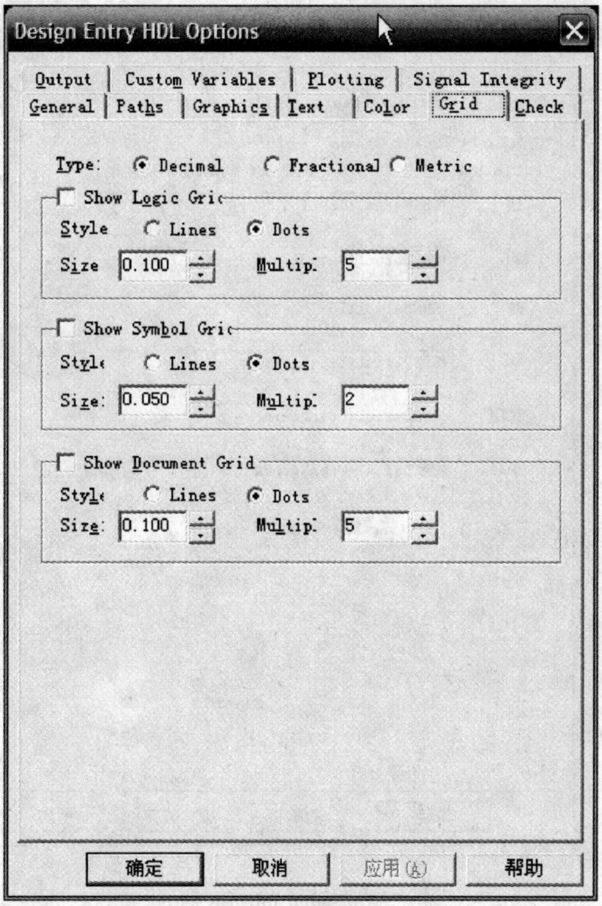

图 7-28　Grid 选项

表 7-6　Grid 各项功能描述

选　　项	功 能 描 述
Type	定义网格类型 Decimal 表示选择 10 进制绘制（每 in 对应 500 单位）， Fractional 表示选择每 in 对应 400 单位绘制， Metric 表示选择公制绘制（每 mm 20 单位）
Logic Grid	定义原理图绘制的栅格
Symbol Grid	定义 Symbol 绘制的栅格
Document Grid	定义文本绘制的栅格
Show	显示隐藏的网格
Style	以点（Dots）或线（Lines）方式显示栅格
Size	调整栅格的大小
Multiple	显示每个栅格线，定义可以放置对象的地方，可以保证线和元件引脚的正确连接 注意：整个设计阶段包括原理图库设计、原理图绘制栅格应该尽可能的一致

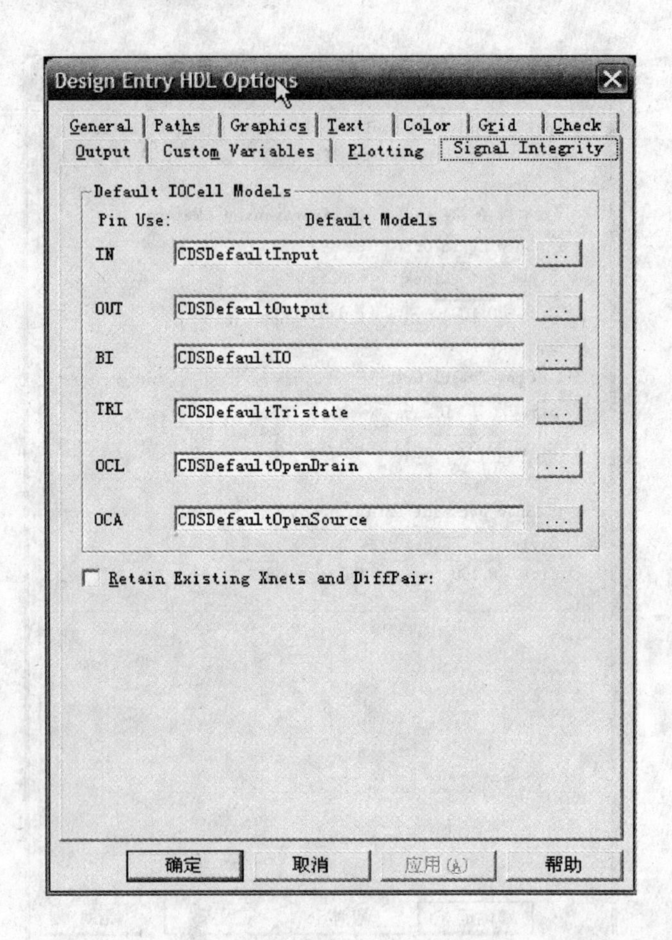

图 7-29　Signal Integrity 选项

11. Check 项

如图 7-30 所示为 Check 项的各选项内容。

Check 项中各选项的功能描述如表 7-7 所示。

7.3.3　Concept HDL 的基本操作

1. 窗口的基本操作

对设计窗口的操作包括：窗口界面的放大（Zoom In）、窗口界面的缩小（Zoom Out）、窗口界面的适中显示（Zoom Fit）和窗口界面的移动及局部放大。

（1）界面的放大

界面的放大有 4 种方法来实现：Stroke 方式，按住鼠标左键在界面中画 Z 符号，如图 7-31 所示；使用自定义热键（可有用户指定，默认为 F11）；单击工具栏中的按钮；选择菜单栏中的 View/Zoom In 命令。

（2）界面的缩小

界面的缩小没有 Stroke 方式，只有 3 种方法来实现：使用自定义热键（可有用户指定，默认为 F12）；单击工具栏中的 Run 按钮及选择菜单栏中的 View/Zoom Out 命令。

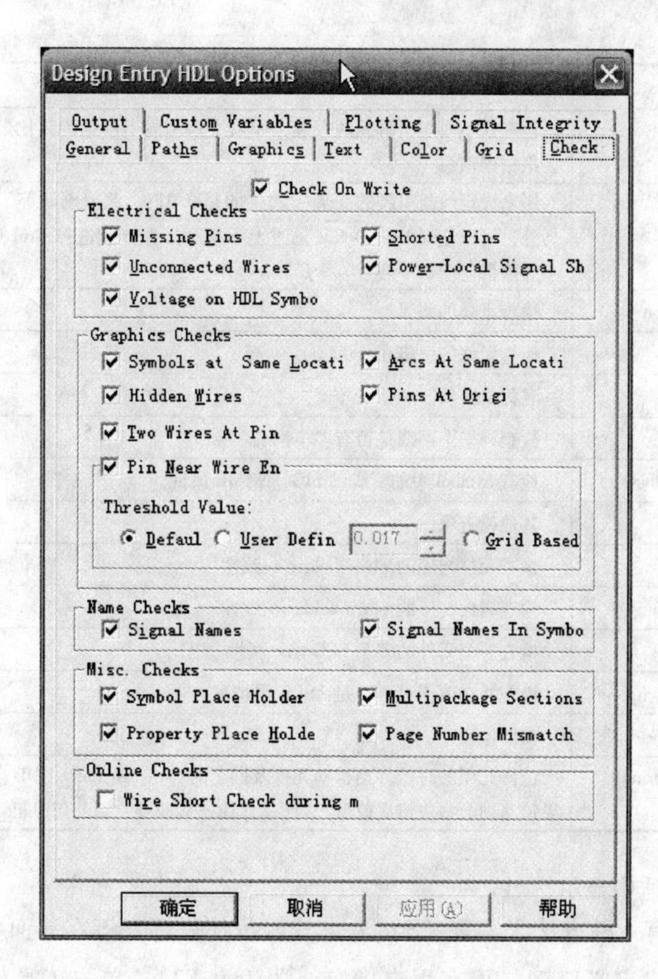

图 7-30　Check 选项

表 7-7　Check 各选项功能描述

选　项	功 能 描 述
Check on Write	存盘时自动检查，错误信息保存在 cp. mkr 和 netlister. mkr
Electrical Checks	电气检查的项
Missing Pins	检查引脚属性是否不在附加在引脚
Unconnected Wires	检查是否没有网名的线及有网名但是没有任何连接的线
Shorted Pins	检查一个引脚连接两个以上网名的情况
Power-Local Signal Short	Checks for local signals connected to power symbols whose names are different from the value of the HDL_POWER property of the power symbol
Voltage on Power Symbols	检查电源引脚信号的命名是否与 HDL_POWER 特性值一致，如果不同则报告警信息
Graphics Checks	图形方面的检查
Symbols at Same Location	检查重叠的元件
Hidden Wires	检查被元件隐藏的线
Two Wires at Pins	检查元件的引脚是否有线重叠

（续）

选　项	功 能 描 述
Pins Near Wire Ends	检查线不要与引脚放的太近，如果线末端同引脚的距离比最小设定的界限还小，将会报错误信息
Threshold Value	用来设定线与引脚的距离，默认的是0.017，此值刚好等于10个最小的可调点距，另外，可以选择User Define通过上下指示来选择或选择Grid Based设置引脚与线的最小界限值与栅格一致
Arcs At Same Location	检查重叠的圆弧
Pins At Origin	检查元件的引脚在（0，0）位置
Name Checks	名称检查项
Signal Names	检查同一个网线是否有多个网名
Signal Names In Symbols	检查Symbol中的引脚的SIG_NAME属性
Misc. Checks	其他检查项
Symbol Place Holders	检查元件与库的place holder一致性
Property Place Holders	检查属性与库的place holder一致性
Multipackage Sections	检查一个元件的多个SEC-type属性
Page Number Mismatch	检查并在改正页码不是ASCII码情况
Online Checks	在线检查
Wire Short Check During Move	选择此项的时候，当移动元件及网名时，Design Entry HDL会在线检查是否短路，如果短路则会报告错误信息："此动作使连接改变，请使用Undo来恢复"

(3) 界面的适中显示

界面的放大有4种方法来实现：Stroke方式，按住鼠标左键在界面中画W符号，如图7-32所示；使用自定义热键（可有用户指定，默认为F2）；单击工具栏中的 View 按钮；选择菜单栏中的View/Zoom Fit命令。

(4) 界面的移动

界面的移动包括：使用鼠标中键拖动（要求三键鼠标）；使用热键来实现（在按住Ctrl键的同时，单击上、下、左、右的箭头）；选择菜单栏中的View/Pan UP命令及使用Stroke方式，安装左键画相应的箭头，如图7-33所示。

(5) 局部放大

实现界面局部的放大可以通过选择菜单栏中的View/Zoom By Point命令和单击工具栏中的 按钮来实现。

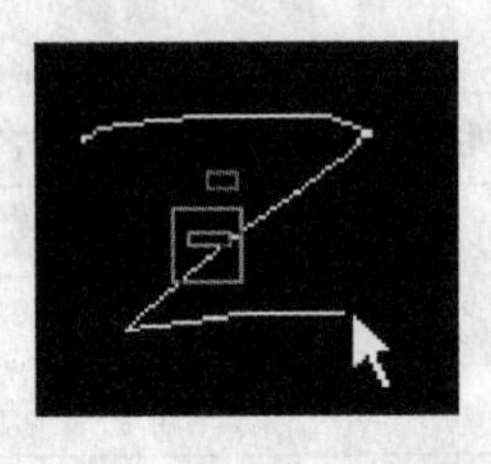

图7-31　放大

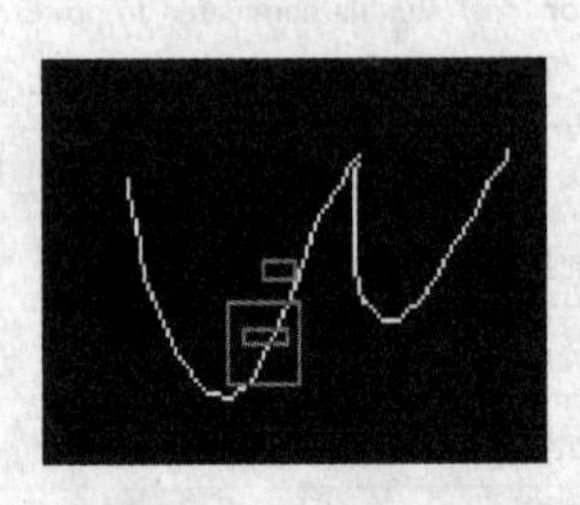

图7-32　适中

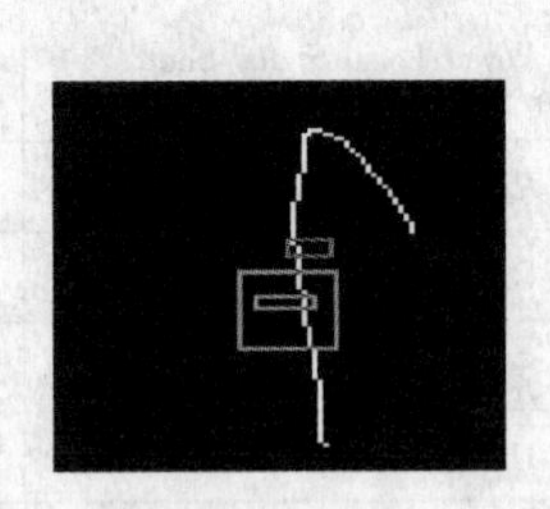

图7-33　上移

2. 添加类的操作

（1）添加元件

选择菜单栏中的 Component/Add 命令或者单击工具添加栏中的按钮来执行添加元件的操作后弹出添加元件对话框，如图 7-34 所示。

在 Library 项中选择所添加的元件所在的库，所设计的项目的库用来添加 Block（如 Demo _ lib），standard 标准库为 Cadence 公司的一些标准库，其余的为用户根据自己的需要在 cds. lib 中添加的库目录。在添加的时候，允许使用通配符来过滤在 Filter 中输入即可如C＊为所有 C 字母开头的库文件。如果在进行库设计的时候使用了 PPT 文件格式将同一个元件的不同封装、型号等信息设计在一个元件库中，在此可以单击 Physical... 按钮来添加相应的元件。

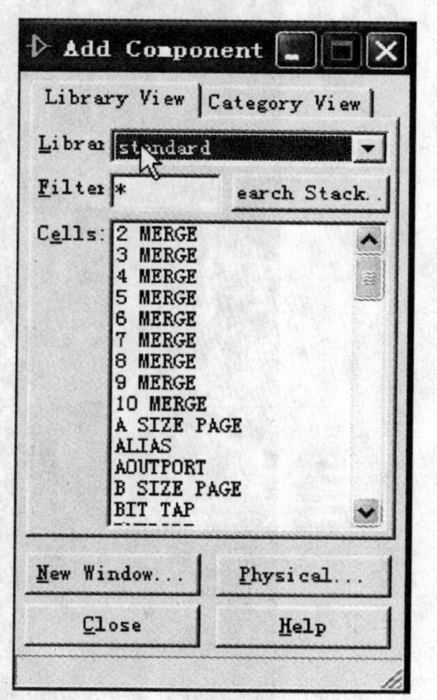

图 7-34　添加元件

注意：对于引脚比较多的元件，在制作原理图库的时候，一般会按照功能分成几个部分做成几个部分，但是在添加元件的时候只会调出第一个部分，因此必须采取如下的操作来确保其部分全部调出来。

首先，查看元件被定义了几个部分，然后将调出的部分复制与部分相同的数量。

其次，选定一个部分单击右键，选择 Version 项或使用 Stroke 命令画 V，如图 7-35 所示。

最后，对于一个元件分了好几部分的部分，为了使 Design Entry HDL 能够识别出哪几个部分是一个元件，需要对元件的所分的部分给一个 Group 属性，此属性可以在制作原理图库时添加，也可以在原理图设计的时候添加。但是一定要保证同一个元件的不同部分的 Group 属性相同，并且在同一个项目中不同元件的 Group 属性不能够相同。

（2）添加网线

对元件的引脚添加线操作如下：选择菜单栏中的 Wire/Draw 或 Wire/Route 命令或者单击工具添加栏中的或按钮。

画线有两种模式即 Draw Wire（垂直的线显示）和 Route Wire（斜线显示），这两种模式没有本质的区别。另外，在连接到元件引脚上的时候是安装设定的栅格自动连接，所以不用用户将元件放很大，然后点到引脚的上面。

（3）添加网名

对于 Design Entry HDL 中的每一个网线都必须添加网名，添加网名的操作如下：选择菜单栏中的 Wire/Signal Name 命令或者单击工具添加栏中的按钮，在弹出的对话框中输入网名然后移动鼠标放到相应的引脚上即可，如图 7-36 所示。

注意：添加网名的时候，在对话框中可以输入一定数量的网名然后依次（Queue 模式）或选择（Select）放置到引脚上，依次放置网名时是根据从上到下的顺序依次放着，选择放置只需要用鼠标点中相应的网名即可。

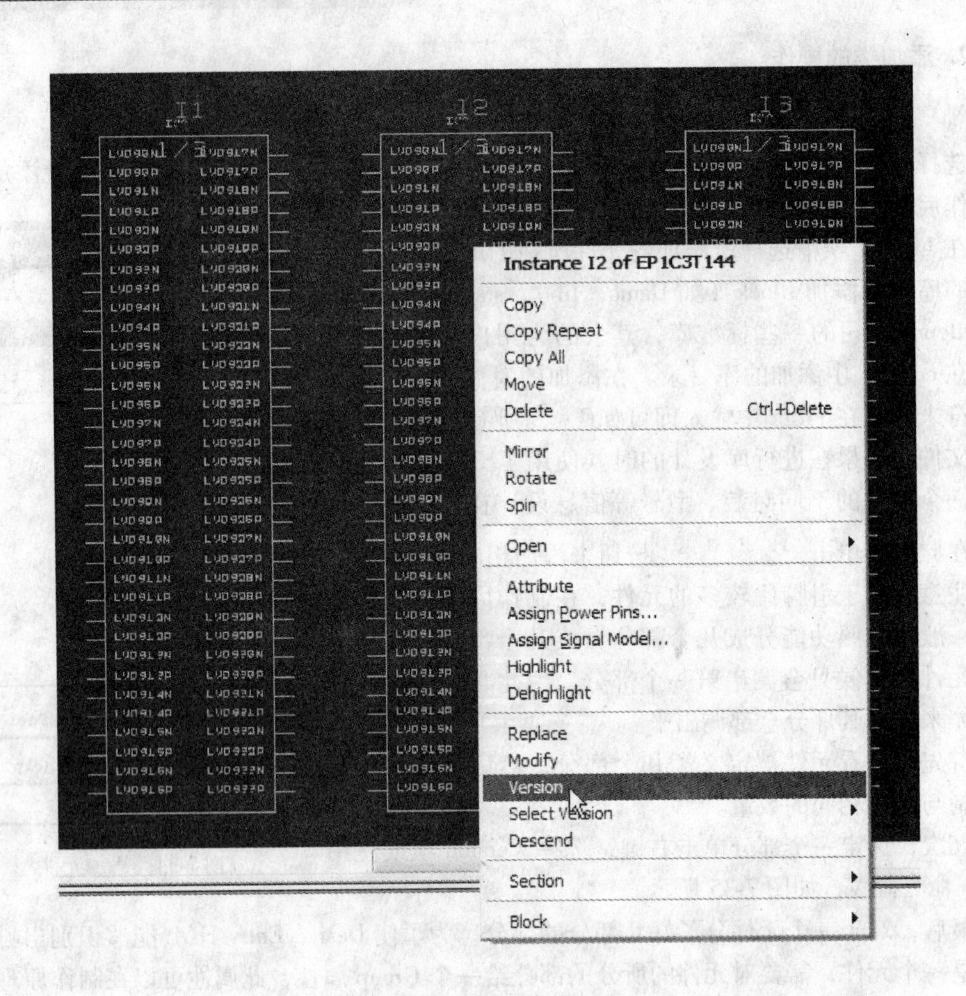

图 7-35　分部分操作

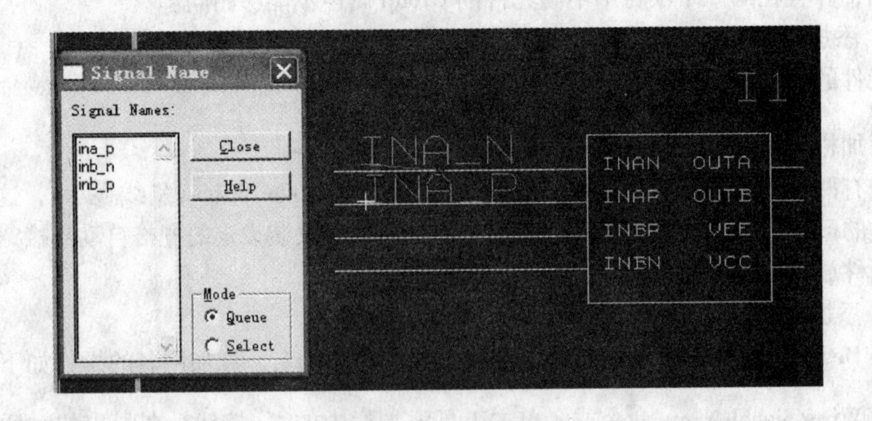

图 7-36　添加网名示例

无论哪种方式，当放置了网名后，与其相连的线都会自动附上同样的网名。当网名移动后，对应线的网名并不变动，需要使用菜单 Text/Reattach 重新赋予属性连接关系。

（4）添加网络连接点

选择菜单栏中的 Wire/Dot 命令或者单击工具添加栏中的按钮来执行操作。如果没有特殊的连接关系不要手动地来添加连接点，因为 Design Entry HDL 会自动地添加连接点。

（5）添加字符

选择菜单栏中的 Text/Note 命令或者单击工具添加栏中的按钮来执行操作。所操作过程和添加网名一致。

提示：在 Design Entry HDL 中无论字符、网名都是只有大写字母显示的，即使输入小写字母也会自动转换为大写字母。

3. 编辑类的基本操作

（1）移动

选择菜单栏中的 Edit/Move 命令或者单击工具编辑栏中的按钮来执行移动如元件、网名、符号等对象的操作。

如果元件的引脚已经连接上网线，那么在移动元件或者网线的时候，元件和网线联动移动。

（2）复制

Design Entry HDL 中的复制有一般性的复制（Copy）、全部复制（Copy All）及重复复制（Copy Repeat）3 种。

1）Copy：选择菜单栏中的 Edit/Copy 命令或者单击工具编辑栏中的按钮来执行此命令，此复制为一般性复制，只是复制单一的对象。

2）Copy All：选择菜单栏中的 Edit/Copy All 命令或者单击工具编辑栏中的按钮执行此命令，此复制为全部复制：当复制线的时候，会连带网名一起复制；当复制元件的时候，会将元件的属性（封装、物料号等）一起复制。

3）Copy Repeat：选择菜单栏中的 Edit/Copy Repeat 命令来执行操作，此复制是重复复制，允许进行重复地复制一个对象。

（3）删除

选择菜单栏中的 Edit/Delete 命令或者单击工具编辑栏中的按钮来执行删除的操作。

（4）更改字符

选择菜单栏中的 Text/Change 命令或者单击工具编辑栏中的按钮，然后直接单击需要更改的字符来执行更改字符的操作。

选择菜单栏中的 Text/Increase Size 命令或者单击工具编辑栏中的按钮，然后直接单击需要更改的字符来执行放大字符的操作。

选择菜单栏中的 Text/Decrease Size 命令或者单击工具编辑栏中的按钮，然后直接单击需要更改的字符来执行缩小字符的操作。

（5）旋转

选择菜单栏中的 Edit/Spin 命令或者单击工具编辑栏中的按钮，然后直接单击需要旋转的对象来执行旋转的操作。

选择菜单栏中的Edit/Rotate命令或者单击工具编辑栏中的按钮，然后直接单击需要旋转的对象来执行旋转的操作。此旋转是附带镜像的功能。

选择菜单栏中的Edit/Mirror命令或者单击工具编辑栏中的按钮，然后直接单击需要镜像的对象来执行镜像的操作。

4. 群组类的操作

(1) 创建一个组

创建一个组有两种方法：框选法和表达式法。

1) 直接框选法：使用矩形选取，单击群组工具栏中的按钮（选择菜单中的Group/Create/By Rectangle）或使用多边行选取：单击群组工具栏中的按钮（选择菜单中Group/Create/By Polygon）。

2) 表达式创建：单击群组工具栏中的按钮（选择菜单中的Group/Create/By Expression）弹出如图7-37所示的对话框。

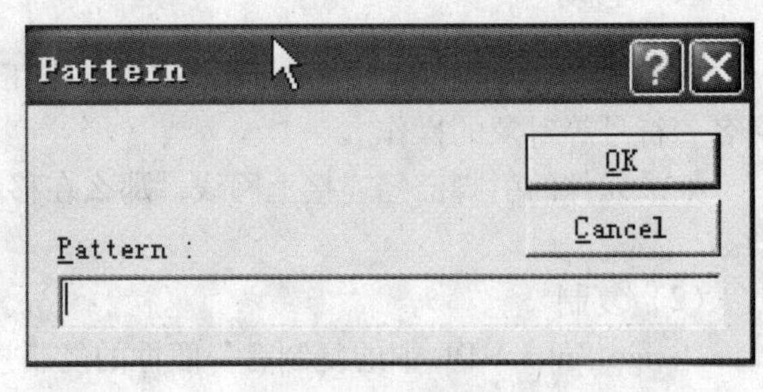

图7-37 创建组对话框

在如图7-37所示的对话框中的Pattern中写入一定的表达式就可以了，例如，创建一个所有网名为VCC的组可以写为Sig _ name = VCC即可。

提示：在Pattern中输入的表达式相当于在命令栏中输入Find（表达式）。后面的小技巧中我们将专门的讲解一些常用的表达式使用。

(2) 组的编辑

对组的操作，必须是在创建一个组之后。

1) 组的移动：单击群组工具栏中的按钮（选择菜单中的Group/Move）。

2) 组的一般复制：单击群组工具栏中的按钮（选择菜单中的Group/Copy）。

3) 组的全部复制：单击群组工具栏中的按钮（选择菜单中的Group/Copy All）。

4) 组的删除：单击群组工具栏中的按钮（选择菜单中的Group/Delete）。

(3) 查看组的内容

选择群组工具栏中的按钮（或者使用菜单命令Group/Show Content）。系统将弹出如图7-38所示对话框，该对话框将显示指定群组中包含的信息，而且可以看到指定群组被高亮显示。

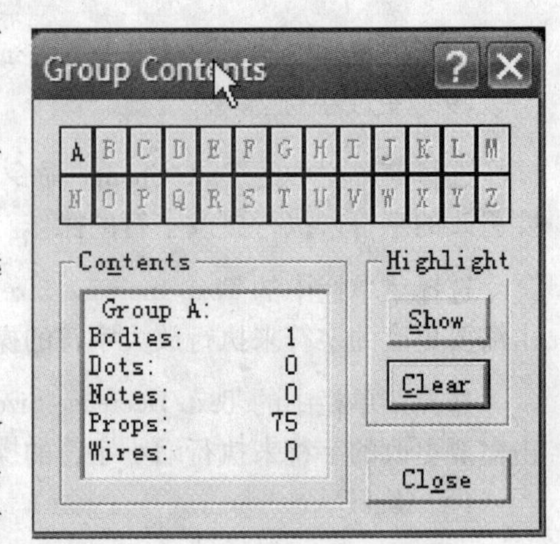

图7-38 群组信息

7.4　绘制原理图

本小节以一个 Demo 的原理图设计为例，给大家讲述如何进行一个项目的原理图设计。本节将从新建一个项目开始直到最后的原理图设计完毕，逐步地讲述给大家。

7.4.1　新建一个项目

根据本书第 4 章所讲的内容，已经学习到了如何新建一个新的项目来开始设计，下面就从此开始讲述如何进行原理图设计。首先，打开已经创建的项目管理文件，如图 4-15 所示。

单击图 4-15 中的按钮，进入如图 7-39 所示的原理图设计界面开始原理图的设计。

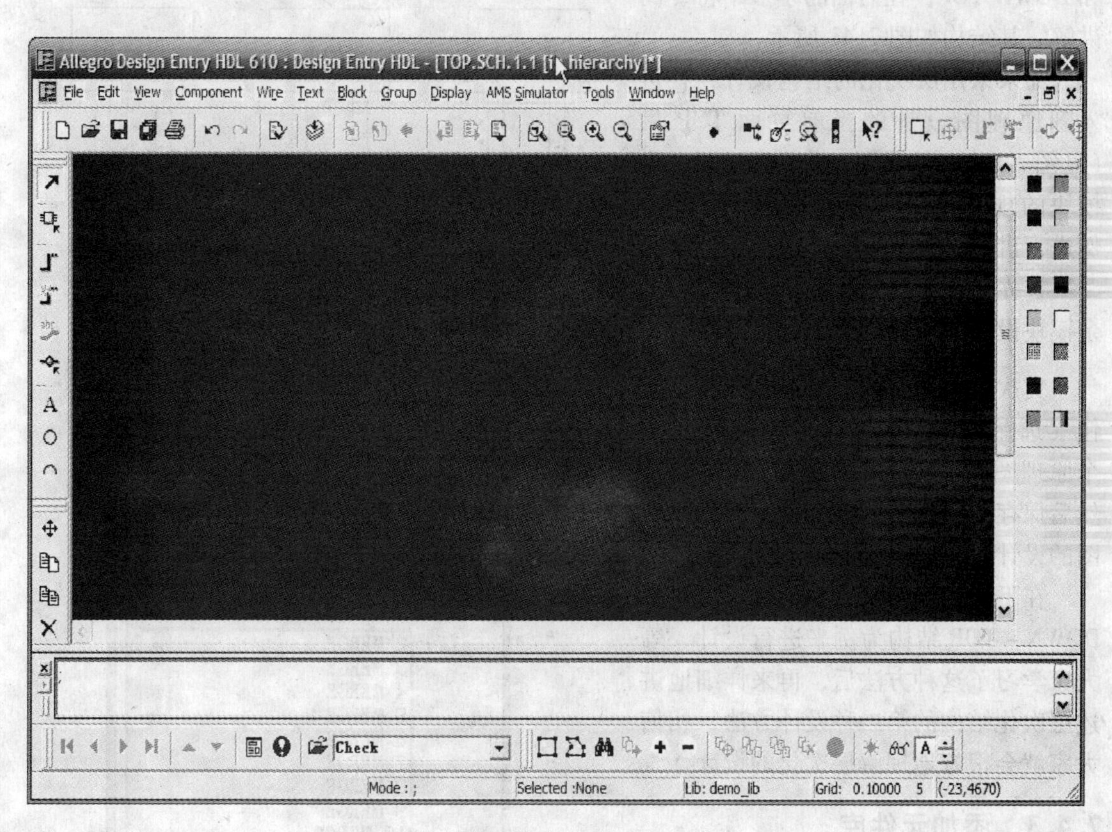

图 7-39　原理图设计界面

7.4.2　平铺结构和层次结构

当进入原理图设计的时候，打开的当前页面是在创建项目的时候输入的顶层图（TOP），这个时候就需要选择是进行层次化的设计还是平铺的设计。

1. 平铺设计结构

平铺设计结构是在同一个模块中（如 TOP），通过新增加平行结构的页来完成一个设计，这些页的关系是平行的关系，其结构如图 7-40 所示。

新建页的方法：单击工具栏中的按钮来添加一页，单击标准工具栏中的和按钮来实现前、后的翻页功能。

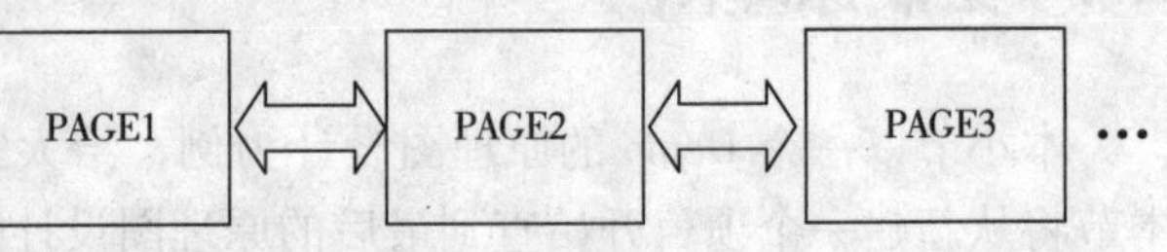

图 7-40　平铺结构图

2. 层次设计结构

层次设计结构是在一个总的页面（TOP）中，根据采用不同的结构来新建或添加一些模块，在各个模块中新建页进行独立的设计。模块与模块是平行的，而各模块之间的页结构则是独立的。层次设计结构有两种：TOP-DOWN 和 DOWN-TOP，在后面的小节中将专门讲解。其结构如图 7-41 所示。

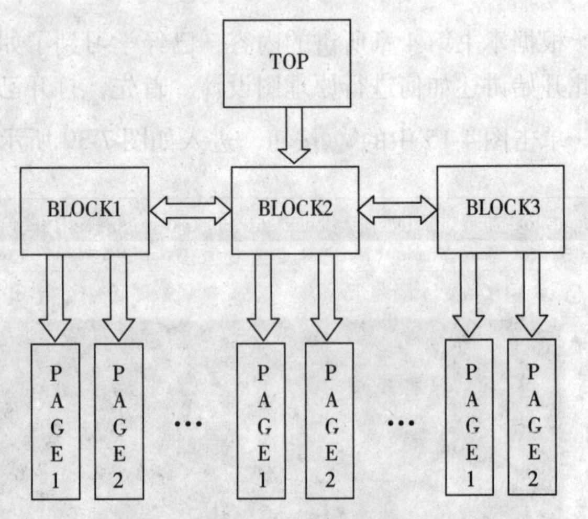

图 7-41　层次结构图

如果采用层次化的结构设计，在进入到原理图设计的当前页面 TOP 后（见图 7-39），就需要在此页面进行一个模块的规划，在此采用 DOWN-TOP 为例进行讲述。

首先，保存此 TOP 页面以备完成其余模块设计后所用。

其次，单击标准工具栏中的按钮（选择菜单中 File/New），来新建一个原理图分页（称为一个新的模块），然后保存此页面为 BLOCK1，开始原理图的设计。

在下面的操作中，都是以层次化的 DOWN－TOP 结构为例来进行设计，等大家学习了这种方法后，再来详细地讲述层次化结构的第二种设计方法，相信大家就会很好地理解层次化的设计。

7.4.3　添加元件库

1. 添加图幅

在正式进行原理图绘制之前，首先要根据项目的复杂程度确定模块及图幅的大小。单击添加工具栏中的按钮，在 Standard（或自己图幅所在的库）添加 A SIZE PAGE 库，如图 7-42 所示。

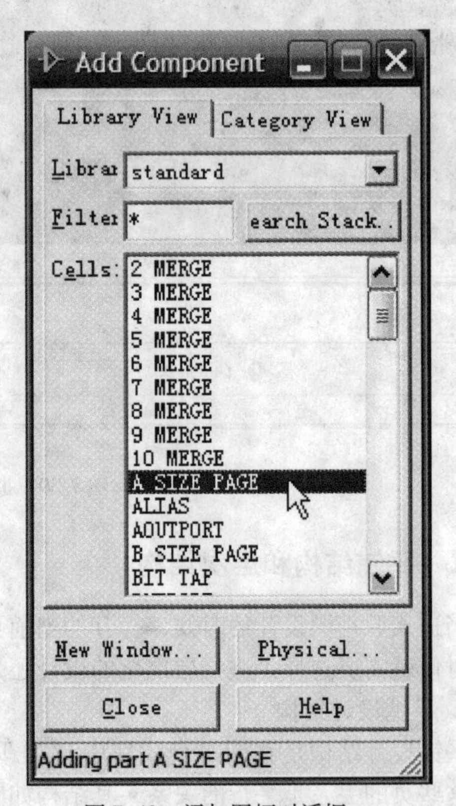

图 7-42　添加图幅对话框

2. 添加元件

如添加图幅的操作一样，在定义好

的原理图库中添加电阻 R0603 的库和微处理器 MPC850 的库，注意因 MPC850 元件引脚有 256 个引脚，在原理图库设计的时候将此元件分成了两个 Part，在添加的时候需要使用"version"命令将两个部分都调出，如图 7-43 所示。

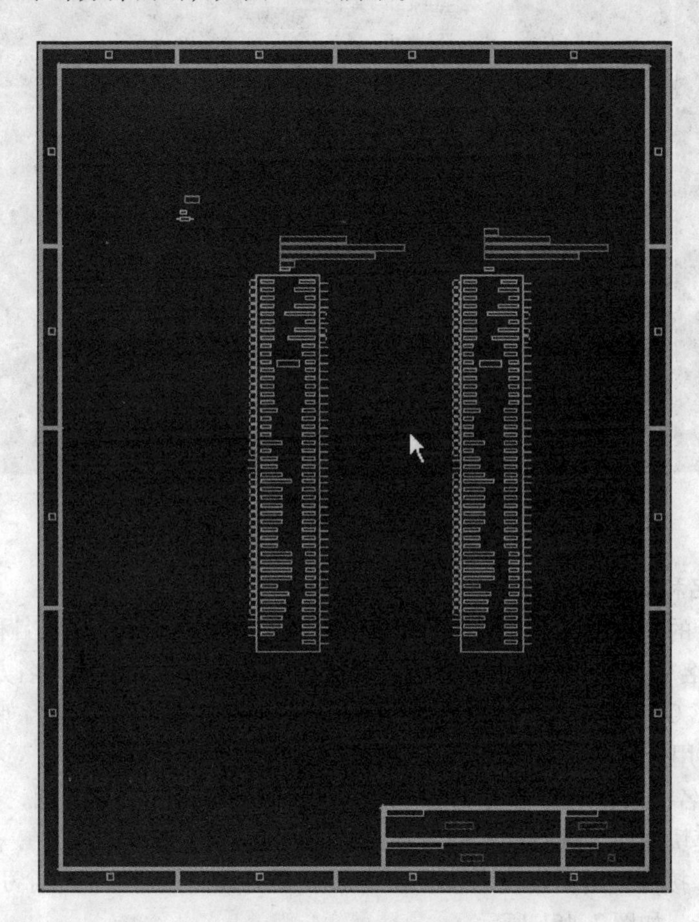

图 7-43 添加元件界面

3. 添加网线及网名

单击添加工具栏中的按钮或按钮在相应的引脚上添加网线，然后单击添加工具栏中的按钮添加网名，如图 7-44 所示。

注意：1）对网名的命名，要根据原理图设计规范，网络命名要尽量使用关键网名，注意命名的统一性。

2）对于有连接关系但是没有赋予网名的网线，Design Entry HDL 会自动赋予网名（在 Allegro 中显示）。命名格式如下：

UN + $ + 原理图的页码 + $ + the lowest name of component + $ + path property of component + $ + pin name of component。

此类网名如果在后端的设计过程中不需要设定特别的规则可以由软件来自动命名，反之，如需要在 PCB 设计过程中进行一定的约束，则建议命名。否则，会给 PCB 设计者带来不便。

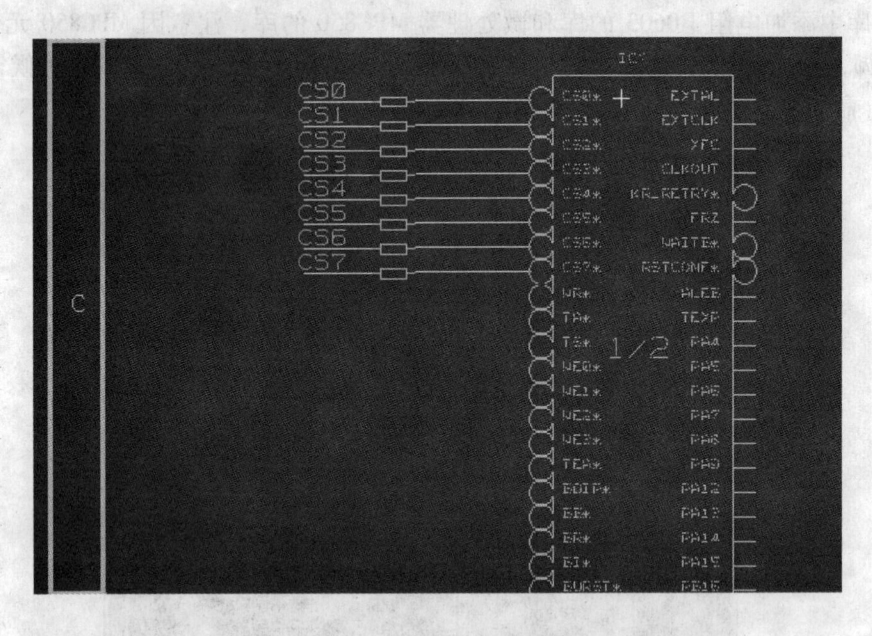

图 7-44　添加网名界面

4. 全局网名和局部网名

在层次设计的项目中，对于网络的命名，有两种命名方式即全局网名和局部网名。

1）全局网名：在整个项目中都有效。定义一个局部网名为全局网名方法很多，在此书中统一采用“\ G”的格式。一般情况下电源和地多定义为全局网名如：“VCC \ G”、“GND \ G”。使用全局网名在模块中则没有引脚，如图 7-45a 所示。

2）局部网名：只在同一个模块中有效。如果跨模块即使网名相同，也没有连接关系。如果要与别的模块中网名进行连接只能通过添加 Port 接口的形式，当在一个模块中有一个网名添加了 Port 接口，则在模块中就会在增加一个引脚，然后通过这个引脚与其他模块中的网名进行连接，如图 7-45b 所示。

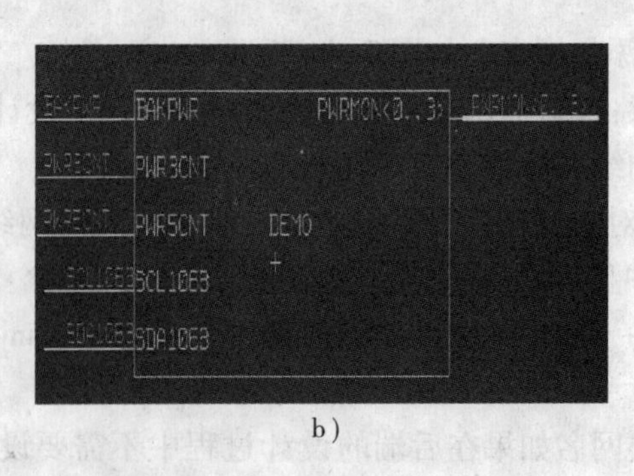

a)　　　　b)

图 7-45　网名使用界面

a）使用全局网名界面　b）局部网名使用 Port 界面

5. 总线的画法

选择 Wire/Draw 命令，将总线内的各个引脚画上线。

打开添加对话框选择 Standard 库中的 Tap 库给每个网线都加上，如图 7-46 所示。

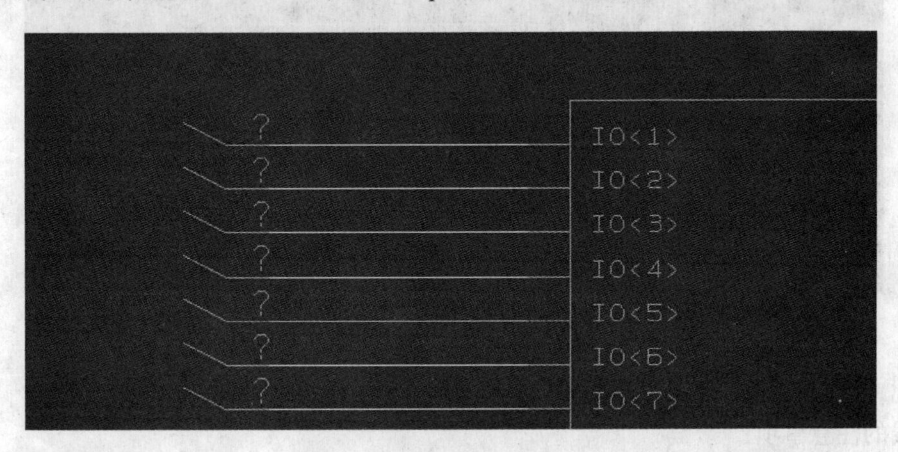

图 7-46　画总线方法图示 1

选择 Wire/Draw 命令，画一根总线（在画法上总线和普通线是一样的，重要的是命名）将 Tap 连接起来并命名。当然这个命名是有特殊格式的，Design Entry HDL 也是靠这个名字来确认是否是总线的。

总线命名特定格式：总线名〈界限一.. 界限二〉。当给网线加上这种格式网名之后，线会自动加粗，如图 7-47 所示。

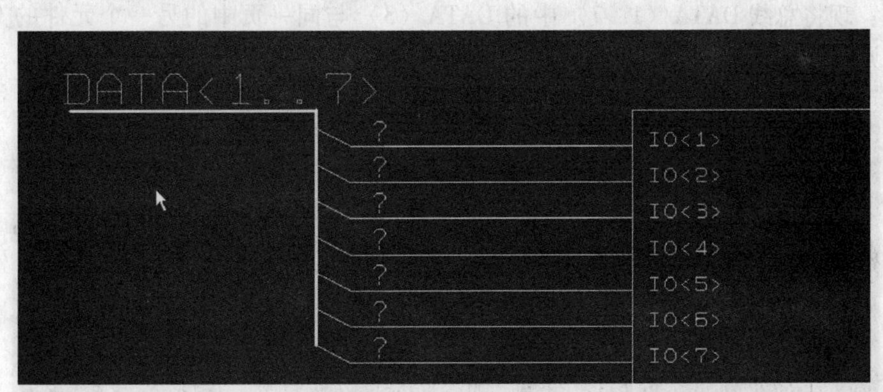

图 7-47　画总线方法图示 2

选择 Wire/Bus Tap Values 命令，在对话框中设定起始值和最终值，用来设定总线范围，Bus Tap Values 对话框如图 7-48 所示。

在 MSB 中输入起始值：1，在 LSB 输入最终值 7 后，单击 OK 按钮，在 Tap 的“?”符号上画一道线（不要拖动鼠标，给线一个起始点，一个最终点即可），完成对 Tap 的范围设定，如图 7-49 所示。

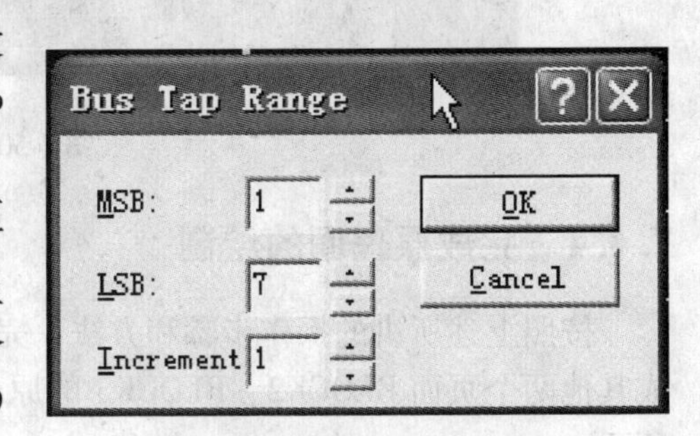

图 7-48　画总线方法图示 3

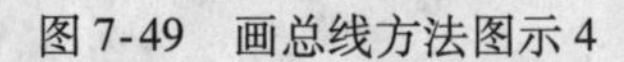

图7-49　画总线方法图示4

到此，已经画好了一个包含7根线的数据总线。

总线的注意事项：

1）总线的全局网名定义方法和普通网名一样，在后面加“\G”如：DATA〈1..7〉\G。

2）总线在进行连接的时候一定要注意Tap范围。如：DATA〈1..7〉和DATA〈7..1〉是不能连接到一起的，否则会引起总线内的网线连接错乱。

3）如果希望将总线内的线分别与其他引脚进行连接，则命名格式为DATA〈单根的Tap值〉如：DATA〈3〉就是总线的第三根线的网名也就是引脚IO〈3〉的网名，和其他引脚连接的时候将此网名直接赋予其他引脚即可。

举例：现将总线DATA〈1..7〉中的DATA〈3〉与同一页中的另一个元件的OUTA引脚相连，则操作如图7-50所示。

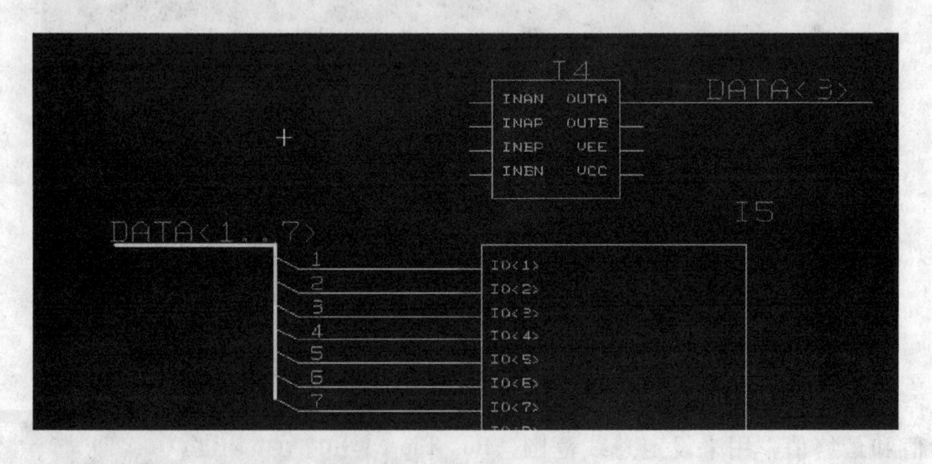

图7-50　画总线方法举例

7.4.4　完成原理图的绘制

按照上述所讲的操作步骤和方法，完成BLOCK1的原理图设计，并按同样的操作方法完成其他两个页面BLOCK2、BLOCK3的原理图设计，以便下面的讲解。其目录结构如图7-51所示。

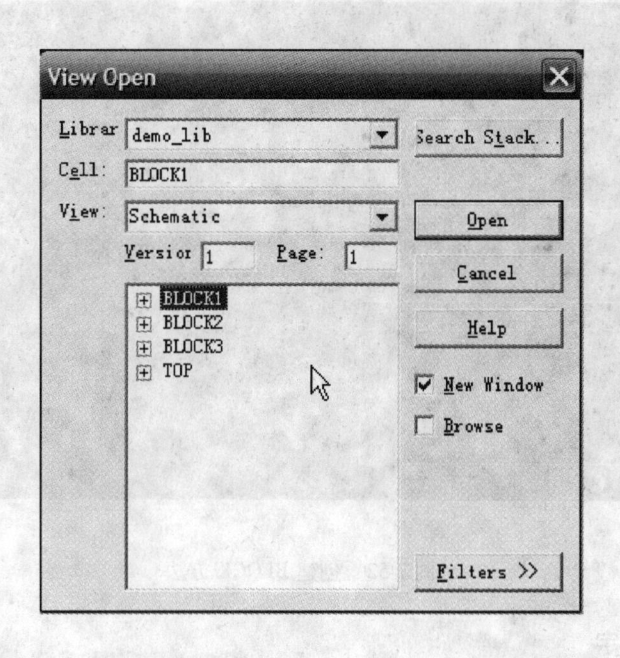

图 7-51　DEMO 目录结构

7.5　层次原理图的设计

在前面几节，主要讲述了原理图的绘制方法，相信大家对原理图设计已经有了一定的认识，这一节主要讲述层次原理图的设计方法。前面已经知道了层次图的目录结构，可以看出，层次原理图的设计使得原理图的设计更清晰明了，各模块功能一目了然。下面就来详细给大家讲述层次原理图的设计方法。

7.5.1　层次化设计的特点

层次化设计技术使用符号代表功能，大大地减少了冗余的信息，并且功能模块能够重复调用，加强了团队合作性。

Design Entry HDL 支持两种层次化的设计方法：自上向下的设计（TOP-DOWN）和自下向上的设计（DOWN-TOP）。

7.5.2　自上向下的设计

自上向下的设计方法就是首先在顶层图（在创建项目的时候为 TOP）中，定义模块（BLOCK），然后在各个模块中进行原理图的设计。设计方法如下：

进入到 TOP 后，首先规划 BLOCK1、BLOCK2 和 BLOCK3。选择菜单栏 BLOCK/ADD 或单击模块工具栏中的按钮来完成模块的添加，在添加的时候 Design Entry HDL 会自动以 BLOCK1、BLOCK2、BLOCK3 来命名，如图 7-52 所示。

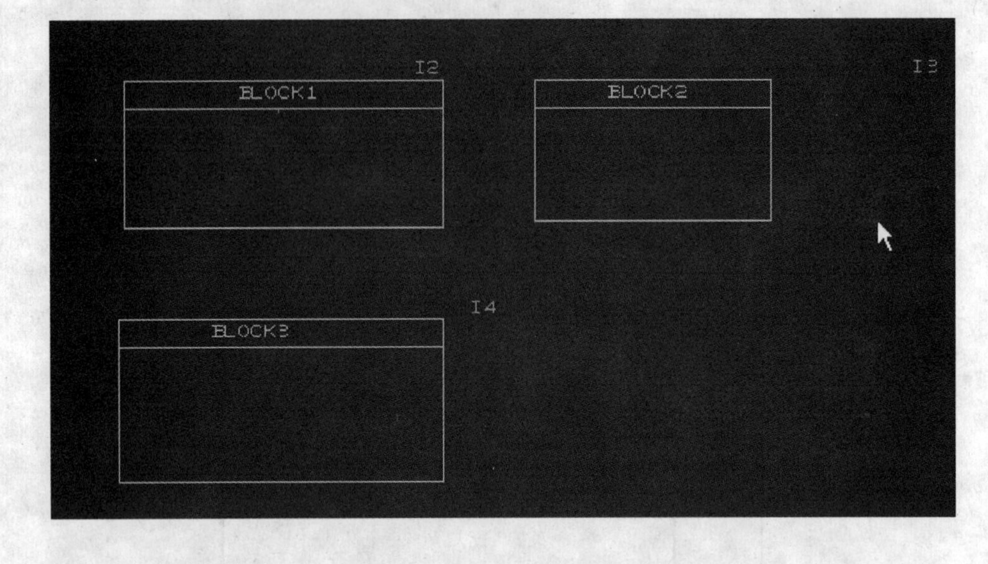

图 7-52　创建 BLOCK 方法

1. 更改模块名字

选择菜单栏中的 BLOCK/Rename 命令，在弹出对话框中输入新的模块名字，如图 7-53 所示。

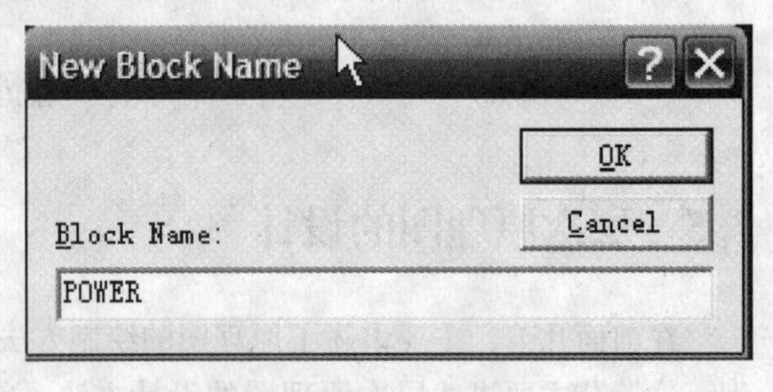

图 7-53　BLOCK 的更名 1

单击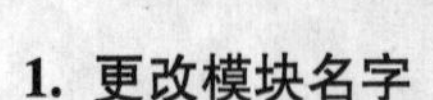按钮，将 POWER 名字放到要更改的 BLOCK 上，BLOCK 就会自动地更改为 POWER，如图 7-54 所示。

2. 模块的移动功能

模块的移动和元件的移动是一样的，在此就不再讲述了。

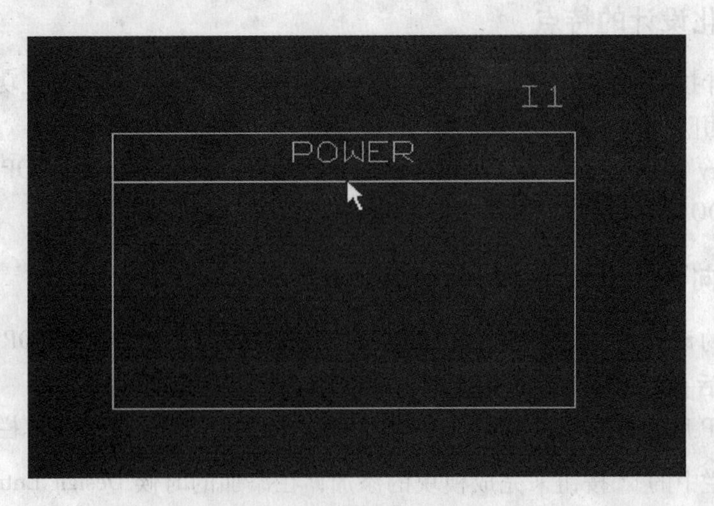

图 7-54　BLOCK 的更名 2

3. 模块大小的调整

选择菜单栏中的 BLOCK/Stretch 或选择模块工具栏中的按钮直接使用鼠标拖动模块更改大小，如图 7-55 所示。

图 7-55　BLOCK 大小的调整

4. 模块添加引脚

选择菜单栏中的 BLOCK/ADD PIN 或单击模块工具栏中的按钮后，弹出模块添加引脚对话框，在对话框中输入引脚名来添加引脚，如图 7-56 所示。

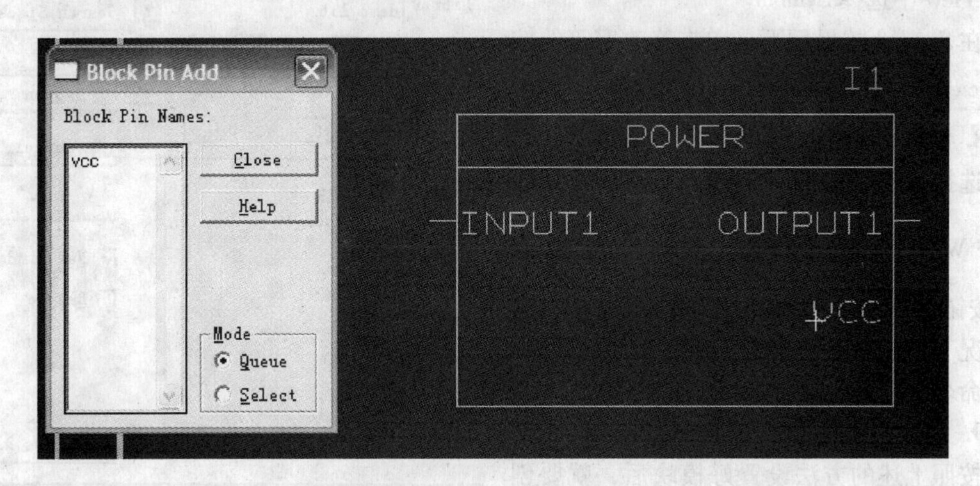

图 7-56　BLOCK 添加引脚

在使用 BLOCK/ADD PIN 命令来添加引脚的时候，可以选择 3 种引脚的功能来添加：INPUT、OUTPUT 和 INOUT。一般是输入类的引脚在左边，输出类的引脚在右边。

5. 模块引脚的移动

选择菜单栏中的 BLOCK/Move PIN 或单击模块工具栏中的按钮直接移动引脚即可。在移动引脚的时候，引脚会自动变换方向，如图 7-57 所示。

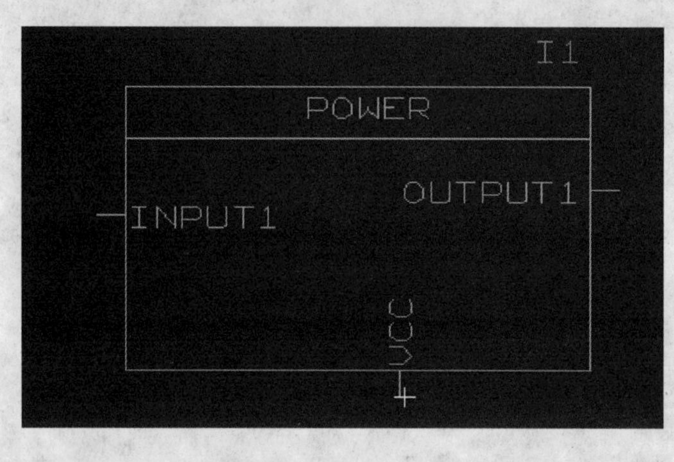

图 7-57　BLOCK 引脚移动

6. 模块引脚的删除

选择菜单栏中的 BLOCK/Delete PIN 或单击模块工具栏中的按钮后，直接单击要删除的引脚来完成引脚的删除。

7. 修改模块引脚的名字

如果要修改一个模块引脚的名字，在原理图中是不能修改的，必须打开 Symbol 才能进行修改。例如要修改 POWER 模块的引脚，则打开 POWER 模块的 Symbol，如图 7-58 所示在 View 中选择 Symbol。

在 Symbol 的界面下，单击修改字符的按钮 More... 来进行修改，如图 7-59 所示。

8. 模块的画线

选择菜单栏中的 BLOCK/Draw Wire（或 Route Wire）或单击添加工具栏中的或按钮后直接画线就可以了。在没有引脚的情况下，画线的同时会自动添加引脚，且自动命名为 PIN1，如图 7-60 所示。

9. 创建原理图设计页面

按照上述的方法设置好模块后，就要创建原理图设计页面。

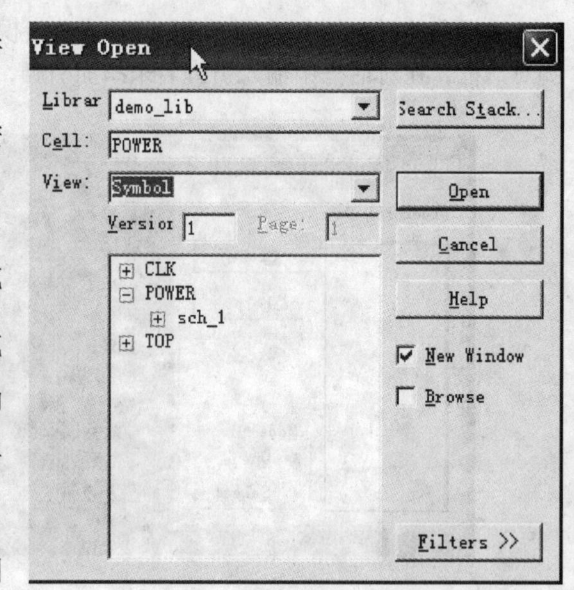

图 7-58　Symbol 的打开

图 7-59　修改引脚

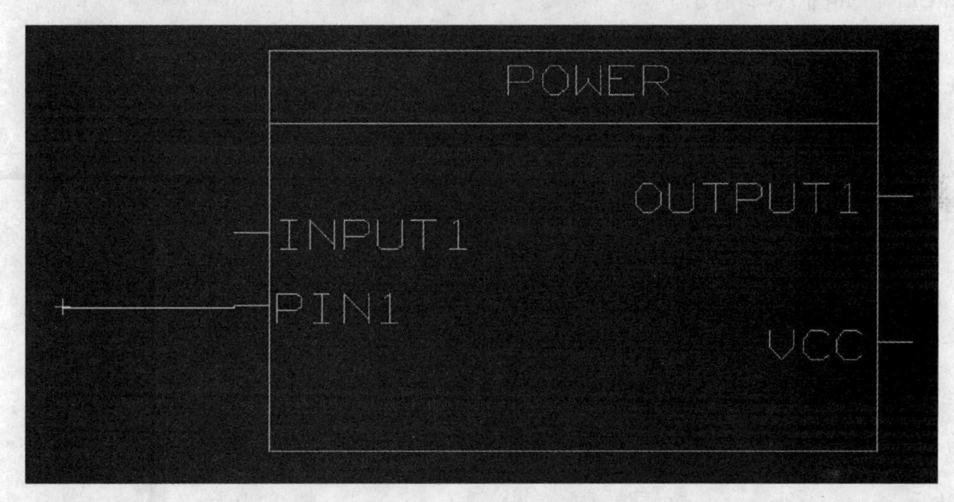

图 7-60　BLOCK 画线

选择菜单栏中的 File/New 或单击标准工具栏中的按钮，新建一个页面。然后选择 File/Save as 命令保存到已经规划好的模块如 POWER 中，如图 7-61 所示。

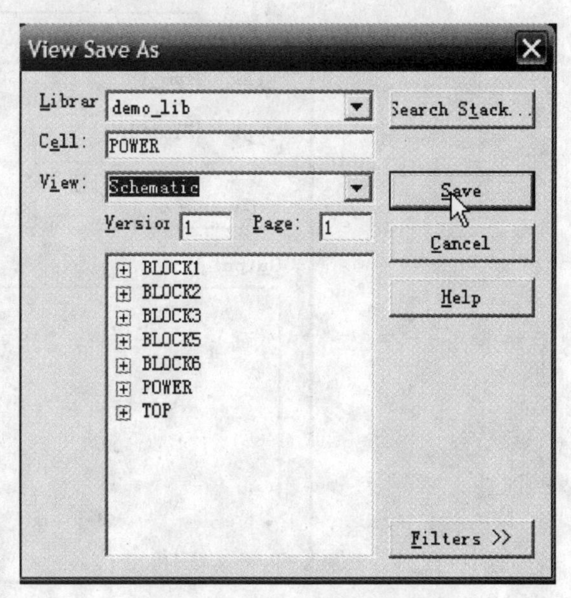

图 7-61　创建原理图设计页

10. 进入模块

直接双击模块或单击标准工具栏中的按钮后，单击模块就可以进入一个模块，单击按钮后则退出模块。

7.5.3　自下向上的设计

自下向上的设计是一种先进行分模块设计然后再生成顶层图的设计方法，由于这种方法没有设定好的顶层图的约束，所以在设计的时候有很好的灵活性且很适合团作合作完成大的项目。所以，目前使用这种方法的工程师很多。

1. 新建一个模块

当在创建完一个项目后（第4章所讲），首先打开的是顶层（创建项目时候设定的TOP图）。当进入此页后，可以先在此页添加一个图幅库也可以不用做任何的操作，而直接选择菜单栏中的File/New或单击标准工具栏中的按钮，新建一个页面，然后选择File/Save as命令保存一个模块名如CLK，如图7-62所示。

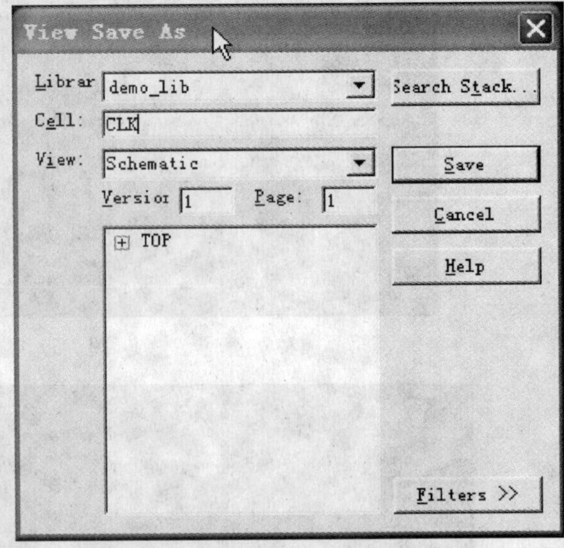

图7-62　创建原理图设计页

2. 创建原理图

在新建的一页CLK中，按照前面所讲述的方法，完成此页面的设计。

3. 生成模块1

当完成CLK页的原理图设计并检查无

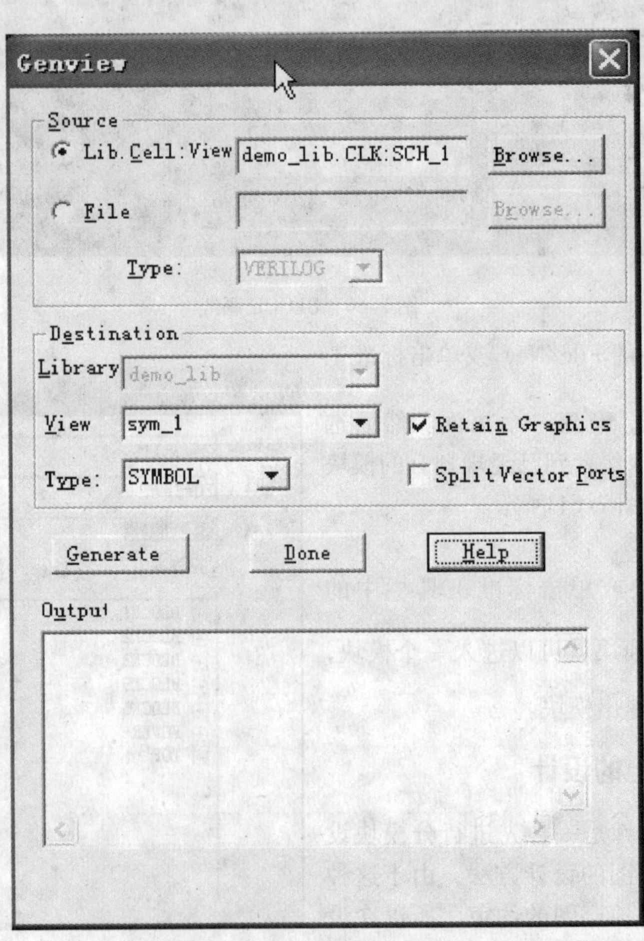

图7-63　Genview对话框

误后，就可以生成 CLK 模块了。方法如下：选择菜单栏中的 Tools/Generate View 命令弹出如图 7-63 所示的对话框。

4. Genview 对话框各选项功能描述（见表 7-8）

表 7-8 Genview 对话框中各选项功能描述

选 项	功 能 描 述
Lib. Cell：View	指定源的查看方式，默认的是下面格式，此项一般不必更改 lib. cell：view
Browse	显示 View Open 对话框，选择其他页面单击 Open
File	指定生成使用哪种格式的文本文件来产生模块文件，VHDL 或 Verilog 文件格式 一般不选择此项
Browse	显示 Specify HDL File 对话框，选择 Verilog 或 VHDL 文件单击 Open
Type	确实使用 Verilog 或 VHDL
Library	选择创建的模块放置在哪个库中，默认库为设计项目的库
View	选择所生成的模块视图，Symbol、VHDL 或 Verilog
Type	选择所生成模块的视图的类型 如果已经选择 sch _1 视图，则选择 Schematic 如果已经选择 sym _1 视图，则选择 Symbol 如果已经选择 vhdl _1 视图，则选择 VHDL 如果已经选择 vlog _1 视图，则选择 Verilog
Retain Graphics	选中此项表示在产生模块的时候保留元件 Symbol 中已经存在的引脚
Split Vector Ports	选中此项表示在产生模块的时候分开使用接口定义的总线的网名 例如总线 DATA〈3..0〉在产生 BLOCK 的时候会分开产生以下的引脚 DATA〈3〉 DATA〈2〉 DATA〈1〉 DATA〈0〉 如果不选择此项，在产生的 BLOCK 中则只有 DATA〈3..0〉引脚
Generate	单击则生成模块
Done	单击则关闭对话框
Output	显示生成的过程和结果

5. 生成模块 2

设定好选项后，单击图 7-64 Genview 对话框中的 Generate 按钮，Design Entry HDL 会在 Output 处显示产生模块的过程和结果，完成后弹出提示对话框如图 7-64 所示。

单击图 7-64 中的 确定 按钮生成模块，单击 Done 按钮完成此步骤。

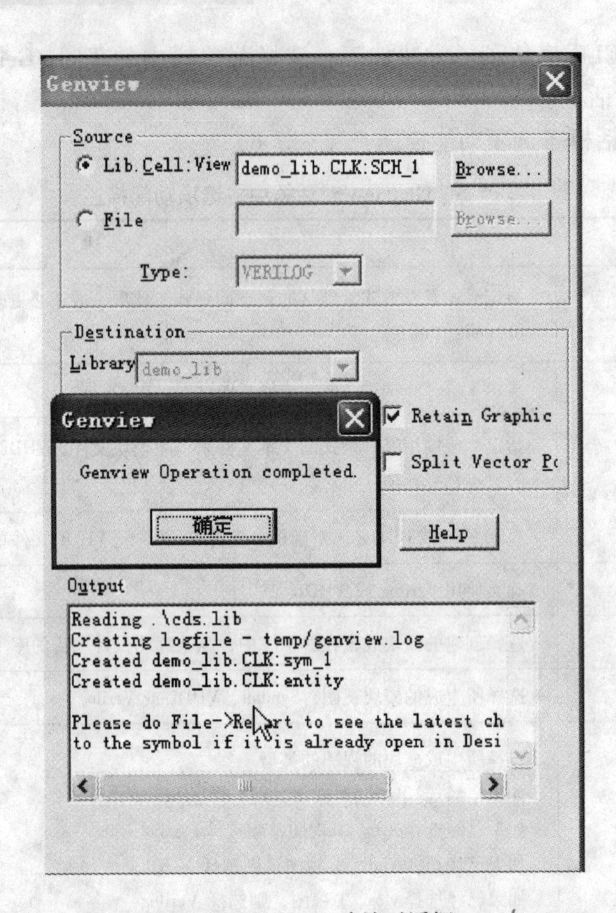

图 7-64　Genview 确认对话框

6. 模块的调用

当生成一个模块后，它的默认路径是在项目的库中（如 demo _ lib），调用的时候就像添加元件一样添加出来即可如图 7-65 所示。

对调用后的模块如需编辑如：更改名字、调整大小、增加 PIN 等和前面所讲述的操作一样，在此就不做重复讲述了。

7. 生成模块的注意事项

1）整个项目的路径一定不能有空格、中文等非法字符，否则会可能产生不了 BLOCK。

2）如果原理图页中的网名使用了 Port 端口用来对外连接的话，则在生成的 BLOCK 中会自动添加 PIN；如果使用的“\ G”来表示全局网名则不会有 PIN。

3）在使用 Port 端口情况下，如果进行了更改，删除或添加一个 Port 端口则必须重新选择 Tools/Generate View 产生 BLOCK 模块。

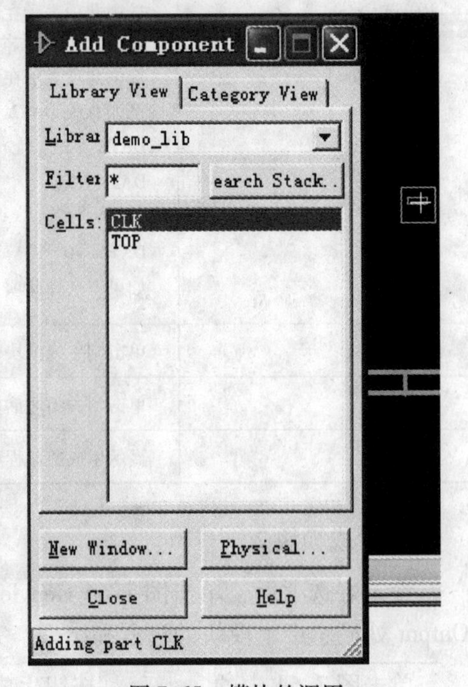

图 7-65　模块的调用

7.6　原理图设计的后处理

在学习了如何生成模块之后，关于原理图的绘制就讲解完了，后面的工作就是对整个项目的后处理阶段包括：打包、全局检查、输出及打印等。在接下来的步骤中，首先要做的就是原理图设计的打包，否则，将不能进行后面的操作。

7.6.1　原理图设计打包

原理图设计的打包就是将原理图设计的整个项目的信息进行整合，使之成为一个整体。因此，所有全局类的操作及整个项目的输出必须在打包后才能进行。

运行此操作有两种途径：一种是在 Design Entry HDL 中选择菜单栏中的 File/Export Physical 的命令，另一种是在项目管理文件 CPM 中单击 Export Physical，如图 7-66 所示。

按照上面两种途径中任一种进行操作后，都会弹出原理图设计打包的设置对话框，如图 7-67 所示。

Export Physical 对话框共包括 3 个部分的内容：

1）Package Design：原理图设计打包项。选中此项表示要进行原理图设计的打包。其各选项设置的意义分别是：

Preserve：保留上一次的所有打包信息。默认项为此项，建议在一般情况下选择此项，因为选择此项不会对 PCB 产生影响，只是对原来信息的一个覆盖过程。

Optimize：将设计重新打包成一个更紧凑的设计。

Repackage：忽略原有的打包信息，将设计重新打包，重新生成打包信息。

Advanced：原理图设计打包的详细设置对话框其界面如图 7-68 所示，此项设置为打包的详细设置，一般不需要修改。

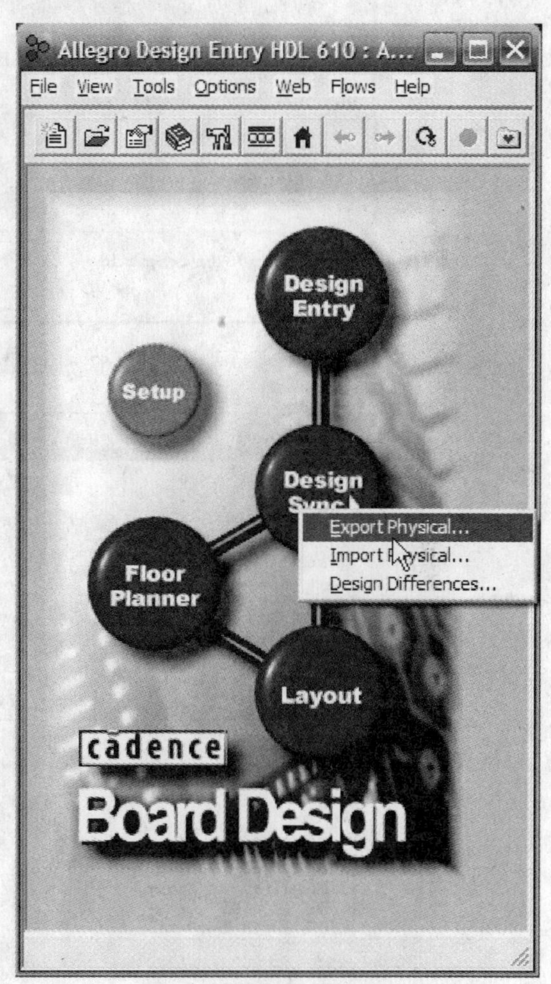

图 7-66　原理图设计的打包

2）Regenerate Physical Net Names：对所有的网名生成物理网名。只有在以下两种情况下才选择此项。

① 改变了网名的长度且没有选择 Repackage 选项。

② 将设计导入到 Cadence13.6 版本或更早的版本。

3）Backannotate Schematic：反标原理图项，选中此项将打包的信息如位号、规则等信

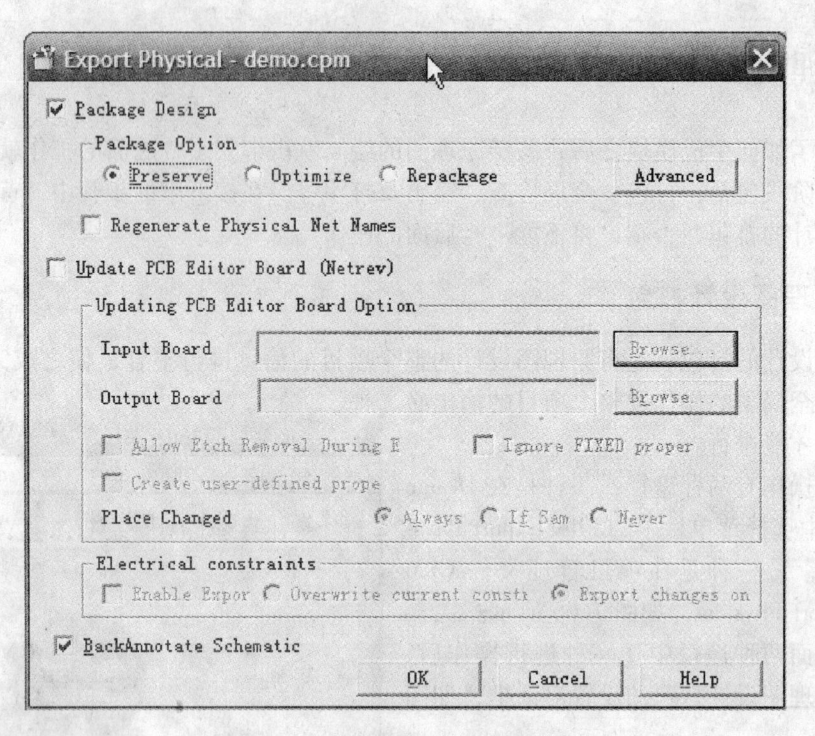

图 7-67　原理图设计打包对话框

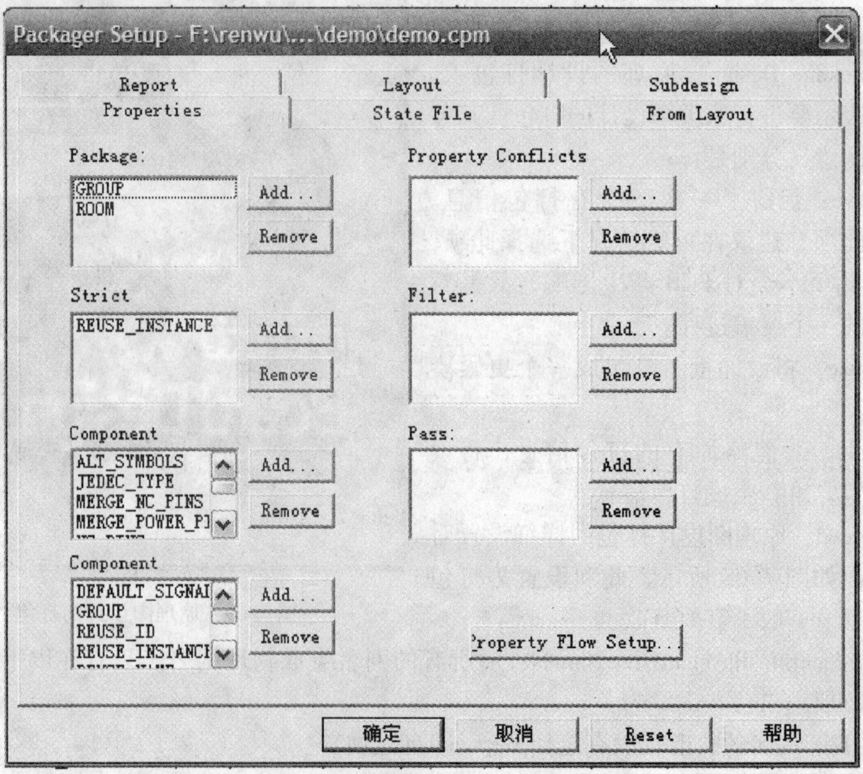

图 7-68　原理图设计打包设置对话框

息反标回原理图中。注意，此处不是将 PCB 中的信息反标回原理图！如需 PCB 中的信息反标回原理图要使用 Import Physical 命令。

单击图 7-67 中的 OK 按钮开始原理图设计的打包过程，如图 7-69 所示。

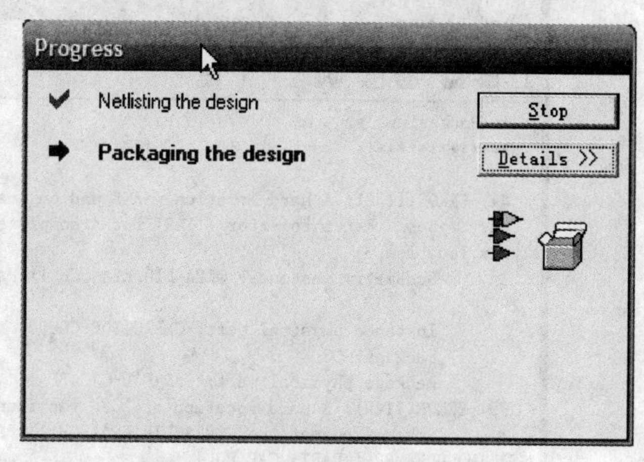

图 7-69　原理图设计打包过程

在打包的过程中会对所设计的项目进行一个全局的检查，如果发现有逻辑的错误，则会弹出错误提示框（见图 7-70）。

这时可以单击 是(Y) 按钮，来查看错误提示，然后根据错误提示来修改原理图的设计（见图 7-71）。这个时候检查的一般为逻辑错误，不会检查电路设计的错误。一般报错项为一下几种：

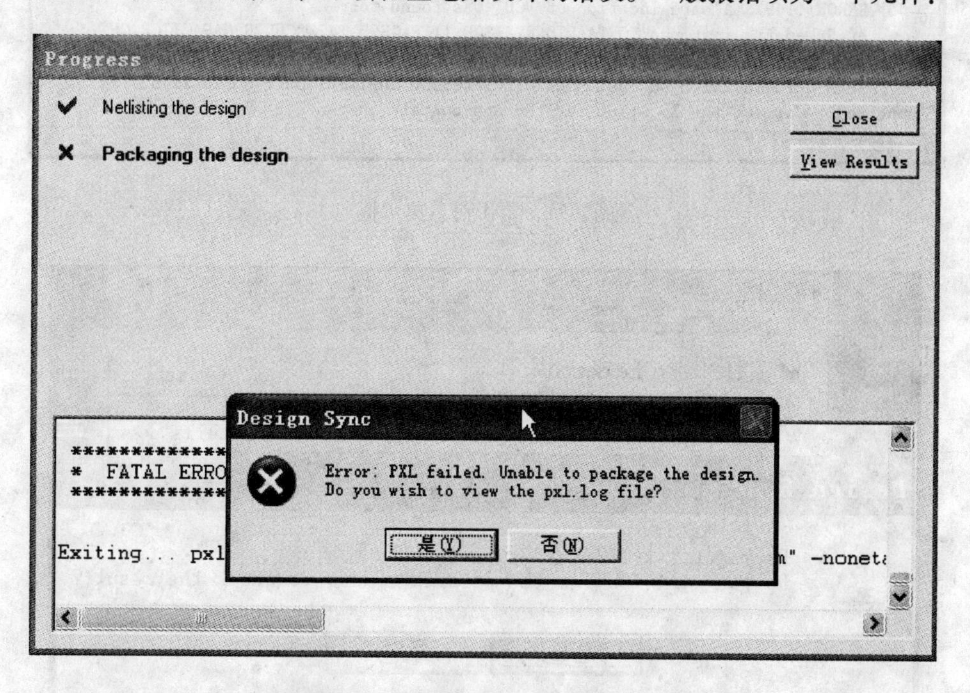

图 7-70　原理图设计打包错误提示框

1）位号重复而位号属性有没有加“$”符号及 path 项重复等单一属性重复。

2）一根网线上有两个以上的网名情况。

3）元件有物理信息而在添加元件的时候没有从 PPT 中选择的情况。

4）数据库有错误 EDB 错误。

这里简单列几条常出的错误，具体的错误可以查看错误提示信息来解决。图 7-71 所示的就是在设计中存在 C8 位号重复的报错信息。

必须按照错误提示来修改设计直到打包成功，弹出成功提示框（见图 7-72）。

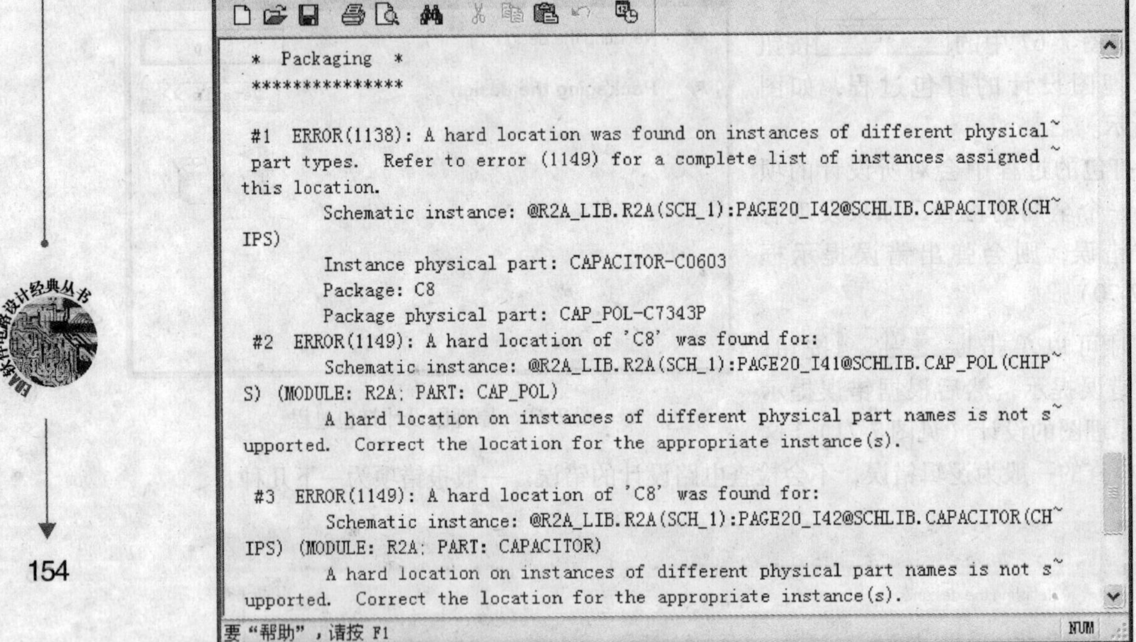

图 7-71　错误信息提示框

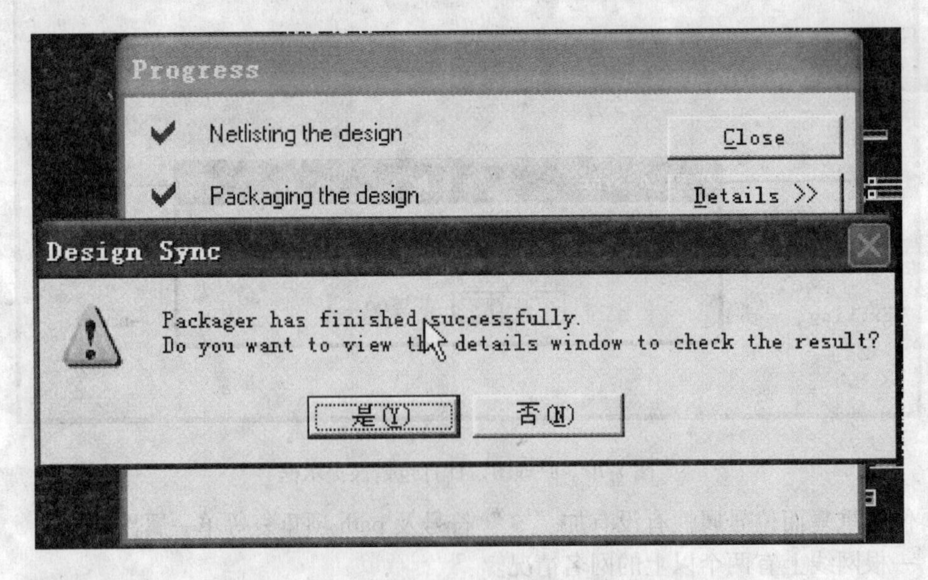

图 7-72　打包成功提示对话框

7.6.2　几项全局命令的使用

在原理图设计的整个项目打包成功后，有几项针对整个项目的全局命令来供使用，以便能更好地阅读和检查设计的原理图。

1. 层次查看功能

为了便于更好地阅读设计的项目，Design Entry HDL 给用户提供了层次视图的功能，使用方法如下：

单击标准工具栏中的按钮或者选择菜单栏中的 View/Hierarchy Viewer 命令，Design Entry HDL 会将各个模块原理图分页，以树状图形式显示以便于查看（见图 7-73）。

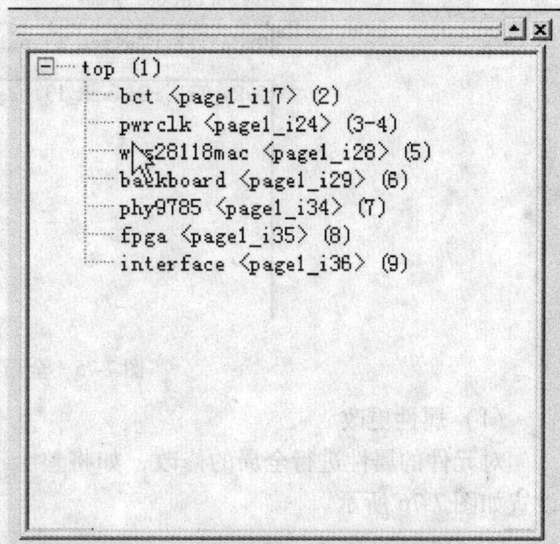

图 7-73　层次查看

2. 全局查找

Design Entry HDL 提供对网名或元件进行全局查找的功能。使用方法如下：

使用快捷键 Ctrl + F 或选择菜单栏中的 Tools/Global Find，弹出如图 7-74 所示的设置对话框。

全局查找功能使用注意事项：

1）使用此命令的时候，项目会自动扩展设计。

2）查找网名只能选择 net 项且在 Name 中输入设置。

且对于全局网名的查找不能加“\ G”，如要查找“GND \ G”，在 Name 项输入 gnd 即可。

3）查找元件的时候，必须选择 Cell 项且在 Value 项输入元件位号。

4）在进行元件查找时候必须将 Name 中的值去掉，反之亦然，在进行网名查找的时候必须将 Value 中的值去掉。

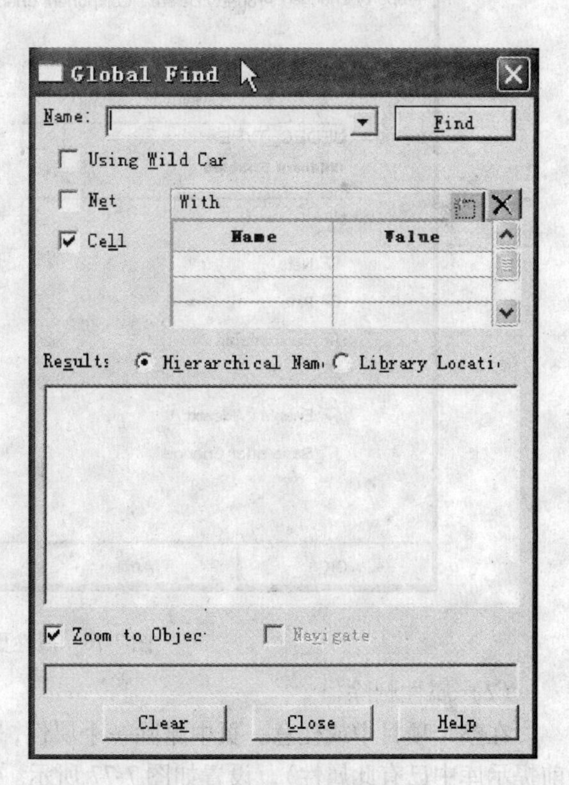

图 7-74　全局查找设置框

3. 全局导航的使用

使用快捷键 Ctrl + G 或单击标准工具栏中的按钮（或选择菜单栏中的 Tools/Global Navigate），打开如图 7-75 所示的显示界面。

每当在此界面中选中一个元件后，在图 7-75 的显示栏中就会显示此元件的相关信息：元件的 path，元件所在的页面等。

4. 全局修改

Design Entry HDL 提供专门的命令来供我们在修改原理图的时候，进行整个项目的修改。选择菜单栏中的 Tools/Global Update 的命令，此更新项包括 3 个方面的修改。

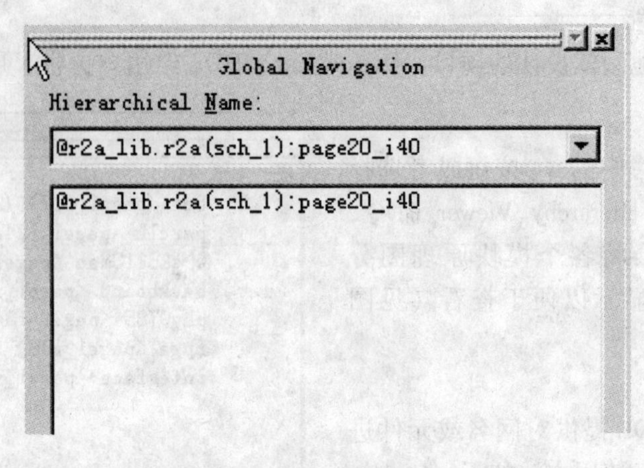

图 7-75　全局导航显示栏

（1）属性更改

对元件的属性进行全局的修改，如将整个项目 c0603 的封装全部更改位 c0805 的封装，设置如图 7-76 所示。

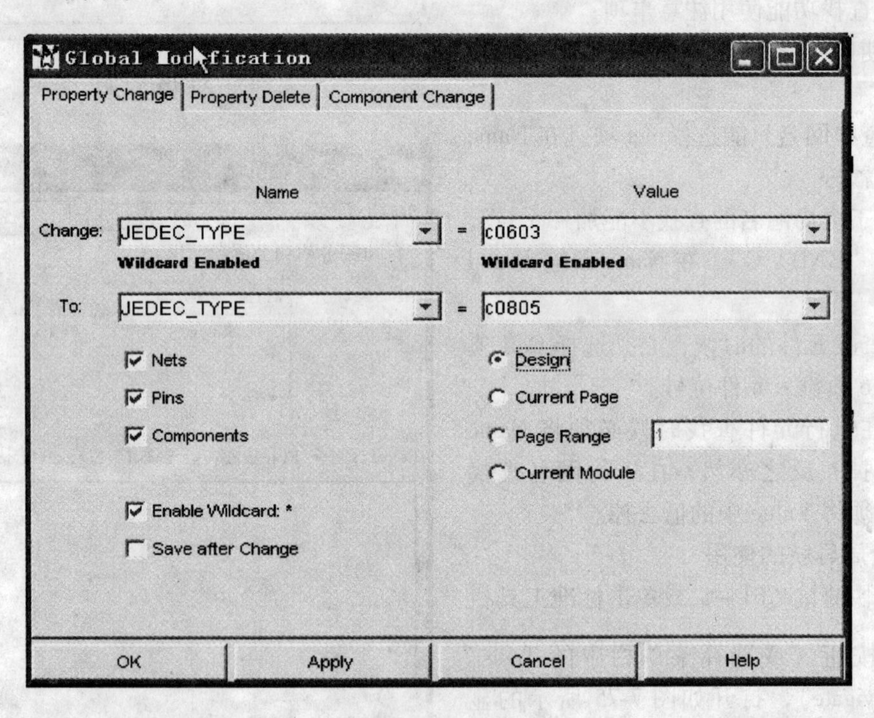

图 7-76　属性更改对话框

（2）属性删除

在整个项目中或任意一页中删除一个属性，如删除当前页的元件高度为 500 的属性（以前提示库中已有此属性），设置如图 7-77 所示。

（3）元件更改

针对一个设计或一个模块中的元件进行更改，通过 Change 按钮来选择要更改的元件，如要将 177984＿6 更改为 177984＿6 ×2，设置如图 7-78 所示。

Global Modification

Property Change | Property Delete | Component Change

Name / Value

Delete: HEIGHT = 500

Wildcard Enabled / Wildcard Enabled

Nets / Pins / Components

Design / Current Page / Page Range 1 / Current Module

Enable Wildcard: *

Save after Delete

OK / Apply / Cancel / Help

图 7-77 属性删除对话框

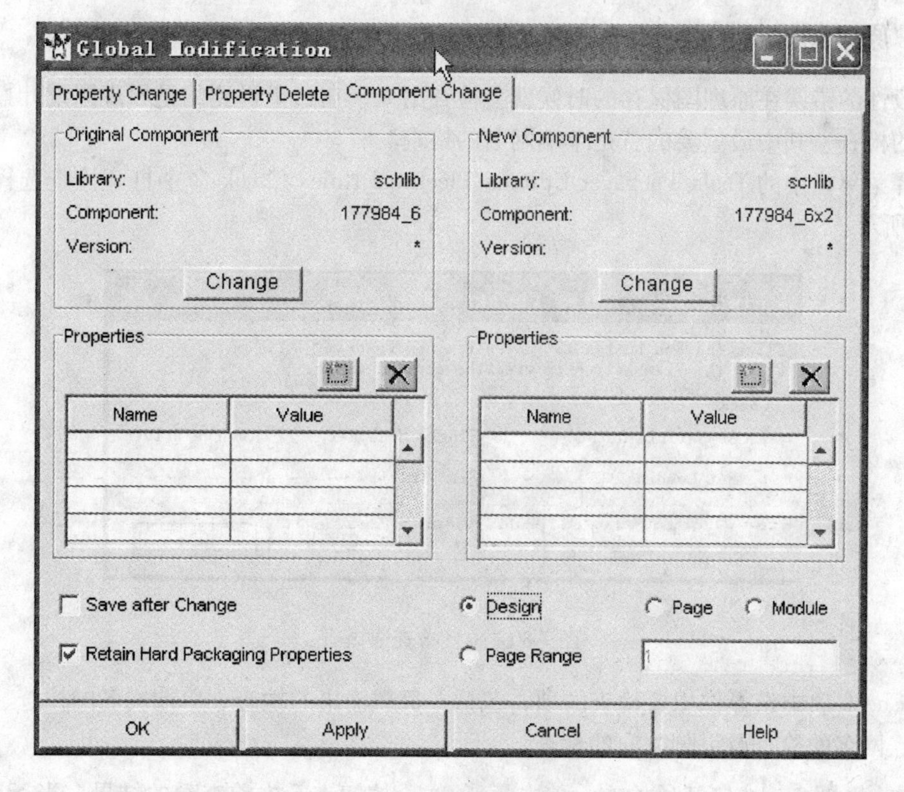

图 7-78 元件更改对话框

提示：在使用这3个全局修改功能的时候，都可以选择在对一个设计、当前页面及任一页码范围内使用。同时，也可以选择更改后是否保存更改。

5. 元件管理的使用

在一个设计设计完成，打包成功后，Design Entry HDL提供一个元件管理器以便对任何一个元件进行查看，并且软件会自动判别元件使用的状态，并且对使用状态不对的元件可以在当前功能下进行更改。操作方法如图7-79所示。

单击标准工具栏中的按钮打开元件管理对话框。

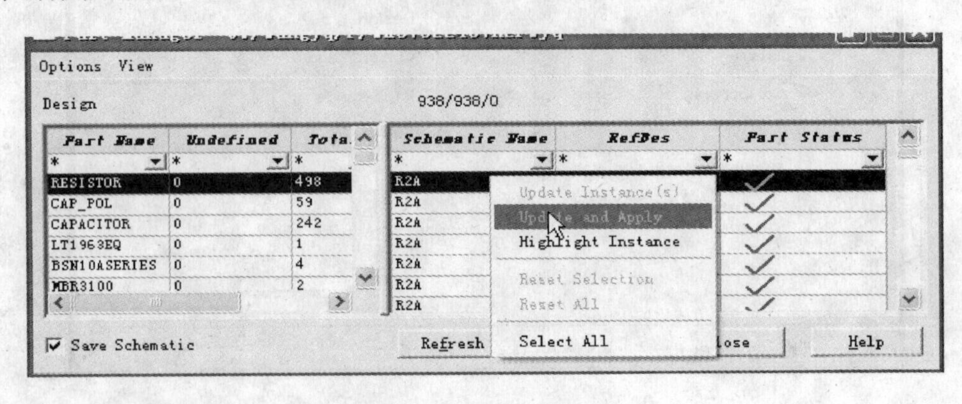

图7-79 元件管理对话框

7.6.3 原理图设计的检查

一般性的错误在原理图保存的时候就会检查出来，在这里讲到的是原理图设计打包后针对电气的检查，其中最重要的就是单端网名的检查。

选择菜单栏中的Tools/Packager Utilities/Electrical Rules Check命令打开检查选择项，如图7-80所示。

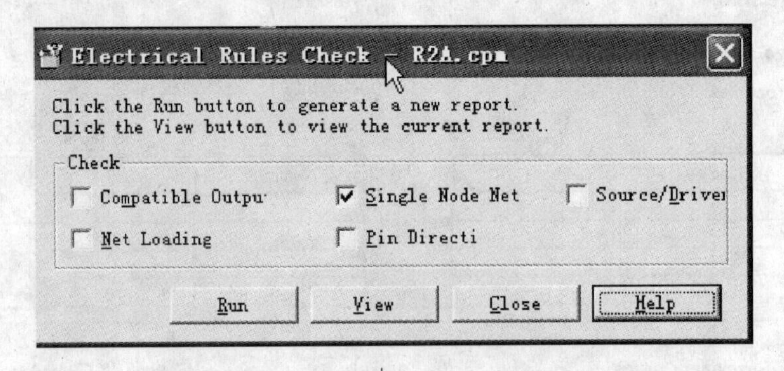

图7-80 电气检查选择项

在Check项中选择你想要检查的项，包括：负载输出的检查、单端网名的检查、驱动源的检查、网名的检查及引脚方向的检查。

单击 Run 按钮开始检查，单击 View 按钮查看先前查看的结果。当运行后Design Entry HDL会报告出警告信息供原理图设计者检查确认，如图7-81所示。

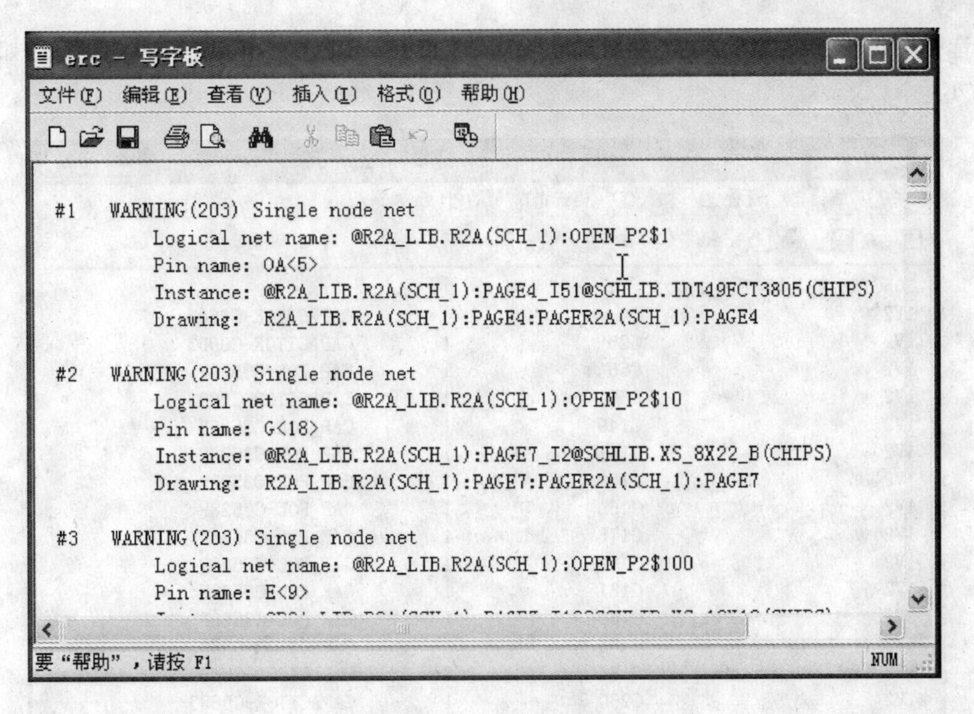

图 7-81　电气检查结果

7.6.4　原理图设计的输出

当设计完成一个原理图项目以及在检查确认无误后，就要进行原理图的输出工作，在这里输出项为：网表的输出、物料（BOM）表的输出及输出到 PCB 中。

1. 网表的输出

选择菜单栏中的 Tools/Packager Utilities/Netlist Report 命令，在弹出的对话框中选择要输出的类型，如图 7-82 所示。

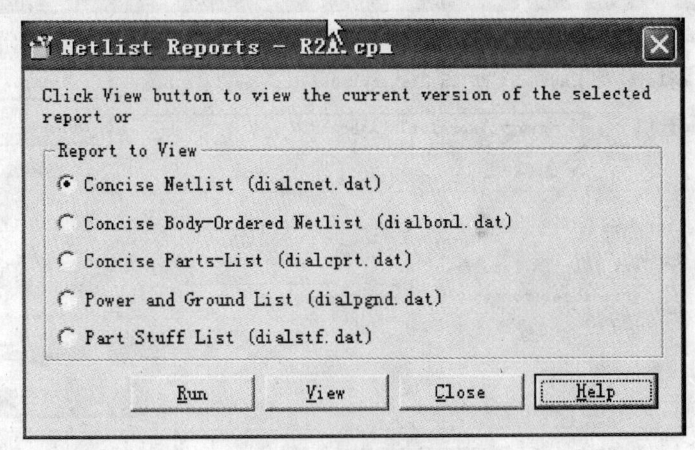

图 7-82　网表报告选择项

在此可以选择报告（见图 7-82）：所有网名的报告、元件及其网名的报告、所有元件的报告、电源和地的报告、元件及其库的报告。

选中所查看项后单击 Run 按钮生成报告文件，如生成所有网名的报告信息如图 7-83 所示。

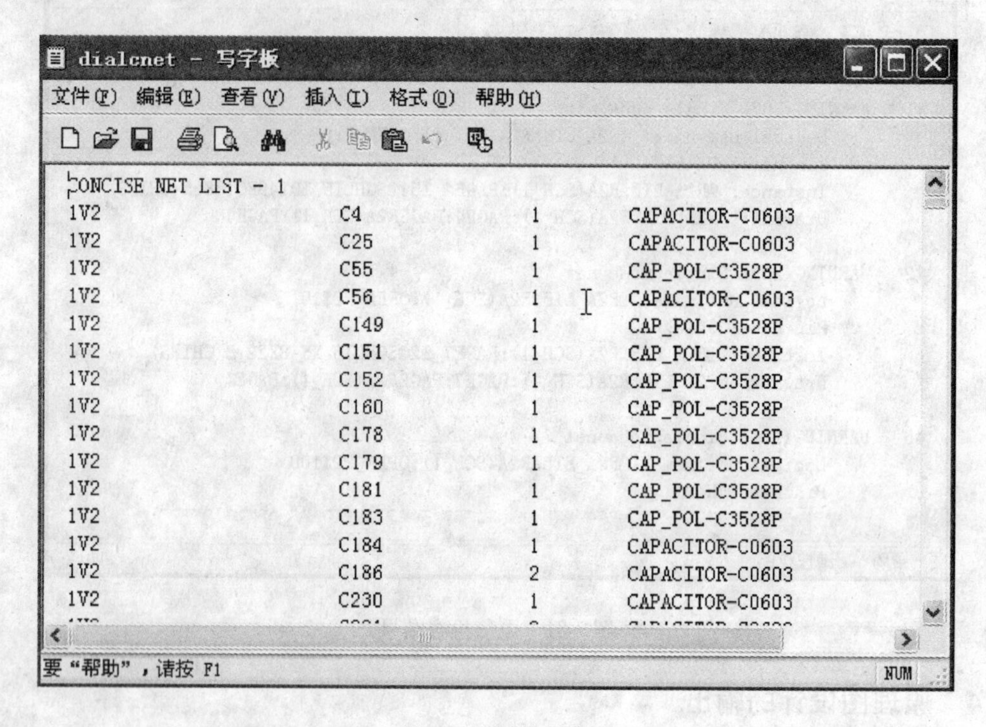

图 7-83 网表报告

2. 物料表（BOM）的输出

选择菜单栏中的 Tools/Packager Utilities/Bill Of Materials 命令，打开输出设置栏，如图 7-84 所示。

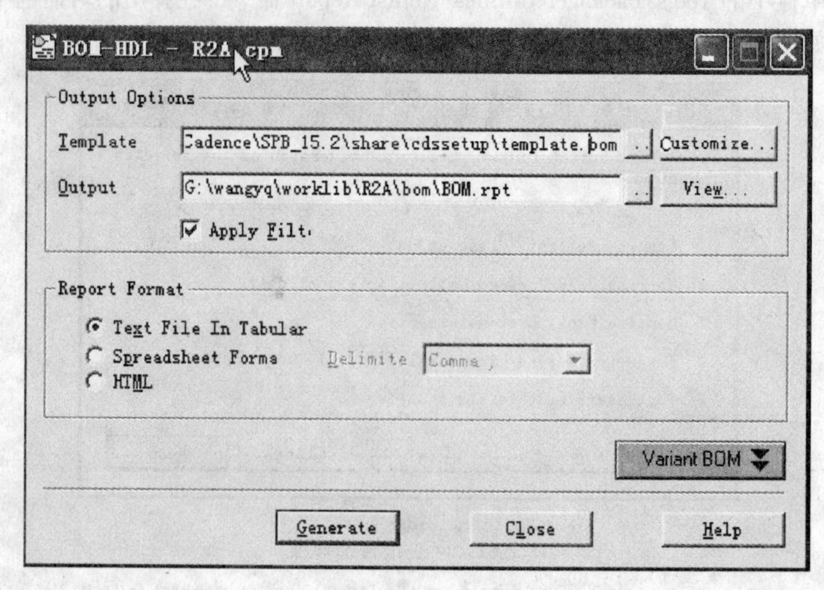

图 7-84 物料表输出设置

设置项意义：

Template：此处为设置产生表单的模板，默认设置是 Cadence 公司提供一个普通的模板，可以根据自己的需要设定自己的模板将其调用使用。

Output：设定输出报告文件的存放路径。

Report Format：此处是设置报告文件的格式：写字板、记事本及 HTML 格式显示。

Customize Template：此处是用来设定表单格式及其内容的选项，下面来详细介绍此项的使用。

单击 Customize... 按钮打开此项的设置页面，包括两个部分：

Report Parameters 项和 Physical Part Specifications 项

（1）Report Parameters 项

此项主要用来设置表单的格式如：标题、日前、项目等显示格式，如图 7-85 所示。

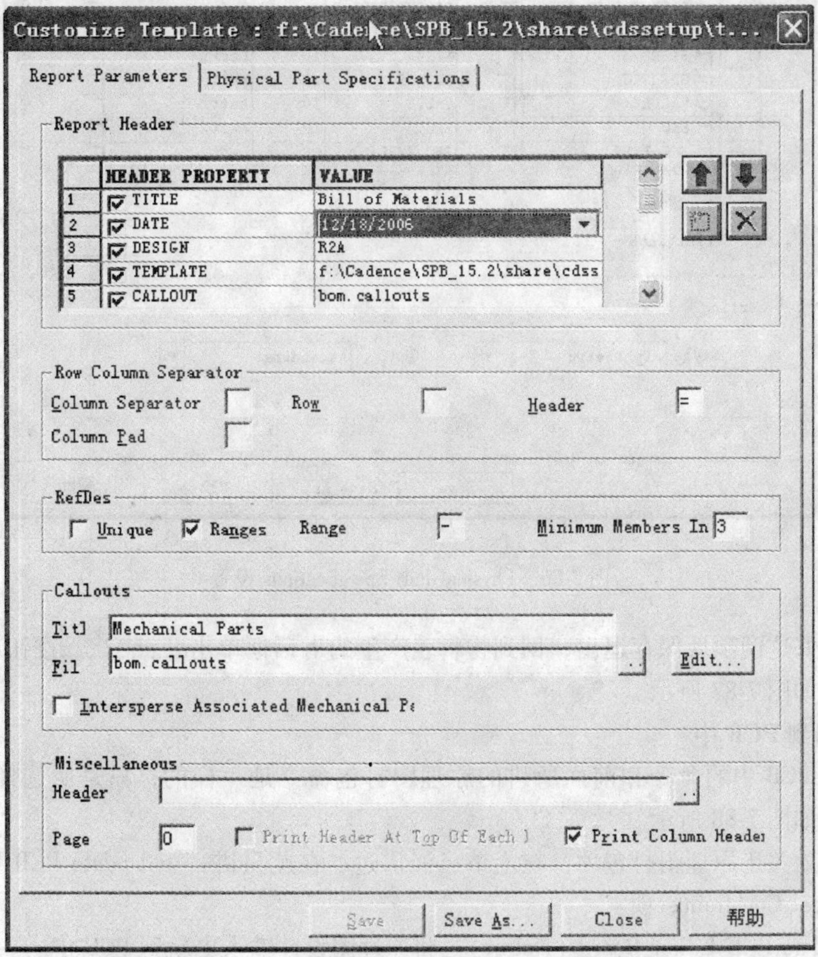

图 7-85　Report Parameters 设置

（2）Physical Part Specifications 项

此项主要用来设置表单中的显示的内容如：封装信息、数量信息、元件值信息等，在需

要产生的项前面直接打勾选中即可。如图 7-86 所示。

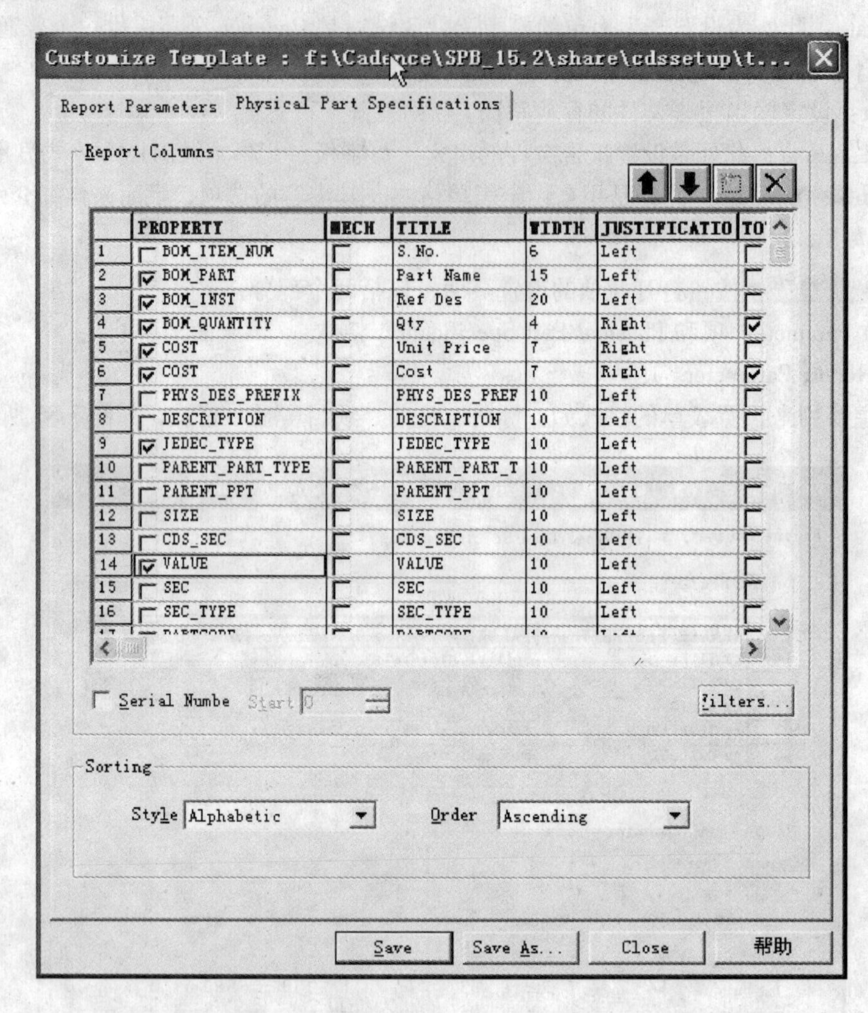

图 7-86　Physical Part Specifications 设置

在设置好这两项后保存退出，回到物料表产生的对话框单击 Generate 按钮就可以产生物料表了，如图 7-87 所示。

3. 输出到 PCB 中

输出到 PCB 中的命令和前面所讲的原理图打包命令是一样的，只是所选择项不一样，其设置界面如图 7-88 所示。

由于此处关于原理图打包项，在上节已经讲过，在此只讲一下 Update PCB Editor Board 项和 Electrical Constraints 项。

1）Update PCB Editor Board（Netrev）：将原理图设计输入更新到 PCB 中。

Input Board：输入 PCB 的名字，如是新的设计可以为空，如是改动设计就是上一版本的最终设计的 PCB 名。

Output Board：输出 PCB 的名字，不能为空。

Allow Etch Removal During ECO：在 ECO 移动的时候，允许线跟着移动。但此项不建议

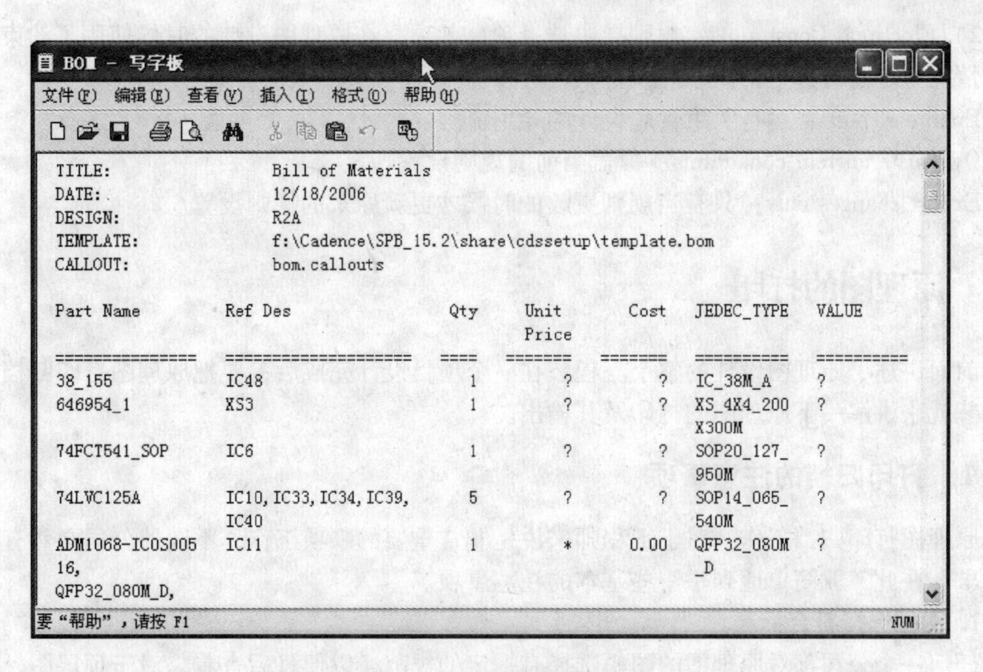

TITLE: Bill of Materials
DATE: 12/18/2006
DESIGN: R2A
TEMPLATE: f:\Cadence\SPB_15.2\share\cdssetup\template.bom
CALLOUT: bom.callouts

Part Name	Ref Des	Qty	Unit Price	Cost	JEDEC_TYPE	VALUE
38_155	IC48	1	?	?	IC_38M_A	?
646954_1	XS3	1	?	?	XS_4X4_200 X300M	?
74FCT541_SOP	IC6	1	?	?	SOP20_127_ 950M	?
74LVC125A	IC10, IC33, IC34, IC39, IC40	5	?	?	SOP14_065_ 540M	?
ADM1068-ICOS005 16, QFP32_080M_D,	IC11	1	*	0.00	QFP32_080M _D	?

图 7-87　物料表产生的结果

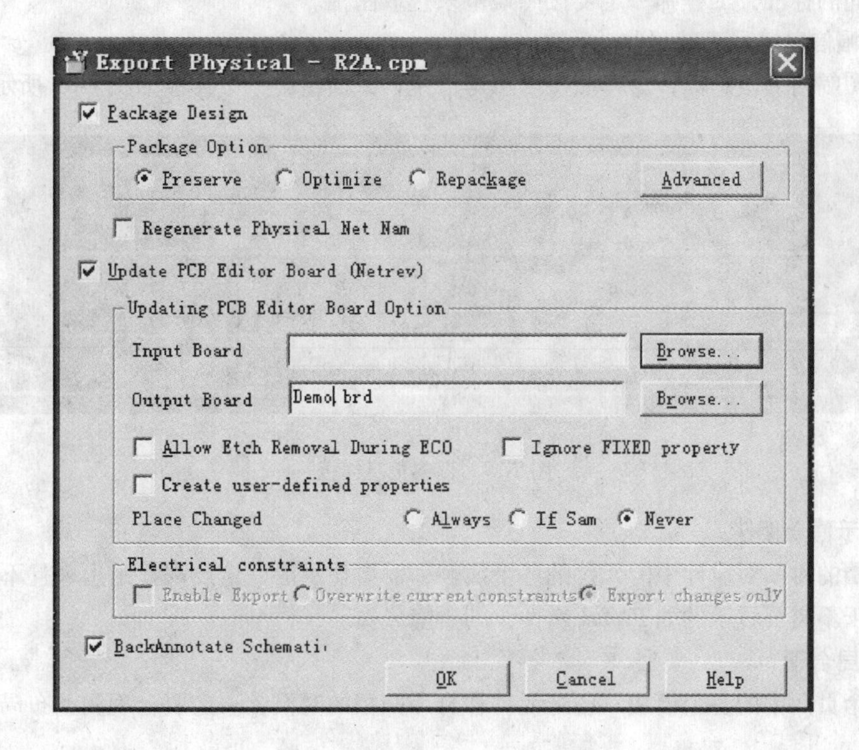

图 7-88　输出到 PCB 中的设置

选择。

Ignore Fixed Property：忽略 PCB 中元件固定属性。

Create user-defined properties：创建用户自己定义的属性，建议不选择此项。

2）Electrical Constraints：规则导出选择项，此项只在原理图设计的时候使用了约束管理器的情况下才能可选，否则，此项是不可选项。

Enable Export ：运行约束管理设计的导出流程。

Overwrite current constraints：覆盖当前的规则设置。

Export changes only：只有当规则更改的时候才更新原来的规则设置。

7.7 原理图的打印

前面讲述了原理图设计的整个流程，在一个项目设计完成后，要把原理图打印归档，这一小节就来讲解一下原理图的打印及其输出。

7.7.1 打印归档的注意事项

原理图打印归档工作，对于工程师来说是非常重要的一项工作，不同的公司必然有不同的要求。在此，就简单地列举一些基本的注意事项。

1. 图幅选择符合标准

任何一个公司都对原理图的图幅选择有一定的规范，以便日后查看，对于顶层图、分页图都有不同的标准，工程师一定要按照规范来选取图幅。

2. 图幅信息填写清楚

对于图幅内的信息框，要按照要求填写清楚，下面给出一个样板如图7-89所示。

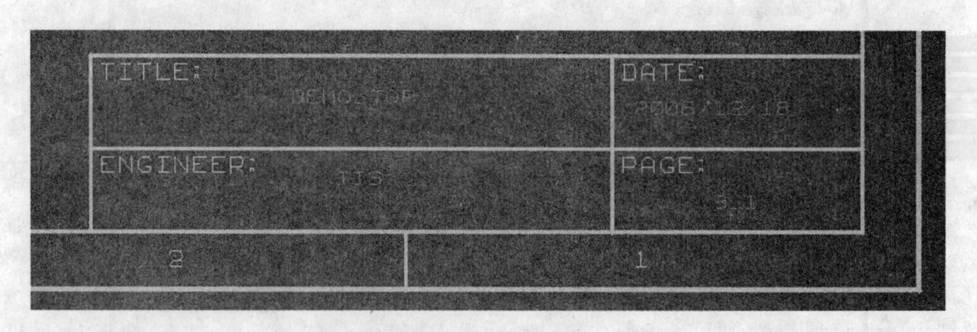

图7-89　图幅信息样板

3. 显示信息明了

在归档的时候对设计中的元件的各个属性，需要显示的一定要都显示出来且不能重合到一起。对于不需要显示的如PATH属性，则要隐藏掉。

4. 布局合理

对一个页面中的各个模块、各个元件在打印归档的时候，一定要合理调整布局。

7.7.2 打印的设置

在打印之前，首先要做的是进行打印设置。选择菜单栏中的File/Plot Setup的命令（或者打开Tools/Option中的Plotting选项卡），弹出打印设置对话框，如图7-90所示。

打印设置项各选项详解（见表7-9）：

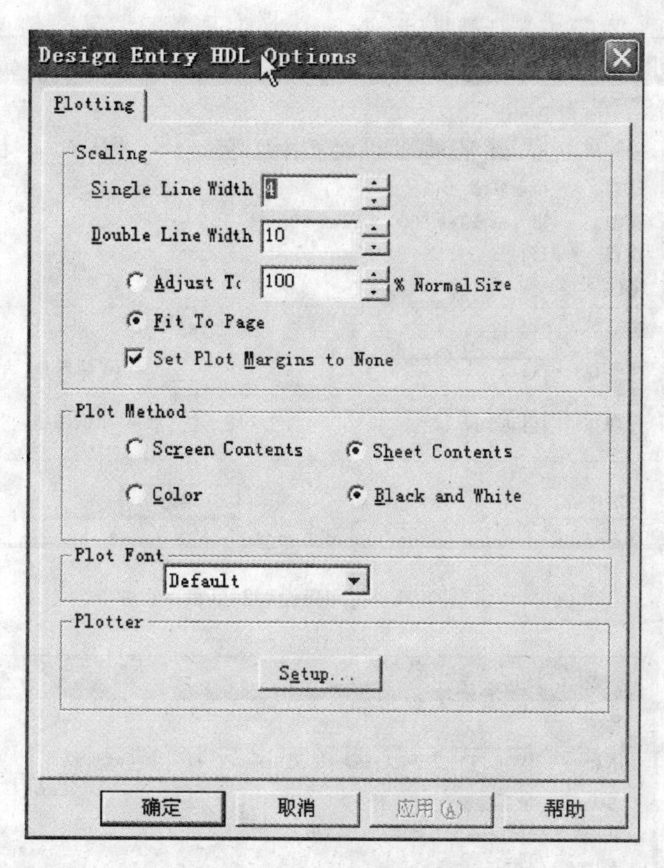

图 7-90　打印设置对话框

表 7-9　打印设置各选项详解

选　项	功 能 描 述
Single Line Width	调整线、元件的轮廓、字符的线宽，默认值是 1，建议调整在 2 ~ 6 之间
Double Line Width	调整总线的线宽，默认值 10，建议值取 10
Adjust To __% Normal Size	选择打印的百分比
Fit to Page	打印适合所选图纸的大小
Set Plot Margins to None	设置打印的时候，靠近纸的方向，建议选中此项表示不设置纸的边
Screen Contents	打印屏幕显示的原理图内容，所见即所得
Sheet Contents	打印整个原理图页
Color	彩色打印
Black and White	黑白打印
Setup	设置选择打印机、纸的大小、打印方向等，详细设置如图 7-91 所示

7.7.3　打印输出

在设置好了打印机后，选择 File/Plot 完成打印的输出，出现如图 7-92 所示对话框，在此可以选择打印页码范围和打印的份数等。

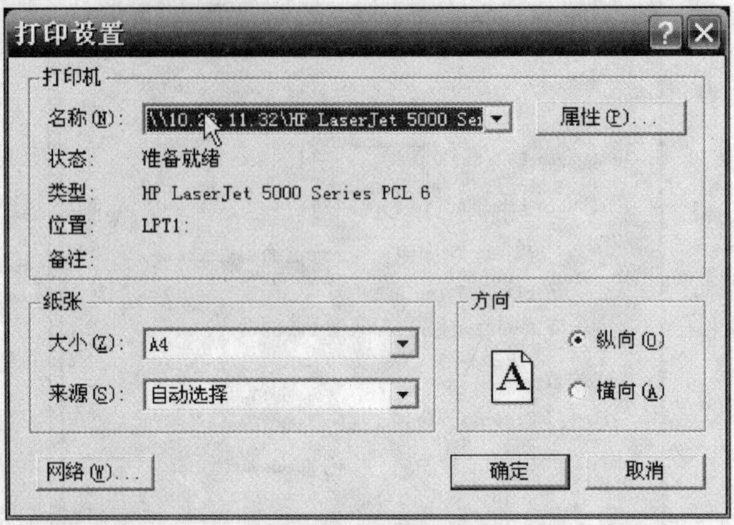

图7-91 打印机设置对话框

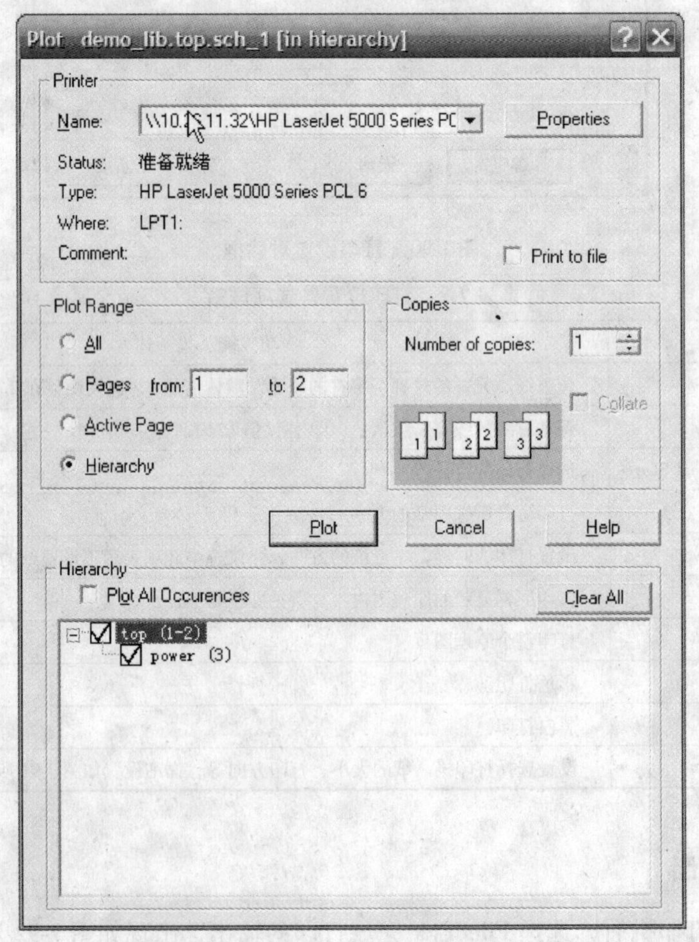

图7-92 打印输出对话框

提示：如果需要输出到 PDF 文档中，则在选择打印机的时候，选择 PDF 的打印机即可。

7.8 原理图设计的小技巧汇总

在讲解了原理图的设计方法后，在这一节，总结了一些原理图设计的小技巧供大家参考学习。

1. 同一个元件的多次调用

如果对于同一个元件有多次调用的时候，可以设置好此元件的所有属性，然后使用 Copy 命令，来复制此元件调用。如：现有一个 0.01μF C0603 封装的电容需要使用 16 个，就可以设定好一个然后复制即可。

2. 复制多个线的操作

在画线的时候对一个元件特别如 BGA 那种引脚很多的元件，对每个引脚画线就比较麻烦，这时可以选择复制一根线，然后在命令栏中输入想要复制的数量，当你复制后放下去时候，软件会自动地复制等间距等数量的线。一定要注意间距的选取，当你放置的时候就相当于定了间距。

3. 整页隐藏属性的命令

如果要隐藏一页原理图的所有属性，就可以在命令栏中通过输入命令来实现。此项命令就是定义一个组来使用，这种操作还有很多，就不一一举例了。

4. 鼠标快捷键的使用

Design Entry HDL 为了方便我们使用鼠标来更好地操作原理图，提供大量的鼠标快捷键——Stroke 命令。在命令栏中键入 Stroke 可以查看详细说明，如图 7-93 所示。

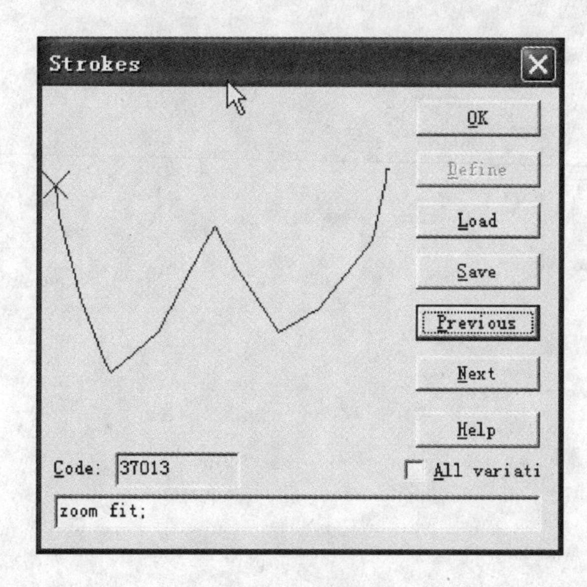

图 7-93 Stroke 详细说明

5. 项目之间的复制

对于在同一页之间的复制，已经很清楚了。那么对于不同页之间或不同项目之间如何复制呢？其实也很简单。我们已经学习了原理图设计的目录结构，知道其实在一个项目之间没一模块的原理图就是在“worklib”中的一个文件夹，而每一页就是一个页面。那么如果在不同项目之间复制就直接将其复制到另外一个项目中的相同目录结构中就可以了。在一个项目之间的复制，可以把窗口平铺显示，这样就可以实现不同页之间的复制了。

7.9 本章小结

本章主要是对 Cadence 的原理图设计工具——Design Entry HDL 进行详细的讲解，首先给大家介绍原理图设计的一个基本规范，力求大家在刚接触原理图设计时就能形成习惯。

在后面的小节中，对 Design Entry HDL 工具的菜单栏、各种工具栏中的各个功能项给大家做了一个诠释，接着以一个 Demo 为例将原理图设计的整个流程及其所使用的功能项做了详细的讲解。最后，给大家总结了一些原理图设计中的小技巧以帮助大家更方便地进行原理图设计。

第 8 章　Allegro PCB 设计

本章要给大家详细地讲解如何使用 Cadence 公司的 PCB Editor 软件来进行印制电路板（PCB）的设计。本书会从 PCB 设计前的准备工作、PCB Editor 工具的使用、PCB 设计的规则设置及 PCB 设计的布局、布线等几个方面来给大家做详细的讲述。在讲述的过程中，会列举出丰富的实例以方便大家的学习。

8.1　PCB 设计概述

随着整个 EDA 行业的高速发展，PCB 行业也在迅速发展，无论是 PCB 的制板方面还是 PCB 设计方面其技术都在不断发展，不断更新。就 PCB 的制板技术来看，目前其发展呈现一个多元化的趋势：以个人消费电子业为主的高密度互连（HDI）板向着高密度、薄、小、轻的方向发展；以通信业为主的背板向多层、大尺寸、高密度、高频、高散热方向发展；而对行业环保要求严格的 PCB 制板技术则向着无铅化、节能等方向发展。而 PCB 设计人员也从简单的画板者（通常说的 Layout 人员）向着互连设计工程师方向发展，对 PCB 设计者也不是简单要求能运用工具进行布局、布线而是要求一个 PCB 设计者能从电路、结构、工艺、电磁兼容、可靠性等多方面来分析，从而完成一个项目的信号互连工作。

对一个项目的设计，如果把原理图的设计看作设计的前端，那么 PCB 设计就是这个项目的后端，PCB 设计是由原理图设计来约束、决定的。一个项目的 PCB 设计是在从原理图输出到 PCB 设计环境中开始的，下面就从这里开始讲述 PCB 的设计。

8.2　原理图输出到 PCB

在这里所讲述的从原理图输出到 PCB 就是从原理图设计软件——Design Entry HDL 输出到 PCB 设计软件——PCB Editor 中。在本书的第 7 章中已经讲到关于原理图的输出的相关设置，在此就不再讲述了，当通过 Export Physical 将原理图输出到 PCB Editor 中后，这时单击项目管理器中的“Layout”图标，就进入到 PCB 设计的环境中，如图 8-1 所示。

当前打开的 PCB 就是在 Export Physical 中的 Output（输出）的印制电路板，如图 8-2 所示。

这时，就进入了 PCB 设计的软件环境中，下面先来讲解一下 Cadence 公司的这个业界使用很广的 PCB 设计软件——PCB Editor（Allegro PCB Design 610）。

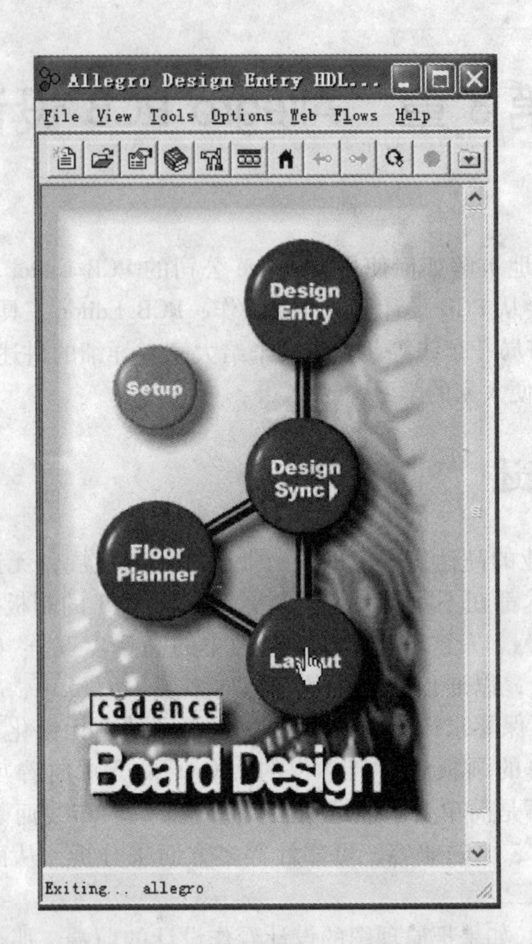

图 8-1　PCB 设计进入界面

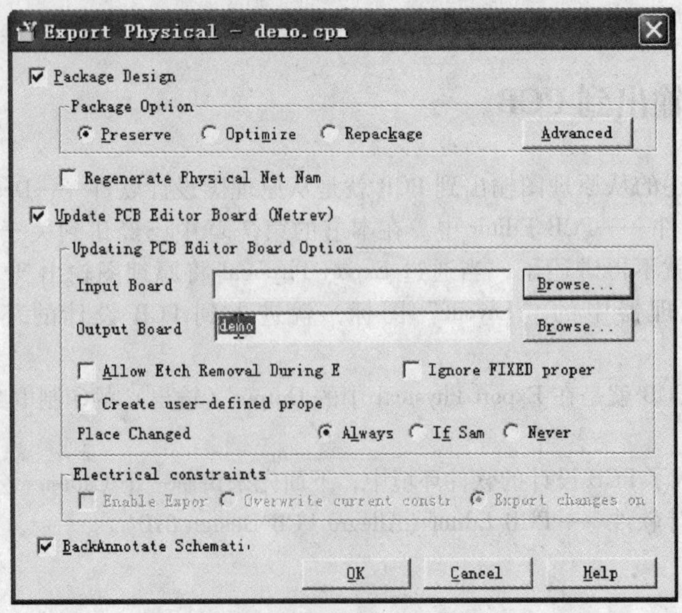

图 8-2　原理图输出 PCB 图示

8.3 PCB Editor 软件的介绍

8.3.1 PCB Editor 的打开

前面已经讲到了一种打开方法——从项目管理器中的“Layout”处打开 PCB Editor 软件，另一种方法就是直接从开始菜单/程序/Allegro SPB 15.2/PCB Editor 中打开，无论用哪种方法打开，当打开后首先要做的就是产品的选择，如图 8-3 所示。

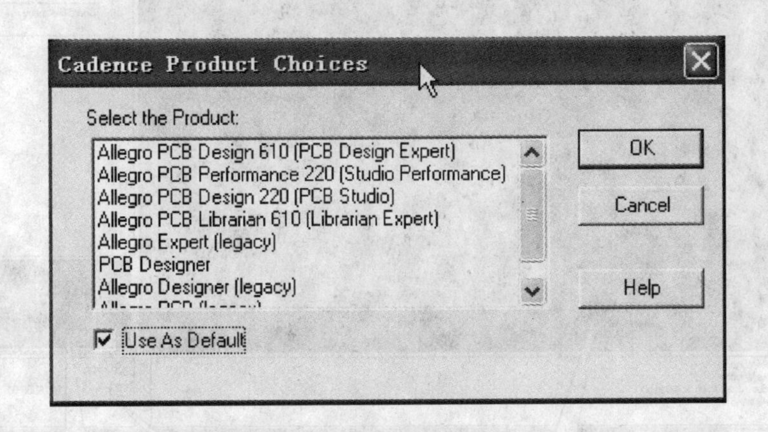

图 8-3 产品选择

在此选择 Allegro PCB Design 610（PCB Design Expert）进入 PCB 设计界面。

提示：如在 Use As Default 前打勾，则可以避免以后每次打开时都进行产品的选择。

8.3.2 Allegro 界面的介绍

Allegro（本书所指 Allegro 均为 610 版本），是 Cadence 公司的 PCB 的设计工具，提供一个完整、易操作的 PCB 设计环境。其用户界面包括：标题栏、菜单栏、工具栏、编辑窗口、控制面板、状态栏、命令栏及视窗栏组成，如图 8-4 所示。

8.3.3 Allegro 界面的各栏介绍

1. 标题栏

标题栏是显示当前打开的界面的位置及所选的模块信息。

2. 菜单栏

Allegro 的菜单栏共由 File（文件类）、Edit（编辑类）、View（查看类）、Add（添加类）、Display（显示类）、Setup（设置类）、Shape（敷铜类）、Logic（逻辑类）、Place（布局类）、Route（布线类）、Analyze（分析类）、Manufacture（制造类）、Tools（工具类）、Help（在线帮助）等共 14 个下拉菜单组成，下面就分别讲述各自的功能。

（1）File

文件类的下拉菜单中的命令主要包括：新建、打开、查看最近的设计及保存文件，输

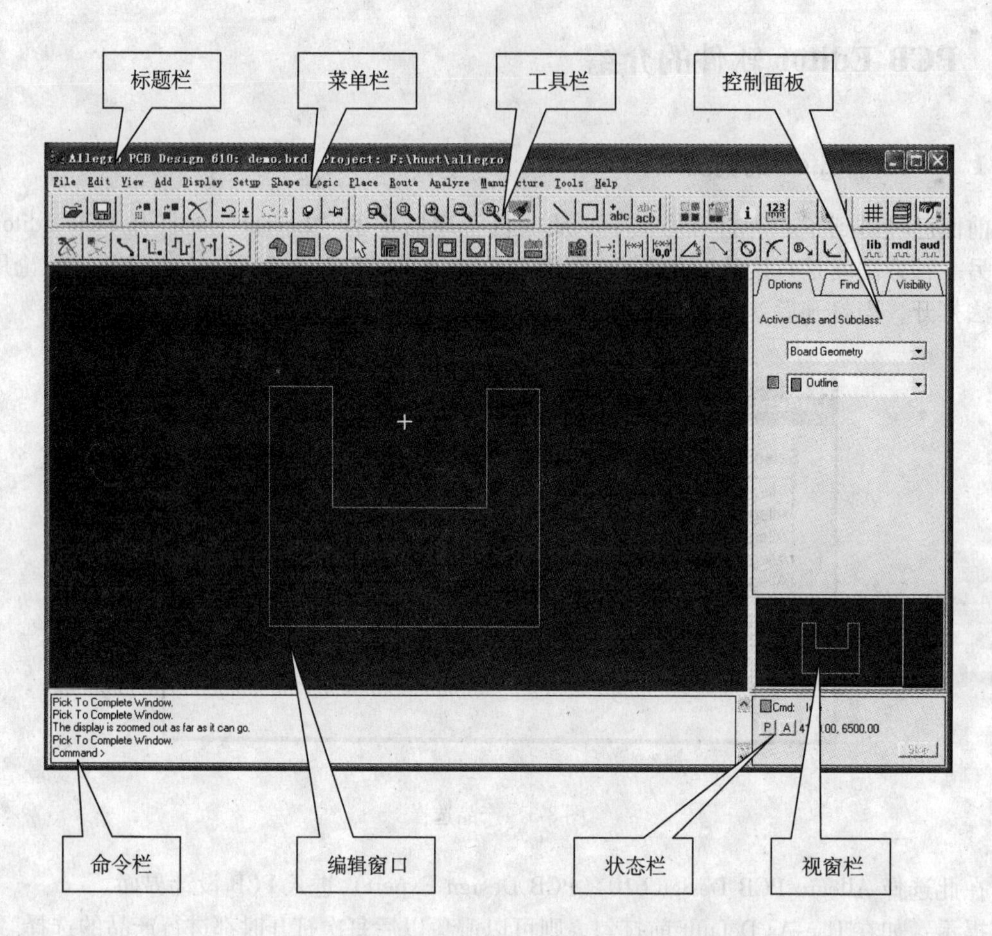

图 8-4　Allegro 界面

入、输出一些文件信息，查看一些临时文件，打印设置、打印预览、打印，设定文件属性，更改产品模块，录制 scr 文件及退出命令。

(2) Edit

编辑栏的下拉菜单中主要包括：移动、复制、镜像、旋转、更改、删除、敷铜复制（Z copy）、负片层处理、调整线、编辑字符、编辑组、编辑属性、编辑网名的属性、前进及返回上一步等命令。

(3) View

查看类的下拉菜单主要是有关界面的操作，如放大显示、缩小、适中显示、颜色的设置、更新及用户自定义界面等命令。

(4) Add

添加类的下拉菜单主要包括：添加一条线、添加一个圆弧、添加一个圆、添加矩形、添加字符等命令。

(5) Display

显示类的下拉菜单中包括：各条目颜色的设置、查看信息、测量、查看各属性、高亮显示、取消高亮显示、显示特定的飞线、不显示飞线等命令。

（6） Setup

设置类的下拉菜单主要是对 Allegro 的属性进行设置，如制图参数设置、制图状态设置、字号的设置、设置子层、设置叠层结构及材料、设置过孔、设置规则、定义属性、定义列表、设置特定的区域、设置边框及用户自定义的设置等命令。

（7） Shape

敷铜类的下拉菜单主要是有关正片敷铜的一些命令，这里的敷铜不仅仅是信号层的敷铜，也包括一些区域和禁止布线区域等。此下拉菜单主要包括：敷铜（任意区域、矩形、圆形）、选中一个敷铜或避让、手动避让、编辑敷铜的边界、删除孤立的铜、改变敷铜的类型、合并敷铜、检查及动态敷铜的设置等。

（8） Logic

逻辑类的下拉菜单主要是有关逻辑类的操作，如更改网名（用户要自己定义是否打开此功能）、定义网络拓扑、定义差分对、定义直流变量、更改位号、定义分部分、终端分配等命令。

（9） Place

布局类的下拉菜单基本上都是与布局有关的操作，如手动添加元件、自动添加元件、自动布局、调整引脚映射、更新库、更新设置文件等命令。

（10） Route

布线类的下拉菜单主要包括布线、推线、绕线、平滑线、自己选择布线、自动选择扇孔、自动布线（在 Allegro 中自动布线或在自动布线器中布线）、选择网名是否倒角、自动修线（Gloss）等命令。

（11） Analyze

分析类的菜单的命令是用来仿真分析的，包括信号完整性的分析和电磁兼容性的分析。两者都需要其他软件模块的支持，需要一定的授权。

（12） Manufacture

与 PCB 加工相关的所有命令，都在此下拉菜单中，包括自动标注、产生光绘文件、产生钻孔文件、自动添加测试点等命令。

（13） Tools

工具类的下拉菜单中主要包括：创建模块、焊盘的编辑、焊盘的更新、驱动连接（对没有连接到焊盘连接点上的线自动连接）、产生报告文件、仿真设置向导、数据库的检查、更新 DRC 错误、自动对比设计、查看其他设置文件（如 env、stroke、快捷键设置等）等命令。

（14） Help

帮助类的下拉菜单，提供随时的帮助文件，在使用时，如对哪个命令不熟悉，可以将鼠标放到命令上，然后单击键盘的 F1 键，软件会自动打开关于此命令讲解文档。

3. 工具栏

Allegro 的工具栏是由 File（见图 8-5a）、Edit（见图 8-5b）、View（见图 8-5c）、Add（见图 8-5d）、Display（见图 8-5e）、Setup（见图 8-5f）、Shape（见图 8-5g）、Place（见图 8-5h）、Route（见图 8-5i）、Dimension（见图 8-5j）、Manufacture（见图 8-5k）、Analysis（见图 8-5l）、Misc（见图 8-5m）共 13 个不同的条目组成。

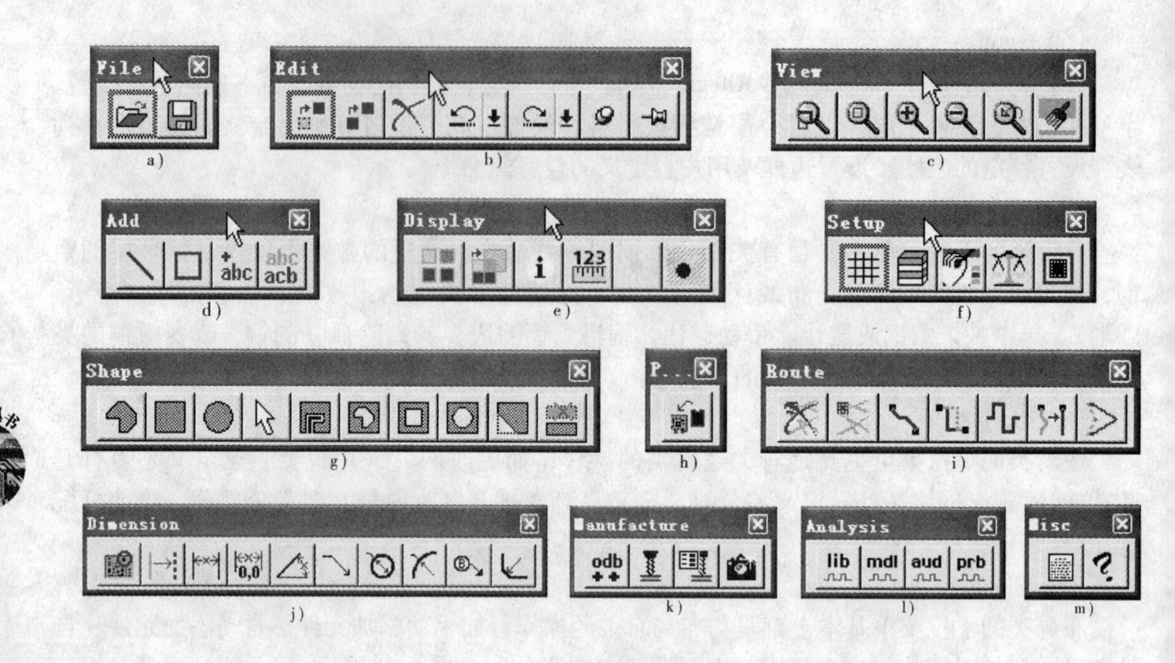

图 8-5　工具栏

a）File　b）Edit　c）View　d）Add　e）Display　f）Setup　g）Shape　h）Place

i）Route　j）Dimension　k）Manufacture　l）Analysis　m）Misc

由此 13 个条目组成的工具栏是可以由用户根据自己的习惯来自己定义的，定义方法如下：选择菜单栏中的 View/Customize/Toolbars 的命令打开定义工具栏对话框，如图 8-6 所示。

Toolbars：在此选项卡用打勾的方式来选择自己所要打开的工具栏。

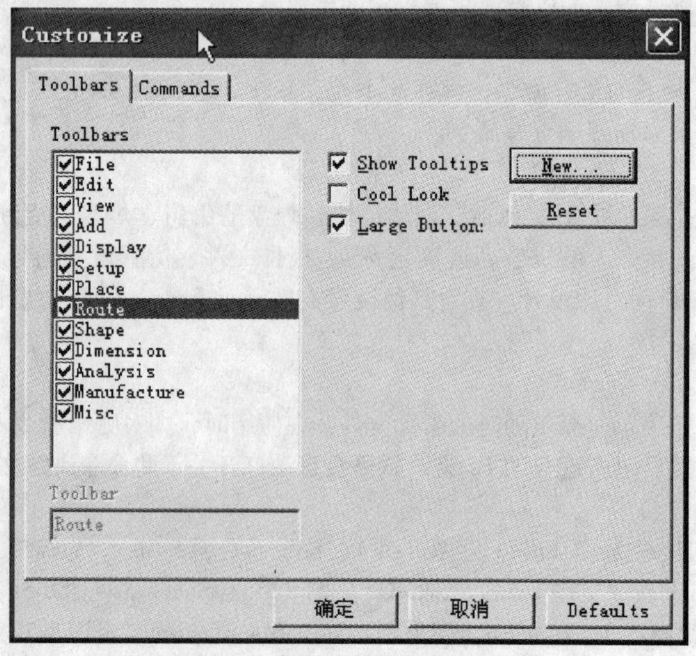

图 8-6　用户自定义对话框界面

Commands：此选项卡为每一条工具栏中所包含的命令，也可以将单个的命令拖出到工具栏中。

Show Tool tips：选中此项，打开工具解释项。当鼠标停留在一个工具栏图标上时，软件会自动显示出该图标的意义。

Cool Look：选中此项，工具栏各个图标以平面显示。

Large Button：选中此项，则为大图标显示，否则为小图标显示。

New：新建一个工具栏的条目。

Reset：重新设置工具栏。

Defaults：恢复到默认设置。

4. 控制面板

Allegro 的控制面板不仅是对各工具命令控制的窗口，同时也是一个用户和软件的交互的窗口。该功能体现了 Allegro 操作的方便性，使得用户不必去记每个命令的相关参数设置位置，当用户去执行一个命令时，控制面板中的 Options 项会自动显示与当前命令有关的设置，供用户来进行设置。此栏分为 Options、Find、Visibility 三个条目。

（1） Options

此项的功能是显示与正在使用的命令有关的设置项。在没有命令执行时，该项是显示当前的层及其分层，如图 8-7a 所示。当执行命令时，该项会显示当前命令的有关设置来供用户设置。现在以 Move 命令为例（对一些命令的设置项，会在后面做详细的讲述），当单击编辑类工具栏的按钮后，此项就显示和移动相关的设置，如类型、角度、移动点等，如图 8-7b 所示。

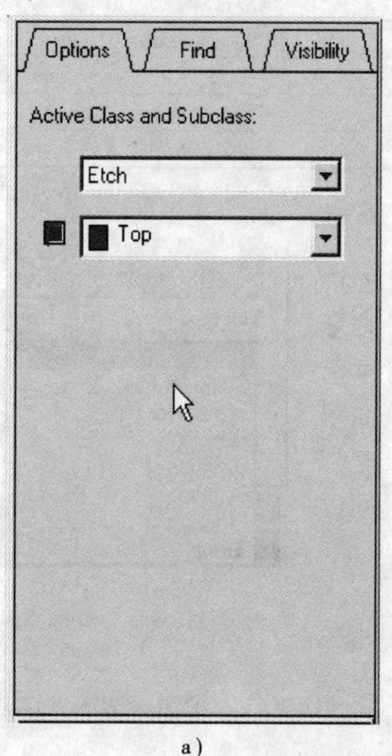

a）

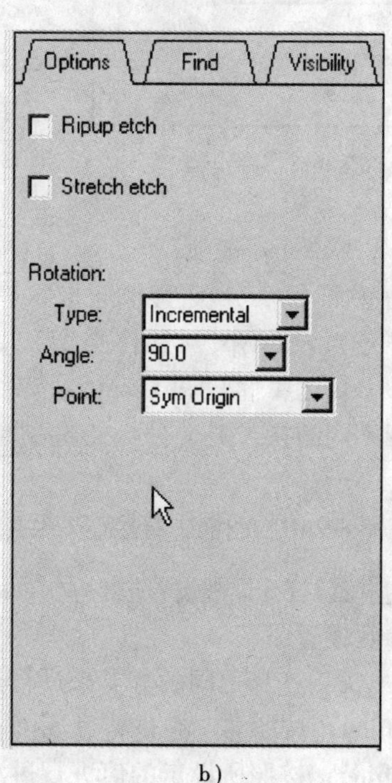

b）

图 8-7　Options 相关使用

a）无设置项时显示界面　b）执行移动命令后显示界面

（2）Find

此项功能为选择过滤项，我们知道印制电路板由线、元件、过孔、敷铜等好多部分组成。此项的功能就是帮助我们在进行操作时过滤选项。它由两部分组成：Design Object Find Filter 和 Find By Name，如图 8-8 所示。

1）Design Object Find Filter 选项：

此项是根据印制电路板中的各个部分来过滤，各部分的意义如表 8-1 所示。

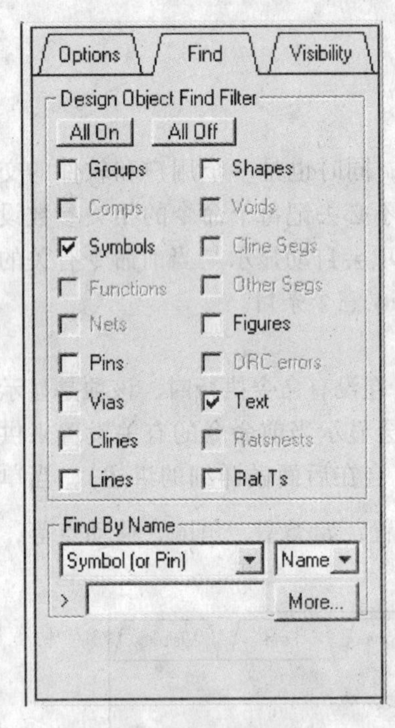

图 8-8　Find 项界面

表 8-1　Design Object Find Filter 各选项功能描述

选　项	描　述
Groups	一个组（可以将一个或多个元件、网名等设定为一个组）
Comps	PCB 中的元件（有位号）
Symbols	PCB 中的 Symbols 库
Functions	一组元件中的一个元件
Nets	网名
Pins	引脚
Vias	过孔
Clines	具有电气特性的网线
Lines	一般线（如元件外框）
Shapes	敷铜
Voids	敷铜时的避让
Cline Segs	网线的线段（以没有拐弯为一段）
Other Segs	一般线的线段（以没有拐弯为一段）
Figures	图形符号
DRC errors	DRC 错误信息
Text	字符
Ratsnests	飞线
Rat Ts	在设置拓扑时插入的 T 点

2）Find By Name 选项：

此项是按照名字分类型来选取，有 Net（网名）、Symbol（符号）、Devtype（元件类型）、Symtype（符号类型）、Property（属性）和 Group（分组）等类可供选取，在进行不同的操作时，分类的选项也不一样，如图 8-9 所示。

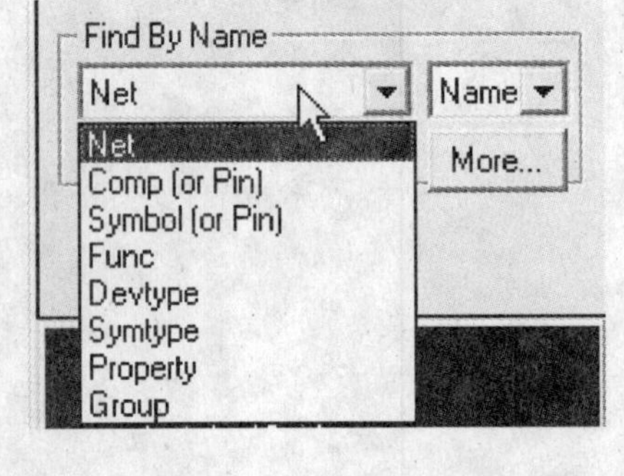

图 8-9　分类选择界面

可以在图 8-9 中的图框中直接输入要操作的项，也可以单击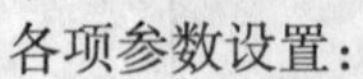按钮打开详细设置过滤项，如图 8-10 所示。

各项参数设置：

Object type：选择不同的分类来进行过滤。

Name filter：按照名字来进行过滤（支持通配符，如 c＊代表所有 c 开头的元件）。

Value filter：按照所设定的值进行过滤。

（3）Visibility

此项层面显示及打开控制选择项，用户可在此对线、引脚、过孔、错误、平面层及每一

Find by Name or Property
Object type: Symbol (or Pin)
Available objects
Name filter: *
Value filter: *
C1
C2
C3
C5
C6
C7
C8
C9
C10
C11
C12
C13
C14
All->
<-All
Selected objects
Use 'selected objects' for a deselection operation
OK
Cancel
Apply
Help

图 8-10　Find by Name or Property 对话框

层单独地选择显示与否，如图 8-11 所示。

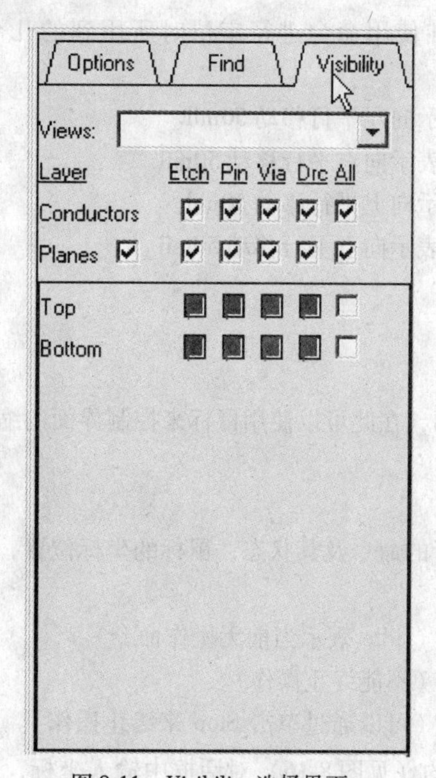

图 8-11　Visibility 选择界面

5. 命令栏

显示目前使用的命令信息，并且可在此输入命令来执行一定的操作。例如：将一元件R381定位在（2000 6000）点上。首先单击编辑类工具栏中的按钮，选中R381，这时在命令栏中显示选择了此元件并等待下一步操作，如图8-12所示。

```
last pick:  1430.00  6050.00
last pick:  1435.00  6055.00
Moving R381 / RESISTOR_SMD-RC0S00108,R0603,SB / R0603.
Pick new location for element(s).
Command >
```

图8-12　命令栏窗口一

然后输入坐标信息格式如下：x 2000 6000 回车。元件就会定位在（2000 6000）位置，如图8-13所示。

```
last pick:  1970.00  5995.00
last pick:  2000.00  6000.00
Moving R381 / RESISTOR_SMD-RC0S00108,R0603,SB / R0603.
Pick new location for element(s).
Command >x 2000 6000
```


图8-13　命令栏窗口二

现在给大家讲述一下在使用命令进行定位时所用到的几个小技巧（假设单位为mil（1mil = 0.0254mm））。

在命令栏输入 ix 50 表示向左平行移动50mil。

在命令栏输入 ix －50 表示向右平行移动50mil。

在命令栏输入 iy 50 表示向上平行移动50mil。

在命令栏输入 iy －50 表示向下平行移动50mil。

6. 编辑窗口

为Allegro的设计界面。

7. 视窗栏

显示整个电路板的轮廓，在此可以使用鼠标来控制界面的缩放及电路板的移动，如图8-14所示。

8. 状态栏

状态栏是显示正在执行的命令及其状态、鼠标的坐标位置，如图8-15所示。

Cmd的3种状态：

1）绿色代表正常状态（idle表示当前无操作命令）。

2）红色代表执行状态（不能终止操作）。

3）黄色代表执行状态（可以通过单击Stop来终止操作）。

单击 P 按钮，在弹出的（见图8-16）对话框中输入坐标，软件会自动缩放到输入的坐标点。

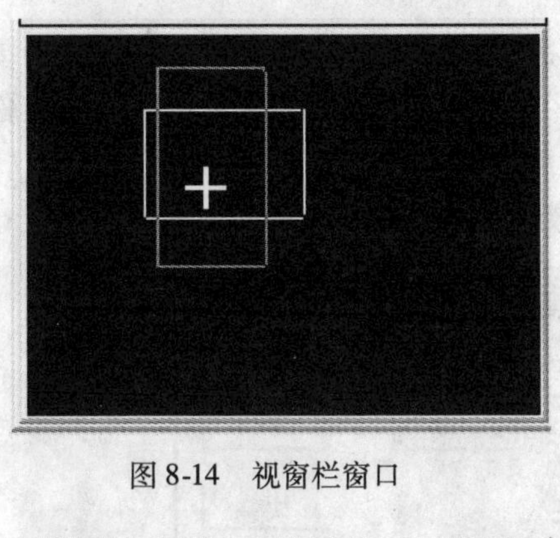

图 8-14 视窗栏窗口

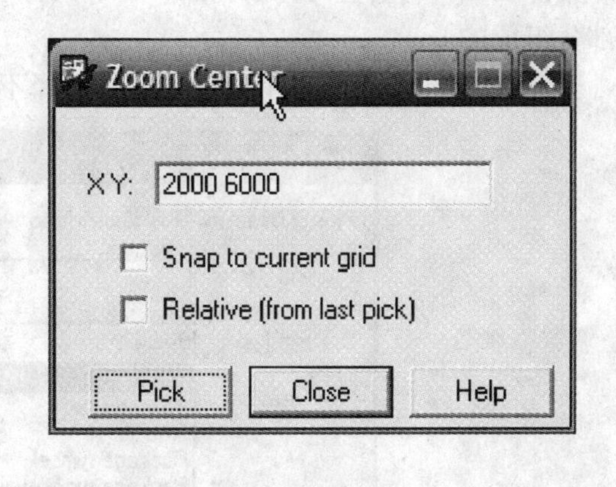

Cmd: Idle
P A 2065.00, 8880.00
Stop

图 8-15 状态栏窗口

图 8-16 缩放控制窗口

8.4 Allegro 的环境设置

当进入到 Allegro 软件中，在进行设计之前，必须知道各种 Allegro 文件的类型和设定 Allegro 的工作环境。

8.4.1 Allegro 的文件类型描述

Allegro 根据不同性质的文件，分成了不同的类型，并用不同的扩展名来表示，在 Allegro 中所常用的类型如表 8-2 所示。

表 8-2 Allegro 文件类型描述

文件扩展名	文件类型描述
. brd	电路板文件
. dra	元件或焊盘的库文件中的可编辑保存文件（也叫图形化文件）
. pad	焊盘文件，在做库的时候调用
. psm	库文件中的一种——用来保存一般元件
. osm	库文件中的一种——用来保存由图框及文件说明所组成的元件
. bsm	库文件中的一种——用来保存 PCB 外框及定位孔所组成的元件
. fsm	库文件中的一种——用来保存热焊盘文件
. ssm	库文件中的一种——用来保存特殊外形元件
. mdd	Module 文件（创建 module 的文件可直接调用 module）
. tap	输出的钻孔文件
. scr	Allegro 录制文件
. art	输出的光绘文件
. log	产生的一些临时文件
. color	View 层面文件
. jrl	记录 Allegro 的操作文件

提示：

当进行元件库的设计需要调用 . pad 文件，当进行电路板设计时，在放置元件时要调用库文件和 . pad 文件。库文件是由 . dra 文件（图形文件）和 . psm 文件（文字描述文件）两部分组成的。

在 Allegro 中新建一个设计时，要选择不同的类型，如图 8-17 所示。

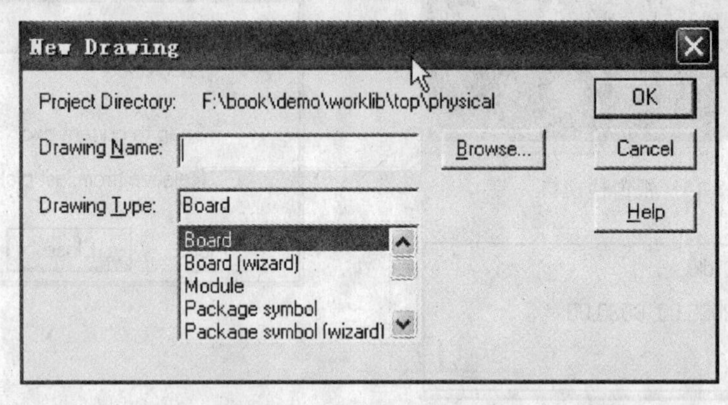

图 8-17　新建时类型选取窗口

8. 4. 2　Allegro 工作文件的设定

1. 设定制图参数

选择 Setup/Drawing Size 打开制图参数对话框，如图 8-18 所示。

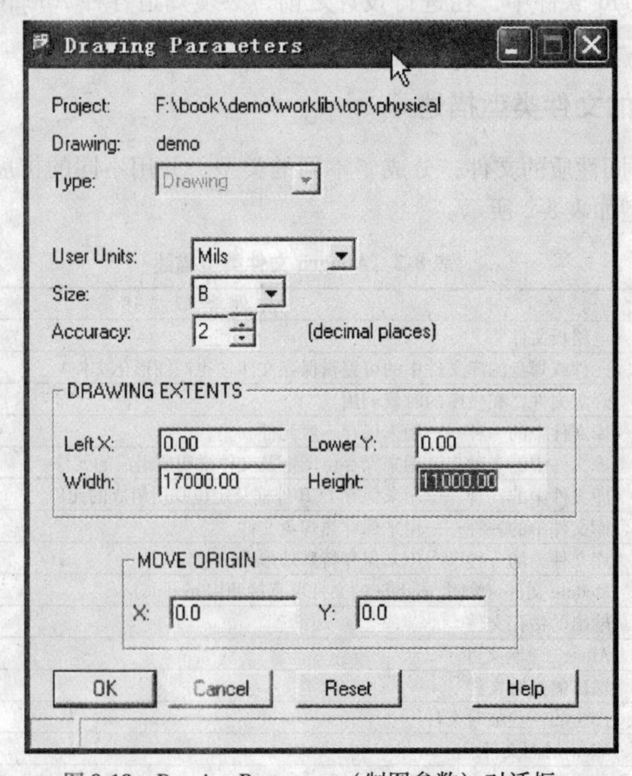

图 8-18　Drawing Parameters（制图参数）对话框

对图中的各项说明如下：

Project：PCB 存放的位置。

Drawing：当前 PCB 的名字。

Type：选择图纸的类型。

User Units：通过下拉菜单选择设计所用的单位。

Size：通过下拉菜单选择图纸的尺寸，包括：A、B、C、D 及 Others（任意大小）。

Accuracy：定义精度即小数点后面的位置，一般 mil 选择 2 位小数点，mm 选择 4 位小数点。

Left X：图纸当前圆点的 X 轴坐标（即编辑窗口左下角横坐标）。

Lower Y：图纸当前圆点的 Y 轴坐标（即编辑窗口左下角纵坐标）。

Width：所选图纸的宽度。

Height：所选图纸的高度。

MOVE ORIGIN：定义新的零点坐标，在 X、Y 中输入想定义成圆点的 X 值和 Y 值即可。

2. 设定制图状态

选择 Setup/Drawing Options 打开制图参数对话框，如图 8-19 所示。

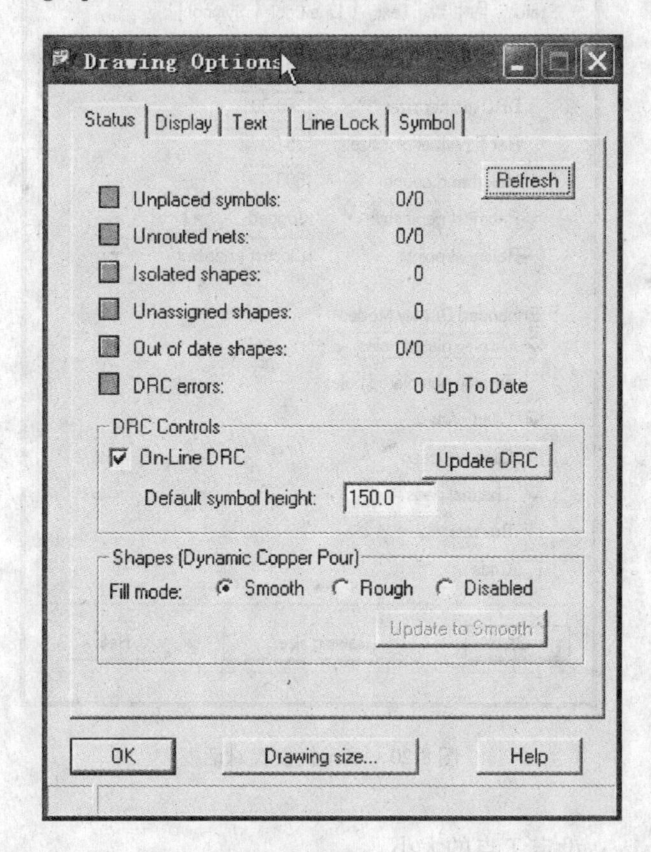

图 8-19　制图状态设置对话框

制图状态的设置包括：Status（状态）、Display（显示）、Text（字符）、Line Lock（布线模式）和 Symbol（元件库）5 个选项卡的参数设置。

(1) Status 的设定

此选项卡的设置主要是对印制电路板总体情况的一个查看及对错误和动态敷铜的设置，如图 8-19 所示。可以在此查看印制电路板的总体情况：未放置元件数量、未布线的网名数、孤岛数、未定义的敷铜数、未更新敷铜及 DRC 的错误个数。

DRC errors：在此设定是否在线检查 DRC 且可以更新 DRC。一般建议大家选择在线 DRC。

另外，还可以给没有定义高度的元件设置默认高度值（Default symbol height）

Shapes：在此设定动态敷铜的模式：Smooth（自动避让后的敷铜）、Rough（选择性避让敷铜）、Disabled（全部没有避让的敷铜）。最好在产生光绘时所有动态敷铜必须是 Smooth 的状态，否则将不能产生光绘文件。可以单击 Update to Smooth 按钮来完成动态敷铜的更新。

(2) Display 的设定

此选项卡主要是对印制电路板的显示情况进行设置，对话框如图 8-20 所示。

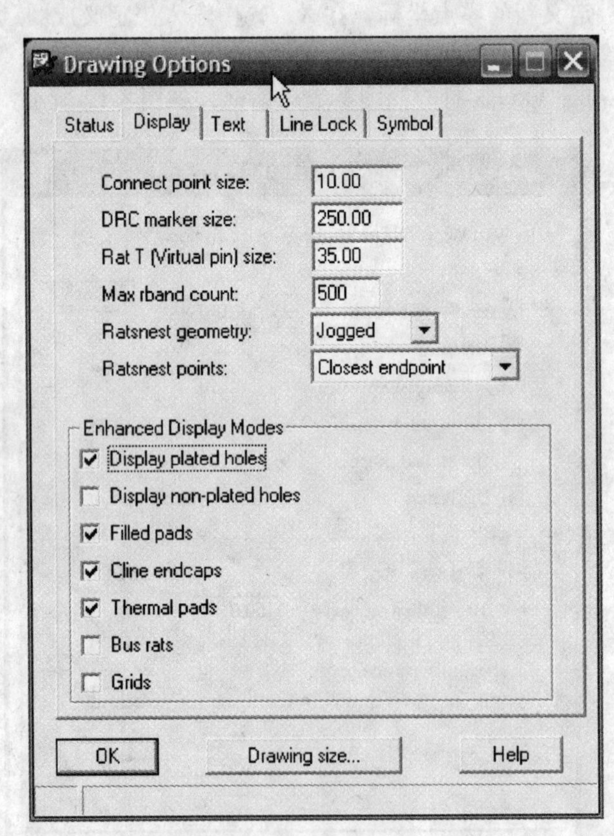

图 8-20　显示栏设置对话框

各选项说明：

Connect point size：设定 T 点的大小。

DRC marker size：设定 DRC 符号的显示大小。

Rat T (Virtual pin) size：设定 T 点飞线的大小。

Max rband count：设定元件最多飞线显示数目。

Ratsnest geometry：设定飞线的布线模式。Jogged 表示飞线自动显示有拐角的线段，Straight 表示显示最短的直线段。

Ratsnest points：设定飞线的连接点之间的距离。

Closest endpoint 表示显示线/引脚/过孔最近两点间的距离，Pin to Pin 表示显示引脚之间的最近距离。

Display plated holes：显示金属化通孔。

Display non-plated holes：显示非金属化通孔。注意如果选中此项，则看不到焊盘，建议不选择此项。

Filled pads：显示填充焊盘或过孔。

Cline endcaps：导线拐弯处平滑显示。

Thermal pads：显示负片层的热焊盘（俗称花焊盘）。

Bus rats：显示 Bus（总线）的飞线。

Grids：显示格点。

（3）Text 的设定

此选项卡主要是对导入 Allegro 时文字的大小进行预先的设置，对话框如图 8-21 所示。

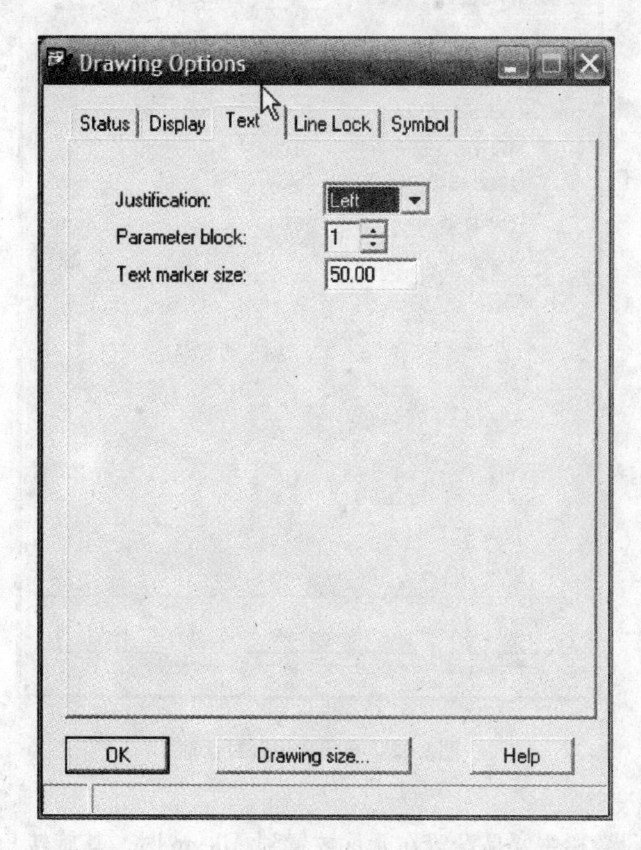

图 8-21　字符栏设置对话框

各选项说明：

Justification：设定文字对齐位置，有 3 种模式供选择：Left、Center、Right。

Parameter block：设定文字的大小，选择文字所使用的字号。

Text marker size：设定文字标识大小。

（4）Line Lock 的设定

布线设置选项卡主要用来设定布线选择项，设置对话框如图 8-22 所示。

选项说明：

Lock direction：设定布线时拐弯的角度，有 45（拐角 45°）、90（拐角 90°）和 OFF（任意角度）。

Lock mode：选择布线模式，即 Line（直线）、Arc（圆弧线）。

Minimum radius：布圆弧线时的圆弧最小半径。

Fixed 45 length：设定 45°角是斜线的固定长度。

Fixed radius：设定布圆弧线时的半径值。

Tangent：设定布圆弧线时以切线形式走圆弧。

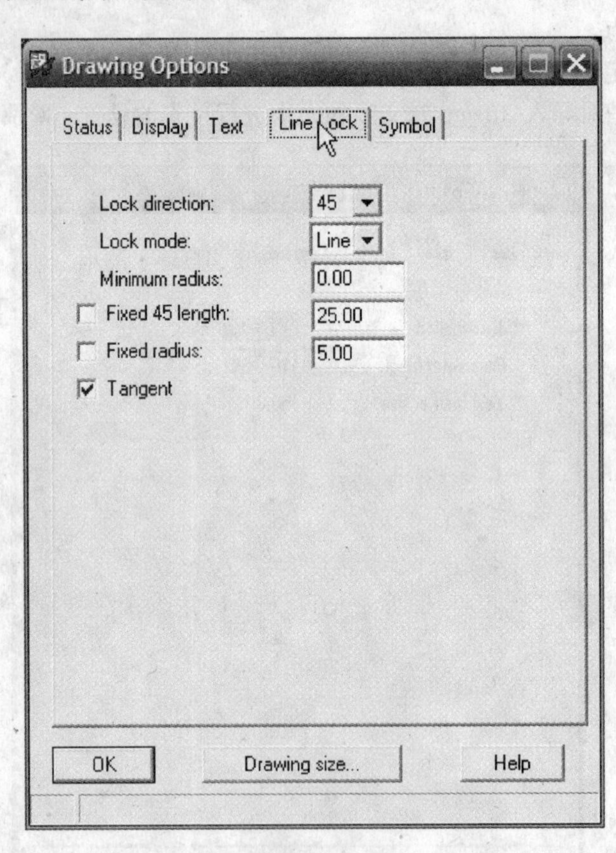

图 8-22　布线栏设置对话框

（5）Symbol 的设定

Symbol 选项卡设置栏主要是设置在元件放置到 Allegro 时，其旋转角度和是否镜像，如图 8-23 所示。

Angle：设定旋转角度（0° ~360°，以 45°为选择角度）。

Mirror：选择是否镜像。

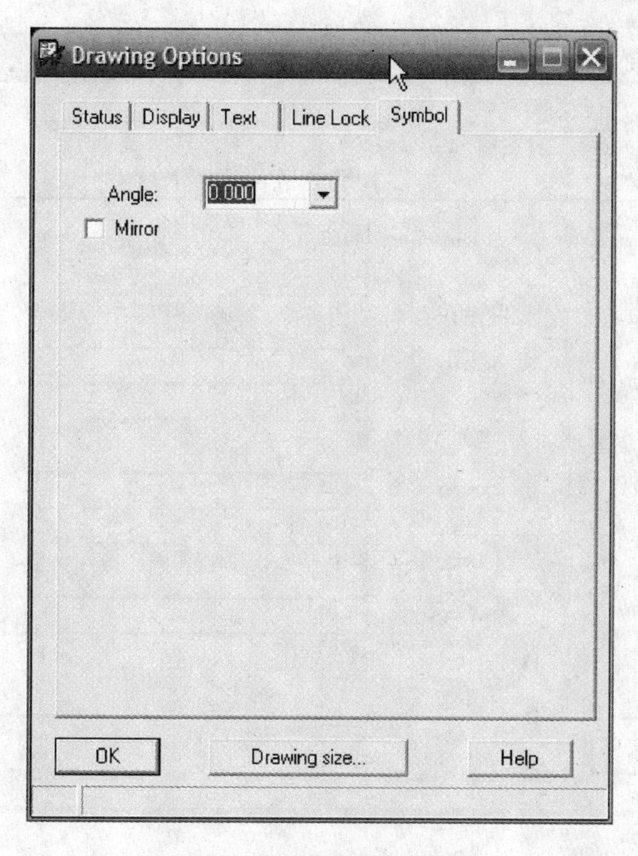

图 8-23　Symbol 栏设置对话框

3. 设定栅格

选择 Setup/Grids 打开制图参数对话框，如图 8-24 所示。

此项是用来设置非布线层（Non-Etch）和布线层（All Etch）的栅格，也可以对每一层设置栅格。若当前层为 Etch 层，则使用 Etch 层的栅格，反之，则使用 Non-Etch 的栅格。

为了布局的美观同时为了布线的方便，在进行 PCB 设计时可以按步骤调整栅格，要遵循由大到小的规则如：

大元件布局（100mil 或 2mm）→一般元件布局（40mil 或 1mm）→小元件布局（10mil 或 0.5mm）→布线时（5mil 或 0.2mm）→修线时（2mil 或 0.1mm）。

4. 设定字符

选择 Setup/Text Sizes 打开制图参数对话框，如图 8-25 所示。

各选项说明：

Text Blk：字符号。

Width：字符的宽度。

Height：字符的高度。

Line Space：字符中线的间距。

Photo Width：字符中线的宽度。

Char Space：字符的间距。

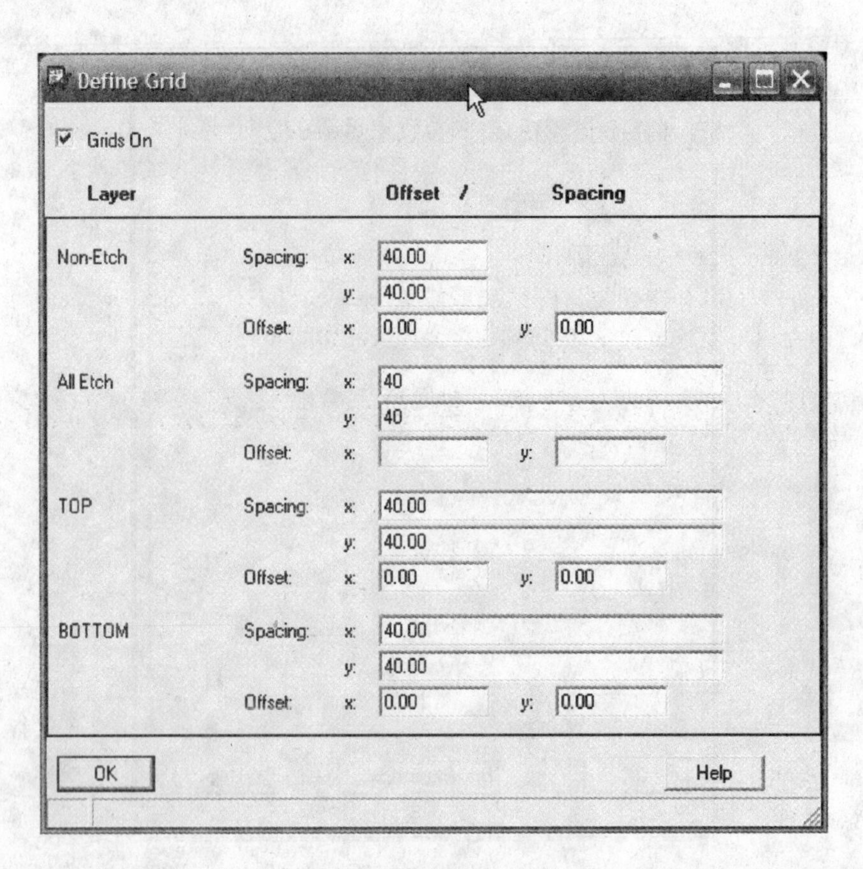

图 8-24 栅格设置对话框

Text Setup

Text Blk	Width	Height	Line Space	Photo Width	Char Space
1	25.0	35.0	31.0	6.0	6.0
2	35.0	50.0	39.0	6.0	6.0
3	75.0	100.0	63.0	8.0	6.0
4	47.0	63.0	79.0	0.0	16.0
5	56.0	75.0	96.0	0.0	19.0
6	60.0	80.0	100.0	0.0	20.0
7	69.0	94.0	117.0	0.0	23.0
8	75.0	100.0	125.0	0.0	25.0
9	93.0	125.0	156.0	0.0	31.0
10	117.0	156.0	195.0	0.0	62.0
11	131.0	175.0	219.0	0.0	44.0
12	141.0	188.0	225.0	0.0	47.0

OK　Cancel　Reset　Add　Compact　Help

图 8-25 字符栏设置对话框

5. 用户参数编辑器的设定

选择 Setup/ User Preferences Editor 打开参数编辑器。

Allegro 供用户进行一些特别设置的用户参数编辑器的功能十分强大，有很多项的设置，在此就不做一一说明了（一般情况下选择默认设置），下面选这两项给大家详细地讲述一下。

（1）自动存档设置项（Autosave）

在设计的时候有时会遇到突然的情况造成 Allegro 软件的中断，而如果又没有备份就会很懊恼，自动存档设置就可以解决这个问题，对话框如图 8-26 所示。

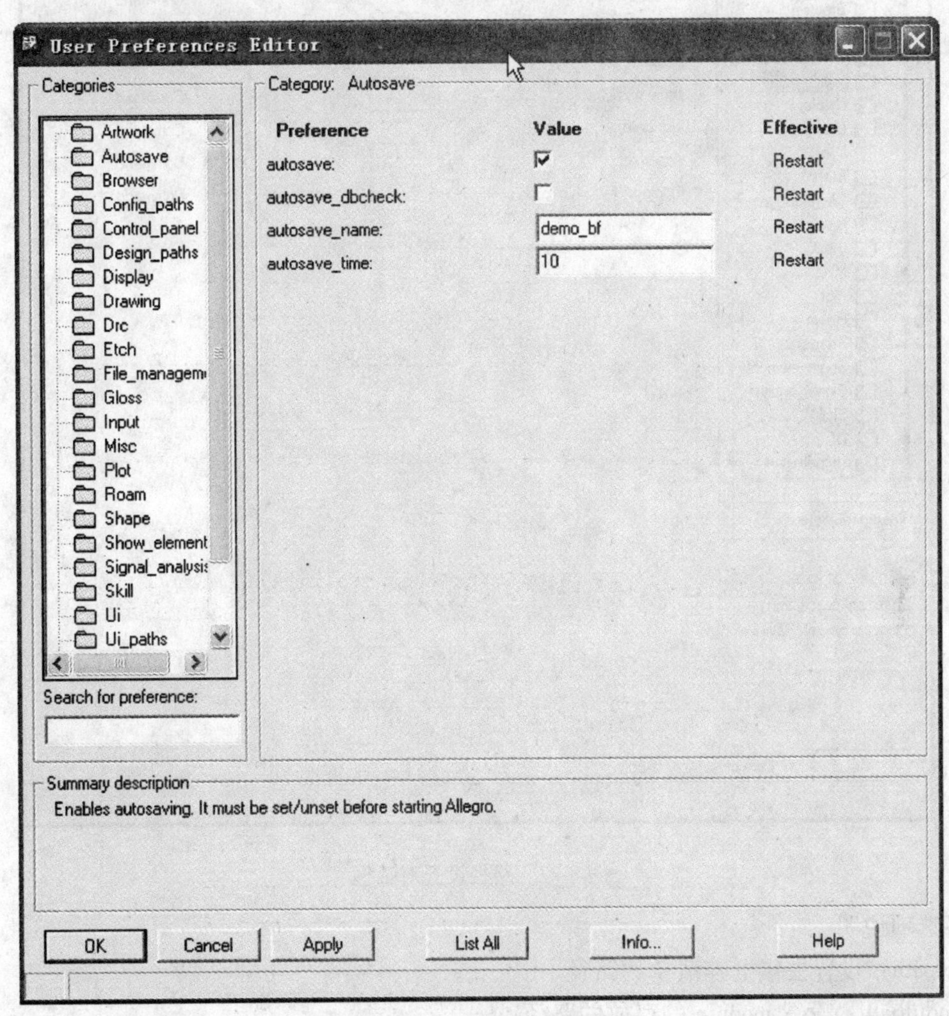

图 8-26　自动存档设置对话框

各选项说明：

autosave：选择此项，开启自动存档功能。

autosave _ dbcheck：选中此项，表示在存档的时候自动进行数据库的检查，需要耗费一定的时间，建议不选择。

autosave _ name：设定自动存档的名字，默认名字为：autosave. brd/dra。

autosave _ time：设定自动存档的时间，最少时间10min，最多300min，默认时间30min。

（2）设计路径的设置项（Design _ paths）

此条目的设置也是此编辑器中一个重要的设置项，用来设置设计中一些路径，如图8-27所示。

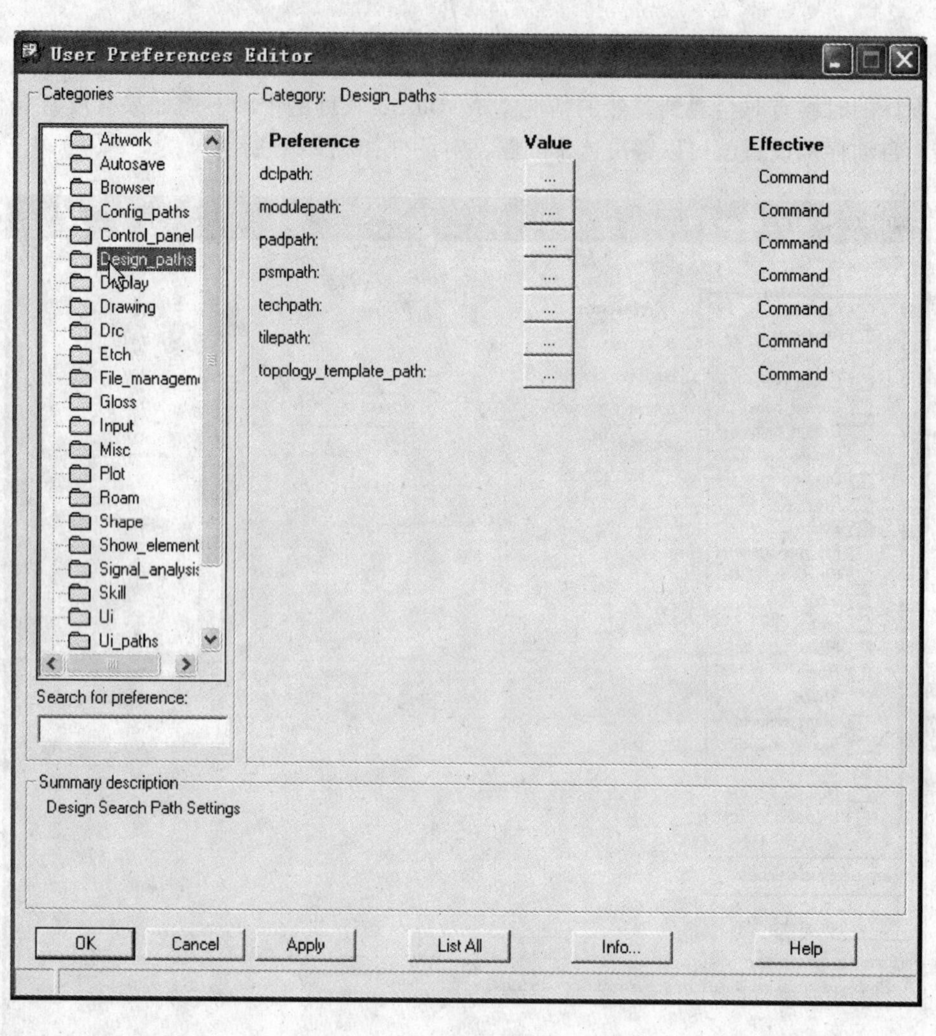

图8-27　路径设置对话框

各选项说明：

dclpath：设置去耦电容清单的路径。

modulpath：设置module的存放的路径。

padpath：设置库的路径（. dra/pad 等图形化格式文件）。

psmpath：设置库的路径（. psm/osm/bsm/ssm/fsm 格式符号文件）。

techpath：设置技术文件（. tech 文件）的路径。

tilepath：设置多次使用引脚（. til 文件）的路径。

topology _ template _ path：设置拓扑结构临时文件（. top 文件）的路径。

在前面已经讲到库是由两个文件组成的，建议将两个文件放置到一个目录中，但是在此处设置的时候 padpath 和 psmpath 也都必须设置如图 8-28 及图 8-29 所示，另外，在放置元件之前一定要确保库的路径已经正确设置。

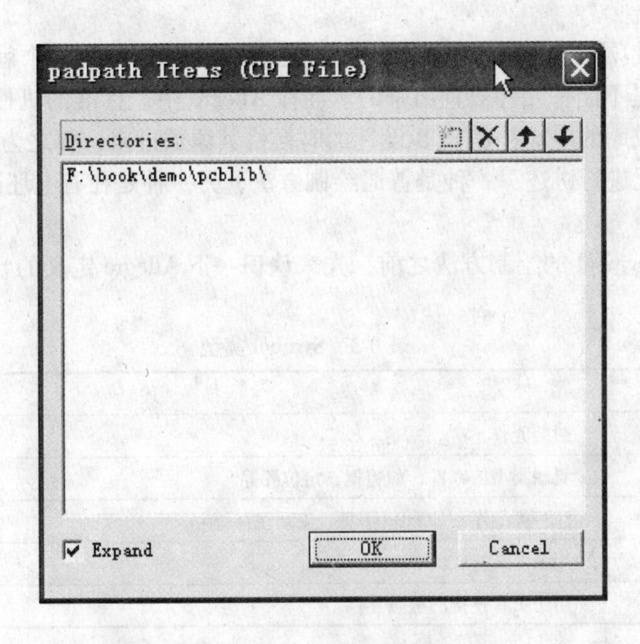

图 8-28　padpath 设置对话框

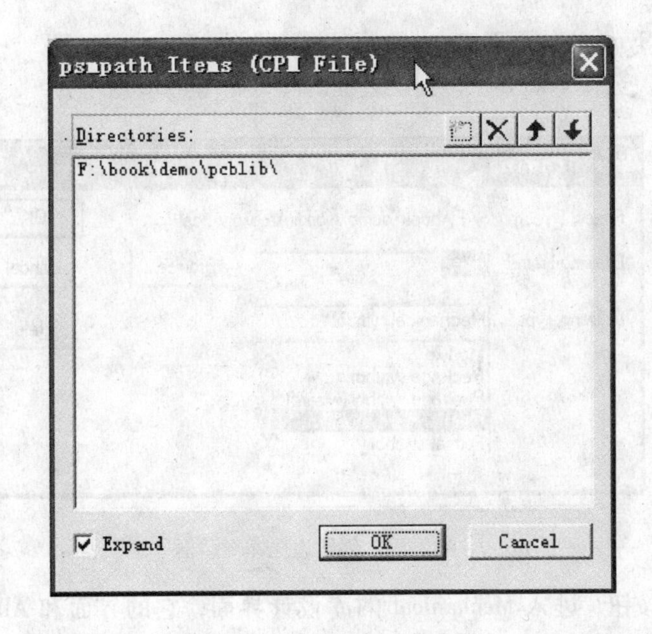

图 8-29　psmpath 设置对话框

到此为止，PCB 设计前的准备工作就完成了。在后面的章节中，我们会从边框图的制作开始讲起，一直到 PCB 设计的完成将一整套的 PCB 设计的流程讲述给大家。

8.5 机械 Symbol 的绘制

当将一个设计项目从原理图输出到 PCB 之后，首先要做的一个就是给一个外形尺寸(Outline)，否则是不能将元件放置出来的。而在 Allegro 中，标准的机械 Symbol 的制作方法是将边框图绘制成库的形式，在 PCB 设计的时候将其添加进来，称之为机械 Symbol 的绘制。在这里分两种情况进行讲述：一种是普通绘制方法，另一种是在有毛坯图的情况下，即毛坯图导入法。

在讲解机械 Symbol 的绘制方法之前，先来认识一下 Allegro 定义的 Symbol 类型，如表 8-3 所示。

表 8-3 Symbol 类型

类　型	描　述
Package Symbol	封装元件
Mechanical Symbol	机械类型的零件，如边框、定位孔等
Format Symbol	注释类的库，如 Logo 信息、安装注释等
Shape Symbol	用来定义特殊的焊盘
Flash Symbol	用于负片连接的散热零件

8.5.1 普通绘制方法

1. 创建机械 Symbol 的图形库

在 Allegro 中，选择 File/New，创建边框的库，如图 8-30 所示。

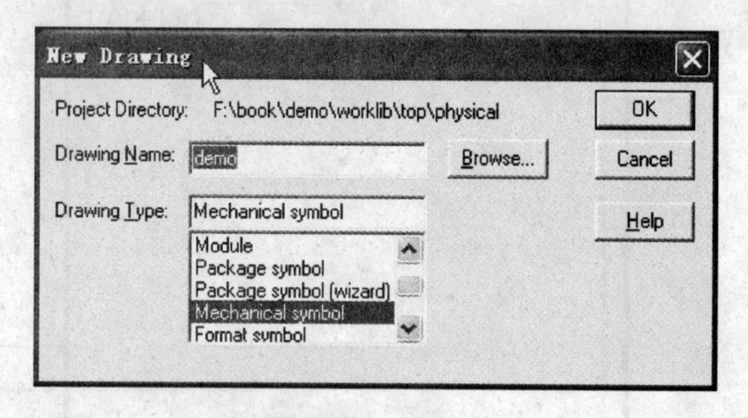

图 8-30 创建边框库对话框

单击 OK 按钮，进入 Mechanical 的库设计界面，它的界面和 Allegro 的界面是相似的，就不在讲述了，其特有的功能在后面会讲到。

2. 确定原点

和 Allegro 一样，其默认原点也是左下角，为了制图的方便，一般把原点定在边框图的左下角且能使整个边框相对的居中，否则编辑窗口的原点则会居在左下部分，给绘制 PCB 带来不便。按照前面所讲的 Allegro 的环境设置方法，设置如下：

单位：mm；　　　　　　　　精确：4 位；
图纸：Other；　　　　　　　栅格：全部为 0.5mm；
原点：(50 50)。

3. 绘制外形尺寸（Outline）

现在绘制外形尺寸为 300×200 的 Outline。操作如下：

1）在 Add 工具栏中单击按钮（或选择 Add/Line）。

2）在控制面板中的"Options"选项中进行画线的设置，如图 8-31 所示。

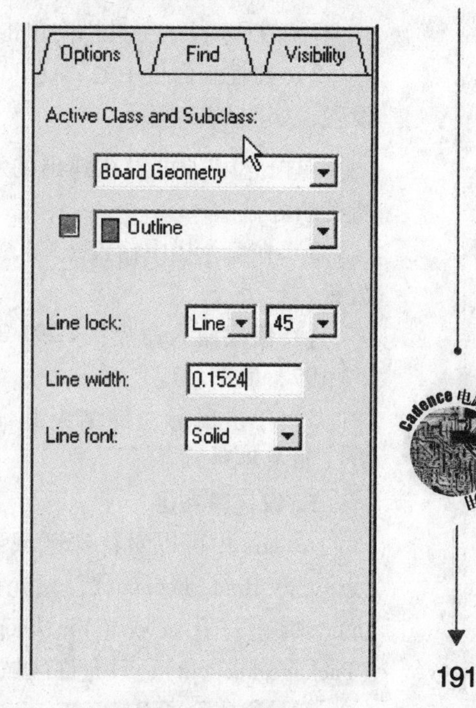

图 8-31　Options 设置栏

3）在命令栏中输入 x 0 0，回车。这时，Outline 的起点就出来了。

4）依次在命令栏中输入以下命令：x 300 0，回车；x 300 200，回车；x 0 200，回车；x 0 0，回车。

5）单击鼠标右键选择 done 命令（在执行任何的命令后都要选择 done 命令来结束掉当前的命令），完成外形尺寸的设计，如图 8-32 所示。

4. 添加定位孔

下面在印制电路板的 4 个角上添加 4 个 Hole320m 的过孔（在路径设置项，将路径设置好）。操作如下：

图 8-32　完成设置外形尺寸后的界面

1）在 Display 工具栏中单击按钮。

2）在控制面板中的“Options”选项中进行添加 PIN 的设置，如图 8-33 所示。

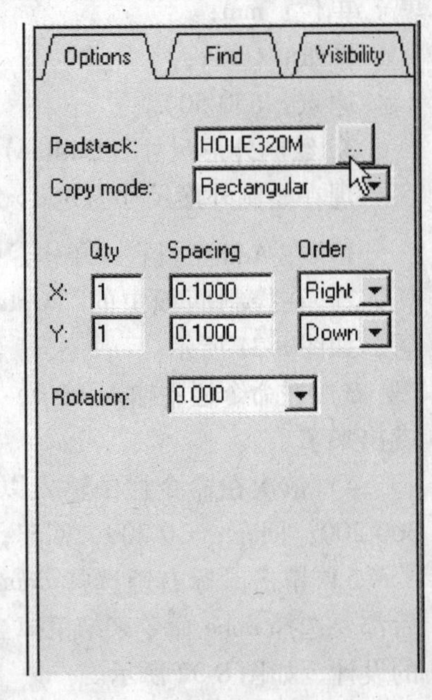

图 8-33　添加 PIN 设置

单击按钮可以在弹出的对话框中，选择其他的库中所有的焊盘。

3）在命令栏中输入 x 3 3，回车。完成第一个定位孔的放置。

4）依次输入命令：x 297 3，回车；x 297 197，回车；x 3 197，回车。

5）单击鼠标左键结束此命令，完成 4 个定位孔的放置，如图 8-34 所示。

5. 设定禁布区

Allegro 中可以对特殊区域设定一些属性，如：禁止布线区域（Route keepout）、只允许区域内布线（Route keep-in）、禁止打孔区域（Via keepout）、禁止放置元件区域（Package keepout）、只允许区域内放置元件（Package keep-in）等。这些除了 Route keepin（负片层敷铜需要以此区域

图 8-34　完成定位孔放着后的界面

界）是必须要设定外，其余的都由工程师们根据自己的情况来设定。

下面以设定 Route keepin 和 Route keepout 为例来讲述禁布区的设定。

（1）Route keepin 的设定

Route keepin 是定义一个区域，使得 Allegro 所有的布线、敷铜都在此区域中，否则就会报错。考虑 PCB 制板工艺，此区域离 Outline 至少要 0.5mm，在此设定此区域距离 Outline 1mm，操作如下：

1）单击 Setup 工具栏中的按钮

2）在控制面板中的 Options 选项中，选定相应的层及设置项，如图 8-35 所示。

在命令栏中依次敲入以下命令：x 1 1，回车；x 299 1，回车；x 299 199，回车；x 1 199，回车。

3）单击鼠标左键结束此命令，完成 Route keepin 的设定，如图 8-36 所示。

（2）Route keepout 的设定

Route keepout 是设定一个禁止布线的区域，可以对任

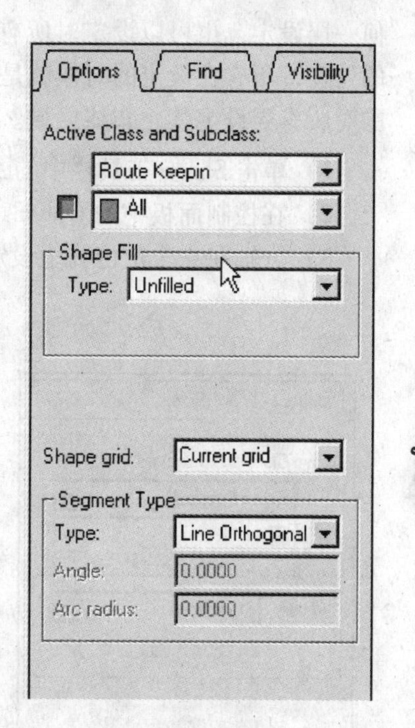

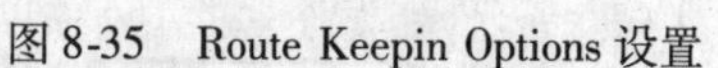
图 8-35　Route Keepin Options 设置

图 8-36　完成 Route keepin 设定后的界面

何一层设定，也可以设定对所有层禁止布线。设定 Route keepout 区域是对这个区域做敷铜的处理，所有在设定的时候就是添加一个 shape 而已，只是层要选对。下面对 4 个定位孔周围对所有层设定禁止布线区域。操作如下：

1）单击 Shape 工具栏中的按钮。

2）在控制面板中的 Options 选项中，选定相应的层及设置项，如图 8-37 所示。

3）分别在 4 个定位孔上设定圆形的禁止布线区域，如图 8-38 所示。

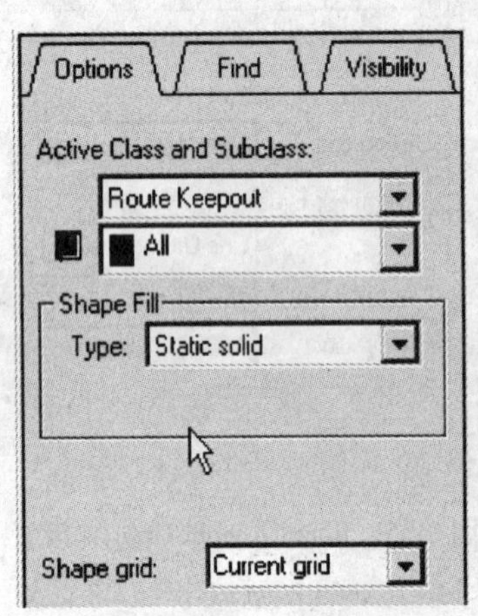

图 8-37　Route keepout Options 设置

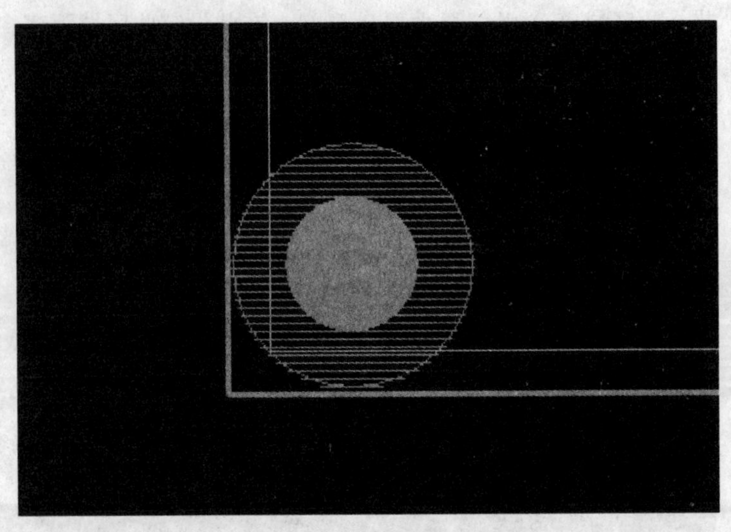

图 8-38　Route keepout 设定后的部分区域

在设定区域的时候，对于不习惯使用敲入命令的人员，可以使用鼠标点击然后通过在状态栏查看坐标信息来确定位置信息，前提是栅格设定恰当。注意：Route keepin 和 Route keepout 的 Shape 类型是不一样的。Route keepin 是 Unfill（无填充），Route keepout 是 Static（静态铜）。

6. 产生机械 Symbol 库

当完成机械 Symbol 库的绘制以后，要产生这个库的 Symbol 库，并将其同图形库（demo. dra）存放到同一个目录中。操作如下：

选择 File/Create Symbol 命令产生 Symbol 库，并保存到目录中，如图 8-39 所示。

默认目录是和图形库在同一个目录中（worklib \ top \ physical 中），如有专门存放库的文件夹，将其复制出去即可。

8.5.2　毛坯图导入法

毛坯图是定义结构、坐标信息的一个文件，其电子文件格式一般为 DXF 格式。DXF（Autodesk Drawing Exchange Format）是 AutoCAD 中的矢量文件格式，它以 ASCII 码方式存储文件，在表现图形的大小方面十分精确。许多软件都是支持 DXF 的输入和输出，Allegro 可以将 DXF 文件导入供用户使用，同时也可以按照设定输出 DXF 文件。下面就给大家讲述一下如何将 DXF 文件输入 Allegro 中供绘制机械 Symbol 库。

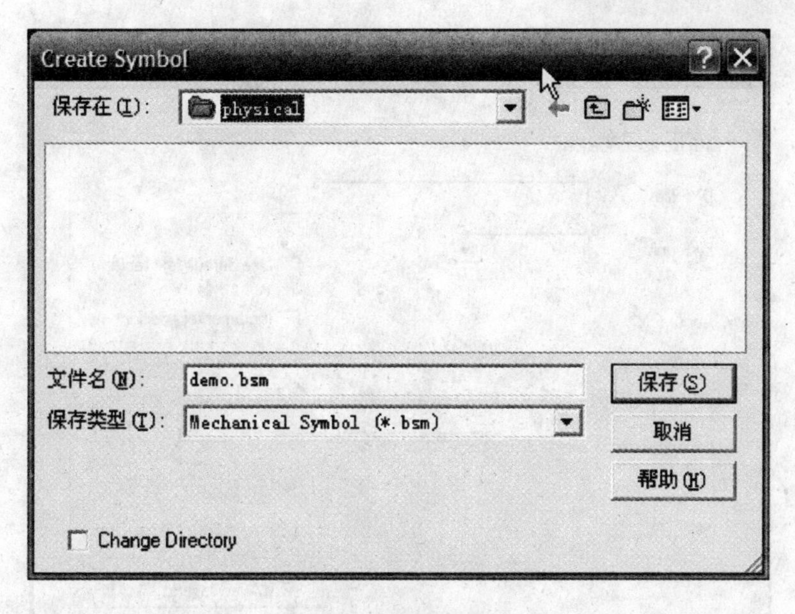

图 8-39　产生 Symbol 库

1. 创建机械 Symbol 的图形库

在 Allegro 中，选择 File/New，创建边框的库，如图 8-40 所示。

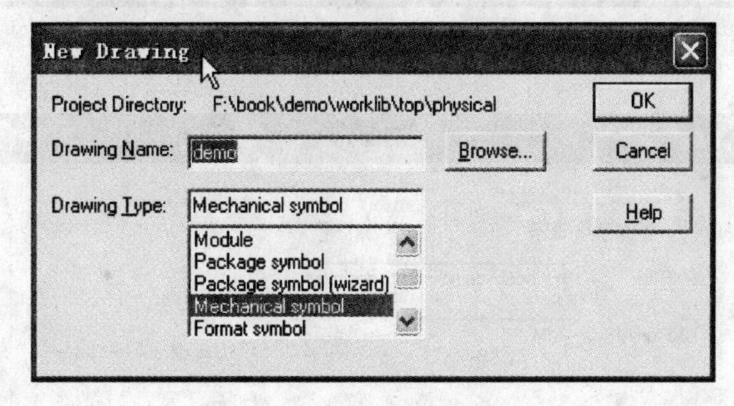

图 8-40　创建边框库对话框

单击 OK 按钮，进入 Mechanical 的库设计界面。

2. 导入毛坯图

选择菜单栏中的 File/Import/DXF 命令，弹出 DXF 导入对话框，如图 8-41 所示。

单击 ，选择要导入的 DXF 文件，会自动产生 Layer Conversion File（层转换文件），如图 8-42 所示。

单位一定要与 DXF 文件中所使用的单位一致，通常情况下 DXF 文件是采用 mm 为单位，保留 4 位精确值。

前面讲到了 DXF 文件是由 CAD 产生的结构文件，根据文件中不同的内容，也会分成很多的层，如：0 层、DEFAULT _ 1 层、DEFAULT _ 2 层、DEFAULT _ 3 层、NOTE 层等，必须将其的分层映射到 Allegro 中的层才能在 Allegro 中显示出来。

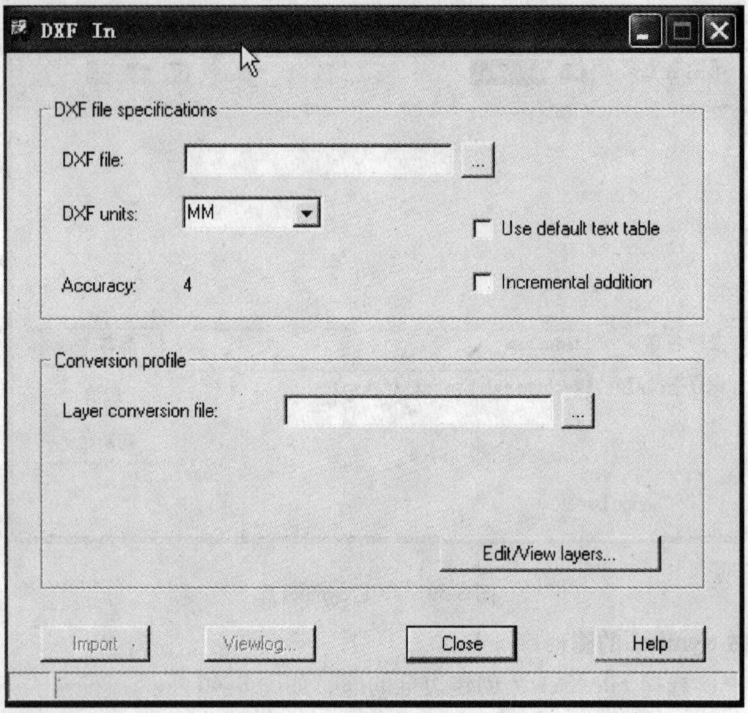

DXF In

DXF file specifications

DXF file:

DXF units: MM

Use default text table

Accuracy: 4

Incremental addition

Conversion profile

Layer conversion file:

Edit/View layers...

Import　Viewlog...　Close　Help

图 8-41　DXF 导入对话框 1

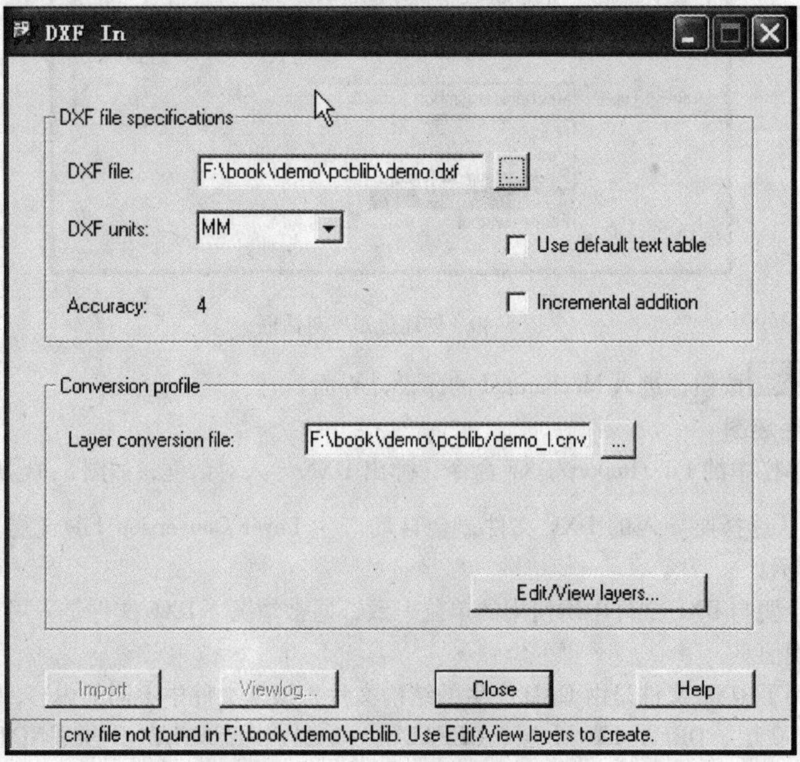

DXF In

DXF file specifications

DXF file: F:\book\demo\pcblib\demo.dxf

DXF units: MM

Use default text table

Accuracy: 4

Incremental addition

Conversion profile

Layer conversion file: F:\book\demo\pcblib/demo_l.cnv

Edit/View layers...

Import　Viewlog...　Close　Help

cnv file not found in F:\book\demo\pcblib. Use Edit/View layers to create.

图 8-42　DXF 导入对话框 2

单击 Edit/View layers... 按钮打开分层映射设置对话框，如图 8-43 所示。

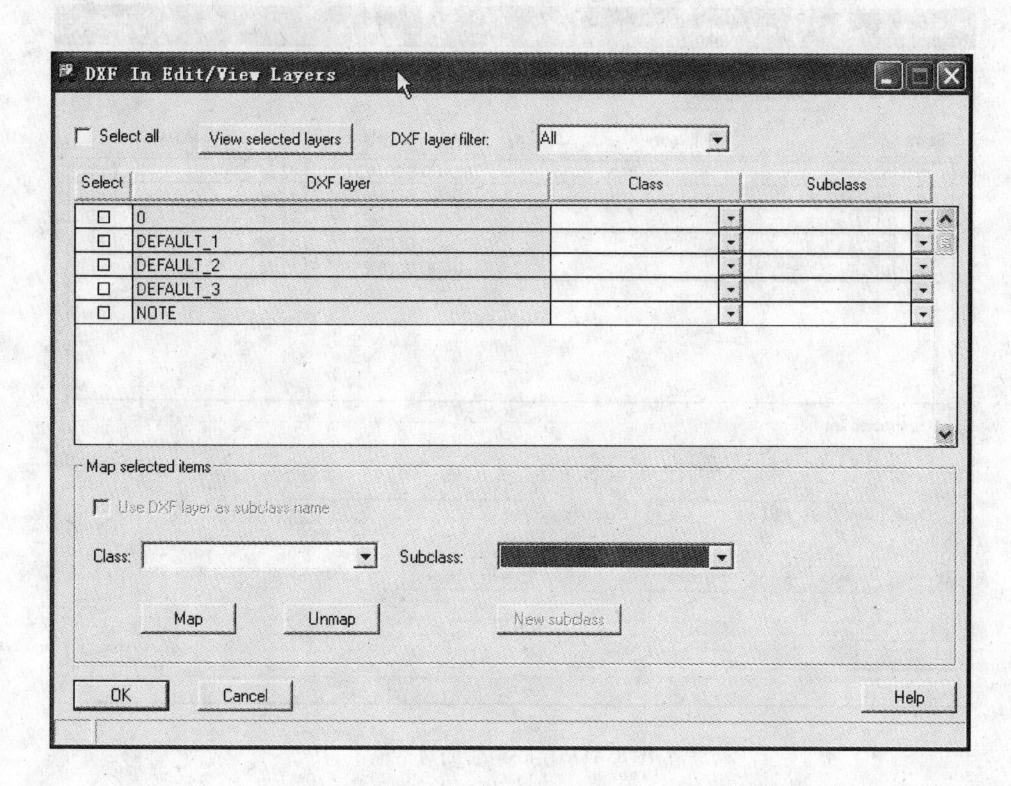

图 8-43　层映射对话框

不同 DXF 文件分层信息是不一样的，而对不同层映射到 Allegro 中的层也是有本公司的规范所决定的，所以，在此就把 DXF 所有的层都映射到 Allegro 中的 Board Geometry 下，新建一层 DXF 为例。操作如下：

1）选中 Select all 项。

2）在 Class 栏中选择 BOARD GEOMETRY。

3）单击 New subclass 按钮新建一个 DXF 层。

4）单击 Map 按钮完成映射，如图 8-44 所示。

5）单击 OK 按钮完成映射，回到如图 8-42 所示的 DXF 导入对话框。

单击图 8-42 DXF 导入对话框的 Import 按钮，将 DXF 文件导入 Allegro 中，如图 8-45 所示。

注意：不同的 DXF 文件所提供的信息是不同的，这取决于产生 DXF 的设定，如 Demo. dxf文件只是提供了印制电路板外框和 4 个定位孔的信息。

DXF 文件只是提供一个电子的定位信息、外框尺寸文件以取代纸张的定位图纸说明文件，所以在后面的机械 Symbol 绘制的过程中和普通的绘制方法是一样的，所不同的是，一个直接读取 DXF 中的信息，一个是读图纸上的信息。所以相同的部分就不在讲述了，下面就给大家讲述几点不同的地方。

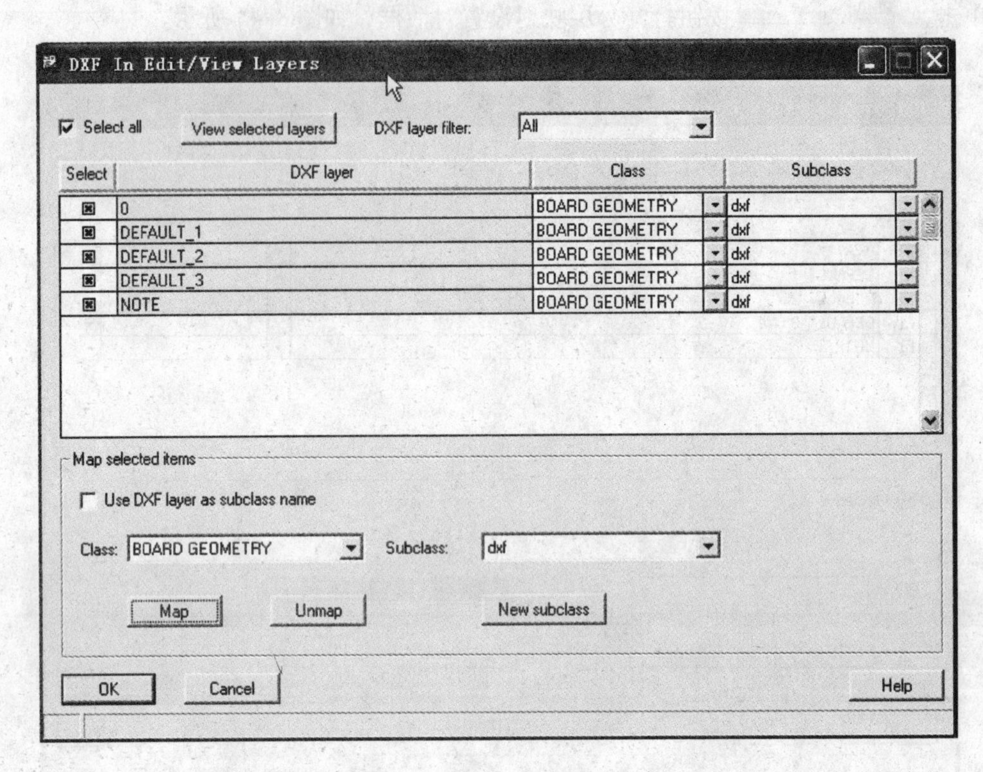

图 8-44　层映射后的对话框

图 8-45　层映射后的图形

3. 定义原点

由于我们已经看到了 PCB 的外框，所以在定义原点的时候最好能够定义在图框的左下角位置，如图 8-46 所示十字的位置。

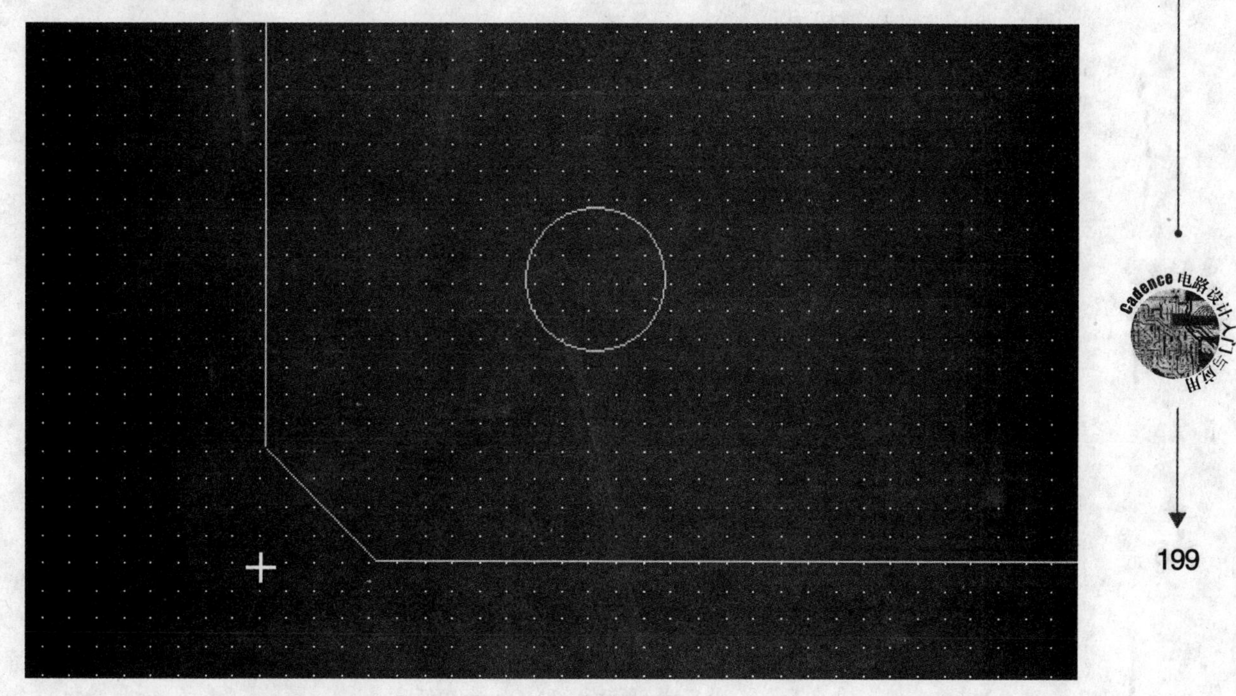

图 8-46　定义过原点的界面

4. 读取 DXF 中的信息

对于 DXF 中的信息可以通过单击显示工具栏中的 i 按钮来查看，单击此按钮后在控制面板中的 Find 选项中选择 Lines 选项（DXF 中所有的信息属性都是 Line）。

单击你所要查看的信息即可，如图 8-47 所示的是一个定位孔的信息包括坐标信息和孔径信息。

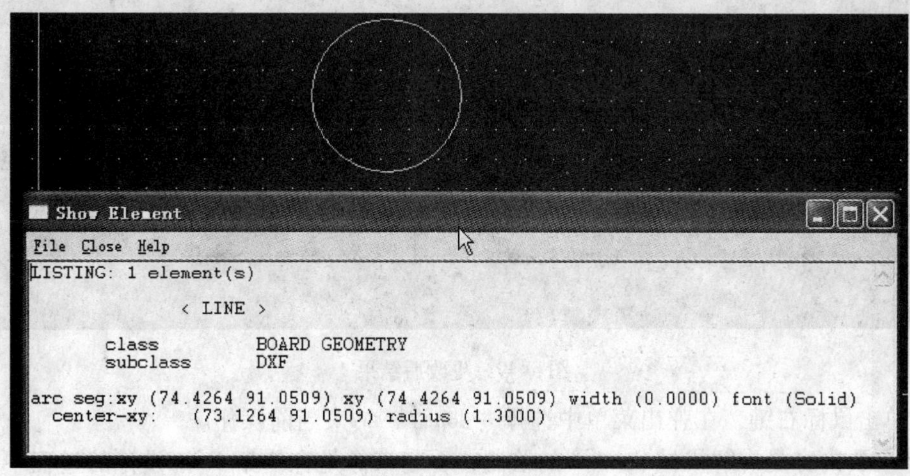

图 8-47　定位孔信息显示栏

5. 绘制外形尺寸

除了按照普通的绘制方法来绘制外形尺寸，也可以通过 Allegro 中的 Change 命令将 DXF 中的 Line 直接更改为 Outline。操作如下：

1）选择菜单栏中的 Edit/Change 命令

2）在控制面板中 Find 及 Options 中的设置分别如图 8-48a 和图 8-48b 所示。

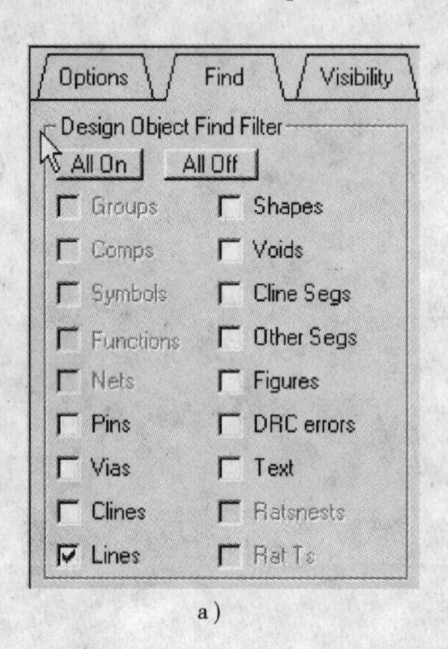

a)

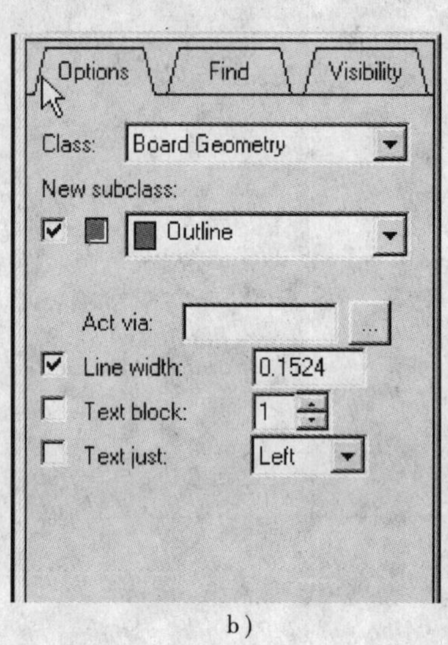

b)

图 8-48　更改外形尺寸

a）Find 项设置　b）Options 项设置

3）用鼠标单击选中更改的 Line 线即可，结果如图 8-49 所示（宽线为 Outline 部分，DXF 中的 Line 是没有宽度的）。

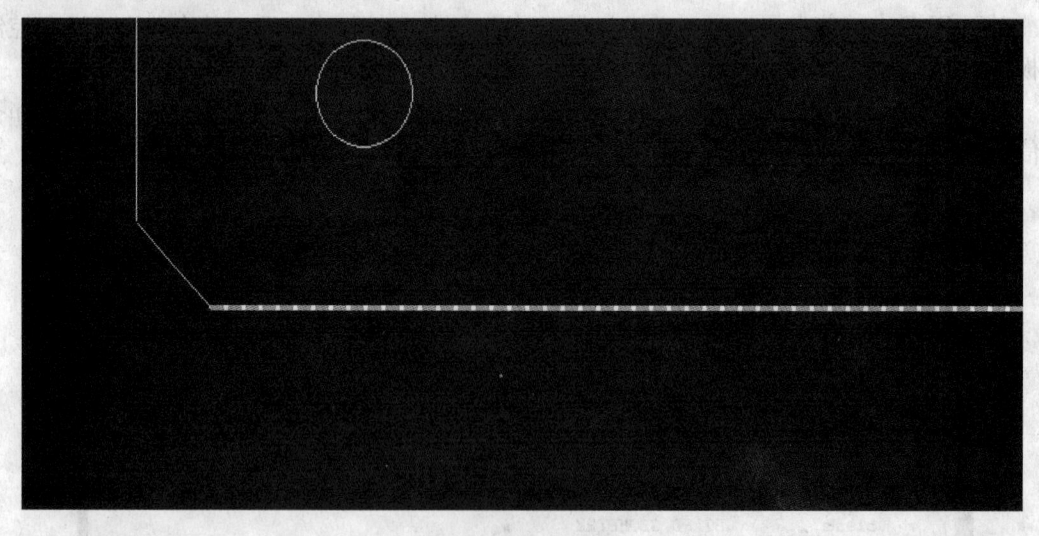

图 8-49　更改后结果

4）单击鼠标右键，在弹出菜单中选择“done”，结束当前操作。

本节主要内容是讲解机械 Symbol 的绘制，看起来像是在讲解 PCB 设计的过程中插入内容，其实在 PCB 设计的流程中是连贯在一起的。在绘制了机械 Symbol 后，它就如同一个元件库一样了。所进行的设置如同元件库设置是一样的，也需要在 User Preferences 中的 Design_paths 项设置路径才能将其调入。

8.6　电路板的建立

在做了大量的准备工作后，从本节开始就到了 PCB 的设计阶段了，在此还是接着本章第 4 节——Allegro 环境设置后进行讲解。

本节主要给大家介绍机械 Symbol 的添加、叠层设置、调色板的设置及元件的放置等内容。

8.6.1　机械 Symbol 的添加

当完成了机械 Symbol 的绘制后，和其他元件库一样会有两个文件即图形文件（dra 格式）和符号文件（bsm 格式），将这两个文件和其他元件库放到同一个目录中（如:F:\book\demo\pcblib）。然后，通过用户参数编辑中设定库的路径为此目录（设置方法参照本章第 4 节所讲）,如图 8-50 所示。

a）

b）

图 8-50　库路径设置对话框
a）padpath 设置　b）psmpath 设置

小提示：

1）必须分别在 padpath 和 psmpath 中分别设置路径。

2）如果元件库或机械 Symbol 库所使用的所有焊盘（如 hole320m）不与其在同一个目录中，必须单击添加按钮将其目录一同设定，否则会调不出此库。

设置好路径后，选择菜单栏中的 Place/Manually 命令，在弹出的对话框中将其添加进来，如图 8-51 所示。

小提示：

1）Allegro 会根据在创建库的时候选择类型库，自动分类。如机械 Symbol 在 Mechanical Symbols 中。

2）元件库也可以由此添加进来，也可以自动放置，在后面元件放置时会讲到。

在放置的时候，用户可以直接在命令栏中敲入原点坐标（0 0）将其放置到原点，但是 Allegro 中的原点是在编辑窗口的左下角，这样就会给操作带来不便，所以还是建议将机械 Symbol 放置在编辑窗口比

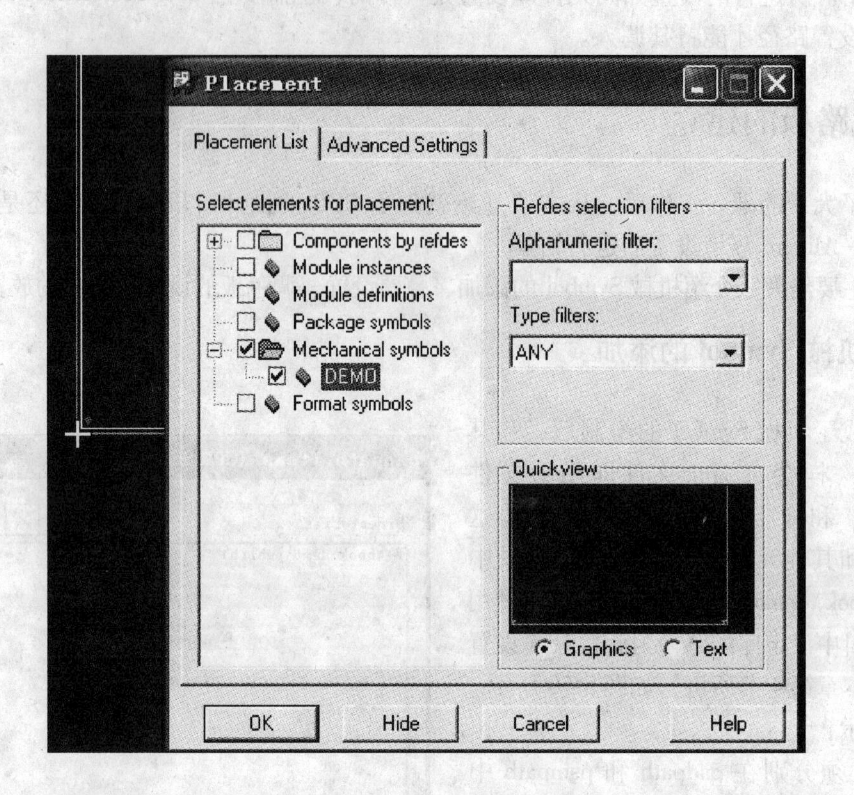

图 8-51　机械 Symbol 添加对话框

较居中的地方，然后再使用前面所讲到的定义原点方法，将其左下角定义为原点（图中十字光标处）。

8.6.2　元件的放置

在前面也已经提到了当从原理图输出到 Allegro 中后，如果没有正确设置路径或没有 Outline，都是不能将元件放置出来的。下面就给大家讲述一下元件的放置，既可以手动放置也可以自动放置。

1. 手动放置元件

请参考机械 Symbol 的放置，所不同的是元件在 Components by refdes 中。

2. 自动放置元件

操作步骤如下：

1）选择菜单栏中的 Place/Quick place 的命令打开快速放置对话框，如图 8-52 所示。

各选项说明：

Place by property/Value：按照属性或值放置元件。

Place by room：按照 room 来放置元件（在原理图中需要对元件定义 room 属性）。

Place by part number：按照元件编号来放置元件。

Place by net name：按照网名来放置元件。

Place by schematic page number：按照原理图页号来放置元件。

Place all components：放置所有的元件。

Place by refdes：按照元件的位号放置元件。

Type：选择元件类型：IC、IO、分离元件。

Refdes：分 Include 和 Exclude 两种情况，可以使用通配符。

Number of pins：输入最少或最多允许放置的引脚数量。

Placement Position：选择放置位置。

By user pick：用户自定义。

Around package keepin：在允许放置元件周围。

Edge：选择放置在电路板的位置。

Top：电路板的顶部。

Bottom：电路板的底部。

Left：电路板的左边。

Right：电路板的右边。

Side：选择元件放置的面。

Top：放置在元件的正面也就是元件面。

Bottom：放置在元件的底面也就是焊接面。

2）设定完成后，单击 Place 按钮，Allegro 会自动的将全部的元件放置电路板的顶部和右边，如图 8-53 所示。

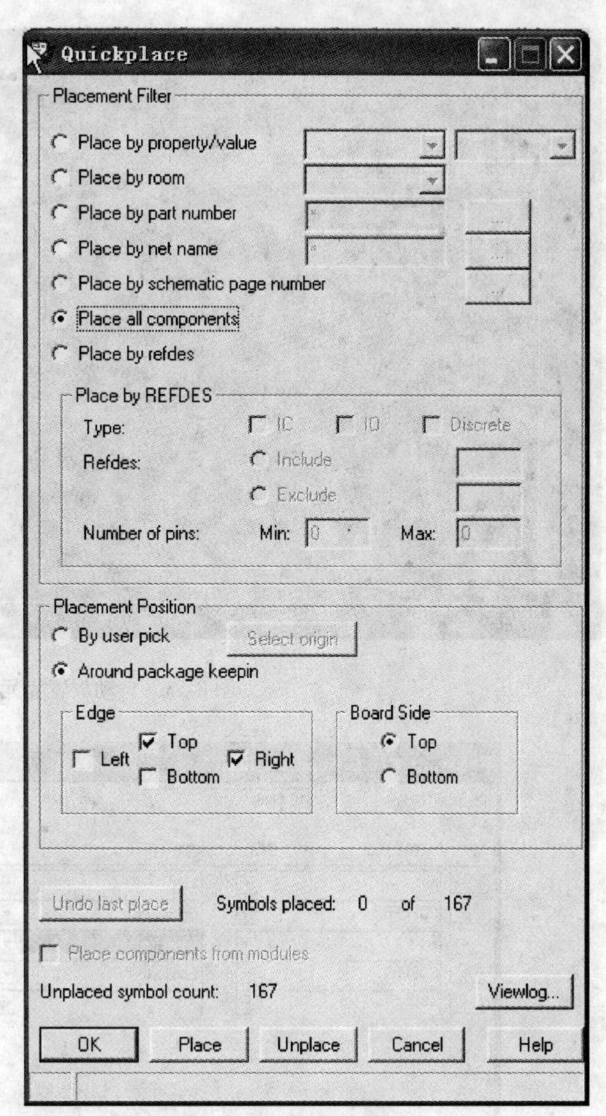

图 8-52　快速放置对话框

3）单击 OK 按钮完成自动放置元件。

8.6.3　PCB 叠层的设置

目前大多数的设计中，集成度越来越高，为了能顺利地完成布线工作同时又能保证电路板的可靠性，所以需要增加信号层及电源、地的平面层，设计成多层板。电路板叠层的设置是一项非常重要的工作，在这里只讲解如何增加内层。至于叠层对电路板的影响会在后面的信号完整性中进行讲解。

操作步骤如下：

1）选择 Setup/Cross Section 打开叠层设置对话框，如图 8-54 所示。

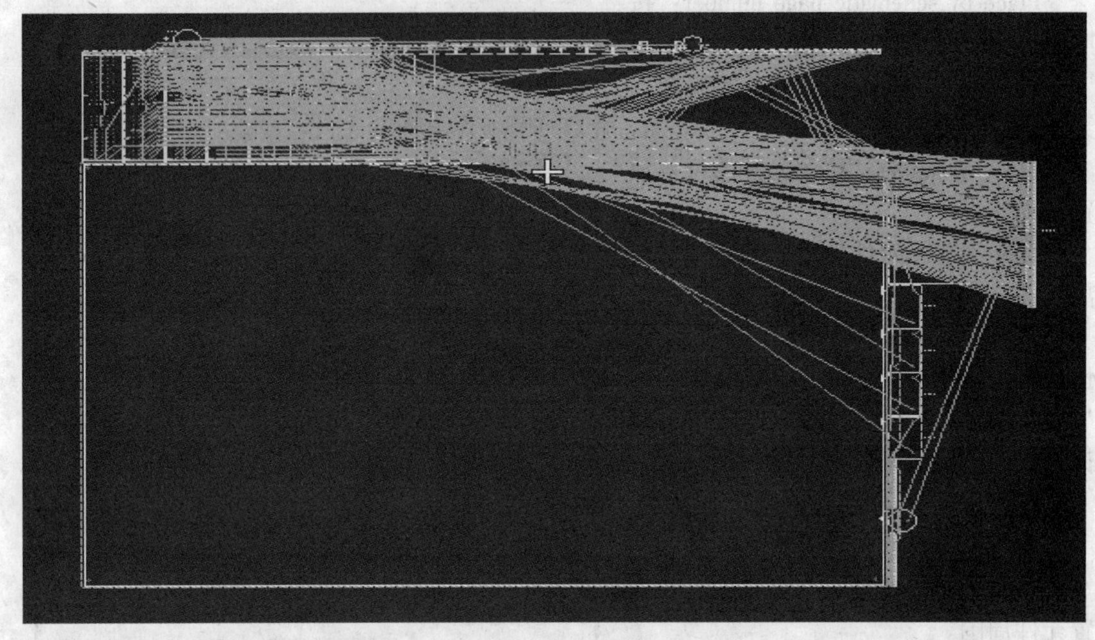

图 8-53 自动放置完元件后的图

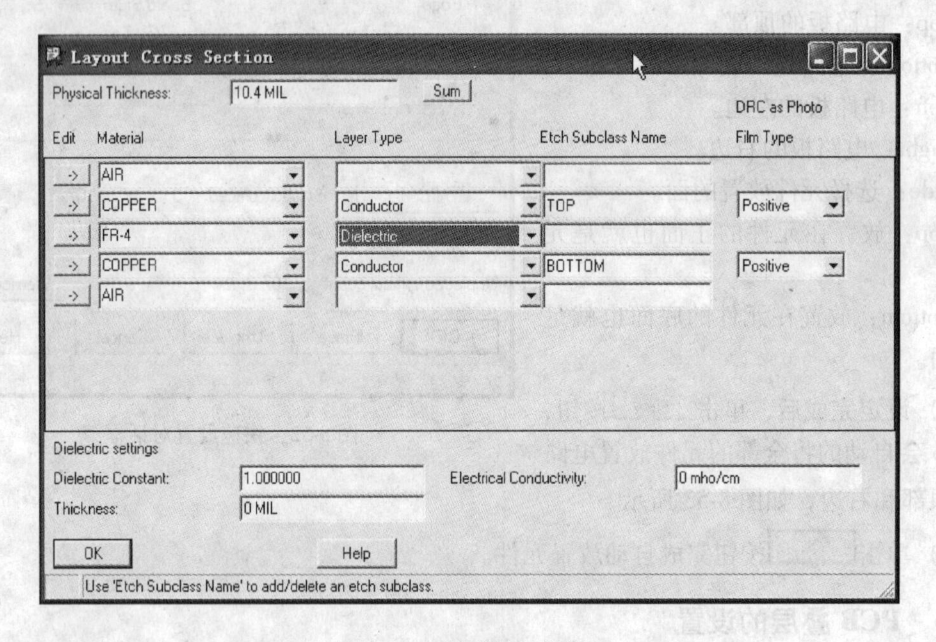

图 8-54 叠层设置对话框

2）单击要插入层面的 [->] 按钮，在弹出的菜单中选择 Insert 命令添加层面，如图 8-55 所示。

3）依此方法连续插入后面几层。

4）选择要修改的层面。我们知道一个电路板结构是 top 以上为空气（air），bottom 以下为空气（air），而两层铜箔（Copper）中间为填充物（如 FR-4），信号层类型是 Conductor，

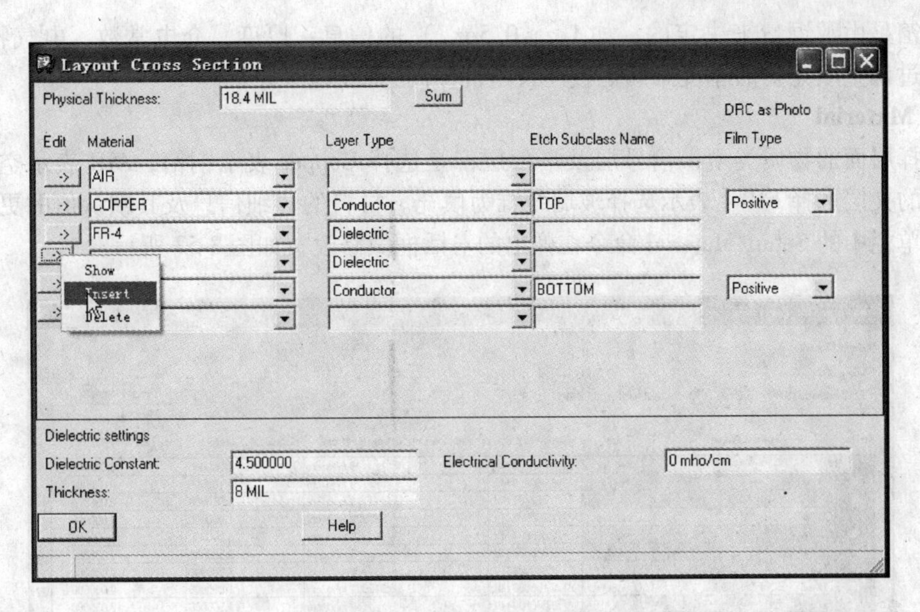

图 8-55　叠层添加对话框

平面层为 Plane。在此例中添加两个平面层 GND 和 VCC，所以在 Material 中选择 COPPER，在 Layer Type 中选择 Plane，如图 8-56 所示。

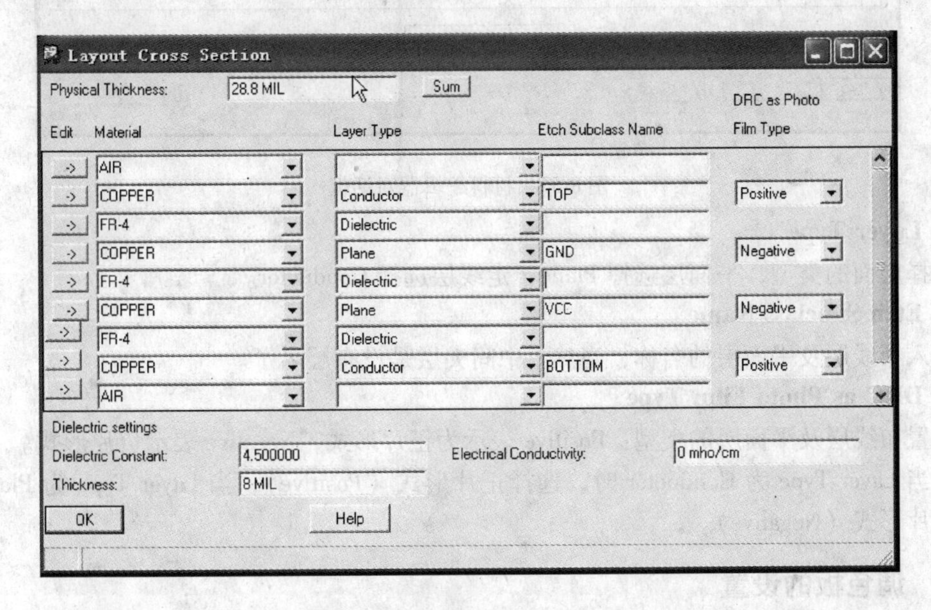

图 8-56　叠层设置完成对话框

5）单击 OK 按钮完成叠层的添加。

在设置了叠层后，相信大家对图 8-56 中每项的意义还不是很清楚，下面给大家讲述一下每项的意义。

1. Edit

Edit（编辑）栏是用来显示层的信息（Show）、增加一层（Insert）、删除一层（Delete）。下面着重地介绍一下 Show 命令，Show 命令是用来显示当前层（主要是填充物的信息，铜箔是由敷铜量来决定的，如1oz、0.5oz[⊖]）的信息：厚度、介电常数、电气特性等。可以通过调整填充物的厚度来满足板厚及阻抗控制的要求。

2. Material

选择层面的物质类型，信号层及平面层都是选择Copper表示铜箔，AIR表示空气，铜箔之间的夹层选择FR-4表示选择玻璃纤维为填充。材料的详细信息及其默认值的更改可以选择菜单栏中的Setup/Material命令在弹出的对话框做修改，如图8-57所示。

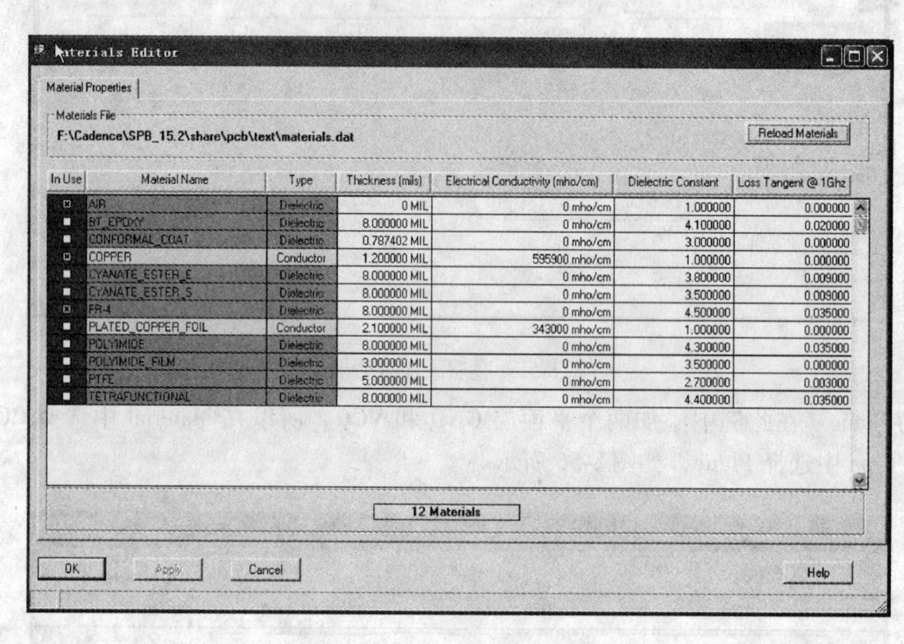

图8-57　材料编辑器对话框

3. Layer Type

选择层面的类型，平面层选择Plane，走线层选择Conductor。

4. Etch Subclass Name

输入布线层及平面层的名称，当然了中间夹层是没有层名了。

5. DRC as Photo Film Type

设置布线层及平面层的类型：Positive表示为正片形式，Negative表示负片形式。一般情况下，当Layer Type为Conductor时，选择正片形式（Positive）；当Layer Type为Plane时，选择负片形式（Negative）。

8.6.4　调色板的设置

调色板不仅可以用来给设计的每一个子项及不同的分层来设置不同颜色以方便PCB设计，也可以任意选择显示与否。单击显示工具栏中的按钮打开调色板控制窗口，如图8-58所示。

调色板提供了24种可供选择的颜色，如果还想使用别的颜色，单击 Modify... 按钮，弹

⊖ 1oz（盎司）=28.3495g。

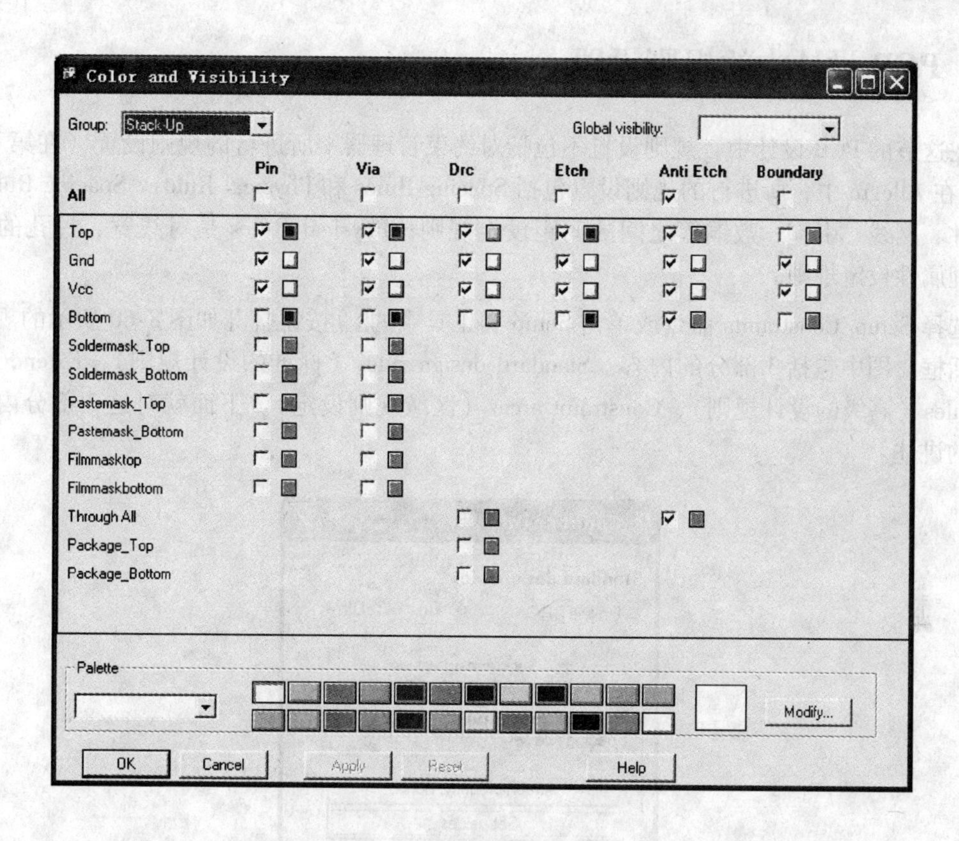

图 8-58 调色板控制对话框

出如图 8-59 所示的颜色编辑对话框，可以随意选择你满意的颜色。

调色板中各选项说明：

1. Group 项

用来控制打开各个子项：Stack-up、Geometry、Components、Manufacturing、Areas、Analysis、Display 项。这里着重介绍一下 Display 子项，包括：栅格点颜色设置、飞线颜色设置、高亮颜色设置、背景颜色的设置及阴影显示的设置。

2. Global Visibility 项

控制全局显示项，All visible 表示全部显示，All Invisible 表示全部不显示。

3. Palette 项

选择设定好的调色板或保存设定的调色板。

Read Database 表示读取原有的调色板；

Read Global 表示读取 Allegro 默认的调色板；

Read Local 表示读取个人设定的调色板；

Write Local 表示保存个人设定的调色板。

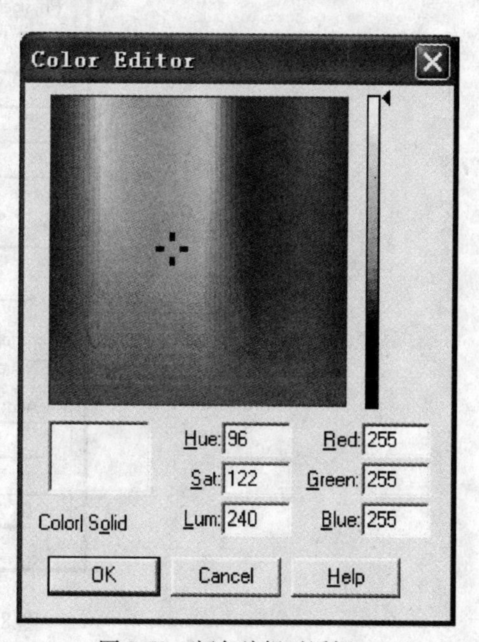

图 8-59 颜色编辑对话框

8.7 PCB设计中的规则设置

在这节的PCB设计中，规则设置不包括对约束管理器中所进行的规则设置（在第10章讲）。在Allegro中，所进行的规则设置包括Spacing Rules和Physical Rules。Spacing Rules是对元件、网线、引脚、敷铜等之间的间距设定规则；Physical Rules是对线宽、过孔的选择等物理属性设定规则。

选择Setup/Constraints命令或单击Setup类工具中的按钮打开如图8-60所示的规则设置对话框。图中包括3部分的内容：Standard design rules（标准的设计规则）、Extended design rules（高级的设计规则）、Constraint areas（区域规则设定）。下面就对这3部分内容做详细的讲述。

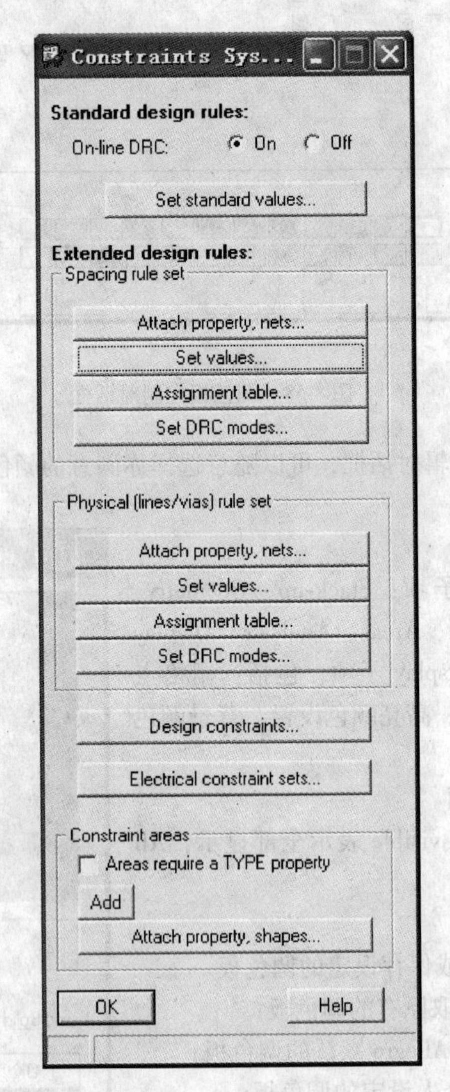

图8-60 规则设置对话框

8.7.1　标准的设计规则

1. 设定在线检查规则

On-line DRC：设定是否实时检查 DRC，ON 表示在线检查，Off 表示不在线检查。在此建议选择打开实时检查。

2. 标准的设计规则设置

单击图 8-60 中的 Set standard values... 按钮，弹出默认规则设置窗口，如图 8-61 所示。

图 8-61　默认规则设置对话框

在此对话框中，可以设定默认的间距规则如：线到线的最小间距、焊盘到焊盘的最小间距等及默认的物理规则，如最小线宽等。此处定义的规则是默认的规则，是处于最低优先级的规则设定。

8.7.2　高级的设计规则——间距规则的设定

1. 设定间距规则值

在图 8-60 中的对话框中，单击 Spacing rule set 中的 Set values... 按钮，打开间距规则设定对话框，如图 8-62 所示。

在此对话框中，可以对所有层（选中 ALL ETCH）或单独的一层（选择相应的层）来设定默认的间距规则如：引脚到引脚的最小规则、线到线最小的间距规则、过孔到过孔之间最小的间距规则。

在此还可以设定相同网名是否执行规则检查（Same Net DRC），其默认值是选择 Off 表示相同网名不执行规则检查，这里建议大家选择 On 表示对相同网名同样执行规则的检查。

2. 添加新的规则

对整个印制电路板都使用 DEFAULT（默认）的规则显然不能满足我们的设计需求，在

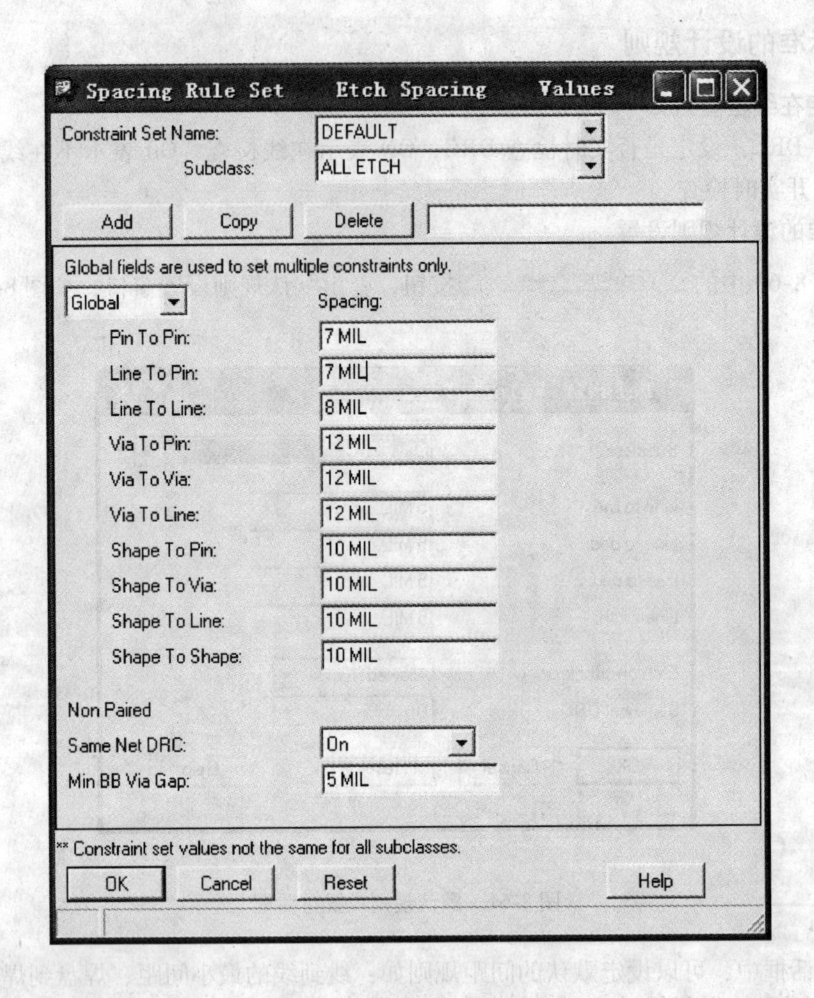

图 8-62 间距规则设置对话框

此可以输入新的规则来使用，以增加一个适合时钟信号的规则（clk）为例来讲述添加方法。

1）在 Add 栏中的输入格内，输入 CLK，再单击 Add 按钮完成 clk 规则添加。

2）在 Constraint Set Name 栏选择 CLK。

3）修改 Global 栏中的各项间距值使之适合与 CLK 的使用，如图 8-63 所示。

4）单击 OK 按钮完成规则的设置。

3. 应用新的规则

添加了一个 CLK 的规则后，就要选定哪些网名来使用此规则。操作过程如下：

1）选择菜单栏中的 Edit/Properties 命令，在控制面板中的 Find 项勾选 Nets 项。

2）在 Find by Name 中选择 Net 后单击 More... 按钮弹出如图 8-64 所示对话框。在对话框中的选出所有使用 CLK 规则的网名添加到 Selected objects 栏中。在此可以使用通配符来过滤网名，也可以手动地单击完成添加。

3）单击 Apply 按钮，弹出“Edit Property”和“Show Property”两个窗口 Edit Property

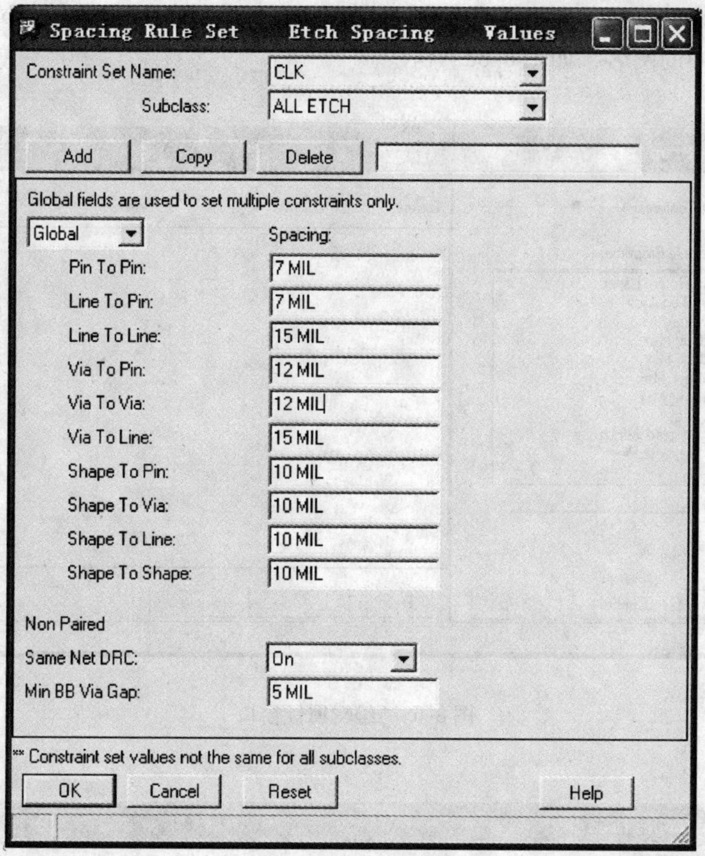

Spacing Rule Set　Etch Spacing　Values

Constraint Set Name: CLK

Subclass: ALL ETCH

Add　Copy　Delete

Global fields are used to set multiple constraints only.

Global　Spacing:

	Spacing
Pin To Pin:	7 MIL
Line To Pin:	7 MIL
Line To Line:	15 MIL
Via To Pin:	12 MIL
Via To Via:	12 MIL
Via To Line:	15 MIL
Shape To Pin:	10 MIL
Shape To Via:	10 MIL
Shape To Line:	10 MIL
Shape To Shape:	10 MIL

Non Paired

Same Net DRC: On

Min BB Via Gap: 5 MIL

** Constraint set values not the same for all subclasses.

OK　Cancel　Reset　Help

图 8-63　CLK 规则设置对话框

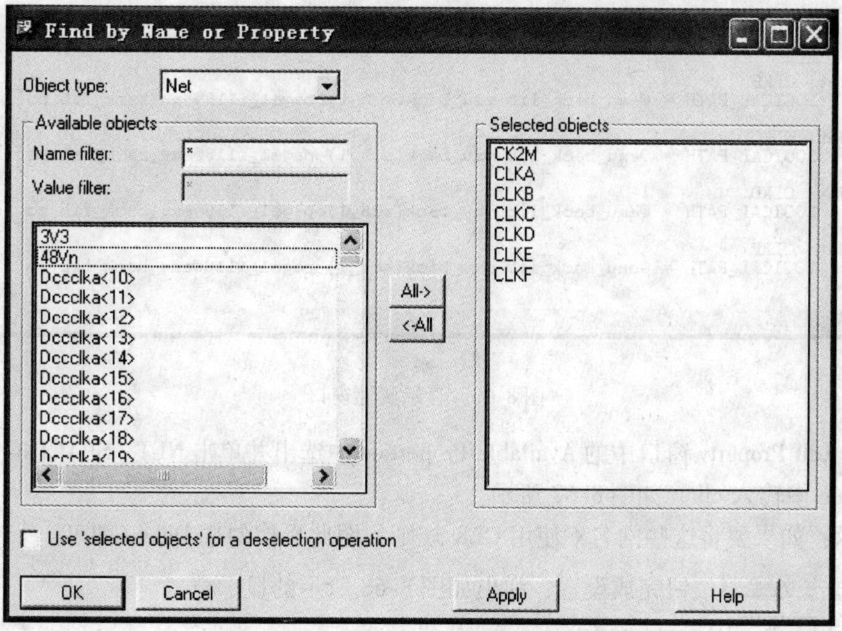

Find by Name or Property

Object type: Net

Available objects

Name filter: *

Value filter: *

3V3
48Vn
Dccclka<10>
Dccclka<11>
Dccclka<12>
Dccclka<13>
Dccclka<14>
Dccclka<15>
Dccclka<16>
Dccclka<17>
Dccclka<18>
Dccclka<19>

All->　<-All

Selected objects

CK2M
CLKA
CLKB
CLKC
CLKD
CLKE
CLKF

Use 'selected objects' for a deselection operation

OK　Cancel　Apply　Help

图 8-64　选择使用 CLK 规则对话框

为编辑属性窗口也就使用此项来选择使用规则，如图 8-65 所示。Show Property 为显示属性窗口，显示所选中的网名，如图 8-66 所示。

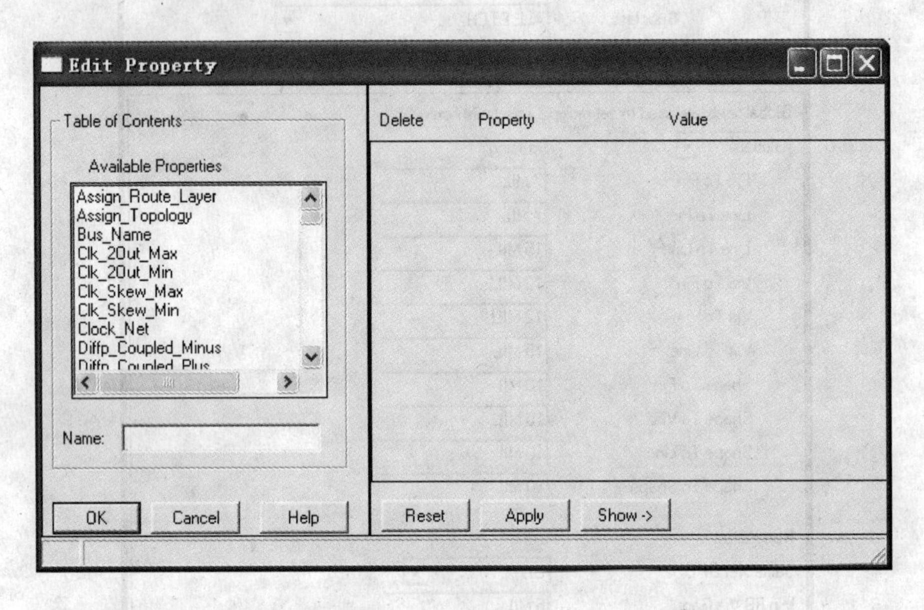

图 8-65　编辑属性窗口

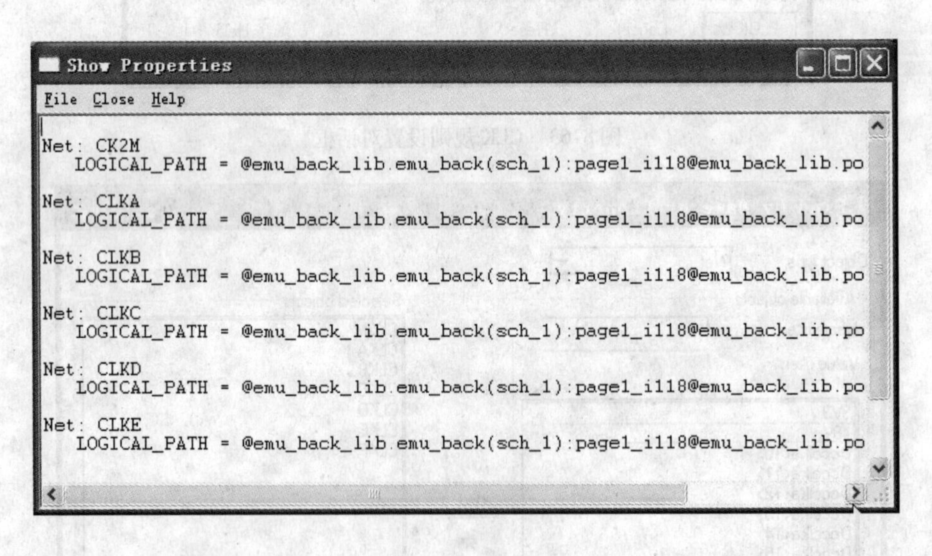

图 8-66　显示属性窗口

4）在 Edit Property 窗口中的 Available Properties 中选出并单击 NET_SPACING_TYPE 选项，在 Value 中输入 clk，如图 8-67 所示。

小提示：如果要将这些网名不使用 CLK 规则，照此操作勾选 Delete 即可。

5）单击 Apply 按钮完成设置，弹出如图 8-68 所示的显示窗口。

6）单击 OK 按钮完成规则的应用。

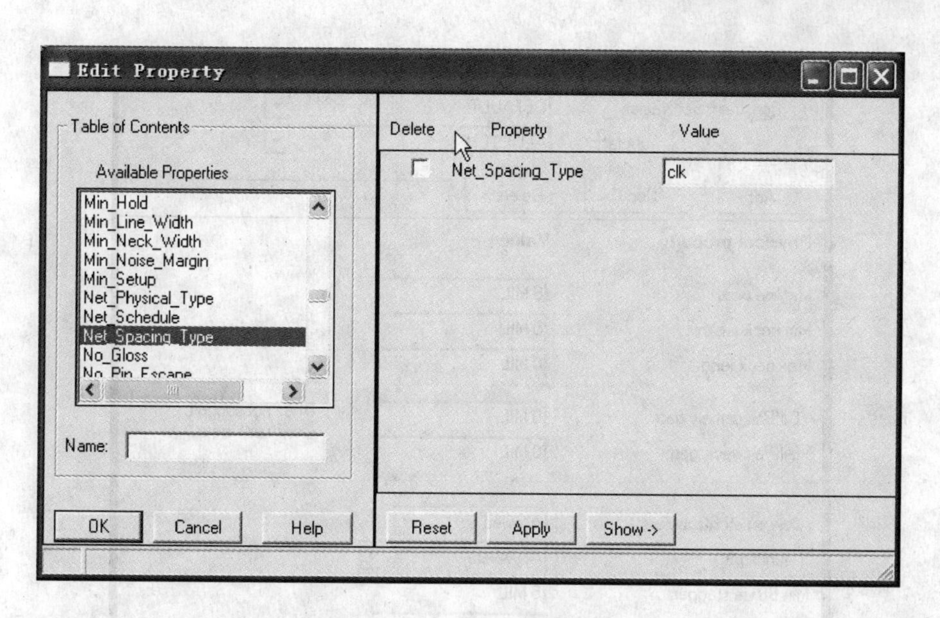

图 8-67　使用 CLK 规则对话框

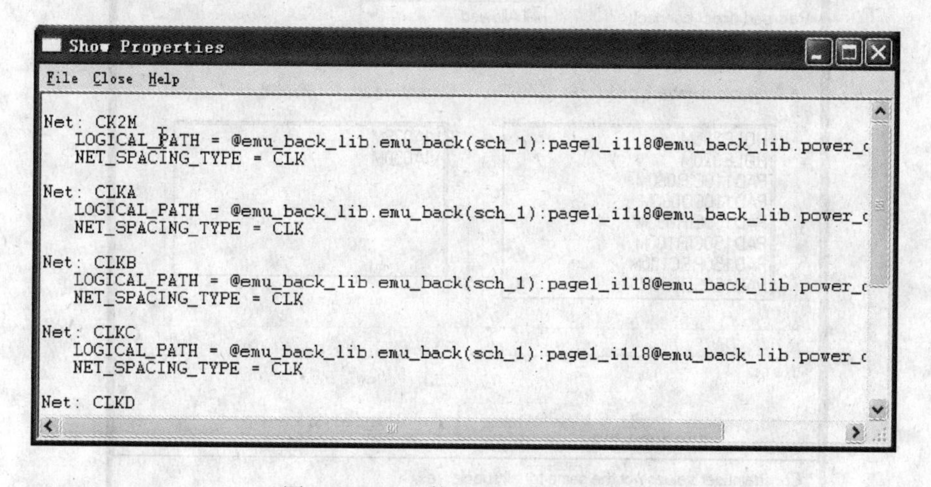

图 8-68　显示使用 CLK 规则对话框

8.7.3　高级的设计规则——物理规则的设定

1. 设定物理规则

在图 8-60 中的对话框中，单击 Physical rule set 中的 Set values... 的按钮，打开间距规则设定对话框，如图 8-69 所示。

在此对话框中，可以对所有层（选中 ALL ETCH）或单独的一层（选择相应的层）来设定默认的规则如：最小线宽规则。

在此还可以设定不同规则设定所使用的过孔，从 Via list property 中的 Available database padstacks 选择相应的过孔到 Current via list 中即可。

2. 添加新的规则

和间距规则设置一样，以可以添加不同的物理规则，还是 CLK 为例将其添加到物理规

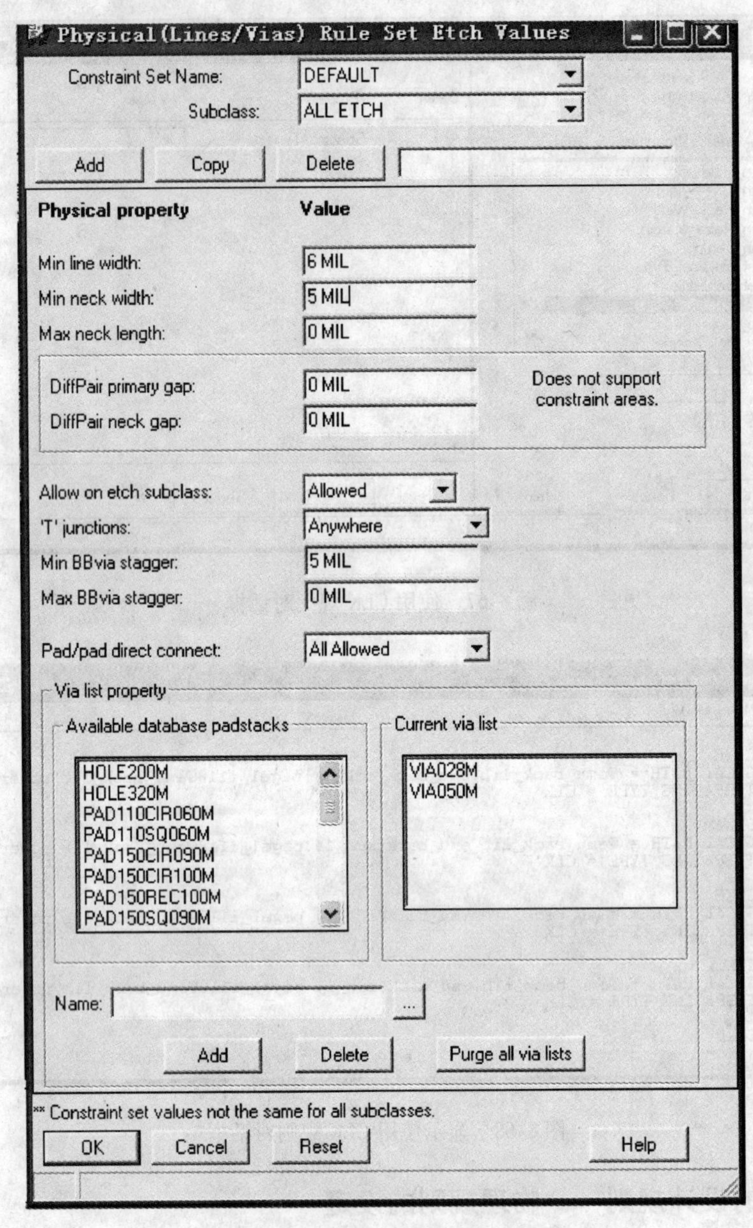

图 8-69　间距规则设置对话框

则中方法如下：

1）在 Add 栏中的输入格内，输入 CLK，再单击 Add 按钮完成 clk 规则添加。

2）在 Constraint Set Name 栏选择 CLK。

3）修改 Physical property 栏中的各项间距值使之适合与 CLK 的使用，如图 8-70 所示。

4）单击 OK 按钮完成规则的设置。

3. 应用新的规则

应用新的规则设置所操作的步骤和应用新的间距规则步骤在前三步都是一样的，从第四步开始讲起。

图 8-70　CLK 物理规则设置对话框

在 Edit Property 窗口中的 Available Properties 中选出 NET _ Physical _ TYPE 选项，在 Value 中输入 CLK，如图 8-71 所示。

单击 Apply 按钮完成设置，弹出如图 8-72 所示的显示窗口。

单击 OK 按钮完成规则的应用。

小提示：我们也可以先对网名赋予一定的规则，然后在规则设置中将其进去，且在编辑网名的时候可以直接对飞线进行操作。

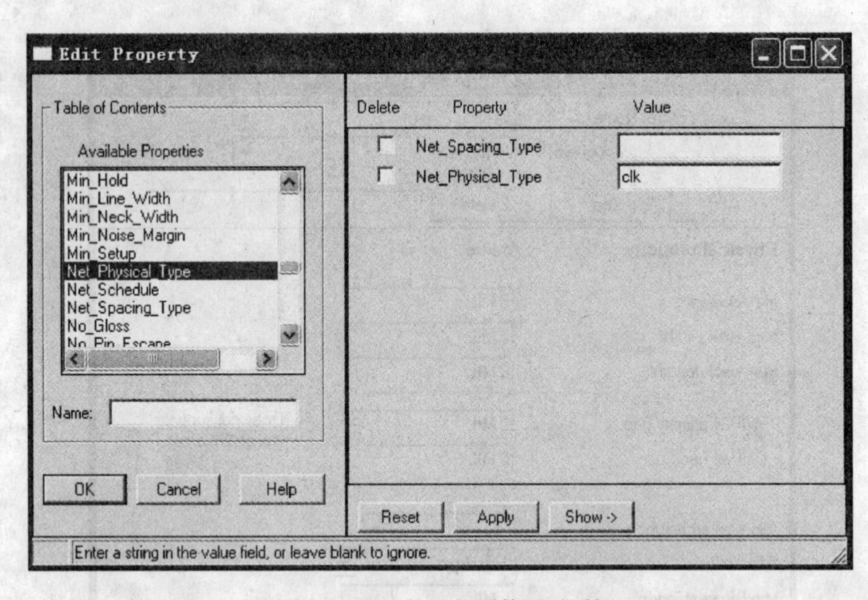

图 8-71　CLK 物理规则使用对话框

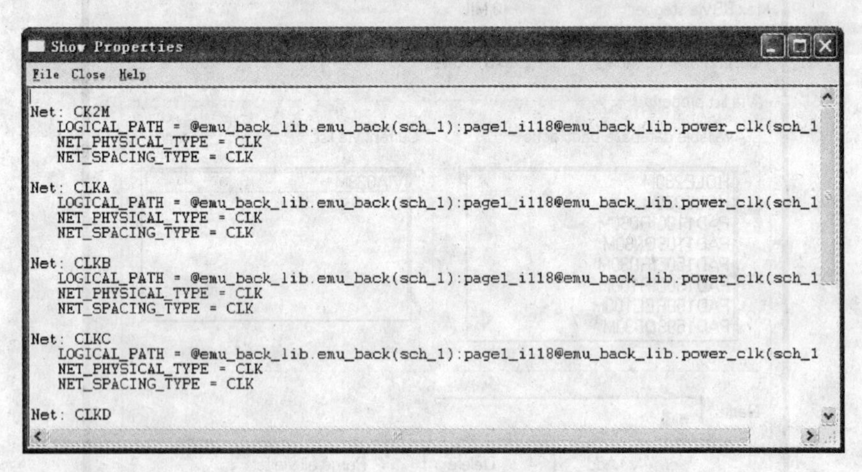

图 8-72　显示使用 CLK 物理规则对话框

8.7.4　区域规则的设定

不仅可以对不同的网名设定不同的间距、物理规则，也可以对特定的区域设定不同的间距、物理规则。下面就对一个插座设定特定区域规则（con）为例来讲述如何操作。

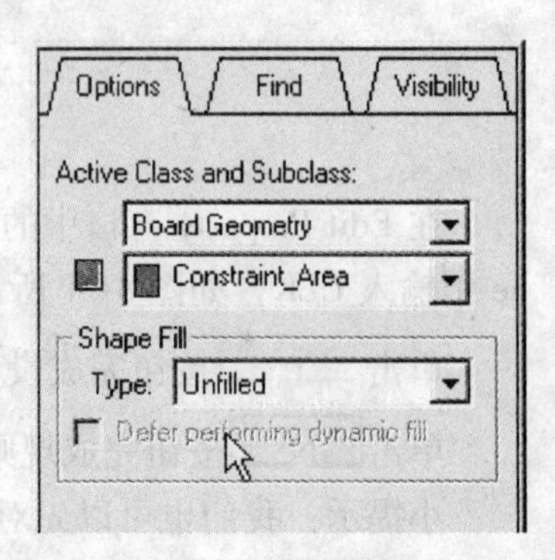

图 8-73　选择相应层

1）单击图 8-60 中 Constraint areas 的 Add 按钮。

2）在控制面板 Options 选项中选择相应的层如图 8-73 所示。

3）在插座周围划定一个区域如图 8-74 所示。

4）选择菜单栏中的 Edit/Properties 命令，在控制面板中的 Find 项勾选 Shapes 项，后选中插座周围的这个框（这其实是

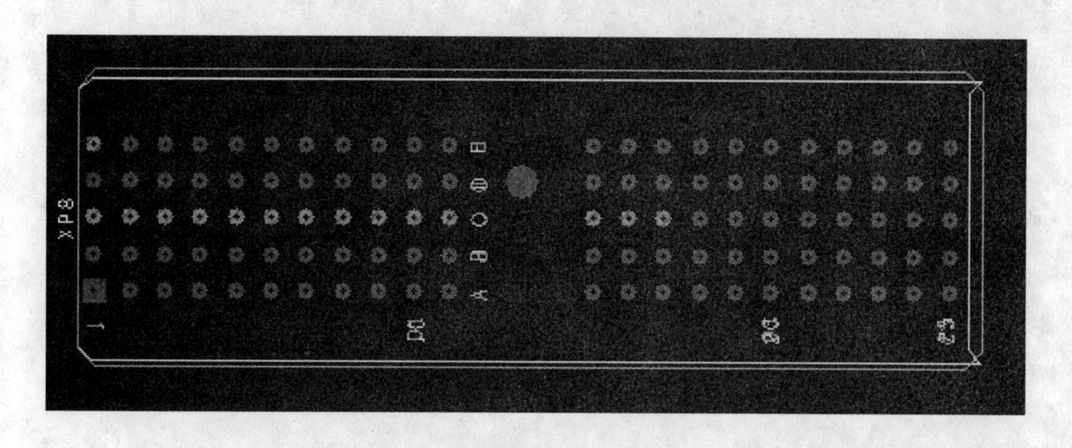

图 8-74　插座周围划定区域

一个没有填充的 Shape)，弹出属性添加对话框选中 NET _ SPACING _ TYPE 和 NET _ Physical _ TYPE 项在其后面 Value 中输入 CON 即可，如图 8-75 所示。

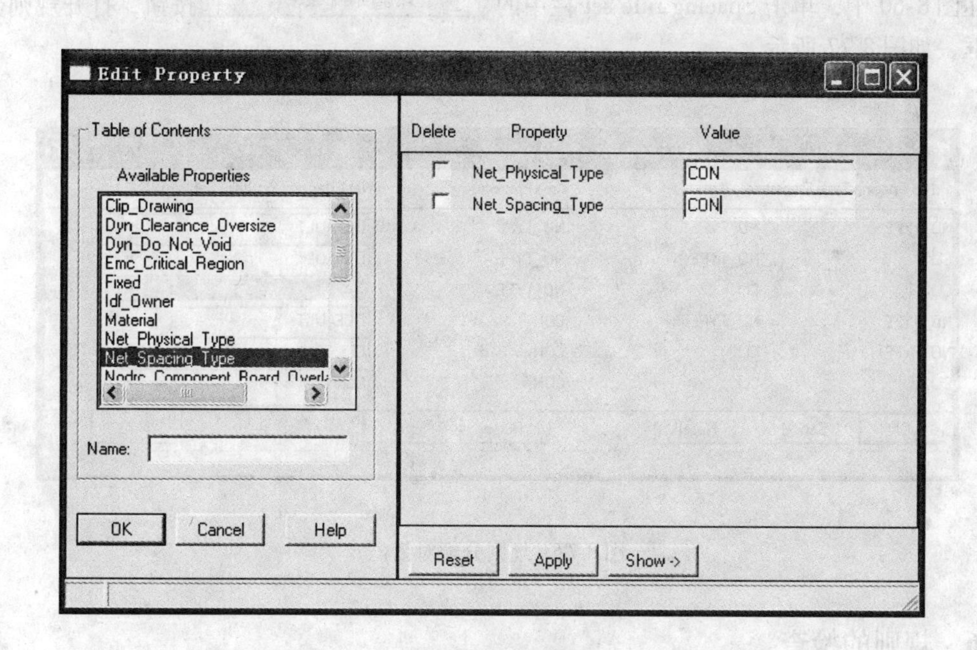

图 8-75　属性添加对话框

5）单击 Apply 按钮完成设置，弹出如图 8-76 所示的显示窗口。

6）单击 OK 按钮完成属性的添加。

7）参照前面所讲的添加新的规则方法，将规则 CON 添加到相应的间距规则和物理规则中。

```
Show Properties
File  Close  Help

Shape at 2080.0,6160.0 on subclass CONSTRAINT_AREA
   NET_PHYSICAL_TYPE = CON
   NET_SPACING_TYPE = CON
```

图 8-76　显示使用 CON 规则对话框

8.7.5　规则的分配

当对一个设计设定了不同的间距、物理及区域规则时，对不同的规则在不同的区域该使用哪个规则这就需要对规则进行分配。下面以间距规则的分配为例来给大家讲述。

在图 8-60 中，单击 Spacing rule set 栏中的 Assignment table... 按钮，打开规则分配对话框，如图 8-77 所示。

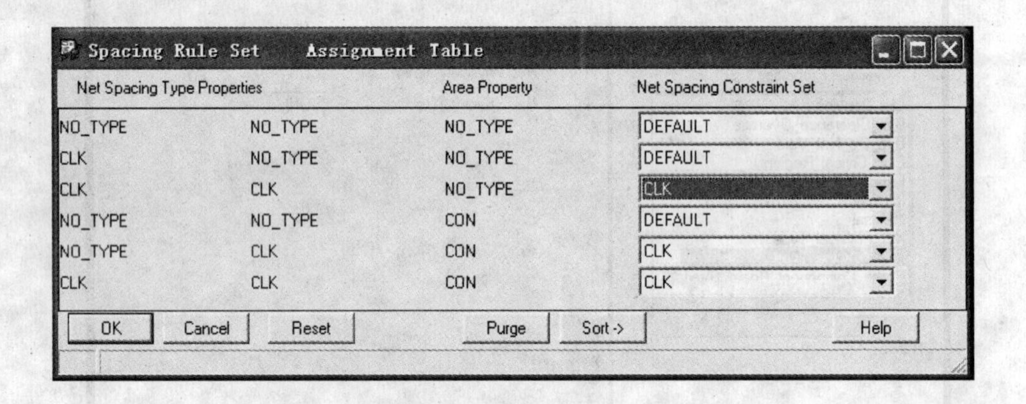

图 8-77　规则分配对话框

8.7.6　规则的检查

当设置好规则后，必须打开相关的规则设置，方能进行规则的检查，操作步骤如下：

1）选择 Setup/Constraints 命令，弹出系统规则对话框，如图 8-78 所示。

2）选择图 8-76 的 Design constraints... 按钮，打开规则设置对话框如 8-79 图所示。

3）在图 8-79 所示的对话框中，选择想打开的规则检查项。默认都是打开状态。ON 表示打开规则检查，OFF 表示关闭规则检查，Batch 表示在进行 Dbcheck 的时候进行规则的检查。

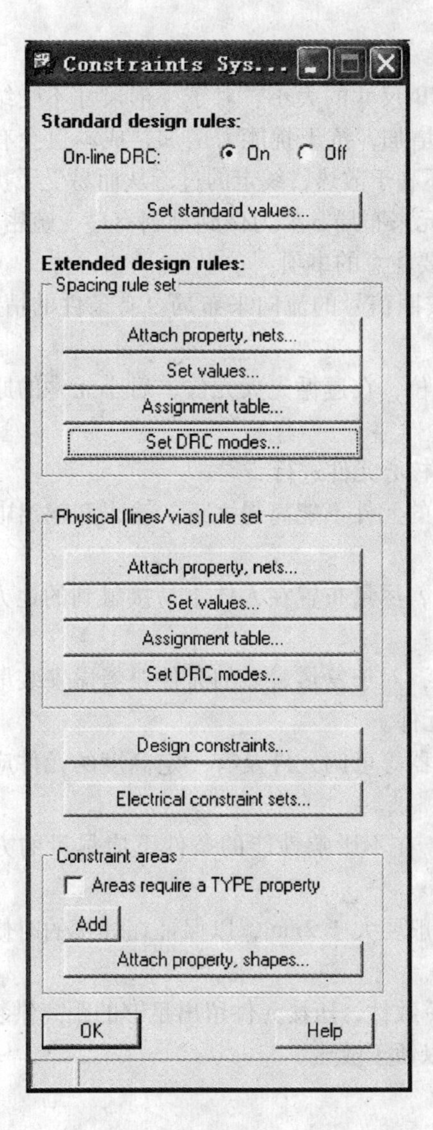

图 8-78　系统规则对话框

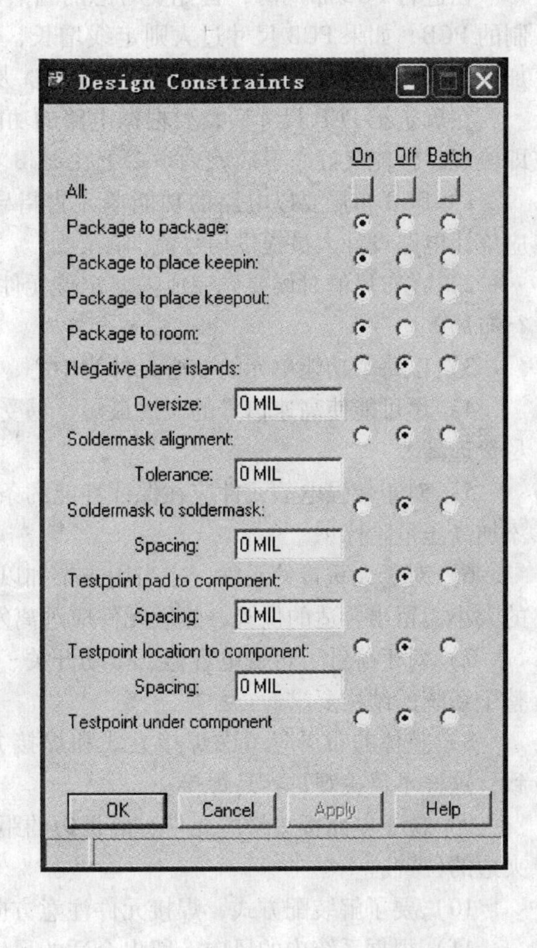

图 8-79　规则设置对话框

8.8　PCB 设计布局

PCB 的布局是 PCB 设计中的一个重要环节，布局的好坏直接影响到布线的效果，进而影响印制电路板的性能。所以，合理的布局是 PCB 设计成功的第一步。

布局的方式分为两种：交互式布局和自动布局。但是，自动布局还有很多局限性，现在普遍采用的还是交互式布局方式，这种方式是先将元件自动放置出来，然后再手动进行布局。在此把元件的布局和元件的放置分开来看，关于元件的放置在前面已经讲到了有两种方法即手动放置（Manually）和自动放置（Quickplace）。这节就主要讲解关于 PCB 布局方面的知识。

8.8.1 PCB 布局的注意事项

在进行 PCB 布局时，首先要考虑的当然是 PCB 尺寸的大小。对于外形尺寸不受结构控制的 PCB，如果 PCB 尺寸过大则走线增长，阻抗增加，抗干扰能力增加，成本也会有所增加；如果尺寸过小，则元件离得就会很近，从而不利于散热，线走的过近从而易受干扰。

在确定了 PCB 尺寸后，要根据电路的功能单元来布局，努力做到排列有序、疏密恰当，即美观，性能又好。下面就列举一下在 PCB 布局要注意的事项：

1）PCB 布局要以电路的功能单元为指导，按照信号的流向来布局。有条件的情况下，应该让电路设计人员提供信号流向图。

2）在布局的时候要先完成需要定位元件的定位，在遵循先大元件，后小元件的原则进行布局。

3）以每个功能单元的核心元件为中心，围绕核心元件进行布局。

4）尽可能使高速信号的飞线最短，易受干扰的元件不能离得太近，输入和输出电路要尽量远离。

5）对于带强电的元件应在保证性能的条件下，尽量布置在人体不易接触到的地方，并添加高压危险标识。

6）对于大重量的元件，应当用支架加以固定，对于发热量多的元件要考虑安装散热片的大小，留出合适的位置，热敏元件应远离发热元件。

7）对于跳针、可变电容器、微动开关、电位器等可调元件及有一定高度的元件应考虑整个系统的结构要求。

8）整体的布局应考虑焊接方式和焊接方向，在不影响性能的条件下应尽量的方向一致，这样不仅美观且容易焊接。

9）位于电路板边缘的元件，离板边的距离一般要大于 2mm，以保证在焊接的时候留出夹边的位置。

10）要了解装配方式，焊接元件注意方向的一致性，压接元件留出足够的距离供装配。

11）根据系统内的风向，留出合适的风道，以便于散热。

8.8.2 PCB 手动布局常用的命令介绍

当将元件自动放置到印制电路板的四周后，如图 8-80 所示，我们就需要使用 Allegro 中编辑栏命令：移动、旋转及镜像来将其合理的布置在印制电路板内。

1. 移动

选择菜单栏中的 Edit/Move 命令或单击按钮，在控制面板中 Find 层面选择 Symbols 项，在控制面板中 Options 层面可以设置移动点（元件原点、元件中心点、用户随意单击点及引脚）单击所要移动的元件，移动鼠标将其移动到合适的位置，如图 8-81 所示。

2. 旋转

首先选择菜单栏中的 Edit/Spin 命令，然后在控制面板中 Find 层面选中 Symbols 项，随后即可在控制面板 Options 层面设置旋转点（可以是元件原点、元件中心点、用户任意单击点或用户选择的引脚）和旋转角度。设置完以上项后，单击要旋转的元件，移动鼠标将其旋转合适角度，如图 8-82 所示。

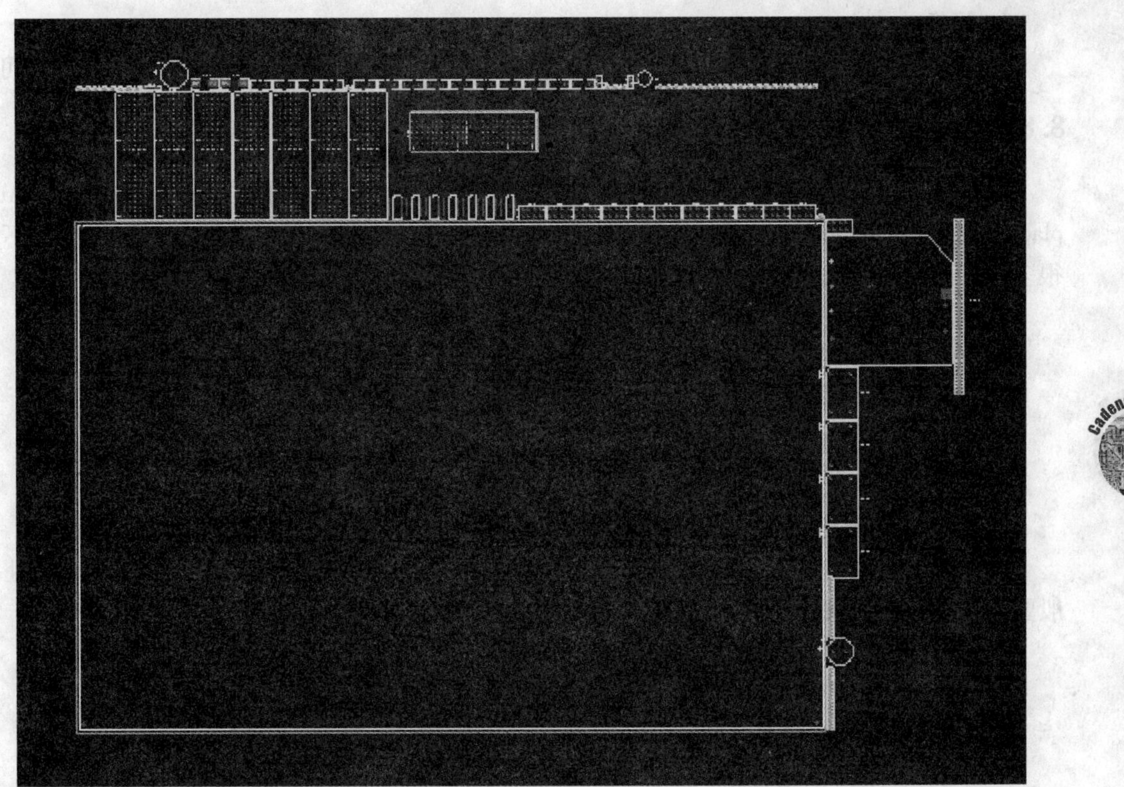

图 8-80　自动放置后的界面

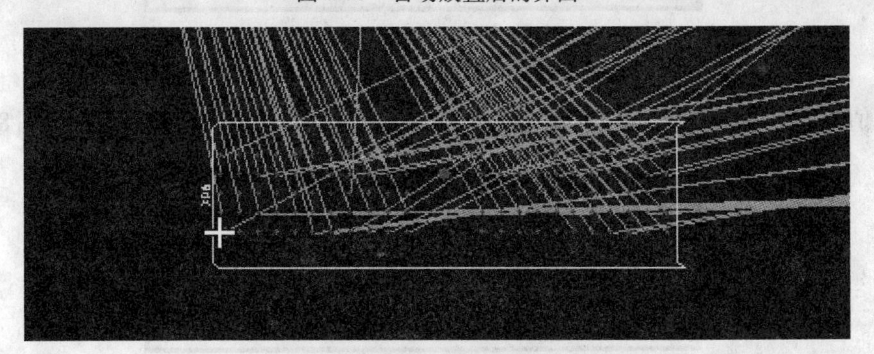

图 8-81　设置移动点

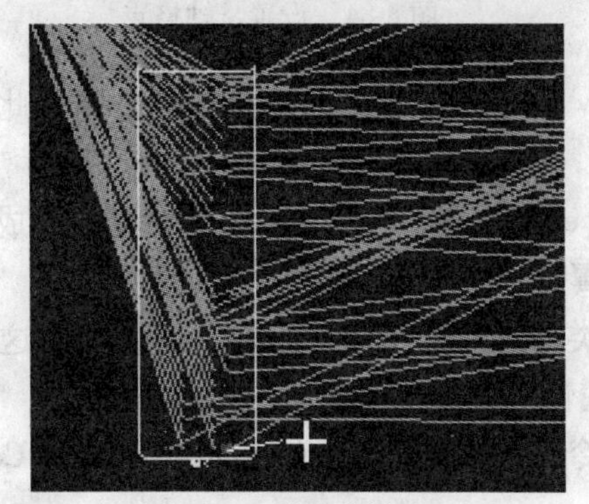

图 8-82　设置旋转点

3. 镜像

选择菜单栏中的Edit/Mirror命令，在控制面板中Find层面选择Symbols项，将其镜像即可。

8.8.3 PCB的自动布局

Allegro中除了提供手动放置元件和自动放置元件外，也提供了自动布局的功能（Auto place）。因其本身的局限性很难能够布出我们所能接受的布局，所以这项命令使用的也不是很多，下面还是给大家讲述一下这个命令。

在使用此命令之前，下面几项设置一定要保证的。

1）保证印制电路板中无放置元件，如有已经放置出元件就删除所有元件。

2）保证印制电路板中设定了元件布局区域（Package keepin）。

3）使用此命令要对栅格重新设置。

操作步骤如下：

1. 重新设定栅格

选择Place/Auto place/Top Grid命令，设置顶层栅格，此时出现设定x轴格点（此处一般要设置大一些，在此设置120mil），如图8-83所示。

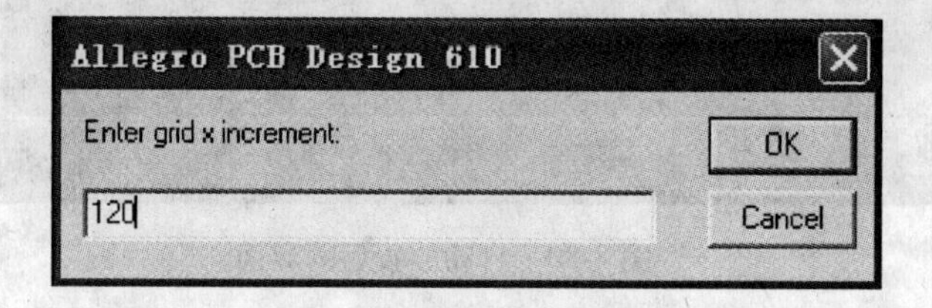

图8-83 设置x轴格点

输入值以后，单击OK按钮，完成x轴格点设置，开始设置y轴格点，如图8-84所示。

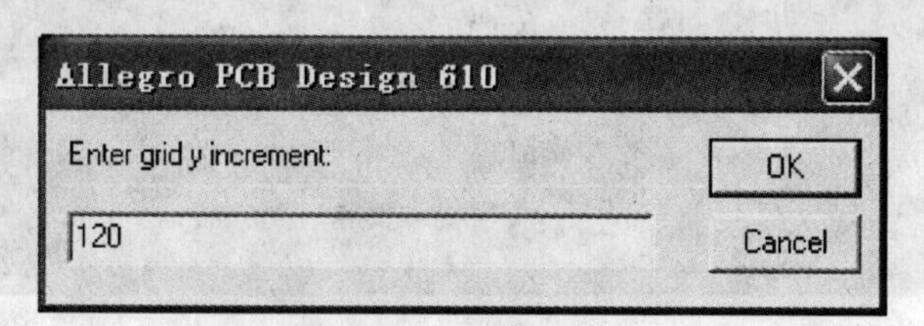

图8-84 设置y轴格点

单击OK按钮完成y轴的设定，单击鼠标右键，删掉此命令，完成Top层栅格的设置。

依照相同方法选择Place/Auto place/Bottom Grid命令，完成Bottom层栅格的设置。

2. 添加元件自动布局属性

如果需要Allegro对一类的元件进行自动布局，必须要对这类的元件添加一个自动布局的属性——PLACE _ TAG属性。操作流程如下：

选择Edit/Properties命令，在控制面板中的Find层，选择Comps项，在Find By Name下拉菜单中选择Comp（or Pin）项，单击More...按钮，打开元件选择对话框，如图8-85所示。

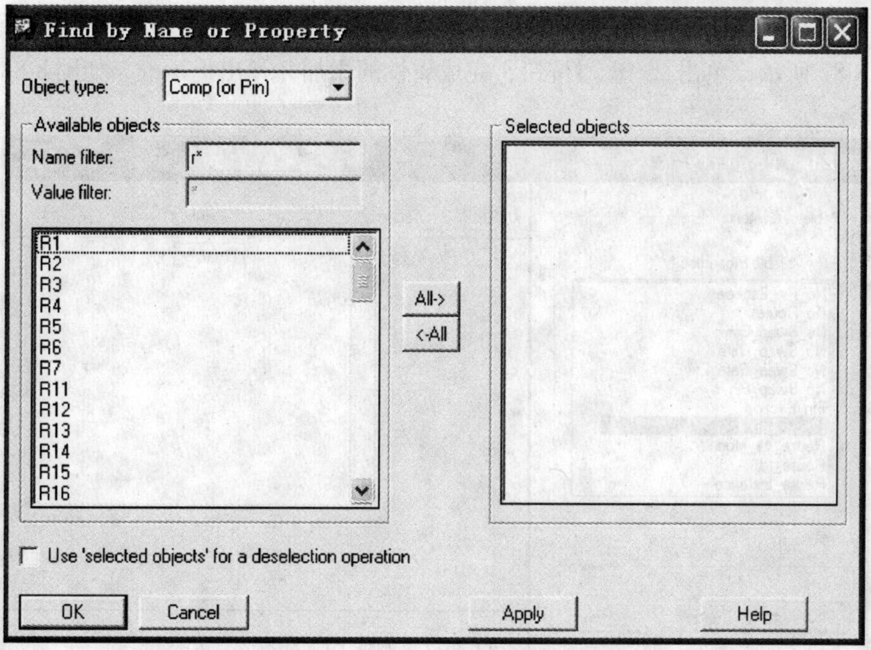

Find by Name or Property

Object type: Comp (or Pin)

Available objects

Name filter: r*

Value filter: *

R1
R2
R3
R4
R5
R6
R7
R11
R12
R13
R14
R15
R16

All->
<-All

Selected objects

Use 'selected objects' for a deselection operation

OK　Cancel　Apply　Help

图 8-85　元件选择对话框

在此对话框中，选择出要自动布局的类如所有的电阻。在 Name filter 过滤中使用通配符 r*，单击 Tab 键（不能使用回车）将所有电阻全部选出，单击 All-> 按钮将其全部选中，如图 8-86 所示。

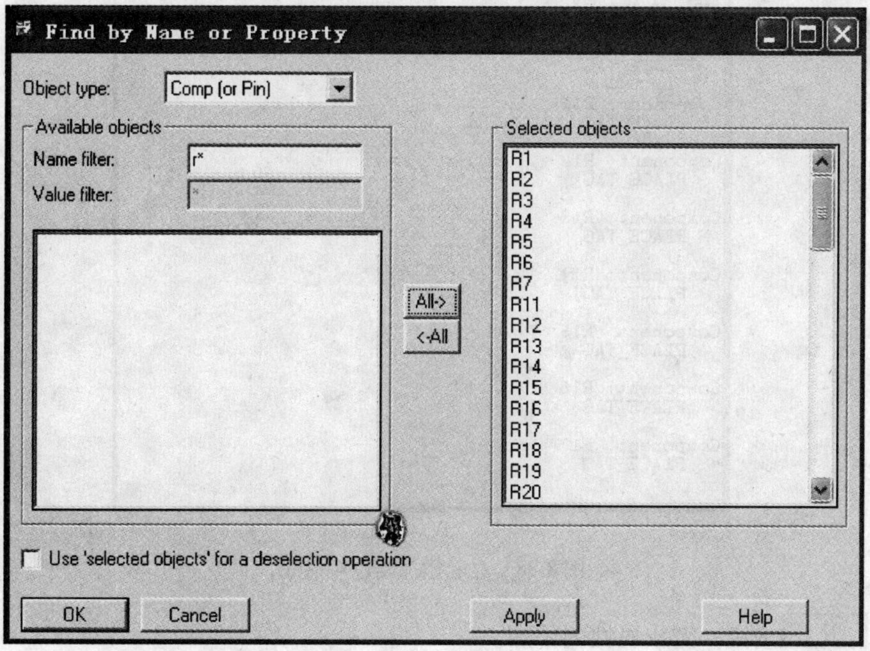

Find by Name or Property

Object type: Comp (or Pin)

Available objects

Name filter: r*

Value filter: *

All->
<-All

Selected objects

R1
R2
R3
R4
R5
R6
R7
R11
R12
R13
R14
R15
R16
R17
R18
R19
R20

Use 'selected objects' for a deselection operation

OK　Cancel　Apply　Help

图 8-86　选中元件

单击 Apply 按钮，在属性添加栏中添加 PLACE _ TAG 属性，并将其设置为 TRUE 属性。如图 8-87 所示，单击 Apply 按钮，完成属性的添加并弹出提示框，如图 8-88 所示。

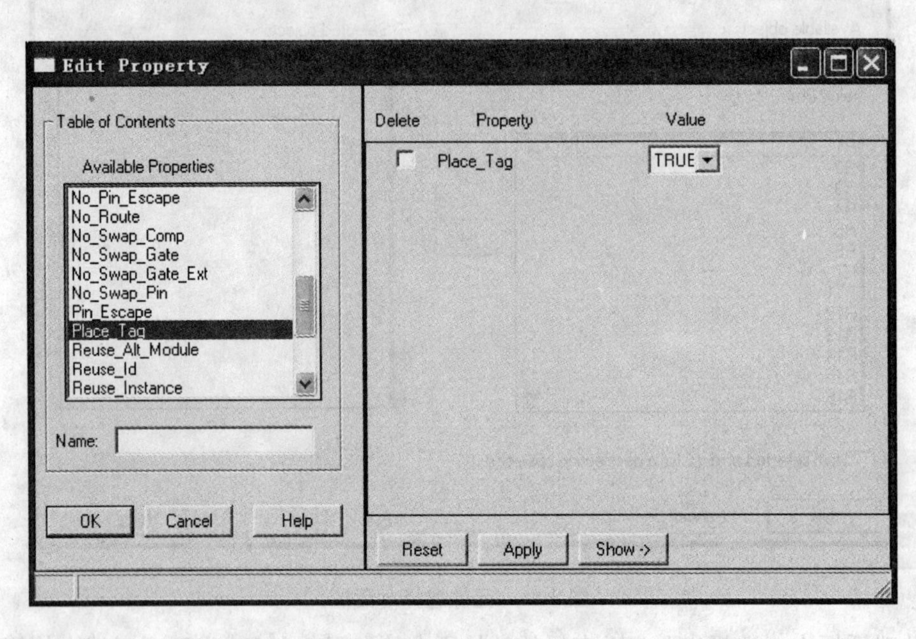

图 8-87　添加元件属性对话框

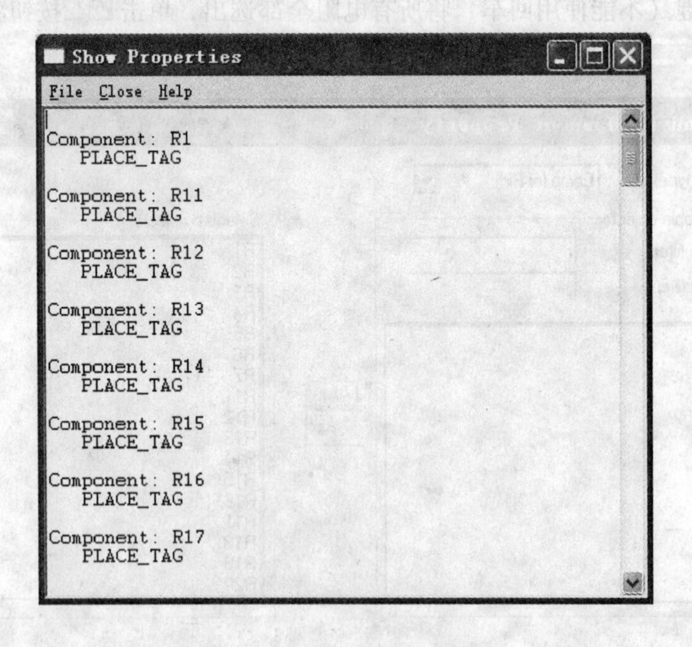

图 8-88　显示添加属性对话框

单击 OK 按钮，完成属性的添加。

3. 设置自动布局参数

选择 Place/Auto place/Parameters 命令，打开自动布局设置对话框，如图 8-89 所示。

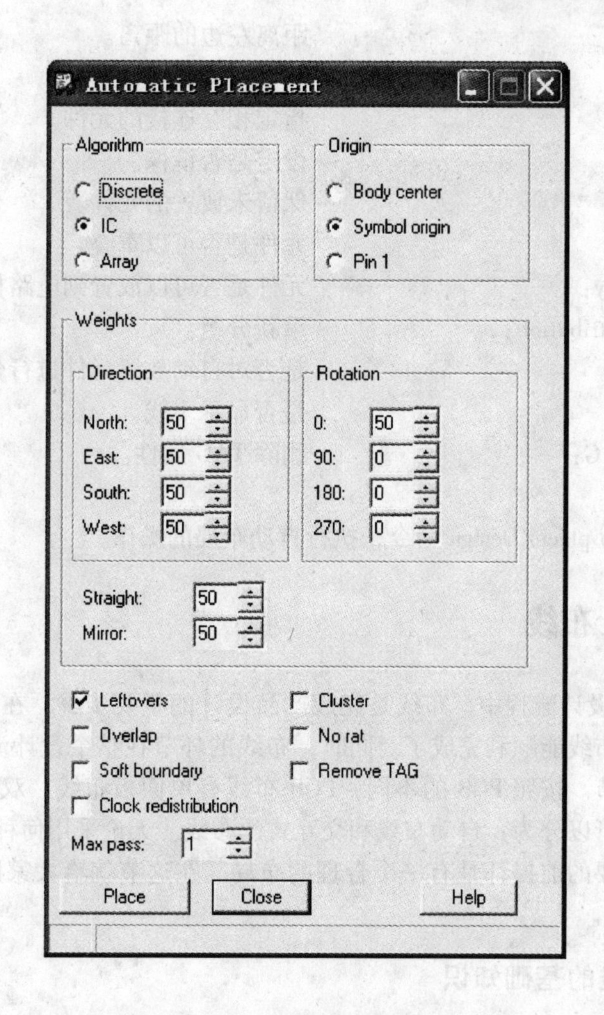

图 8-89　自动布局参数设置对话框

各项功能说明：

1）Algorithm：　　指定放置元件的格式；

　　Discrete：　　表示离散元件；

　　IC：　　表示集成元件；

　　Array：　　表示阵列。

2）Origin：　　指定元件的定位点；

　　Body center：　　以元件中心为定位点；

　　Symbol origin：　　以元件的原点为定位点；

　　Pin1：　　以 1 引脚为定位点。

3）Direction：　　设定元件摆放位置；

　　North：　　距离顶部的距离；

　　East：　　距离右边的距离；

　　South：　　距离底部的距离；

West：　　　　　　　　　　　　　距离左边的距离。

4）Rotation：　　　　　　　　　　设置元件旋转角度。

5）Straight：　　　　　　　　　　指定相互连接的元件。

6）Mirror：　　　　　　　　　　　设定是否镜像。

7）Leftovers：　　　　　　　　　　保留未放置的元件。

8）Overlap：　　　　　　　　　　　元件是否可以重叠。

9）Soft boundary：　　　　　　　　元件是否可以放置到电路板以外区域。

10）Clock redistribution：　　　　　重新分组。

11）Cluster：　　　　　　　　　　　是否对自动放置元件进行分组。

12）No rat：　　　　　　　　　　　是否显示飞线。

13）Remove TAG：　　　　　　　　　删除TAG属性。

4. 自动布局

选择Place/Auto place/Design命令，执行自动布局的操作。

8.9 PCB设计布线

在整个的PCB设计流程中，布线是完成产品设计的重要步骤，在做了大量的准备工作后，所期望的就是布线能顺利完成了。同时，布线的环节在整个设计流程中是工作量最大、技巧最细的一个环节。按照PCB的不同，PCB布线有单面板布线、双面板布线和多层板布线。按照布线方式可以分为：自动布线和交互式的布线。无论采用何种方式布线，能否顺利完成布线的一个重要的前提都是有一个合理的布局。在这节就给大家讲述一下PCB布线方面的知识。

8.9.1 PCB布线的基础知识

1. 电源和地的处理

对于一个PCB设计来说，电源和地线的处理是十分重要的。由于电源和地平面产成的噪声，会使得产品的性能下降甚至影响到整个产品的成功率。下面分不同的情况来讨论对电源和地走线的处理方式。

1）在电源和地之间加滤波电容，使得电容尽量靠近电源管脚且平均分布。

2）对于多层板，使用单独的层作地平面层和电源层，过孔的引线要尽可能的短且尽可能的宽。

3）对于双面板，电源和地的导线要加宽。最好是地线的线宽大于电源线的线宽，它们的关系是：地线线宽>电源线宽>信号线宽。数字电路的PCB设计，可使用宽的导线组成网格铺地。

4）对于有数字电路和模拟电路混合设计的PCB设计，要处理好数字地和模拟地的共地问题，要在内部将数字地和模拟地彻底地分开，只在外界接口处给一个短接点。因为，数字电路频率高，模拟电路敏感度强，所以，对普通信号线也要注意干扰的问题。最好能够在PCB上分块处理。

5）地平面要比电源平面整个扩出一部分，尽量满足20H原则。

2. 平面层上布线的问题

在一个多层的 PCB 设计中，尽量不要将信号线布到电源或地的平面上，如果实在未布完的线所剩不多而考虑成本的因素不能加层。需要将少量的信号线布到平面上的话，要选择布到电源平面上而保证地平面是一个完整且干净的平面。

3. 布线步骤

无论是采用自动布线还是交互式布线方式，都要优先处理好电源和地的导线，在处理重要的信号线如高速、时钟信号线，最后处理普通的信号线。

4. 布线方向

在相邻的两层，要选择互相垂直的方向来布线，要尽量缩短线与线之间的平行距离，特别是不同源的信号线平行距离。

8.9.2　添加过孔

要实现 PCB 的布线工作，首先的工作是添加过孔。操作流程如下：

1）选择菜单栏中的 Setup/Constraints 命令或单击 Setup 工具栏中的按钮打开如图 8-90 所示的规则设置对话框。

2）单击图 8-90 规则设置对话框中的 Physical rule set 栏中的 Set values 按钮，打开物理规则设置对话框，如图 8-91 所示。

3）单击 Name 处的按钮打开库中的所有焊盘文件选择所需要的过孔后单击 OK 按钮，如图 8-92 所示，或者在输入栏中直接输入过孔的名字后单击 Add 按钮。

4）单击 OK 按钮，完成过孔的添加。

小提示：1）在选择过孔的时候，一定要确保过孔所在文件夹路径设置的正确。

2）在此可以根据不同的规则来选择不同的过孔，如 BGA 区域选择 VIA-bga 的过孔，默认选择 via028m 过孔等。

8.9.3　PCB 手动布线常用的命令介绍

1. 布线

单击 Route 工具栏中的按钮后，将控制面板中的 Find 层全部选中，在 Options 层选择布线的模式如图 8-93 所示。

Options 层各选项说明如下：

Act：当前的布线层。

Alt：换层后的布线层。

Via：选择合适的过孔。

Net：当前布线的网名。

Line Lock：选择导线模式和转弯角度，直线或圆弧布线。

Miter：设置转弯的时候斜线的长度。

Line Width：设置导线线宽。

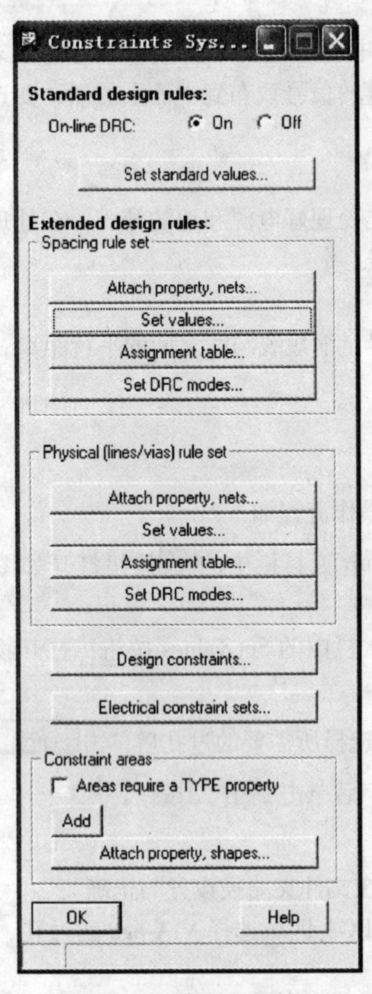

图 8-90　规则设置对话框

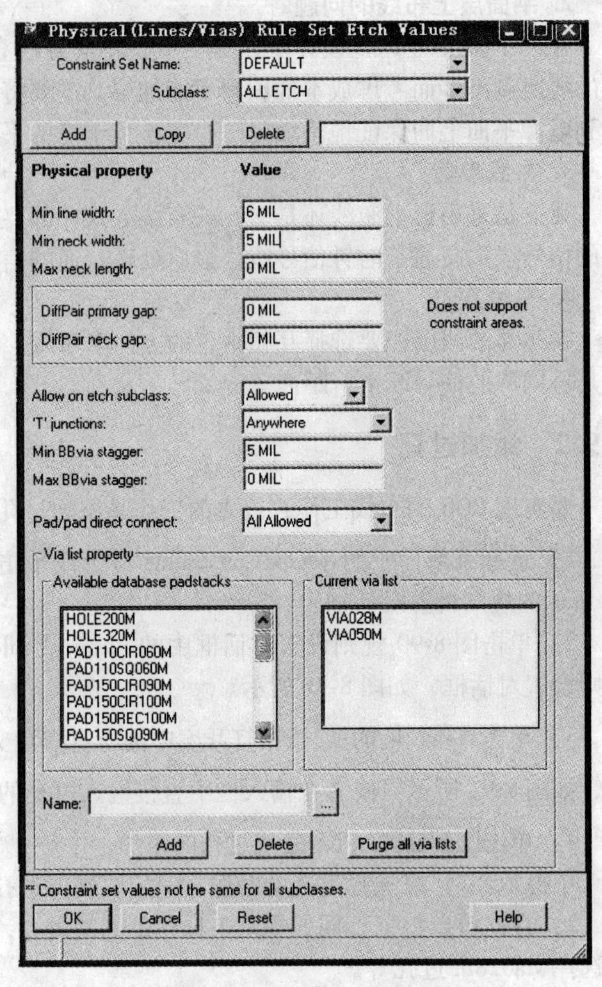

图 8-91　物理规则设置对话框

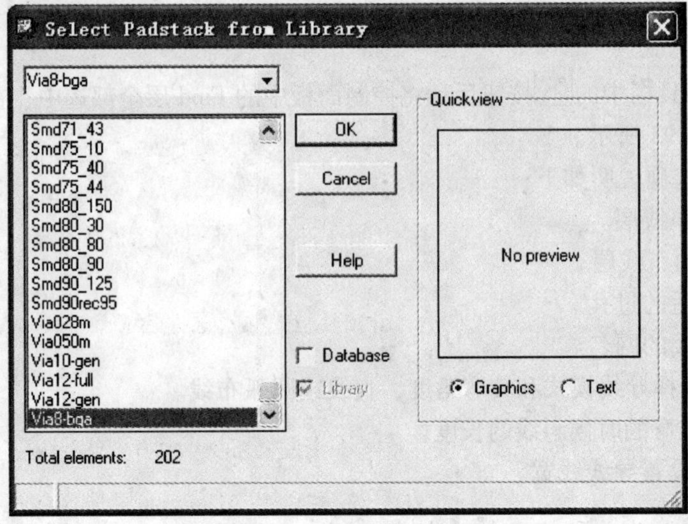

图 8-92　过孔选择对话框

Bubble：选择避让模式即自动推挤、按间距推挤或不避让。

Snap to connect point：自动取到连接点，此处一定要选中。

Replace etch：自动取代原来的走线，选择此项表示在布线的时候遇到重复布线自动取代原来导线。

2. 推线

单击工具栏中的按钮后，将控制面板中的 Find 层全部选中，在 Options 层选择推线的模式，如图 8-94 所示。

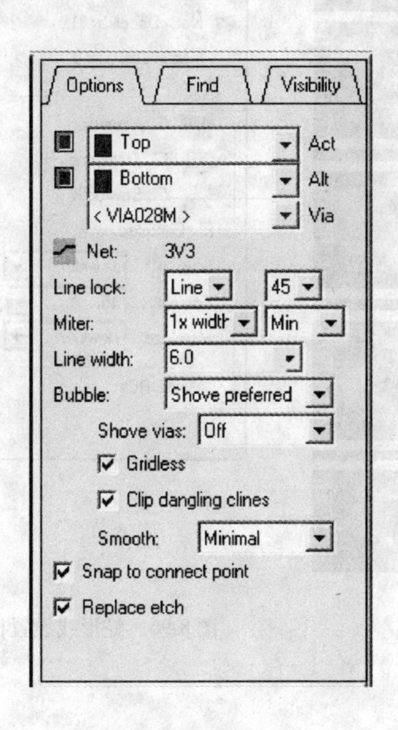

图 8-93　布线设置栏

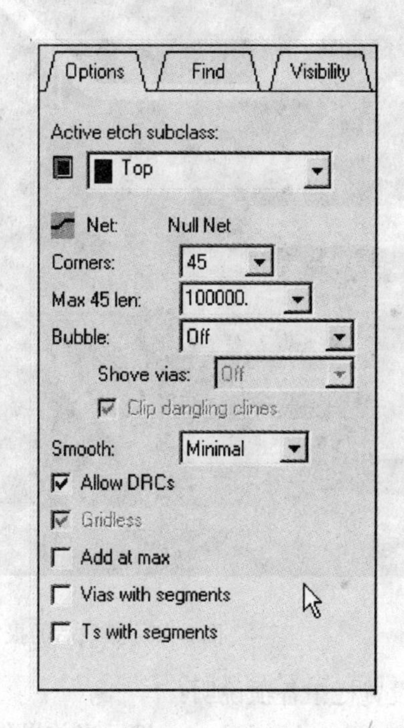

图 8-94　推线设置栏

自动推线是 Allegro 中的一个特色，使用此功能很大地方便了修线的工作。其中最重要的是 Bubble 的功能，Bubble 是模式选择项。

Off 表示不打开此功能，在推线的时候会不考虑规则设置，任意地推线，但是推线完成后会报错。如图 8-95 所示。

选择 Hug preferred 此项，只对线的两边的空间进行推挤，当遇到规则不满足的时候就自动停止。

Shove preferred 表示自动地对线在有空间的范围内随意地推挤，可以驱动一组线进行推挤。

3. 蛇形线

在需要对导线进行长度匹配的时候，就要使用走蛇形线的方式来完成长度匹配。

单击 Route 工具栏中的按钮后，在控制面板中的 Options 层选择蛇形线的模式，如图 8-96 所示。

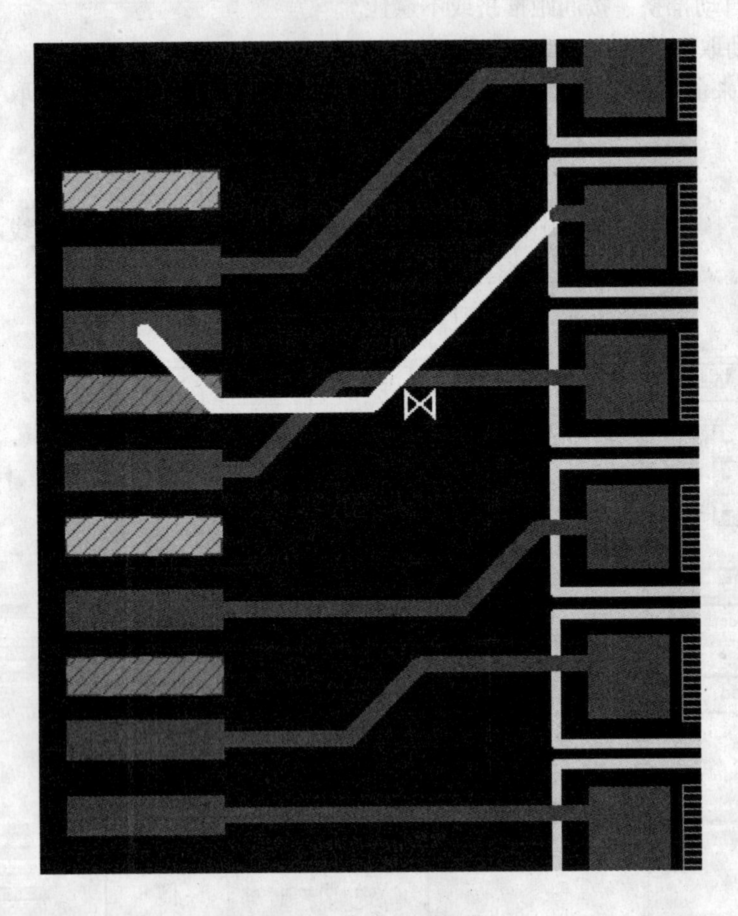

图 8-95 推线后的报错

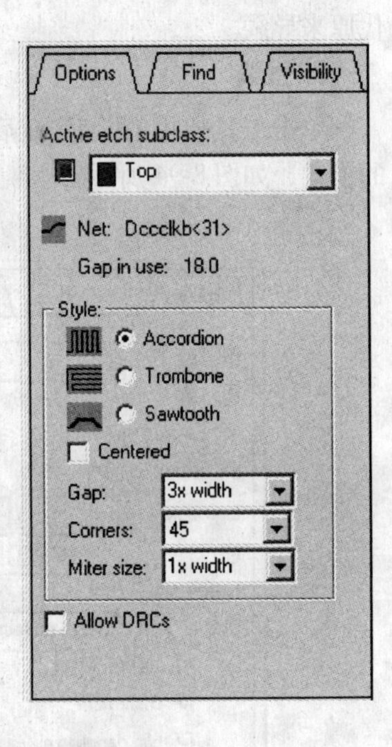

图 8-96 蛇形线设置栏

设置栏中各项说明：

Active etch subclass：显示当前操作的层。

Net：当前操作线的网名。

Gap in use：蛇形线中的线间距。如选择 3 倍的线宽就是 18mil。

Style：选择蛇形线的 3 种形式。

Centered：选中此项对线的两边分别走蛇形线，如图 8-97 所示。

Gap：选择蛇形线内的线间距。

Corners：选择蛇形线转弯时的角度。

Miter size：选择转角的斜线长度。

Allow DRCs：允许 DRC 的检查。

4. 平滑线

单击 Route 工具栏中的按钮后，在控制面板中的 Find 层选择对 Clines、nets 或 Cline Segs 进行操作，在 Options 层设置平滑线的模式如图 8-98 所示。

设置好以后，选择要操作的线，其效果如图 8-99 所示。

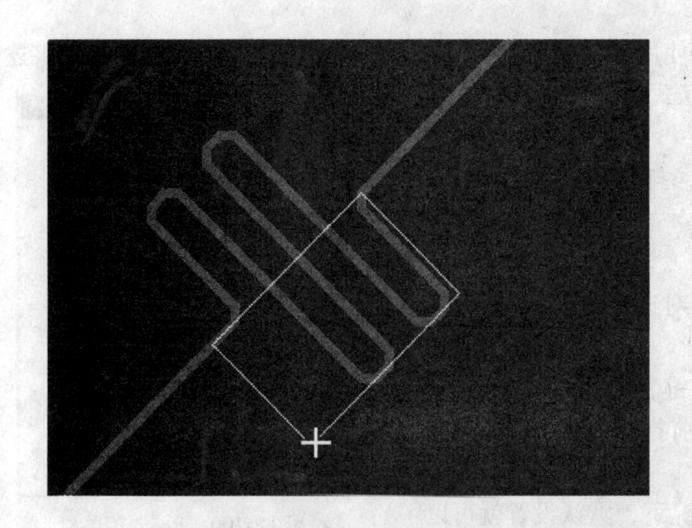

图 8-97　两边是蛇形线

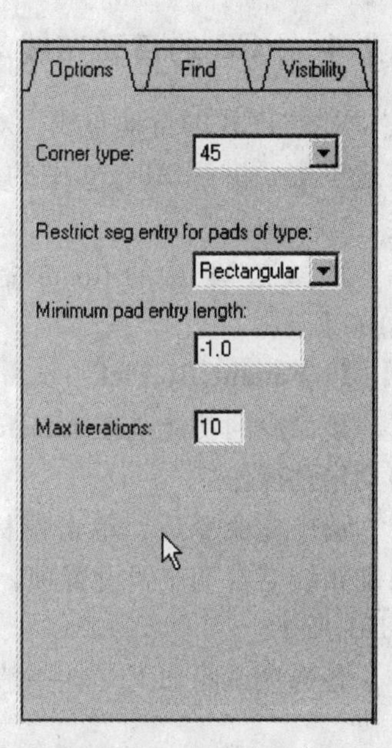

图 8-98　平滑线设置栏

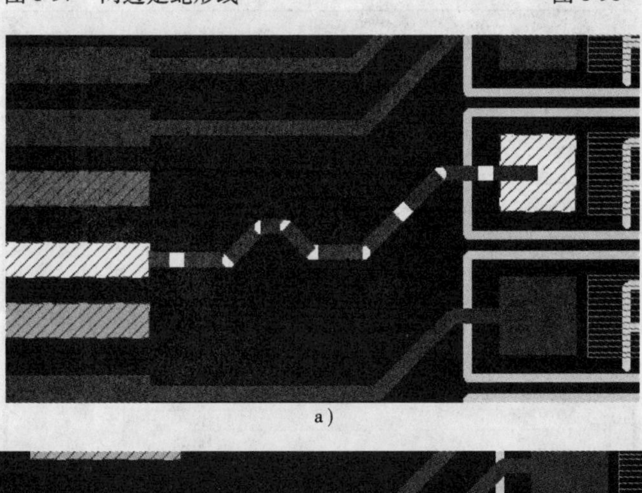

a）

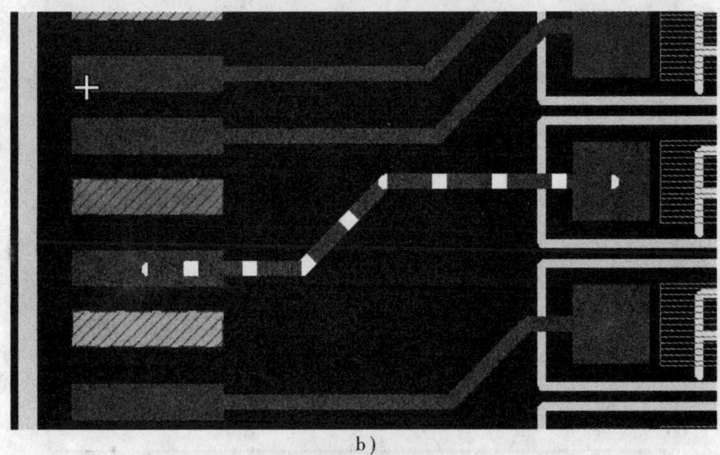

b）

图 8-99　平滑线使用效果比较

a）使用命令前的布线　b）使用命令的布线

8.9.4 PCB 的自动布线

对于 PCB 的自动布线，对于使用自动布线器的部分会在本书的第 11 章做详细的讲述，在这里主要讲解 Allegro 中的交互式自动布线几个主要的功能。

选择菜单栏中的 Route 命令，打开布线的主菜单，如图 8-100 所示。

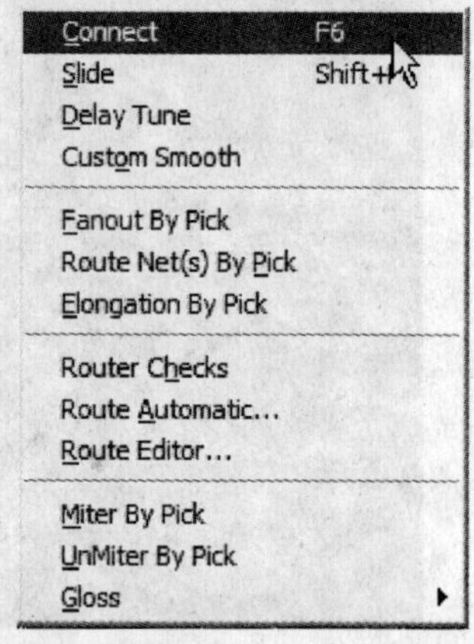

图 8-100　Route 菜单栏

1. Fanout By Pick

该命令的功能是在 Allegro 中对选定的网名或者元件进行自动扇孔操作。

选中此命令后，单击鼠标右键，选择 Setup 命令，打开自动布线器自动布线设置项，当前打开项为 Fanout 项，如图 8-101 所示。

各选项说明如下（在一般情况下，默认设置就可以了）：

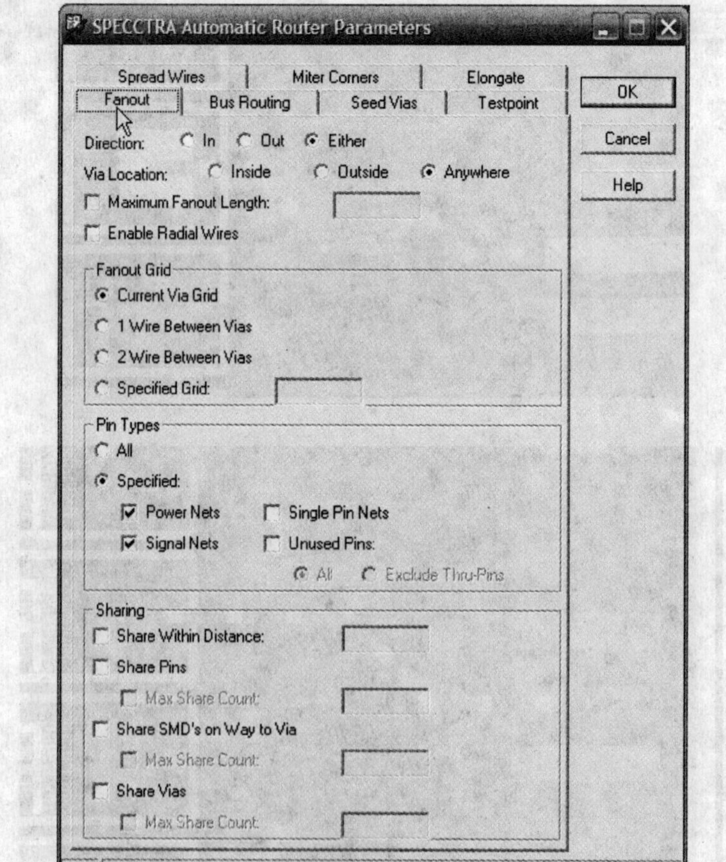

图 8-101　Fanout 设置栏

Direction：　　　　　　　　设置扇孔相对于元件管脚的方向。
Via Location：　　　　　　　设置扇孔相对于元件外框的位置。
Maximum Fanout Length：设置从引脚到过孔的最大距离。默认为自动居中。
Enable Radial Wires：　　　设置布线是是否需要散射状连线，在 Allegro 一般不用。
Fanout Grid：　　　　　　　设置扇孔的格点设置。
Pin Types：　　　　　　　　设置扇孔的引脚类型。
Sharing：　　　　　　　　　设置扇孔的一些共享项目。

单击 OK 按钮，完成扇孔的设置，直接单击想要扇孔的元件和网名即可。

2. Route Nets By Pick

该命令的功能是在 Allegro 中对选定的网名进行自动布线。

选中此命令后，单击鼠标右键，选择 Setup 命令，打开自动布线器自动布线设置项，如图 8-102 所示。该对话框用来设置对自动布线过程中的一些参数，可以设置布线次数、灵活布线及选定一个 Do 文件。因其和布线器中设置基本差不多，请大家参看布线器使用章节。

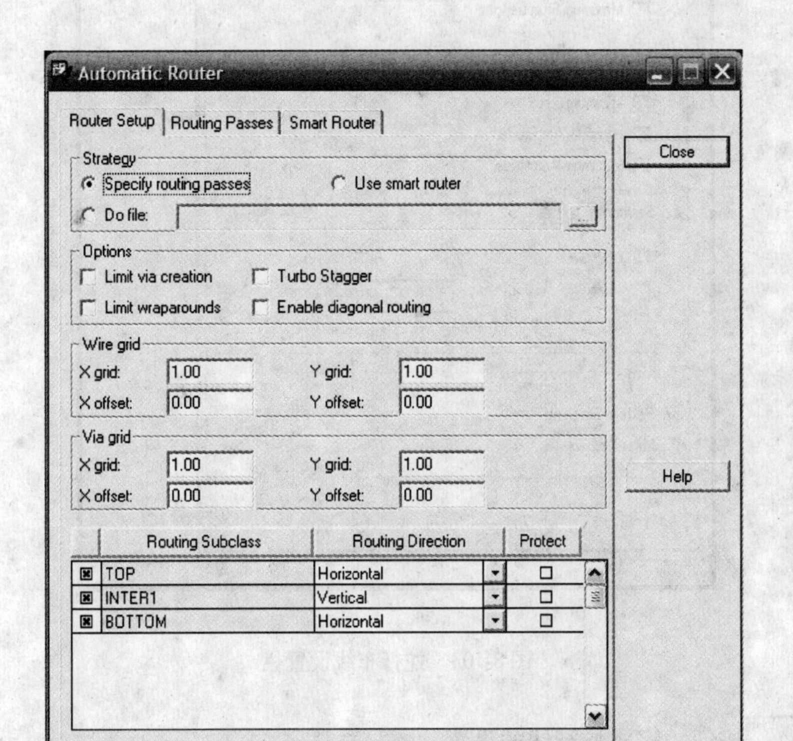

图 8-102　自动布线设置栏

单击 OK 按钮，完成布线的设置，直接单击想要布线的网名即可。

3. Elongation By Pick

该命令的功能是在 Allegro 中对选定的网名进行自动布线的时候按照蛇行线的走法来匹配长度。选中此命令后，单击鼠标右键，选择 Setup 命令，打开自动布线器自动布线设置项，当前打开项为 Elongate 项，如图 8-103 所示。

在此提供了 4 种形式的蛇行线模式供选择：Meander、Trombone、Accordion、Sawtooth。每一种模式都可以设定绕线长度，间距等。

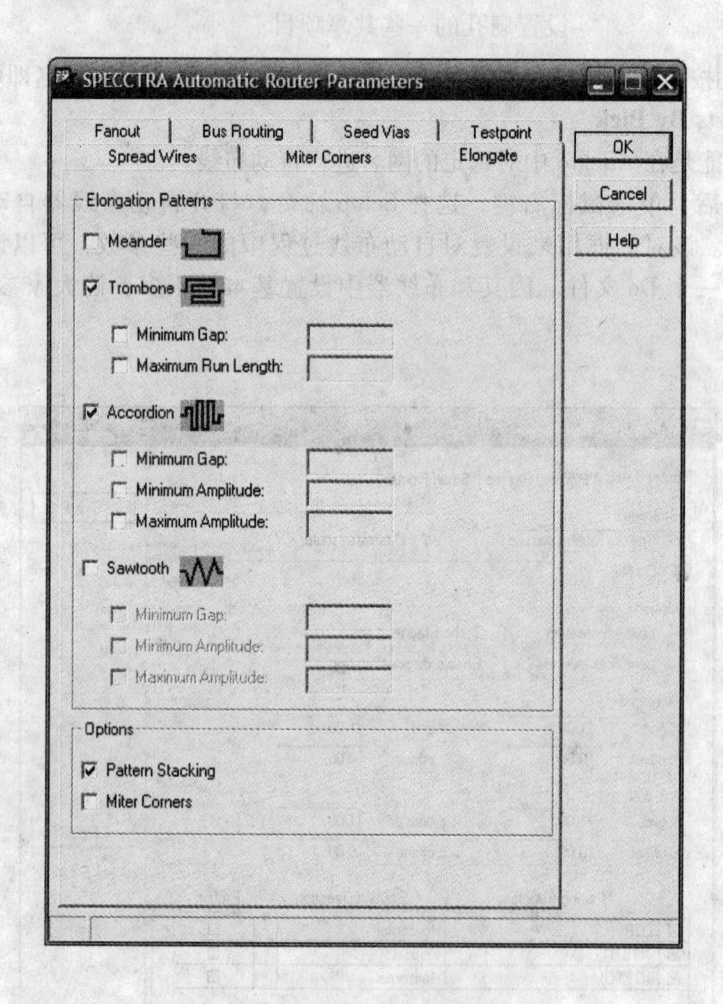

图 8-103　蛇行布线设置栏

单击 OK 按钮，完成蛇行线的设置

4. Route Automatic

此项设置与 Route Nets By Pick 设置一样。所不同的是此处可以进行对整板或选择一定的网名进行布线，多了一个 Selections 设置栏，进行设置，如图 8-104 所示。

5. Route Editor

单击此命令，打开 SPECCTRA 布线器，进行自动布线，请参考本书第 11 章内容。

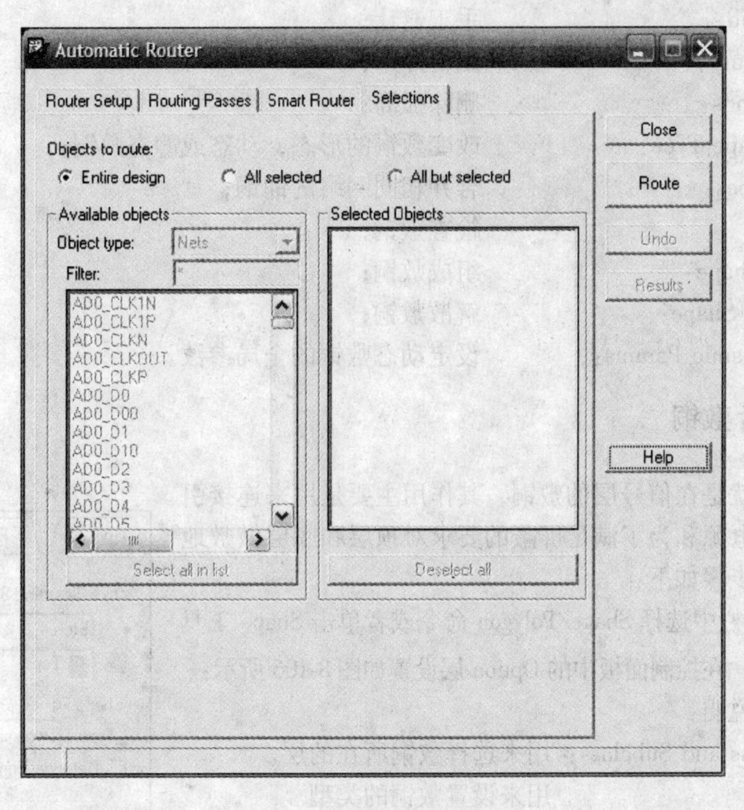

图 8-104　自动布线设置栏

8.10　敷铜

在 Allegro 中，敷铜可以分为正片敷铜（在信号层上进行敷铜处理，叠层属性为 Positive）和负片敷铜（在平面层进行敷铜处理，叠层属性为 Negative）。两种敷铜方式各有优、缺点：正片敷铜方式直观，所见即所得，无需特殊的 flash 符号，但是在生成光绘文件之前必须将正片敷铜更新，当改变元件的放置后需重新进行敷铜处理且数据量大，特别是整板的正片敷铜。负片敷铜在选择敷铜区域的时候就十分的灵活，能够自动适应动态的布局的修改且数据量很小，但是缺点就是必须建立 flash 符号。

在进行敷铜设计之前，先来学习一下菜单栏中 Shape 栏的各项命令，如图 8-105 所示。

Polygon
Rectangular
Circular
Select Shape or Void
Manual Void
Edit Boundary
Delete Islands
Change Shape Type
Merge Shapes
Check
Compose Shape
Decompose Shape
Global Dynamic Params...

图 8-105　Shape 栏

Polygon：　添加任意边形的 Shape；

Rectangular：　添加矩形的 Shape；

Circular：　添加圆形的 Shape；

Select Shape or Void：　选择 Shape 或避让；

Manual Void：　　手工避让；
Edit Boundary：　　编辑外形；
Delete Islands：　　删除孤岛；
Change Shape Type：　　改变敷铜的形态，动态或静态敷铜；
Merge Shapes：　　合并相同网络的铺铜；
Check：　　检查敷铜；
Compose Shape：　　组成敷铜；
Decompose Shape：　　解散敷铜；
Global Dynamic Params：　　设定动态敷铜的全局参数。

8.10.1 正片敷铜

正片敷铜就是在信号层的敷铜，其作用主要是用来连接引脚分布很少的电源和为了满足屏蔽的要求对顶层和底层做敷地处理。其操作步骤如下：

1）在菜单栏中选择 Shape/Polygon 命令或者单击 Shape 工具栏中的按钮，在控制面板中的 Option 层设置如图 8-106 所示：

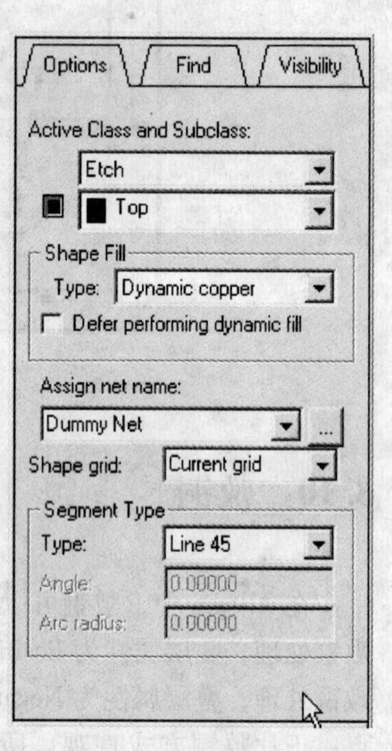

图 8-106　敷铜设置

各项功能说明：

Active Class and Subclass：用来选择敷铜所在的层。

Shape Fill：用来设置敷铜的类型。

　　Dynamic copper：表示动态敷铜，这是 Allegro 新版本的一个突出功能。动态的敷铜后，不影响动态地布局、布线。完全适用于动态地设计。但是，要注意在最后产生光绘之前，要对动态的铜进行一个更新。

　　Static solid：表示静态敷铜，静态地敷铜没有动态的更新功能。如要更改布局，布线就必须重新敷铜。

　　Static crosshatch：表示静态网格铜设计，和静态铜的特性基本是一样的，只是铜层显示网格状。

　　Unfilled：表示敷没有填充的铜。一般只用来表示 Shape 特性，如 route keepin、package keepin 等。

Assign net name：用来指定敷铜的网名。可以单击按钮选择网名，也可以在敷铜完成后，在进行指定网名。

Shape grid：用来设置敷铜的栅格。一般选择当前的格点。

Segment Type：用来设置敷铜的形状：45°连线、直角布线及圆弧布线。

2）设置好后，在 PCB 中规划的区域内进行敷铜设计。

8.10.2　负片敷铜

负片敷铜是在平面层上进行敷铜的处理，主要是为了减少光绘的数据量，对电源层和地层做敷铜处理。一般来说，电源层可以分割平面供几个不同的电源网络来使用，但是地平面只允许进行模拟地和数字地的分割。其操作流程如下：

1）如需要电源层的分割，首先单击 Add 工具栏中的按钮在控制面板中的 Options 层中选择 Antietch 在 PCB 中分割出合适的区域。其 Options 设置如图 8-107 所示。

2）在分割出合适的区域后，选择菜单栏中的 Edit/Split Plane/ Create 命令，弹出创建敷铜对话框，如图 8-108 所示。

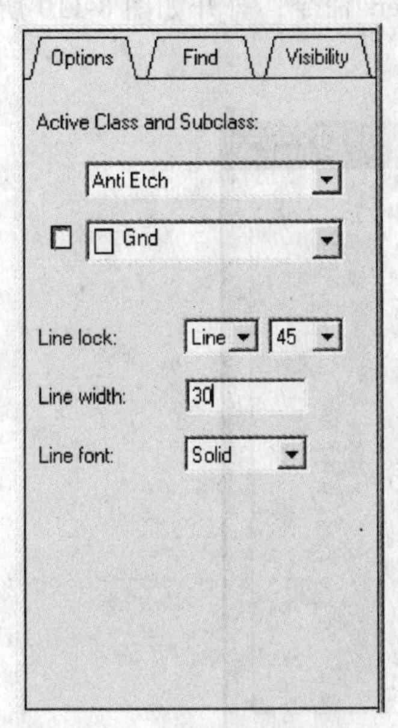

图 8-107　平面分割设置栏

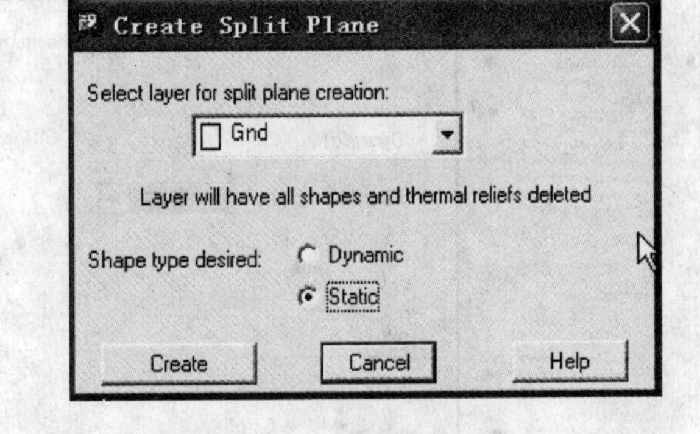

图 8-108　创建敷铜设置栏

各项说明如下：

Select layer for split plane creation：选择要进行敷铜的层，如 Gnd（地）层。

Shape type desired：选择敷铜类型，如静态敷铜或者动态敷铜。对于负片敷铜建议选取静态敷铜以防止避让后 Antietch 过细。

3）设置完成后，单击 Create 按钮，弹出选择网名对话框，从中选择敷铜的网名，如图 8-109 所示。

4）单击 OK 按钮，完成敷铜的设计。

注意：1）在进行负片层的敷铜的时候，一定要有 Route keepin 区域。

2）关于分割线（Atnietch）线宽的选择，要根据电源的特性选择合适的值。

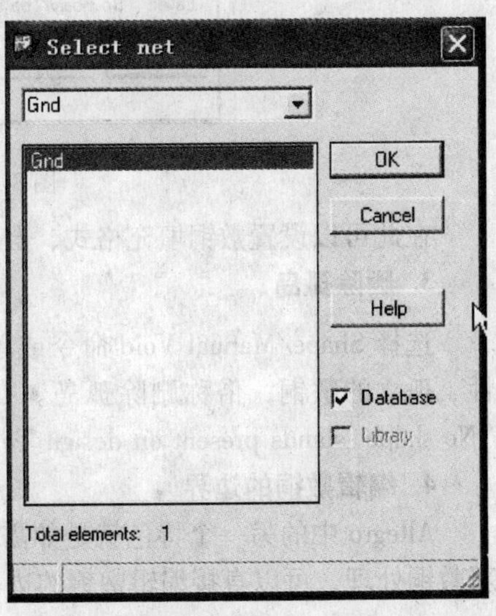

图 8-109　选择敷铜网名

8.10.3 敷铜层的编辑

在完成了敷铜后，Allegro 提供了很多对敷铜层的编辑功能，下面对常用的几个命令给大家做个讲述。

1. 手动避让

对于完成的敷铜，可以选择菜单栏中的 Shape/Manual Void 命令来选择铜的避让形状进行避让，在此设定多边形的避让、矩形的避让和圆形的避让。

2. 敷铜参数的修改

对敷铜的过孔、引脚及自动避让间隔的修改，可以单击 Shape 工具栏中的按钮来选中敷铜后，单击鼠标右键，在弹出的菜单栏中选择 Parameters 命令，打开如图 8-110 所示的敷铜参数修改对话框。

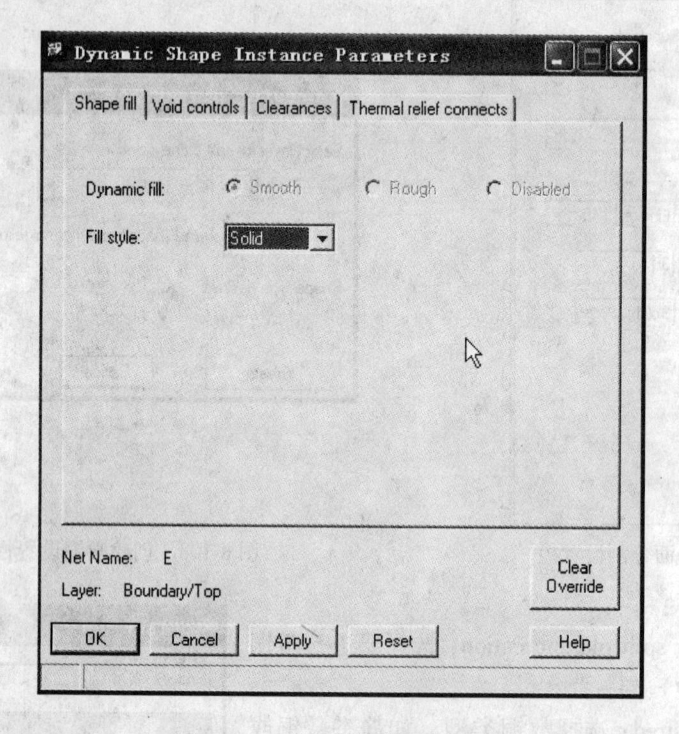

图 8-110　敷铜参数修改对话框

在此可以设置敷铜填充格式、自动避让、避让间距及焊盘连接方式等操作。

3. 删除孤岛

选择 Shape/Manual Void 命令或单击 Shape 工具栏中的按钮，可以删除没有网名属性、孤立的敷铜，俗称删除孤岛。如印制电路板中没有孤立敷铜，在会在命令栏中提示“No shape islands present on design。”

4. 编辑敷铜的边界

Allegro 中的另一个特色就是如需更改敷铜（正片、负片都可以）的大小，无需进行重新敷铜处理，可以直接编辑敷铜的边界。操作如下：

单击按钮来选中敷铜后，单击鼠标右键，在弹出的菜单栏中选择 Edit boundary 命令，对敷铜的边界进行编辑，如图 8-111 所示。

图 8-111　敷铜边界的修改

8.11　本章小结

本章从 PCB 的基本概念及其发展趋势开始讲起，完整地讲述了一个 PCB 设计的全过程，对于 PCB 布局、PCB 布线命令使用比较少的但是很重要的内容讲述中，主要偏重于对注意事项的讲解。其余内容有大量的操作命令还需要读者好好掌握。

本章是主要讲解 PCB 的设计过程，但是到此为止，PCB 设计的过程并没有结束，会在下一章接着给大家讲述 PCB 设计文件的输出，包括：光绘文件输出、钻孔文件输出及报告文件输出等。

第9章　生成印制电路板加工文件

以上8章完成了对整个PCB设计的介绍，本章主要介绍如何使用Cadence工具将PCB设计转换成可以用来生产加工的PCB文件（Artwork \ 光绘文件），传送给印制电路板加工厂家，将PCB设计从一些图形符号转换成具体的产品。

9.1　生成PCB加工文件的简单介绍

如图9-1所示为已经设计完成的PCB设计——TEST. brd，这里需要将此设计转换成印制电路板厂家能够加工制作的文件，来完成后期的制板。

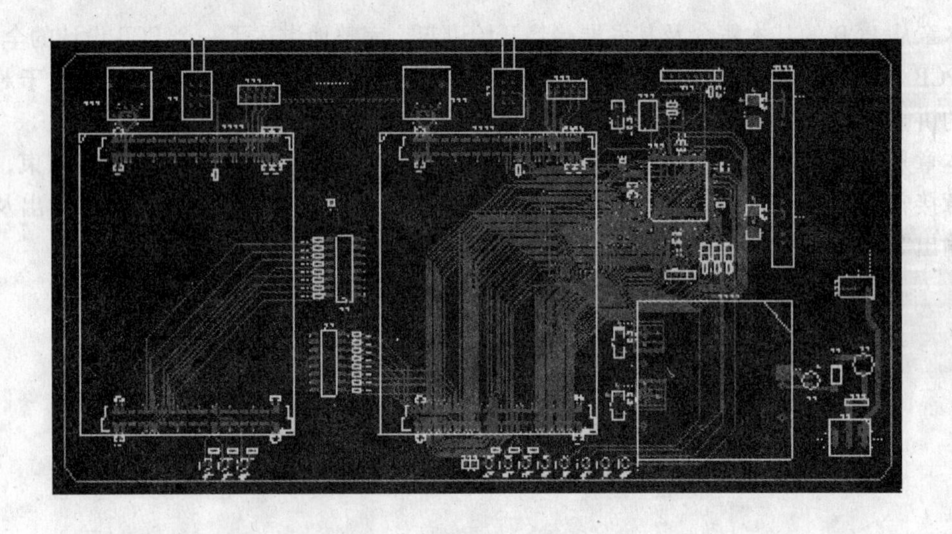

图9-1　完成的PCB设计

在PCB设计界面中的——Manufacture图标是用来生成印制电路板加工文件的。

其中：——Odb _ Out图标，输出用于检查文件的工具。

——Ncdrill Legend图标，设置Drill的排序方法、单位等的工具。

——Ncdrill Param图标，设置Drill的精度、单位、偏移量等的工具。

——Artwork图标，设置Artwork的类型、格式、单位等的工具。

以上操作也可以在如图9-2所示的Manufacture菜单栏中对应完成。具体设置将在9.2和9.3节进行介绍。

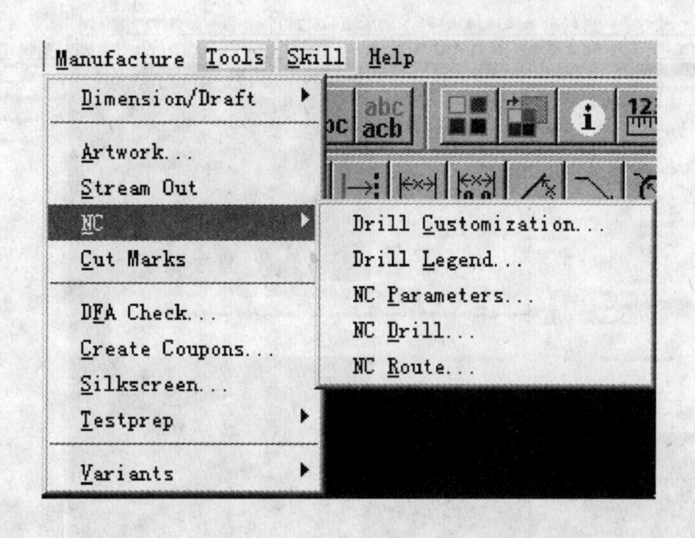

图9-2　Manufacture 菜单栏

9.2　生成光绘文件

9.2.1　光绘文件的组成及类型

光绘文件的组成：1）每个布线层的光绘；
2）每个平面层的光绘；
3）Top 阻焊层的光绘；
4）Bottom 阻焊层的光绘；
5）Top 丝印层的光绘；
6）Bottom 丝印层的光绘；
7）钻孔文件；
8）参数文件。

光绘文件的类型：光绘文件有正片和负片之分，布线层、丝印层和阻焊层为正片，平面层为负片。

9.2.2　光绘文件的参数设置

1）单击图标，出现如图9-3 所示的界面。

2）图9-3 中的提示框是对从以公制为单位的PCB 设计转换成以英制为单位的光绘文件会引起偏差的提示，当单位一致而精度不一致时也会出现类似的提示框。

3）单击 确定 按钮，提示框消失，在如图9-4 所示的设置界面进行光绘文件的参数设置。

Device type：设计类型有5种可选的类型，选择印制电路板加工厂家常用的格式即可，

图 9-3　光绘文件界面

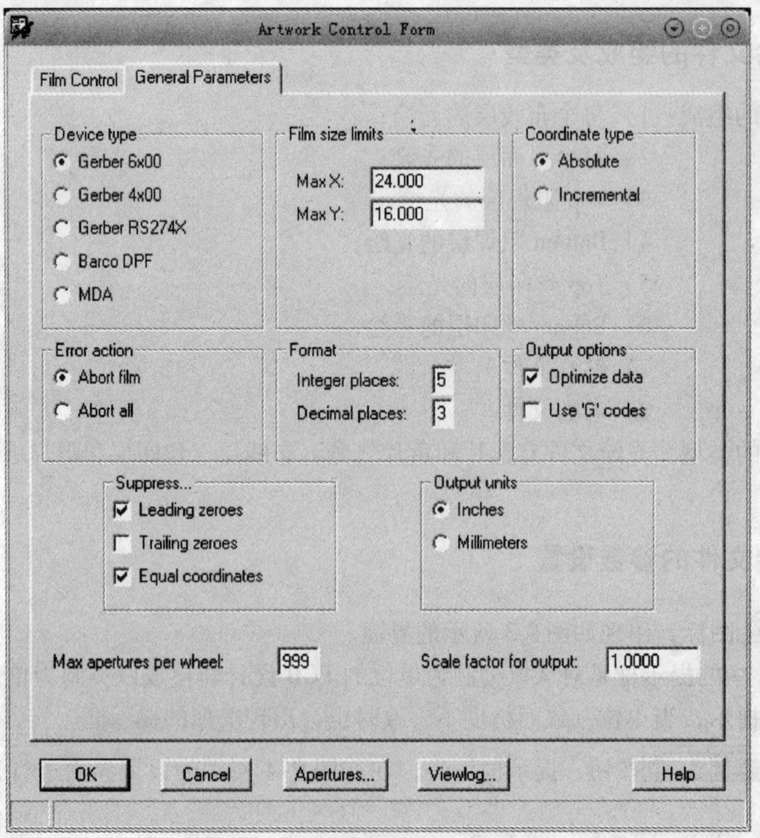

图 9-4　General Parameters 的设置

例如选择 Gerber RS274X。这时会弹出提示框如图 9-5 所示。提示 PCB 文件和输出的光绘文件所使用的单位不一致。

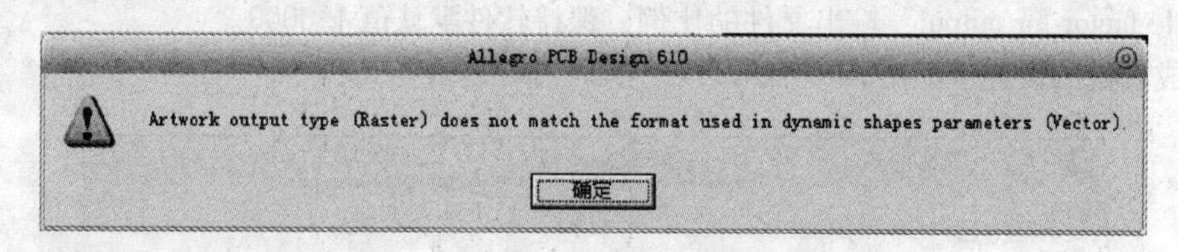

图 9-5　输出的光绘文件使用的单位不一致提示框

单击 确定 按钮，提示框消失，如图 9-6 所示进行设置。

图 9-6　Gerber RS274X 参数设置

Film size limits：光绘尺寸限制，保持工具默认值。

Error action：查错功能，选择 Abort film，表示此操作仅对 film 进行。

Format：整数位和小数位格式设置，常用的是 Integer places（整数位）设置 2 位，Decimal places（小数位）设置 4 位。

Suppress：文件补零方式，一种是 Leading zeroes（前补零），一种是 Trailing zeroes（后补零）；Equal coordinates 是根据需要进行选择。

Output units：输出单位设置，一般选择 Inches（英制），如果需要也可选择 Millimeters（公制）。

Scale factor for output：输出文件的比例，保持软件默认值 1.0000。

完成设置的设置卡如图 9-7 所示。

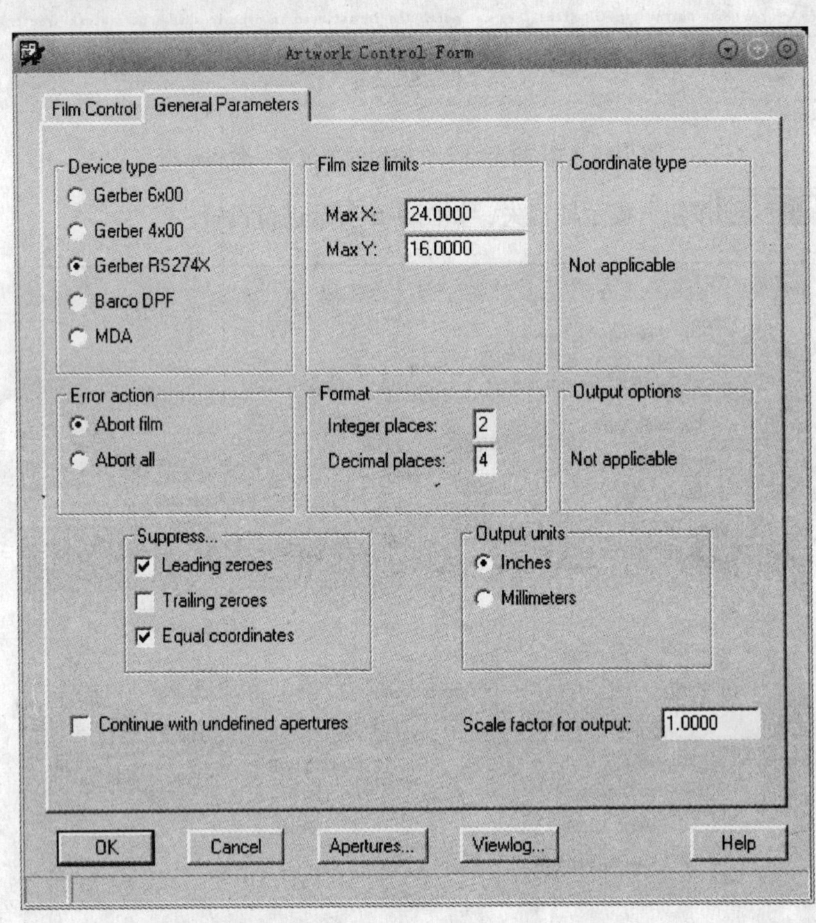

图 9-7　General Parameters 设置完成

9.2.3　光绘文件的内容设置

在图 9-7 中切换到 Film Control 为当前设置，如图 9-8 所示。

1）选中任一光绘层，单击鼠标右键，如图 9-9 所示。

先分别介绍一下单击鼠标右键后出现的菜单的功能：

Display：显示当前层的光绘文件。

Add：增加光绘层。

Cut：删除光绘层。

Undo Cut：撤销删除。

Copy：复制光绘层。

Save：保存光绘层。

Artwork Control Form
Film Control | General Parameters
Available films
BOTTOM
P1
P2
TOP
Select all
Load...
Check database before artwork
Create Artwork
Film options
Film name: TOP
Rotation: 0
Offset X: 0.0000
Y: 0.0000
Undefined line width: 0.1524
Shape bounding box: 2.5400
Plot mode: Positive
Negative
Film mirrored
Full contact thermal-reliefs
Suppress unconnected pads
Draw missing pad apertures
Use aperture rotation
Suppress shape fill
Vector based pad behavior
OK
Cancel
Apertures...
Viewlog...
Help

图 9-8　Film Control 设置

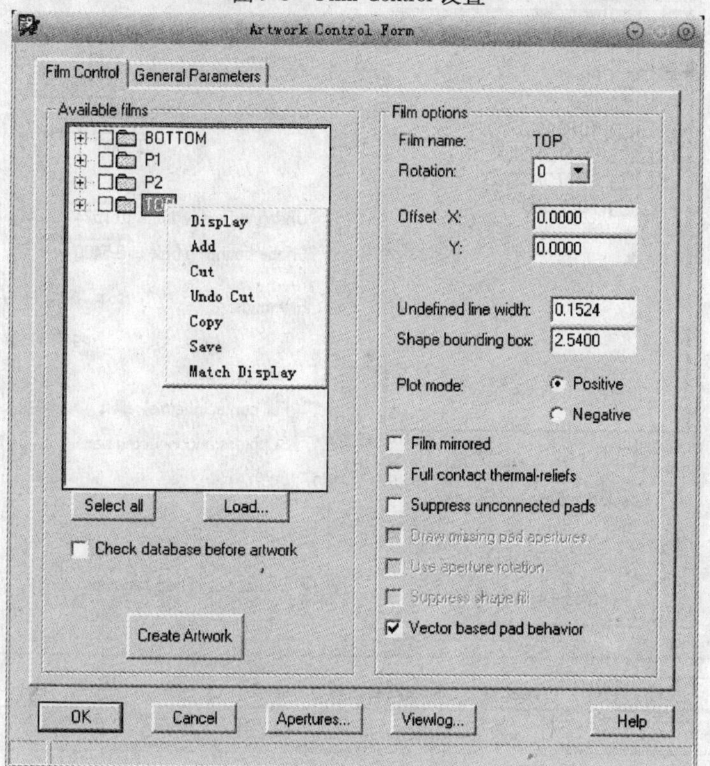

图 9-9　光绘文件设置

Match Display：重新进行光绘层匹配。

说明：软件默认生成的光绘文件包括所有的布线层和平面层，阻焊层和丝印层需要自己增加。

2）在图9-9中右键单击Top，单击Add项，增加一层光绘文件，出现如图9-10所示的对话框。

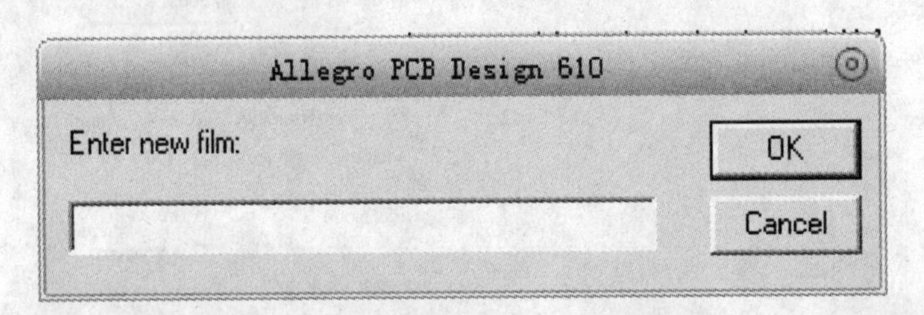

图9-10　Enter new film 对话框

3）在对话框中填写需要增加的光绘名称，例如增加一层TOP层的丝印层：TOPSILK。

4）单击 OK 按钮，完成TOPSILK光绘层的增加。使用同样的方法完成其余光绘层的增加。完成后如图9-11所示。

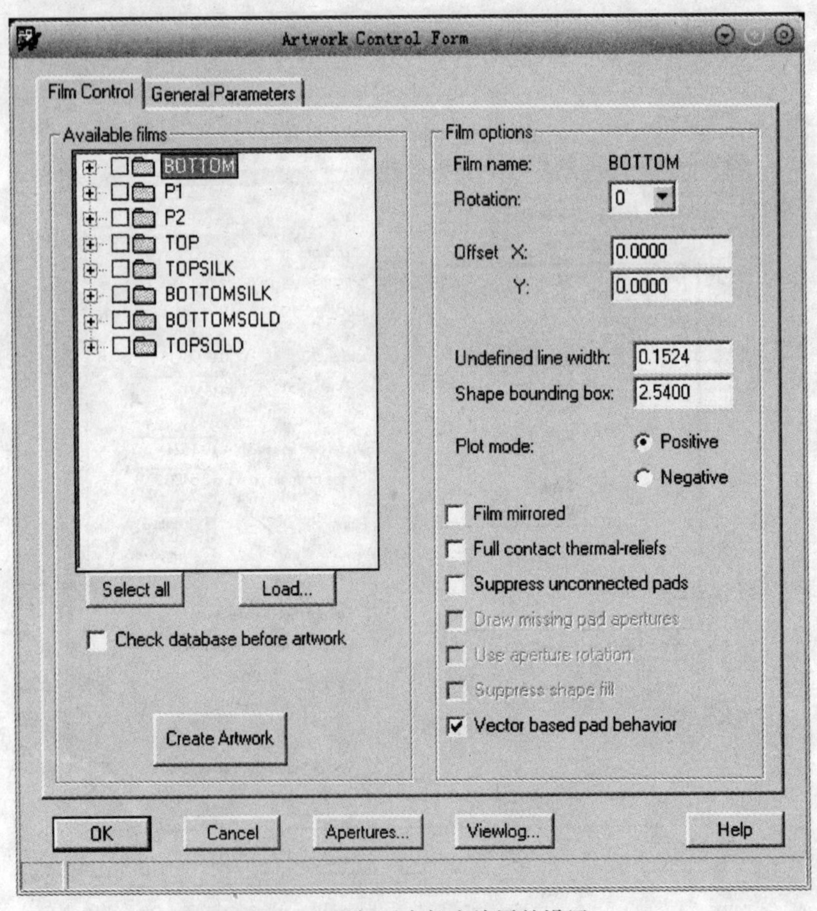

图9-11　添加了全部光绘层的设置

完成光绘层添加后，需要对每一个光绘层进行设置和检查，设置每一层对应的参数，检查每一层光绘是否正确，Cadence 软件的显示是所见即所得的方式，因此可以逐层设置和检查。

5）BOTTOM 层光绘设置。BOTTOM 层光绘文件子项包括：OUTLINE、BOTTOM 层的 VIA、PIN、ETCH。

① 选中 BOTTOM，单击加号，展开文件，单击鼠标右键，在出现的菜单上单击 Display 命令，出现如图 9-12 所示的显示界面。

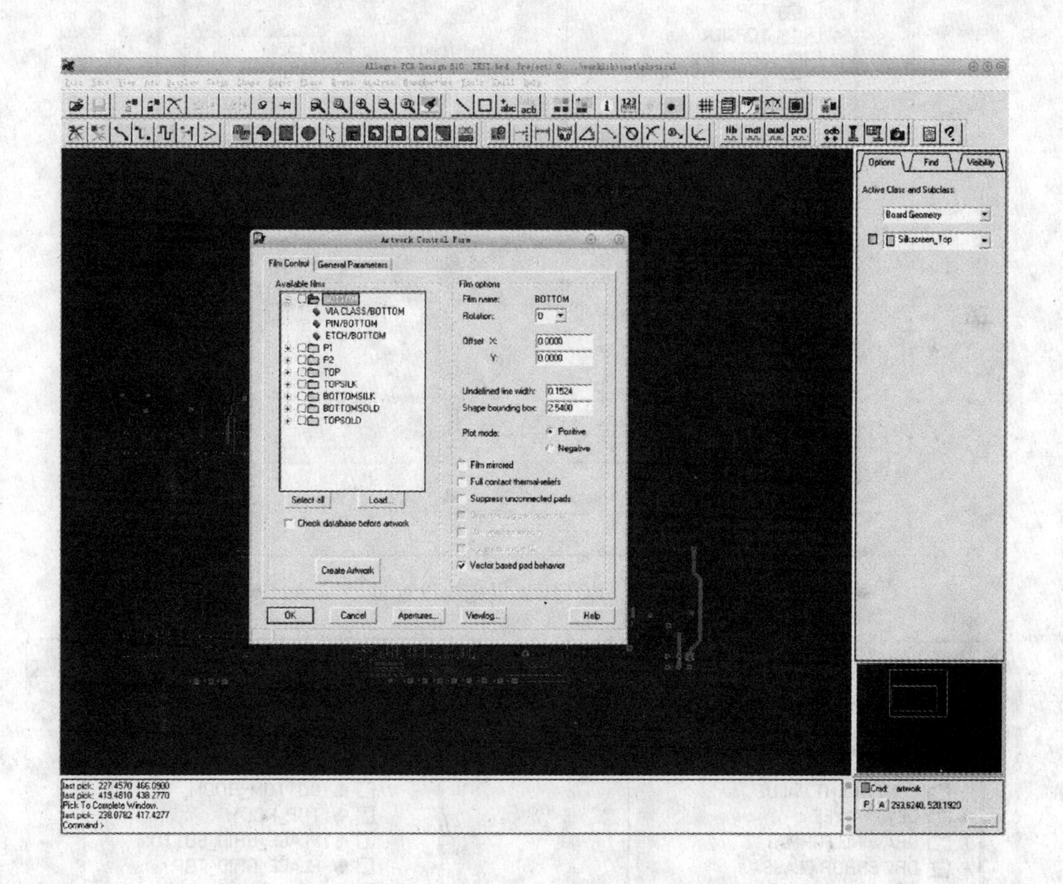

图 9-12　BOTTOM 层光绘显示一

由图 9-12 中可以看出，此层光绘缺少了 OUTLINE，因此需要将外形添加进去。

② 选中 BOTTOM 层光绘的任一子项，单击鼠标右键，出现可选菜单，如图 9-13 所示，Add 表示增加一个子项，Cut 表示删除一个子项。

③ 对于 BOTTOM 层需要增加一个子项，即 PCB 的外形。单击 Add 出现如图 9-14 所示的选择卡。

④ 单击 BOARD GEOMETRY 找到 OUTLINE 项，选中，如图 9-15 所示。

⑤ 单击 OK 按钮，完成光绘子项的添加，如图 9-16 所示。

⑥ 选中 BOTTOM 层，单击右键，在出现的菜单里选择 Display 命令，如图 9-17 所示。

⑦ 继续选择右键的 Save，保存此光绘层子项的选择。

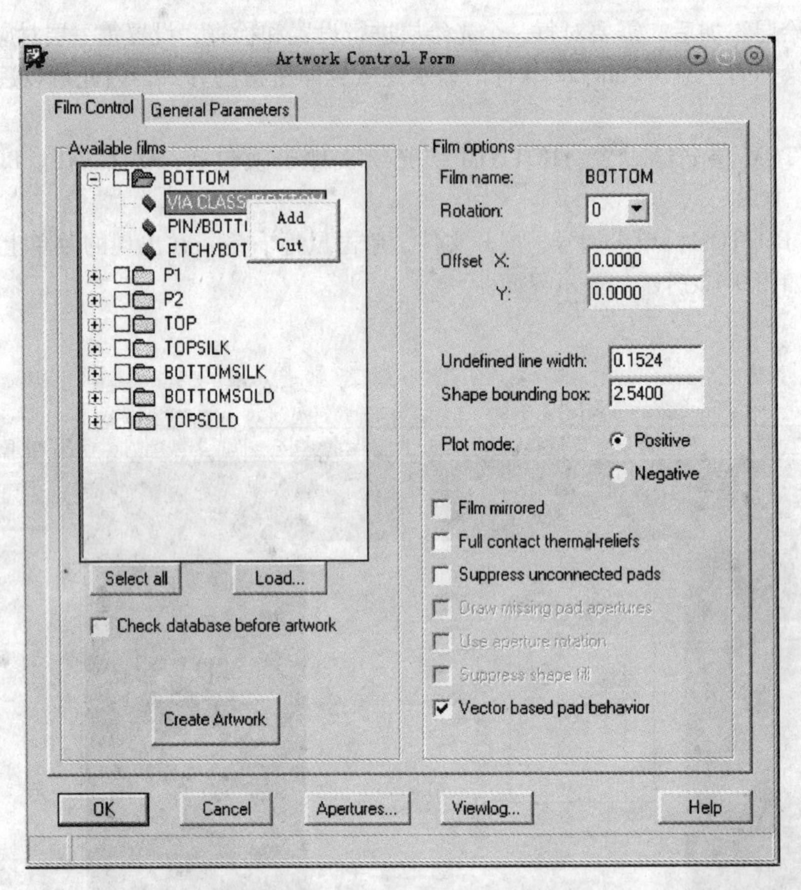

图 9-13　BOTTOM 层光绘设置二

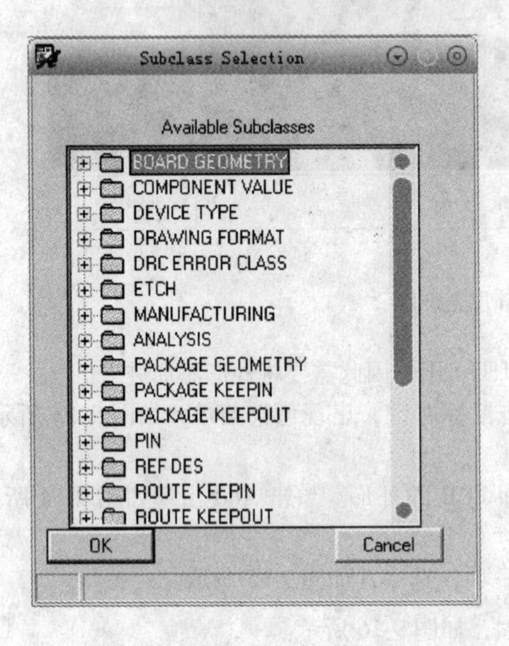

图 9-14　子项选择

图 9-15　选中 OUTLINE

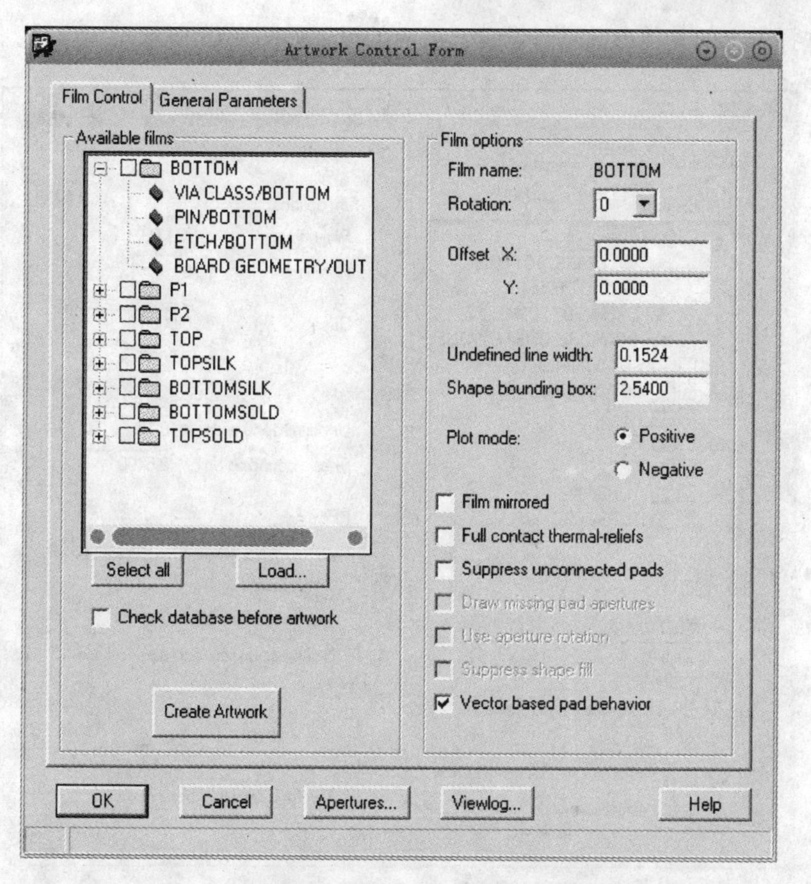

图 9-16　完成子项添加的 BOTTOM 层光绘设置

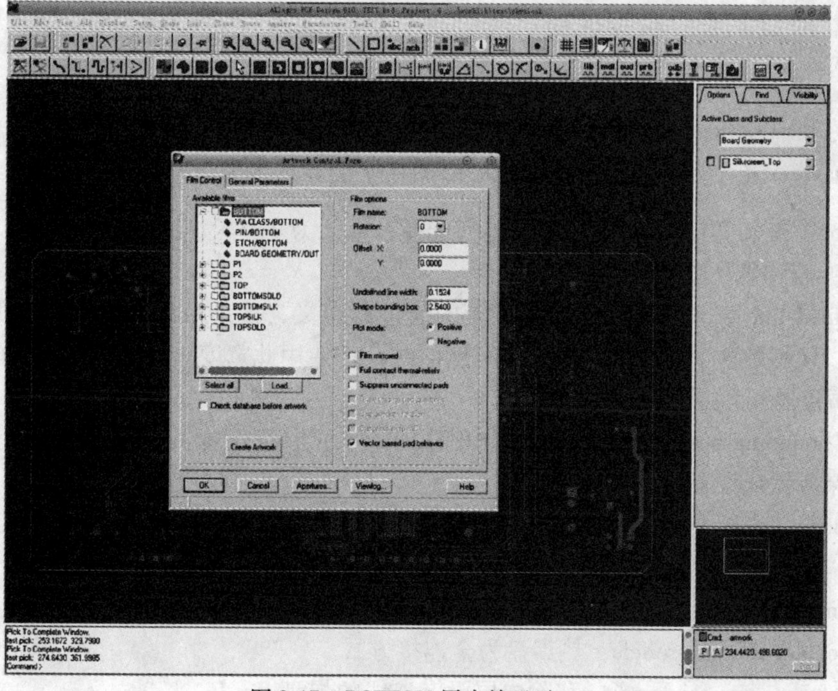

图 9-17　BOTTOM 层光绘显示二

⑧ 对选择卡上的其他参数进行设置，对应的设置如图 9-18 所示。

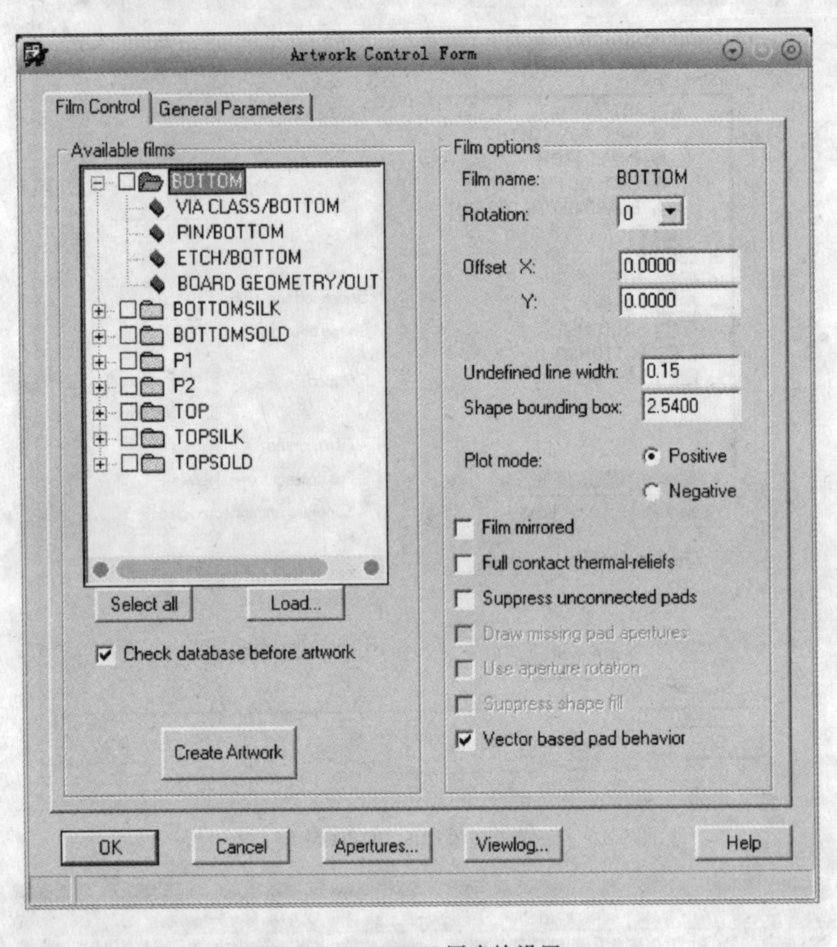

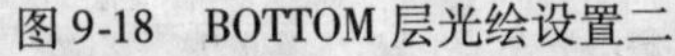

图 9-18　BOTTOM 层光绘设置二

对应的 Film options 栏设置的说明：

Film name：光绘名称，被选中的光绘层的名字会显示出来。

Rotation：旋转角度，单击▼可以进行选择，默认为 0，不需要旋转。

Offset：偏移量，默认偏移量为 0。

Undefined line width：对于未给出宽度的线进行定义，这是对没有定义宽度的线给出全局的宽度，只要是这个光绘层的未定义宽度的线，都使用此宽度。给出合适印制电路板加工和识别的宽度就可以了。

Shape bounding box：定义光绘层在 OUTLINE 外的形状宽度，此设置仅对负片起作用。一般可以保持默认设置。

Plot mode：光绘类型，Positive 表示正片，Negative 表示负片。根据前面光绘类型的说明进行选择。

Film mirrored：光绘文件镜像，一般不需要镜像。

Full contact thermal-reliefs：热焊盘为全连接方式。

Suppress unconnected pads：移除内层没有连线的焊盘。

Vector based pad behavior：基于矢量的焊盘连接方式选择。

6）P1 层光绘的设置：此处介绍另外一种添加光绘子项的方法。

P1 层光绘文件子项包括：OUTLINE、P1 层的 VIA、PIN、ETCH。

① 选中 P1 层，单击鼠标右键菜单选择 Display 命令，如图 9-19 所示。

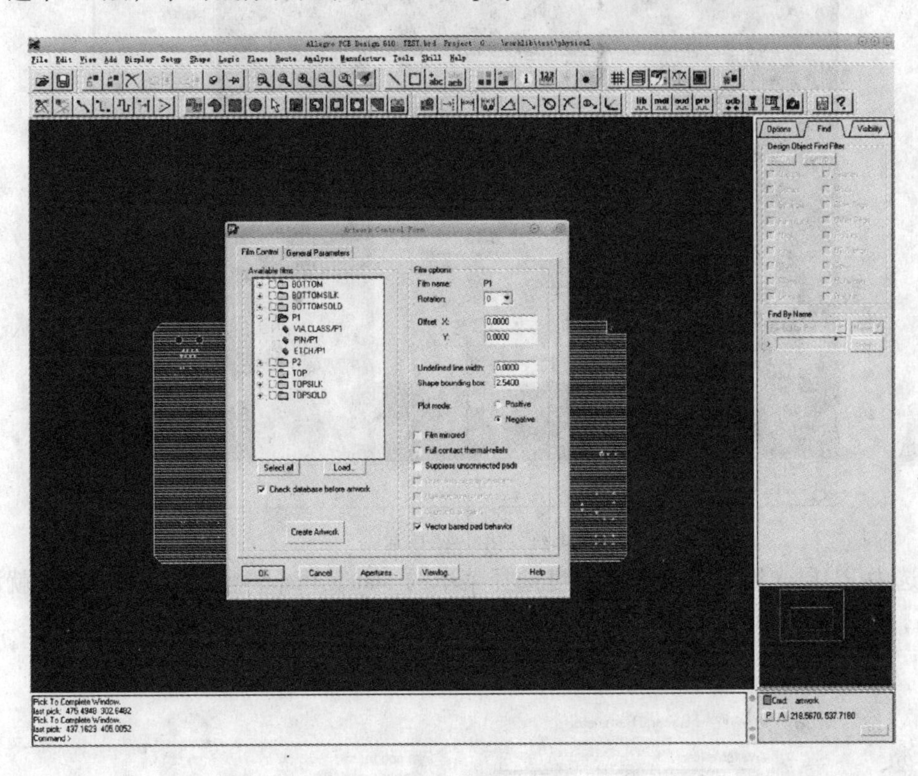

图 9-19　P1 光绘层显示一

② 添加 OUTLINE 子项，单击 PCB 设计界面上的图标，出现如图 9-20 所示的界面。

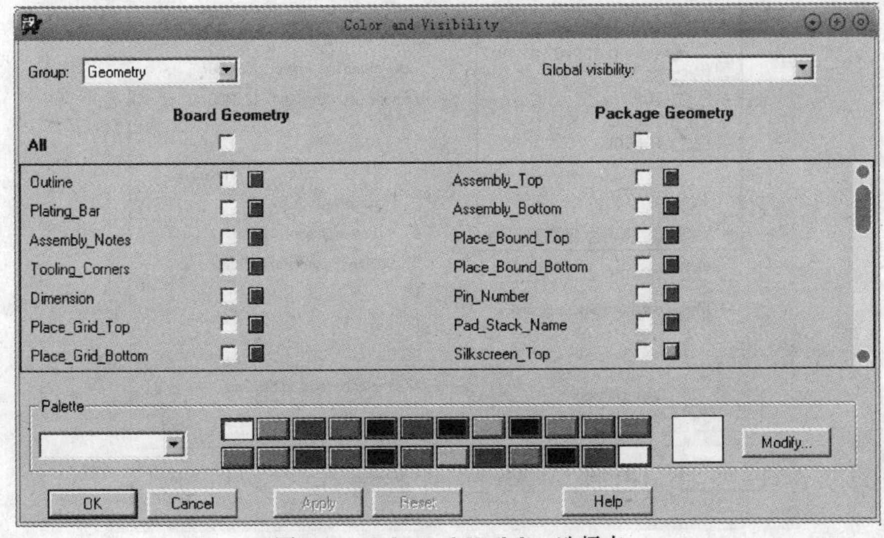

图 9-20　Color and Visibility 选择卡

③ 选中 Outline 项，单击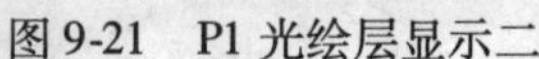按钮，如图 9-21 所示。

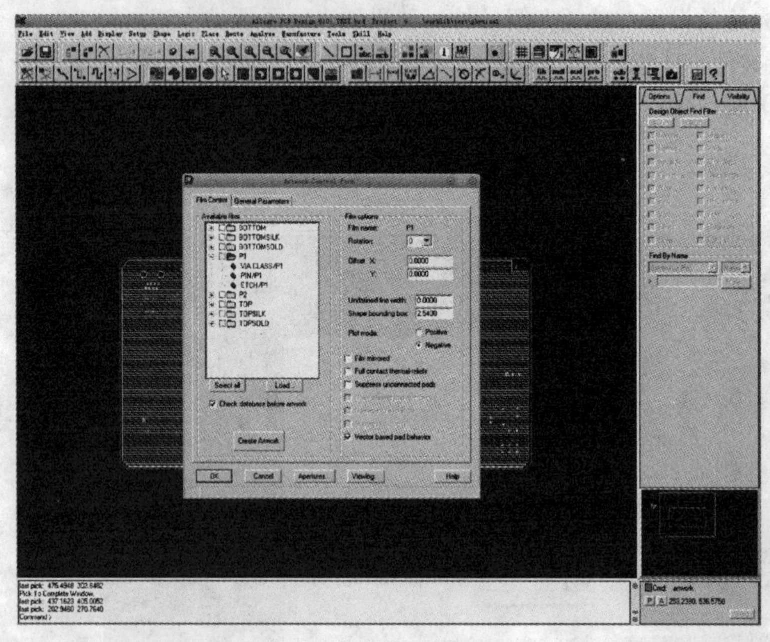

图 9-21　P1 光绘层显示二

④ 选中 P1 层光绘，单击鼠标右键选择菜单的 Match Display 命令。OUTLINE 就添加到了 P1 层，如图 9-22 所示。

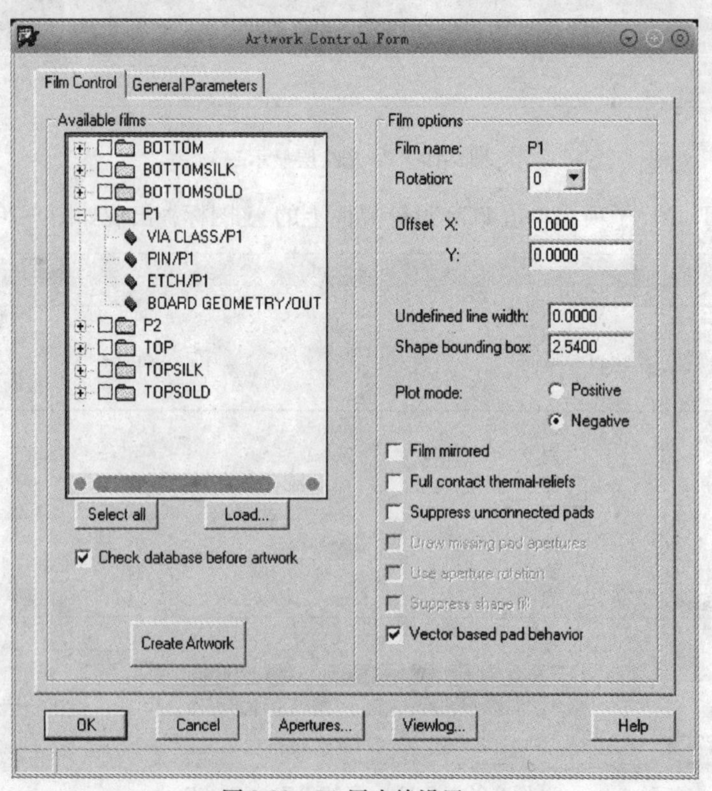

图 9-22　P1 层光绘设置一

⑤ 选中P1光绘层，单击鼠标右键选择菜单中Save项，保存设置。除光绘类型其余设置选择Negative外，均同BOTTOM层光绘参数设置。完成后如图9-23所示。

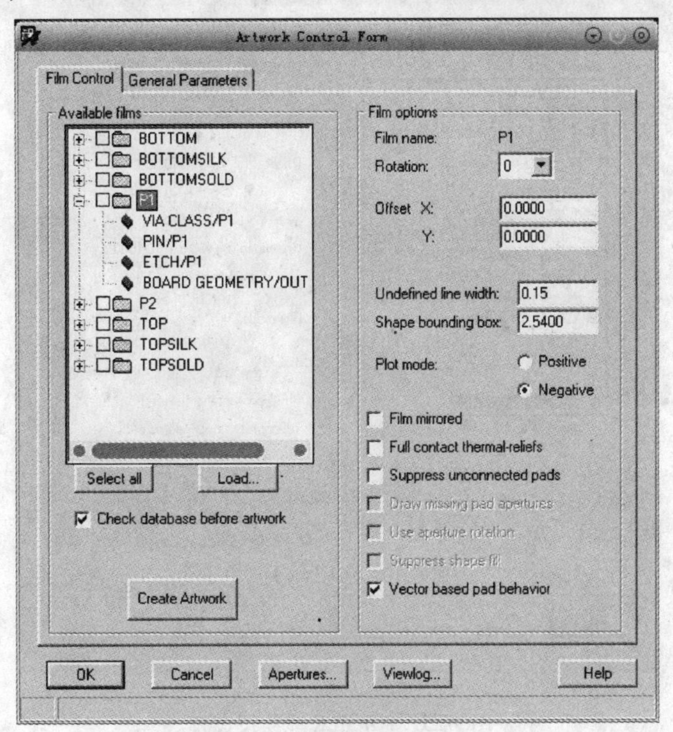

图9-23　P1层光绘设置二

7）TOPSILK光绘层的设置。TOPSILK光绘层文件子项包括：OUTLINE、BOARD的SILKSCREEN _ TOP、PACKAGE的SILKSCREEN _ TOP、COMPMENT的SILKSCREEN _ TOP对应的Ref Des项。

① 任选一种添加子项的方法将上述各项添加到TOPSILK光绘层中，如图9-24所示。

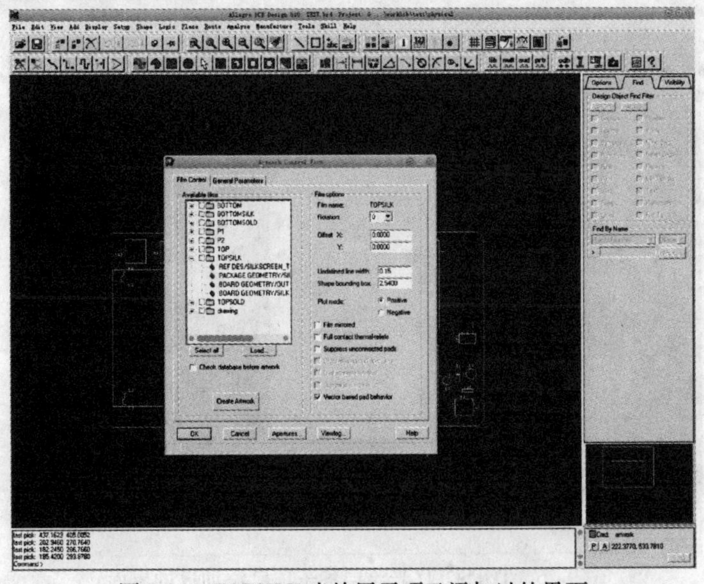

图9-24　TOPSILK光绘层子项已添加过的界面

② 参数设置同 BOTTOM 光绘层，如图 9-25 所示。

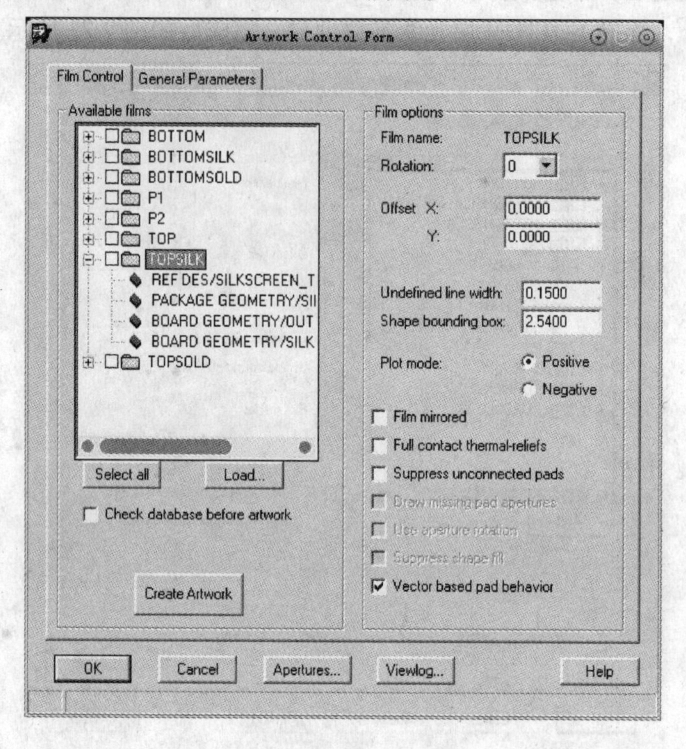

图 9-25　TOPSILK 光绘层设置

③ 保存 TOPSILK 光绘层设置。

8）TOPSOLD 光绘层设置。PCB TOPSOLD 光绘文件子项包括：OUTLINE、SOLDEMASK _ TOP 的 PIN 和 VIA、BOARD 的 SOLDEMASK _ TOP、PACKAGE 的 SOLDEMASK _ TOP。

① 任选一种添加子项的方法将上述各项添加到 TOPSOLD 光绘层中，如图 9-26 所示。

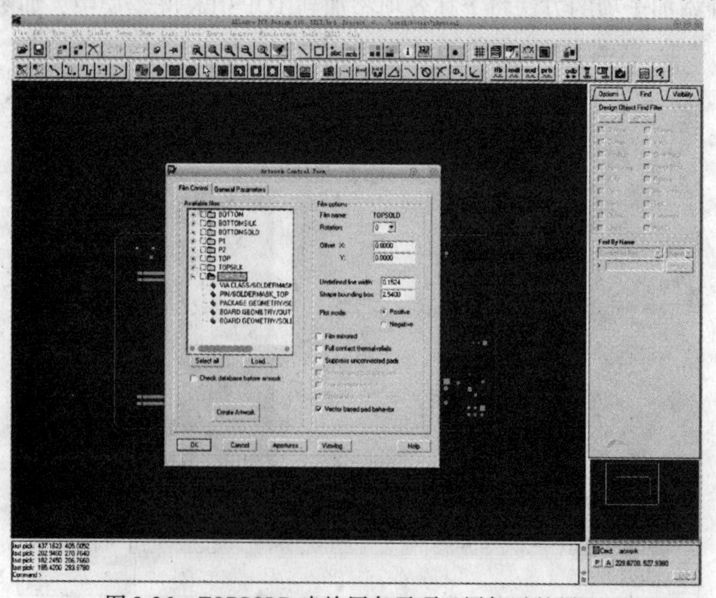

图 9-26　TOPSOLD 光绘层各子项已添加过的界面

② 参数设置同 BOTTOM 光绘层，如图 9-27 所示。

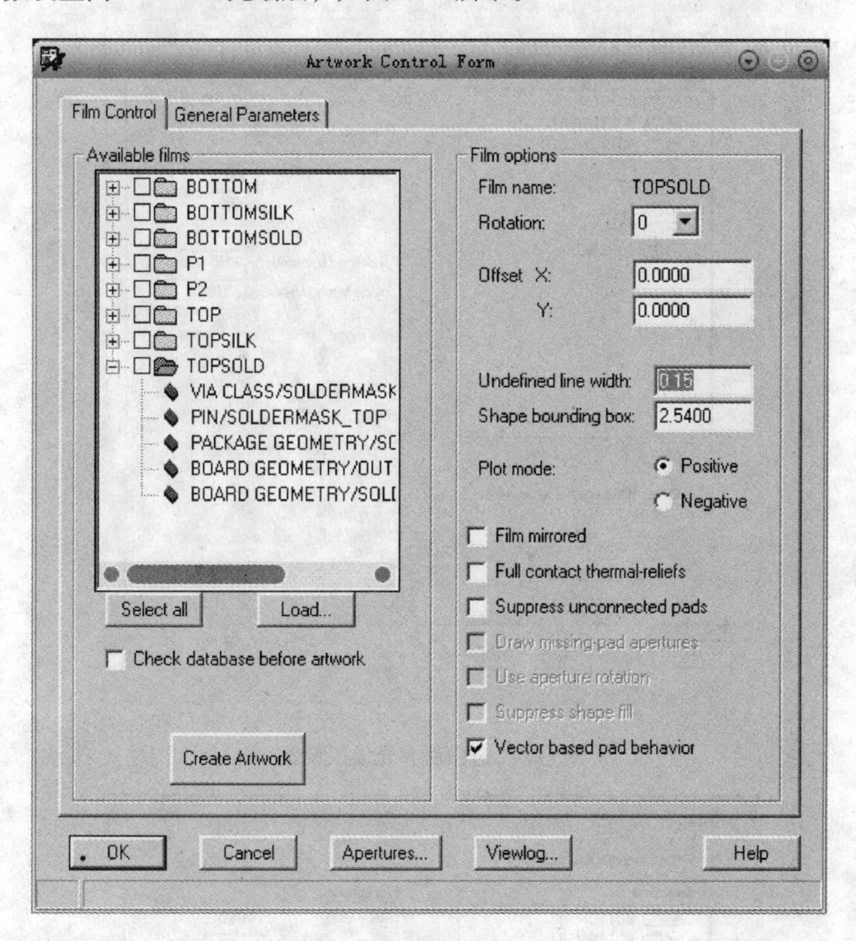

图 9-27　TOPSOLD 光绘层设置

③ 保存 TOPSOLD 光绘层设置。

其他层均可参照以上 4 种光绘层进行设置，此处就不进行详细介绍，请读者朋友自行完成。

9.2.4　生成光绘文件

读者朋友们或许已经注意到设置卡上有一项设置——Check database before artwork，选中此选项，表示做光绘时需进行 database（数据库）检查，如若生成光绘文件之前已经进行过此项检查，则生成光绘文件时可以不再进行此项检查。

1）单击 Select all 按钮，选中所有光绘层，如图 9-28 所示。

2）单击 Create Artwork 按钮，生成光绘文件。光绘文件生成完成后，在信息栏会有提示，如图 9-29 所示的 Plot generated，表示光绘文件已经完成。

软件将光绘文件默认存放在 TEST. brd 所在的目录下，如图 9-30 所示。

图 9-30 所选中的即为光绘文件，可以看出光绘文件的扩展名是 . art，光绘文件可以使用 CAM 等工具打开。本书不作介绍。

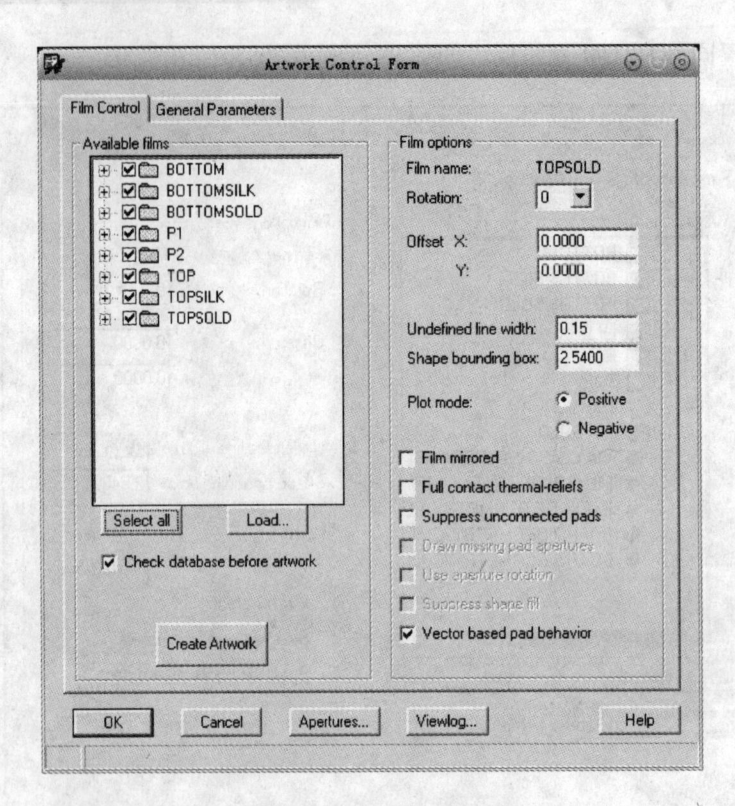

图 9-28 选中所有光绘层设置

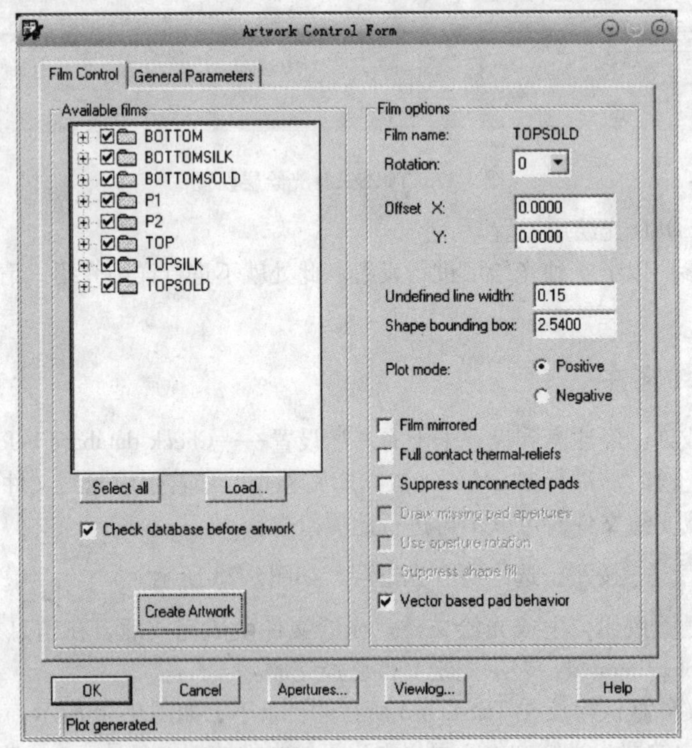

图 9-29 Plot generated 提示信息

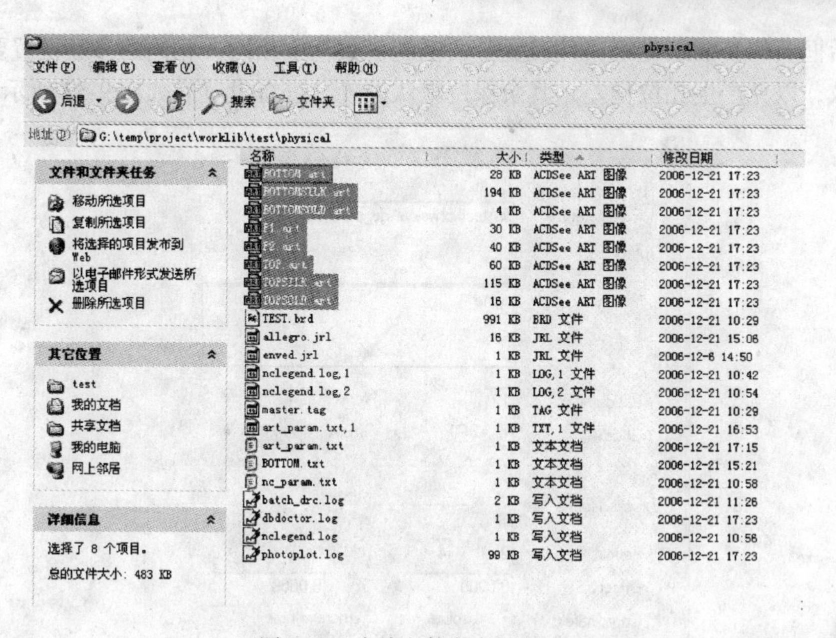

图 9-30　光绘文件所在的目录

9.3　生成钻孔文件

1）单击按钮，出现如图 9-31 所示的设置对话框。

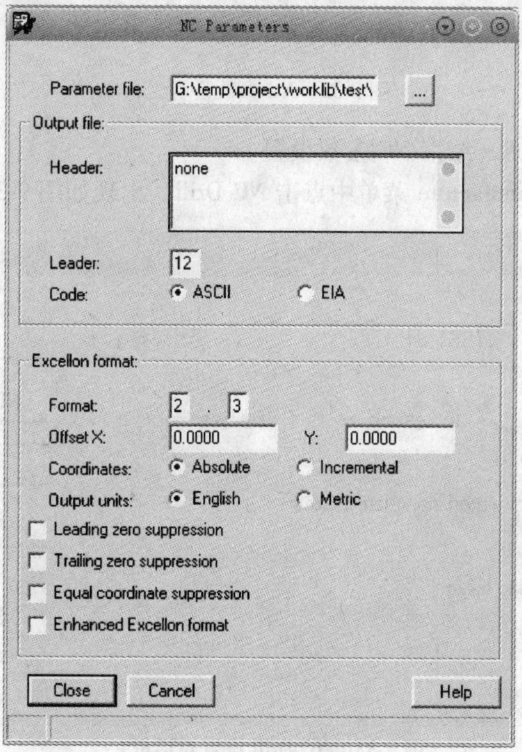

图 9-31　NC 参数设置一

此对话框上的参数跟光绘文件设置对话框的参数基本相同，相同的参数设置要同光绘文件保持一致，以免产生孔位偏差，其余保持默认设置。进行设置后如图 9-32 所示。

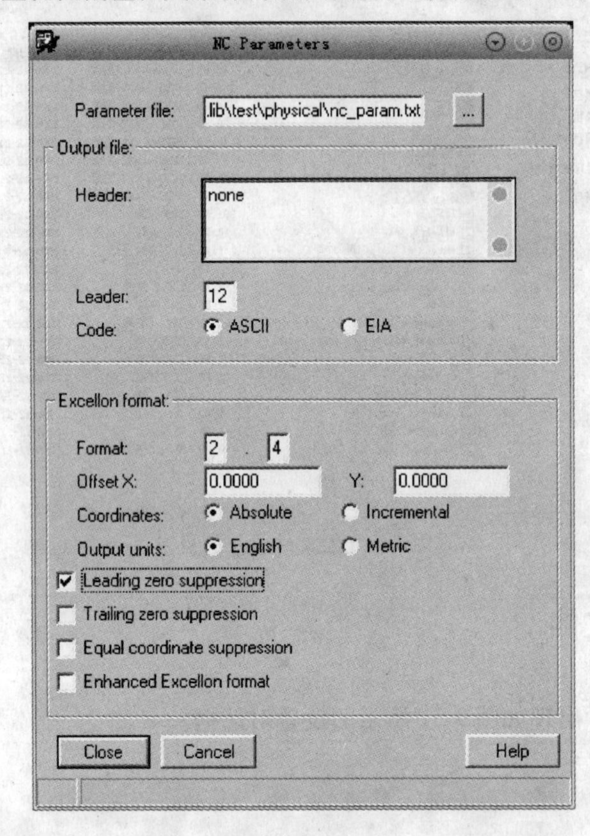

图 9-32　NC 参数设置二

2）单击 Close 按钮，结束 NC 参数设置。

3）在图 9-2 中的 Manufacture 菜单中点击 NC Drill，出现如图 9-33 所示的设置对话框。

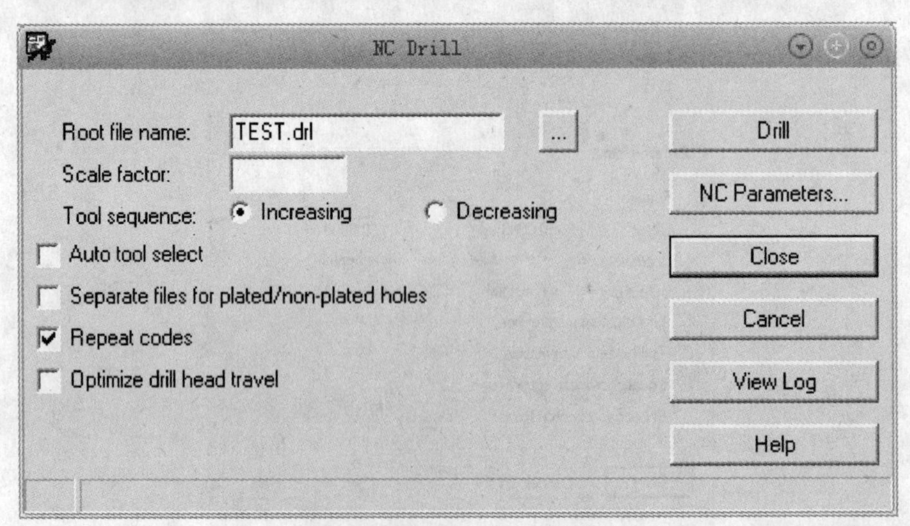

图 9-33　NC Drill 设置对话框一

各项说明如下：

Root file name：钻孔名称，软件自动生成。

Scale factor：比例因子，软件默认为空白。

Tool sequence：工具顺序，Increasing 表示升序，Decreasing 表示降序。

Auto tool select：自动选择工具。

Separate files for plated/non-plated holes：区分金属化孔和非金属化孔。

Optimize drill head travel：优化钻孔。

4）完成设置后，单击 Drill 按钮，生成钻孔文件。在设置对话框的下方会有 NC Drill complete 的提示信息（见图 9-34）。

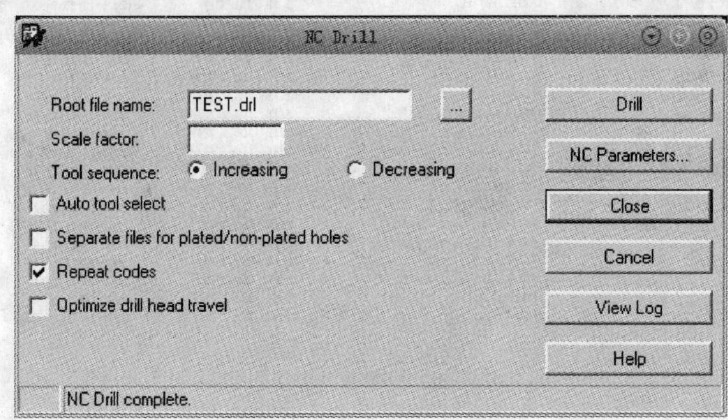

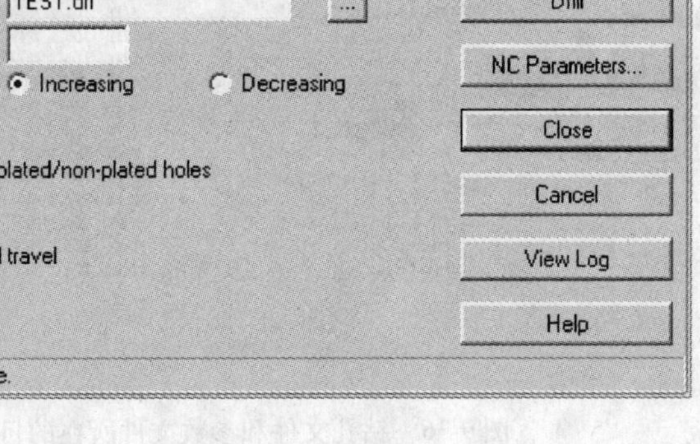

图 9-34　NC Drill 设置对话框二

在此设置对话框上单击 NC Parameters... 按钮也可以进入如图 9-31 所示的 NC 参数设置对话框，进行参数设置。

单击 View Log 按钮，可以查看钻孔信息，如图 9-35 所示。

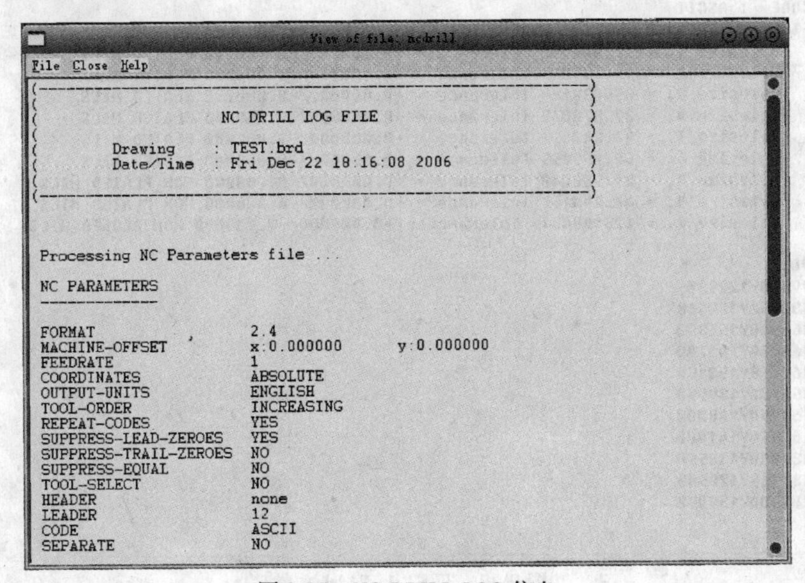

图 9-35　NC DRILL LOG 信息

钻孔文件和参数文件也是由软件默认保存在与 TEST. brd 在同一目录下，如图 9-36 所示。

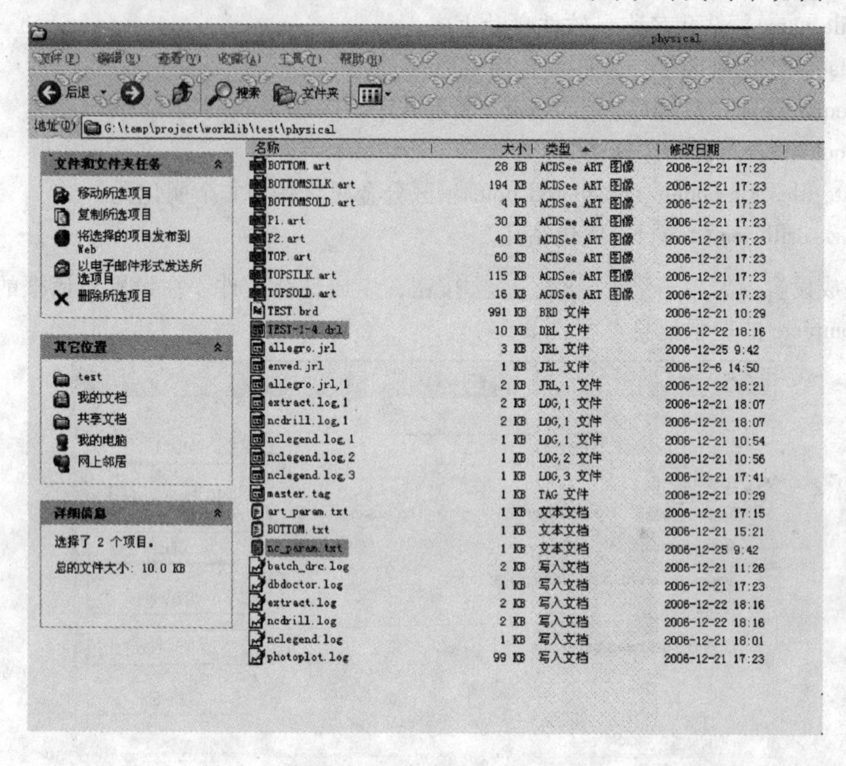

图 9-36　钻孔文件和参数文件所在的目录

图 9-36 的目录中 TEST-1-4. drl 为钻孔文件，可以用写字板打开该文件，如图 9-37 所示。

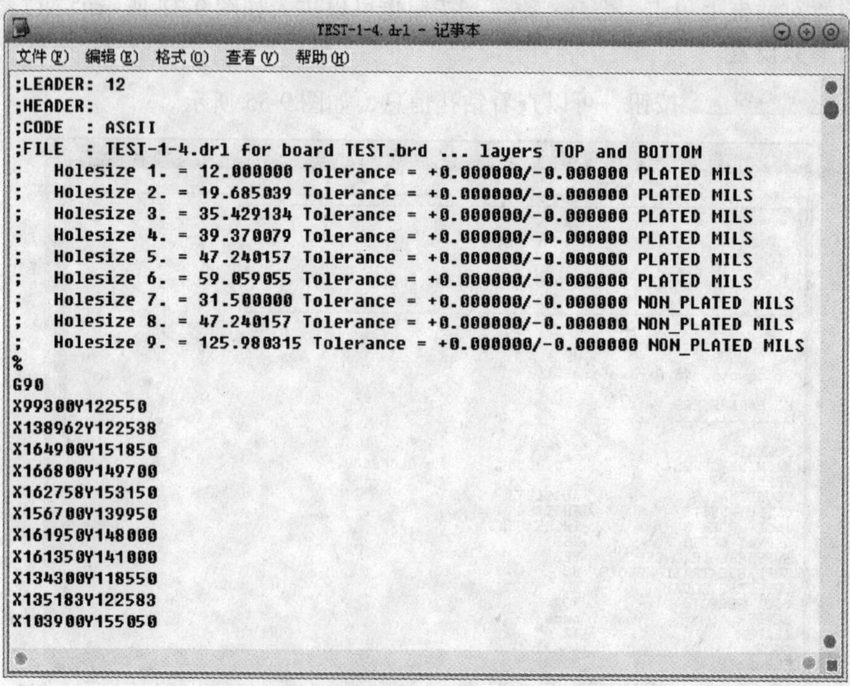

TEST-1-4.drl - 记事本

文件(F) 编辑(E) 格式(O) 查看(V) 帮助(H)

```
;LEADER: 12
;HEADER:
;CODE  : ASCII
;FILE  : TEST-1-4.drl for board TEST.brd ... layers TOP and BOTTOM
;   Holesize 1. = 12.000000 Tolerance = +0.000000/-0.000000 PLATED MILS
;   Holesize 2. = 19.685039 Tolerance = +0.000000/-0.000000 PLATED MILS
;   Holesize 3. = 35.429134 Tolerance = +0.000000/-0.000000 PLATED MILS
;   Holesize 4. = 39.370079 Tolerance = +0.000000/-0.000000 PLATED MILS
;   Holesize 5. = 47.240157 Tolerance = +0.000000/-0.000000 PLATED MILS
;   Holesize 6. = 59.059055 Tolerance = +0.000000/-0.000000 PLATED MILS
;   Holesize 7. = 31.500000 Tolerance = +0.000000/-0.000000 NON_PLATED MILS
;   Holesize 8. = 47.240157 Tolerance = +0.000000/-0.000000 NON_PLATED MILS
;   Holesize 9. = 125.980315 Tolerance = +0.000000/-0.000000 NON_PLATED MILS
%
G90
X99300Y122550
X138962Y122538
X164900Y151850
X166800Y149700
X162758Y153150
X156700Y139950
X161950Y148000
X161350Y141000
X134300Y118550
X135183Y122583
X103900Y155050
```

图 9-37　TEST-1-4. drl 文件

图 9-36 的目录中 nc _ param. txt 为参数文件，用写字板打开，如图 9-38 所示。

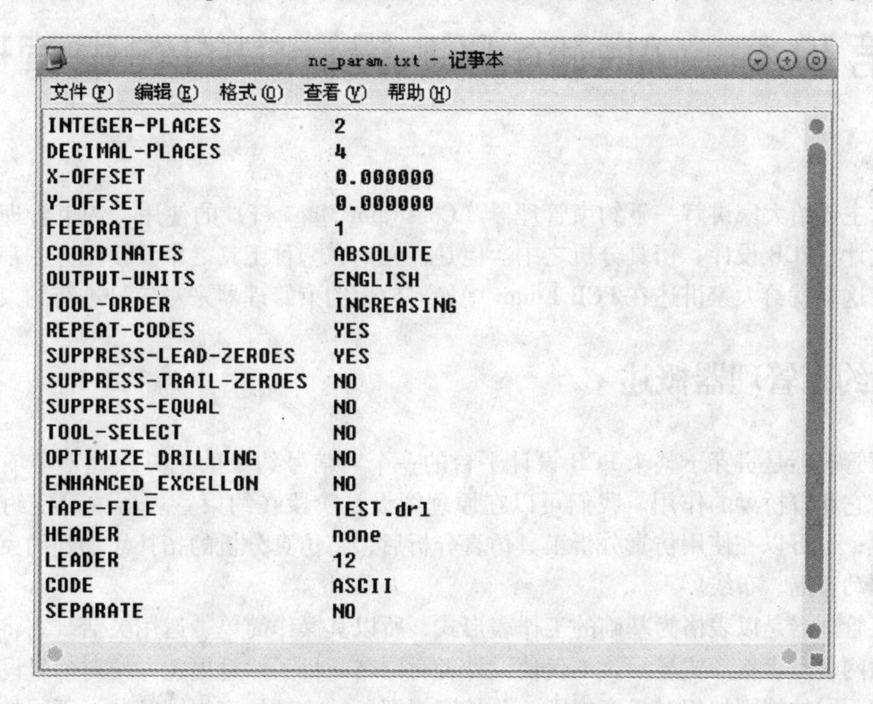
nc_param.txt - 记事本

文件(F) 编辑(E) 格式(O) 查看(V) 帮助(H)

```
INTEGER-PLACES          2
DECIMAL-PLACES          4
X-OFFSET                0.000000
Y-OFFSET                0.000000
FEEDRATE                1
COORDINATES             ABSOLUTE
OUTPUT-UNITS            ENGLISH
TOOL-ORDER              INCREASING
REPEAT-CODES            YES
SUPPRESS-LEAD-ZEROES    YES
SUPPRESS-TRAIL-ZEROES   NO
SUPPRESS-EQUAL          NO
TOOL-SELECT             NO
OPTIMIZE_DRILLING       NO
ENHANCED_EXCELLON       NO
TAPE-FILE               TEST.drl
HEADER                  none
LEADER                  12
CODE                    ASCII
SEPARATE                NO
```

图 9-38　nc _ param. txt 文件

至此就介绍完了光绘文件、钻孔文件以及参数文件的生成，要了解更详细的内容，请读者朋友参考 Help 文件自行学习。

9.4　本章小结

本章主要介绍了以下内容，请读者朋友掌握：

1）光绘文件的组成和类型。

2）光绘文件参数的设置及创建。

3）钻孔文件参数的设置及创建。

第 10 章 Allegro PCB 设计中的约束管理

本章主要给大家讲解一下约束管理器（Constraint Manager）的使用，约束管理器贯穿于原理图设计、PCB 设计、仿真分析之中。但是，无论在哪种工具之中其使用方法都是大同小异的，在这章就给大家讲述在 PCB Editor 中如何使用约束管理器来对信号进行约束设置。

10.1 约束管理器概述

约束管理器是贯穿于整个 PCB 设计平台的一个对信号约束的工具，在整个项目的开发过程中，它起着桥梁的作用。我们可以在原理图设计阶段在约束管理器中设定约束来指导 PCB 设计；也可以在使用仿真分析工具仿真分析后，将仿真分析的拓扑添加到约束管理器中从而来驱动布局、布线。

约束管理器是以表格为基础的工作表形式，所以其操作简单、运用灵活。它将印制电路板所有的网名以表格形式显示，不仅使设计者对网名一目了然且更加方便对信号设定不同的规则。对不同的规则如相对长度规则、总长度规则、曼哈顿长度规则等分了不同的栏显示以方便大家的规则设定。

下面就来给大家详细地讲述一下约束管理器的使用，将把讲解的重点放到常用的对信号线设定常用规则上。

10.2 约束管理器

10.2.1 约束管理器的打开

在 Allegro PCB Design 中，选择菜单栏中的 Setup / Electrical Constraint Speadsheet 命令，或单击 Setup 工具栏中的按钮，打开约束管理器，如图 10-1 所示。

10.2.2 约束管理器界面的概述

1. 菜单栏

约束管理器的菜单栏包括：File、Edit、Objects、Column、View、Analyze、Audit、Tools、Window 及 Help。

2. Electrical Constraint Set 栏

此栏主要是对电气规则来设定约束，包括：Signal Intergrity（信号完整性设置规则）、Timing（时序规则设置）、Routing（布线设置）、All Constraints（所有的约束管理）。

3. Net 栏

Net 栏主要对指定的网络来设置不同的约束规则，包括：Signal Intergrity（信号完整性设

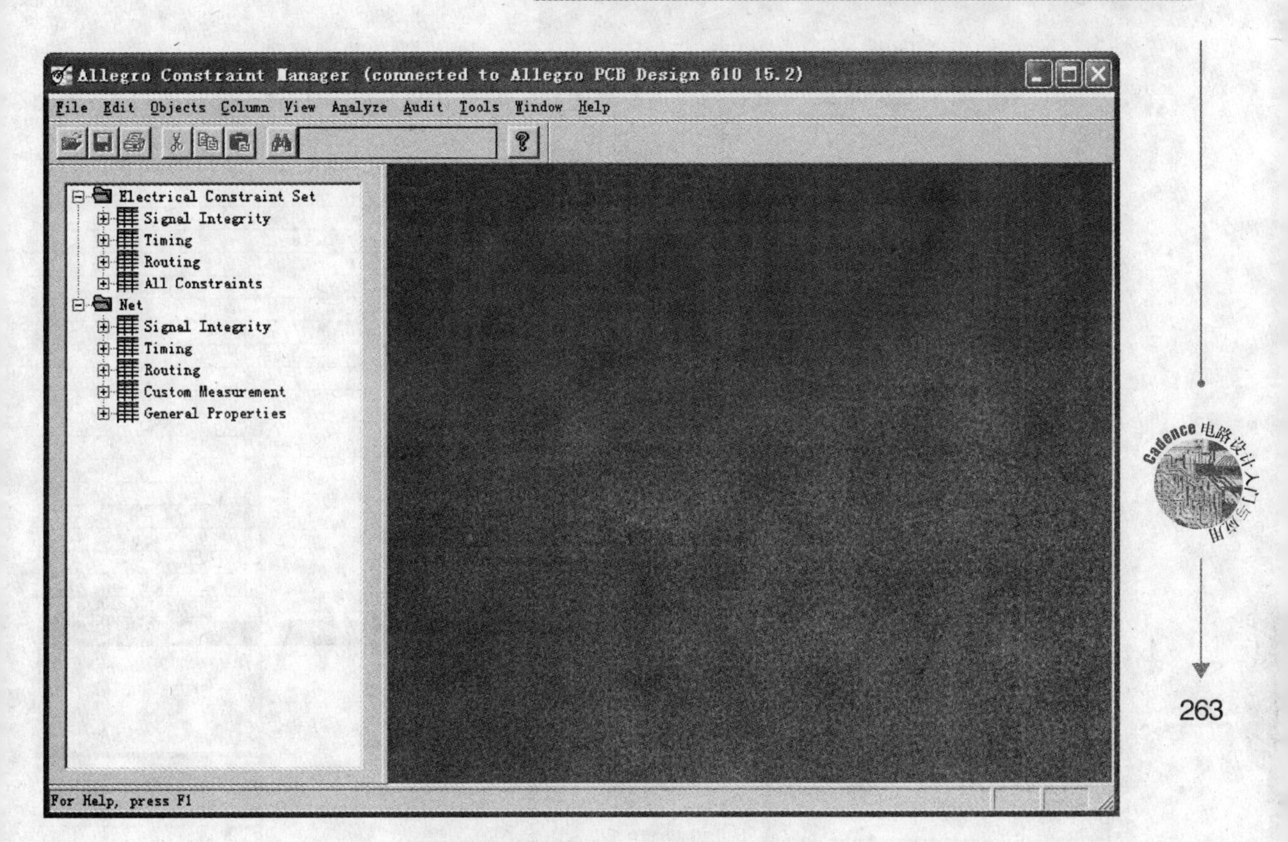

图 10-1　约束管理器的界面

置规则）、Timing（时序规则设置）、Routing（布线设置）、Custom Measurement（用户添加规则管理）、General Properties（通用属性设置）。

在对约束管理器有了初步的印象后，下面重点讲述使用约束管理器最多的设置——布线的约束规则设置。对于 Electrical Constraint Set 栏，因为此栏主要是用来对电气规则来设定一定的约束供网络设定约束的时候来调用，且其中包含项在网络设置的时候都会用到，所以就不进行详细讲解了。

10.3　布线的约束设置

约束管理器可以设定的规则很多，但是真正所经常用的是 Net 栏中 Routing 中的各项对布线的约束设置。包括：Wiring（线路设置）、Impedance（阻抗设置）、Min/Max Propagation Delays（最大或最小传输延时设置）、Total Etch Length（总长度设置）、Differential Pair（差分对的设置）和 Relative Propagation Delays（相对传输延时设置）。

10.3.1　创建 Bus

在设定约束的时候，可以对单独的网络进行设置，也可以对一个 Bus 进行设置。对于在原理图设计的时候没有设计总线形式的网络，也可以在约束管理器中创建一个 Bus。方法如下：

1）在约束管理器 Net 栏中选择 Routing / Wiring，展开所有的网络列表。

2）选中要创建 Bus 的网络名，单击鼠标右键，在弹出的菜单中选择 Create / Bus，如图 10-2 所示。

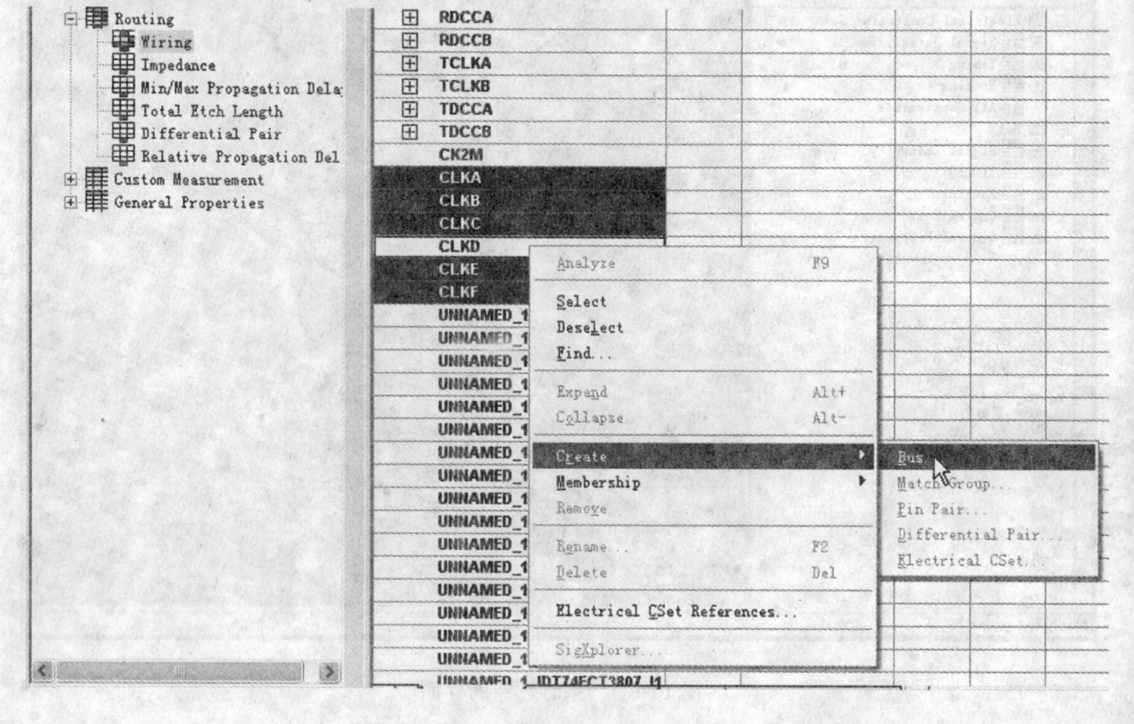

图 10-2　选择网络创建 Bus 图示

注意：

对一个 Bus 内的信号线，其布线拓扑应基本一致，否则，在设定约束后，布线的时候会引起匹配不当。

3）在弹出的对话框中，输入创建的 Bus 名，如图 10-3 所示。在此图中 Bus 栏后面输入 Bus 名，如 Clk。此图会列出此 Bus 内的所有网络及其类型。

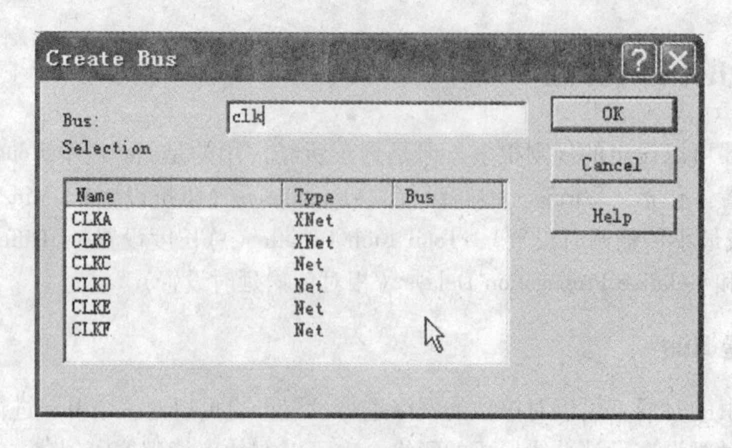

图 10-3　创建 Bus 图示

对于一个网络，如果中间有匹配电阻，为了使整个的网络长度匹配，一般对电阻创建一个模型（创建方法见第 12 章），使得网络类型为 XNet 形式。

4）单击 OK 按钮，完成 clk 的 Bus 的创建，此 Bus 会在约束管理器列表中即时显示。

10.3.2　线路设置

在约束管理器 Net 栏中选择 Routing / Wiring，对线路进行设置。

线路设置可以对一个单独网络进行也可以对一个 Bus 进行，设置内容包括：直接调入电气规则、设置拓扑、设置分支长度、设置过孔数、设置表层布线长度及设置平行线长度。

下面分别对这些内容进行讲述。

1. 直接调入电气规则

在设置网络后面的 Referenced Electrical CSet 栏中，用鼠标直接单击空白处，弹出电气规则选择项，选择要调入的电气规则后，单击 OK 按钮，完成电气规则添加，如图 10-4 所示。

图中 CLKA 就说在仿真分析中设定的一个电气规则，此部分内容在第 12 章还会做详细的讲述。如果要取消调入的电气规则，就选择 None。

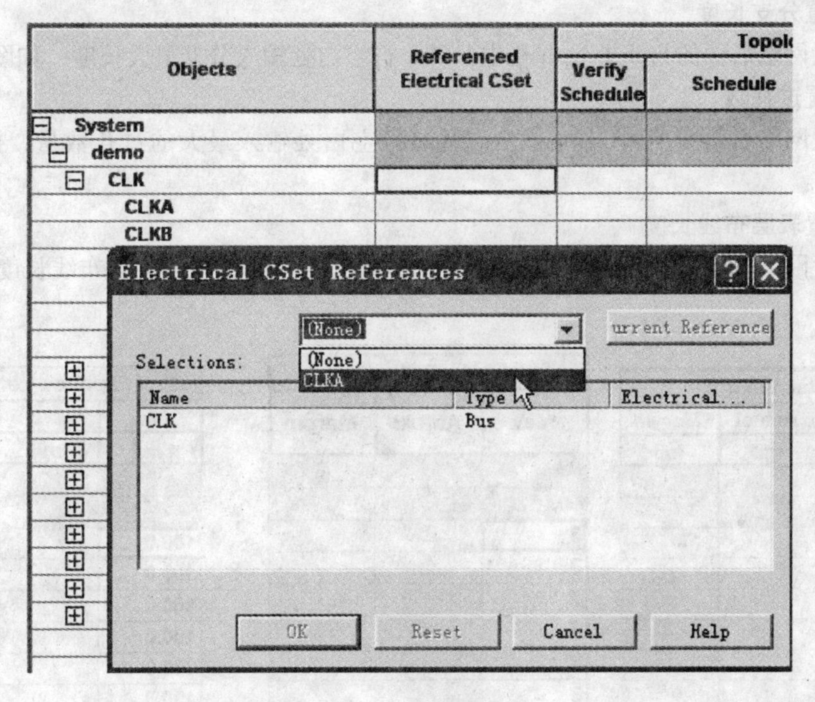

图 10-4　调入电气规则

2. 设置拓扑

在设置网络后面的 Topology 栏中，设置拓扑结构，如图 10-5 所示。

Topology 栏各项说明如下：

Verify Schedule：确认拓扑结构。Yes 表示确认拓扑执行 DRC 检查；No 表示不执行 DRC 检查；Clear 表示不选择此功能。

Topology			
Verify Schedul	Schedule	Actual	Margin
Yes	Daisy-chain		
Yes	Daisy-chain		
Yes	Daisy-chain		
Yes	Daisy-chain		
Yes	Daisy-chain		
Yes	Daisy-chain		
Yes	Daisy-chain		

图 10-5　设置拓扑结构

Actual：实际值，仅可读（后面遇到不再重复）。

Margin：裕量，仅可读（后面遇到不再重复）。

Schedule：选择一定的拓扑结构，包括：菊花链结构（Daisy-chain）、树状结构（Minimum Spanning Tree）、源负载菊花链结构（Source-Load Daisy-chain）、星形结构（Star）、远端分支结构（Far-end Cluster）。

3. 设置分支长度

在设置网络后面的 Stub Length 栏中，Max 行空白处输入分支最大长度，如图 10-6 所示。

4. 设置过孔数

在设置网络后面的 Via Count 栏中，Max 行空白处输入最大的过孔数量，如图 10-7 所示。

5. 设置表层布线长度

在设置网络后面的 Exposed Length 栏中，Max 行空白处输入最大的布线长度，如图 10-8 所示。

Stub Length		
Max	Actual	Margin
mil	mil	mil
300.0		
300.0		
300.0		
300.0		
300.0		
300.0		
300.0		

图 10-6　设置分支最大长度

Via Count		
Max	Actual	Margin
3		
3		
3		
3		
3		
3		
3		

图 10-7　设置最大过孔数

Exposed Length		
Max	Actual	Margin
mil	mil	mil
100.0		
100.0		
100.0		
100.0		
100.0		
100.0		
100.0		

图 10-8　设置表层最大布线长度

6. 设置平行线长度

在设置网络后面的 Parallel 栏中，单击 Max 行空白处，弹出平行线长度详细设置，如图 10-9 所示。

图 10-9　设置平行布线长度

设置好长度和间距后，单击 OK 按钮，完成设置。单击 Clear 按钮则清除设置。

10.3.3　阻抗设置

在约束管理器 Net 栏中选择 Routing/Impedance，对阻抗进行设置。对于信号阻抗设置的前提条件是叠层已经设定好，此项设置不建议再次设定，因阻抗和线宽、线间距、叠层都有很大的关系。设置方法如下：

在所选网络后面的 Impedance 栏下的 Target 空白处单击鼠标，输入目标阻抗如 50 后，会自动在 Tolerance 栏下设置限度范围，默认是 2%，一般设置 10%，如图 10-10 所示。

Impedance			
Target	Tolerance	Actual	Margin
Ohm	Ohm	Ohm	Ohm
50.00	10 %		
50.00	10 %		
50.00	10 %		
50.00	10 %		
50.00	10 %		
50.00	10 %		
50.00	10 %		

图 10-10　设置阻抗

10.3.4 设置最小/最大传输延时

在约束管理器 Net 栏中选择 Min/Max Propagation Delays，对最小/最大传输延时进行设置。此栏是对一个单个网络或一个 Bus 设定传输延时的最大及最小值，我们还是以 CLK 的 Bus 为例进行讲解。此部分牵扯到创建引脚类型的（PIN pair）部分，在此处设置此内容比较麻烦且很不直观，在此就不讲解了，在第 12 章仿真部分会进行讲解。

在所选网络后面的 Prop Delay 栏下的 Min 空白处单击鼠标，输入最小延时 0.25ns；Max 空白处输入最大延时 0.3ns，如图 10-11 所示。

Prop Delay			Prop Delay		
Min ns	Actual	Margin	Max ns	Actual	Margin
					0.061303 ...
0.25 ns			0.3 ns		0.061303 ...
0.25 ns			0.3 ns		0.129122 ...
0.25 ns			0.3 ns		0.154483 ...
0.25 ns			0.3 ns		0.061303 ...
0.25 ns			0.3 ns		0.155039 ...
0.25 ns			0.3 ns		0.155578 ...
0.25 ns			0.3 ns		0.157913 ...

图 10-11　设置延时

提示：1）在输入最小/最大的延时后，PIN Pair 会自动设置。

2）单击 ns 按钮，可以更改单位。可以选择以时间（ns）、长度（mil）、相对值（%）为单位，对于 1ns 的传输时间大约等于传输线 5600mil 的长度。

10.3.5 设置总的布线长度

在约束管理器 Net 栏中选择 Routing / Total Etch Length，对总的布线长度进行设置。此栏主要对布线的总长度设定一个最小长度和一个最大的长度。设置方法如下：

在所选网络后面的 Total Etch Length 栏下的 Min 空白处单击鼠标，输入最小长度 800，Max 空白处输入最大长度 1000，表示所有导线在 800 ~ 1000mil 之间，如图 10-12 所示。

Total Etch Length			Total Etch Length			Unrouted Net Length /mil	Routed/Manhattan Ratio (%)
Min/mil	Actual/mil	Margin/mil	Max/mil	Actual/mil	Margin/mil		
800.00			1000.000				
800.00			1000.000				
800.00			1000.000				
800.00			1000.000				
800.00			1000.000				
800.00			1000.000				
800.00			1000.000				

图 10-12　设置布线总长度

Unrouted Net Length 表示在此栏单击鼠标右键选择 Analyze 查看未布线飞线长度。

Routed/Manhattan Ratio 表示在此栏单击鼠标右键选择 Analyze 查看布线后曼哈顿比。

，差分信号越来越被更多地应用，而对差分信号的布线要求也保证其阻抗值，且要对一对的差分线更要等长、等间距，来保更方便对差分信号进行设置，Cadence 的 PCB 设计工具——在约束管理器中专门添加差分对设置栏。下面就给大家详细

择 Routing / Differential Pair，对差分对进行设置。

首先要创建差分对。对哪些网名的信号是差分信号，必须了我们对原理图设计中的网络命名一定要规范！下面就以一对差为例给大家讲述如何创建为差分信号。

两个网络，单击鼠标右键，在弹出的菜单中选择 Create / Differ-示。

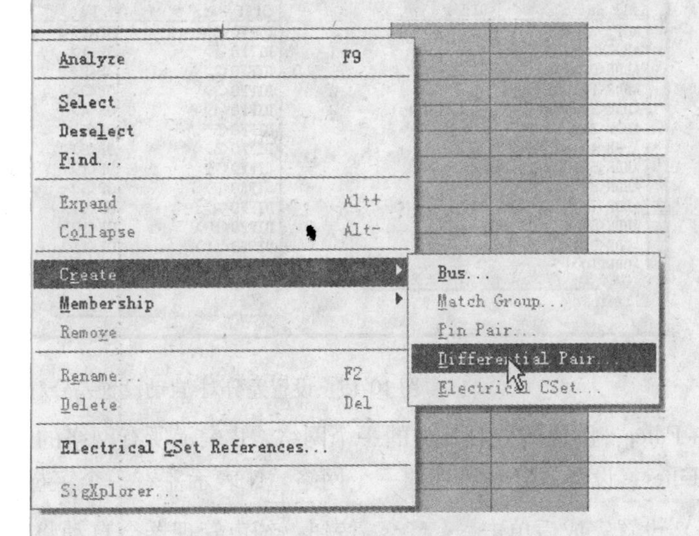

图 10-13　设置差分对-选择网络

出创建差分对设置窗口，如图 10-14 所示。

入差分对名字后，单击 Create 按钮完成差分对的设置，创建有网络列表中继续选择其他要设置的差分对网络进行设置。

设置的很多的话，还可以使用自动设置差分对，当然前提还是名一定要规范。方法如下：

单击图 10-14 中的 ...etup... 按钮，弹出自动设置差分对窗口，如图 10-15 所示。

在左边框中下拉菜单处，选择所有的 Net 或所有的 XNet。右边框各项说明如下：

Prefix：设置差分对名字。如果空则软件自动以信号的名字命名。

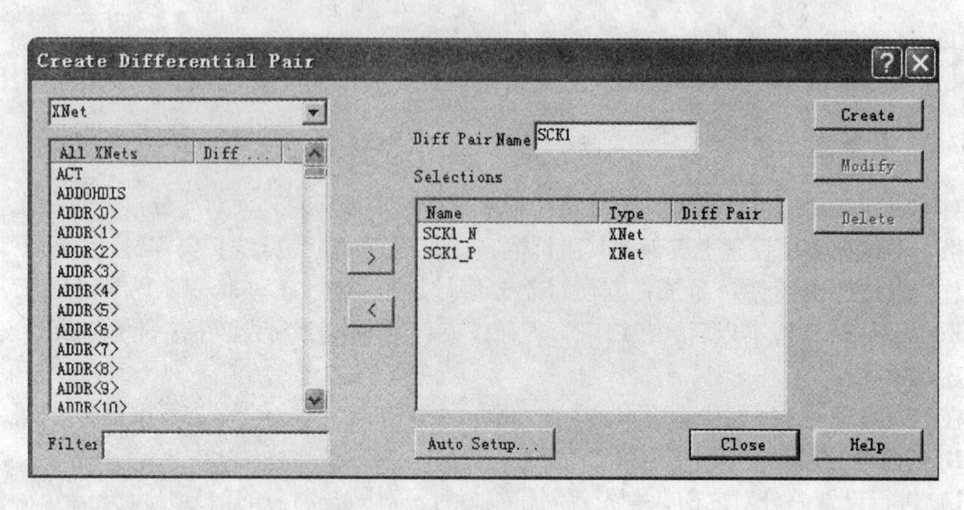

图 10-14　设置差分对-创建差分对

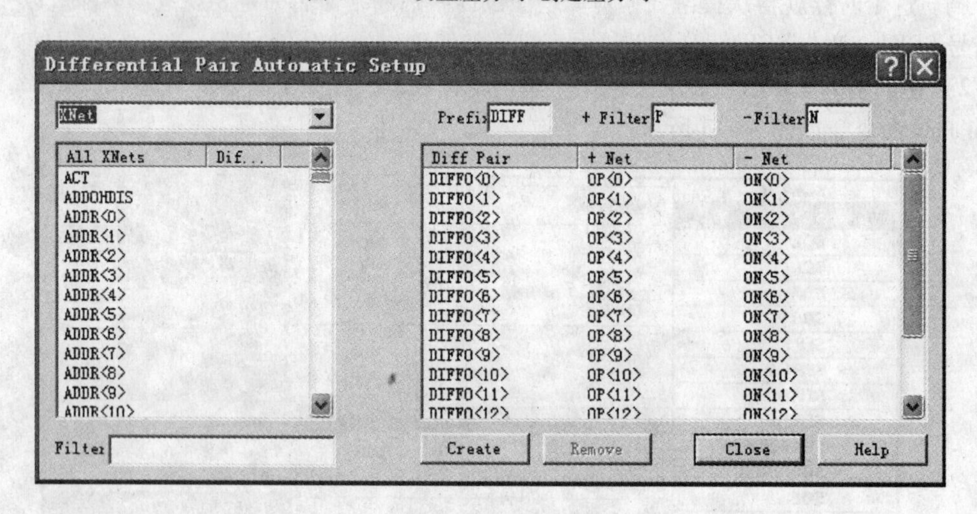

图 10-15　设置差分对-自动设置差分对

+Filter：设置差分对其中的一个网络。P 表示所有网络的最后一个字母为 P 的。

-Filter：设置差分对另外的一个网络。N 表示左右一个字母为 N 的。

5）设置完成后单击 Create 按钮，约束管理器会自动将所有最后一个字母为 P、N 的网络设置成差分信号。

2. 差分对的规则设置

在创建完差分对后，就要对差分信号设定差分规则如设定间距、线宽等。各项详细描述如表 10-1 所示。

表 10-1　差分设置项及其描述

设 置 项	设 置 内 容	描　　述
Uncoupled Length		设置差分对二个网络的不匹配长度，【Gather Control】设置 Ignore 表示差分对忽略驱动端，接收端引脚处的匹配，选择 Include 表示考虑引脚处的匹配问题，这样的话当大于 Max 设定的值时，就会报 DRC 错误

（续）

设 置 项	设 置 内 容	描　述
Phase Tolerance		设置差分对中二个网络的差值。单位可以选择是 ns 或者 mil，当二个网络的相差长度大于 Tolerance 设定值时，就会报错
Line Spacing		设置线间距。注意在此设定的是最小值（Min）。即此值应该是最基本的间距值
Coupling	Primary Width	设置差分对的首要线宽
	Primary Gap	设置差分对的首要间距
	Neck Width	设置在特殊情况下的线宽。比如当线很密集不能保证都使用首要的线宽的时候，可选择此线宽。另外，针对表层和内层的不同线宽，我们也可以在此设置为表层线宽。那么 Primary Width 就设置为内层的线宽
	Neck Gap	设置在特殊情况下的线间距。比如当线很密集不能保证都使用首要的线间距的时候，可选择此线间距。另外，针对表层和内层的不同线间距，我们也可以在此设置为表层线间距。那么 Primary Width 就设置为内层的线间距
	（+/-）Tolerance	对线宽、线间距设定一个容限值。为了保证差分信号的阻抗连续性，建议不设置此项，即使设置也不要设置太大

3. 差分信号的布线

当设置好差分对后，在单击按钮进行布线的时候，是差分对整体的布线模式。

单击鼠标右键，在弹出的菜单中，可以选择单独的布线模式（Single Trace Mode）或者是选择 Neck Mode，如图 10-16 所示。

Done　F2
Oops　F3
Cancel　F4
Next　End
Reject
Add Via
Via Pattern
Swap Layers
Single Trace Mode
Change Control Trace
Neck Mode
Toggle
Target

图 10-16　差分布线选择

10.3.7　设置相对传输延时

对传输延时的设置，除了可以设定一个最大值、最小值的范围，也可以设定一个相对

值。当然，此项不能对单独的网络或一个 Bus 进行设置，必须将需要约束相对延时的网络建立一个群组，因为只有在一个群组内才谈的上一个相对值。下面就简述一下创建群组和对群组设定相对的延时值。

在约束管理器 Net 栏中选择 Routing / Relative Propagation Delays。

1. 创建群组

在网络列表中选中要匹配群组的网络，单击鼠标右键，在弹出的菜单中选择 Create / Match Group 命令，如图 10-17 所示。

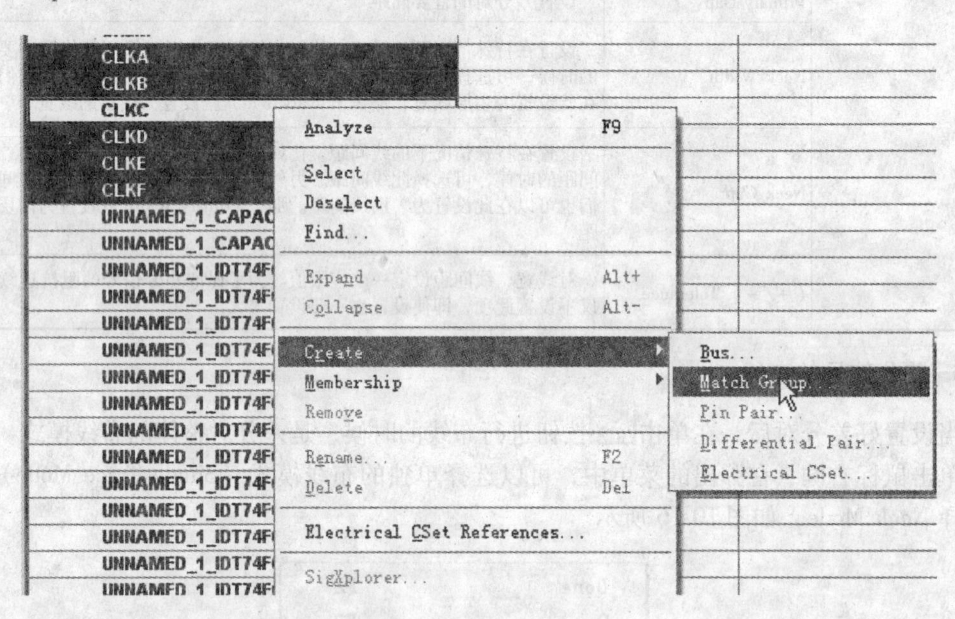

图 10-17　创建群组-选择网络

选中命令后，弹出创建群组对话框，如图 10-18 所示：

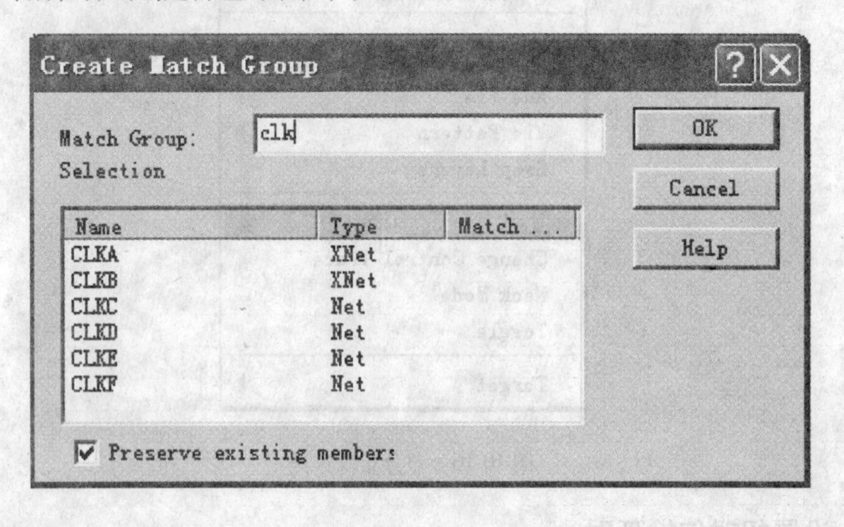

图 10-18　创建群组

输入群组名后，单击 OK 按钮，完成群组的创建，在网络列表中显示此群组。显示方式和 Bus 是一样的。

2. 相对延时设置

首先，单击创建的群组后面的 Relative Delay 栏下的 ns 按钮，选择单位：ns、mil 或% 为单位，在此选择 ns 为单位，如图 10-19 所示。

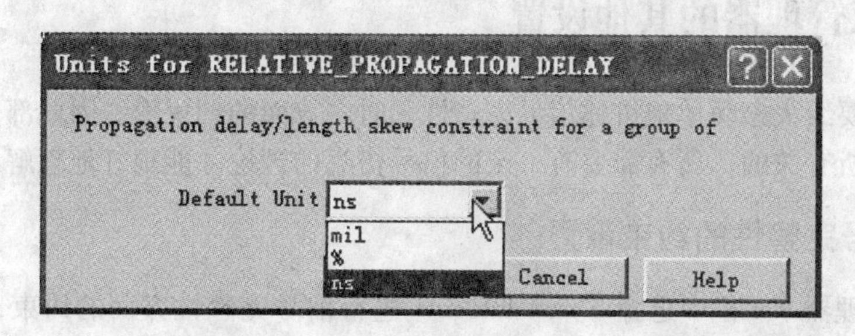

图 10-19　选择单位

在群组后面的 Delta：Tolerance 下面的格式中输入相对值。输入格式为：0：0.01，表示此组的所有网络相对延时在 0～0.01ns 之间，如图 10-20 所示。

Scope	Relative Delay			
	Delta:Tolerance	Actual	Margin	+/-
	ns			
Global	**0 ns:0.01 ns**			
Global	0 ns:0.01 ns			
Global	0 ns:0.01 ns			
Global	0 ns:0.01 ns			
Global	0 ns:0.01 ns			
Global	0 ns:0.01 ns			
Global	0 ns:0.01 ns			

图 10-20　以 ns 单位设定

选择 mil 单位就直接输入目标值如：600mil，软件会自动设定 5% 的容限，可以根据情况自由更改，如图 10-21 所示。

Referenced Electrical CSet	Pin Pairs	Pin Delay		Relative Delay			
		Pin 1	Pin 2	Scope	Delta：Tolerance	Actual	Margin
		mil	mil		mil		
	All Drivers s/All Re...			Global	600 mil：5%		
	All Drivers s/All Re...			Global	600 mil：5%		
	All Drivers s/All Re...			Global	600 mil：5%		
	All Drivers s/All Re...			Global	600 mil：5%		
	All Drivers s/All Re...			Global	600 mil：5%		
	All Drivers s/All Re...			Global	600 mil：5%		
	All Drivers s/All Re...			Global	600 mil：5%		
	All Drivers s/All Re...			Global	600 mil：5%		

图 10-21　以 mil 单位设定

选择%单位输入格式为：600：10%。表示目标值600mil，允许10%的容限。

Scope栏自动全部设置为Global。

Pin Pairs栏自动设置为All Drivers/All Receivers。

10.4 约束管理器的其他设置

在这里主要给大家简单地讲述信号完整性和时序方面的约束值。因此部分内容基本都是和信号仿真分析有关的，所有需要有一定的信号仿真的理论才能很好地理解。

10.4.1 信号完整性的约束设置

在约束管理器Net栏中选择Signal Integrity进行信号完整性方面的约束，其中各项属性如下：

1. Electrical Properties栏

Frequency：设定选择网络的频率。当输入频率后，会自动计算出周期。

Period：设定选择网络的周期。当输入周期后，会自动计算出频率。

Duty Cycle：设置占空比。

Jitter：设置时钟抖动值。

Cycle to Measure：设置进行仿真分析时的周期。

2. Reflection栏

Overshoot：设置过冲值。在Max栏中输入最大的过冲值。格式为高：低电压值。

Noise Margin：设置噪声裕量。在Min栏中输入最小的裕量。

3. Edge Distortions栏

Edge Sensitivity：设定接收端是否对单调性敏感。

Fist Incident Switch：设定第一个波形转换。

4. Estimated Xtalk栏

Active Window：网络产生噪声的窗口。

Sensitive Window：网络敏感（易受干扰）状态的窗口

Ignore Nets：设置在计算串扰是是否可以忽略此网络。

Xtalk：设置被干扰的网络最大可允许的串扰。

Peak Xtalk：设置被干扰的网络最大可产生的串扰。

5. Simulated Xtalk栏

查看仿真的分析结果。各项说明同Estimated Xtalk栏。

6. SSN栏

Max SSN：设置最大的开关噪声。

Power Bus Name：驱动端的电源网络总线。

Ground Bus Name：驱动端的地网络总线。

10.4.2 时序的约束设置

在约束管理器Net栏中选择Timing进行时序方面的约束设置，其中各项属性如下：

1. Switch/Settle Delays 栏

Min First Switch：设定可接收的第一次的最小转换时间延时。

Max Final Settle：设定可接收的最大的建立时间延时。

2. Setup/Hold 栏

Clock：设定时钟网络名、周期值、抖动值。

Interconnect Delay：设置时钟延时和时钟偏移值。

Setup：设定最小建立时间。

Hold：设定最小保持时间。

10.5　定制电气约束规则

在上面讲了很多的约束设定，那么对任何的约束设定都可以将其创建为一个电气约束的规则，从而在别的网络中直接调用这个规则。

10.5.1　创建电气约束

现在以 CLKA 的网络为例，前面已经将 CLKA 的网络相应的规则设置完成，现在将其创建一个电压约束规则供其他类似的 CLK 信号调用。具体方法如下：

1）选中 CLKA 网络，单击鼠标右键，在弹出的菜单中选择 Create / Electrical Cset 命令，如图 10-22 所示。

图 10-22　创建电气约束-选择网络

2）在弹出的对话框中，输入这个电气约束的名，如 CLKA，如图 10-23 所示。

3）单击 OK 按钮完成规则的创建，这时打开 Electrical Constraint Set 栏下的 User-Defined 栏中可以看到我们创建的这个约束规则，如图 10-24 所示。

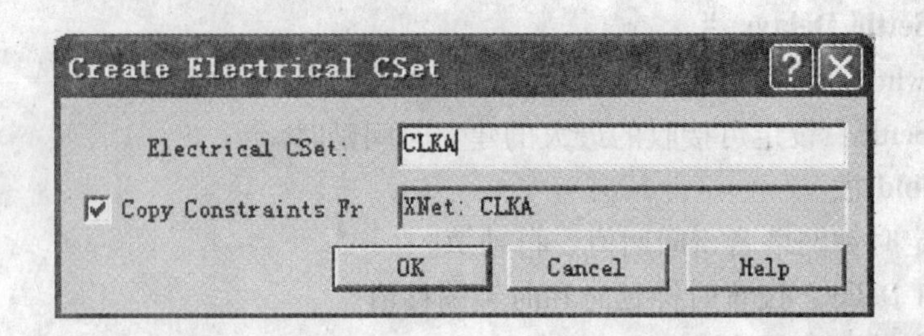

图 10-23 创建电气约束-输入规则名

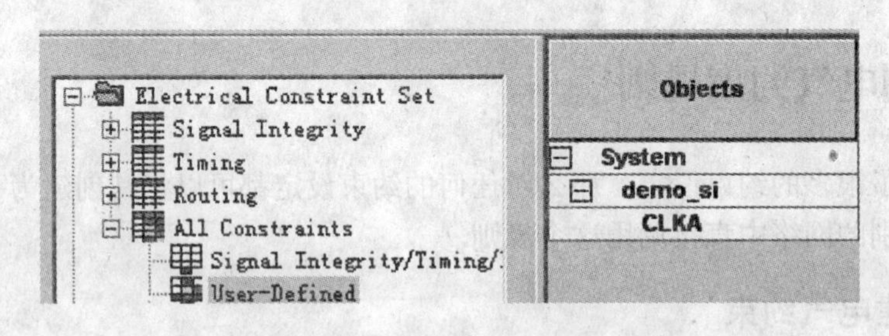

图 10-24 完成创建电气约束

10.5.2 调用电气约束

在创建完一个电气规则约束后，可以在其他的 Bus 或单独的网络中进行调用，以节省重新创建的时间。前提是所调用网络的布线与设定规则约束的网络拓扑、布线设置基本一致。现在以对 CLK 的 Bus 调用 CLKA 约束为例进行讲解。

在约束管理器 Net 栏中选择 Routing / Wiring，打开网络列表。在 CLK 的 Bus 后的 Refer-

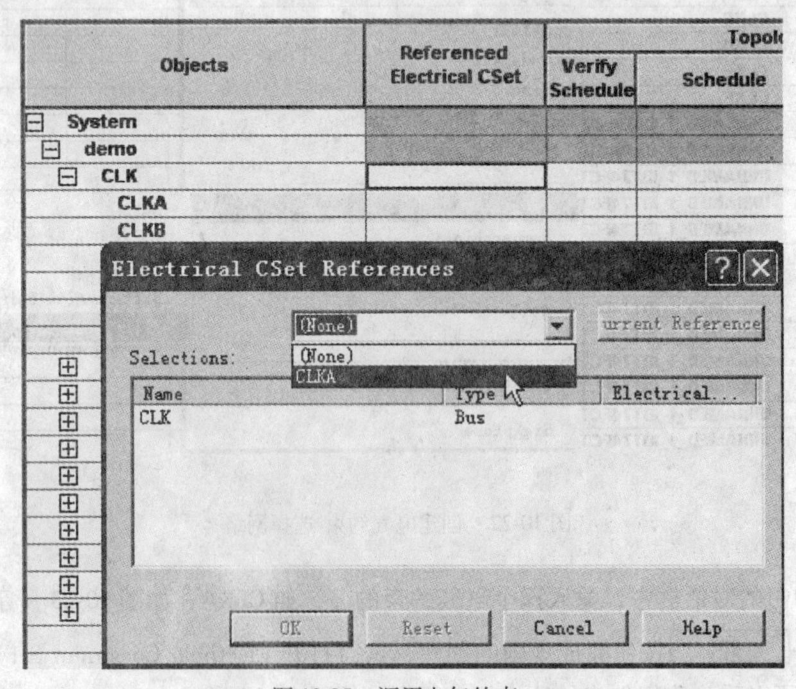

图 10-25 调用电气约束

enced Electrical Cset 栏中，用鼠标直接单击空白处，弹出电气规则选择项，选择要调入的电气规则后单击 OK 按钮，完成电气规则添加，如图 10-25 所示。

注意：在 Routing 栏下的任意一项下的 Referenced Electrical Cset 栏都可以添加，具体在哪个设置下调用要根据创建电气约束时是在哪个规则设置中。

10.6 打开 DRC 设置

在设定了规则后，最后要做的就是一定要打开 DRC 检查，否则将对设定的规则不进行检查。

在约束管理器菜单栏中，选择 Analyze / Analysis Modes 命令，打开分析项选择对话框，如图 10-26 所示。

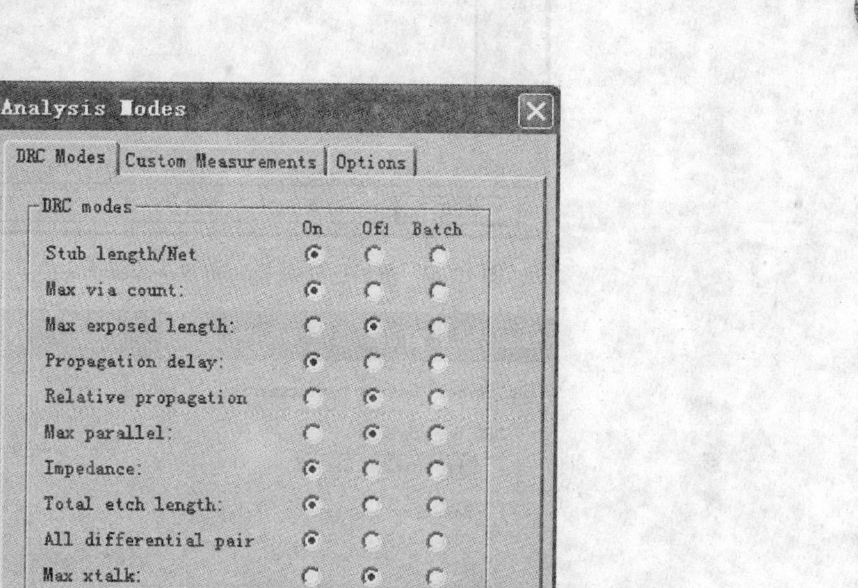

图 10-26　分析选择项-Modes 栏

当前打开项为 DRC Modes 栏，可以在此选择是否打开各项的约束规则的 DRC 分析。

Custom Measurements 栏为是否执行用户设定的规则约束分析，如图 10-27 所示。

Options 栏可以设置对没有布线情况下的延时分析，如图 10-28 所示。

对于此项的默认是不进行设置的。

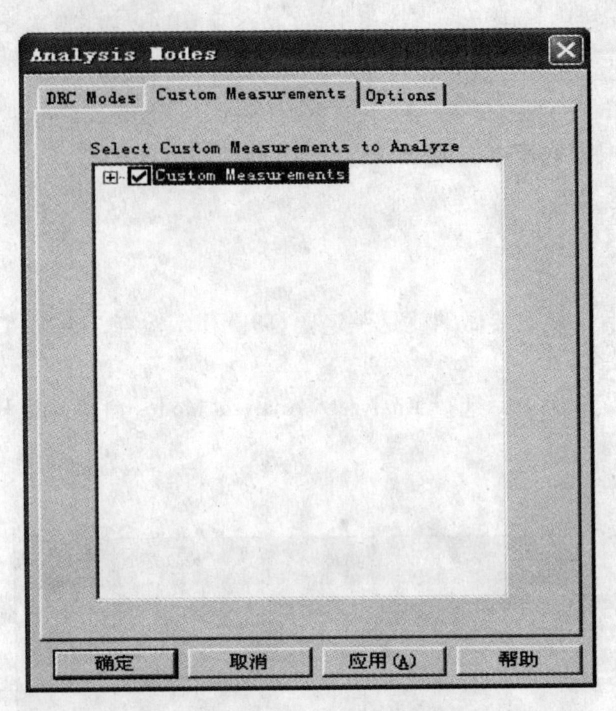

图 10-27　分析选择项-Custom Measurements 栏

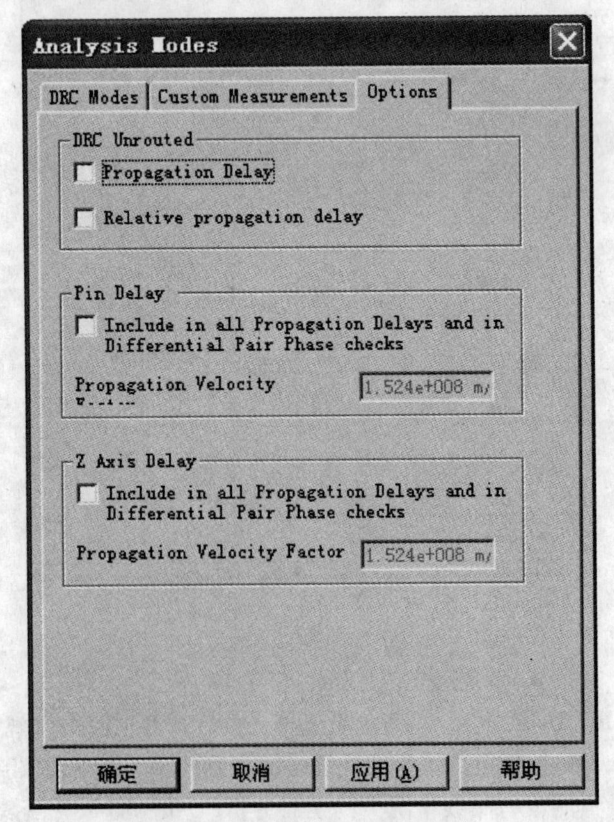

图 10-28　分析选择项-Options 栏

10.7　本章小结

本章主要对约束管理器的各项设置给大家做了个简单的讲述。对于不同的网络，可以选择不同的约束规则来约束。具体的规则使用还是要根据读者的个人习惯来选择。

本章重点部分是对布线设置栏各约束的设置。

第 11 章　SPECCTRA 布线工具

本章主要介绍如何使用 SPECCTRA 布线工具，进行规则设置，进而完成 PCB 的布线设计。

CCT（自动布线器和许多 PCB Layout 工具之间都有相互的接口，各个 Layout 工具系统内部的数据存储格式也大不一样，所以必须经过转换后才能被 CCT 所读取。CCT 能识别的文件包括：“. dsn”文件、“. ses”文件、“. rte”文件和“. w”文件，均为自动布线器的文件存储格式。

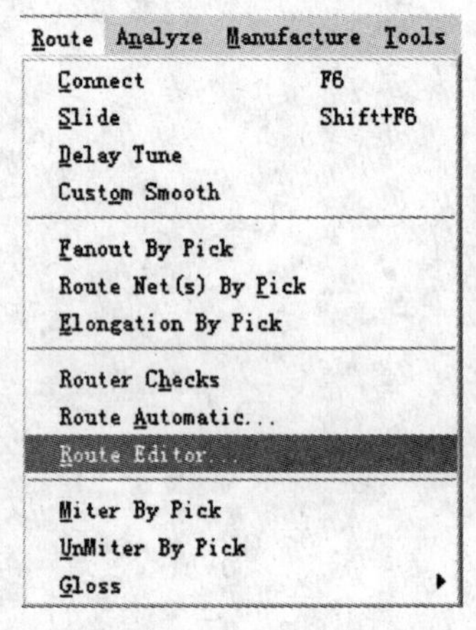

图 11-1　Route 菜单

11.1　从 PCB 设计到 SPECCTRA

1）在 PCB 设计界面，鼠标左键点开 Route 菜单，如图11-1 所示。

2）单击 Route Editor 一项，进入 SPECCTRA 设计界面，如图 11-2 所示。

也可以单击 PCB 设计界面上的图标，进入 SPECCTRA 设计界面。

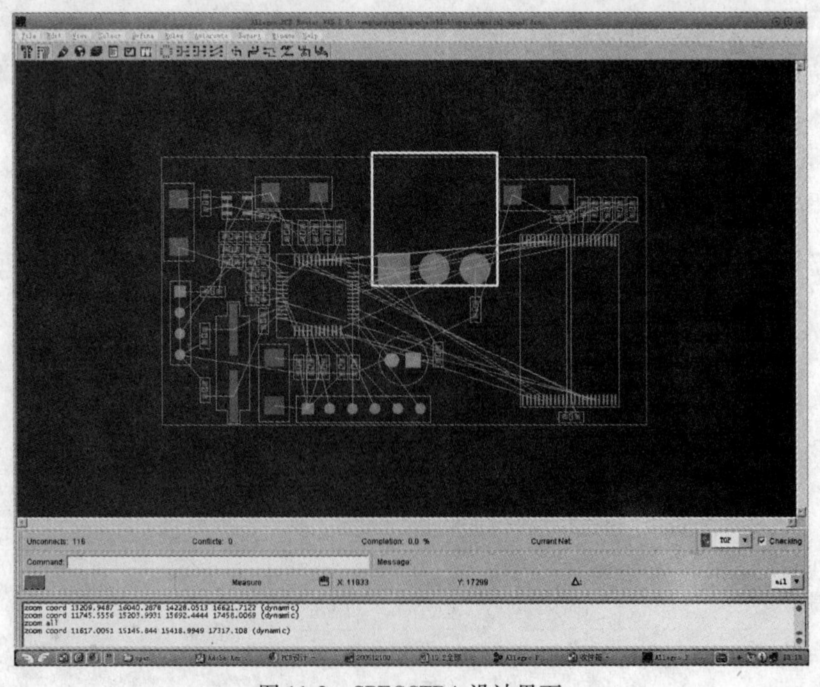

图 11-2　SPECCTRA 设计界面

11.2　SPECCTRA 的界面及菜单介绍

1. 菜单栏

File　Edit　View　Select　Define　Rules　Autoroute　Report　Window　Help

（1）File 菜单介绍

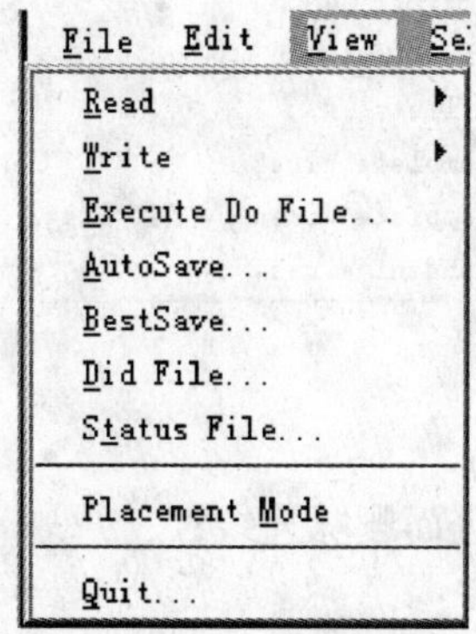

File 菜单中的各命令介绍如下：

1）Read：读入文件。

2）Write：写出文件。

3）Execute Do File：执行一个 do 文件。

4）AutoSave：自动保存文件。

5）BestSave：优化保存文件。

6）Did File：记录过程中的命令。

7）Status File：状态文件。

8）Placement Mode：加载定位文件。

9）Quit：退出。

（2）Edit 菜单介绍

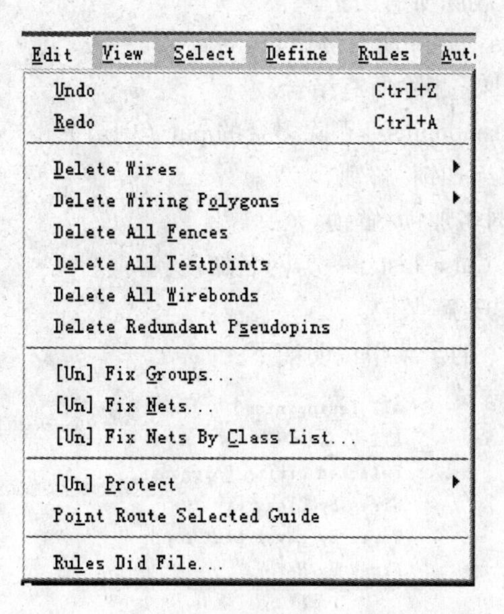

Edit 菜单中的各项命令介绍如下：

1）Undo：撤销操作。

2）Redo：恢复操作。

3）Delete Wires：删除连线。

对应 Delete Wires 命令的子菜单说明如下：

```
Selected
All Wires
By Net List...
Conflicts...
Incomplete Wires
Incomplete Wires By Net List...
Redundant Wires
```

① Selected：删除所选连线；

② All Wires：删除所有连线；

③ By Net List：通过删除网名进而删除连线；

④ Conflicts：删除有冲突的连线；

⑤ Incomplete Wires：删除未完整布线的连线；

⑥ Incomplete Wires By Net List：删除网络清单中未完整布线的连线；

⑦ Redundant Wires：删除多余连线。

4）Delete Wiring Polygon：删除 Shape。

对应 Delete Wiring Polygon 命令的子菜单说明如下：

```
Selected
All
```

① Selected：删除所选 Shape；

② All：删除所有 Shape。

5）Delete All Fences：删除所有防护。

6）Delete All Testpoints：删除所有测试点。

7）Delete All Wirebonds：删除所有结合。

8）Delete Redundant Pseudopins：删除多余的 pin（引脚）。

9）[Un] Fix Groups：组加锁/解锁。

10）[Un] Fix Nets：网名加锁/解锁。

11）[Un] Fix Nets By Class List：一类网名加锁/解锁。

12）[Un] Protect：保护/解保护。

对应 [Un] Protect 命令的子菜单说明如下：

```
All Testpoints...
All Vias...
Selected Wiring Polygons...
Wires By Class List...
Wires By Layer List...
Wires By Net...
```

① All Testpoints：保护/解保护所有测试点；
② All Vias：保护/解保护所有过孔；
③ Selected Wiring Polygons：保护/解保护所选 Shape；
④ Wires By Class List：保护/解保护网表上的一类线；
⑤ Wires By Layer List：保护/解保护网络清单上的一层线；
⑥ Wires By Net：根据网名保护/解保护线。
13）Point Route Selected Guide：根据布线向导选择布线。
14）Rules Did File：规则编辑器。
（3）View 菜单介绍

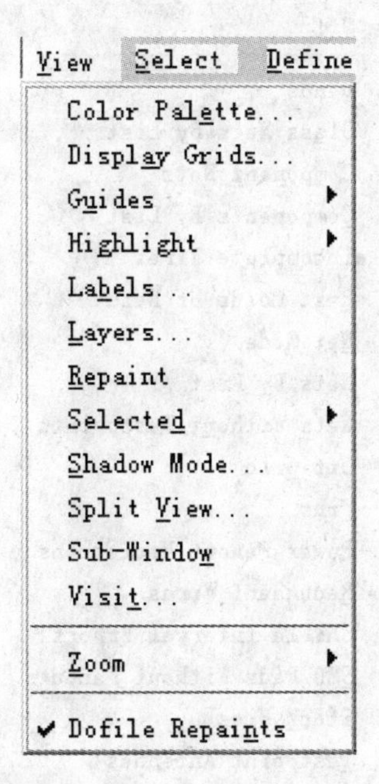

View 菜单中的各项命令介绍如下：
1）Color Palette：设计对象颜色设置。
2）Display Grids：控制栅格的可见。
3）Guides：控制飞线的显示。
对应 Guides 命令的子菜单说明如下：

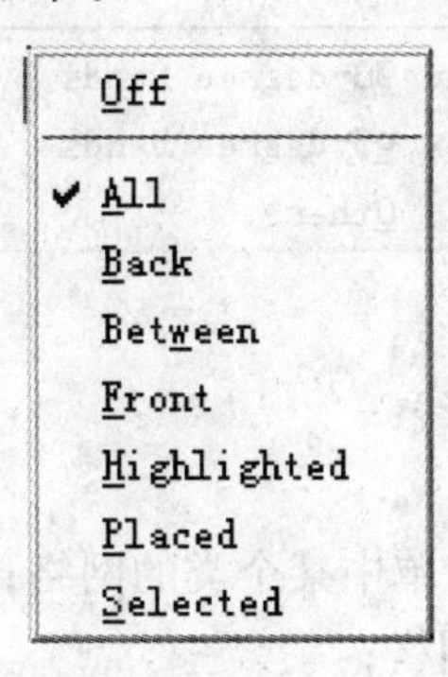

① Off：关掉飞线显示；
② All：显示所有飞线；

③ Back：显示 BOTTOM 层元件飞线；

④ Between：显示 BOTTOM 和 TOP 层元件之间的飞线；

⑤ Front：显示 TOP 层元件飞线；

⑥ Highlighted：显示高亮元件的飞线；

⑦ Placed：显示所有定位元件的飞线；

⑧ Selected：显示所选中元件的飞线。

4）Highlight：高亮设计。

对应 Highlight 命令的子菜单说明如下：

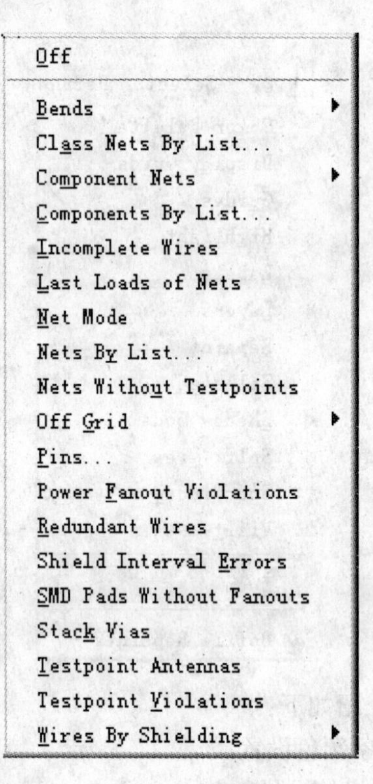

① Off：关掉高亮对象；

② Bends：高亮某种角度的连线；

对应 Bends 命令的下一层子菜单说明如下：

90-degree Bends
45-degree Bends
Other

90-degree Bends：高亮 90°的连线；

45-degree Bends：高亮 45°的连线；

Other：高亮其他角度的连线。

③ Class Nets By List：高亮类清单中某个类的网络；

④ Component Nets：高亮元件网络；

对应 Component Nets 命令的下一层子菜单说明如下：

Highlight Comp Mode
By Component List...

Highlight Comp Mode：高亮元件模式；
By Component List：高亮元件清单中一个元件所属的网络。
⑤ Components By List：高亮元件清单中的元件；
⑥ Incomplete Wires：高亮未完整布线的连线；
⑦ Last Loads of Nets：高亮具有负载的网络；
⑧ Net Mode：高亮网络模式；
⑨ Nets By List：高亮网络清单中的网络；
⑩ Nets Without Testpoints：高亮无测试点的网络；
⑪ Off Grid：高亮脱离栅格的元件、引脚、连线、过孔、全部内容；
⑫ Pins：高亮元件引脚；
⑬ Power Fanout Violations：高亮与电源扇出规则冲突的连线；
⑭ Redundant Wires：高亮多余连线；
⑮ Shield Interval Errors：高亮与 shield_ tie_ down_ interval 规则冲突的连线；
⑯ SMD Pads Without Fanouts：高亮没有扇出孔的 SMD 焊盘；
⑰ Stack Vias：高亮堆叠的过孔；
⑱ Testpoint Antennas：高亮测试点天线；
⑲ Testpoint Violations：高亮违反测试点规则的测试点；
⑳ Wires By Shielding：高亮有防护/未加防护的导线。
对应 Wires By Shielding 命令的下一层子菜单说明如下：

Wires With Shields
Wires Missing Shields

Wires With Shields：高亮有防护的连线；
Wires Missing Shields：高亮未加上防护的连线。
5）Labels：元件标签设置，如下可选择选项。

① Ref Des：显示位号；
② Pin IDs：显示引脚 ID；
③ Ref Des and Pin IDs：显示位号和引脚 ID；
④ Virtual Pin IDs：显示真实的引脚 ID；
⑤ Image IDs：显示影像 ID；
⑥ Logical Part IDs：显示逻辑部件 ID；
⑦ Physical Part IDs：显示物理部件 ID；
⑧ Cluster IDs：显示派生的 ID；
⑨ Side：显示所属位置选择：全部、TOP、BOTTOM。

6）Layers：层设置。
7）Repaint：刷新工作区。
8）Selected：选中菜单。
对应 Selected 命令的子菜单说明如下：

```
Comps List...
Nets List...
Fit Selected Comps/Nets
```


① Comps List：显示所选元件清单；
② Nets List：显示所选网络清单；
③ Fit Selected Comps/Nets：显示包含所选元件或所选网络的区域。
9）Shadow Mode：阴影模式。
10）Split View：分层显示。
11）Sub-Window：创建第二个工作区显示窗口。
12）Visit：查看印制电路板信息。
13）Zoom：放大或缩小。
对应 Zoom 命令的子菜单说明如下：

```
All
In
Out
Previous
✔ Allow Dynamic Zoom
```

① All：显示整个视图界面；
② In：视图界面放大；
③ Out：视图界面缩小；
④ Previous：显示以前的视图界面；
⑤ Allow Dynamic Zoom：允许动态变焦。
14）Dofile Repaints：执行 Do 文件的同时是否刷新工作区。
（4）Select 菜单

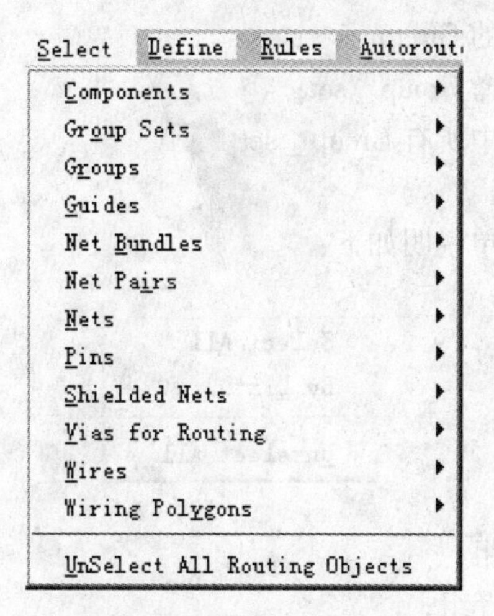

Select 菜单中的各项命令介绍如下：

1） Components：选择元件。

对应 Components 命令的子菜单说明如下：

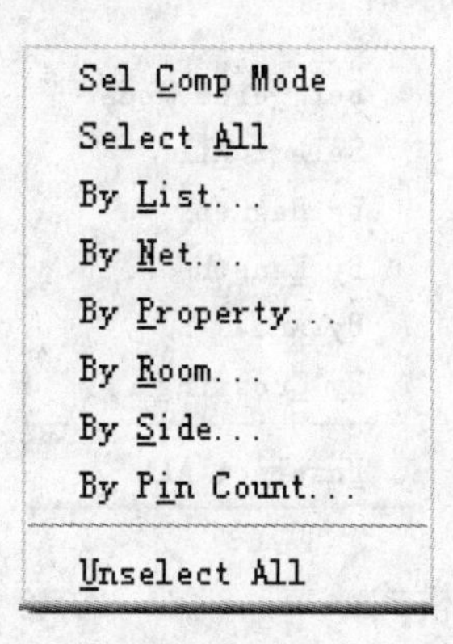

① Sel Comp Mode：选择元件模式；

② Select All：选中所有元件；

③ By List：选中清单中的元件；

④ By Net：选中与某个网络相连的元件；

⑤ By Property：通过元件属性选中元件；

⑥ By Room：选择某个区域的元件或线束；

⑦ By Side：选择 TOP、BOTTOM 或者二者上的元件；

⑧ By Pin Count：通过引脚数量选择元件；

⑨ Unselect All：取消对所有元件的选中。

2） Group Sets：组设置。

对应 Group Sets 命令的子菜单说明如下：

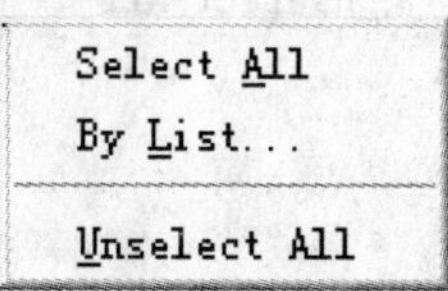

① Select All：选中所有的 Group _ set；
② By List：从列表中选择 Group _ set；
③ Unselect All：取消选中所有 Group _ set。
3） Groups：组操作。
对应 Groups 命令的子菜单说明如下：

Select All
By List...
Unselect All

① Select All：选中所有组；
② By List：从列表中选择组；
③ Unselect All：取消选中所有组。
4） Guides：飞线设置。
对应 Guides 命令的子菜单说明如下：

Sel Guide Mode
Select All
By Degree...
By Length...
By Area...
By Crossing...
Unselect All

① Sel Guide Mode：飞线选中模式；
② Select All：选中所有的飞线；
③ By Degree：选中某些特定角度的飞线；
④ By Length：选中特定线长的飞线；
⑤ By Area：选中特定区域的飞线；
⑥ By Crossing：选中交叉布线的飞线；
⑦ Unselect All：取消选中所有飞线。
5） Net Bundles：网络束设置。
对应 Net Bundles 命令的子菜单说明如下：

Select All
By List...
Unselect All

① Select All：选中所有线束；
② By List：通过列表选择线束；

③ Unselect All：取消选中所有线束。

6）Net Pairs：差分网络设置。

对应 Net Pairs 命令的子菜单说明如下：

Select All
By List...
Unselect All

① Select All：选中所有差分网络；

② By List：通过列表选择差分网络；

③ Unselect All：取消选中所有差分网络。

7）Nets：选择网络。

对应 Nets 命令的子菜单说明如下：

Sel Net Mode
Select All
By List...
By Class...
Length Errors
With Timing Rules
Unselect All

① Sel Net Mode：选择网络模式；

② Select All：选择所有网络；

③ By List：选择网络清单中的网络；

④ By Class：选择类中的网络；

⑤ Length Errors：选择有长度冲突的网络；

⑥ With Timing Rules：选择有定时规则的网络；

⑦ Unselect All：取消选择所有网络。

8）Pins：选择引脚。

对应 Pins 命令的子菜单说明如下：

Sel Pin Mode
Select All
Sel All Pins On Layer...
Unselect All

① Sel Pin Mode：选择引脚模式；

② Select All：选择所有引脚；

③ Sel All Pins On Layer：选择某些层上的引脚；

④ Unselect All：取消选中所有引脚。

9）Shielded Nets：防护网络。

对应 Shielded Nets 命令的子菜单说明如下：

```
Select All
By List...
Unselect All
```

① Select All：选择所有防护网络；

② By List：从列表中选择防护网络；

③ Unselect All：取消选择所有防护网络。

10）Vias for Routing：选择布线用过孔。

对应 Vias for Routing 命令的子菜单说明如下：

```
Select All
By List...
Unselect All
```


①Select All：选择所有布线用过孔；

②By List：从列表中选择布线用过孔；

③Unselect All：取消选择所有布线用过孔。

11）Wires：飞线和连线。

对应 Wires 命令的子菜单说明如下：

```
Sel Wire Mode
Select All
By Layer List...
Incomplete Wires
Unselect All
```

① Sel Wire Mode：选择导线模式；

② Select All：选择所有连线；

③ By Layer List：选择某层上的连线；

④ Incomplete Wires：选择未完整布线的连线；

⑤ Unselect All：取消选择所有连线。

12）Wiring Polygons：选择 Shape。

对应 Wiring Polygons 命令的子菜单说明如下：

```
Sel Wiring Polygon Mode
Select All
Unselect All
```

① Sel Wiring Polygon Mode：选择 Shape 模式；
② Select All：选择所有铺设的 Shape；
③ Unselect All：取消选择所有 Shape。
13）Unselect All Routing Objects：取消选择所有布线对象。
（5）Define：定义菜单

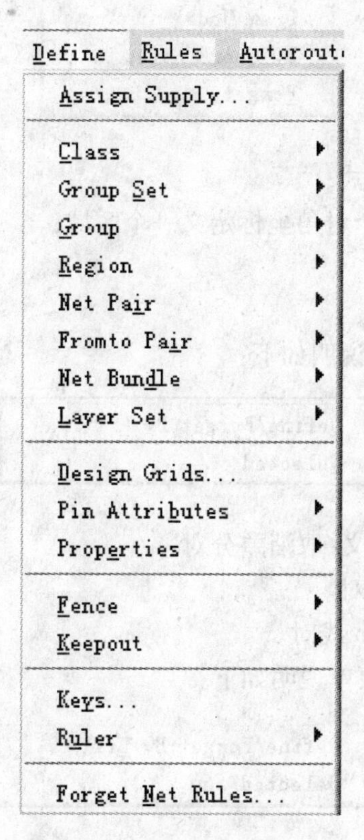

Define 菜单中的各项命令介绍如下：
1）Assign Supply：将所选导线、导线引脚、给定的引脚指定为电源主线。
2）Class：定义类。
对应 Class 命令的子菜单说明如下：

Define/Forget By List...
Selected...

① Define/Forget By List：定义/取消定义列表中网络的类；
② Selected：将选定的网络定义为一个类。
3）Group Set：定义/解除网络的组属性。
4）Group：定义组。
对应 Group 命令的子菜单说明如下：

Define/Forget By List...
Selected...

① Define/Forget By List：定义/取消定义列表中网络的组；
② Selected：定义所选中的组。
5）Region：区域设置。
对应 Region 命令的子菜单说明如下：

```
Draw Mode
By Coordinates...
Forget...
```

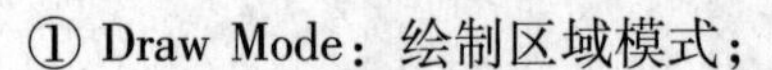
① Draw Mode：绘制区域模式；

② By Coordinates：通过两个对角坐标定义一个区域；
③ Forget：取消绘制区域。
6）Net Pair：定义差分线对。
对应 Net Pair 命令的子菜单说明如下：

```
Define/Forget By List...
Selected...
```


①Define/Forget By List：定义/取消差分对；
②Selected：定义/取消差分对。
7）Fromto Pair：定义 Fromto 线对。
对应 Fromto Pair 命令的子菜单说明如下：

```
Define/Forget By List...
Selected...
```

① Define/Forget By List：定义/取消 Fromto 线对；
② Selected：定义所选中的 Fromto 线对。
8）Net Bundle：定义网络束。
对应 Net Bundle 命令的子菜单说明如下：

```
Define/Forget By List...
Selected...
```

① Define/Forget By List：定义/取消网络束；
② Selected：将所选网络定义为网络束。
9）Layer Set：定义/取消布线层设置。
10）Design Grids：定义布线、过孔、布放元件栅格；
11）Pin Attributes：定义引脚属性。
对应 Pin Attributes 命令的子菜单说明如下：

```
By Component...
By Net...
```

① By Component：定义元件引脚属性；

② By Net：定义网络中引脚属性。

12）Properties：属性设置。

对应 Properties 命令的子菜单说明如下：

```
Component...
Component Pin...
Image...
Image Pin...
```

① Component：元件属性设置；

② Component Pin：元件引脚属性设置；

③ Image：元件影像属性设置；

④ Image Pin：引脚影像属性设置。

13）Fence：防护设置。

对应 Fence 命令的子菜单说明如下：

```
Draw Mode
By Coordinates...
```

① Draw Mode：绘制防护区模式；

② By Coordinates：通过两个对角线坐标定义一个防护区。

14）Keepout：定义禁布区。

对应 Keepout 命令的子菜单说明如下：

```
Draw Mode
Merge Mode
Delete Mode
By Coordinates...
Forget...
```

① Draw Mode：绘制禁布区模式；

② Merge Mode：合并禁布区模式；

③ Delete Mode：删除禁布区模式；

④ By Coordinates：通过两个对角线坐标定义一个禁布区；

⑤ Forget：取消所有禁布区。

15）Keys：定义快捷键。

16）Ruler：布线规则设置。

对应 Ruler 命令的子菜单说明如下：

Draw Mode
Forget All

① Draw Mode：绘制尺子模式；
② Forget All：取消所有尺子。
17）Forget Net Rules：取消所有网络规则。
（6）Rules 菜单介绍

Rules Autoroute Report
PCB ▸
Layer ▸
Class ▸
Class Layer ▸
Group Set ▸
Group Set Layer ▸
Net ▸
Selected Net ▸
Net Layer ▸
Group ▸
Group Layer ▸
Fromto ▸
Fromto Layer ▸
Class to Class ▸
Class to Class Layer ▸
Padstack ▸
Region ▸
Costs...
Sorting...
Check Rules ▸

Rules 菜单中的各项命令介绍如下：
1）PCB：PCB 规则设置。
对应 PCB 命令的子菜单说明如下：

Clearance...
Wiring ▸
Testpoints...
Timing...
Differential Pair...
Crosstalk...
Noise...
Smart Grid...
Setup Noise/Crosstalk...
Via Keepout Grid...
Interlayer ▸

① Clearance：PCB 板级的布线线宽和间距设置；
② Wiring：PCB 板级的导线、过孔类型、电源扇出等规则设置；
③ Testpoints：PCB 板级测试孔规则设置；
④ Timing：PCB 板级的时序规则设置；
⑤ Differential Pair：差分时设置；
⑥ Crosstalk：PCB 板级的串扰规则设置；
⑦ Noise：PCB 板级的噪声规则设置；
⑧ Smart Grid：PCB 板级最小栅格规则设置；
⑨ Setup Noise/Crosstalk：并行长度和计算噪声/串扰的方法设置；
⑩ Via Keepout Grid：禁止放置过孔的栅格设置；
⑪ Interlayer：层对间的规则设置。

2）Layer：层级规则设置。

对应 Layer 命令的子菜单说明如下：

Clearance...
Wiring ▸
Time/Length Factor...
Differential Pair...
Crosstalk...
Noise...
Noise Weight...
Costing...

① Clearance：层级线宽、间距规则设置；
② Wiring：层级导线、过孔模式设置；
③ Time/Length Factor：层级时间/长度比例设置；
④ Differential Pair：层级差分规则设置；
⑤ Crosstalk：层级的串扰规则设置；
⑥ Noise：层级的噪声规则设置；
⑦ Noise Weight：噪声权重设置；
⑧ Costing：布线代价设置。

3）Class：类级别规则设置。

对应 Class 命令的子菜单说明如下：

Clearance...
Wiring ▸
Testpoints...
Timing...
Differential Pair...
Shielding...
Crosstalk...
Noise...

① Clearance：类级别的线宽、间距规则设置；
② Wiring：类级别的线、电源扇出、过孔规则设置；
③ Testpoints：类级别的测试点规则设置；
④ Timing：类级别的时域规则设置；
⑤ Differential Pair：类级别的差分线规则设置；
⑥ Shielding：类级别的防护规则设置；
⑦ Crosstalk：类级别的串扰规则设置；
⑧ Noise：类级别的噪声规则设置。

4）Class Layer：类层级别规则设置。

对应 Class Layer 命令的子菜单说明如下：

```
Clearance...
Wiring...
Timing...
Differential Pair...
Crosstalk...
Noise...
```


① Clearance：类层级别的线宽、间距规则设置；
② Wiring：类层级别的布线规则设置；
③ Timing：类层级别的时域规则设置；
④ Differential Pair：类层级别的差分规则设置；
⑤ Crosstalk：类层级别的串扰规则设置；
⑥ Noise：类层级别的噪声规则设置。

5）Group Set：组级别布线规则设置。

对应 Group Set 命令的子菜单说明如下：

```
Clearance...
Wiring ▶
Timing...
Differential Pair...
Shielding...
Crosstalk...
Noise...
```

① Clearance：组级别的线宽、间距规则设置；
② Wiring：组级别的线、电源扇出、过孔规则设置；
③ Timing：组级别的时域规则设置；
④ Differential Pair：组级别的差分线规则设置；
⑤ Shielding：组级别的防护规则设置；
⑥ Crosstalk：组级别的串扰规则设置；

⑦ Noise：组级别的噪声规则设置。

6）Group Set Layer：组的层级别规则设置。

对应 Group Set Layer 命令的子菜单说明如下：

```
Clearance...
Timing...
Differential Pair...
Crosstalk...
Noise...
```

① Clearance：组的层级别的线宽、间距规则设置；
② Timing：组的层级别的时域规则设置；
③ Differential Pair：组的层级别的差分线规则设置；
④ Crosstalk：组的层级别的串扰规则设置；
⑤ Noise：组的层级别的噪声规则设置。

7）Net：网络级规则设置。

对应 Net 命令的子菜单说明如下：

```
Clearance...
Wiring
Testpoints...
Timing...
Differential Pair...
Shielding...
Crosstalk...
Noise...
```

① Clearance：网络级别的线宽、间距规则设置；
② Wiring：网络级别的线、电源扇出、过孔规则设置；
③ Testpoints：网络级别的测试点规则设置；
④ Timing：网络级别的时域规则设置；
⑤ Differential Pair：网络级别的差分线规则设置；
⑥ Shielding：网络级别的防护规则设置；
⑦ Crosstalk：网络级别的串扰规则设置；
⑧ Noise：网络级别的噪声规则设置。

8）Selected Net：所选网络规则设置。

对应 Selected Net 命令的子菜单说明如下：

```
Clearance...
Wiring              ▶
Timing...
Differential Pair...
Shielding...
Crosstalk...
Noise...
```

① Clearance：所选网络的线宽、间距规则设置；
② Wiring：所选网络的线、电源扇出、过孔规则设置；
③ Timing：所选网络的时域规则设置；
④ Differential Pair：所选网络的差分线规则设置；
⑤ Shielding：所选网络的防护规则设置；
⑥ Crosstalk：所选网络的串扰规则设置；
⑦ Noise：所选网络的噪声规则设置。

9）Net Layer：网络层级别规则设置。

对应 Net Layer 命令的子菜单说明如下：

```
Clearance...
Wiring...
Timing...
Differential Pair...
Crosstalk...
Noise...
```


① Clearance：网络层级别的线宽、间距规则设置；
② Wiring：网络层级别的线、电源扇出、过孔规则设置；
③ Timing：网络层级别的时域规则设置；
④ Differential Pair：网络层级别的差分线规则设置；
⑤ Crosstalk：网络层级别的串扰规则设置；
⑥ Noise：网络层级别的噪声规则设置。

10）Group：组级别规则设置。

对应 Group 命令的子菜单说明如下：

```
Clearance...
Wiring        ▸
Timing...
Differential Pair...
Shielding...
Crosstalk...
Noise...
```

① Clearance：组级别的线宽、间距规则设置；
② Wiring：组级别的线、电源扇出、过孔规则设置；
③ Timing：组级别的时域规则设置；
④ Differential Pair：组级别的差分线规则设置；
⑤ Shielding：组级别的防护规则设置；
⑥ Crosstalk：组级别的串扰规则设置；
⑦ Noise：组级别的噪声规则设置。

11）Group Layer：组的层级别规则设置。

对应 Group Layer 命令的子菜单说明如下：

```
Clearance...
Timing...
Differential Pair...
Crosstalk...
Noise...
```

① Clearance：组的层级别线宽、间距规则设置；

② Timing：组的层级别时域规则设置；

③ Differential Pair：组的层级别差分线规则设置；

④ Crosstalk：组的层级别串扰规则设置；

⑤ Noise：组的层级别噪声规则设置。

12）Fromto：Fromto 规则设置。

对应 Fromto 命令的子菜单说明如下：


```
Clearance...
Wiring          ▶
Timing...
Differential Pair...
Shielding...
Crosstalk...
Noise...
```

① Clearance：Fromto 级别线宽、间距规则设置；

② Wiring：Fromto 级别线、电源扇出、过孔规则设置；

③ Timing：Fromto 级别时域规则设置；

④ Differential Pair：Fromto 级别差分线规则设置；

⑤ Shielding：Fromto 级别防护规则设置；

⑥ Crosstalk：Fromto 级别串扰规则设置；

⑦ Noise：Fromto 级别噪声规则设置。

13）Fromto Layer：Fromto 层级别规则设置。

对应 Fromto Layer 命令的子菜单说明如下：

```
Clearance...
Timing...
Differential Pair...
Crosstalk...
Noise...
```

① Clearance：Fromto 的层级别线宽、间距规则设置；

② Timing：Fromto 的层级别时域规则设置；

③ Differential Pair：Fromto 的层级别差分线规则设置；
④ Crosstalk：Fromto 的层级别串扰规则设置；
⑤ Noise：Fromto 的层级别噪声规则设置。

14）Class to Class：类与类之间规则设置。

对应 Class to Class 命令的子菜单说明如下：

```
Clearance...
Crosstalk...
Noise...
Interlayer...
```

① Clearance：类与类之间的线宽、间距规则设置；
② Crosstalk：类与类之间的串扰规则设置；
③ Noise：类与类之间的噪声规则设置；
④ Interlayer：类与类之间的层对规则设置。

15）Class to Class Layer：类与类的层级别规则设置。

对应 Class to Class Layer 命令的子菜单说明如下：


```
Clearance...
Crosstalk...
Noise...
```

① Clearance：类与类的层级别线宽、间距规则设置；
② Crosstalk：类与类的层级别串扰规则设置；
③ Noise：类与类的层级别噪声规则设置。

16）Padstack：焊盘规则设置。

对应 Padstack 命令的子菜单说明如下：

```
Clearance...
Via Offset...
```

① Clearance：焊盘间距的规则设置；
② Via Offset：过孔坐标偏移量的规则设置。

17）Region：区域规则设置。

18）Costs：自动布线代价设置。

19）Sorting：布线策略选择。

20）Check Rules：规则检查设置。

对应 Check Rules 命令的子菜单说明如下：

```
All
Routing
Setup...
```

① All：检查所有规则冲突；

② Routing：检查布线规则冲突；

③ Setup：设置检查规则冲突的种类。

（7） Autoroute 菜单介绍

Auto route 菜单中的各项命令介绍如下：

1） Setup：自动布线规则设置。

2） Pre Route：预布线设置。

对应 Pre Route 命令的子菜单说明如下：

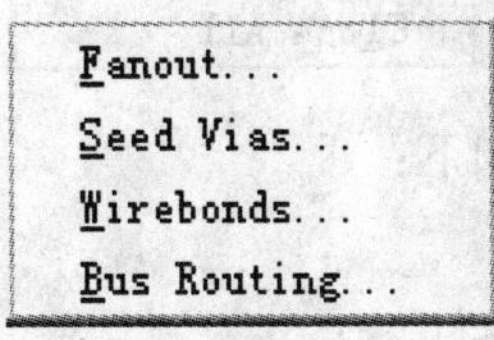

① Fanout：扇出命令规则设置；

② Seed Vias：增加过孔设置；

③ Wirebonds：结合点设置；

④ Bus Routing：总线布线设置。

3） Route：自动布线设置。

4） Clean：清除连线并重新布线以达到更好的布线质量。

5） Post Route：布线后操作。

对应 Post Route 命令的子菜单说明如下：

Critic
Shield
Filter Routing...
Center Wires
Spread Wires...
Testpoints...
[Un]Miter Corners...

① Critic：消除布线中的多余拐角；

② Shield：铺设防护线；

③ Filter Routing：删除有冲突的布线；

④ Center Wires：导线举重操作；

⑤ Spread Wires：增加导线之间的额外间距；

⑥ Testpoints：增加测试点；

⑦［Un］Miter Corners：90°布线与135°布线的转换。

（8）Report 菜单介绍

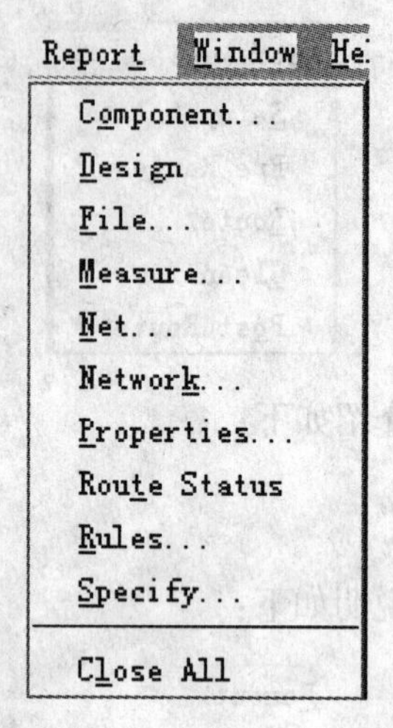

Report 菜单中的各项命令介绍如下：

1） Component：元件信息报告。

2） Design：设计信息报告。

3） File：文件信息报告。

4） Measure：测量操作。

5） Net：网络规则报告。

6） Network：网络属性报告。

7） Properties：属性报告。

8） Route Status：布线状态报告。

9） Rules：布线规则报告。

10） Specify：布线规则的详细报告。

11） Close All：关闭所有报告。

（9） Window（窗口菜单）

（10） Help（帮助文件）

2. 工具栏

从左到右依次进行介绍

1）布局模式，本书的布局是基于 Cadence 进行的，因此不进行布局模式的介绍。

2）布线模式，依次介绍其工具栏功能：

① 布局模式；

② 布线模式；

③ 刷新；

④ 缩放全局；
⑤ 叠层设置；
⑥ 状态报告；
⑦ 区域检查；
⑧ 测量；
⑨ 选中元件；
⑩ 选中网络和引脚；
⑪ 选中连线；
⑫ 选中飞线；
⑬ 画线；
⑭ 移动；
⑮ 复制连线；
⑯ 将曲线拉直；
⑰ 连线打折；
⑱ 删除连线。

3. 布线区域（见图 11-3）

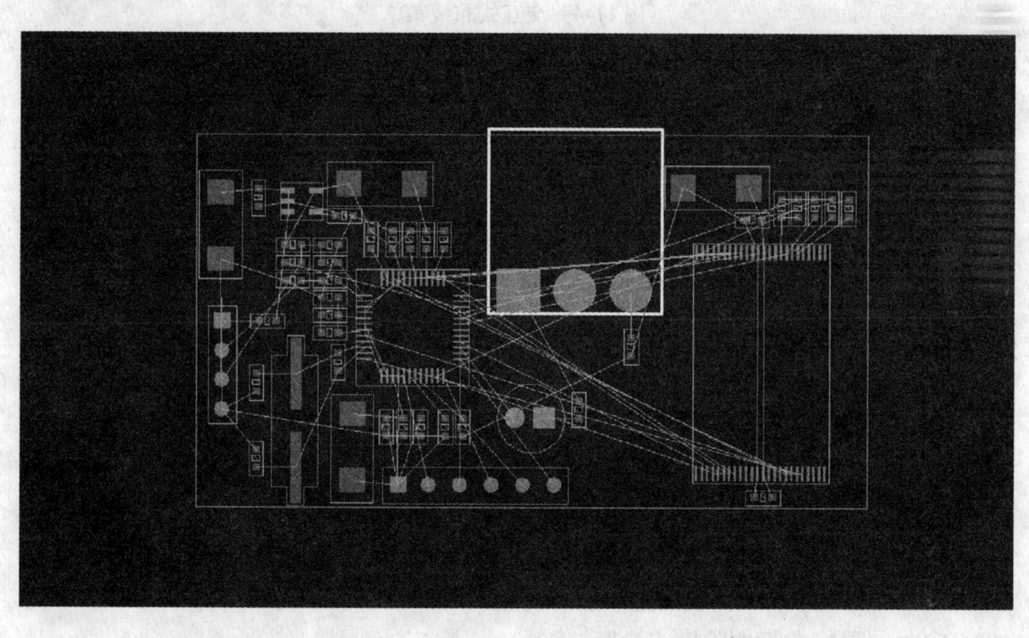

图 11-3　布线区域

（1）交互式布线菜单

将鼠标放在布线区域，单击鼠标右键，出现菜单如图 11-4 所示。

1）Setup：全局交互布线规则设置。

2）Select：鼠标左键选择模式设置。

对应 Select 命令的子菜单说明如下：

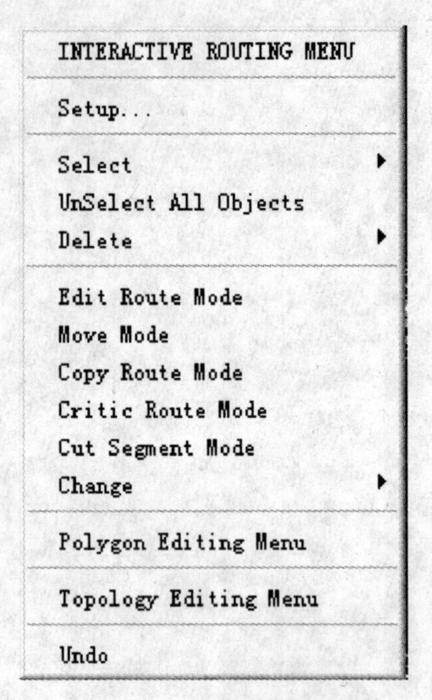

图 11-4　交互式布线菜单

Comp Mode
Net Mode
Wire Mode
Guide Mode
Pin Mode *

Wiring Polygon Mode

① Comp Mode：选择元件模式；
② Net Mode：选择网络模式；
③ Wire Mode：选择导线模式；
④ Guide Mode：选择飞线模式；
⑤ Pin Mode：选择引脚模式；
⑥ Wiring Polygon Mode：选择 Shape 模式。

3） Unselect All Objects：取消选中所有对象。

4） Delete：鼠标左键删除模式设置。

对应 Delete 命令的子菜单说明如下：

Segment Mode
Wire Mode
Net Mode

Wiring Polygon Mode

Repair Net Mode *

① Segment Mode：删除线断模式；
② Wire Mode：删除导线模式；
③ Net Mode：删除网络模式；
④ Wiring Polygon Mode：删除 Shape 模式；
⑤ Repair Net Mode：删除不符合 Fromto 规则的网络模式。
5）Edite Route Mode：编辑布线模式。
6）Move Mode：移动模式。
7）Copy Route Mode：复制布线模式。
8）Critic Route Mode：严格布线模式。
9）Cut Segment Mode：连线打折模式。
10）Change：改变操作
对应 Change 命令的子菜单说明如下：

Change Connectivity Mode
Change Layer Mode
Change Via Mode
Change Wire Width Mode

① Change Connectivity Mode：改变连通性模式；
② Change Layer Mode：导线换层模式；
③ Change Via Mode：改变过孔模式；
④ Change Wire Width Mode：改变导线线宽模式。
11）Polygon Editing Menu：切换到 Shape 编辑菜单。
12）Topology Editing Menu：切换到拓扑编辑菜单。
13）Undo：撤消操作。
（2）交互式 Shape 编辑菜单（见图 11-5）
Shape 菜单中的各项命令介绍如下：
1）Set Up：设置全局布线规则。
2）Select：鼠标左键选择模式设置。
对应 Select 命令的子菜单说明如下：

Comp Mode
Net Mode
Wire Mode
Guide Mode
Pin Mode *
Wiring Polygon Mode

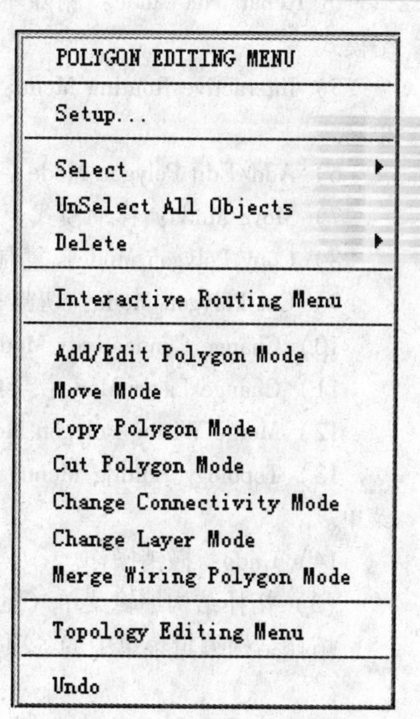

图 11-5　交互式 Shape 编辑菜单

① Comp Mode：选择元件模式；
② Net Mode：选择网络模式；
③ Wire Mode：选择导线模式；

④ Guide Mode：选择飞线模式；

⑤ Pin Mode：选择引脚模式；

⑥ Wiring Polygon Mode：选择 Shape 模式。

3）Unselect All Objects：取消选中所有对象。

4）Delete：鼠标左键删除模式设置。

对应 Delete 命令的子菜单说明如下：

Segment Mode
Wire Mode
Net Mode
Wiring Polygon Mode
Repair Net Mode *

① Segment Mode：删除线断模式；

② Wire Mode：删除导线模式；

③ Net Mode：删除网络模式；

④ Wiring Polygon Mode：删除 Shape 模式；

⑤ Repair Net Mode：删除不符合 Fromto 规则的网络模式。

5）Interactive Routing Menu：切换到交互式布线菜单。

6）Add/Edit Polygon Mode：增加/编辑 Shape 模式。

7）Move Mode：移动模式。

8）Copy Polygon Mode：复制 Shape 模式。

9）Cut Polygon Mode：切割 Shape 模式。

10）Change Connectivity Mode：改变连通性模式。

11）Change Layer Mode：导线换层模式。

12）Merge Wiring Polygon Mode：合并 Shape 模式。

13）Topology Editing Menu：切换到拓扑结构编辑菜单。

14）Undo：撤销操作。

TOPOLOGY EDITING MENU
Setup...
Select ▶
UnSelect All Objects
Delete ▶
Interactive Routing Menu
Polygon Editing Menu
Alternate Topology Editing...
Pick Net Mode
Pick Net By List...
Pick Net By Class...
Pick Net By Bundle...
✔ Auto Fit View
✔ Auto Shadow Mode
Undo

图 11-6　拓扑结构编辑菜单

（3）拓扑结构编辑菜单（见图 11-6）

拓扑结构编辑菜单中的各项命令如下：

Comp Mode
Net Mode
Wire Mode
Guide Mode
Pin Mode *
Wiring Polygon Mode

1）Setup：设置全局交互布线规则。

2）Select：鼠标左键选择模式设置。

对应 Select 命令的子菜单说明如下：

① Comp Mode：选择元件模式；

② Net Mode：选择网络模式；

③ Wire Mode：选择导线模式；

④ Guide Mode：选择飞线模式；

⑤ Pin Mode：选择引脚模式。

⑥ Wiring Polygon Mode：选择 Shape 模式。

3）Unselect All Objects：取消选中所有对象。

4）Delete：鼠标左键删除模式设置。

对应 Delete 命令的子菜单说明如下：

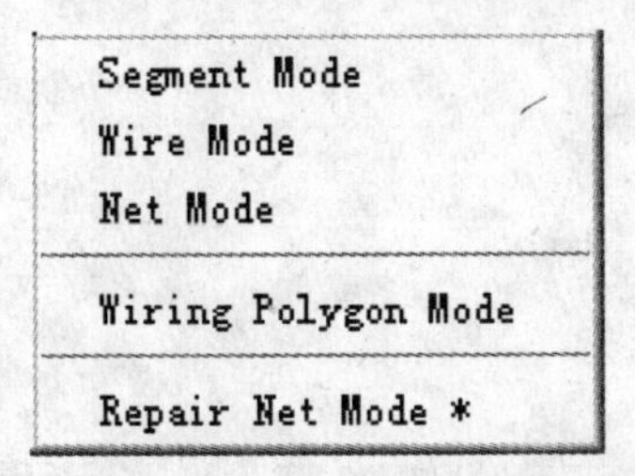

① Segment Mode：删除线断模式；

② Wire Mode：删除导线模式；

③ Net Mode：删除网络模式；

④ Wiring Polygon Mode：删除 Shape 模式；

⑤ Repair Net Mode：删除不符合 Fromto 规则的网络模式。

5）Interactive Routing Menu：切换到交互式布线菜单。

6）Polygon Editing Menu：切换到 Shape 编辑菜单。

7）Alternate Topology Editing：转换成拓扑编辑对话框形式（见图 11-7）。

① Pick Net Mode：挑选网络模式；

② By List：挑选网络清单中的网络；

③ By Class：挑选类清单中的类；

④ By Bundle：挑选线束清单中的束；

⑤ Shadow Brightness：阴影亮度调节标尺；

⑥ Pin Attribute Mode：制定引脚特性模式；

⑦ Add Virtual Pin Mode：增加虚拟引脚模式；

⑧ Delete Virtual Pin Mode：删除虚拟引脚模式；

⑨ Move Virtual Pin Mode：移动虚拟引脚模式；

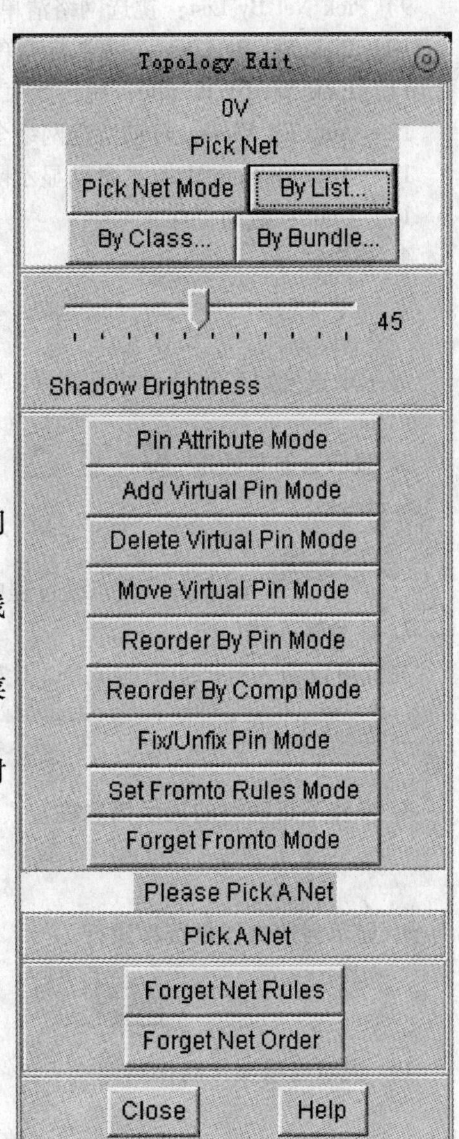

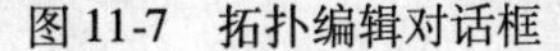

图 11-7　拓扑编辑对话框

⑩ Reorder By Pin Mode：重新排序引脚模式；
⑪ Reorder By Comp Mode：重新排序元件模式；
⑫ Fix/Unfix Pin Mode：固定/取消固定引脚模式；
⑬ Set Fromto Rules Mode：设置 Fromto 规则模式；
⑭ Forget Fromto Mode：忽略 Fromto 规则模式；
⑮ Forget Net Rules：忽略所有网络规则；
⑯ Forget Net Order：忽略网络排序；
⑰ Close：关闭拓扑编辑对话框；
⑱ Help：帮助信息。

8） Pick Net Mode：挑选网络模式。
9） Pick Net By List：挑选网络清单中的网络。
10） Pick Net By Class：挑选类清单中的类。
11） Pick Net By Bundle：挑选线束清单中的束。
12） Auto Fit View：自动所选网络全部可视。
13） Auto Shadow Mode：自动显示阴影模式。
14） Undo：撤销操作 。

4. 信息栏

Unconnects: Conflicts: Completion: % Current Net: GID3

显示未连接网名数量、冲突数量、完成百分比、当前网名。

5. 显示当前布线层 TOP

6. check 栏

Checking 选中表示在布线过程中进行检查。

7. 命令输入栏

在此可以输入自己编辑的命令，让软件运行。

Command:

8. 操作不正确时的提示信息栏

Message:

9. 显示当前操作是否在进行

10. 显示当前操作动作

Critic Route 

11. 显示坐标信息、设计使用的单位

X: 298.275　　Y: 317.805　　Δ:　　mm

12. 操作显示栏

```
zoom coord 295.6 324.77 298.83 329.11
edit_pick_move 297.688 326.457 297.725 326.494
mode slide
zoom coord 288.62783 322.03599 305.80217 331.84401 (dynamic)
```

11.3　SPECCTRA 的基本操作

1. 放大、缩小视图

（1）使用鼠标

将鼠标放在需要调整大小的区域，按住鼠标中键，从右上角向左下角对角地拖拉鼠标，就可以缩小视图；水平的拖拉鼠标，可以使整个设计可视；从左下角向右上角对角地拖拉鼠标，就可以放大视图。如果所使用鼠标是两个按键，就需要同时按住键盘上的［Alt］键和鼠标右键，按照同样的方法完成视图调整。

（2）使用 View/Room/In 放大视图，使用 View/Room/Out 缩小视图。

2. 定义鼠标左键的各种功能

通过使用鼠标左键单击 SPECCTRA 操作界面上的一个功能图标按钮或工具条上的菜单命令，就可以使鼠标左键定义为相应的功能。此功能会在下面的当前操作模式中显示出来。

Critic Route ，例如当前操作选中 按钮，则显示如下 Move 。

通过以上的设置就可以使用鼠标完成各种功能的设置和操作了。

11.4　SPECCTRA 的规则设置

规则设置有多种方法，常用的有两种：

1. 通过菜单栏和工具条进行设置

例如：设置板级 PCB 线宽、间距。

鼠标左键单击菜单栏中的 Rules/PCB/Clearance 命令，出现如图 11-8 所示的界面。

在图 11-8 中可以设置布线宽度（Wire Width）、Pin-Pin、Pin-SMD、SMD-Via 等一系列的规则，只要在对应的栏填写相应的数值即可，单击 Apply 按钮，逐项进行设置确认；单击 OK 按钮，完成设置；单击 Cancel 按钮，取消设置；单击 Help 按钮，查看帮助文件。

例如：设置 Net Pair 规则。

第一种设置方法：

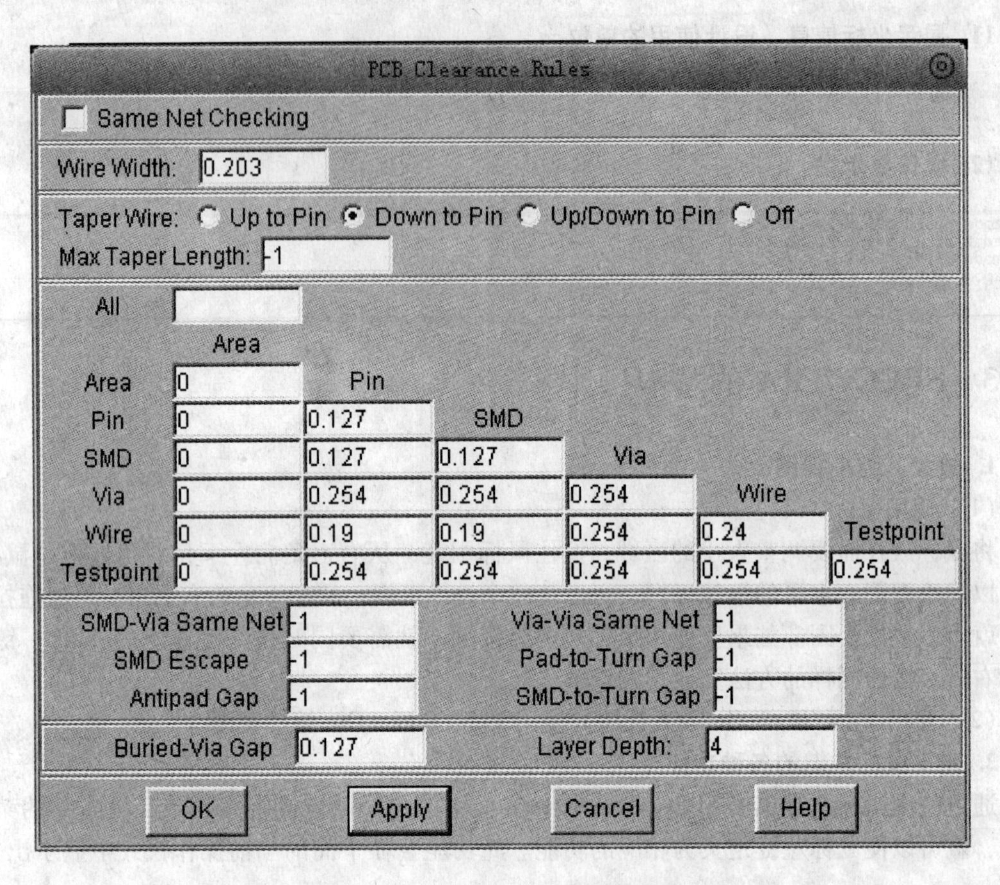

图 11-8 PCB Clearance Rules 的设置

鼠标左键单击菜单栏中的 Define/Net Pair/Define/Forget By List 命令，出现如图 11-9 所示的设置对话框。

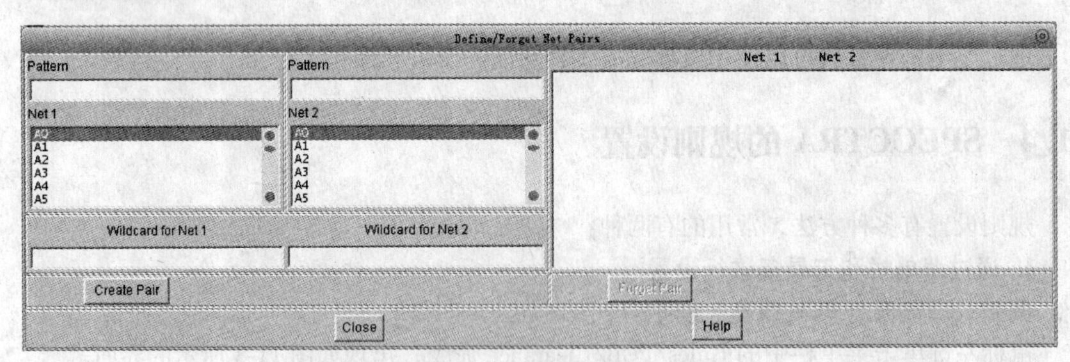

图 11-9 Net Pairs 设置一

在 Net1 栏中选中一个需要设置的 net，在 Net2 栏中选中另一个需要设置的 net，如图 11-10 所示。

单击 Create Pair 按钮，完成一对 Net Pair 的设置，如图 11-11 所示。

设置完成的 Net Pair 在右边的空白处显示出来。若取消 Net Pair 设置，则选中显示的 Net

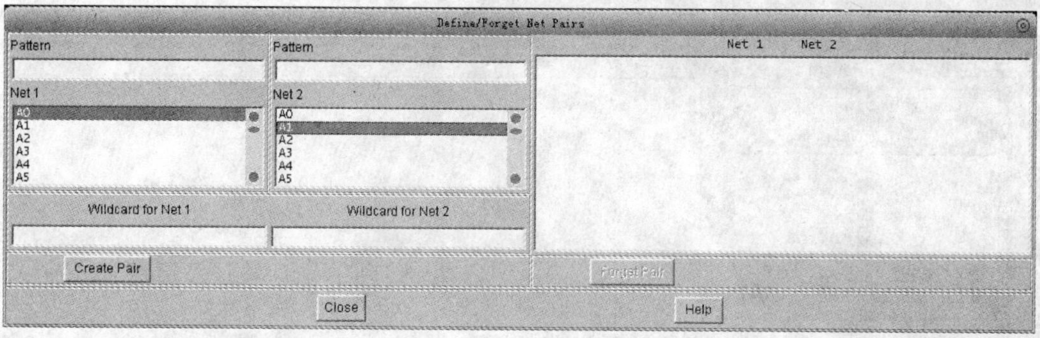

图 11-10　Net Pairs 设置二

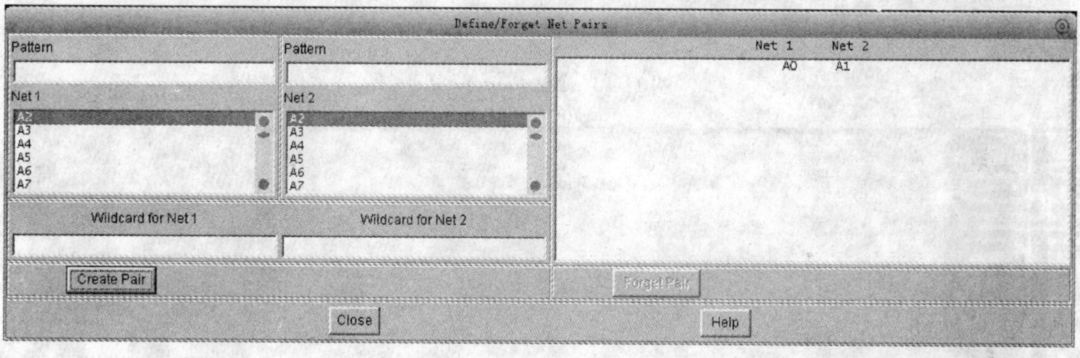

图 11-11　Net Pairs 设置三

Pair，如图 11-12 所示。

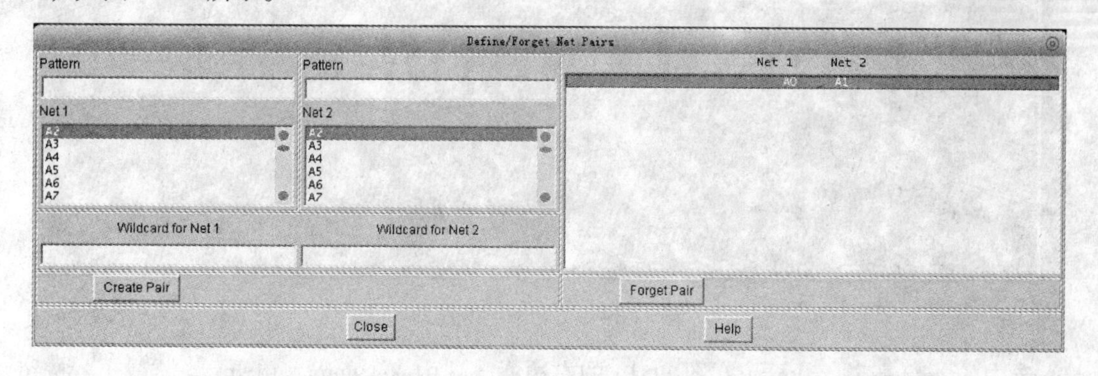

图 11-12　取消 Net Pairs 设置

单击 Forget Pair 按钮，取消 Net Pair 设置，取消后的界面如图 11-9 所示。

第二种设置方法：

鼠标左键单击菜单栏中的 Define/Net Pair/Selected 命令，出现如图 11-13 所示的设置对话框。

鼠标左键单击工具条的按钮，选择 net，选择需要设置的一对 nets，如图 11-14 所示。

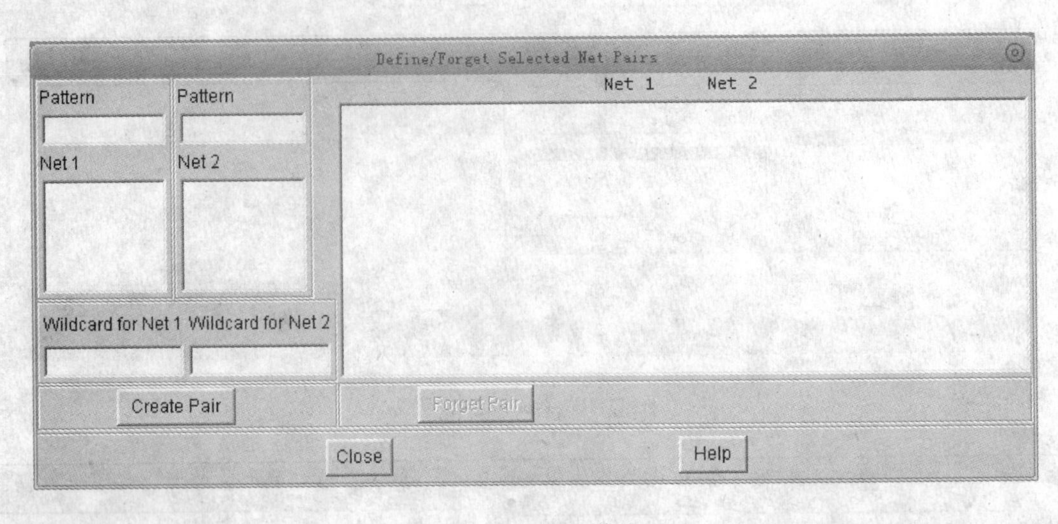

图 11-13　Net Pairs 设置一

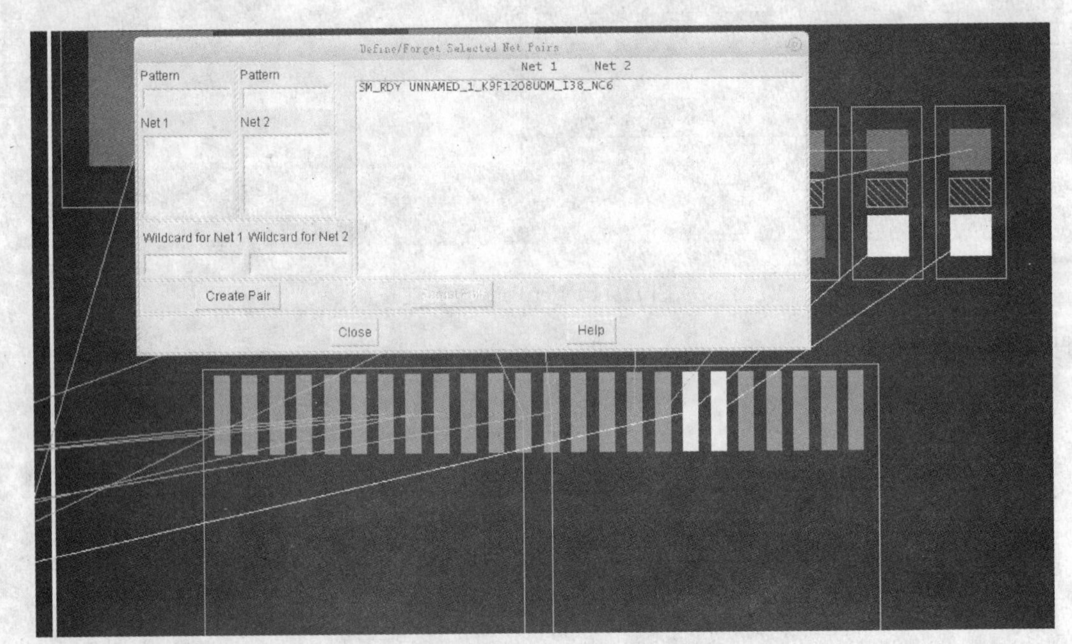

图 11-14　Net Pairs 设置二

选中的 nets 高亮，并显示在图 11-14 的右边栏。选中 Net Pairs，单击 Forget Pair 按钮，则取消 Net Pairs 设置；单击 Close 按钮，关闭设置卡；单击 Help 按钮，查看帮助文件。

以上是对使用菜单栏和工具条进行规则设置的举例说明，所需的规则均可以通过此种方法完成，在此不一一列举，请读者朋友根据需求按照前面的菜单和工具条介绍进行学习和设置。

2. 通过调用 Do 文件来进行设置

（1）Do 文件基本语法介绍

Lines beginning with ‘#’ are comments

General purpose do file

Initial Commands

bestsave on $ \ bestsave. wre —— 自动保存布线结果。

status _ file $ \ route. sts —— status _ file 命令直接将默认的 monitor. sts 文件中的布线状态信息保存到你指定的文件名字中。这个文件称为状态文件。

unit mil —— 选择单位

grid smart (wire 1) (via 1) —— 设置最小的布线和过孔栅格、建议设为 0。

smart _ route —— 使用智能布线是一般常用的。

Standard Routing Commands —— 使用标准的布线命令 < BASIC. >，一般要和下面的命令配合使用。

bus diagonal —— 对背板总线有共同 x、y 坐标正交连接。

fanout 5 —— 扇孔命令。

route 25 —— 冲突布线命令。

clean 2 —— 割断重连禁止新的冲突。

(2) Do 文件的基本命令和语法

上面 Do 文件中的命令仅仅是 SPECCTRA 命令的一个子集，是一个大概的轮廓下面介绍 Do 文件的基本命令和基本语法，Do 文件在使用时可以根据需要进行调用和修改。下面是一些例句和注释。

unit mil

rule pcb (clearance 8 (type wire _ wire))

rule net (CLK (clearance 10 (type wire _ wire))

注释：在 PCB 中 wire _ wire 使用 8mil 的线宽，而对 CLK 信号使用 10mil 线宽。

unit mil

rule pcb (clearance 8 (type wire _ smd))

rule net CLK (clearance 10 (type wire _ pin))

注释：CLK 信号遵从 wire _ smd 的 8mil 线宽，而 wire _ pin 是 10mil 线宽。

rule pcb (width 10)

define (group G1 (fromto U8-7 U12-3) (fromto U10-4 U15-11))

rule group G1 (width 8)

define (class C1 AR0 AR3 RT3 S0)

rule class C1 (width 10)

rule net NET1 (width 6)

rule net VCC (width 30)

rule net GND (width 30)

rule layer layer1 (width 1)

注释：以上是定义线宽的命令。

设置 PCB 的线宽 10mil；

定义 U8-7 U12-3，U10-4 U15-11 为一个 GROUP 名字为 G1；

设置 G1 的线宽为 8mil；

定义 C1 AR0 AR3 RT3 S0 为一个 CLASS 名字为 C1；

设置 C1 的线宽为 10mil；
设置 NET1 的线宽为 6mil；
设置 VCC 的线宽为 30mil；
设置 GND 的线宽为 30mil；
设置 LAYER 的线宽为 1mil。

rule pcb（clearance 10）
setting clearance rules by shape：
wire _ wire
via _ via _ same _ net
antipad _ gap
pad _ to _ turn _ gap
smd _ to _ turn _ gap
rule pcb（clearance 8（type wire _ wire））
rule net D1（clearance 10（type wire _ smd））

注释：以上是定义间距的命令。
定义 PCB 的默认间距为 10mil；
定义 PCB 对线到线的间距为 8mil；
定义 D1 对线到焊盘间距为 10mil。

rule layer s2（width 6）
rule layer s1 s4（width 8）（clearance 7）
Net：
define（net net1（layer _ rule s2（rule（width 10）））（layer _ rule s3（rule（width15））））
Class：
define（class class1 A?（rule（clearance 10）（width 6））（layer _ rule s1（rule（width 8）（clearance 7）））（layer _ rule s8（rule（width 12）（clearance 9））））

注释：以上是定义层的命令。
定义 s2 层的线宽；
定义 s1、s4 层的线宽和间距；
定义 net1 在 s2 上线宽是 10mil，在 s3 线宽 15mil；
定义一个 class a 默认间距 10mil，线宽 6mil，在 s1 上线宽 8mil ，间距 7mil，在 s8 上线宽是 12mil，间距 9mil。

circuit class CLK（use _ layer s2 s5）

注释：CLK 使用 s2、s5 层。

define（class E E1 E2 E3（layer _ rule s2（rule（width 8）））（layer _ rule s3（rule（width 6））））

注释：E、E1、E2 和 E3 在 s2 层走 8mil 线宽，在 s3 层走 6mil 线宽。

define（net CLK1（fromto U1-1（virtual _ pin VP1）（rule（width 6）））（fromto（virtual _ pin VP1）U2-1）（fromto（virtual _ pin VP1）U3-1））

注释：控制 PIN 到 PIN 的距离。

```
rule pcb (parallel _ segment (gap 10) (limit 500))
rule pcb (parallel _ segment (gap 5) (limit 300))
rule pcb (parallel _ segment (gap 10) (limit 400))
rule class CL1 (parallel _ segment (gap 6) (limit 700))
define (class CL1 CLK1 CLK2 CLK3 (rule (parallel _ segment (gap 6) (limit 700))))
rule class _ class ECL TTL (parallel _ segment (gap 10) (limit 3000))
```

注释：设置PCB中信号线的间距是10/5mil的时候平行长度不超过500/300mil，定义class的间距和平行长度。

```
rule net CLK1 (max _ noise 700)
rule pcb (parallel _ noise (gap 4) (weight 25))
rule pcb (tandem _ noise (gap 3) (weight 16))
define (layer _ noise _ weight (layer _ pair L1 L1 1.0) (layer _ pair L1 L2 0.92)
(layer _ pair L5 L6 0.90) (layer _ pair L6 L6 0.98))
```

注释：控制累积偶合噪声最大不超过700mil。

```
unselect all vias
select via v25
circuit net CLK4 (use _ via Via25)
circuit net GND (use _ via V40)
circuit group G1 (use _ via V35)
circuit class C1 (use _ via V30)
rule pcb (limit _ via 2)
rule class CL1 (limit _ via 0)
rule net SIG1 (max _ total _ vias 3)
unselect all vias
```

注释：对不同的信号线设置不同的过孔。

```
rule pcb (clearance 10 (type smd _ via _ same _ net))
rule pcb (clearance 10 (type via _ via _ same _ net))
```

注释：有助于扇出孔。

```
rule pcb (clearance 5 (type smd _ to _ turn _ gap))
rule pcb (clearance 5 (type pad _ to _ turn _ gap))
```

注释：有助于扇出孔和倒角。

11.5　手动布线

完成规则设置后即可开始布线。手动布线比较简单，鼠标左键单击工具栏按钮，鼠标处于布线模式，选择需要布线的开始点，如图11-15所示。

根据飞线提示，向另一端画线，完成后如图11-16所示。

在结束点的中心单击鼠标左键，就画完了一根线，如图11-17所示。

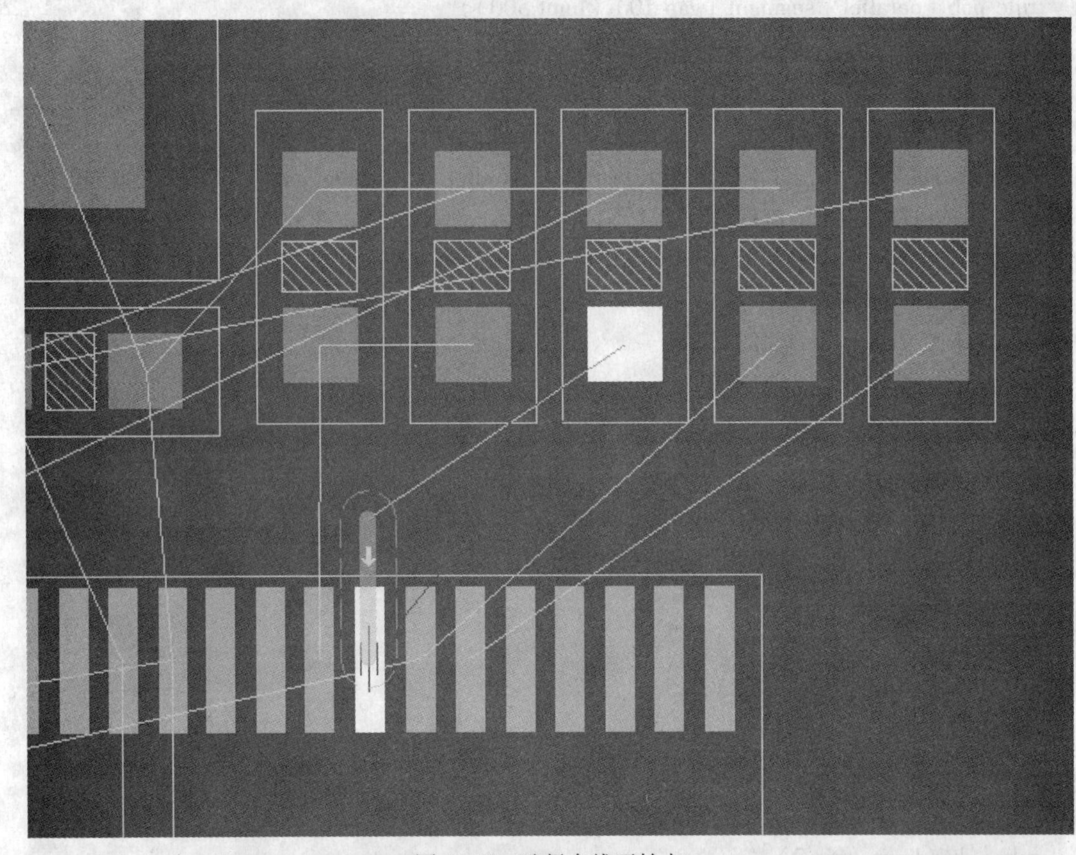

图 11-15　选择布线开始点

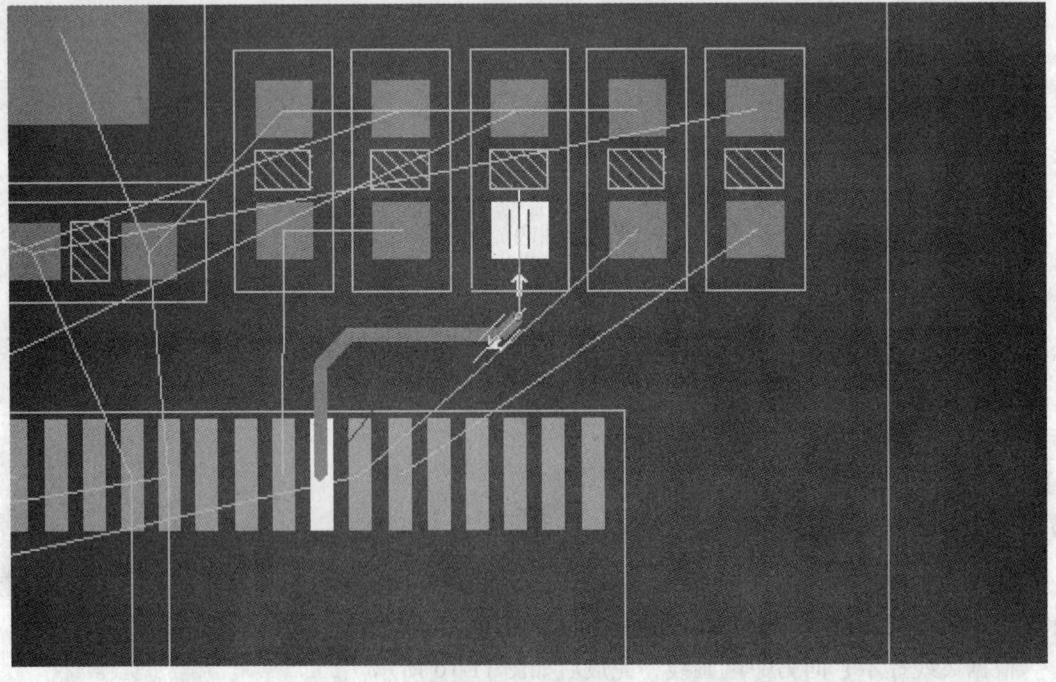

图 11-16　布线终点

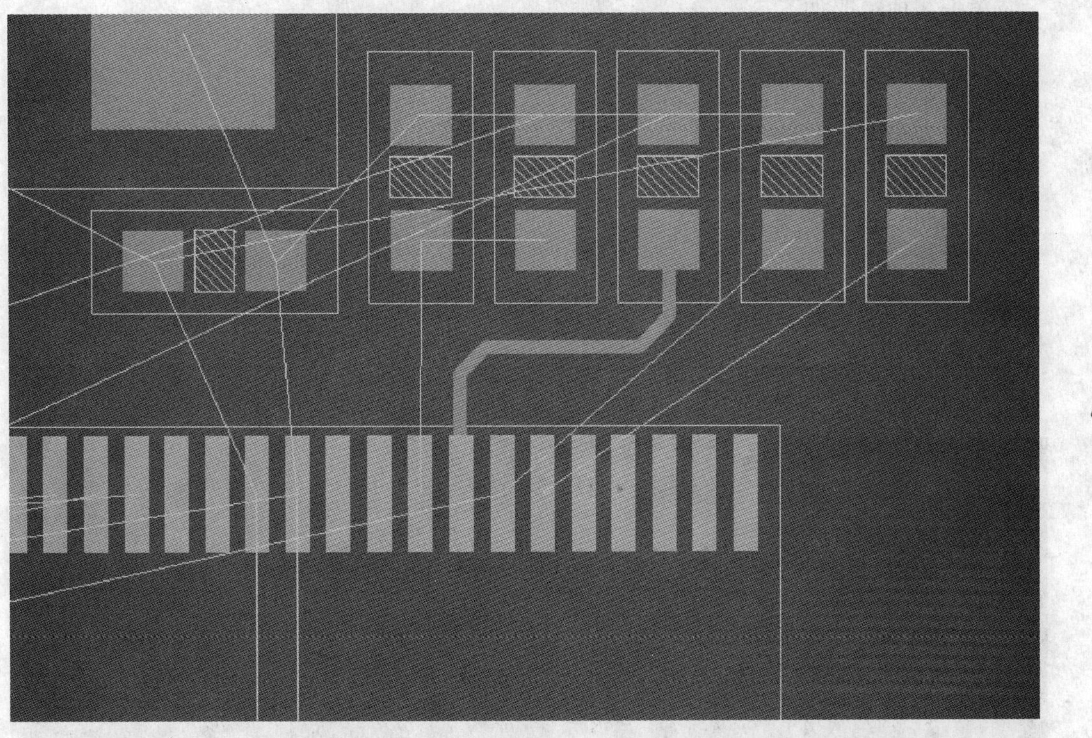

图 11-17　绘制一根线

也可以选择一根线的开始点，单击鼠标右键，出现如图 11-18 所示的菜单。

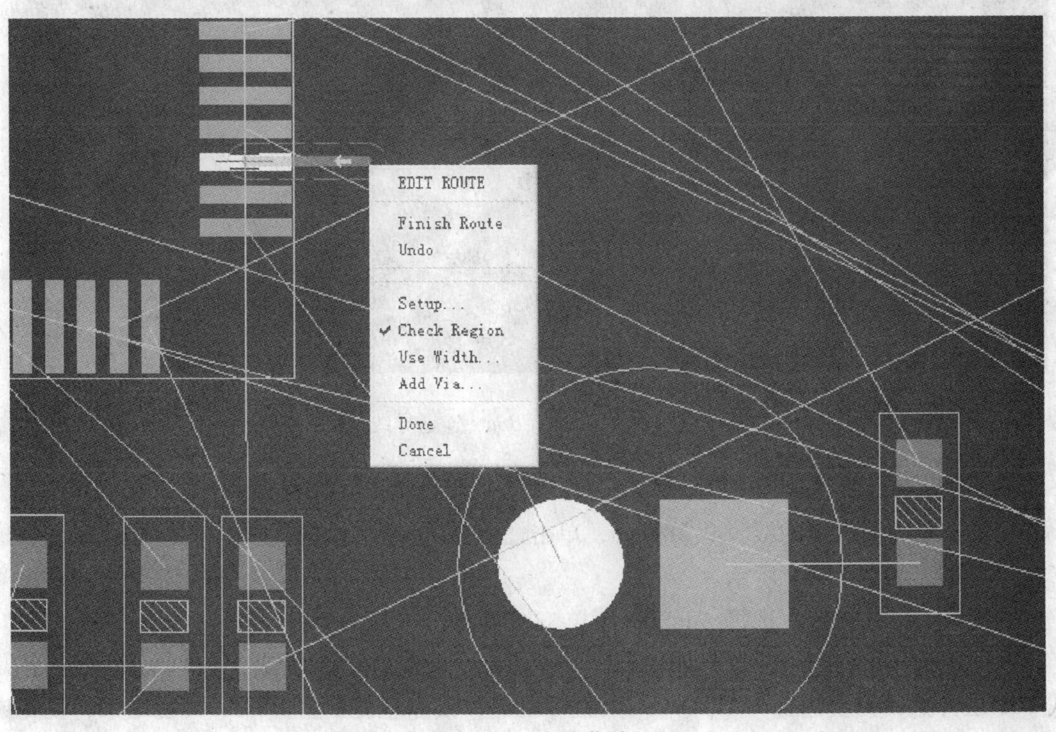

图 11-18　布线菜单

菜单上各项说明如下：

Finish Route：单击此菜单，可以自动连通一根导线；

Undo：撤销上一步操作；

Setup：交互式布线设置；

Check Region：区域规则检查；

Use Width：改变线宽；

Add Via：增加过孔；

Done：完成连线；

Cancel：取消操作。

单击 Finish Route，此导线自动连通，如图 11-19 所示。

图 11-19　Finish Route 连通导线

连线时单击 Use Width 菜单，改变线宽，如图 11-20 所示。

在空格里面输入新的线宽 0.381mm，单击 OK 按钮，线宽就从原来的 0.254mm 变成了 0.381mm，如图 11-21 所示。

继续单击鼠标右键，选择 Add Via 菜单，如图 11-22 所示。

选择过孔开始和结束的层，如果有盲、埋孔，则根据需要进行层的选择，通孔默认就是从 TOP 层开始，只要选择 BOTTOM 结束就可以了，鼠标左键单击 BOTTOM 层结束，就完成了过孔的增加，如图 11-23 所示。

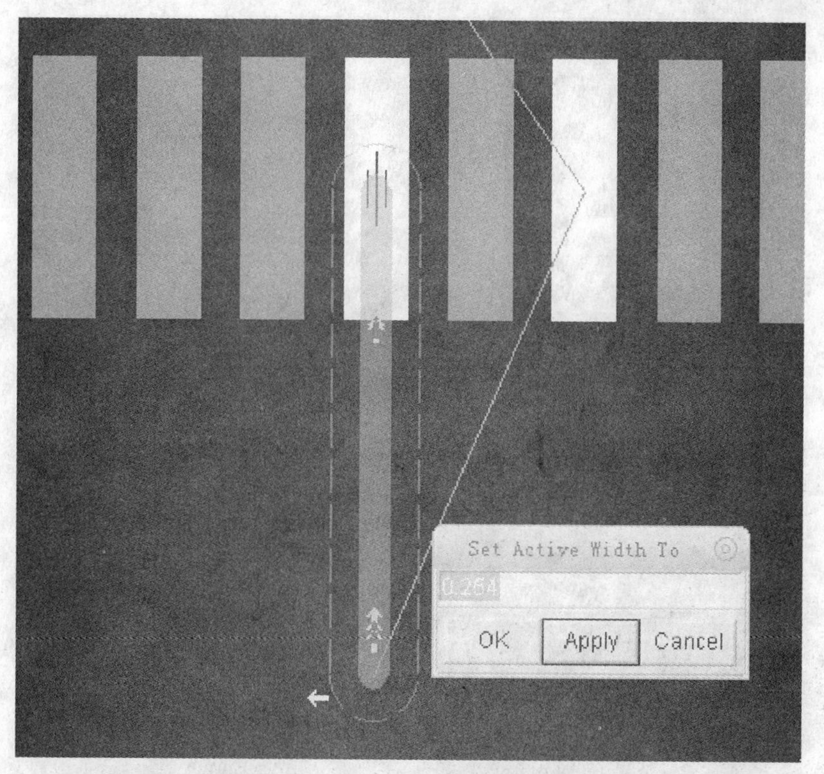

图 11-20　改变线宽前

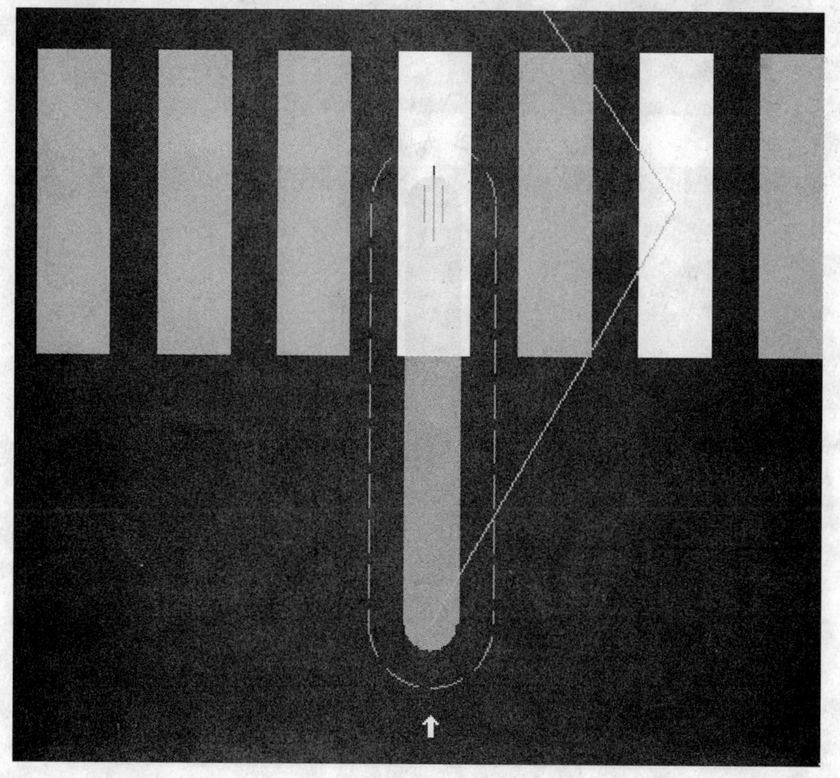

图 11-21　改变线宽后

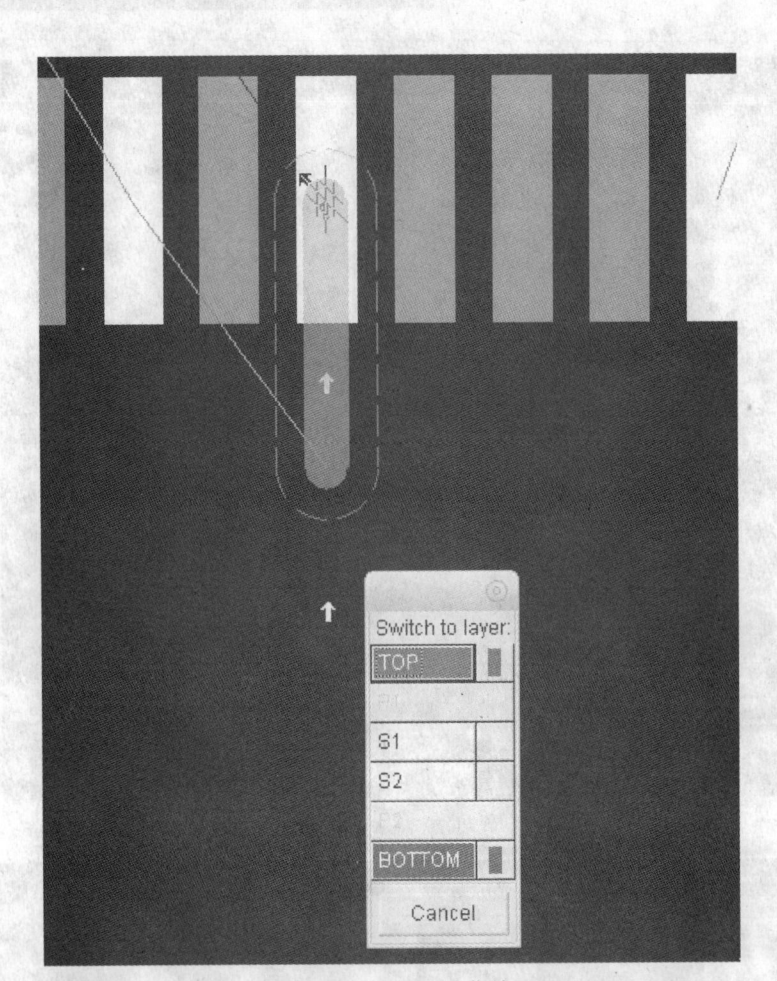

图 11-22　Add Via 菜单

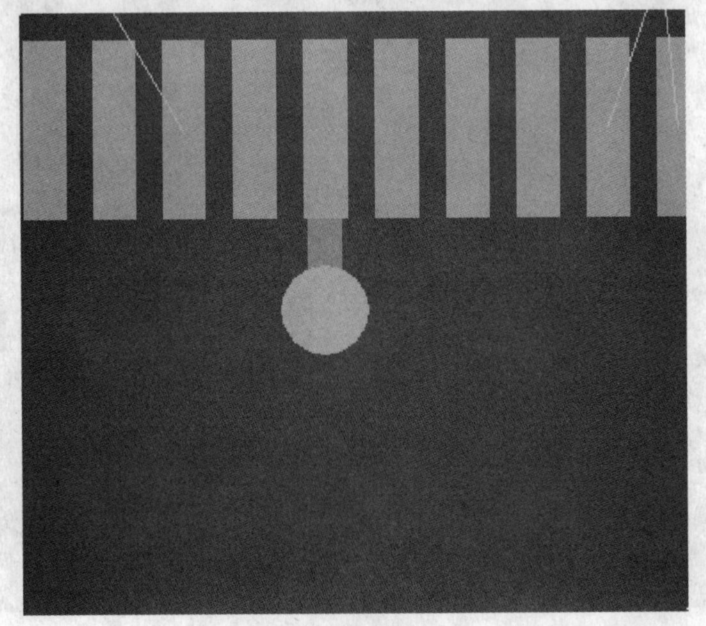

图 11-23　完成增加过孔

如果布线过程中不使用盲、埋孔，仅仅只有通孔，则在引出线上双击鼠标左键，也同样可以完成增加过孔的操作。

以上简单介绍了手动布线的操作，操作很简单。布线器主要是用来完成自动布线的，因此下面将对自动布线进行介绍。

11.6　自动布线

11.6.1　自动布线器的布线模式

SPECCTRA 采用的是无网格的布线模式，是 ShapeBased™，而不是一般布线器采用的 grid-mapped 模式。后者的弊端就是太占用空间和内存，造成执行效率较低。

下面是两者的对比：

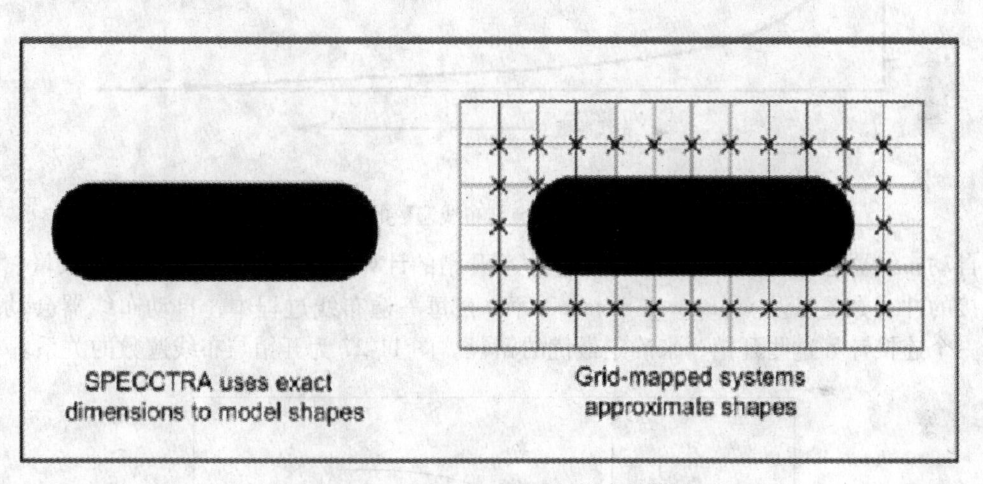

图 11-24　SPECCTRA 的无网格布线模式

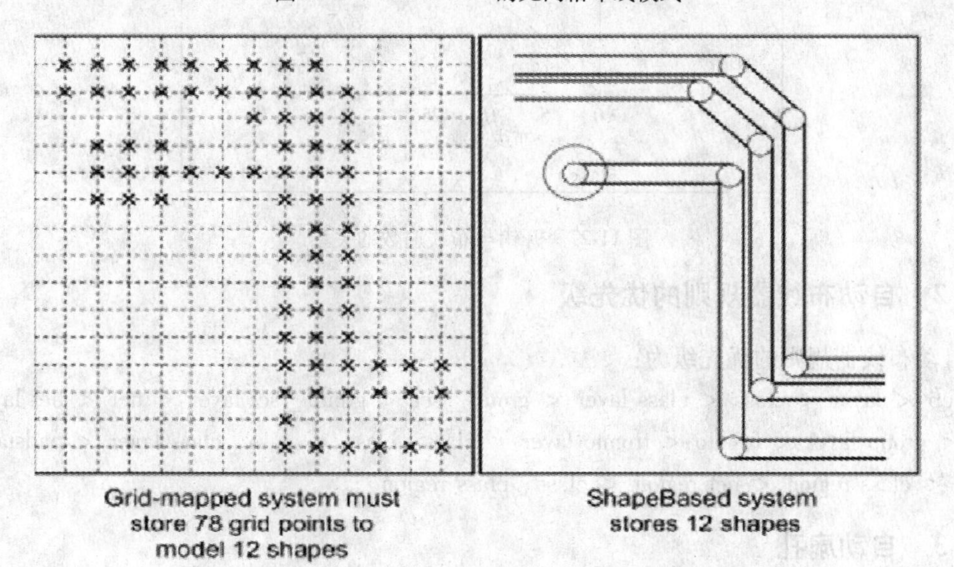

图 11-25　普通布线器的布线模式

CCT 和其他布线器不一样。在布线过程中 CCT 允许冲突（交叉和安全间距）出现，保证最大连通率，这些冲突会用标记标出。这些都会被计算到这条路径的开销（cost）中去，在接下来的布线过程中，冲突通过撤消并重布（Ripping up）和重新布线连接（Rerouting）被消除。

在每一遍布线中，全自动布线器收集发生冲突区域有关问题的信息，采用这些信息作为解决所有冲突的目标进行 PCB 布线。当然总的布通的连线数目在增加，冲突在减少。图 11-26 所示为布线遍数与冲突数量的关系。

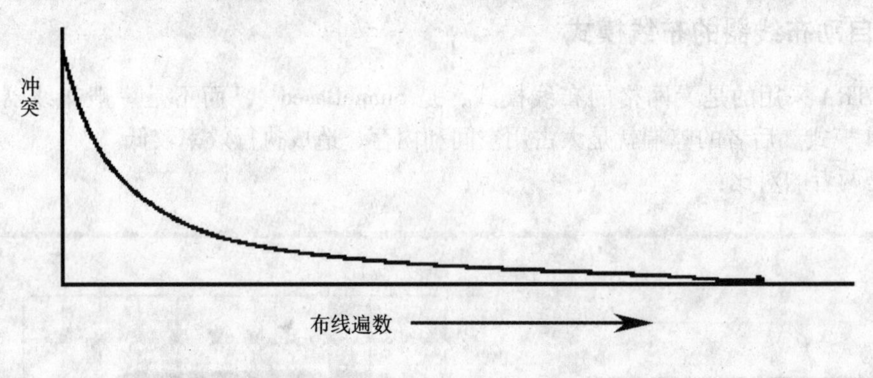

图 11-26　冲突与布线遍数的关系

自动布线器通过开销来控制布线的进程。开销的计算包括每一个连接的过孔数量、每一个连接的冲突数量以及 wrong-way distance 等。在每一遍布线过程中，自动布线器会动态地为每一个连接计算这些开销，来确定最优的路径。图 11-27 为开销与布线遍数的关系。

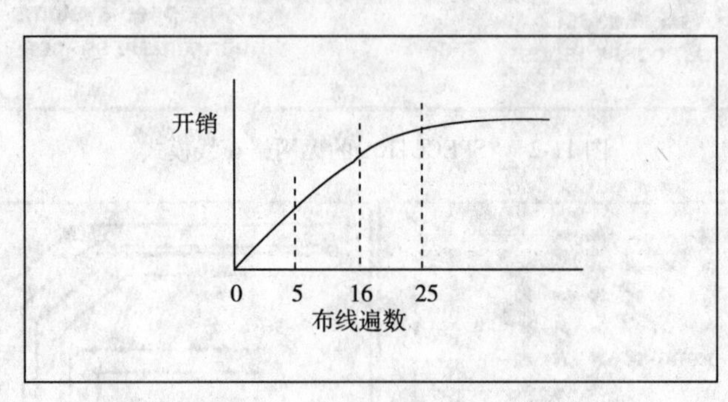

图 11-27　开销与布线遍数的关系

11.6.2　自动布线器规则的优先级

自动布线器规则的优先级为：

Pcb < layer < class < class layer < group _ set < group _ set layer < net < net layer < group < group layer < fromto < fromto layer < class _ class < class _ class layer < padstack < region < class region < net region < class _ class region。

11.6.3　自动扇孔

在进行自动布线之前，为了更能保证布通率，首先要完成自动扇孔的命令。自动扇孔

（Fanout）命令是对元件的引脚引出一段线连接一个过孔上，在执行此命令后，布线器会首先对每个有网络的引脚扇孔，而后在布线时会自动地清除不用的孔。

注意，对于高密度的 PCB，过孔是影响布通率的一个重要因素。有很多不能布通就是因为没有空间来扇孔，所以一定要在布线前，处理好扇孔工作。

选择菜单栏 Autoroute / Pre Route / Fanout 命令，弹出扇孔设置对话框，如图 11-28 所示。

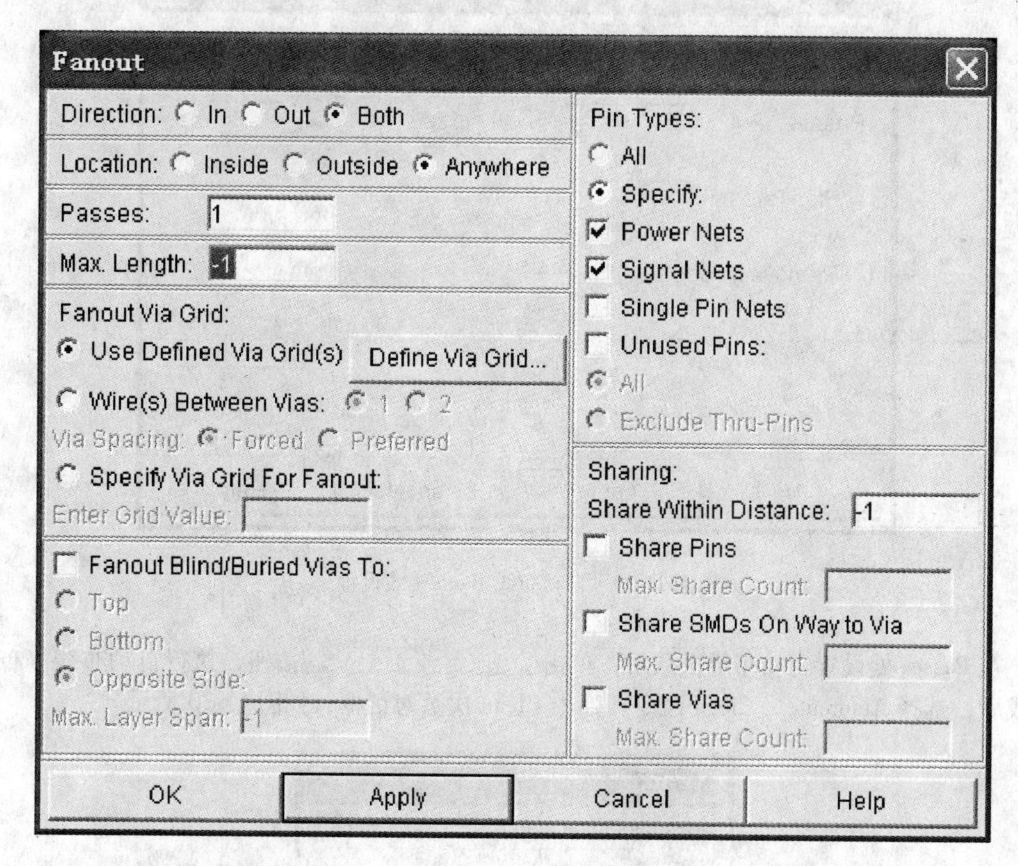

图 11-28　自动扇孔设置

几项重要的设置：

Direction：设置扇孔的方向。

Location：设置扇孔的位置。

Passes：设置自动扇孔的次数。

Max Length：设置引线长度。-1 表示会自动选择长度。一般选择此值会自动居中。

Fanout Via Grid：设置过孔的栅格，一般选择默认使用定义的过孔栅格。

Pin Types：选择扇孔的类型：全部扇孔、电源孔、信号孔、单端网名扇孔、没有定义的引脚等。

设置完成后，单击 OK 按钮，执行 Fanout 命令，等扇孔完成后，执行自动布线命令。

11.6.4 普通自动布线

普通的自动布线命令包括：Route 和 Clean。当设置好规则后，选择 Autoroute / Route 命令，弹出自动布线设置对话框，选择普通模式（Basic）如图 11-29 所示。

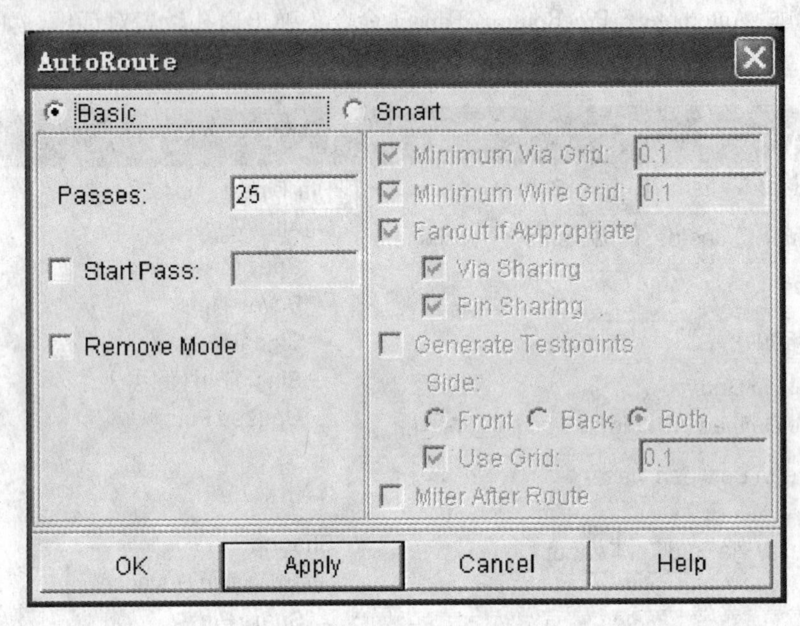

图 11-29　自动布线-Basic 模式设置

在 Passes 处设置自动布线次数后，单击 OK 按钮，执行自动布线。布线完成后，选择 Autoroute / Clean 命令，弹出 Clean 次数对话框，如图 11-30 所示。

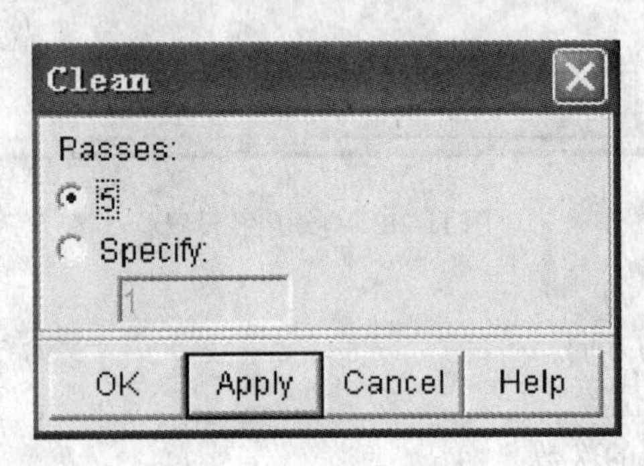

图 11-30　Clean 设置对话框

默认的 Clean 次数为 5 次，也可以在 Specify 栏随意的更改，设置好次数后，单击 OK 按钮，执行 Clean 命令。

提示：

在通常执行普通自动布线的时候，一般采取先 Route 后 Clean，然后再 Clean，再 Route，循环地进行以达到最佳的布线效果（即使完全布通也需要 Clean）。常用的普通自动布线命令（可以在 Command 栏直接输入以下值）如下：

Fanout 2

Route 25

Clean 5

Route 20

Clean 6

11.6.5　Smart _ route 命令布线及使用 Do 文件布线

1. Smart _ route 命令布线

Smart _ route 命令布线又称灵巧布线的模式，它将 Fanout、Route、Clean 等自动布线命令组合在一起，以减少分别设置的繁琐。选择 Autoroute / Route 命令，弹出自动布线设置对话框，选择普通模式（Smart），如图 11-31 所示。

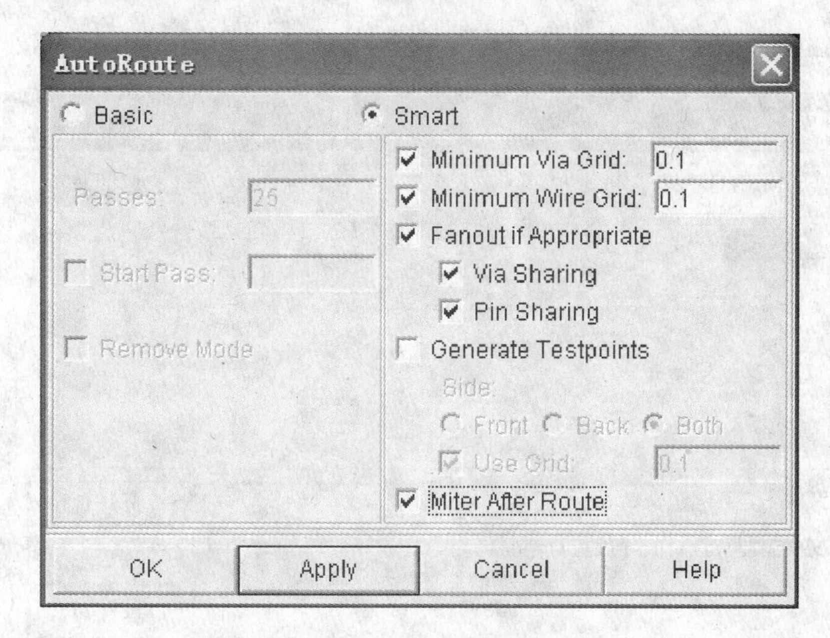

图 11-31　自动布线-Smart 模式设置

图 11-31 所示对话框中各项说明如下：

Minimum Via Grid：设置最小的过孔栅格。

Minimum Wire Grid：设置最小的布线栅格。

Fanout if Appropriate：选择正确的扇孔形式，共有过孔或共有引脚。

Generate Testpoints：选择是否自动生成测试点。

Miter After Route：选择布线完成后是否自动导角（将 90°转成 135°）。

设置完成后，单击 OK 按钮，执行此布线命令。

2. Do 文件自动布线

Do 文件的使用，使自动布线器的一大特色。Do 文件是根据 Do 文件的基本命令和语法（见 11.4 节），将自动布线所用到的规则设置命令、Fanout 命令、Clean 命令、导角命令等所有常用的命令写成一个文件，将其命名为 . do 格式文件。所以叫 Do 文件。

一个写得完整的 Do 文件，完全可以取代布线器的重复设置工作，在进行不同的 PCB 布线的时候都可以直接调入完成自动布线工作。下面就以一个完整的 Do 文件——cct. do 为例进行讲解 Do 文件的导入。

选择菜单栏中的 File / Execute Do File 命令，弹出导入 do 文件对话框，如图 11-32 所示。

图 11-32　Do 文件导入

单击 Browse... 按钮，在弹出的窗口中，选择要导入的文件，如图 11-33 所示。

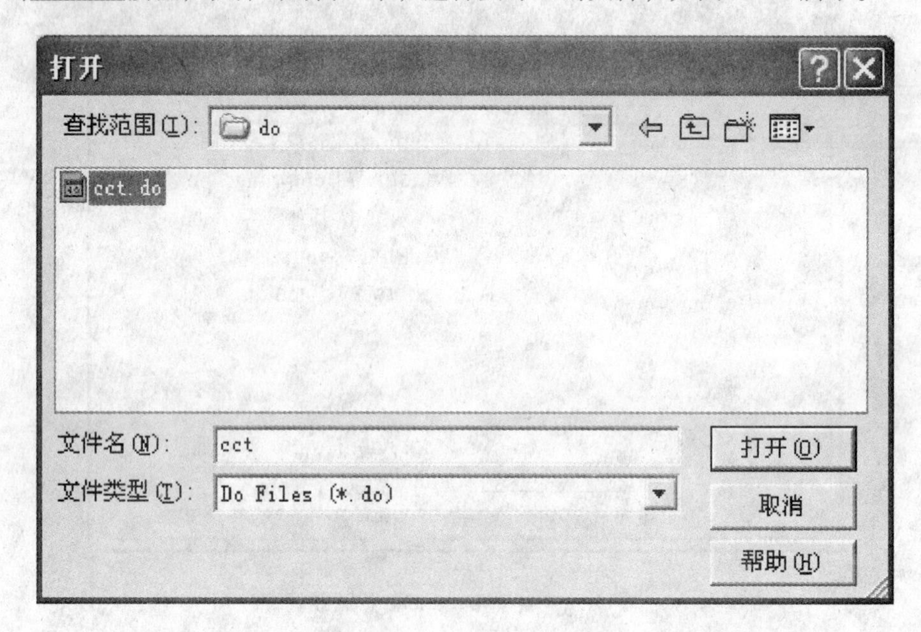

图 11-33　选择 Do 文件

将 cct. do 文件导入后，单击 OK 按钮，自动布线器会自动执行该 Do 文件中所定义的命令。

注意：

1）要 Do 文件要多次调用所以一定要定义完整。

2）自动布线器在执行 Do 文件时，是基本按照先后顺利来执行的。

11.6.6　布线后的命令

在布线完成后，还需要使用导角、居中等命令对所布的线做进一步的修改。自动布线器提供了一系列的命令来供使用，选择菜单栏中 Autoroute / Post Route 命令，打开命令列表，如图 11-34 所示。

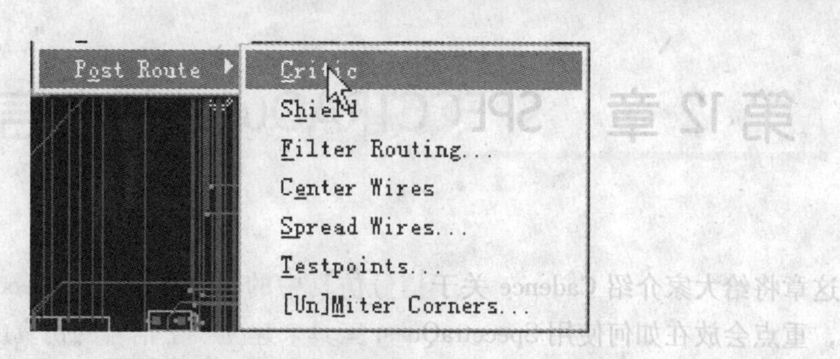

图 11-34　布线后使用命令集

各命令描述如下：

Critic：除去布线中多余的拐角。

Shield：布一定的保护导线。

Filter Routing：删除有冲突的布线。

Center Wires：对于两个引脚之间的导线，自动居中。

Spread Wires：增加导线之间的间隙。

Testpoints：自动增加测试点。

Miter Corners：导角功能。把 90°转成 135°。

对于本节所讲述的三种自动布线的方式，普通的布线模式比较灵活，Smart _ route 模式的布线相对比较方便，但是不够灵活；通过 Do 文件调入的方式进行布线是最方便的，但前提是有一个好的 Do 文件。所以，不同的工程师习惯不同，还需工程师通过自己的使用来判断哪个更便于自己的 PCB 布线工作。

11.7　本章小结

本章主要给大家讲解了自动布线器（CCT）的使用，自动布线器功能十分的强大，我们并不能对每个功能都做详细的讲述。所以在给大家简单介绍各命令功能后，重点讲述了自动布线器的规则设置、Do 文件的语法及自动布线设置。

第 12 章　SPECCTRAQuest——信号仿真

这章将给大家介绍 Cadence 关于信号仿真中的一个工具——SpecctraQuest。在讲述的过程中，重点会放在如何使用 SpecctraQuest 工具来建立一个信号的仿真的流程，通过整个仿真的流程来学习 SpecctraQuest 工具的使用。此外，还会着重给大家介绍 SpecctraQuest 610 中一个很重要的组件——SigXplorer 的使用。

12.1　概述

针对数字信号而言，高速信号是由信号的边沿速度决定的，一般情况下，认为信号上升时间小于或等于 4 倍的传输延时的信号为高速信号。

对于高速信号的 PCB 设计来说，有时候一个电阻的位置、一组信号的长度匹配等一些被我们忽略的小问题都有可能影响整个 PCB 设计的成功与否。

因此，对于高速的 PCB 设计，信号仿真是必不可少的一个步骤。根据元件的手册及其提供的模型库，可以检查信号的高低电平、驱动能力、边沿时间等信号驱动特性及信号的电气长度。之后，通过元件模型库利用仿真工具对信号进行有效地设计前预仿真，将更助于我们定义信号的拓扑结构、选择元件取值区间、选择合理的布局布线策略。而对于一个完成了的 PCB 设计，通过仿真工具对信号的波形查看，可帮助我们更好地分析信号的串扰问题，从而更有助于对 PCB 的调试工作。

12.2　仿真设置

在对一个 PCB 的信号进行仿真分析之前，必须先对此印制电路板的相关电气参数进行设定。在以下的设定中，所设置的参数将直接影响仿真分析结果，所以大家在进行仿真分析之前一定要明白所设置项的意义。

12.2.1　打开仿真分析工具

在成功安装 Cadence 的 PX3100（Allegro PCB SI 610）模块后，选择：开始/程序/Allegro SPB 15.2/PCB SI 打开仿真分析工具，其界面如图 12-1 所示。

我们可以看到，Allegro PCB SI 610 的界面和 Allegro PCB Editor 的界面是基本一样的，只是缺少一些在 PCB Editor 中特有的菜单栏如 Add、Manufacture、Shape 等。在这里对 PCB SI 的界面及其各个菜单栏中的作用就不做介绍了，在后面对仿真流程的讲述中会对用到的命令做详细的讲述。

选择 File/Open 命令或单击按钮，选择打开要进行仿真分析的 PCB，在此选择打开

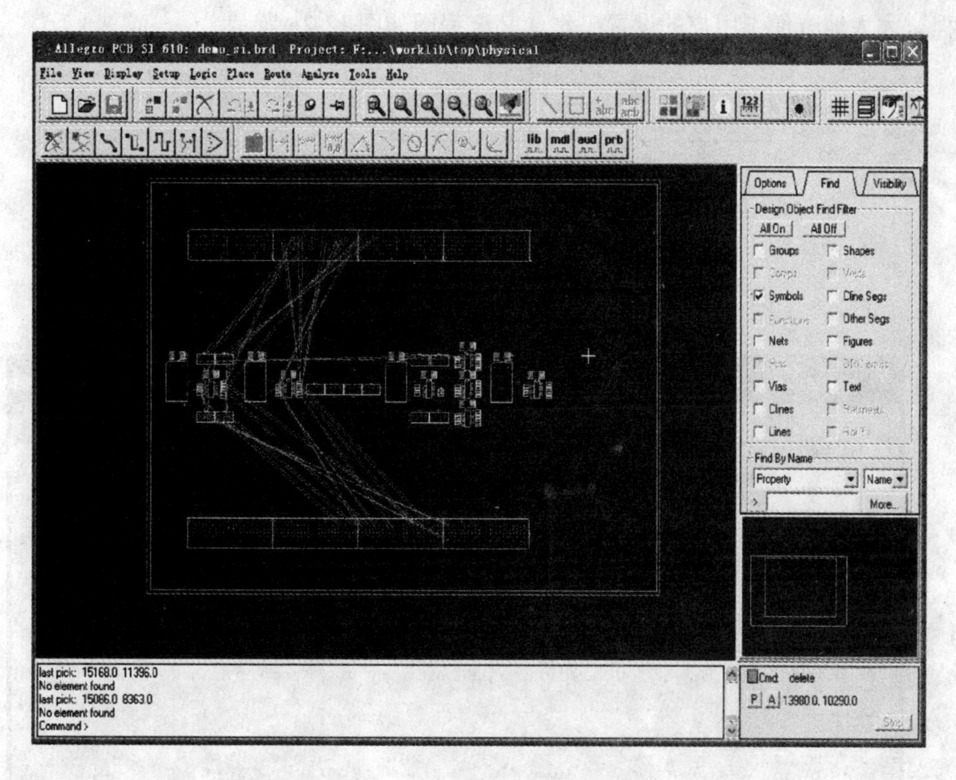

图 12-1 Allegro PCB SI 610 界面

demo _ si. brd 印制电路板为例。此 demo _ si. brd 印制电路板总体情况如下：

1）此印制电路板大小为：300 ×200。印制电路板厚为 1. 6mm。

2）印制电路板叠层如下：

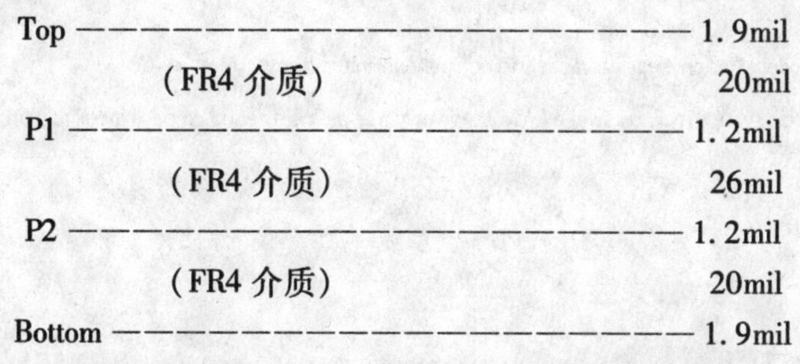

Top —————————————————— 1. 9mil

（FR4 介质） 20mil

P1 —————————————————— 1. 2mil

（FR4 介质） 26mil

P2 —————————————————— 1. 2mil

（FR4 介质） 20mil

Bottom ————————————————— 1. 9mil

3）印制电路板中对所有线宽为 10mil，间距 6mil 的差分导线阻抗设为 100Ω，对线宽为 15mil 的导线单端阻抗控制 75Ω。

对于这些参数，在预仿真的时候并不要求十分准确，相反可以通过调整这些参数来满足对信号的要求。如在 PCB 布局、布线完成后的后仿真过程中，这些参数值一定设定准确。

12. 2. 2 打开仿真设置

Cadence 的 PCB SI 工具为了方便大家进行仿真前的设置工作，提供了一个仿真的设置向导。在菜单栏中选择 Tools/Setup Advisor 命令打开仿真设置向导，如图 12-2b 所示。

信号仿真设置向导（Database Setup Advisor）提供了一个完整的仿真分析前的准备工作

的流程，大大地方便了用户的设置工作。其流程图如图 12-2a 所示。

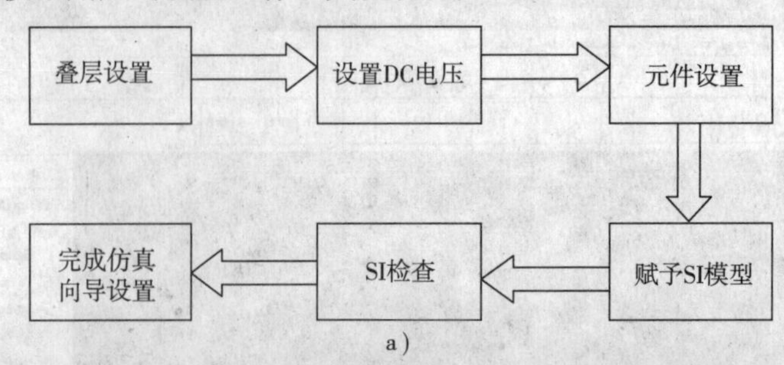

a）

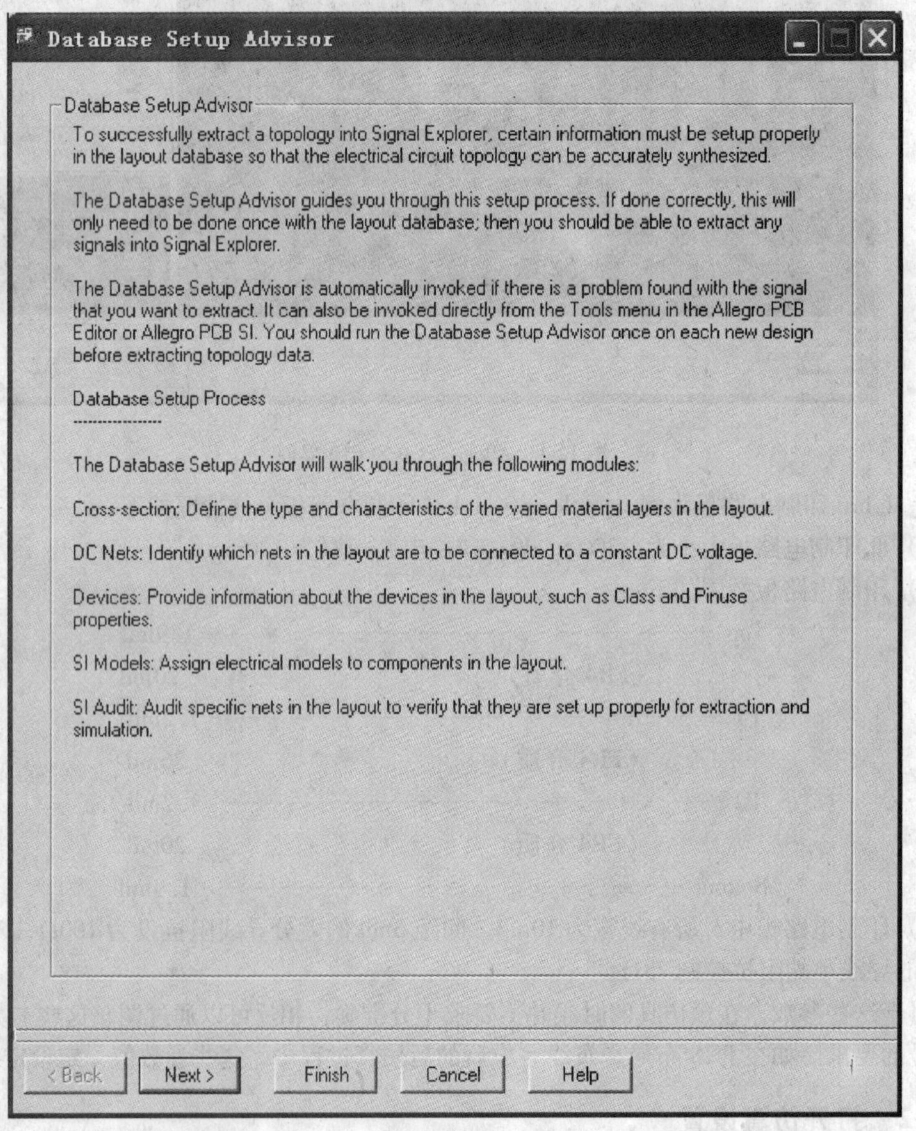

b）

图 12-2　仿真设置向导

a）仿真前的准备工作流程　b）仿真设置向导窗口

下面就根据信号仿真向导提供的流程一步一步地完成信号仿真前的设置工作。

12.2.3　叠层设置

单击图 12-2b 中的 Next> 按钮，弹出叠层设置窗口（Database Setup Advisor-Cross-section），如图 12-3 所示。

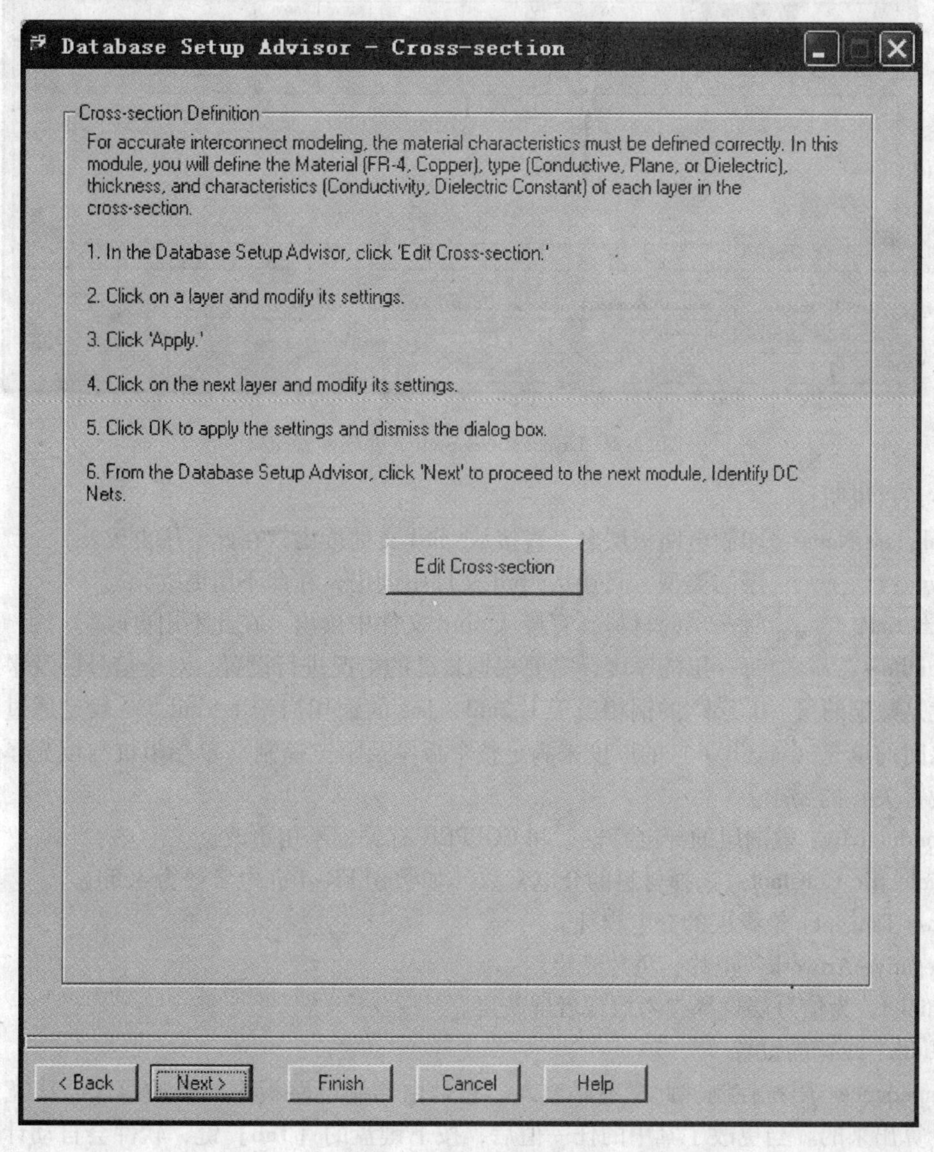

图 12-3　叠层设置窗口

可以看到在叠层设置窗口中简要地介绍了一下设置印制电路板叠层的必要步骤。在叠层设置中，要进行设置印制电路板的层及其材料、类型、名称、厚度、线宽、差分线的间距及阻抗控制等信息。

单击 Edit Cross-section 按钮，打开叠层设置窗口进行叠层的设置工作，在此按照前面给出的叠层信息进行设置，如图 12-4 所示。

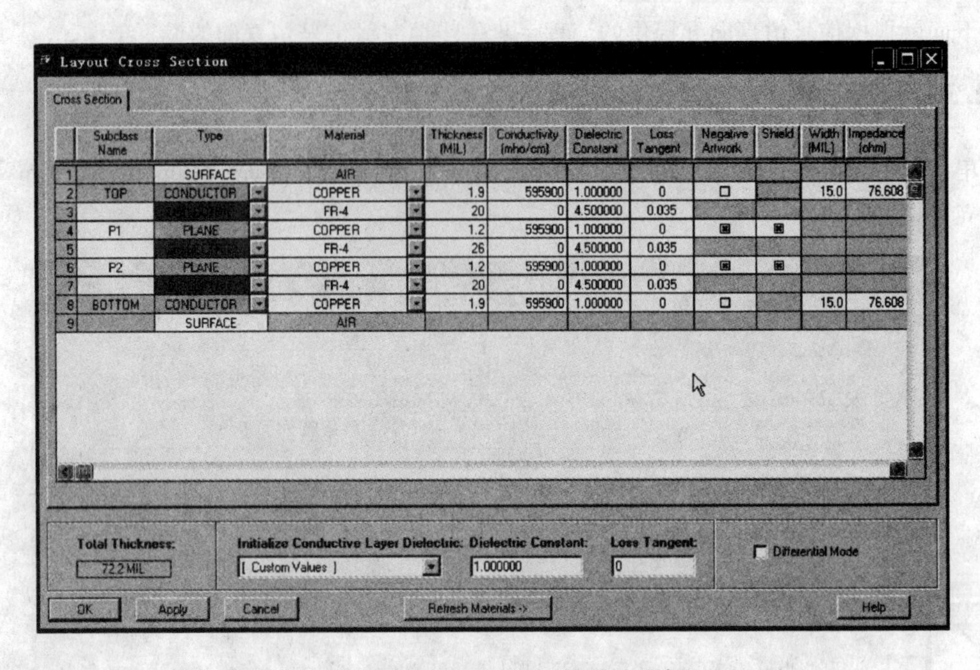

图 12-4　Layout Cross Section 叠层设置窗口

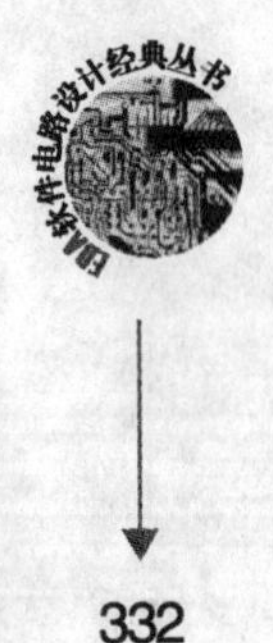

各条目说明：

Subclass Name：印制电路板层名，直接从 . brd 文件读出，在此不用更改。

Type：　　　　　层的类型，直接从 . brd 文件中读出，在此不用更改。

Material：　　　每一层的材料，直接从 . brd 文件中读出，在此不用更改。

Thickness：　　　每一层的厚度，需要根据自己的情况进行设置。对于信号层及平面层的厚度就是敷铜的量。0. 5oz⊖的铜相当于 1. 2mil，1oz 的铜相当于 1. 9mil。一般是通过调整层与层之间的填充（如 FR-4）的厚度来满足整个板厚及阻抗控制（单端阻抗与填充厚度及导线宽度有关）的要求。

Conductivity：敷铜层的导电特性，和 COPPER 有关，不用更改。

Dielectric Constant：选择材料的介电常数（如敷铜 FR-4 介电常数为 4. 5）。

Loss Tangent：绝缘层的介电损耗。

Negative Artwork：正片、负片光绘。

Shielel：为信号层选择参考层或者屏蔽层。

Width：线宽的设置。

Impedance：阻抗控制。此栏不必输入，它是由印制电路板中的介质厚度、线宽及板厚自动计算出来的。当更改了其中的任一值后，按下键盘的【Tab】键，软件会自动计算出阻抗值。根据 PCB 的各个厂家工艺水平的不一样，此值和制板后测出的阻抗值可能有一定误差。

Total Thickness：总的板厚。当设置了每层的厚度后，按下键盘的【Tab】键，此值会自动更新。

⊖ 1oz = 28. 3495g。

值得一提的是，如图 12-4 所示的叠层设置栏还提供了针对差分信号设置线宽和线间距的差分模式。在图 12-4 中，勾选 Differential Mode 选项，显示差分模式叠层设置对话框，如图 12-5 所示。

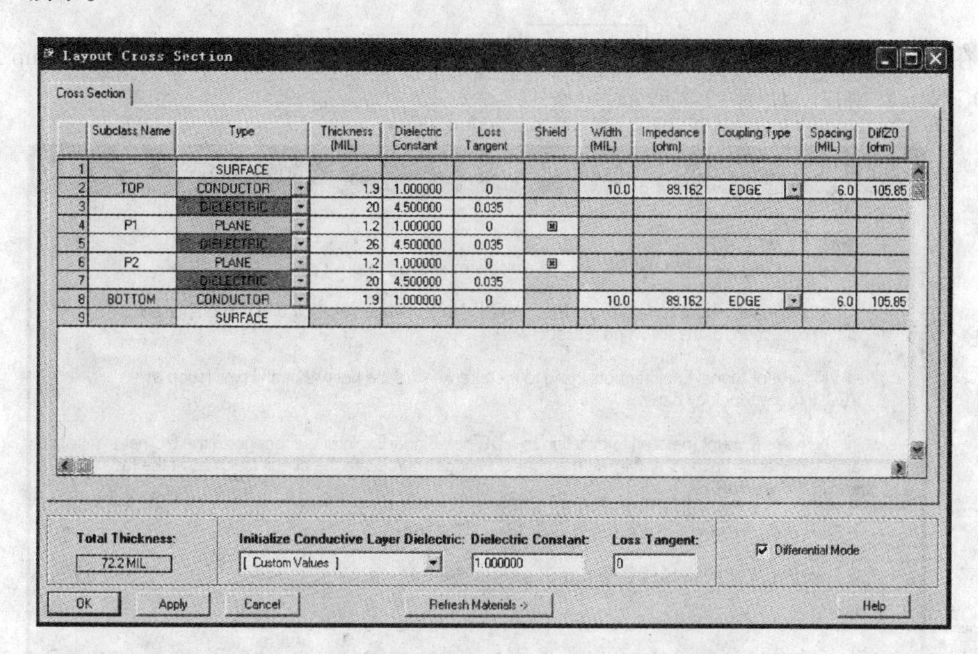

图 12-5　Layout Cross Section 叠层设置差分模式窗口

在差分模式下，多了 Coupling Type、Spacing、DiffZO 三个设置栏，它们的意义分别是：

Coupling Type：选择对线的类型。EDGE 表示信号线的边缘。

Spacing：设置线与线之间的间距。

DiffZO：差分阻抗显示值。

另外，Width 栏下的线宽在此表示差分信号的线宽。当更改了线宽或线间距的时候，在键盘上按下【Tab】键后会弹出如图 12-6 所示的选择提示框。

Multiple Choice Selection

Choose target field to be re-calulated:

Differential Impedance

Spacing

OK

Cancel

图 12-6　选择计算提示框

此提示框的意思是我们更改了线宽或线间距，需要选择重新计算的目标。即：如果选择 Differential Impedance，那么表示线间距不变，重新计算一下阻抗值；反之，选择 Spacing 则表示阻抗不变，调整线间距。一般情况下，选择线间距不变重新计算阻抗值。单击叠层设置栏中的 OK 按钮完成叠层的设置，回到如图 12-2 所示的设置向导窗口。

12.2.4 设置 DC 电压

在完成了叠层设置后，单击 Next > 按钮，弹出 DC 电压的设置（Database Setup Advisor-DC Nets）窗口，如图 12-7 所示。

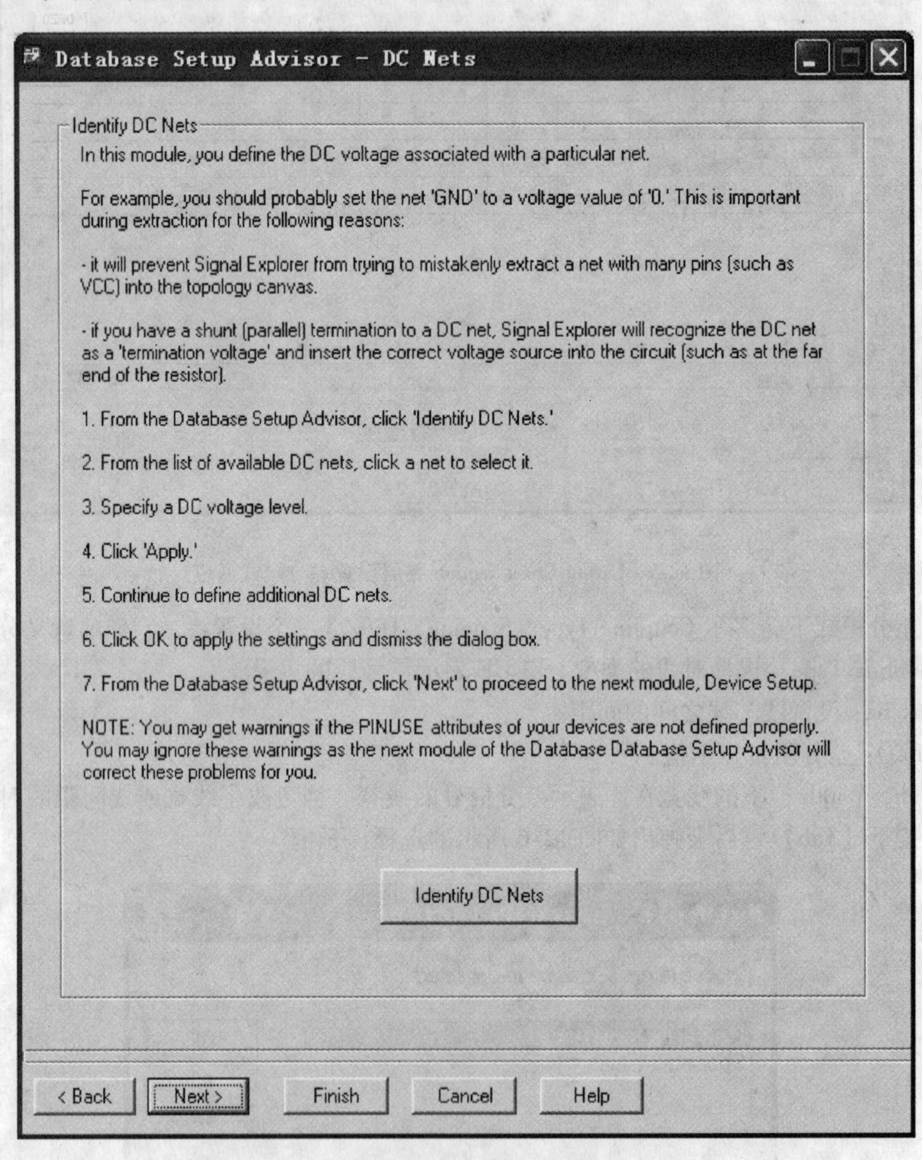

图 12-7　DC 电压的设置

在如图 12-7 所示的 DC 电压的设置栏中，会显示设置的简要说明及其基本的流程供我们学习使用。单击 Identify DC Nets 按钮，打开设置 Identify DC Nets 窗口，如图 12-8 所示。

设定方法：

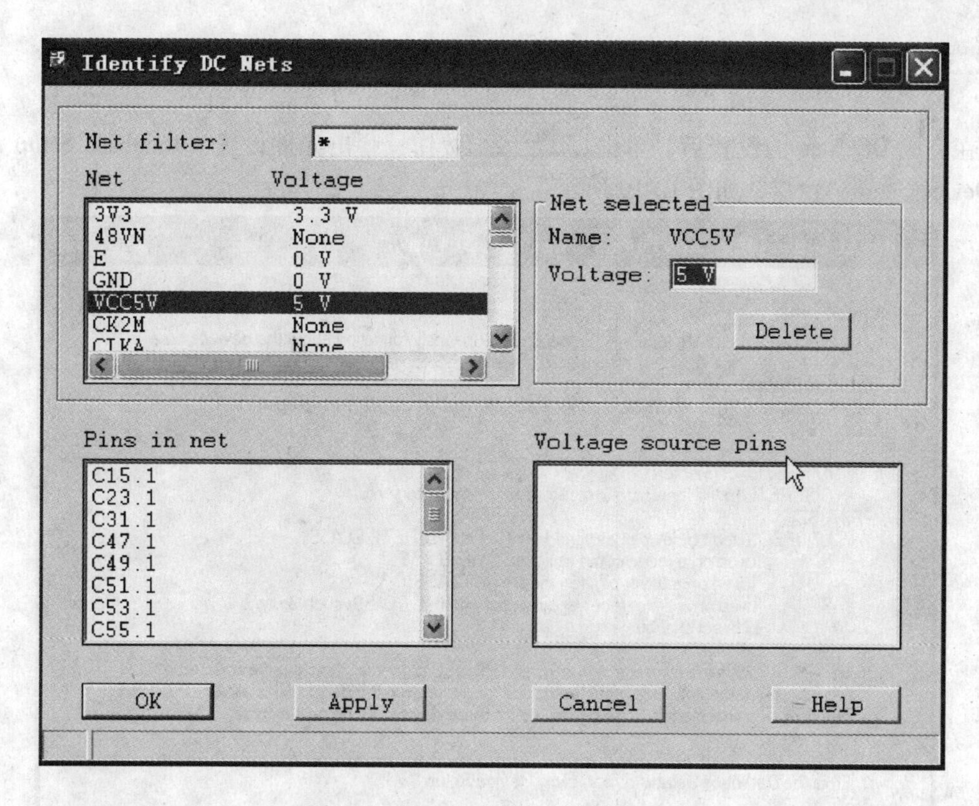

图 12-8　Identify DC Nets 设置窗口

在 Net 栏中选择出要设置的电压网名，在 Net selected 栏中的 Voltage 处给出其电压值。在 Pins in net 中显示当前选中的网络所连接的所有引脚。在此区域可选择一个引脚做为电压源引脚在 Voltage source pins 栏中显示。

提示：

1）将所有网名中的电压选出，给相应的电压值，对 GND 给出 0 伏的电压。

2）如果原理图对电压命名规范的话，在此将可以带来不少的方便。

3）如果对芯片所接网名不是很熟悉，不知道哪个才是电压引脚，建议全部给出电压值。

在进行设置直流电压值时，对于没有引脚的网名会弹出提示框，只需单击 确定 按钮即可，如图 12-9 所示。

图 12-9　Identify DC Nets 设置提示窗口

设定完成后，单击 OK 按钮完成对直流电压值的设定，回到如图 12-7 所示的仿真设置向导窗口。

12.2.5 元件设置

在完成 DC Nets 的设置后，单击 Next > 按钮，弹出元件设置（Database Setup Advisor-Device Setup）窗口，如图 12-10 所示。

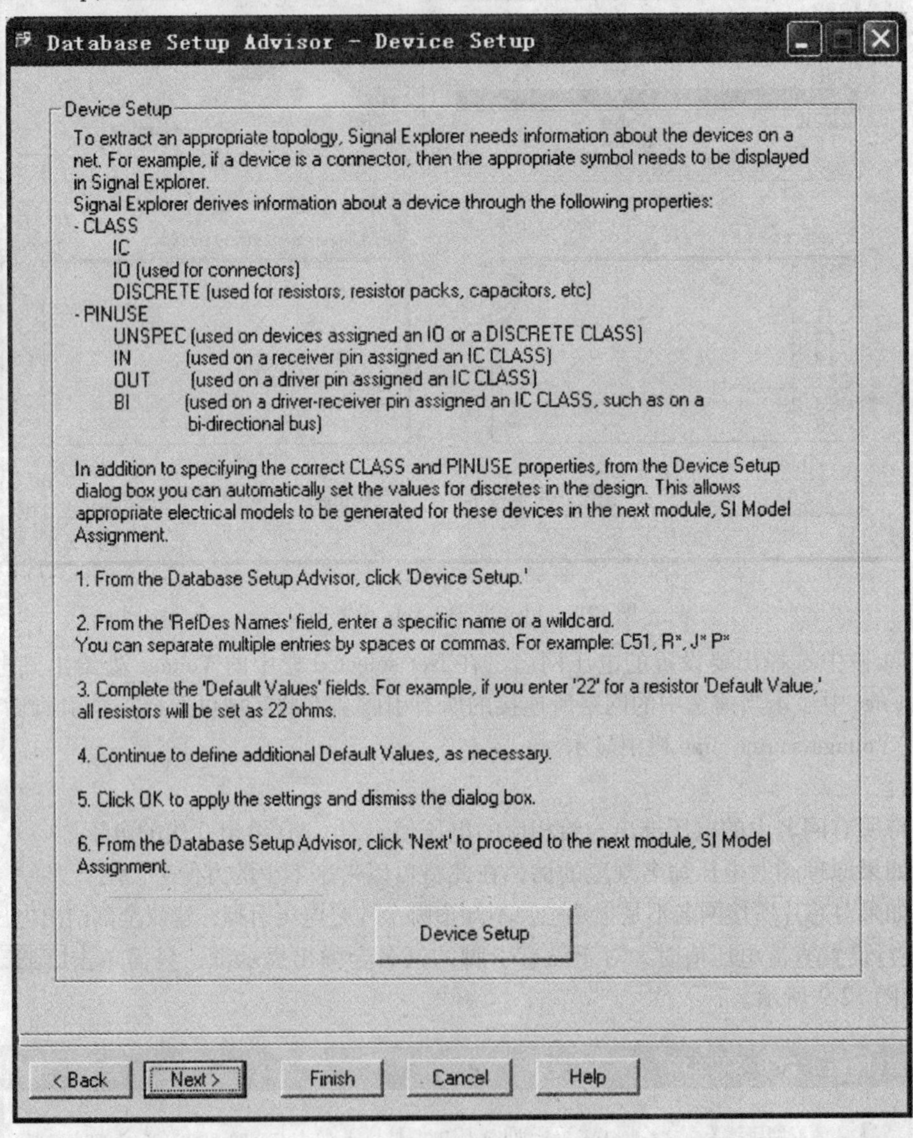

图 12-10 元件设置

此过程主要是用来设置元件的分类（Class）及其元件的引脚定义（Pinuse）。需要格外注意的是 PCB SI 工具在进行仿真分析的时候，是使用 Device Class 来确定元件类型的如驱动器或接收器为 IC 类；电阻、电感和电容属于 DISCRETE 类；连接器输入 IO 的类。

单击 Device Setup 按钮，弹出元件设置窗口，如图 12-11 所示。

在此需要设置的类都是分立的元件如连接器（Connector）、电阻（Resistor）、排阻（Resistor Pack）、电容（Capacitor）、电感（Inductor）等。

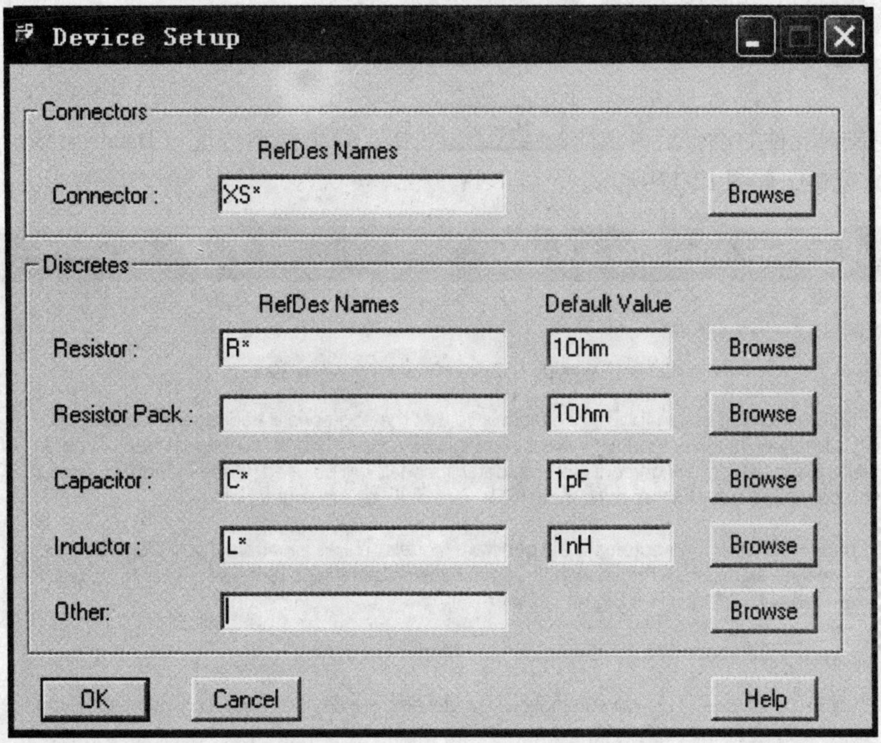

Device Setup

Connectors

RefDes Names

Connector : XS* Browse

Discretes

RefDes Names Default Value

Resistor : R* 1Ohm Browse

Resistor Pack : 1Ohm Browse

Capacitor : C* 1pF Browse

Inductor : L* 1nH Browse

Other: Browse

OK Cancel Help

图 12-11 元件设置窗口

在 Default Value 中可以更改其默认的值，如果全部清空使其空白的话就表示不使用值，使用原理图所标的 Value 值。

单击 OK 按钮完成元件的设置，会弹出元件设置更改（Device Setup Change）提示框，如图 12-12 所示。

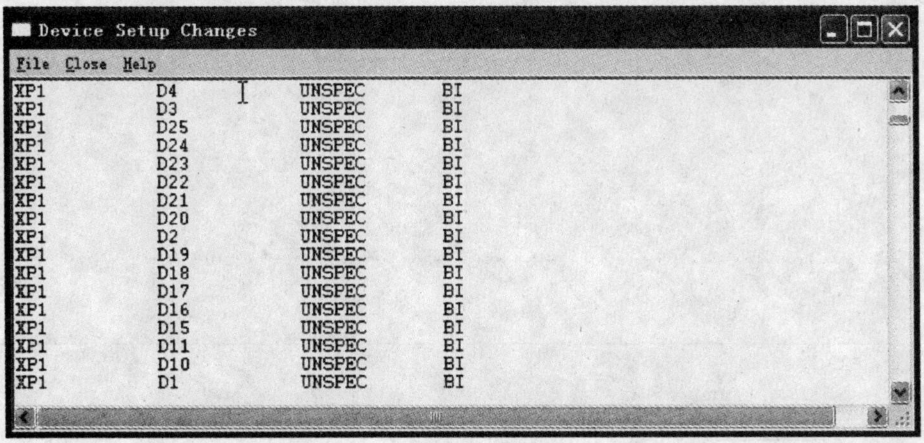

Device Setup Changes

File Close Help

XP1	D4	UNSPEC	BI
XP1	D3	UNSPEC	BI
XP1	D25	UNSPEC	BI
XP1	D24	UNSPEC	BI
XP1	D23	UNSPEC	BI
XP1	D22	UNSPEC	BI
XP1	D21	UNSPEC	BI
XP1	D20	UNSPEC	BI
XP1	D2	UNSPEC	BI
XP1	D19	UNSPEC	BI
XP1	D18	UNSPEC	BI
XP1	D17	UNSPEC	BI
XP1	D16	UNSPEC	BI
XP1	D15	UNSPEC	BI
XP1	D11	UNSPEC	BI
XP1	D10	UNSPEC	BI
XP1	D1	UNSPEC	BI

图 12-12 元件设置更改提示对话框

该报告把我们所选中的如 R*、C* 等分立元件都罗列出来并显示其引脚定义，如果发现有的 PIN USE 属性更改了，说明在原理图设计的时候指定错误。

关闭此窗口，完成元件设置（Device Setup）项。

12.2.6 赋予SI模型

在完成对元件的设置后，单击Next >按钮，弹出模型分配（Database Setup Advisor-SI Mode）窗口，如图12-13所示。

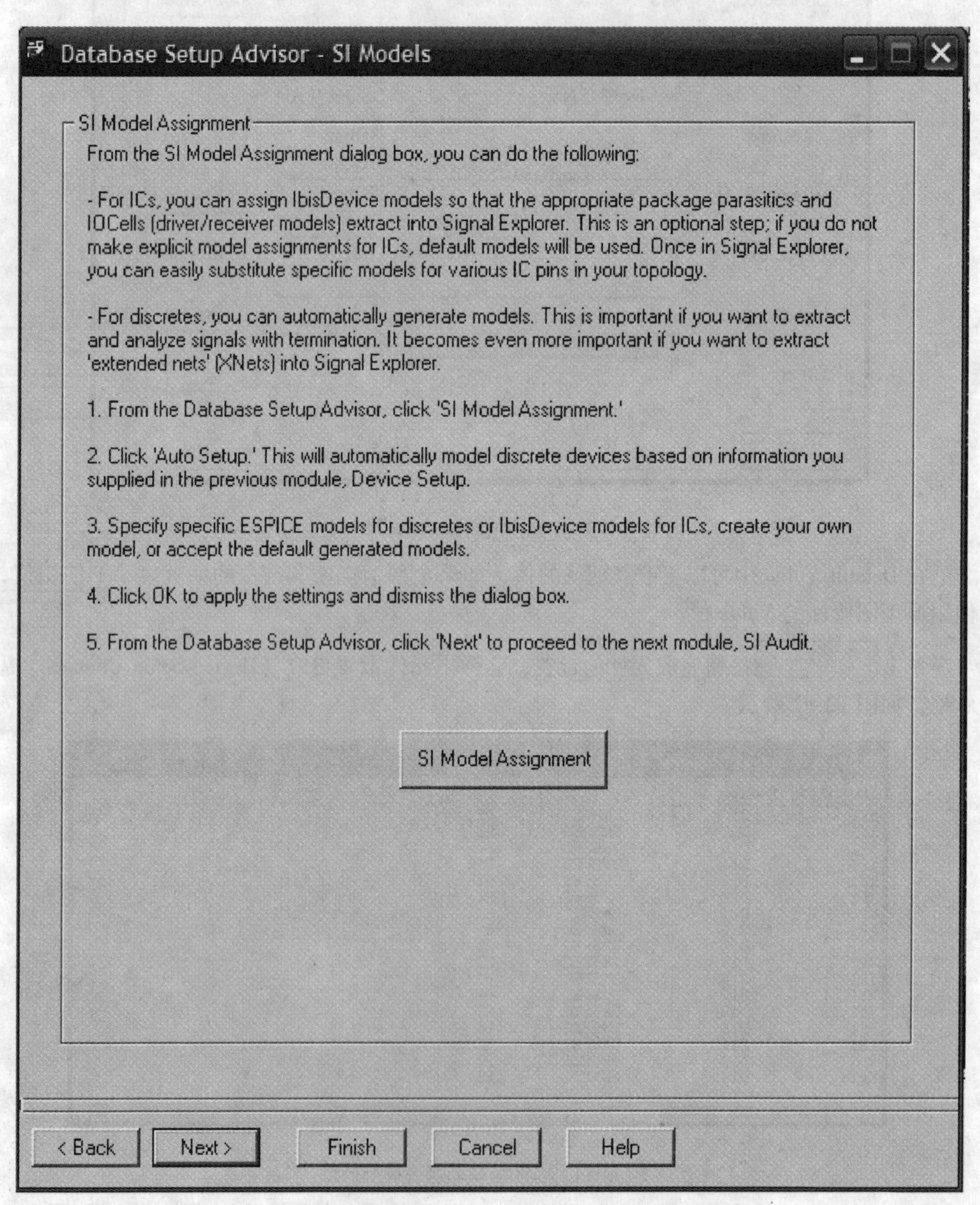

图12-13　赋予模型设置

如图 12-13 所示，此窗口对模型的赋予步骤做了简要的说明。

1）单击图中的 SI Model Assignment 按钮，弹出提示信息栏，如图 12-14 所示。

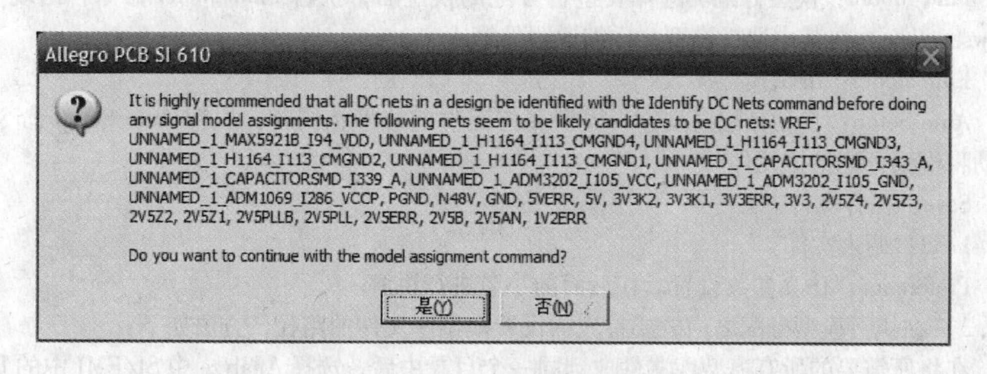

图 12-14　仿真设置-信息提示

2）单击图 12-14 中的 是(Y) 按钮，弹出信号模型分配（Signal Model Assignment）窗口，如图 12-15 所示。

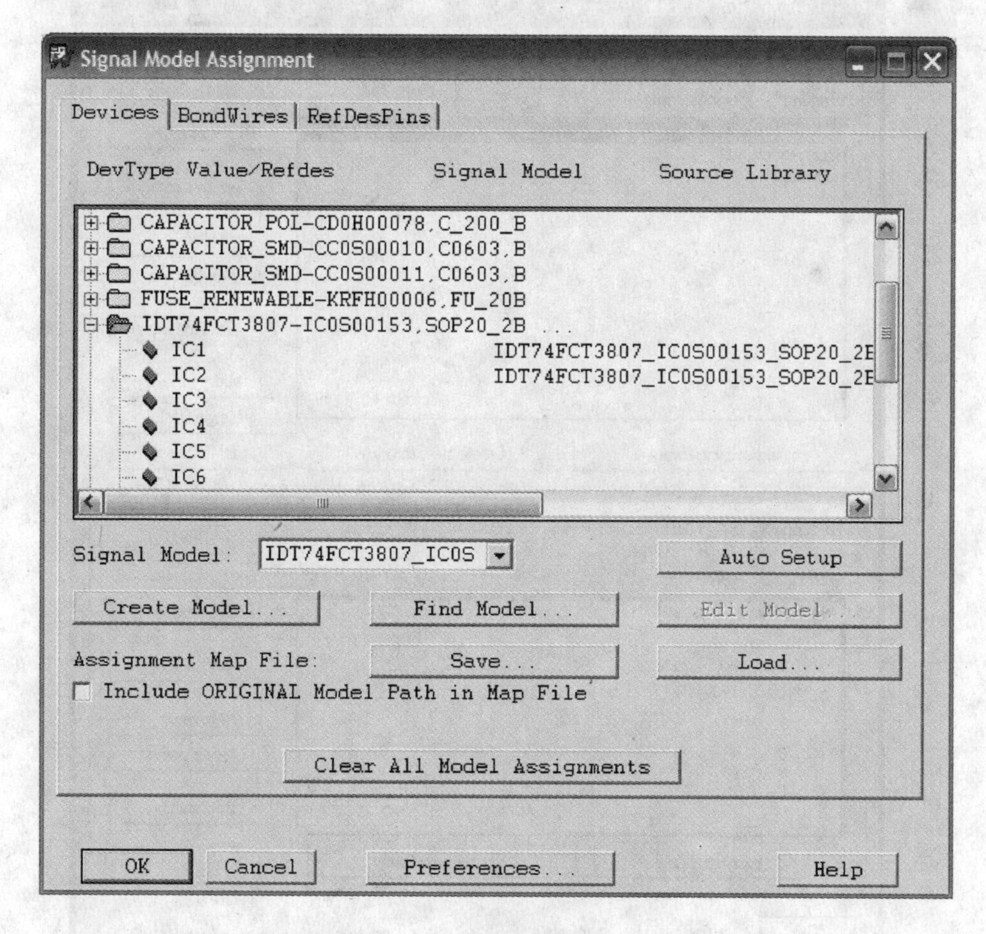

图 12-15　信号模型分配窗口

图 12-15 中的一些按钮说明如下：

Create Model：创建模型。一般阻容元件模型和接插件模型使用该功能产生。

Find Model：模型分配。选择要进行分配的模型后，执行 Find Model 命令，出现 Model Browser 界面，在其中选择模型。详细说明见第 4 步。

Edit Model：编辑模型参数。

Auto Setup：自动分配模型。当模型名与元件的位号相同时，执行 Auto Setup 命令可以自动将模型分配给该元件。

Save：保存文件。

Load：调入文件。

Preference：仿真参数设置。在后面的小节进行讲解。

3）在执行模型分配之前，要首先的设置模型库文件的路径，方法如下：

在将所需要的所有模型库文件放到同一个目录中后，选择 Analyze 中 SI/EMI 中的 Library 命令，或者单击工具栏中的 lib 按钮，打开信号仿真库路径设置窗口（Signal Analysis Library Browser），如图 12-16 所示。

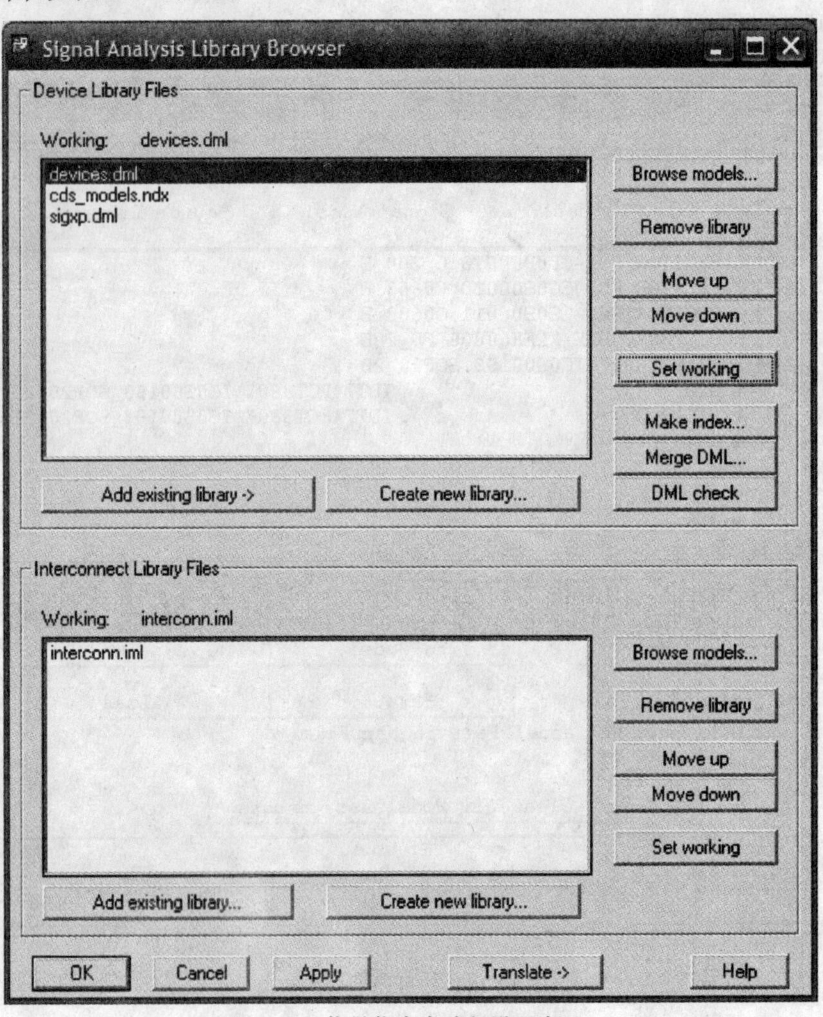

图 12-16　信号仿真库路径设置窗口

当前工作库包括：元件库区域（Device Library File）和连接器库区域（Interconnect Library File）。对此两种库的设置方法是一样的。

单击 Add existing library 按钮，添加已经存在的库。

如果是 IBIS 模型，Cadence 是无法直接识别的，需要将其转为 DML 模型，单击图 12-16 所示中的 Translate 按钮将其转换。

转换完成后，再执行添加操作。注意检查此时元件当前工作库是否仍为 devices. dml。如果发生改变，单击 Set working 按钮，将 devices. dml 设为元件当前工作库。

4）在完成了库路径设置后，再回到第 2 步的模型分配。选中一个元件单击 Find Model... 按钮，弹出 Model Browser 界面，如图 12-17 所示。

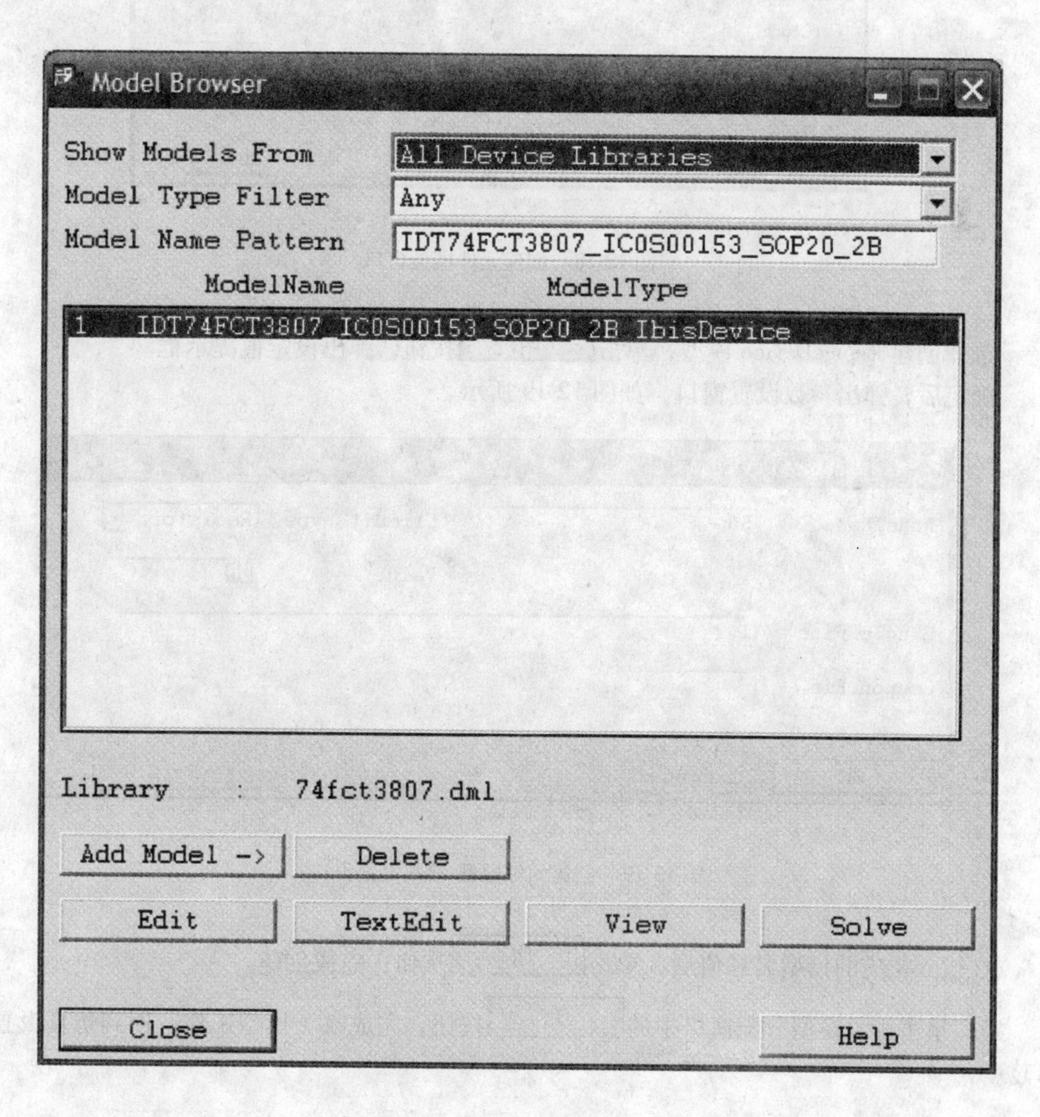

图 12-17　模型分配窗口

5）对于阻、容类没有模型库的元件，选中一个电阻后，单击 Create Model... 按钮，弹出创建元件模型对话框，如图 12-18 所示。

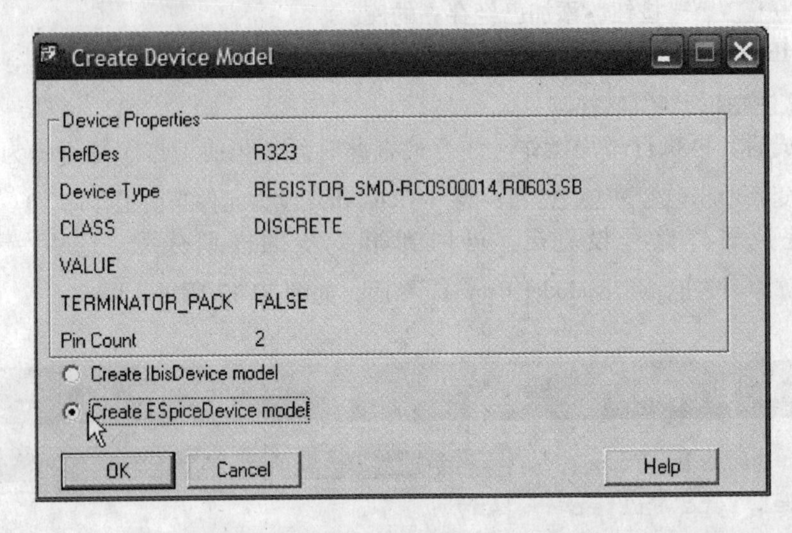

图 12-18　创建元件模型窗口

选择创建 EspiceDevice 模型，单击 OK 按钮，弹出设定值提示框。确定后，弹出参数设置窗口，如图 12-19 所示。

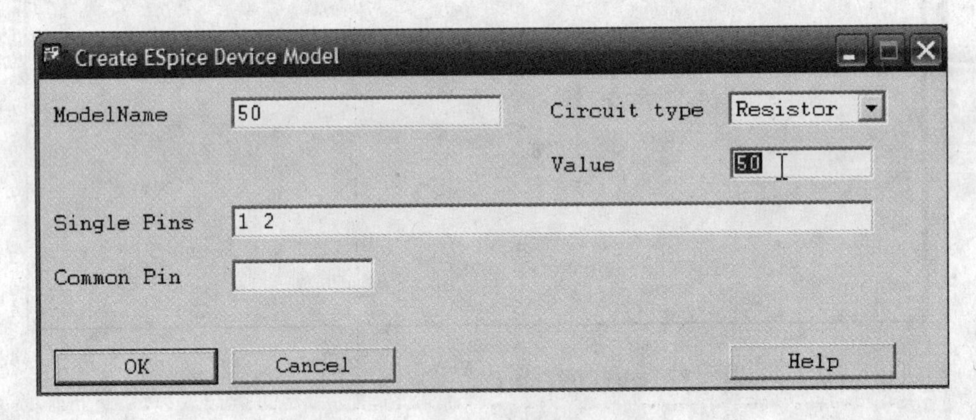

图 12-19　创建元件模型-参数设置窗口

在输入相应的模型名和值后，单击 OK 按钮，完成创建。

6）单击信号模型分配窗口中的 OK 按钮，完成赋予模型工作，回到仿真设置窗口。

12.2.7　SI 的检查

在 Database Setup Advisor 窗口中，单击 Next> 按钮，弹出 SI 检查（Database Setup Advisor-SI Audit）窗口，如图 12-20 所示。

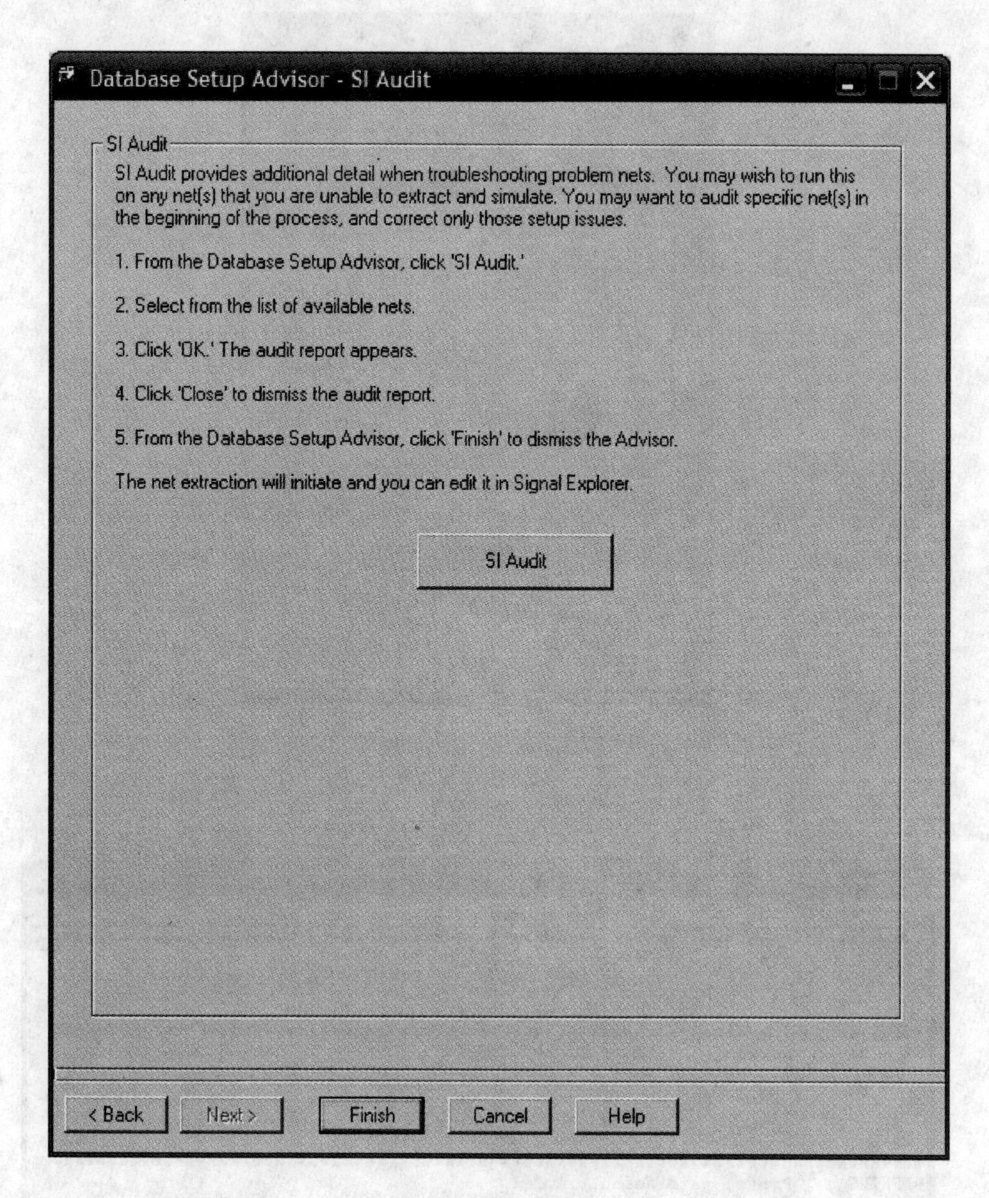

图 12-20　SI 检查

单击图 12-20 中的 SI Audit 按钮，打开网络设置检查窗口，如图 12-21 所示。

此部分的功能其实就是对网络设置情况进行一个检查，如叠层是否设定、模型是否赋予等。在选中一个要仿真的网名后，单击 Audit selected net 按钮进行检查即可。如有问题就回到上面的步骤中进行重新设置。在检查完毕后，弹出报告，如图 12-22 所示。

在完成了所有的设置后，回到 Database Setup Advisor 窗口，单击 Finish 按钮，完成仿真前的设置工作。

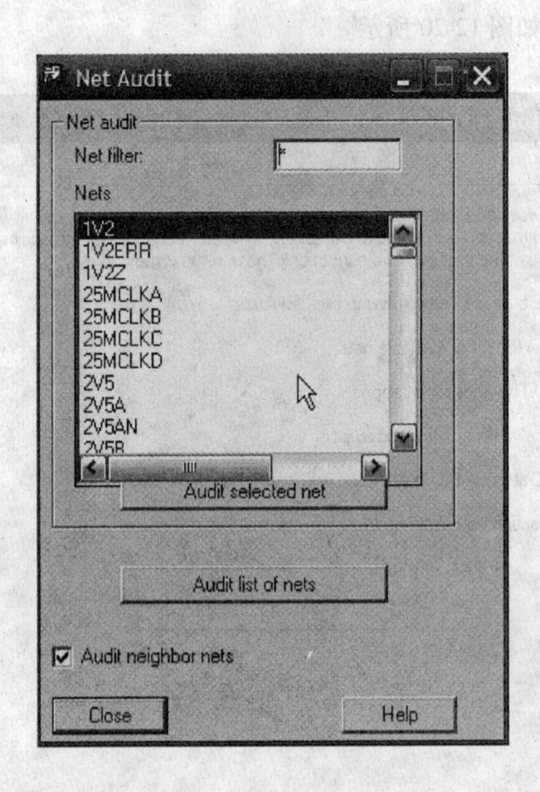

图 12-21　网络检查窗口

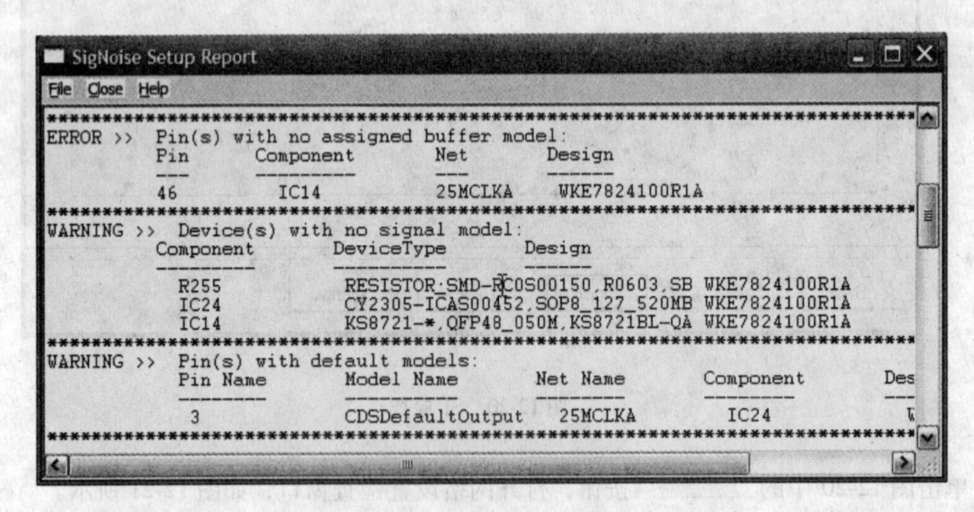

图 12-22　SI 检查报告

12.3　PCB 的预仿真

PCB 的预仿真也称为 PCB 的前仿真阶段，即在没有完成布线的情况下对预布局阶段的重要信号线进行仿真，通过仿真分析来调整布局，从而达到利用约束来驱动布局。

12.3.1　打开仿真文件

选择开始/程序/Allegro SPB 15.2/PCB SI 命令打开仿真分析工具，选择 File/Open 命令或单击按钮，选择打开要进行仿真分析的 PCB（在此选择打开 demo_si.brd 印制电路板为例）。

12.3.2　基本仿真参数设置

从 Allegro PCB SI 菜单中选择 SI/EMI Sim 中的 Preferences 命令弹出 Analysis Preferences 窗口，当前打开的是 Device Models 选项，首先将 Use Defaults For Missing Component Models 的选项选中，表示对没有模型的元件 Cadence 软件将自动为其赋上一个默认的模型，如图 12-23 所示。

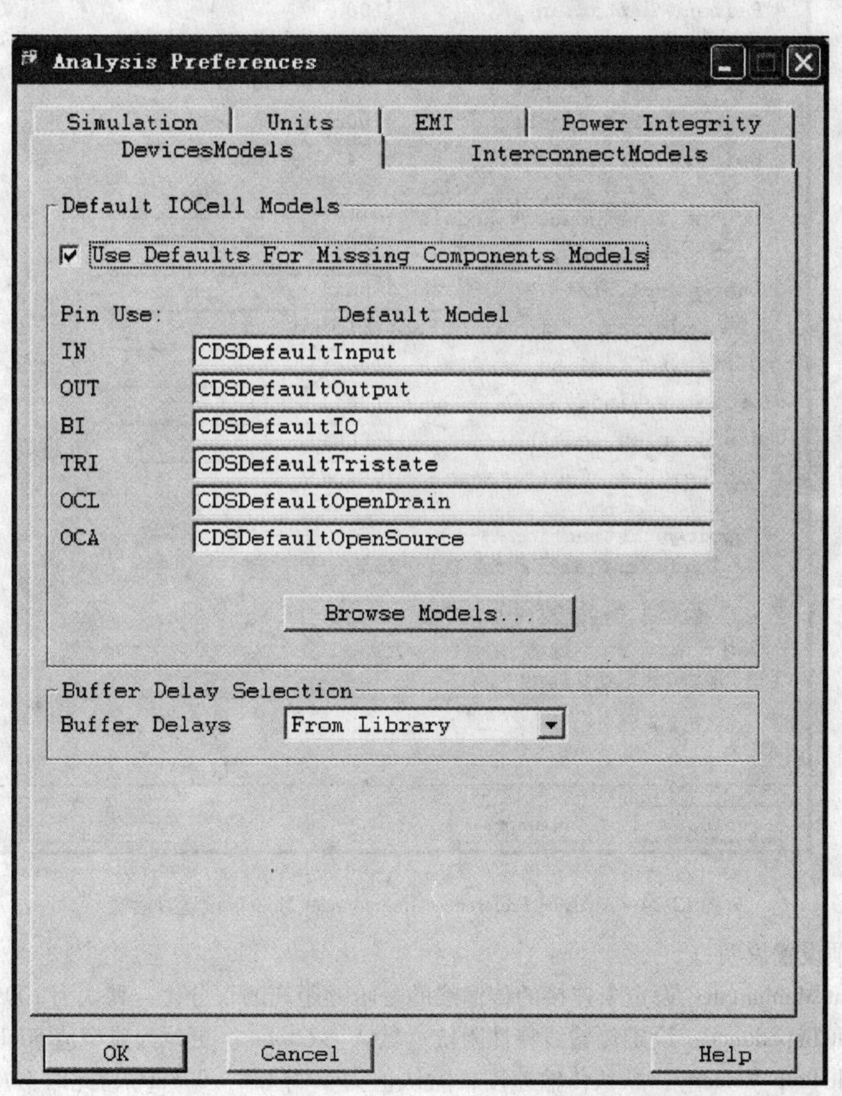

图 12-23　Analysis Preferences-Device Models 设置对话框

各选项说明：

Default Model：设定当仿真器遇到没有指定 Model 元件时，所选择默认的 Model 类型。

Browse Models：调入当前元件库区域内的 Model 库。

Buffer Delays：设置仿真器如何获取缓冲延时（Buffer Delays），默认从库中获得。

在 Analysis Preferences 选择 Interconnect Models 栏，打开 Interconnect Models 栏的设置对话框，如图 12-24 所示。

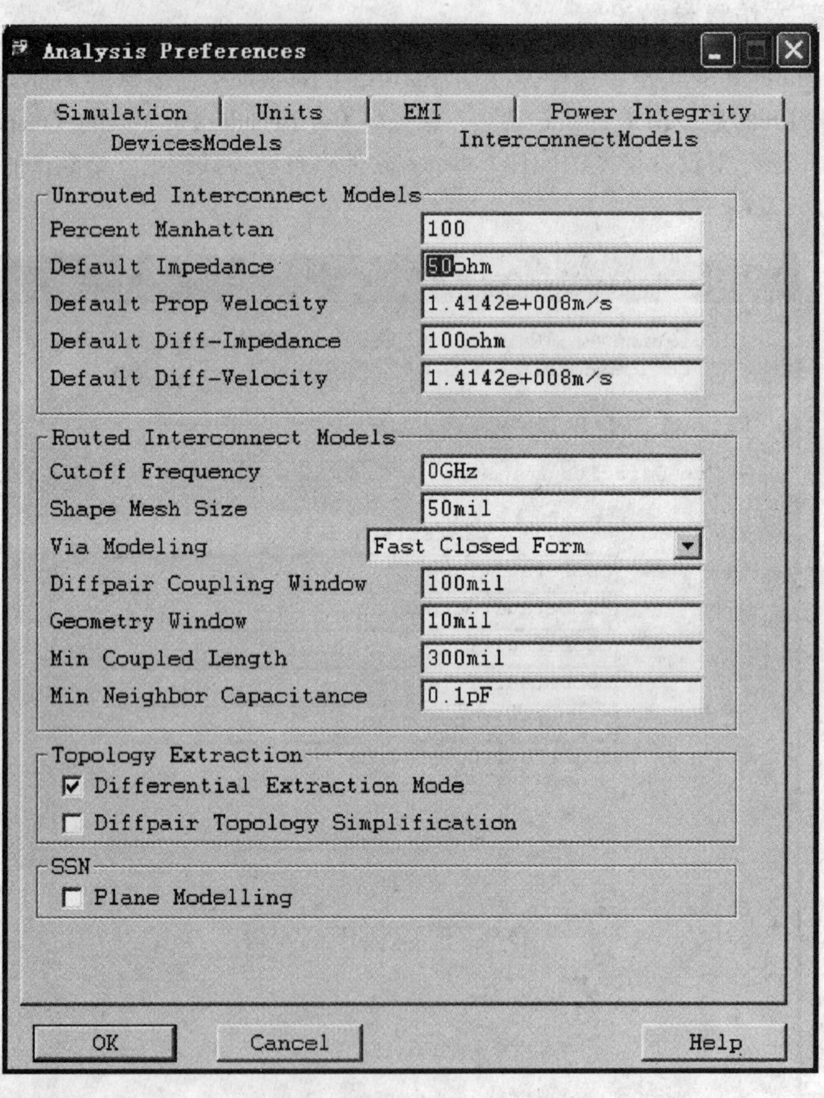

图 12-24　Analysis Preferences-Interconnect Models 设置对话框

各选项设置说明：

Percent Manhattan：设定未连接的传输线的曼哈顿距离的百分比，默认为 100%。

Default Impedance：设定传输线特性阻抗，默认为 60ohm。更改为典型值 50ohm。

Default Prop Velocity：默认传输速度，默认值为 1.4142e + 008m/s，此时对应 $\varepsilon_r = 4.5$，信号在印制电路板上的传输速度（m/s）的计算公式为

$$\text{Velocity} = (3 \times 10^8)/\sqrt{\varepsilon_r}$$

传输延时公式为

$$\text{PropDelay} = t_{pd} = \text{length/velocity}$$

Default Diff-Impedance：设定差分信号线的默认差分阻抗，默认为 100ohm。

Default Diff-Velocity：差分信号线的默认差分传输速率。

Routed Interconnect Models：对于 PCB 中已连线信号，参数设置。

Cutoff Frequency：设定截止频率，默认为 0GHz。当设置了截止频率后，RLGC 矩阵将是综合矩阵，它将基于频率的参数影响，考虑了频率参数影响的 RLGC 矩阵具有较高的精度，提取速度较慢。如果对该值设置，一般建议设置该值不要超过时钟频率的 3 倍。

Shape Mesh Size：表明将线看成铜皮的边界尺称范围，即标明作为场分析的最大铜箔尺寸。

Via Modeling：表明所采用的过孔模型。

Fast Closed Form：快速封闭形式。模拟程序实时产生一个过孔子电路，这样节省了仿真时间，但没有使用模型那么准确。

Ignore Via：忽略过孔的影响。

Detailed Closed Form：详细的封闭形式。

Diffpair Coupling Windows 设定差分模式。

Geometry Window：设定在仿真时距离主网络的导线边缘多少范围内（横向和纵向均考虑）的网络需要作为干扰源来考虑。

Min Coupled Length：最小耦合长度。设定两根相邻线多长的平行导线距离时才考虑它们之间的串扰。

Min Neighbor Capacitance：最小耦合电容。设定线与线之间的最小电容耦合程度。

Differential Extraction Mode：设定差分提取模式。

Diffpair Topology Simplification：差分信号拓扑简化。

SSN：选中 Plane Modeling 对平面建模。

单击 OK 按钮完成仿真前的设置，关闭 Analysis Preperences 对话框。

12.3.3　仿真信号的提取

在一个预布局的 PCB 中，可以在约束管理器中很方便地将要仿真的信号拓扑提取出来。步骤如下：

1）选择菜单栏中的 Setup/Electrical Constraint Spreadsheet 命令或单击按钮，弹出约束管理器（Allegro Constraint Manager）窗口，如图 12-25 所示。

2）在如图 12-25 所示的 Allegro 约束管理器窗口左边的树状菜单栏中选择 Net/Routing/Wiring，打开网名列表，如图 12-26 所示。

3）在约束管理器（Allegro Constraint Manager）菜单栏中选择 Tools/Options 命令，弹出 Options 设置对话框，选中 Automatic topology update 选项，如图 12-27 所示，Allegro 默认值此项为选中状态。

4）单击 OK 按钮完成设置，关闭 Options 设置对话框。回到约束管理器界面中，

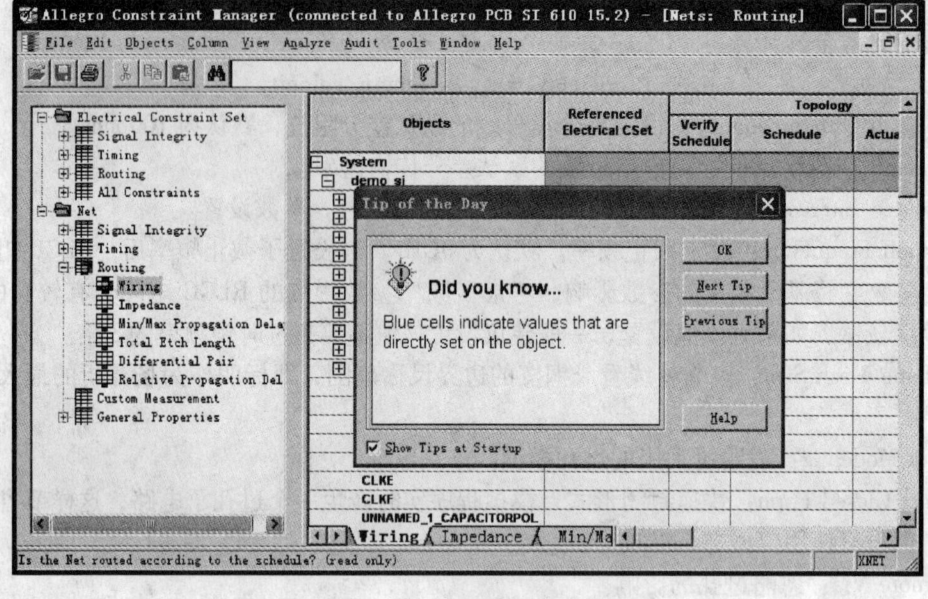

图 12-25　Allegro 约束管理器窗口

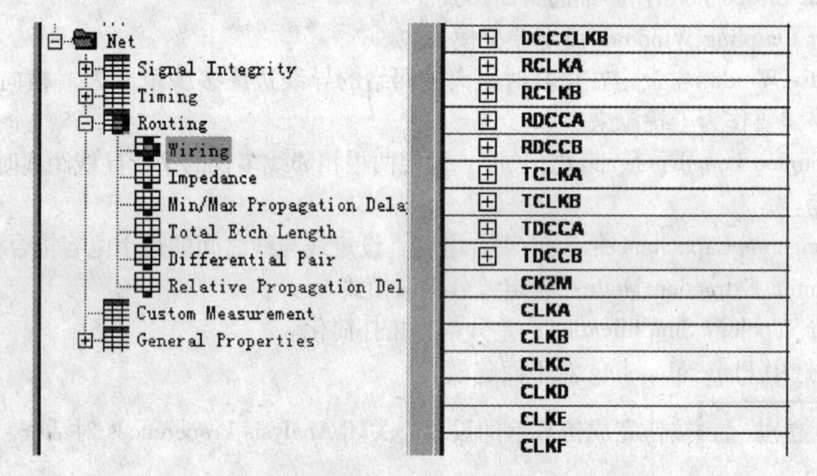

图 12-26　约束管理器网络列表窗口

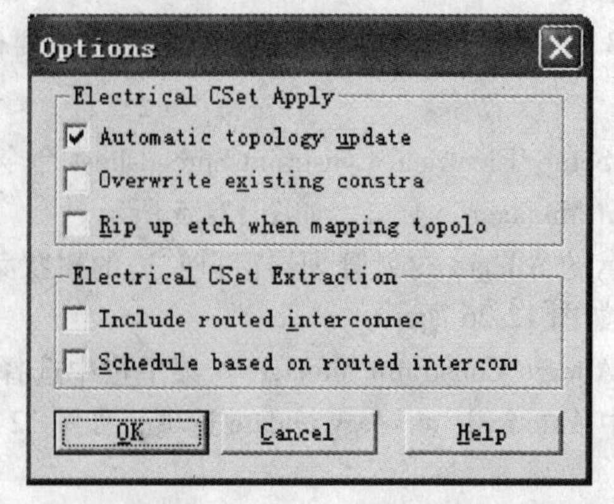

图 12-27　Options 设置对话框

在约束管理器 Objects 栏中的网名列表中，选择要进行仿真分析的网名（如 CLKA），单击鼠标右键从弹出的菜单栏中选择 SigXplorer 命令，如图 12-28 所示。

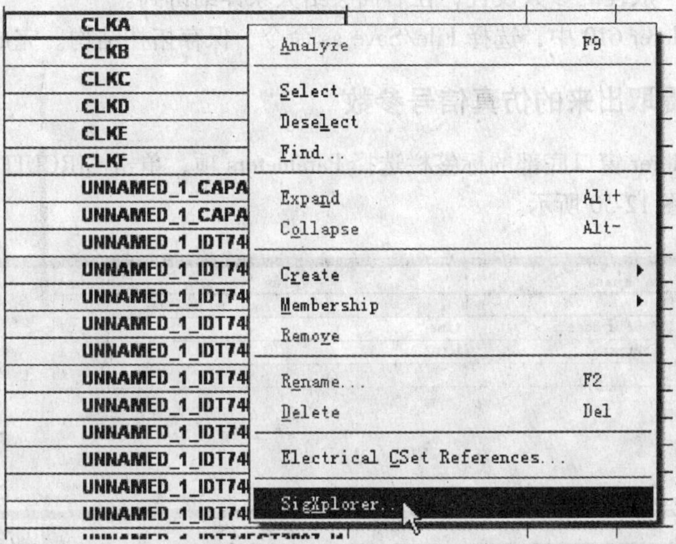

图 12-28　选择 SigXplorer 项

5）选择后，在 SigXplorer 中打开 CLKA 的网络拓扑结构，如图 12-29 所示。

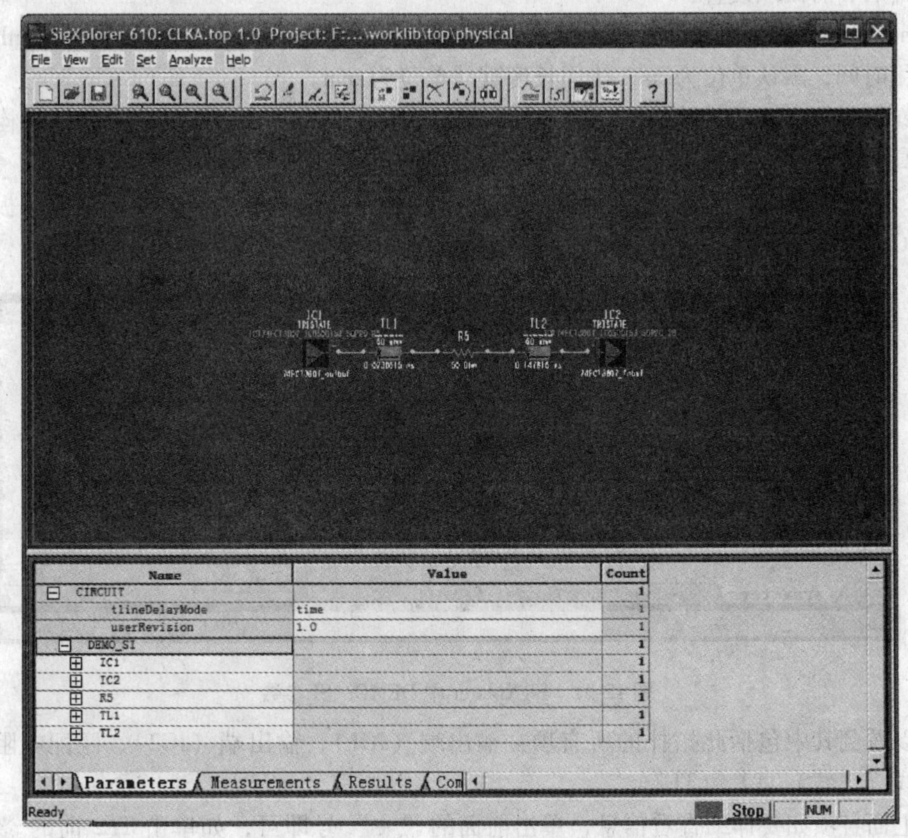

图 12-29　SigXplorer 中 CLKA 网络拓扑

SigXplorer 工具是 Cadence 的信号仿真工具 SPECCTRAQuest 中的一个组件，其界面相对比较简单，就不做介绍了，在后面的几节中，都会围绕这个工具来给大家讲述信号的仿真。对常用的命令及一般性的参数设置，在后面会给大家详细讲到。

6）在 SigXplorer 610 中，选择 File/Save as 命令，保存拓扑结构。完成仿真信号的提取。

12.3.4 查看提取出来的仿真信号参数

1）在 SigXplorer 窗口底部的标签栏选择 Parameters 项，单击 CIRCUIT 前面的“+”号，将此项展开，如图 12-30 所示。

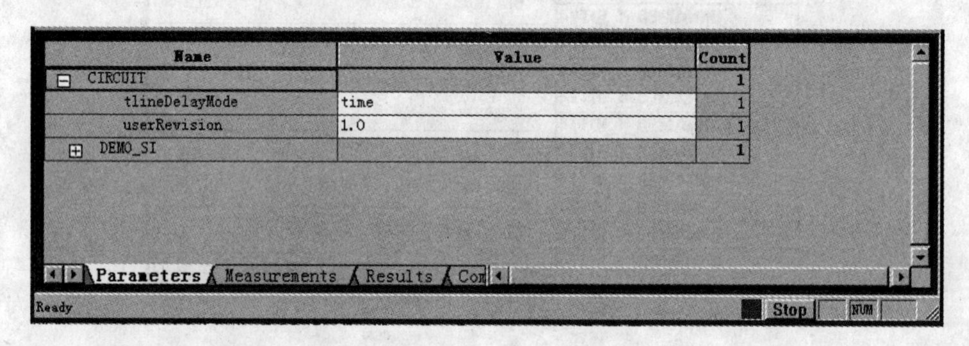

图 12-30 SigXplorer 中 CIRCUIT 参数

展开后，有两项设置：

TlineDelayMode：用来设置时延模式，可以选择用时间（time）或用长度（length）来表示。使用时间，默认单位为 ns；使用长度默认单位为 mm。

UserRevision：表示目前的拓扑版本号，第一次是 1.0，以后如果更改了拓扑结构可以将版本提高。

2）单击 DEMO _ SI 前面的“+”号，将此项展开是从 demo _ si. brd 印制电路板中提取出来的 CLKA 信号拓扑的信息，如图 12-31 所示。

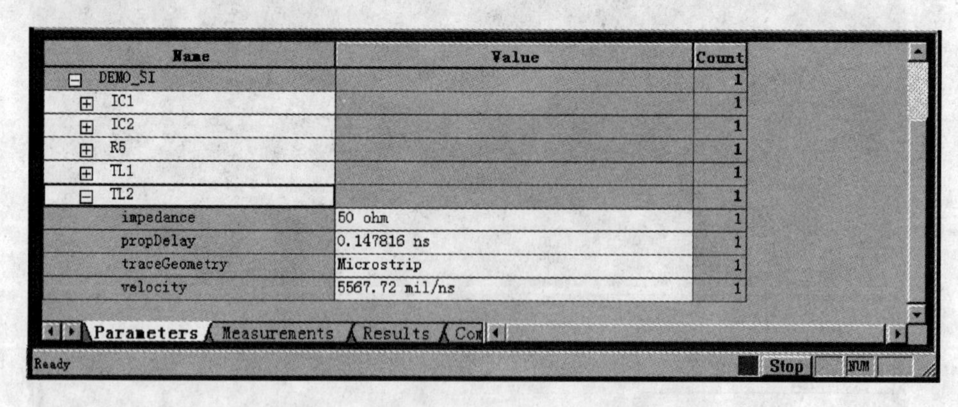

图 12-31 SigXplorer 中 DEMO _ SI 参数

可以看到其中包括此拓扑的所有项：输出端（IC1）、输出端（IC2）、匹配电阻（R5）以及走线（飞线）TL1 和 TL2。

对上面各项如要详细查看信息，单击前面的“+”号即可，如单击 TL2 前的“+”号将此展开（见图 12-31），可以看到如阻抗（impedance）、时延（propdelay）、布线模式（traceGeometry）及速度（velocity）。如要更改，直接更改其中的 Value 即可。

12.3.5　SigXplorer 中仿真前的参数设置

当将拓扑结构抽取到 SigXplorer 工具中后，在进行正式的仿真分析之前，要首先对 SigXplorer 工具中仿真的参数进行一个设置。步骤如下：

1）选择开始/程序/Allegro SPB 15.2/SigXplorer 打开仿真分析的拓扑文件。

2）选择 Analyze/Preference 命令，打开仿真分析设置（Analysis Preferences）窗口，如图 12-32 所示。

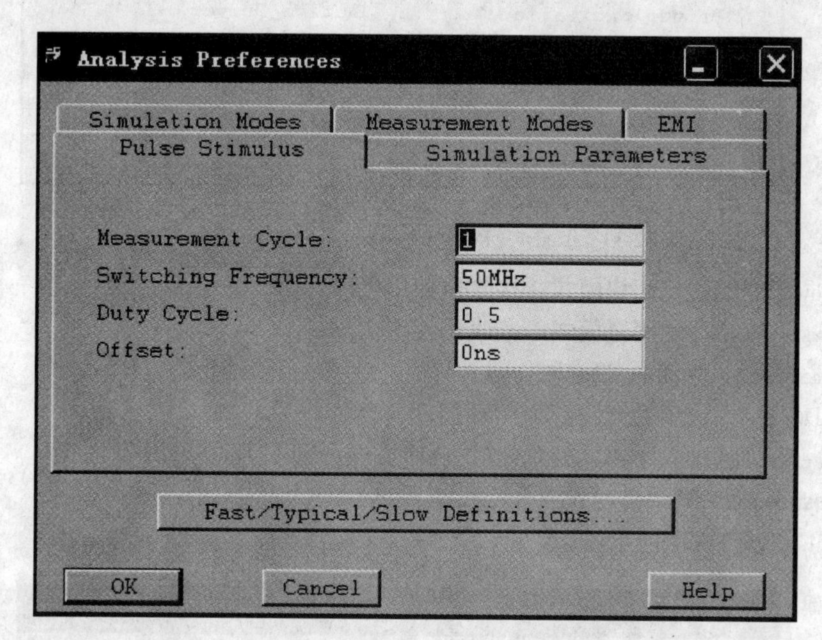

图 12-32　Analysis Preference-Pulse Stimulus 栏设置

1. Pulse Stimulus 栏设置

设置窗口如图 12-32 所示。

Measurement Cycle：设置仿真周期。一般情况下，对时钟信号从第三个周期进行测量，对于其他的信号从第一个周期进行测量。

Switching Frequency：设置脉冲频率。

Duty Cycle：设置占空比，默认设置为 0.5。

Offset：设置脉冲偏移量。仿真信号的驱动端与其他信号驱动端的偏移。

2. Simulation Modes 栏设置

设置窗口如图 12-33 所示。

FTS Mode（s）：设置仿真模式。

Fast：以快模式进行仿真。

Typical：以典型模式进行仿真。

Slow：以慢模式进行仿真。

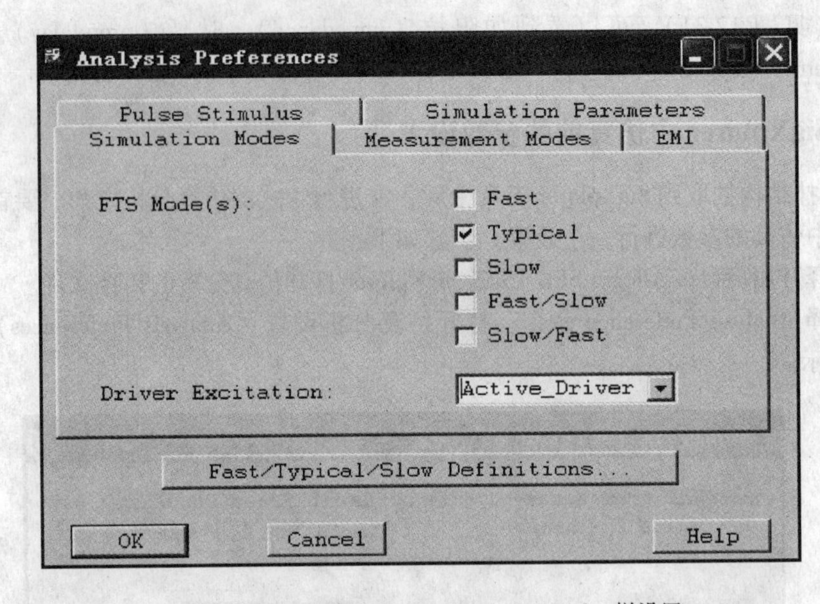

图 12-33　Analysis Preferences-Simulation Modes 栏设置

Fast/Slow：驱动器使用快模式，接收器使用慢模式。
Slow/Fast：驱动器使用慢模式，接收器使用快模式。
Driver Excitation 驱动的激励方式。
Active Drive：以设定的激励源为驱动端。
All Drivers：如果是双向驱动和接收，两个方向分别作为驱动端。

3. Measurement Modes 栏设置

设置窗口如图 12-34 所示：

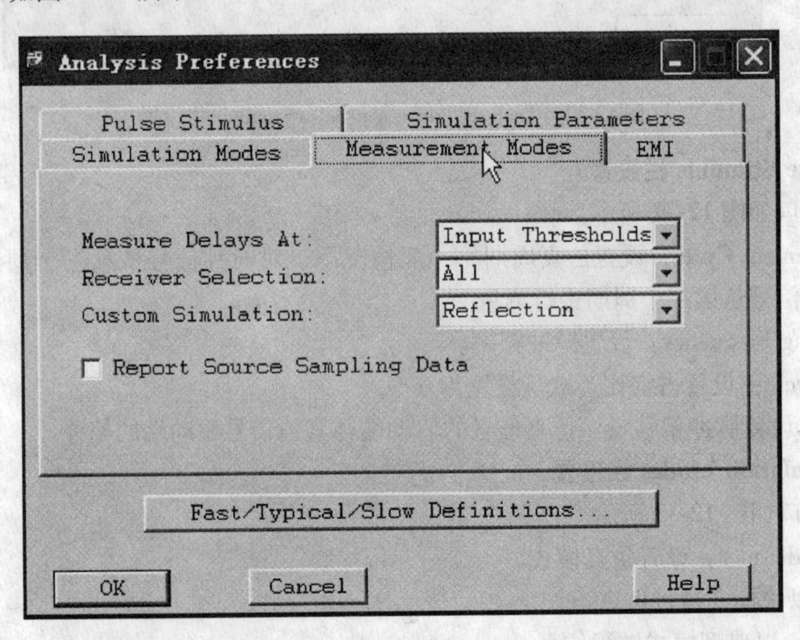

图 12-34　Analysis Preferences-Measurement Modes 栏设置

Measure Delays At：设置延时测量的参考点。选择 Input Thresholds 表示输入门限值；选择 Vmeas 表示以输出 Buffer 的参考电压进行测量。

Receiver Selection：设置接收器。选择 All 表示所有非驱动的元件都作为接收；选择 Select One 表示在仿真开始时选择其中的一个作为接收源。

Custom Simulation：设置仿真内容。包括：Reflection（反射仿真分析）、Crosstalk（串扰仿真分析）和 EMI（电磁干扰仿真分析）。

Report Source Sampling Data：设定是否报告出源采样数据。

4. Simulation Parameters 栏设置

设置窗口如图 12-35 所示。

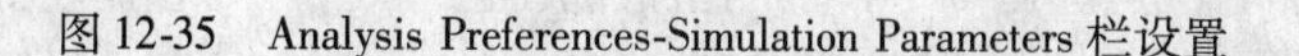

图 12-35　Analysis Preferences-Simulation Parameters 栏设置

Fixed Duration：设定是否指定仿真的持续时间长度。选中表示指定仿真的持续时间长度，不选中则表示动态地为每一次仿真选择时长。注意：当选中且给一个时间值后，仿真运行的时间就为该项中所确定的时间长度。这项值的大小决定波形的大小。

Waveform Resolution：设定波形分辨率。使用 Default 时，分辨率为传输线长的 1/100。

Cutoff Frequency：表明互连线寄生参数提取所适应的频率范围，默认为 0GHz。

Buffer Delays：缓冲器延时选择。缓冲器延时有两种选择：On-the-fly 和 From Library。On-the-fly 是根据负载的参数算出 Buffer Delay 曲线，From Library 是从库中获取。一般情况下是通过元件的 DATASHEET 查出相关资料算出 Buffer Delay 曲线。

Save Sweep Cases：当选择时保存仿真波形和数据。

5. EMI 栏设置

此栏主要是关于进行 EMI 仿真分析的一个设置，在一般性的仿真分析中，此项可以不进行设置。设置窗口如图 12-36 所示。

EMI Regulation：选择 EMI 的分析规则。

Design Margin：对设计设定损耗限度。

Analysis Distance：设定分析距离。

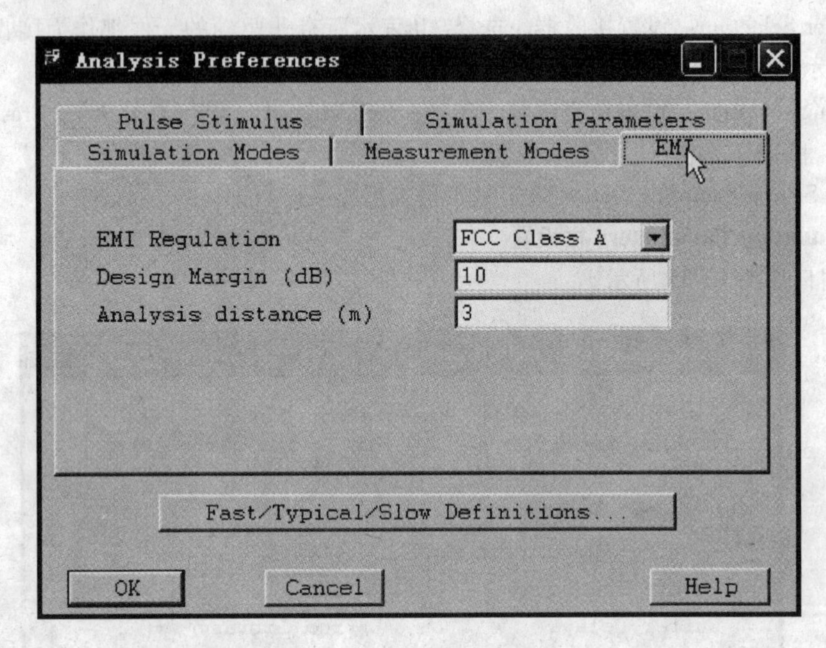

图 12-36 Analysis Preferences-EMI 栏设置

6. 仿真模式定义

单击 Analysis Preference 窗口中的 Fast/Typical/Slow Definitions... 按钮，可以对仿真模式进行详细的设定，如图 12-37 所示。

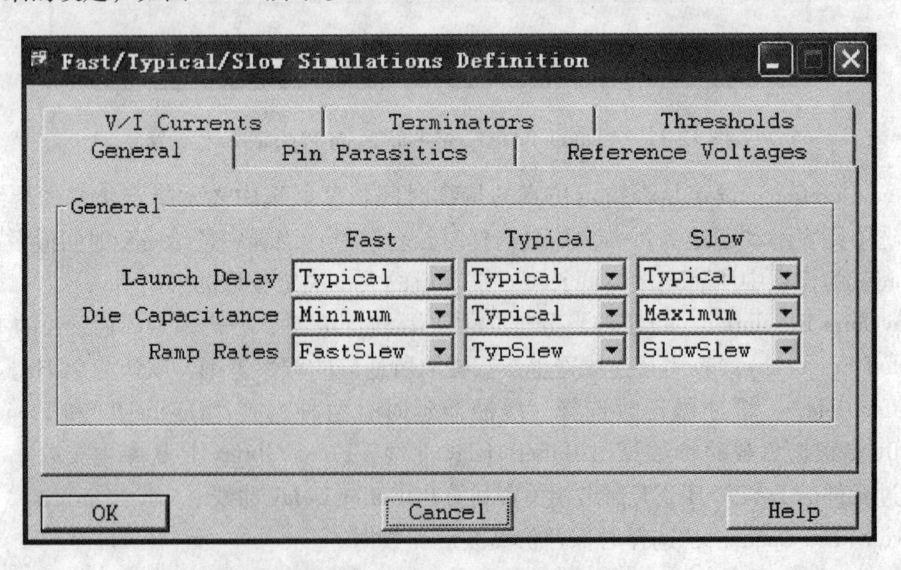

图 12-37 Analysis Preferences-仿真模式设置

注意：此栏中的设置为 Cadence 认为的最差情况下设置，建议一般不要更改！

单击仿真分析参数设置（Analysis Preferences） OK 按钮，完成仿真分析前参数

设置。

在设定好了仿真的参数以后，对一个拓扑还有设定驱动端的状态，操作如下：

在拓扑结构中，选择驱动端的模型（如 IC1），单击其模型上面的 TRISTATE 字符，弹出如图 12-38 所示对话框。

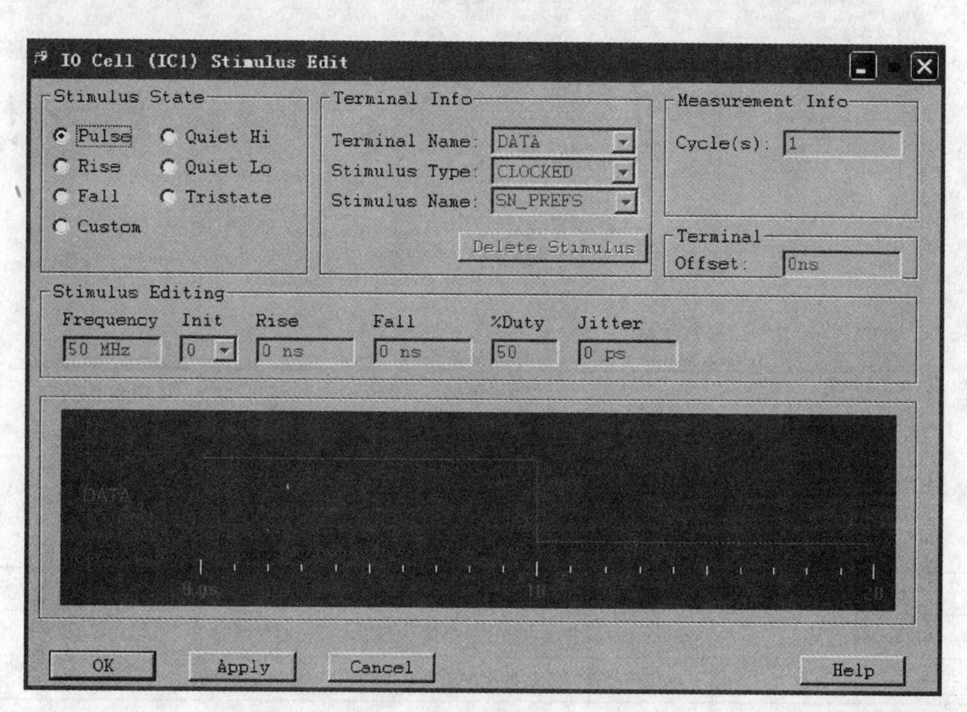

图 12-38　设置驱动端对话框

各项说明如下：

Stimulus State：设置仿真状态。

Pulse：表示驱动信号为连续脉冲方波。

Rise：表示驱动信号为上升沿。

Fall：表示驱动信号为下降沿。

Quiet Hi：表示驱动信号为恒高。

Quiet Lo：表示驱动信号为恒低。

Custom：表示驱动信号由该界面中的参数定制。选择此栏后，其他参数将可设置。

Tristate：表示三态。通常接收端设为该状态。

单击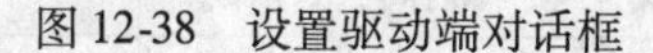按钮，完成对驱动的设置。

12.3.6　设置仿真分析内容

对所有的都设定好以后，就要设定仿真项，就是要对那些方面进行仿真分析，如，你要对信号的反射问题进行仿真就要设置反射中的仿真项。设置方法如下：

1）在 SigXplorer 窗口中，选择底部的 Measurements 栏。

2）单击“+”号，打开进行仿真分析的相关内容，现对信号反射做分析，就打开反射

栏设置，如图 12-39 所示。

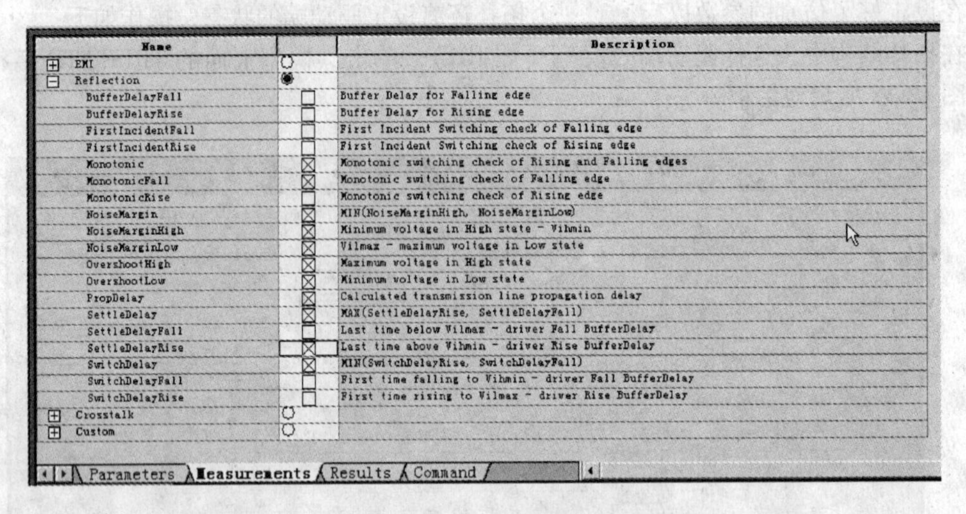

图 12-39　反射设置项

对其各项描述见表 12-1。

表 12-1　Reflection 各项描述

选 项 内 容	描　　述
BufferDelayFall	BufferDelay 曲线从高电平下降到测量电压值时的延时值
BufferDelayRise	BufferDelay 曲线从低电平上升到测量电压值时的延时值
FirstIncidentFall	第一次开关下降时间
FirstIncidentRise	第一次开关上升时间
Monotonic	输入波形的单调性检查
MonotonicFall	输入波形的下降沿的单调性检查
MonotonicRise	输入波形的上升沿的单调性检查
NoiseMargin	噪声容限
NoiseMarginHigh	高电平噪声容限
NoiseMarginLow	低电平噪声容限
OvershootHigh	高电平过冲
OvershootLow	低电平过冲
PropDelay	传输线的传输延时
SettleDelay	SettleDelayFall 和 SettleDelayRise 两者的最大值
SettleDelayFall	最后一次穿过低电平阈值相对于 BufferDelay 下降沿的测量点延时
SettleDelayRise	最后一次穿过高电平阈值相对于 BufferDelay 上升沿的测量点延时
SwitchDelay	SettleDelayFall 和 SettleDelayRise 两者的最小值
SwitchDelayFall	最后一次穿过高电平阈值相对于 BufferDelay 下降沿的测量点延时
SwitchDelayRise	最后一次穿过低电平阈值相对于 BufferDelay 上升沿的测量点延时

3）选择 File/Save 命令，保存拓扑及其设置项。单击按钮，执行仿真分析。

12.3.7　使用 Sigwave 工具查看波形

在执行了仿真分析后，SigXplorer 会自动在 Sigwave 仿真出波形文件，来供分析查看，如图 12-40 所示。

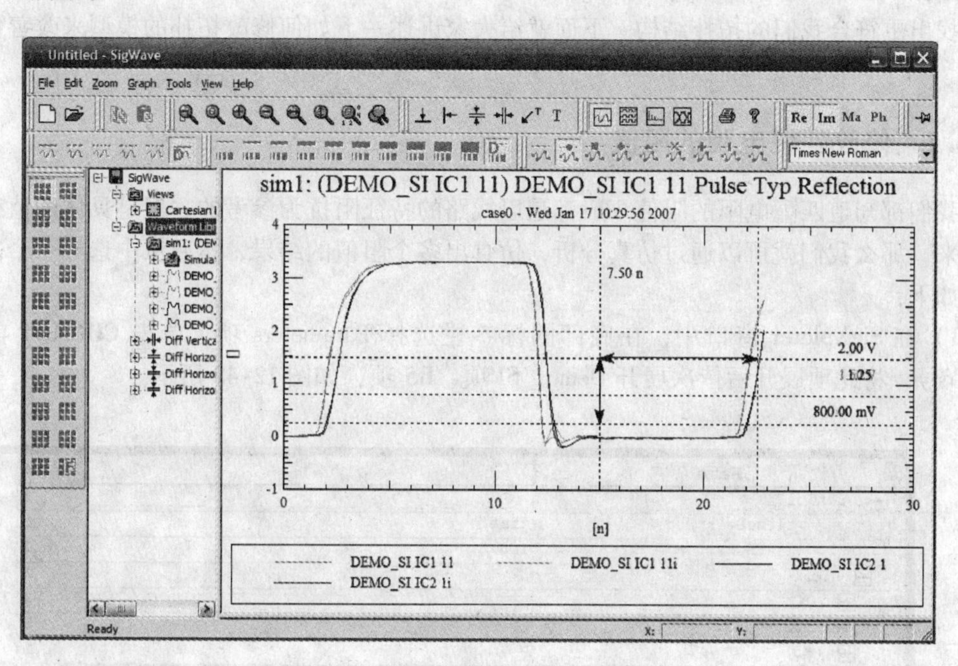

图 12-40　利用 SigWave 查看波形窗口

SigWave 是波形查看工具，在此可以很方便地查看 SigXplorer 仿真分析出来的波形文件。如图 12-40 所示，针对信号的反射问题（Reflection）对时钟信号进行的仿真分析波形，通过 SigWave 提供的、、、按钮，可以很方便地查看噪声容限、延时及过冲值。另外，对于仿真后的结果 SigXplorer 会在其下方的 Results 栏中显示出来，如图 12-41 所示。

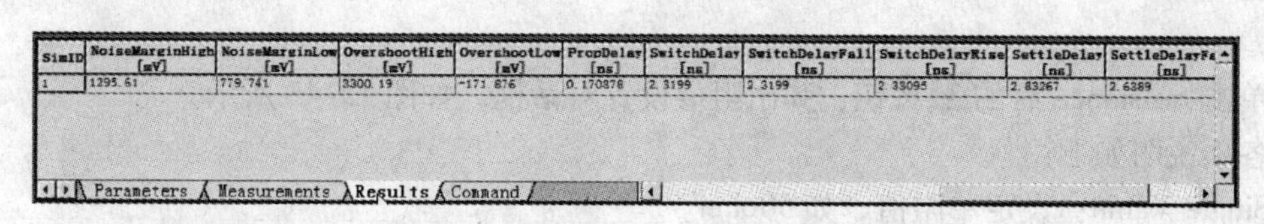

SimID	NoiseMarginHigh [mV]	NoiseMarginLow [mV]	OvershootHigh [mV]	OvershootLow [mV]	PropDelay [ns]	SwitchDelay [ns]	SwitchDelayFall [ns]	SwitchDelayRise [ns]	SettleDelay [ns]	SettleDelayFa [ns]
1	1295.61	779.741	3300.19	-171.876	0.170878	2.3199	2.3199	2.33095	2.83267	2.6389

Parameters　Measurements　Results　Command

图 12-41　SigXplorer 仿真分析结果查看

对于波形的分析需要很多的理论知识，学会使用工具是很容易的，更难的是对结果的一个分析过程。

12.4 修改拓扑模型改善仿真结果

通过查看上节所仿真出的波形肯定有很多不满意的地方，为了能保证信号更加完美，需要对拓扑中模型的参数如：电阻阻值、布线长度、拓扑结构等项，进行修改，经过多次的仿真以找出更符合我们的拓扑结构。下面就给大家讲述一下如何修改拓扑的模型来改善仿真的结果。

12.4.1 修改匹配电阻的阻值

我们都知道匹配电阻的阻值一般都是以线路的特征阻抗为参考的，但是具体的值很难确定下来，那么我们就可以通过仿真分析，仿真出多个阻值的结果，然后从中选择一个。操作方法如下：

1）在 SigXplorer 窗口中，在底部的标签栏选择 Parameters 项，单击 CIRCUIT 前面的“+”号，将此项展开后依次展开 Demo _ SI 项、R5 项，如图 12-42 所示。

Name	Value	Count
⊟ CIRCUIT		1
tlineDelayMode	time	1
userRevision	1.0	1
⊟ DEMO_SI		1
⊞ IC1		1
⊞ IC2		1
⊟ R5		1
resistance	50 Ohm	1
⊞ TL3		1
⊞ TL4		1

图 12-42　修改匹配电阻的阻值

如果要进行单值的仿真分析，可以直接更改 resistance 的值，SigXplorer 支持多值的仿真分析，所谓的多值分析就是可以设定 50ohm 附近的值如 40ohm、45ohm、55ohm、60ohm 等。SigXplorer 会进行多值的一个仿真分析，将不同的结果显示在 Result 栏中供选择一个合适的阻值。

单击 resistance 后的按钮，弹出阻值设置对话框，如图 12-43 所示。

各项说明如下：

Single Value：设定单阻值，如 50ohm。

Linear Range：设定多阻值的范围。如在 45ohm 与 55ohm 之间，仿真 3 次设置如下：

图 12-43 设定匹配电阻的阻值

Start Value：起始值。
Stop Value：最终值。
Count：计算次数。
Step Size：间隔值。

Multiple Values：直接设定几个确定的值。

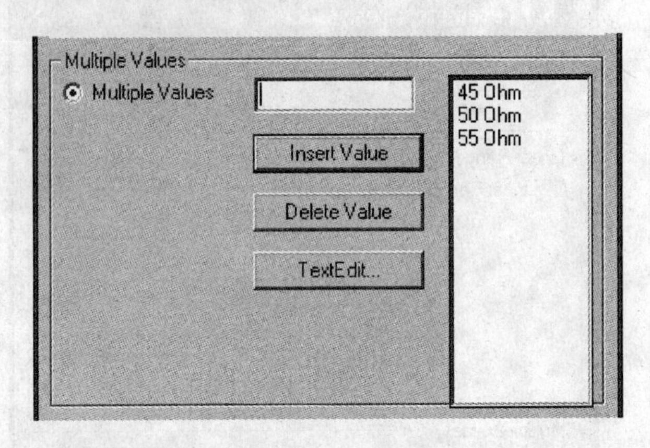

2）设置完毕后，单击按钮，执行仿真分析。弹出多值分析提示对话框，如图12-44所示。

Sweep Sampling

Sweep Sampling
A full sweep requires 3 simulation(s).
Sweep Coverage:
Percent: 100%
Count: 3
Random Number Seed: 1
Continue　Cancel　Help

图12-44　多值仿真分析对话框

注意：在此处对于复杂的拓扑结构，如果仿真的次数多，可以将仿真的百分比设小一些，否则仿真速度将会很慢。

3）单击 Continue 按钮，继续仿真分析。完成后在SigXplorer窗口下方的Results栏中查看结果，如图12-45所示。

SimID	R5.resistance [Ohm]	BufferDelayFall [ns]	BufferDelayRise [ns]	FirstIncidentFall	FirstIncidentRise	Monotonic	MonotonicFall	MonotonicRise	NoiseMargin [mV]	Noise
1	45	NA	NA	FAIL	FAIL	PASS	PASS	PASS	770.515	1295.4
2	50	NA	NA	FAIL	FAIL	PASS	PASS	PASS	779.741	1295.6
3	55	NA	NA	FAIL	FAIL	PASS	PASS	PASS	780.586	1295.7

Parameters　Measurements　Results　Command

图12-45　多值仿真分析结果查看

4）分析结果，选出一个合适的匹配电阻阻值。

12.4.2　修改拓扑结构

对于提取出来的拓扑，可以在SigXplorer编辑界面内通过移动命令移动模型来设置拓扑。在这里假设驱动芯片 IC1 驱动两个芯片原拓扑结构为菊花链格式，如图 12-46 所示。

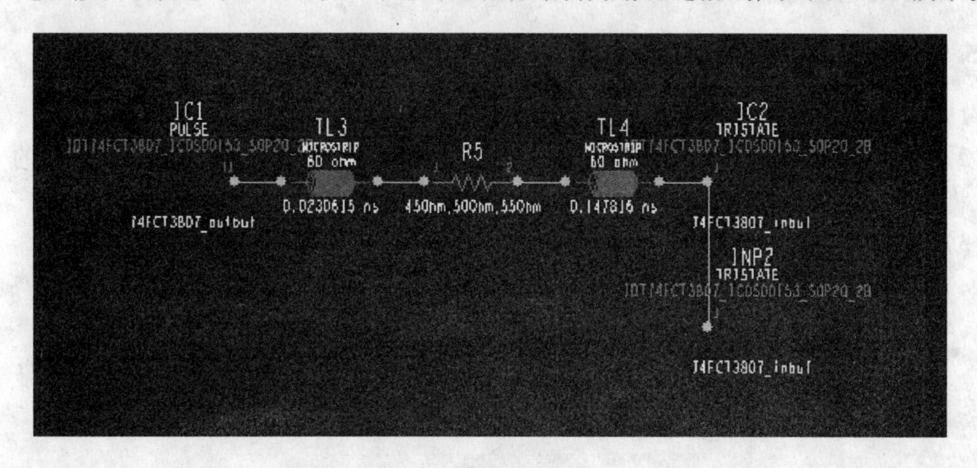

图 12-46　菊花链拓扑结构

将其更改为分支结构进行介绍操作如下：

1）单击 SigXplore 中的按钮，移动模型。

2）用鼠标直接单击模型前的黄色点划线后，单击按钮，SigXplore 的模型将自动对齐。

3）修改拓扑结构后，如图 12-47 所示。

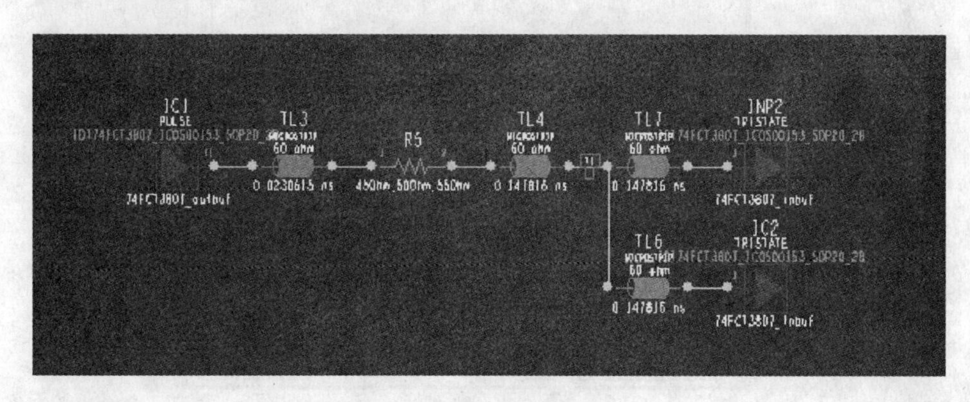

图 12-47　分支拓扑结构

4）单击按钮，执行仿真分析。

通过对比菊花链的仿真分析结果和分支结构的仿真分析结果，可以选择一种适合于一带多的情况下的拓扑结构来应用到我们的设计。

12.5　设置添加约束

对于目前的高速 PCB 设计，使用自动布线完成布线越来越频繁，而对于自动布线一个重要的问题就是如何能保证导线的长度特别是总线组内各线的长度控制问题。下面就以设定拓扑的导线长度约束为例来给大家讲述一下如何设定长度约束、如何将约束加到拓扑上产生

电气约束及将电气约束加到 PCB 中。

12.5.1 设定长度约束

1）打开 SigXplorer 工具后，打开要分析拓扑结构，在此还是以 CLKA 为例。

2）在 SigXplorer 窗口的底部的标签栏选择 Parameters 项，单击 CIRCUIT 前面的“+”号，将此项展开后将 TlineDelayMode（布线时延模式）更改为 Length 以便更加的明了。

3）展开 DEMO _ SI 项后，再展开进行长度约束的导线（TL3）。

4）单击 Length 后面的按钮，弹出导线长度设置对话框，如图 12-48 所示。

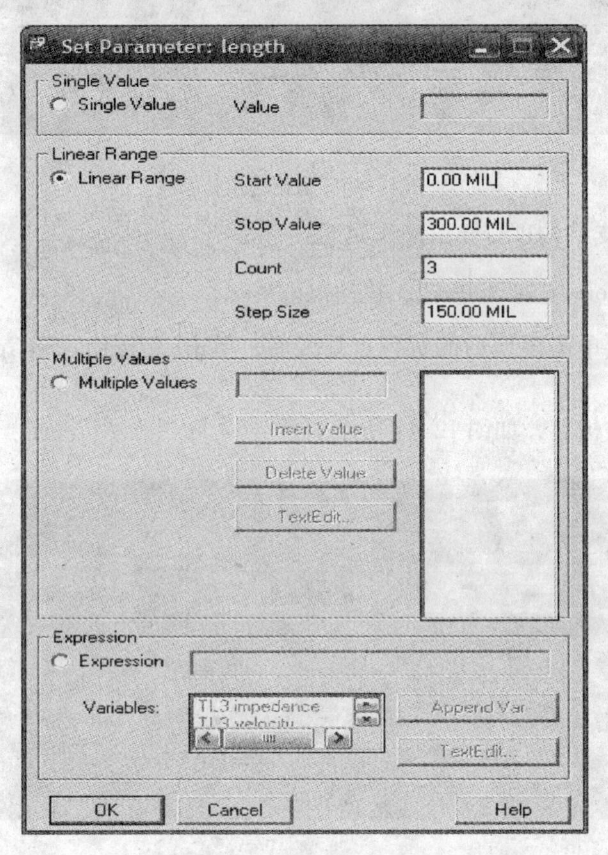

图 12-48　长度约束设置

关于此栏的设置和匹配电阻的阻值设定是一样的，详细说明请参阅前面所讲，在此设定长度范围 0 ~ 300mil 之内进行仿真的分析。

5）单击 OK 按钮，完成长度约束的设置。

6）设定仿真参数，详细步骤见 12.3.5 节的 SigXplorer 仿真前参数设置项。

7）设定仿真分析内容，在此只分析反射（Reflection）。打开底部的 Measurements 标签栏。

选中 Reflection 项的 Monotonic、NoiseMargin、OvershootHigh、OvershootLow、PropDelay 项。

8）单击按钮，执行仿真分析，弹出 Sweep Sampling 提示对话框，如图 12-49 所示。

Sweep Sampling

Sweep Sampling

A full sweep requires 3 simulation(s).

Sweep Coverage:

Percent: 50%

Count: 2

Random Number Seed: 1

Continue　Cancel　Help

图 12-49　Sweep Sampling 提示框

9）单击 Continue 按钮，继续完成仿真分析。

10）查看结果后，如果此拓扑导线在 0 ~ 300mil 区间，我们都满意就保存此拓扑结构并将其添加到拓扑中去供 PCB 中调用。如果对此结果不满意，就要回到长度约束设置栏，进一步调整长度约束值，直至找出一个满意的区间为止。

12.5.2　产生电气约束

当通过多次的仿真分析后，找出了合适的约束值，就需要将此仿真约束值归纳为电气约束值，从而产生电气的规则。这样就可以在 PCB 的设计中，针对此类型的导线调用此规则。操作步骤如下：

1）在 SigXplorer 窗口中，选择 Set/Constraints 命令，打开设置拓扑规则（Set Topology Constraints）窗口。

2）选择 Set Topology Constraints 窗口的 Prop Delay 标签栏，如图 12-50 所示。

图 12-50 中几项说明：

Pins/Tees：拓扑中的元件及其相应的引脚使用（Pinuse）

Rule Editing：定义电气约束的 Pin Pair 及其可接收的最大、最小时沿（可以选择规则类型：时延、长度、曼哈顿百分比）。

3）从 Pins/Tees 选择源端（IC1.11）到 From 栏中，从 Pins/Tees 选择终端（R5.1）到 To 栏中。此处设定从 IC1 到 R5 之间的导线约束在 0 ~ 300mil 之内。

4）单击 Add 按钮，添加进去。

5）从 Pins/Tees 选择源端（R5.2）到 From 栏中，从 Pins/Tees 选择终端（IC2.1）到 To 栏中。此处设定从 R5 到 IC2 之间的导线约束在 700 ~ 1000mil 之内。

6）单击 Add 按钮，添加进去。

7）设置完成的 Prop　Delay 栏，如图 12-51 所示。

8）选择 Set Topology Constraints 窗口的 Wiring 标签栏。设置映射模式（Mapping Mode）为 Pinuse and Refdes。拓扑结构（Schedule）选择 Template。其余如最大过孔数及其长度信息等可在此设置也可以在约束管理器在进行设置。

设置完成如图 12-52 所示。

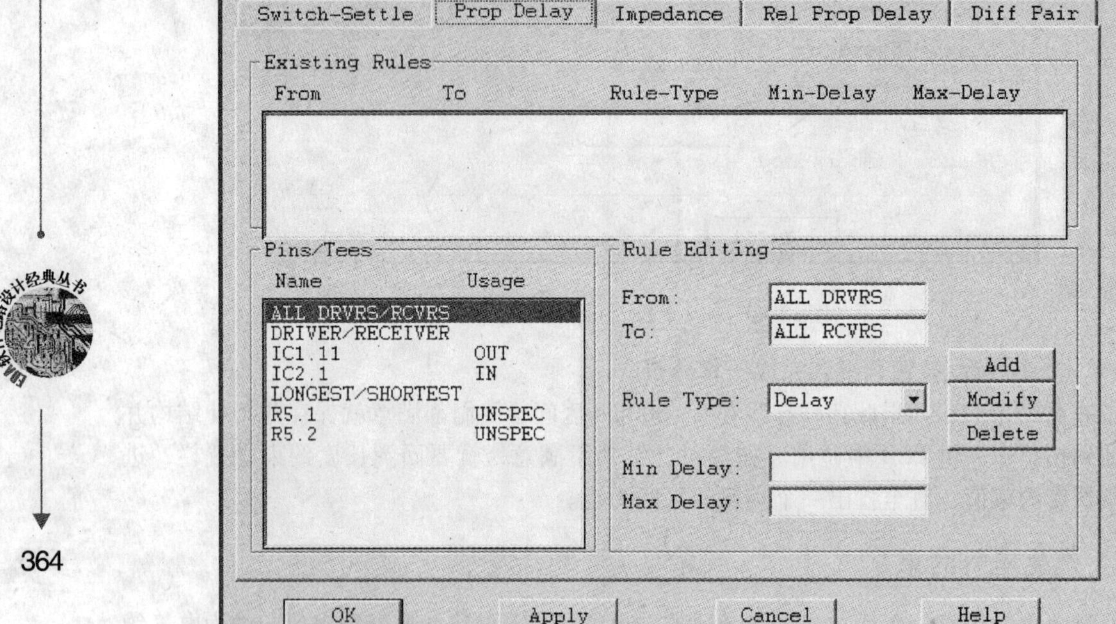

图 12-50 Set Topology Constraints-Prop Delay 栏

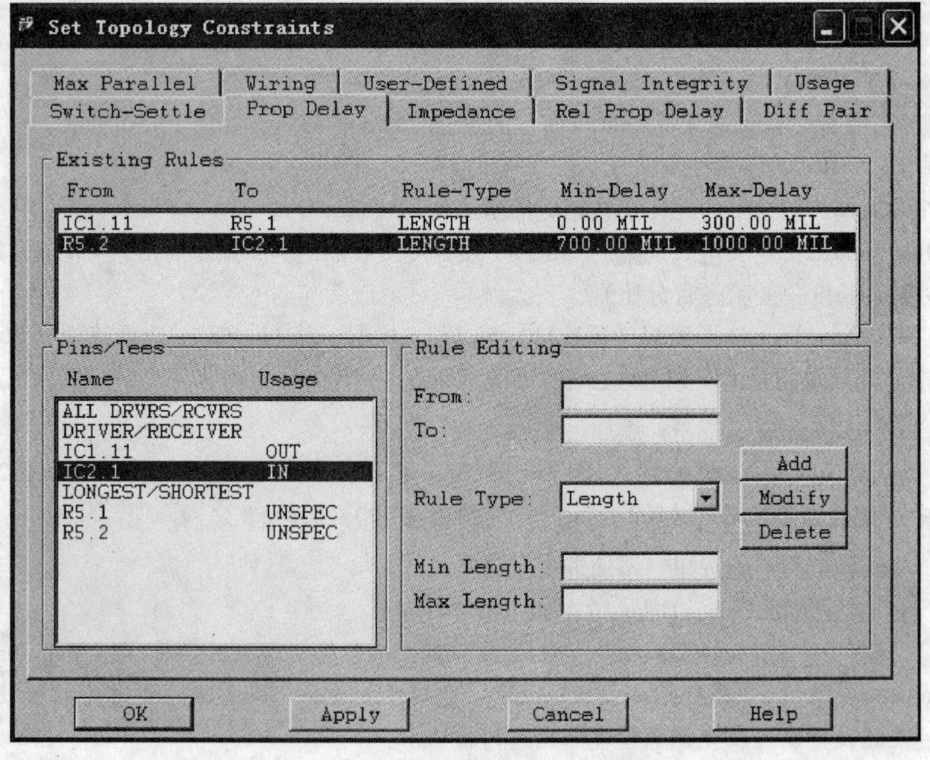

图 12-51 设置完成的 Prop Delay 栏

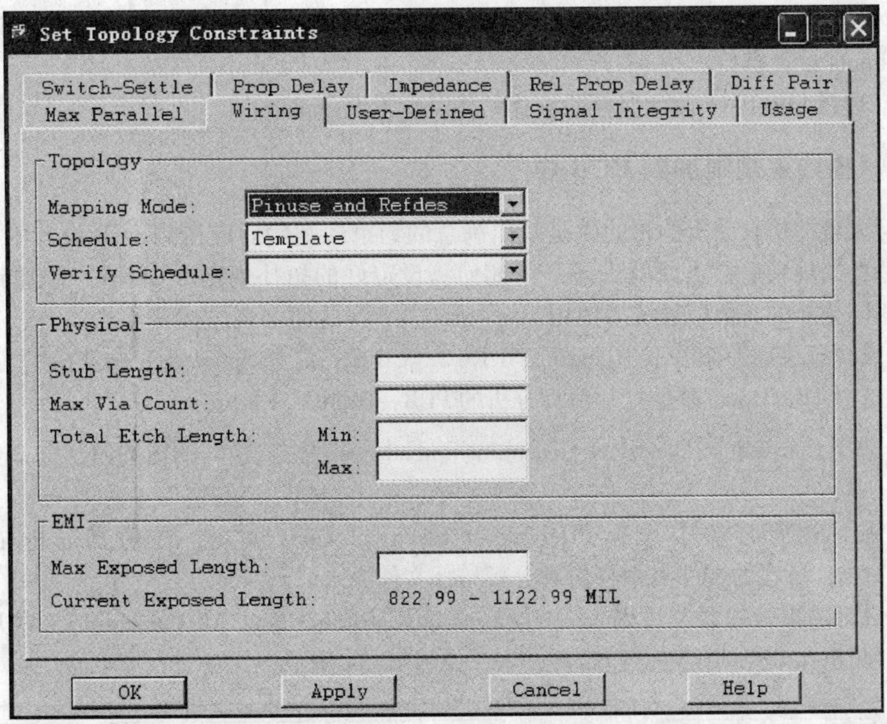

图 12-52　Set Topology Constraints-Wiring 栏设置

9）一般性的设置就设置以上两项就可以了，其余各项根据自己的需要来设置如设置阻抗、设置导线宽度、设置最大平行线长度等。如图 12-53 所示是设置最大平行线长度。

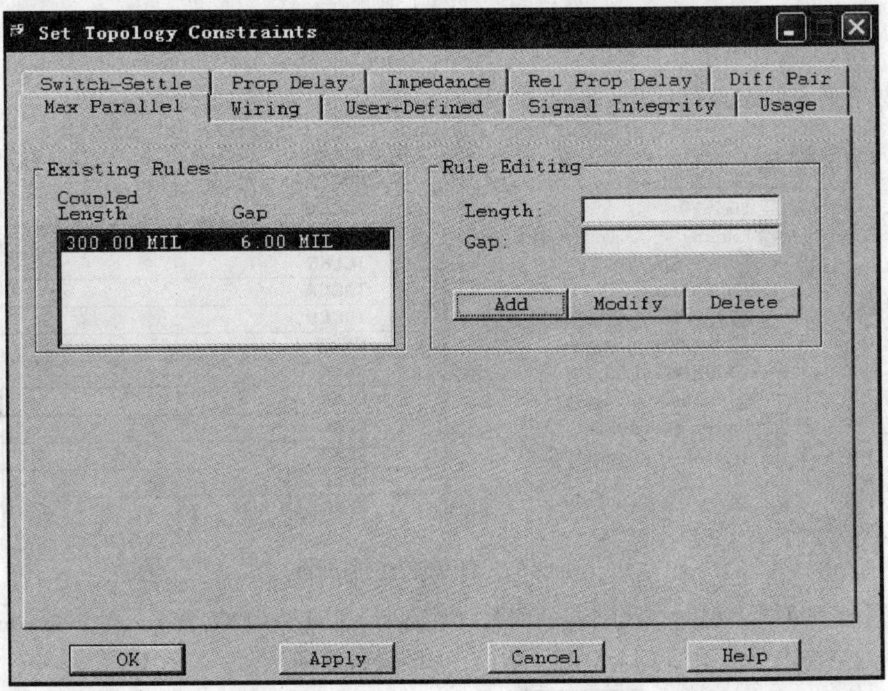

图 12-53　Set Topology Constraints-Max Parallel 栏设置

10）设置完成后，单击 Apply 按钮，完成设置。单击 OK 按钮关闭 Set Topology Constraints 设置窗口。

11）选择 File/Save 命令保存此拓扑结构，退出 SigXplorer。

12.5.3 将约束规则加到 PCB 中

进行大量的仿真分析的目的就是找出满意的约束规则然后应用到 PCB 设计中去，在设定好了拓扑的规则后，下面就讲述一下如何将设定好的拓扑规则（CLKA）添加到 PCB 中去，供相同拓扑的其他信号线来使用。

1）选择 开始/所有程序/Allegro SPB 15.2/PCB SI，打开 SpecctraQuest（610）工具。

2）选择 File/Open 命令打开仿真分析的 PCB：DEMO _ SI. brd。

3）选择 Constraints/Electrical Constraint Spreadsheet 命令或单击按钮，打开约束管理器窗口。

4）在约束管理器中选择 File/Import/Electrical Csets 命令，在仿真分析拓扑文件（CLKA. TOP）所在的文件夹中将仿真分析拓扑文件输入。

5）选择约束管理器左边列表中的 Electrical Constraint Sets/All Constraints，展开 CLKA，可以看到此拓扑带规则设置已经输入进来，如图 12-54 所示。

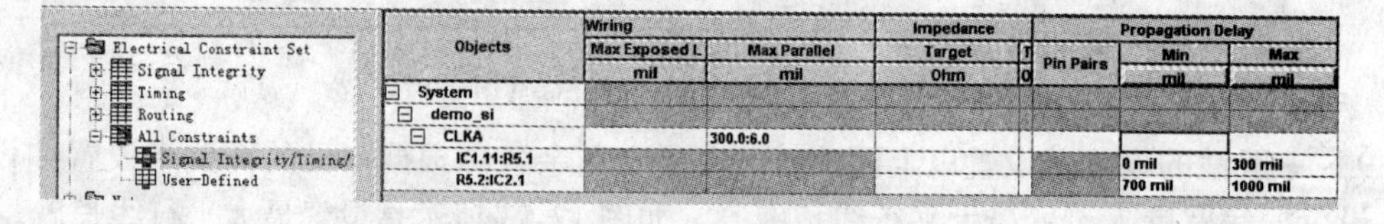

图 12-54 CLKA 拓扑规则查看

6）在约束管理器中，选择左边列表的 Net/Routing/Min/Max Propagation Delays 命令，打开所有网络列表的 Min/Max Propagation Delays 的设置项，如图 12-55 所示。

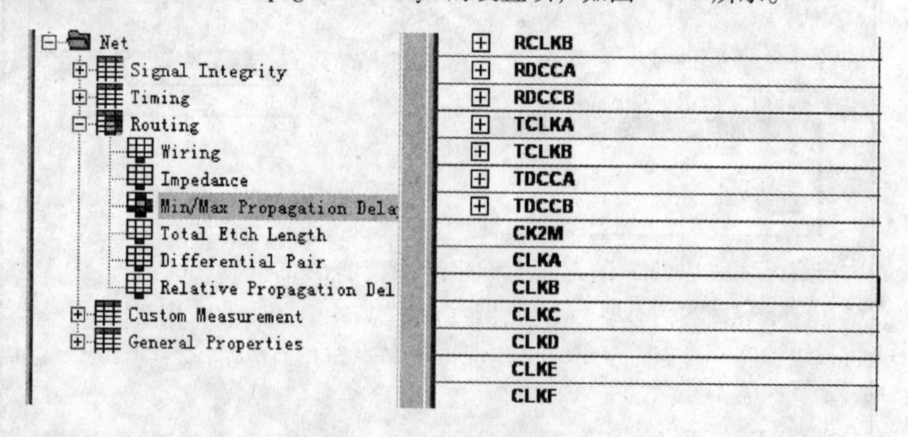

图 12-55 打开所有网络列表

7）选择和 CLKA 相同布线结构的网名（在此如 CLKB、CLKC 等），在 Reference Electrical Csets 列空格内单击添加 CLKA 拓扑结构，如图 12-56 所示。

8）选择 CLKA 后，单击 OK 按钮，完成添加，如图 12-57 所示：

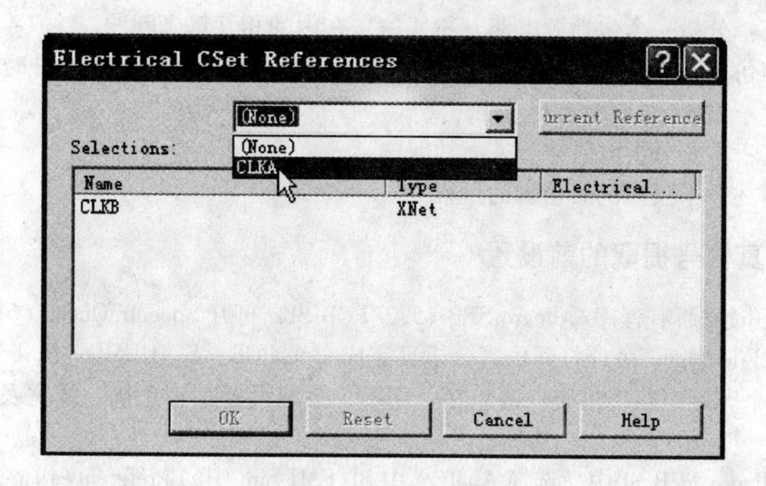

图 12-56 添加 CLKA 规则

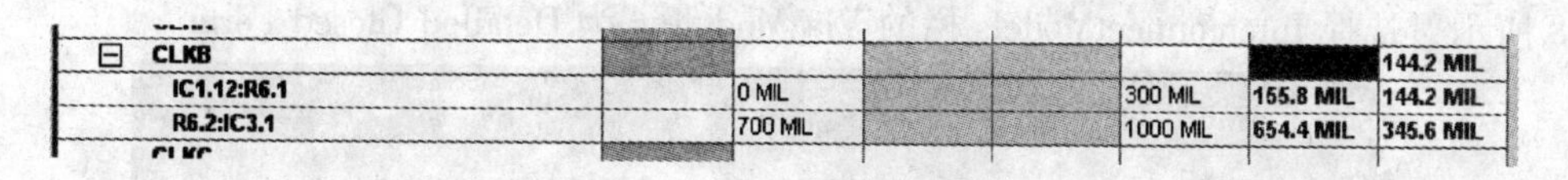

图 12-57 添加 CLKA 规则后的结果

9）参照此方法对其他网名进行添加，如果相同的网名比较多，可以创建一个 BUS，再对整个 BUS 添加此拓扑规则。关闭约束管理器，回到 PCB SI 界面。

这时，再进行 PCB 布线的时候，如连接 CLKB 的布线，就会自动动态地显示该网络的长度，如果在长度约束范围内则显示：Dly -76.2（绿色），反之，如果不在设置的长度约束范围内显示：Dly +155.7（红色）。

至此，就完成了整个的预仿真的过程。正如前面所说，PCB 的预仿真是 PCB 布线前对重要的信号进行一个事先的分析，找出满意的布线拓扑方式、规则约束及合理匹配电阻阻值，从而来指导后面的 PCB 布线工作。

12.6 后仿真过程

PCB 的后仿真是在完成 PCB 的布线工作后所进行的仿真分析工作。其目的主要是：对已完成的不符合设定规则的信号线，重新进行仿真分析来调整、放宽规则设置；对重要的信号线在目前的布线状态、叠层设置等实际情况下重新进行仿真分析，验证其波形是否满足设计的要求。

相对于前仿真而言，后仿真所有元件使用的模型更加精确，传输线模型也是根据实际情况充分地考虑实际叠层、过孔等对传输线的影响所提取出的，而不是前仿真所使用的理想状态下的传输线模型。故后仿真的结果更加贴近实际。

就仿真分析任务而言，前仿真和后仿真是基本一样的。

反射仿真：忽略相邻信号的影响，分析单信号的过冲、下冲及单调性问题。

串扰仿真：分析一个包括源电路、相邻信号在内的相互耦合问题。

开关噪声仿真：也叫 SSN 仿真，主要分析开关噪声的下降时间、上升时间及高电平的门限值。

EMI 仿真：主要分析电磁兼容方面的问题。

下面就讲述一下反射的后仿真的过程。

12.6.1　仿真信号提取的前设置

1）选择开始/所有程序/Allegro SPB 15.2/PCB SI，打开 SpecctraQuest（610）工具。

2）选择 File/Open 命令打开仿真分析且完成布线 PCB：F _ DEMO _ SI. brd。

3）将整个印制电路板检查一遍包括：DRC、叠层设置是否正确、线宽及间距是否符合阻抗要求。

4）在 Allegro PCB SI 中，选择 Analyze 中 SI/EMI Sim 中的 Preferences 命令，弹出 Analysis Prefences 窗口，选择 Devices MODELS 栏中的 Buffer Delay Selection 项为 On-the-fly，如图 12-58 所示，选择 InterconnectModels 栏的 Via Modeling 为 Detailed Closed Form。

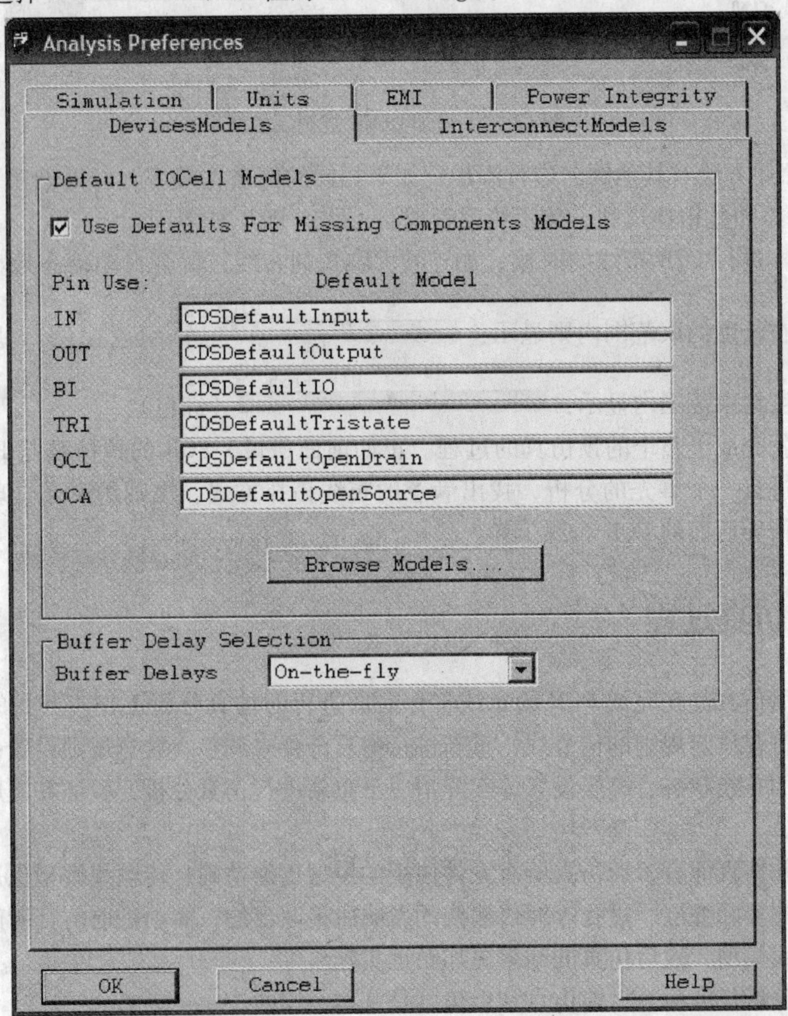

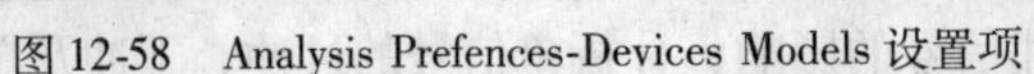
图 12-58　Analysis Prefences-Devices Models 设置项

5）其他项设置参照预仿真项的设置说明。

6）单击 OK 按钮，设置完成 Analysis Prefences 的各项设置。

7）单击 File/Save 保存。

12.6.2　仿真信号的提取

选择 Analyze 中 SI/EMI Sim 中的 Probe 命令或单击 prb 按钮，弹出 Signal Analysis 窗口选择仿真分析信号，如图 12-59 所示。

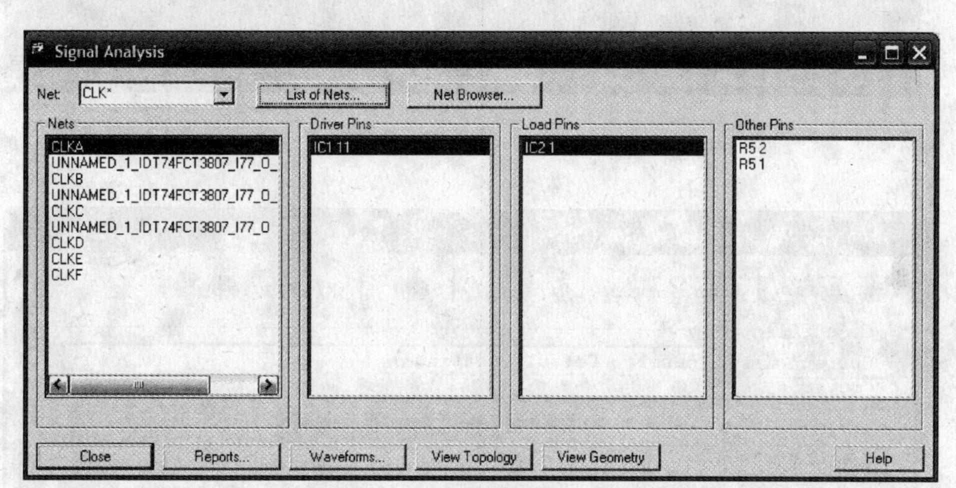

图 12-59　Signal Analysis 设置窗口

各项说明：

Net：输入需仿真的网名，可使用通配符。

List of Nets：导入需仿真的信号列表。

Net Browser：从 Net Browser 中选择需仿真的网名。

Nets：当前仿真信号。

Driver Pins：当前仿真信号驱动端。

Load Pins：当前仿真信号接受端。

Other Pins：当前仿真信号其他端口。

Reports：生成报告。

Waveforms：查看仿真波形。

View Topology：查看拓扑结构。

View Geometry：查看几何信息。

所进行操作包括：

1）单击 View Topology 按钮，自动打开 SigXplorer 弹出拓扑结构图，如图 12-60 所示。

2）单击 Waveforms... 按钮，弹出仿真波形设置窗口，如图 12-61 所示。

在图 12-61 中设置要分析的仿真任务：Reflection（反射）、Comprehensive（综合）、Crosstalk（串扰）、SSN（开关噪声）及 EMI（电磁兼容）。

在选择好仿真分析任务后，要选择网络（Net Selection），再创建波形（Create Wave-

IC1
TRISTATE
MS1
RS
50 Ohm
MS2
IC2
TRISTATE
TOP
TOP

图 12-60　拓扑结构查看

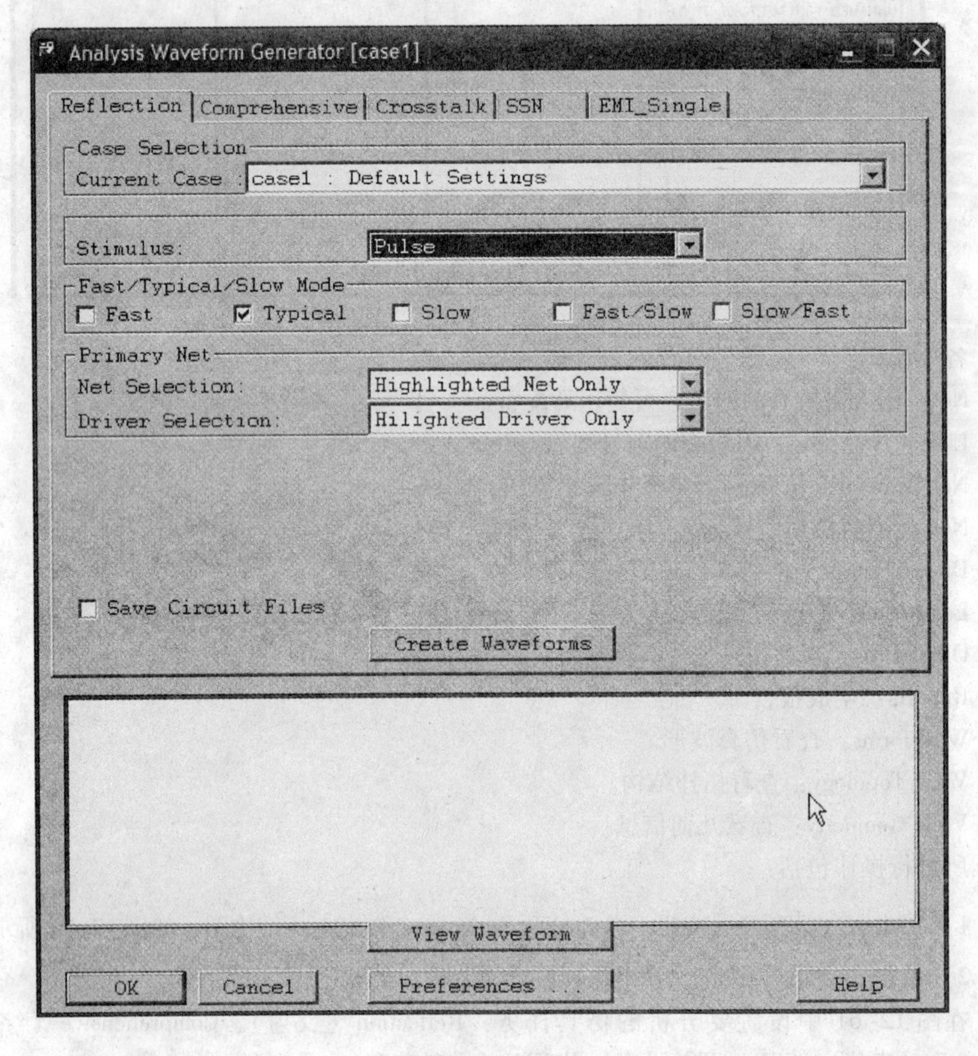

图 12-61　仿真波形设置

forms)，最后再查看波形（View Waveform）。

3）单击图 12-59 中的 Reports... 按钮，弹出产生报告设置栏（Analysis Report Generator），如图 12-62 所示。

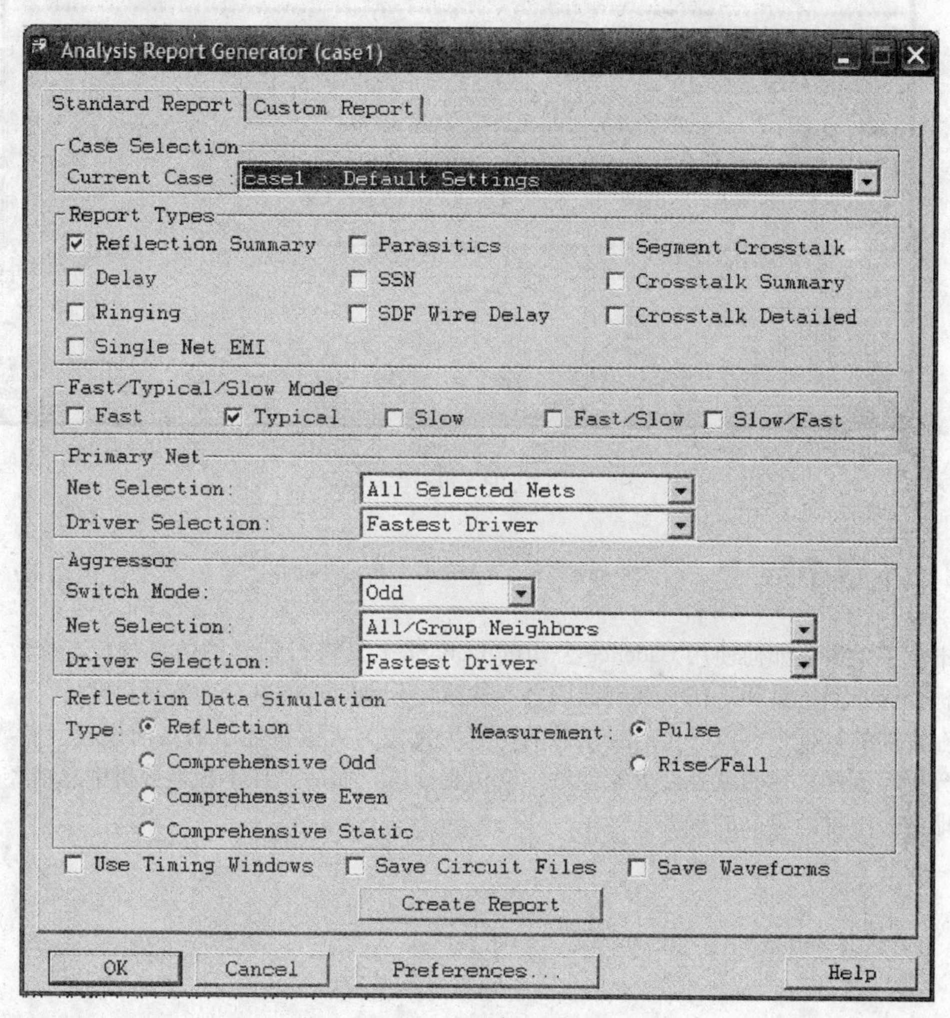

图 12-62　仿真报告设置窗口

4）设置好要仿真的分析报告项后，单击 Create Report 按钮，产生报告文件如图 12-63 所示。

一般来说，经常是通过查看报告文件来分析仿真的结果，所以建议将报告文件保存起来，供以后分析。

5）根据得到的仿真报告，检查各个指标是否满足设计需要，如达不到设计需要重新修正规则重新仿真分析。

以上是完成 PCB 设计后对信号做后仿真分析的一个过程，目的是教会大家仿真的流程，至于对仿真的深层次的探讨、对结果的综合分析等许多更深层次的内容，还需要大家通过不断地学习来掌握。

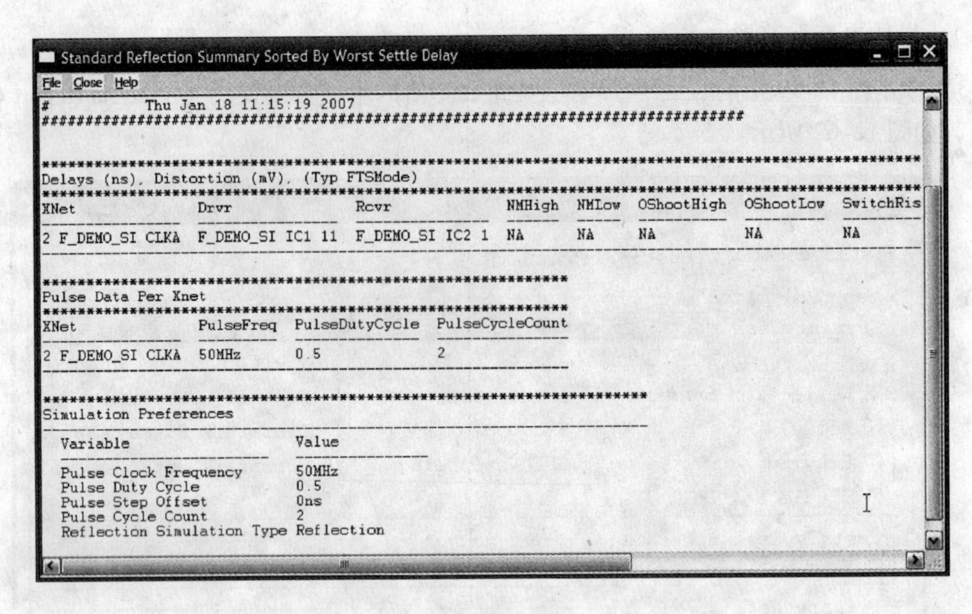

图 12-63　仿真报告

12.7　本章小结

本章主要讲述如何使用 Cadence 公司的 PCB SI 工具进行信号的仿真分析工作，将仿真的过程分为：预仿真和后仿真两部分内容。然后，分别对这两部分内容做讲述。

在讲述的过程中，以一个时钟信号的仿真为例，为大家讲述了仿真前设置、参数设置、仿真分析等流程。目的就是使大家能够学会仿真分析，而后，在不断地分析中总结经验，在不断地学习中得到更高的提高。

第 13 章　PCB 设计的可靠性

印制电路板是电子产品最基本的部件，也是绝大部分电子元件的载体。当一个产品的印制电路板设计完成后，可以说其核心电路的干扰和抗扰特性就基本已经确定下来了，要想再提高其电磁兼容特性，就只能通过接口电路的滤波和外壳的屏蔽来“围追堵截”了，这样不但大大增加了产品的后续成本，也增加了产品的复杂程度，降低了产品的可靠性。可以说一个好的印制电路板可以解决大部分的电磁干扰问题，只要同时在接口电路排板时增加适当瞬态抑制元件和滤波电路就可以同时解决大部分抗扰度问题。

印制电路板的电磁兼容设计是一个技巧性很强的工作，同时，也需要大量的经验积累。只要在 PCB 设计中能遵守本章所罗列的设计规则，就可以解决大部分的电磁兼容问题，再通过少量的外围瞬态抑制元件和滤波电路及适当的外壳屏蔽和正确地接地，就可以完成一个满足电磁兼容要求的产品。

本章将针对印制电路板的可靠性设计进行介绍，当然，要真正提高印制电路板的一次设计成功率仍然需要用户将理论与实战经验相结合，从设计早期的电路仿真、制定电特性和物理特性的综合设计约束条件到设计后期的信号完整性分析都需要用户扎实的理论基础和丰富的实战经验，本章主要是介绍 PCB 设计过程中的一些理论问题，信号仿真、约束条件的制定、信号完整性分析等内容可以参照本书的其他章节。

13.1　PCB 可靠性设计的总体原则

随着电子产品越来越趋向高速、高灵敏度、高密集度和小型化，人们对 PCB 设计提出了更高的要求。为了有效提高 PCB 设计的可靠性，在进行 PCB 设计时，需要特别关注一些基本原则，如高速电路的设计原则、电源和地的设计、去耦电容应用、PCB 的电磁兼容设计、混合信号处理方法等。

13.1.1　确定 PCB 中的高速区域

高速电路是 PCB 设计中需要特别关注的问题。通常认为如果数字逻辑电路的频率达到或者超过（45 ~ 50）MHz 这个范围，而且工作在这个频率范围以上的电路占到整个电路系统一定的比例（例如 1/3），就称为高速电路。实际上，信号边沿的谐波频率比信号本身的频率要高，主要是信号快速变化的上升沿与下降沿引起了信号传输的非预期效果。因此，如果线传播延时大于 1/2 数字信号驱动端的上升时间，就认为此类信号是高速信号。PCB 上每英寸（inch[⊖]）的延时大约为 0.16 ~ 0.18ns，如果某信号线上过孔或者元件引脚较多就会不同程度地增加信号传输延时。信号上升时间的典型值可通过元件手册给出，信号的传播延时由

⊖　1inch = 0.0254m.

实际布线长度决定。如果信号延时小于或等于信号上升时间的1/4，则信号处于安全区域；如果信号延时大于1/4的信号上升时间，则需要使用高速布线方法，需要考虑信号的传输线效应，需要对信号进行完整性分析。

在高速电路中，除非导线分支长度很短，否则快速变化的信号将被分支导线影响。通常情况下，PCB布线采用两种基本拓扑结构，菊花链（Daisy Chain）拓扑布线结构和星形（Star）拓扑布线结构。菊花链布线结构可以有效控制导线的高次谐波干扰，但是该结构会使不同信号的接收端信号不同步。星形结构可以有效避免时钟信号的不同步问题，但是布线相对困难，而且每条分支上都需要与连线阻抗匹配的终端电阻。

在电路设计中，为了使信号终端匹配，可以使用简单的终端电阻，当然也可以使用更复杂的匹配终端来更好地实现。

13.1.2 电源线和地线的设计

有评论认为，如果电源和地设计正确，PCB的设计就完成了一大半。由此可以看出电源线和地线设计的重要性。

在电路设计中，随着开关元件数目不断增多，核心电压不断减小，电源的波动，往往会带来致命的影响。因此，电源完整性（Power Integrity，PI）的概念被人们提了出来。电源完整性是指电源在电路中为系统提供稳定可靠电源供应的能力。

地作为电路电位基准点的等电位体，其实质是信号回流源的低阻抗路径。在电子设备中，接地是控制干扰的重要方法，如能将接地和屏蔽正确结合起来使用，可解决大部分干扰问题。

13.1.3 电磁兼容设计

电磁兼容性是指电子设备在设定的电磁环境和规定的安全界限内以设计的性能运行，而不会因为电磁干扰引起损坏或者产生不可接受的性能变化，同时也不能对周围的其他设备产生干扰。

构成电磁干扰的三个要素分别是干扰源（包括电磁干扰元件、设备或者自然现象）、传输途径（通过传输或者耦合将电磁能量传输到敏感设备上）、敏感设备（对电磁干扰发生相应的设备）。

在系统设计中，元件的选择和电路设计是影响电磁兼容性的重要因素。对于集成电路，需要去耦电容来去除元件状态转换引起的噪声电压，并且要注意信号源和信号终端的阻抗匹配。对于，由于无引脚元件的EMC性能要优于有引脚的分立元件，因此尽量选用无引脚元件。如果选用有引脚元件则尽量缩短引脚长度。

PCB上的导线同样具有阻抗、电感、电容特性，因此在PCB布局和布线时也需要考虑电磁兼容问题。布局时按照信号流程放置元件，尽量缩短元件之间的连接；布线时输入输出信号分开，接地线尽量加粗，高速电路尽量使用多层设计，有效减小信号的回流面积。

13.1.4 混合信号的PCB设计

模拟电路的工作依赖连续变化的电压和电流，数字电路的工作依赖接收端根据预先定义的电压门限对高低电平的检测，也就是逻辑状态的“真”和“假”。因此，在混合 PCB 设计中如何降低数字信号和模拟信号间的相互干扰呢？随着数模混合电路的日益增多，混合信号的 PCB 设计正在成为工程师们关注的问题。

在布局和布线之前，工程师必须弄清布局和布线方面的基本特点。

以上是 PCB 可靠性设计的一些基本原则。除了以上原则外，人们还应该关注诸如去耦电容的配置、设备的热设计等内容。这些内容在本章的后续章节中陆续进行介绍。

13.2　电源和地对 PCB 可靠性的影响

在电路设计中，往往局限在信号线上进行研究，而把电源和地当作理想情况来处理。实际上，在很多情况下，影响信号质量的主要原因是电源和地。例如，地弹噪声太大、电源/地平面的分割不好、地层设计不合理等。

13.2.1　电源完整性设计

在介绍电源完整性之前，必须了解几个基本概念：同步切换噪声、地弹噪声、回流噪声。

当 PCB 上众多数字信号同步进行切换时，由于电源和地上存在的噪声，会产生同步切换 SSN，在地线上还会出现地平面反弹噪声（简称地弹噪声）。SSN 和地弹噪声的强度取决于集成电路的 I/O 特性、PCB 电源层和地层的阻抗以及 PCB 的布局和布线噪声方式。负载电容的增大、负载电阻的减小、地电感的增大、开关元件数目的增加均会导致地弹噪声的增大。

每个信号要想从末端回到源端，必须要寻找一个路径，一般选择与之相邻的平面。由于地电平面分割，比如地平面可能被分为数字地、模拟地、屏蔽地等，当数字信号走模拟地的区域时，就会产生地平面回流噪声。

在理解了上述几个概念的基础上，PCB 布线就要充分考虑相关规则。

1）为系统电源增加旁路电容，为高频的瞬变交流信号提供低电感的回路。

2）布线时尽量减少回路环的面积，降低感应噪声。

3）传送信号的线路要尽量靠近其信号回路，防止线路包围的环路区域产生辐射。

4）对于 MCU 的闲置 I/O 口，要接地或者电源，不要悬空，其余 IC 的闲置引脚在不改变系统逻辑的情况下接地或者接电源。

5）电源线和地线要尽量粗，一方面减小压降，一方面降低耦合噪声。

6）电源和地的引脚要就近打孔，过孔与引脚之间的引线越短越好，减少其寄生电感。同时电源和地的引线要尽量粗，减小导线的阻抗。

7）在一些情况下使用埋孔可以有效降低电源噪声。

8）高速和高功耗的元件应当尽量放在一起以减少电源电压的瞬时过冲。

9）电源连线不要太长，因为长电源连线会在信号和回路间形成环路，成为辐射源和易感应电路。

10）用添加去耦电容的方法抑制电源平面和地平面的边缘反射和辐射。

11）在关键信号换层的过孔附近放置一些接地过孔，为信号提供最近的回路。另外可以在 PCB 上放置一些多余的接地过孔。

13.2.2 地线设计

地线设计是 PCB 设计中不可忽略的问题。电子设备中地线结构大致有系统地、机壳地（屏蔽地）、数字地（逻辑地）和模拟地等。

设计数字电路时，设计人员很容易忽视接地问题，因此这里有必要讨论一下接地设计。

首先要建立分布参数的概念。当频率超过某一频率后，导线、电阻、电容和电感都可以看成由电阻、电容、电感构成的元件，如图 13-1 所示。因此，接地引线具有一定阻抗并且构成电气回路，不管是单点接地还是多点接地，都必须构成低阻抗回路进入真实地或相应的机架。25mm 长的典型印制电路板导线大约会表现出 15 ~ 20nH 的电感，加上分布电容的存在，就会在接地板和设备机架之间构成谐振电路。

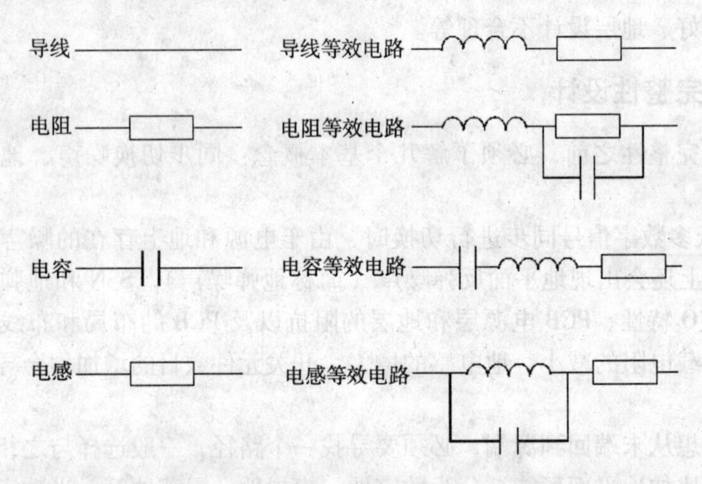

图 13-1 电路元件的高频等效电路

其次，接地电流流经接地线时，会产生传输线效应和天线效应。当线长度为 1/4 波长时，可以表现出很高的阻抗，接地线实际上是开路的，接地线反而成为向外辐射的天线。

最后接地板上充满射频电流和干扰场形成的涡流，因此在接地点之间构成许多回路，这些回路的直径（或接地点间距）要小于最高频率波长的 1/20。

在电子设备中，接地是用来控制干扰的重要方法。在 PCB 的地线设计中，接地技术既可应用于多层 PCB，同时也应用于单层 PCB。接地技术的目标是最小化接地阻抗，从而减少从电路返回到电源之间的接地回路的电势。

1. 正确选择单点接地与多点接地

在低频电路中，信号的工作频率小于 1MHz，其布线和元件间电感的影响较小，而接地电路形成的环流对干扰影响较大，因而应采用单点接地。单点接地用于信号线、声频电路、模拟设备、工频和直流电源系统以及采用塑料外壳的产品中。特殊情况下，单点接地用于高频的情况中。当在 PC 主板中采用单点接地时，在接地板和底板之间会由于存在分布电容、电感和公共阻抗等原因而构成回路和产生回路电流引起的接地磁通，就会发生电磁辐射，因而在 PC 及类似设备中绝不能使用单点接地方式。

当信号工作频率大于 10MHz 时，地线阻抗变得很大，此时应尽量降低地线阻抗，应采用就近多点接地。多点接地可使接地阻抗达到最小，可将射频电流由接地平面分流到金属底板上去。因为实体金属板有较低的电感分量会形成低阻抗回路。当频率再高时，线条必须尽可能短，接地引线一般会按 15 ~ 20nH/inch 的规律增加电感。另外，增加电感的大小还依赖于线条宽度、高度等因素。接地引线除了会产生电感之外，还会在接地板和底板之间引入一定的寄生电容，在数字信号的作用下会发生振铃和辐射。

当工作频率在 1 ~ 10MHz 时，如果采用单点接地，其地线长度不应超过波长的1/20，否则应采用多点接地法。高频电路宜采用多点串联接地，地线应短而粗，高频元件周围尽量布置栅格状的大面积接地铜箔。

2. 数字电路与模拟电路分开

印制电路板上既有高速数字电路，又有模拟电路，应使它们尽量分开，两者的地线不要相混，分别与电源端和地线相连。同时，设计人员要尽量加大模拟电路的接地面积。

3. 加粗接地线

若接地线很细，接地电位则随电流的变化而变化，致使电子设备的定时信号电平不稳，抗噪声性能变坏。因此应将接地线尽量加粗，使它能通过三倍于印制电路板的允许电流。如有可能，接地线的宽度应大于 3mm。

4. 将接地线构成闭环路

设计只由数字电路组成的印制电路板的地线系统时，将接地线做成闭环路可以明显地提高抗噪声能力。其原因在于：印制电路板上有很多集成电路元件，尤其遇有耗电多的元件时，因受接地线粗细的限制，会在地结上产生较大的电位差，引起抗噪声能力下降，若将接地结构成环路，则会缩小电位差值，提高电子设备的抗噪声能力。

5. 添加全地平面

进行多层线路板设计时，可将其中一层作为“全地平面”，这样可减少接地阻抗，同时又起到屏蔽作用。设计人员常在印制电路板周边布一圈宽的地线，也是起着同样的作用。

6. 单层 PCB 的接地线

在单层 PCB 中，接地线的宽度也应尽可能得宽，且至少应为 1.5mm。由于在单层 PCB 上无法实现星形布线，因此跳线和地线宽度的改变应当保持为最低，否则将引起线路阻抗与电感的变化。

7. 双层 PCB 的接地线

在双层 PCB 中，对于数字电路优先使用地线栅格/点阵布线，这种布线方式可以减少接地阻抗、接地回路和信号环路。与单层 PCB 类似，地线和电源线的宽度最少应为 1.5mm。另外的一种布局是将接地层放在一边，信号和电源线放在另一边。在这种布置方式中将会进一步减少接地回路和阻抗。在这种情况下，去耦电容可以放置在距离 IC 供电线和接地层之间尽可能近的地方。

8. PCB 电容

在多层板上，由分离电源面和地面的绝缘薄层产生了 PCB 电容。在单层板上，电源线和地线的平行布放也将存在这种电容效应。PCB 电容的一个优点是它具有非常高的频率响应和均匀地分布在整个面或整条线上的低串联电感，它等效于一个均匀分布在整个板上的去耦电容。没有任何一个单独的分立元件具有这个特性。

9. 地的铜填充

在某些模拟电路中，没有用到的印制电路板区域是由一个大的接地面来覆盖，以此提供屏蔽和增加去耦能力。但是假如这片铜区是悬空的（比如它没有和地连接），那么它可能表现为一个天线，并将导致电磁兼容问题。

10. 多层 PCB 中的接地面和电源面

在多层 PCB 中，推荐把电源面和接地面尽可能近地放置在相邻的层中，以便在整个 PCB 上产生一个大的 PCB 电容。速度最快的关键信号应当临近接地面的一边，非关键信号则布置在靠近电源面。

11. 电源要求

当电路需要不止一个电源供给时，采用接地将每个电源分离开。但是在单层 PCB 中多点接地是不可能的。一种解决方法是把从一个电源中引出的电源线和地线同其他的电源线和地线分隔开，这同样有助于避免电源之间的噪声耦合。

13.3 去耦电容对 PCB 可靠性的影响

在直流电源回路中，负载的变化会引起电源噪声。例如在数字电路中，当电路从一个状态转换为另一种状态时，就会在电源线上产生一个很大的尖峰电流，形成瞬变的噪声电压。局部去耦能够减少沿着电源干线的噪声传播。连接着电源输入口与 PCB 之间的大容量旁路电容起着一个低频干扰滤波器的作用，同时作为一个电能贮存器以满足突发的功率需求。此外，在每个 IC 的电源和地之间都应当有去耦电容，这些去耦电容应该尽可能地接近 IC 引脚，这将有助于滤除 IC 的开关噪声。

配置去耦电容可以抑制因负载变化而产生的噪声，是印制电路板的可靠性设计的一种常规做法，配置原则如下：

1）电源输入端跨接一个 10 ~ 100μF 的电解电容，如果印制电路板的位置允许，采用 100μF 以上的电解电容的抗干扰效果会更好。

2）为每个集成电路芯片配置一个 0.01μF 的陶瓷电容。如遇到印制电路板空间小而装不下时，可每 4 ~ 10 个芯片配置一个 1 ~ 10μF 的钽电解电容，这种元件的高频阻抗特别小，在 500kHz ~ 20MHz 范围内阻抗小于 1Ω，而且漏电流很小（0.5μA 以下）。最好不用电解电容，电解电容是两层薄膜卷起来的，这种结构在高频时表现为电感。

3）对于噪声能力弱、关断时电流变化大的元件和 ROM、RAM 等存储型元件，应在芯片的电源线和地线间接入去耦电容。

4）去耦电容的引线不能过长，特别是高频旁路电容不能带引线。

去耦电容值的选取并不严格，可按 C = 1/f 计算：即 10MHz 取 0.1μF。对微控制器构成的系统，取 0.1 ~ 0.01μF 之间都可以。好的高频去耦电容可以去除 1GHz 的高频成份。陶瓷电容或多层陶瓷电容的高频特性较好。

此外，还应注意以下两点：

1）在印制板中有接触器、继电器、按钮等元件时．操作它们时均会产生较大的火花放电，必须采用 RC 吸收电路来吸收放电电流。一般 R 取 1 ~ 2kΩ，C 取 2.2 ~ 4.7μF。

2）CMOS 的输入阻抗很高，且易受感应，因此在使用时对不用的引脚要通过电阻接地或接正电源。

以上所述只是印制电路板可靠性设计的一些通用原则，印制电路板可靠性与具体电路有着密切的关系，在设计中还需根据具体电路进行相应处理，才能最大程度地保证印制电路板的可靠性。

13.4　电磁兼容对 PCB 可靠性的影响

印制电路板（PCB）是电子产品中电路元件和元件的支撑件，它提供电路元件和元件之间的电气连接，它是所有电子设备最基本的组成部分，它的性能直接关系到电子设备质量的好坏。随着信息化社会的发展，各种电子产品经常在一起工作，它们之间的干扰越来越严重，因此电磁兼容问题也就成为一个电子系统能否正常工作的关键。同样，随着电子技术的发展，PCB 的密度越来越高，PCB 设计的好坏对电路的干扰及抗干扰能力影响很大。

由于 PCB 是系统的固有成分，因此在 PCB 布线中加强电磁兼容性不会给产品的最终完成带来附加费用。在印制电路板设计中，通常设计人员往往只注重提高密度、减小印制电路板占用的空间、制作简单，或者追求美观、布局均匀，他们常常忽视了线路布局对电磁兼容性的影响，从而使大量的信号辐射到空间形成干扰。一个拙劣的 PCB 布线能导致更多的电磁兼容问题，而不是消除这些问题。

在设计过程中，有时即使加上滤波器和其他元件也不能解决这些问题。因此，最后的结果是不得不对整个印制电路板重新布线，这样既增加了开发的费用，又延缓了产品的上市时间。因此，设计人员养成良好的 PCB 布线习惯是多快好省的办法。另外，PCB 布线没有严格的规定，也没有能覆盖所有 PCB 布线的专门的规则。大多数 PCB 布线受限于印制电路板的大小和覆铜板的层数。一些布线技术可以应用于一种电路，却不能用于另外一种，这主要依赖于布线工程师的经验。然而还是有些可以遵循的普遍规则的。

一般而言，要使印制电路板获得最佳性能，需要考虑的方面包括如下几方面：元件的选择、元件布局、布线、地线设计、模数混合印制电路板设计和 PCB 设计时的电路措施等，下面将对其进行探讨。

13.4.1　元件的选择

元件的选择是影响板级电磁兼容性能的主要因素之一。每种电子元件都有其各自的特性，因此在设计时必须仔细考虑。下面就讨论一些常见的用来减少或抑制电磁兼容性的电子元件选择技术。

1. 元件组

一般来说，PCB 中含有两种基本的电子元件组，它们分别是有引脚的元件和无引脚的元件。对于有引脚元件来说，它在高频时将会形成一个小电感，具体的电感值大概是 1nH/mm/引脚。另外，引脚的末端也能产生一个小电容性的效应，大约有 4pF。因此，设计时应尽可能地减小引脚的长度。

与有引脚的元件相比，无引脚且表面贴装的元件的寄生效应要小一些，其寄生参数的典型数值为 0.5nH 的寄生电感和约 0.3pF 的引脚末端电容。从电磁兼容的角度来说，表面贴装元件的效果最好，放射状引脚元件（如球栅阵列封装技术）次之，轴向平行引脚的元件（如双列直插封装元件）最差。

(1) 电阻

由于表面贴装元件具有低寄生参数的特点，因此表面贴装电阻总是优于有引脚电阻。对于有引脚的电阻，应该首选碳膜电阻，其次是金属膜电阻，最后是绕线电阻。由于在相对低的工作频率下（约MHz数量级），金属膜电阻是主要的寄生元件，因此其适合用于高功率密度或高精确度的电路中。线绕电阻有很强的电感特性，因此在对频率敏感的应用中不能用它，它最适合用在大功率处理的电路中。

在高频环境下，电阻的阻抗会因为电阻的电感效应而增加，因此增益控制电阻的位置应该尽量靠近放大器电路以减少印制电路板的电感。在上拉/下拉电阻的电路中，晶体管或集成电路状态的快速切换会导致振铃。为了减小这个影响，所有的偏置电阻必须尽可能靠近有源元件及其电源和地，从而减小PCB连线的电感。在校准电路或参考电路中，直流偏置电阻应尽可能地靠近有源元件以减小耦合效应。在RC滤波网络中，线绕电阻的寄生电感很容易引起本机振荡，所以必须考虑由电阻引起的电感效应。

(2) 电容

通常电容种类繁多、性能各异，因此选择合适的电容并不是一件十分容易的事情。但是电容的使用可以解决许多EMC问题，因此这里有必要讨论一下电容。

在PCB上安装的电容以贴片的居多，当然也有插脚式的，电容形式一般是铝、钽电解电容和陶瓷电容。铝电解电容一般只是在单板电源部分使用，而在芯片附近主要用的是钽电解电容、陶瓷电容等。铝电解电容由在绝缘层之间以螺旋状缠绕金属箔构成，其特点是单位体积内容值较大，但是也使得该部分的内部感抗增加。钽电解电容由一块带直板和引脚的连接点的绝缘体制成，其内部感抗低于铝电解电容。陶瓷电容的结构是在陶瓷绝缘体中包含多个平行的金属片。陶瓷电容其主要寄生是片结构的感抗，这将在频率低于MHz的区域造成阻抗。

绝缘材料的不同频响特性意味着一种类型的电容会比另一种更适合于某种应用场合。铝电解电容和钽电解电容适用于低频终端，主要是存储器和低频滤波器领域。在中频范围内(从kHz到MHz)，陶瓷电容比较适合，常用于去耦电路和高频滤波。特殊的低损耗陶瓷电容和云母电容适合于甚高频电路和微波电路的应用中。为得到最好的EMC特性，电容具有低的ESR（等效串连电阻）值是很重要的，因为它会对信号造成很大的衰减，特别是在应用频率接近电容谐振频率时。

1) 旁路电容

旁路电容的作用是提高系统配电的质量，降低在印制电路板上从元件电源、地脚转移出不想要的共模射频能量。这主要是通过产生交流旁路来消除无用的能量，降低元件的EMI分量，另外它还可以提供滤波功能。

旁路电容的主要功能是产生一个交流分路，从而消去进入易感区的那些不需要的能量。旁路电路一般作为高频旁路元件来减小对电源模块的瞬态电流需求，一般在10～470μF范围内。若PCB上有许多集成电路、高速开关和具有长引线的电源，则应该选择大容量的电容或采用多个电容。

电容的阻抗很大程度上依赖于数字信号的频谱成分。因此要正确选择这一频率，可是在数字系统中因为信号包含很多频率成分，所以这一频率不是可以直接得到的。有一些方法可以得到旁路电容必须通过的最大频率。有时选择最大频率为基频的 5 次谐波，通常，数字信号的上升沿和下降沿产生最高的频率成分。

2）去耦电容

有源元件在开关时产生的高频开关噪声将沿着电源线（或电源平面）传播。去耦电容的主要功能就是提供一个局部的直流电源给有源元件，以减少开关噪声在板上的传播并将噪声引导到地平面。

一般来说，旁路电容和去耦电容都应该尽可能放在靠近电源输入处以帮助滤除高频噪声。为了达到较好的去耦效果，在电路设计中，要确定去耦电容的容值。当电容很大时，其谐振频率很低，电容提供电流的能力在较低的频率就已经变差。因此为了使电容具有提供高频电流的能力，电容值不能太大，在能达到电流补偿目的的前提下，电容数值越小越好。

陶瓷电容常被用来做去耦电容。当电源引线比较长时，瞬变电流将引起较大的压降，此时就要加去耦电容以便维持元件要求的电压值。

确定出去耦电容容值后，就要考虑去耦电容的布置了。所有电容都存在引线电感和元件电感，过孔也会增加电感值。任何时候都必须减小引线电感，否则在元件接地引脚和接地层间将会出现高阻抗失配，此时在导线的两端就会产生电压降，导致瞬间电流的存在，进而出现 EMI 问题，因此必须使去耦电容引线长度电感最小化。

如今的通信产品一般都选用贴片电容，因为贴片电容的等效串联电感和等效串联电阻很小，去耦效果比较好。但有时 PCB 设计工程师在布板时，忽视了贴片电容的这种优点，反而是将电容的引线拉得很长，人为增加了电容的等效串联电感和等效串联电阻。因此除了选用引线电感小的电容之外，在安装时要尽量减小等效电感。等效电感由三部分组成：电容的引线电感、电容与 IC 之间的导线电感、IC 内导线的电感。实际上设计工程师能够控制的只有前两项。通过选用适当的电容种类，减小电容引线电感；通过适当的布线，减小电容与 IC 之间的导线电感；而 IC 内的导线电感是无法控制的。

去耦电容距离芯片越近，其电流的环路面积就越小，则电路的辐射就会越小，因为电路的辐射强度跟电流的环路面积成正比。原则上集成电路的每个电源引脚都应布置一个 0.01μF 的陶瓷电容。对于抗噪声能力弱、关断时电源变化大的元件，应该在芯片的电源脚和地脚之间直接接入去耦电容。

3）储能电容

一般来说，数字电路的逻辑功能就是用来实现对 0、1 信号的传输，完成对这两种状态的变换。当数字电路的逻辑门的状态变化时，即负载发生变化时，电源线上有电流突变，使电源线的电感较大，从而会在电源线上产生电压降并会产生辐射。虽然多层 PCB 可以设置大的电源层和地层，但这对减小芯片电源产生的辐射没有太大的作用。在这种情况下，采用储能电容将是有效的方法。储能电容可为芯片提供所需的电流，并能够将电流的变化局限在较小的范围内，从而能够减小辐射。

在使用储能电容时，设计人员需要对使用电压进行降额，防止在电压冲击下引起电容的击穿造成失效。储能电容除用在自激频率电路的去耦外，还能为元件提供直流功率，储能电容通常放在下列位置：

① PCB 的电源端；

② 子卡、外围设备和子电路 I/O 接口和电源终端连接处；

③ 功率损耗电路和元件附近；

④ 输入电压连接器的最远位置；

⑤ 远离直流电压输入连接器的高密元件位置；

⑥ 时钟产生电路和脉动敏感元件附近。

(3) 电感

电感是一种可以将磁场和电场联系起来的元件，其固有的、可以与磁场互相作用的能力使其比其他元件更为敏感。和电容类似，正确地使用电感也能解决许多 EMC 问题。下面是两种基本类型的电感：开环和闭环。它们的不同在于内部的磁场环。在开环设计中，磁场通过空气闭合；而闭环设计中，磁场通过磁心完成磁路，如图 13-2 所示。

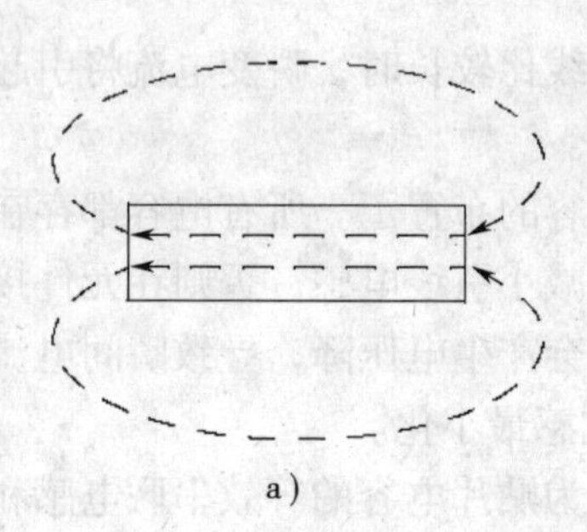

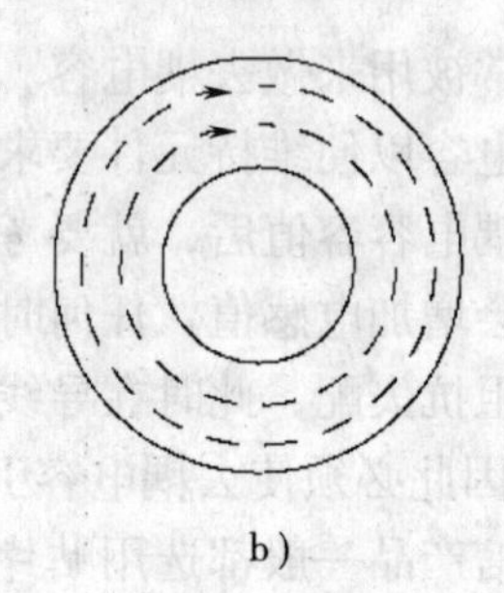

图 13-2　电感中的磁场

a) 开环电感　b) 闭环电感

电感比起电容和电阻而言的一个优点是它没有寄生感抗，因而表贴电感和带引线电感没有什么差别。开环电感的磁场穿过空气，这将引起辐射并带来电磁干扰（EMI）问题。在选择开环电感时，绕轴式电感比棒式电感（或螺线管式电感）更好，因为这样磁场将被控制在磁心（即磁体内的局部磁场）中，可以减小电感向外部的 EMI，如图 13-3 所示。

对于闭环电感来说，磁场被完全控制在磁心，因此电路设计中这种类型的电感更为理想，当然闭环电感也比较昂贵。闭环电感的一个优点就是：它不仅将磁场控制在磁心，还可以自行消除所有外来的附带场的辐射。电感的磁心材料主要有两种类型：铁和铁氧体。铁磁心电感用于低频场合（几十 kHz），而铁氧体磁心电感用于高频场合（频率可以达到数 MHz）。因此铁氧体磁心电感更适于 EMC 应用。在 EMC 应用中特别使用了两种特殊的电感类型：铁氧体磁珠和铁氧体磁夹。

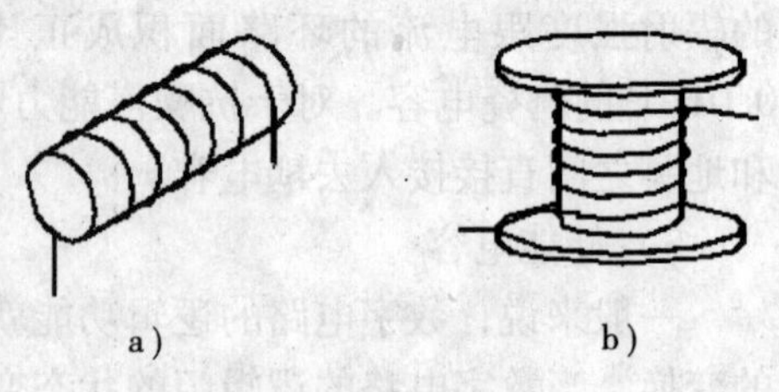

图 13-3　开环电感

a) 棒式电感　b) 绕轴式电感

铁氧体磁珠是单环电感，通常单股导线穿过铁氧体材料而形成单环，铁氧体磁珠在高频的衰减是 10dB，而对于直流的衰减就很小。铁氧体磁夹与铁氧体磁珠相似，铁氧体磁夹在高达数 MHz 的频率范围内对共模和差模干扰的衰减可以达到 10 ~ 20dB。

（4）二极管

二极管是最简单的半导体元件之一，它有助于解决并防止与 EMC 相关的一些问题。例如在电动机控制应用中，无论电动机有无电刷，当电动机运行时都将产生电刷噪声或换向噪声，这时可以采用噪声抑制二极管来改进噪声抑制效果，通常二极管应尽量靠近电动机触点。

在电源输入电路中，设计人员需要采用瞬态电压抑制二极管（TVS）或高压变阻器进行噪声抑制。静电放电（ESD）是信号连接接口的 EMI 问题之一。屏蔽电缆和连接器可以用来保护内部电路不受外部静电的干扰，使用 TVS 或变阻器同样也能保护内部电路。

2. 集成电路

现代数字集成电路（IC）主要使用 CMOS 工艺制造。CMOS 元件的静态功耗很低，但是在高速开关的情况下，CMOS 元件需要电源提供瞬时功率，高速 CMOS 元件的动态功率要求超过了同类的双极性元件。因此必须对这些元件加去耦电容以满足瞬时功率的要求。

（1）IC 的封装

现在的 IC 有多种封装结构，对于分离元件来说，引脚越短，EMI 问题越小。因为表贴元件有更小的安装面积和更靠近地平面的安装位置，因此有更好的 EMC 性能，所以应首选表贴元件，甚至直接在 PCB 上直接安装裸片。IC 的引脚排列也会影响 EMC 性能。从电源模块连接到 IC 引脚的电源线越短越好，这样其等效电感就越小。因此 VCC 和 GND 之间的去耦电容越近越有效。

无论是 IC、PCB 还是整个系统，时钟电路是影响 EMC 性能的主要因素，IC 的大部分噪声都与时钟频率及其高次谐波有关，因此电路设计中要考虑时钟电路以降低噪声。合理的地线、适当的去耦电容和旁路电容能够减小辐射，用于时钟分配的高阻抗缓冲器也有助于减小时钟信号的反射和振铃。

对于同时使用了 TTL（晶体管-晶体管逻辑）和 CMOS（互补金属氧化物半导体）元件的混合逻辑电路，由于不同元件的开关门限不同，就会产生时钟抖动、信号线和电源线也会出现谐波。为了避免这些潜在的问题，最好使用相同系列的逻辑元件。由于 CMOS 元件有更高的噪声余量，现在大多数的电路设计工程师选用 CMOS 元件。由于制造工艺是 CMOS 工艺，因此微处理器的接口电路也优先选用这种元件。需要特别注意的是，未使用的 CMOS 引脚应该接地或接电源。在 MCU（微控制器单元）电路中，来自无连线的输入脚的噪声可能会使 MCU 产生错误的动作。

（2）线路终端

对于高速电路来说，源和负载的阻抗匹配非常重要，因为阻抗失配会导致信号的反射和振铃。过量的高频能量会辐射或耦合到电路的其他部分，这样将会引起相应的 EMI 问题。通常，信号端接能够匹配源和负载间的阻抗，这样不仅能够减少信号的反射和振铃，同时也能降低信号快速的上升沿和下降沿。

在实际的设计过程中，设计人员可以采用有很多种信号端接的方法，表 13-1 给出了一些信号端接方法的概要，图 13-4 则给出了几种终端匹配的示意图。这里需要注意的是，各种信号端接方法各有利弊，设计人员需要根据设计需要来进行选择。

表 13-1　信号端接方法的概要

端接类型	相对成本	增加延迟	功率需求	临界参数	特　性
串联	低	是	低	$R_s = Z_o = R_o$	好的 DC 噪声余量
并联	低	小	高	$R = Z_o$	功率消耗是一个问题
RC	中	小	中	$R = Z_o$ $C = 20 \sim 600pF$	阻碍带宽同时增加容性
戴维宁	中	小	高	$R = 2 \times Z_o$	对 CMOS 需要高功率
二极管	高	小	低	—	限制过冲；二极管振铃

3. 微控制电路

目前，许多 IC 制造商不断地减小微控制器的尺寸，目的是在单位面积的硅片上增加更多部件。通常减小尺寸会使晶体管的速度更快，在这种情况下，虽然 MCU 时钟速率没有增大，但是上升和下降次数会增加，从而谐波的频谱成分变得频率更高。在许多情况下，减小微控制器的尺寸无法通知给用户，这样最初电路中的 MCU 是正常工作的，但在后来的某个时间 MCU 可能会出现 EMI 问题。

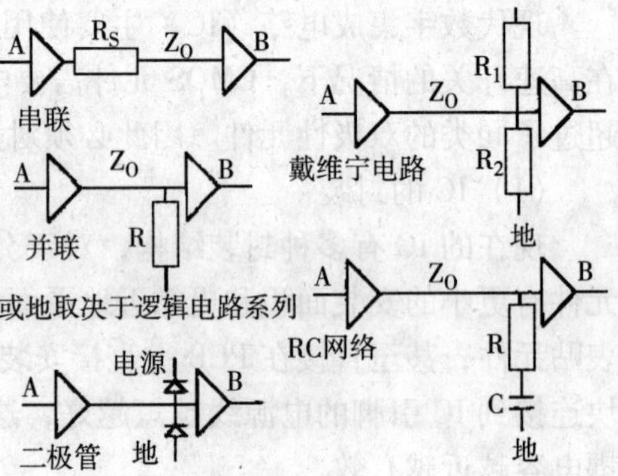

图 13-4　终端匹配的示意图

对此最好的解决办法就是在开始设计电路时就要把电路设计得更为稳健。很多的实时应用中都需要高速的 MCU，设计者一定要认真对待电路设计，以减少潜在的 EMC 问题。MCU 需要的电源功率随着其处理功率的增加而增加。让供给电路靠近微控制器是很容易做到的，再用一个独立的电容就可以减少直流电源对其他电路的影响。

MCU 通常有片上振荡器，它用自身的晶体振荡器或谐振器，从而避免使用其他时钟驱动电路的时钟，这个独立的时钟能够免受系统其他部分的噪声辐射。

13.4.2　元件的布局

在电路设计中，布局是一个重要的环节。布局结果的好坏将直接影响布线的效果，因此可以说合理的布局是 PCB 设计成功的第一步。布局的方式分两种，一种是交互式布局，另一种是自动布局，一般是在自动布局的基础上用交互式布局进行调整，在布局时还可根据布线的情况对门电路进行再分配，将两个门电路进行交换，使其成为便于布线的最佳布局。在布局完成后，还可对设计文件及有关信息进行返回，标注于原理图，使得 PCB 中的有关信息与原理图相一致，以便使今后的建档与更改设计能同步起来，同时对模拟的有关信息进行更新，使得能对电路的电气性能及功能进行板级验证。通常，布局时要综合考虑如下两方面：

1）考虑整体美观：对于一个成功的产品来说，设计人员要在注重内在质量的同时兼顾整体的美观。对于一个 PCB 来说，元件布局的要求应该均衡、排列疏密有序，而不能头重脚轻。

2）布局的检查：印制电路板尺寸是否与加工图纸尺寸相符？能否符合 PCB 制造工艺要求？有无定位标记？元件在二维、三维空间上有无冲突？元件布局是否疏密有序，排列整齐？是否全部布完？需经常更换的元件能否方便的更换？插件板插入设备是否方便？热敏元件与发热元件之间是否有适当的距离？调整可调元件是否方便？在需要散热的地方，装了散热器没有？空气流是否通畅？信号流程是否顺畅且互连最短？插头、插座等与机械设计是否矛盾？线路的干扰问题是否有所考虑？

一般来说，PCB 的布局首先要来考虑 PCB 尺寸的大小：PCB 尺寸过大时，导线过长，阻抗增加，抗噪声能力下降，从而导致相应的成本也增加；PCB 尺寸过小时，PCB 中的散热将会很差，同时相邻导线易受干扰。确定完 PCB 的尺寸后，设计人员需要来确定 PCB 中特殊元件的位置。最后，根据电路的功能单元，就可以对电路的全部元件进行布局。

电子设备中数字电路、模拟电路以及电源电路的元件布局和布线其特点各不相同，它们产生的干扰以及抑制干扰的方法不相同。此外高、低频电路由于频率不同，其干扰以及抑制干扰的方法也不相同。所以在元件布局时，应该将数字电路、模拟电路以及电源电路分别放置，将高频电路与低频电路分开。有条件的应使之各自隔离或单独做成一块印制电路板。如图 13-5 所示。

此外，布局中还应特别注意强、弱信号的元件分布及信号传输方向途径等问题。

通常，在 PCB 上布置高速、中速和低速逻辑电路时，设计人员应该按照图 13-6 的方式来进行元件的布局。

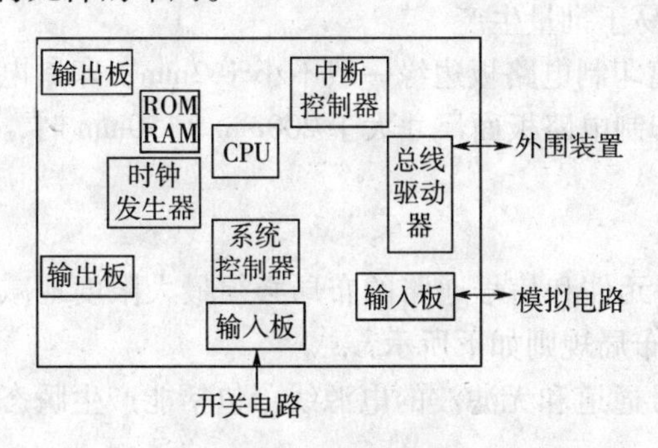

图 13-5　模拟、数字、噪声源 PCB 布局示意图

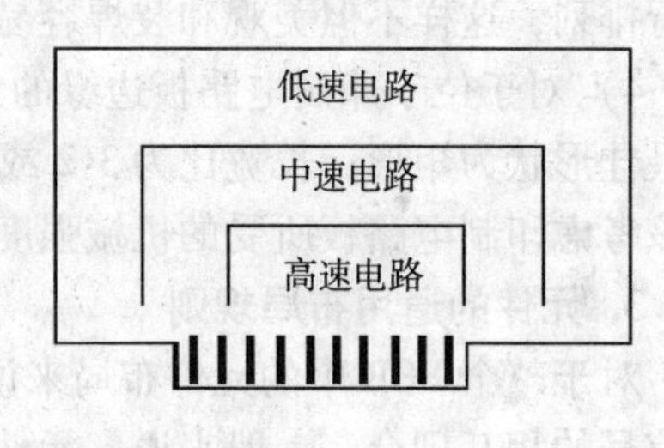

图 13-6　印制电路板元件布置图

在 PCB 中布置逻辑电路时，设计人员应把相互有关的元件尽量放得靠近些，这样可以获得较好的抗噪声效果。另外，元件在印制电路板上进行排列的位置要充分考虑抗电磁干扰问题。原则之一是各部件之间的引线要尽量短。在布局上，要把模拟信号部分、高速数字电路部分和噪声源部分（如继电器、大电流开关等）这三部分合理地分开，目的是使相互间的信号耦合为最小。时钟发生器、晶振和 CPU 的时钟输入端都易产生噪声，要相互靠近些。易产生噪声的元件、小电流电路、大电流电路等应尽量远离逻辑电路。

下面将对 PCB 中具体的元件布局规则进行介绍，希望读者能够熟练掌握这些规则，这将会对今后的 PCB 设计工作有很大的指导作用。

1. 特殊元件的布局规则

一般来说，在实际的设计工作中，设计人员在确定特殊元件的位置时要遵守以下原则：

1）应该尽可能地缩短高频元件之间的连线，同时设法减少分布参数和相互间的电磁干扰。另外，易受干扰的元件相互之间不能离得太近，输入、输出元件应尽量远离。

2）某些元件或导线之间可能有较高的电位差，因此应加大它们之间的距离，避免放电时引起意外短路。带高电压的元件应尽量布置在调试时手不易触及的地方。

3）重量超过15克的元件、应当用支架加以固定，然后焊接。那些又大又重、发热量多的元件，不宜装在印制电路板上，而应装在整机的机箱底板上，且应考虑散热问题。热敏元件应远离发热元件。

4）对于电位器、可调电感线圈、可变电容器、微动开关等可调元件的布局应考虑整机的结构要求。若是机内调节，应放在印制电路板上方便于调节的地方；若是机外调节，其位置要与调节旋钮在机箱面板上的位置相适应。

5）应留出印制电路板定位孔和固定支架所占用的位置。

2. 按照功能单元进行的布局规则

一般来说，在实际的设计工作中，设计人员根据电路的功能单元对电路的全部元件进行布局时，通常应该遵守以下布局规则：

1）按照电路的流程安排各个功能电路单元的位置，应该使相应的布局便于信号的传输，同时应使信号尽可能保持一致的方向。

2）布局应该以每个功能电路的核心元件为中心，围绕它来进行布局。元件应均匀、整齐、紧凑地排列在PCB上，尽量减少和缩短各元件之间的引线和连接。

3）对于工作于高频的电路，应该考虑元件之间的分布参数。一般电路应尽可能使元件平行排列，这样不但美观和装焊容易，而且易于批量生产。

4）对于位于印制电路板边缘的元件，离印制电路板边缘一般不小于2mm；印制电路板的最佳形状为矩形；长宽比为3:2或4:3。印制电路板面尺寸大于200mm×150mm时，布局应该考虑印制电路板所受的机械强度。

3. 元件的通用布局规则

对于整个PCB中的元件布局来说，电路元件和信号通路的布局必须最大限度地减少无用信号的相互耦合。一般来说，元件的通用布局规则如下所示：

1）低电平信号通道不能靠近高电平信号通道和无滤波的电源线，包括能产生瞬态过程的电路。

2）将低电平的模拟电路和数字电路分开，避免模拟电路、数字电路和电源公共回线产生公共阻抗耦合。

3）高、中、低速逻辑电路在PCB上要用不同区域。

4）安排电路时要使得信号线长度最小。

5）电磁干扰（EMI）滤波器要尽可能靠近EMI源，并放在同一块线路板上。

6）DC/DC转换器、开关元件和整流器应尽可能靠近变压器放置，以使其导线长度最小。

7）尽可能靠近整流二极管放置调压元件和滤波电容器。

8）印制电路板按频率和电流开关特性分区，噪声元件与非噪声元件要距离再远一些。

9）保证相邻板之间、同一板相邻层面之间、同一层面相邻布线之间不能有过长的平行信号线。

10）对噪声敏感的布线不要与大电流，高速开关线平行。

13.4.3　PCB 的布线

除了元件的选择和电路设计外，良好的 PCB 布线在电磁兼容性中也是一个十分重要的因素。

1. 印制电路板的基本特性

一个 PCB 的构成是在垂直叠层上使用了一系列的层压、布线和预浸处理的多层结构。为了调试的方便，设计者在多层 PCB 中通常会把信号线布在最外层，这里需要特别注意的是，PCB 中的布线是有阻抗、电容和电感特性的。

1）阻抗：布线的阻抗是由铜和横切面积的重量决定的。例如，1oz 铜应该具有 0.49mΩ/单位面积的阻抗。

2）电容：布线的电容是由绝缘体（E_0E_r）电流到达的范围（A）以及导线间距（h）决定的，它的表达式是 $C = E_0E_rA/h$。其中，E_0 是自由空间的介电常数（8.854pF/m），E_r 是 PCB 基板的相对介电常数（在 FR4 基板中该值为 4.7）。

3）电感：布线的电感平均分布在布线中，大约为 1nH/mm。

对于 1oz 铜线来说，在 0.254mm（10mil）厚的 FR4 碾压板上，位于地线层上方的 0.5mm 宽、20mm 长的线能产生 9.8mΩ 的阻抗、20nH 的电感以及 1.66pF 的与地之间的耦合电容。

在高频情况下，印制电路板上的导线、过孔、电阻、电容、接插件的分布电感与电容等不可忽略。电容的分布电感不可忽略，电感的分布电容不可忽略。电阻会产生对高频信号的反射和吸收。导线的分布电容也会起作用，当导线长度大于噪声频率相应波长的 1/20 时，就产生天线效应，噪声通过导线向外发射。

印制电路板的过孔大约引起 0.5pF 的电容，一个集成电路本身的封装材料引入 2～6pF 的电容，一个电路板上的接插件有 520nH 的分布电感，一个双列直插的 24 引脚集成电路插座可以引入 4～18nH 的分布电感。这些小的分布参数对于运行在较低频率下的微控制器系统是可以忽略不计的；而对于高速系统必须予以特别注意。

下面便是避免 PCB 布线分布参数影响而应该遵循的一般要求：

1）增大导线的间距以减少电容耦合的串扰；

2）平行地布电源层和地层以使 PCB 电容达到最大；

3）将敏感导线和高频导线布在远离高噪声电源线；

4）加宽电源线和地线以减少电源线和地线的阻抗。

2. PCB 布线的通用规则

在进行 PCB 布线的过程中，设计人员需要遵循一些通用规则，这样才能够完成一个好的 PCB 布线。通常，PCB 布线的通用规则如下所示：

1）从减小辐射干扰的角度出发，应该尽量选用多层板形式，内层分别作电源层和地线层，这样可以降低供电线路阻抗，抑制公共阻抗噪声，对信号线形成均匀的接地面，加大信号线和接地面间的分布电容，抑制其向空间辐射的能力。

2）电源线、地线、印制电路板导线对高频信号应保持低阻抗。在频率很高的情况下，电源线、地线、或印制电路板导线都会成为接收与发射干扰的小天线。降低这种干扰的方法除了加滤波电容外，更值得重视的是减小电源线、地线及其他印制电路板导线本身的高频阻

抗。因此，各种印制电路板导线要短而粗，同时线条要均匀。

3）对 A/D 转换类元件，数字部分与模拟部分地线宁可统一也不要交叉。

4）弱信号电路，低频电路周围不要形成电流环路。

5）I/O 驱动电路应尽量靠近印制电路板边的接插件，让其尽快离开印制电路板。

6）用地线将时钟区圈起来，时钟线尽量短。

7）石英晶体振荡器外壳要接地。

8）石英晶体下面以及对噪声敏感的元件下面不要布线。

9）关键的信号线要尽量粗，并在两边加上保护地。高速线要短而直。

10）时钟线垂直于 I/O 线比平行 I/O 线干扰小，时钟元件引脚需远离 I/O 电缆。

11）任何信号都不要形成环路，如不可避免，让环路区尽量小。

12）单面板和双面板用单点接电源和单点接地；电源线、地线尽量粗。

13）元件引脚尽量短，去耦电容引脚尽量短，去耦电容最好使用无引线的贴片电容。

14）印制电路板尽量使用45°折线而不要采用90°折线布线，这样可以减小高频信号对外的发射与耦合。

15）时钟、总线、片选信号要远离 I/O 线和接插件。

16）时钟发生器尽量靠近到用该时钟的元件。

17）模拟电压输入线、参考电压端一定要尽量远离数字电路信号线，特别是时钟。

3. 其他布线规则

一般采用平行的布线可以减少导线电感，但导线之间的互感和分布电容会增加，如果布局允许，电源线和地线最好采用井字形网状布线结构，具体做法是印制电路板的一面横向布线，另一面纵向布线，然后在交叉孔处用金属化孔相连。

为了抑制印制电路板导线之间的串扰，在设计布线时应尽量避免长距离的平行布线，尽可能拉开线与线之间的距离，信号线与地线及电源线尽可能不交叉。在一些对干扰十分敏感的信号线之间设置一根接地的导线，可以有效地抑制串扰。

为了避免高频信号通过导线时产生的电磁辐射，在进行印制电路板布线时，设计人员需要注意以下几个方面：

1）布线尽可能把具有同一输出电流，而方向相反的信号利用平行布局方式来消除相应的磁场干扰。

2）由于瞬变电流在导线上所产生的冲击干扰主要是由印制电路板导线的电感造成的，因此应尽量减小导线的电感。导线的电感与其长度成正比，与其宽度成反比，因而短而粗的导线对抑制干扰是有利的。时钟引线或总线驱动器的信号线常常载有大的瞬变电流，导线要尽可能短。对于分立元件电路，导线宽度在 1.5mm 左右时，即可完全满足要求；对于集成电路，导线宽度可在 0.2～1.0mm 之间选择。

3）发热元件周围或大电流通过的引线尽量避免使用大面积铜箔，否则，长时间受热时，易发生铜箔膨胀和脱落现象。必须用大面积铜箔时，最好用栅格状，这样有利于铜箔与基板间粘合剂受热产生挥发性气体的排出。

4）焊盘中心孔的直径要比元件引线直径稍大一些。焊盘太大易形成虚焊。焊盘外径 D 一般不小于（d+1.2）mm，其中 d 为引线直径。对高密度的数字电路，焊盘最小直径可取（d+1.0）mm。

5）总线驱动器应紧挨其欲驱动的总线。对于那些离开印制电路板的引线，驱动器应紧紧挨着连接器。

6）尽量减少印制电路板导线的不连续性，例如导线宽度不要突变，导线的拐角应大于90°，禁止环状布线等。

7）时钟信号线最容易产生电磁辐射干扰，布线时应与地线回路相靠近。

另外，对于印制电路板的布线来说，设计人员还应该注意以下几个方面：

8）专用零伏线，电源线的导线宽度≥1mm。

9）要为模拟电路专门提供一根零伏线。

10）如果有可能，在控制线（在印制电路板上）的入口处加接 R-C 滤波器去耦，以便消除传输中可能出现的干扰因素。

11）为减少线间串扰，必要时可增加印刷电路板导线间距离。

12）有意安插一些零伏线作为线间隔离。

13）印刷电路的插头也要多安排一些零伏线作为线间隔离。

14）电源线和地线尽可能靠近，以便使分布线电流达到均衡。

15）特别注意电流路径中的导线环路尺寸。

除了要考虑以上的因素，还要考虑电路设计对 PCB 的影响，下面简单介绍。

13.4.4 电路设计

每个电路设计单元都可能在输入端存在无用信号，需要在输入点上处理这些无用信号。

1）尽可能为各个功能单元电路单独供电，各个功能单元的电源之间利用铁氧体磁珠进行隔离。

2）尽量减少陡峭波前瞬态过程，限制连通和断开瞬间的浪涌电流，可以采用 RC 网络或者二极管来限制瞬态变化。

3）注意多级放大器之间的去耦。要在放大器的输入端进行去耦，只让有用信号进入放大器。

4）选择电路功能允许的最慢的上升和下降时间，限制产生不必要的高频分量。

5）尽量避免使用不必要的高逻辑电平，能使用 3.3V 电平就不要使用 5V。

6）时钟频率选择满足系统要求的最低值。

7）数字电路的输入输出线不要距离时钟、电源线等电磁热线太近，也不要距离中断、控制线等脆弱信号线太近。

8）严格限制脉冲波形的尖峰、过冲和阻尼振荡。

9）如果条件许可，可以使用多层印制电路板，这样可以大大提高其电磁兼容性。

10）如果时钟频率大于 5MHz 或者脉冲时间小于 5ns，应当选用多层印制板。

11）MCU 无用端要接高，或接地，或定义成输出端，集成电路上应该接电源或地的端都要接，不要悬空。

12）闲置不用的门电路输入端不要悬空，闲置不用的运放正输入端接地，负输入端接输出端。

13）总线以及时钟线上的电阻调整对电磁辐射影响很大，一般情况下主要的辐射源都是由于总线和时钟线电阻匹配不好造成的，一般增大电阻降低幅值效果会较明显，能较大幅度降低辐射。

14）线路上的波形最好为正弦波，这样谐波较少，如果是上升沿很陡的方波，谐波会很多。

15）只要可能，就应在低阻抗点上连接数字电路的输入和输出端，或用阻抗变换缓冲器。

13.5 热影响

现在，系统设计复杂度和功耗越来越高，人们越来越关注印制电路板的热设计。

而对于PCB设计来说，板上的元件、集成电路芯片和开关等都有自己的温度范围，一旦超过相应的温度范围，它们就会工作不正常，从而影响整个印制电路板的工作状态和性能。对于上面的情况，设计人员可以采用两种方法来解决：一是尽量控制印制电路板上的功率消耗，目的是指电路板上的元件、集成电路芯片和开关等工作在自己的温度范围内；二是采用相应的散热设计方法来对印制电路板进行散热处理。

本小节将重点讨论印制电路板的热设计方法，通过本小节的介绍，希望读者能够对热设计有一个基本的认识。

1. 散热的基本概念

一般来说，任何事物的温度升高都是由热传递引起的，热的传输总是从高温传向低温物体，从而导致低温物体的温度升高，直到达到温度平衡位置。通常，热传递的方式有3种形式，它们分别是传导、对流和辐射。

1）传导：传导是指直接接触的两个物体之间热量由温度高的一方传递给温度低的一方，可见它是存在于两个由温度差异的物体之间。与其他热传递方式相比，传导是传递速度最快并且效率最高的一种方式。

2）对流：对流是指借助流体的流动性来传递热量，它是一种存在于液体和气体之间的热量传递方式。一般来说，对流按照性质的不同可以分为强制对流和自然对流两种，对于发热量大的情况通常都采用强制对流的方式来进行散热。

3）辐射：辐射是一种较为特殊的热传递方式，它是高温物体直接向四周空间释放热量的一种现象，可见它无需借助任何传导媒介。

另外，在印制电路板的热设计过程中还有一个重要概念——热阻，它的具体含义是指在能量传输过程中所遇到的阻力，这里它是以℃/W为单位的。一般来说，热阻越小，导热效率越高；热阻越大，导热效率越低。

在具体的热设计过程中，导热片是一种较为常见的元件。通常，导热片的用途体现在两个重要方面：一是用来增加元件和散热器之间的导热性能，降低热阻；二是导热片还具有绝缘、粘附、吸振缓冲、阻隔噪声等用途。

对于导热片来说，按照不同的分类方法可以进行不同的分类。按照工作机理，导热片可以分为非相位变化导热片和相位变化导热片。其中，非相位变化导热片完全固化的程度由80%～100%，材质选择可以多种多样，虽说可以适用于几乎所有的场合，但是它的性能大多比不上相位变化导热片；相位变化导热片材质选择较少，厚度一般不超过0.25mm，因此价位较高，一般仅适用于需要超高性能而且无绝缘考虑的应用领域。另外，按照用途来进行划分，导热片还可以分为 CPU 用导热片、芯片用导热片和其他用导热片。

对于导热片来说，它的选择主要需要考虑热传导系数、热阻抗、介电常数、抗拉强度、抗剪强度、抗电强度、耐压、密度、体积电阻和背胶等多种因素，其中热传导系数是最为重要的导热性能判断依据。

除了导热片之外，热管也是导热中经常采用的一种元件，它通常在大功率导热的过程中进行使用。一般来说，热管的导热能力可以远远超过目前任何已知金属的导热能力，它充分利用了热传导原理和致冷介质的快速热传递原理，通过热管将发热物体的热量迅速地传递到热源的外面去。简而言之，热管就是利用蒸发或者液体循环制冷来使热管两端的温度差较大，从而实现热量的快速传导。

通常，热管是由管壳、吸液芯和端盖组成的，具体的制作方法是将热管内部抽成负压状态；然后充入适当的液体，液体一般采用容易挥发、沸点较低的液体；接下来将管壁内部附上吸液芯，它一般是由毛细多孔材料构成的；同时热管的一端设为蒸发端，另一端设为冷凝端。热管的具体工作原理是：热管的一端受热后导致管中的液体迅速蒸发，蒸气在微小的压力差下流向另一端；然后蒸气在另一端释放出热量，重新凝结成液体；接下来液体再沿着多孔材料靠毛细力的作用流回到蒸发端，进入到下一次循环。

2. 散热的解决方案

一般来说，在印制电路板的设计过程中，散热的解决方案可以分为 3 种，它们分别是被动散热、主动散热和综合散热。

1）被动散热：在采用这种方案的情况下，印制电路板上的散热片应该足够大以利于电路板上的散热。另外，散热片的温差应该尽可能地小，否则将会对散热性能造成很大的影响。

2）主动散热：在采用这种方案的情况下，空气的进口和出口一定要明确进行定义，假如有必要可以采用物体来进行相应的隔离。同时，空气通过散热部位的长度要尽可能地短，目的是保证空气的气压和流速不会降低太多。另外，采用风扇来进行散热时，设计人员要尽量降低风扇的噪声。

3）综合散热：所谓综合散热就是同时采用被动散热和主动散热，这时设计人员要综合考虑散热器、热管、风扇、散热界面材料和各组件之间的组合等。

在印制电路板的设计过程中，风扇散热是设计人员经常采用的一种芯片散热方式。一般来说，风扇散热的基本原理就是利用风扇来产生风量，然后利用热对流方式使空气带走相应热源的热量。这里，将重点介绍一些关于散热风扇的基本知识。

通常，散热风扇是由转子、定子和控制电路 3 部分构成的，其中转子是由磁铁、扇叶和扇轴构成的；定子是由硅钢片、线圈和轴承构成的；控制印制电路是由控制风扇转动的控制电路和封装风扇转动的动力电路构成的。按照工作原理，风扇可以分为轴流风扇和离心式风扇两种。其中，轴流风扇是利用风扇叶片的扬力使得空气在轴向方向流动，它一种较为常见的风扇，体积小、重量轻、风扇叶片直接和电动机相连；离心式风扇是利用离心力使得空气在叶片的半径方向上流动，它一般应用于通风阻抗大的场合。

对于设计人员来说，风扇的选择主要需要考虑风扇的散热性能和散热对象所需要的散热效果，寻求风扇的静压力曲线和系统总体阻力曲线的相交点，这样就可以得到印制电路板上散热效果最好的点。另外，设计人员还需要考虑风扇对噪声的要求、风扇的进风口和出风口位置、风扇入风的距离等因素。

对于印制电路板来说，风扇转动时发出的噪声是有害的，因此设计人员必须尽可能地减少这种风扇噪声。通常，降低风扇噪声可以采取以下措施：

1）尽量控制风扇的转速和尺寸。虽说风扇的转速越快、尺寸越大，散热效果就越好，但是转速越快、尺寸越大也会导致噪声越大，因此需要进行折中考虑。

2）由于空气的流动阻力将会引起相应的空气流动噪声，因此设计人员需要控制系统的阻抗。

3）由于工作电压波动将会造成风扇的转速变化，从而导致电路工作的不稳定并且会产生额外的噪声，因此设计人员要避免电压波动的产生。

4）由于空气的紊流将会产生相应的高频噪声，因此设计人员要避免空气紊流的产生，否则将会带来一定的噪声干扰。

5）由于风扇的振动会引起一定的风扇噪声，同时也会使风扇的转速降低或者降低它的寿命等，因此设计人员要控制风扇的振动现象。

3. 印制电路板的热设计原则

1）温度敏感的元件应该尽量远离热源，对于温度高于30℃的热源，一般要求：在风冷条件下，电解电容等温度敏感元件离开热源的距离要求不小于2.5mm；在自然冷条件下，电解电容等温度敏感元件离开热源的距离要求不小于4mm。如果印制电路板上因为空间的原因不能达到要求的距离，那么设计人员应该通过温度测试来保证温度敏感元件的温度变化在使用范围之内。

2）风扇不同大小的进风口和出风口将会引起气流阻力的很大变化，一般来说，风扇的入口开口越大越好。

3）对于可能存在散热问题的元件和集成电路芯片等来说，应该尽量保留足够的放置改善方案的空间，目的是为了放置金属散热片和风扇等。

4）对于能够产生高热量的元件和集成电路芯片等来说，设计人员应该考虑将它们放置于出风口或者利于对流的位置。

5）对于散热通风设计中的大开孔来说，一般可以采用大的长条孔来代替小圆孔或者网格，目的是降低通风阻力和噪声。

6）在进行印制电路板的布局过程中，各个元件之间、集成电路芯片之间或者元件与芯片之间应该尽可能地保留空间，目的是利用通风和散热。

7）对于发热量大的集成电路芯片来说，一般尽量将它们放置在主机板上，目的是为了避免底壳过热；如果将它们放置在主机板下，那么需要在芯片与底壳之间保留一定的空间，这样可以充分利用气体流动散热或者放置改善方案的空间。

8）对于印制电路板中的较高元件来说，设计人员应该考虑将它们放置在出风口，但是一定要注意不要阻挡风路。

9）为了保证印制电路板中的透锡良好，对于大面积铜箔上的元件焊盘要求采用隔热带与焊盘相连，而对于需要通过5A以上大电流的焊盘不能采用隔热焊盘。

10）为了避免元件回流焊接后出现偏位或者立碑等现象，对于0805或者0805以下封装的元件两端焊盘应该保证散热对称性，焊盘与印制导线的连接部分的宽度一般不应该超过0.3mm。

11）对于印制电路板中热量较大的元件或者集成电路芯片以及散热元件等，设计人员应该尽量将它们靠近印制电路板的边缘，目的是降低热阻。

12）在规则允许之下，风扇等散热部件与需要进行散热的元件之间的接触压力应该尽可能大，同时确认两个接触面之间完全接触。

13）风扇入风口的形状和大小以及舌部和渐开线的设计一定要仔细，另外风扇入风口外应该保留 3 ~ 5mm 之间没有任何阻碍。

14）对于采用热管的散热解决方案来说，设计人员应该尽量加大和热管接触的相应面积，目的是利于发热元件或者集成电路芯片等的热传导。

15）空气的紊流一般会产生对电路性能产生重要影响的高频噪声，因此设计人员应该尽量避免空间紊流的产生。

13.6　混合信号的处理

在电路的设计过程中，模拟电路的工作依赖连续变化的电流和电压；数字电路的工作依赖在接收端根据预先定义的电压电平或门限对高电平或低电平的检测，它相当于判断逻辑状态的"真"或者"假"。在数字电路的高电平和低电平之间，存在"灰色"区域，在此区域数字电路有时表现出模拟效应，例如当从低电平向高电平（状态）跳变时，如果数字信号跳变的速度足够快，则将产生过冲和振铃现象。

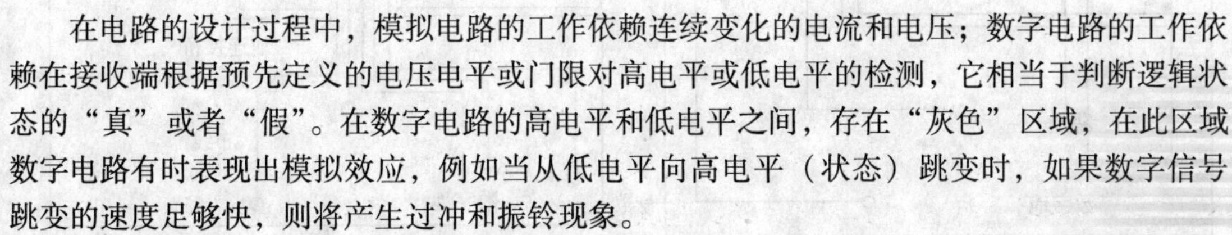

对于现代板极设计来说，混合信号 PCB 的概念比较模糊，这是因为即使在纯粹的"数字"元件中，仍然存在模拟电路和模拟效应。因此，为了可靠实现严格的时序分配，设计初期必须对模拟效应进行仿真。实际上，除了通信产品必须具备无故障持续工作数年的可靠性要求之外，大量生产的低成本/高性能消费类产品中特别需要对模拟效应进行仿真。

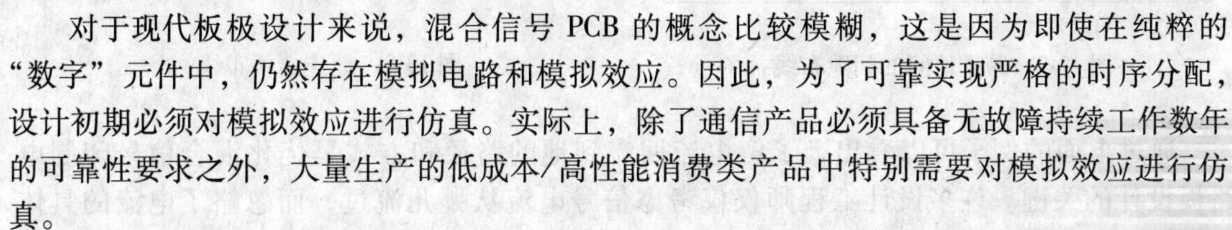

现代混合信号 PCB 设计的另一个难点是不同数字逻辑的元件越来越多，比如 GTL、LVTTL、LVCMOS 及 LVDS 逻辑，每种逻辑电路的逻辑门限和电压摆幅都不同，但是，这些不同逻辑门限和电压摆幅的电路必须共同设计在一块 PCB 上。因此，通过透彻分析高密度、高性能、混合信号 PCB 的布局和布线设计，可以掌握成功策略和技术。

这里，具有两个基本原则可以降低数字信号和模拟信号间的相互干扰：

1）如果信号不能通过尽可能小的环路进行返回，那么可能形成一个大的环状天线，这里小型环状天线的辐射大小与环路面积、流过环路的电流大小以及频率的平方成正比。因此，降低数字信号和模拟信号间的相互干扰的第一个基本原则是尽可能减小电流环路的面积。

2）如果系统存在两个参考面，那么就可能形成一个偶极天线，这里偶极天线的辐射大小与线的长度、流过的电流大小以及频率成正比。因此，降低数字信号和模拟信号间的相互干扰的第二个基本原则是系统只采用一个参考面。

目前通常建议将混合信号 PCB 上的数字地和模拟地分割开，这样能实现数字地和模拟地之间的隔离，如图 13-7 所示。

这种方法尽管可行，但是存在很多潜在的问题，在复杂的大型系统中问题尤其突出。最关键的问题是不能跨越分割间隙布线，一旦跨越了分割间隙布线，电磁辐射和信号串扰都会急剧增加。目前，信号线跨越分割地或电源而产生 EMI 问题是印制电路板设计中最常见的

一个问题。

例如，图 13-7 中采用了上述分割方法后，信号线跨越两个地之间的间隙，信号电流沿着什么路径返回呢？这里，假设被分割的两个地在某处连接到了一起，通常它们是在某个位置处单点连接，如图 13-8 所示。在这种情况下，地电流将会形成一个大的环路，这个电流很容易受到外部信号的干扰。更差的情况是当把分割地在电源处连接在一起时，这样将形成一个很大的电流环路。另外，模拟地和数字地通过一个长导线连接在一起后，这时将会构成偶极天线。

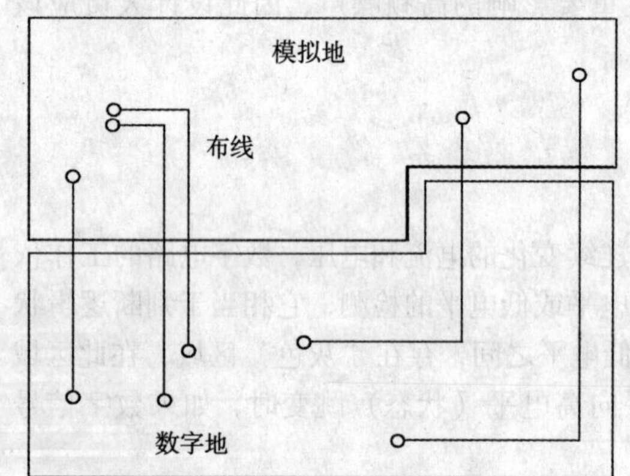

图 13-7　跨越地间的间隙布线

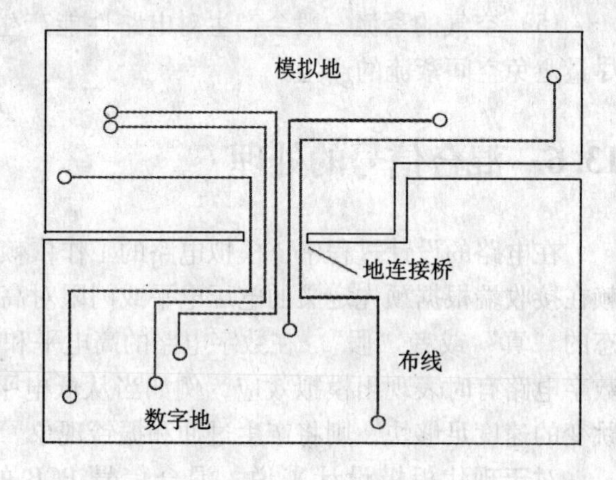

图 13-8　地连接桥布线

通过上面的例子可以看出，了解电流回流到地的路径和方式是优化混合信号印制电路板设计的关键。许多设计工程师仅仅考虑信号电流从哪儿流过，而忽略了电流的具体回流路径。如果必须对地线层进行分割，而且必须通过分割之间的间隙布线，可以先在被分割的地之间进行单点连接，形成两个地之间的连接桥，然后通过该连接桥布线。这样，在每一个信号线的下面都能够提供一个直接的电流回流路径，从而使形成的环路面积很小。

采用光隔离元件或变压器也能实现信号跨越分割间隙。对于前者，跨越分割间隙的是光信号；在采用变压器的情况下，跨越分割间隙的是磁场。还有一种可行的办法是采用差分信号，信号从一条线流入从另外一条信号线返回，这种情况下不需要地作为回流路径。

在实际工作中一般倾向于使用统一地，而将 PCB 分区为模拟部分和数字部分。模拟信号在印制电路板所有层的模拟区内布线，而数字信号在数字电路区内布线。在这种情况下，数字信号返回电流不会流入到模拟信号的地。只有将数字信号布线在印制电路板的模拟部分之上或者将模拟信号布线在印制电路板的数字部分之上时，才会出现数字信号对模拟信号的干扰。出现这种问题并不是因为没有分割地，真正原因是数字信号布线不适当。

通常，在需要将 A/D 转换器的模拟地和数字地引脚连接在一起时，厂商一般建议将 AGND 和 DGND 引脚通过最短的引线连接到同一个低阻抗的地上。如果 PCB 上仅有一个A/D 转换器（见图 13-9），那么上面的问题就很容易解决，即将地分割开，在 A/D 转换器下面把模拟地和数字地部分连接在一起。采取该方法时，必须保证两个地之间的连接桥宽度与 IC

等宽，并且任何信号线都不能跨越分割间隙。

如果 PCB 上 A/D 转换器较多，那么这时相应的 A/D 转换器连接时就不能采用上面的方法，否则这时将会产生多点相连，模拟地和数字地之间的隔离就毫无意义。可是如果不采用上面的连接方法，这时将会违反 A/D 转换器厂商的要求。在这种情况下，最好的方法是开始时就采用统一地，如图 13-10 所示。

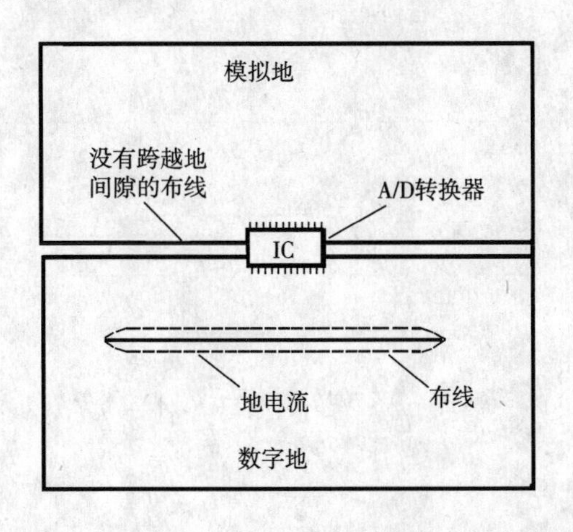

图 13-9　PCB 上具有一个 A/D 转换器的情况

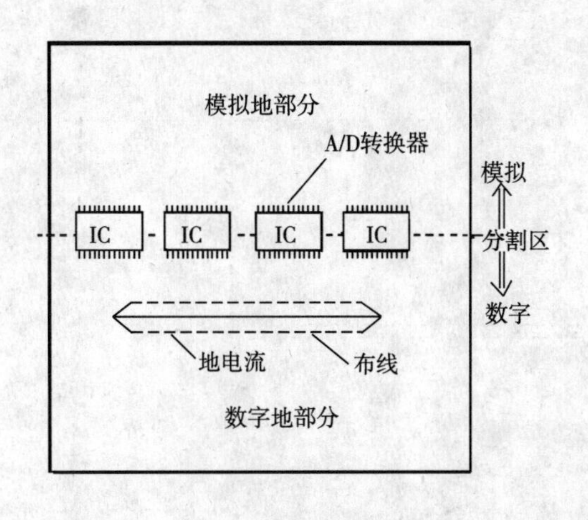

图 13-10　PCB 上具有多个 A/D 转换器的情况

即将统一的地分为模拟部分和数字部分。这样的布局布线既可以满足 IC 元件厂商对模拟地和数字地引脚低阻抗连接的要求，同时也不会形成环路天线或偶极天线而产生 EMC 问题。

根据上面的介绍可以看出，模拟/数字混合 PCB 的设计是一个非常复杂的过程。一般来说，设计人员在设计过程中需要注意以下几个方面：

1）PCB 分区为独立的模拟部分和数字部分。

2）合适的元件布局。

3）在印制电路板的所有层中，数字信号只能在印制电路板的数字部分布线；模拟信号只能在印制电路板的模拟部分布线。

4）实现模拟和数字电源分割。

5）不要对地进行分割。在印制电路板的模拟部分和数字部分下面铺设统一地。

6）必须跨越分割电源之间间隙的信号线要位于紧邻大面积地的布线层上。

7）A/D 转换器跨分区放置。

8）分析返回地电流实际流过的路径和方式。

9）布线不能跨越分割电源面之间的间隙。

10）采用正确的布线规则。

13.7　本章小结

本章主要介绍了有关 PCB 的可靠性设计的一些原则。主要内容如下：

1）高速电路的定义以及注意事项。

2）电源、地的设计对 PCB 设计可靠性的影响。
3）PCB 可靠性设计中去耦电容的配置原则。
4）电磁兼容性设计的基本原则。
5）PCB 可靠性设计中热设计方面的原则。
6）混合信号的 PCB 设计。

第14章　印制电路板设计实例（一）

本章通过介绍由USB桥接芯片和Flash存储器构成的U盘电路实例，将印制电路板设计的各个知识点进行综合训练。

14.1　项目的提出

现在随着社会的发展，计算机在人们的生活中已经无处不在。相应地人们经常需要交换数据，除了通过网络进行数据交换外，U盘以其携带方便、即插即用等优点成为人们经常使用的一种工具。设计一个U盘，对于很多刚刚接触电路设计的人们，尤其是工科大学生，有着一定的诱惑力。本章将介绍一种U盘的设计方法，希望通过U盘的设计，使读者将前面所学的创建元件库、设计原理图、设计PCB以及输出制板文件等内容综合起来。

14.2　整体设计规划

在进行具体规划之前，先介绍一下USB的诸多优势。现在有计算机的地方，就有USB接口的存在。USB接口的键盘、鼠标、打印机等各种外设正在逐渐取代传统的并行口、串行口的外设。现在国家规定手机充电器的标准接口也是USB接口。那么USB的优势又在哪儿呢?

1）接口标准统一、端口供电。USB接口采用统一标准的接口形式，由4条线组成，其中一条是5V电源线、另一条是地线，还有两条差模传输线D+和D-。

2）高传输速率、低成本。USB2.0以低成本实现高达480Mbit/s的传输速率，USB1.0可达12Mbit/s。

3）热插拔、即插即用，不需要中断、地址的设置。

4）易于扩展，理论上可以连接127个设备。

正是由于USB的诸多优势，才会使得USB接口成为越来越多外设的首选。

设计U盘，首先是选择一个带有USB接口的微控制器，用来控制Flash存储器的读写操作。这里选择ICSI的IC1114作为USB控制芯片，其具有以下特点：

1）内部结构与MCS-51兼容，采用8位高速单片机、工作频率可达12MHz。

2）内嵌32KB的可编程ROM，支持USB和I^2C总线端口。

3）支持USB1.1标准，传输速率可达12Mbit/s。

4）内嵌ICSI的双向并口，可在主从设备之间实现高速数据传送。

5）支持主/从I^2C总线、UART和RS232接口，用于外部通信。

6）内嵌硬件ECC（Error Correction Code，差错校正码）检查，用于Smart Media卡和NAND Flash接口。

7）Smart Media 卡和 NAND Flash 接口兼容 Rev. 1. 1 的 Smart Media 规范和 Smart Media ID 规范。

8）工作电压为 3. 0 ~3. 6V。

9）LQFP48 封装，7mm ×7mm ×1. 4mm。

另外，选用公司的 64MB NAND Flash 芯片 K9F1208U0M 作为存储芯片，DC/DC 电源芯片采用 AT1201。为了清楚地显示电路原理，故抓图分成了两部分，如图 14-1 和图 14-2 所示。

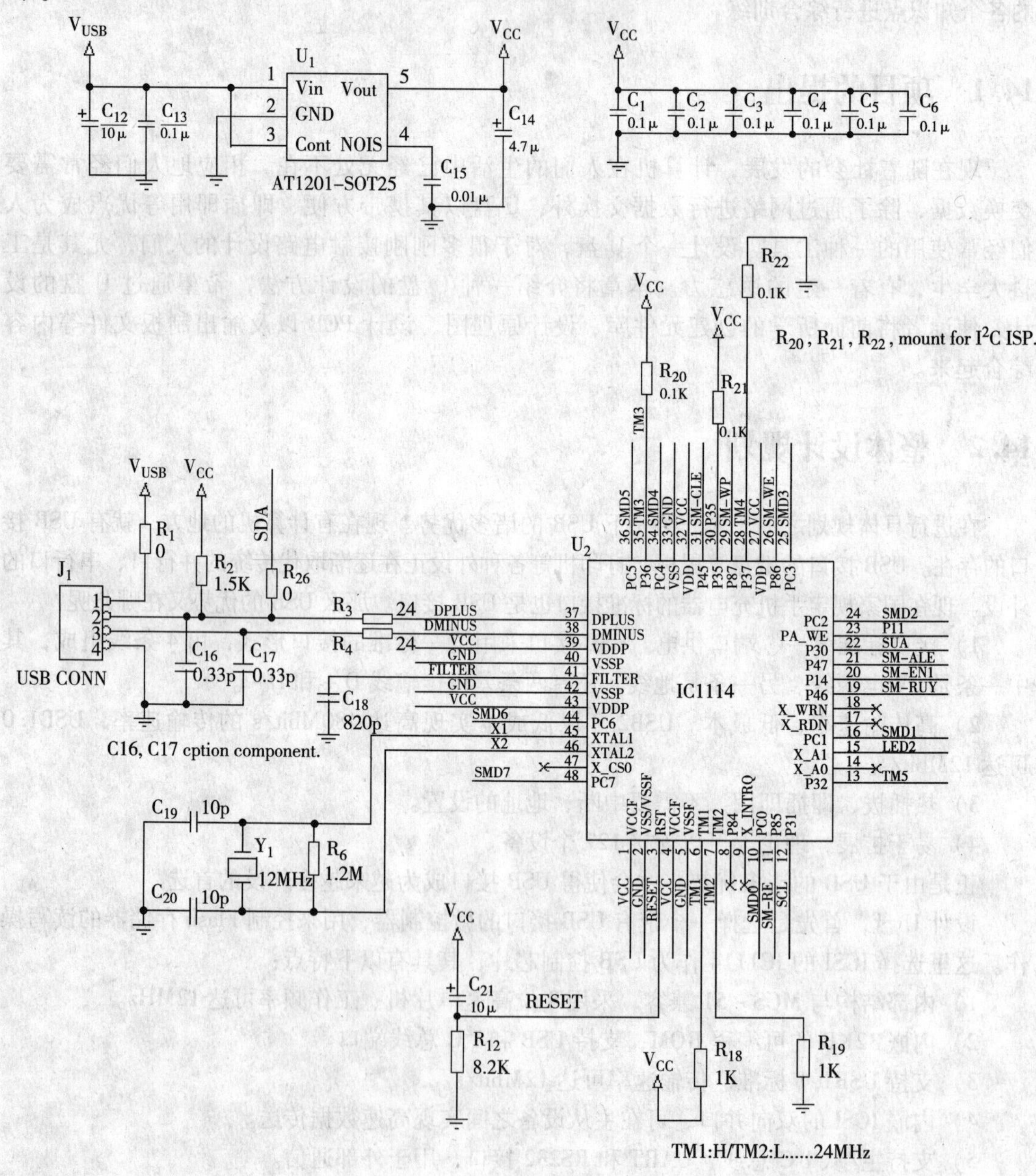

图 14-1　U 盘电路设计一

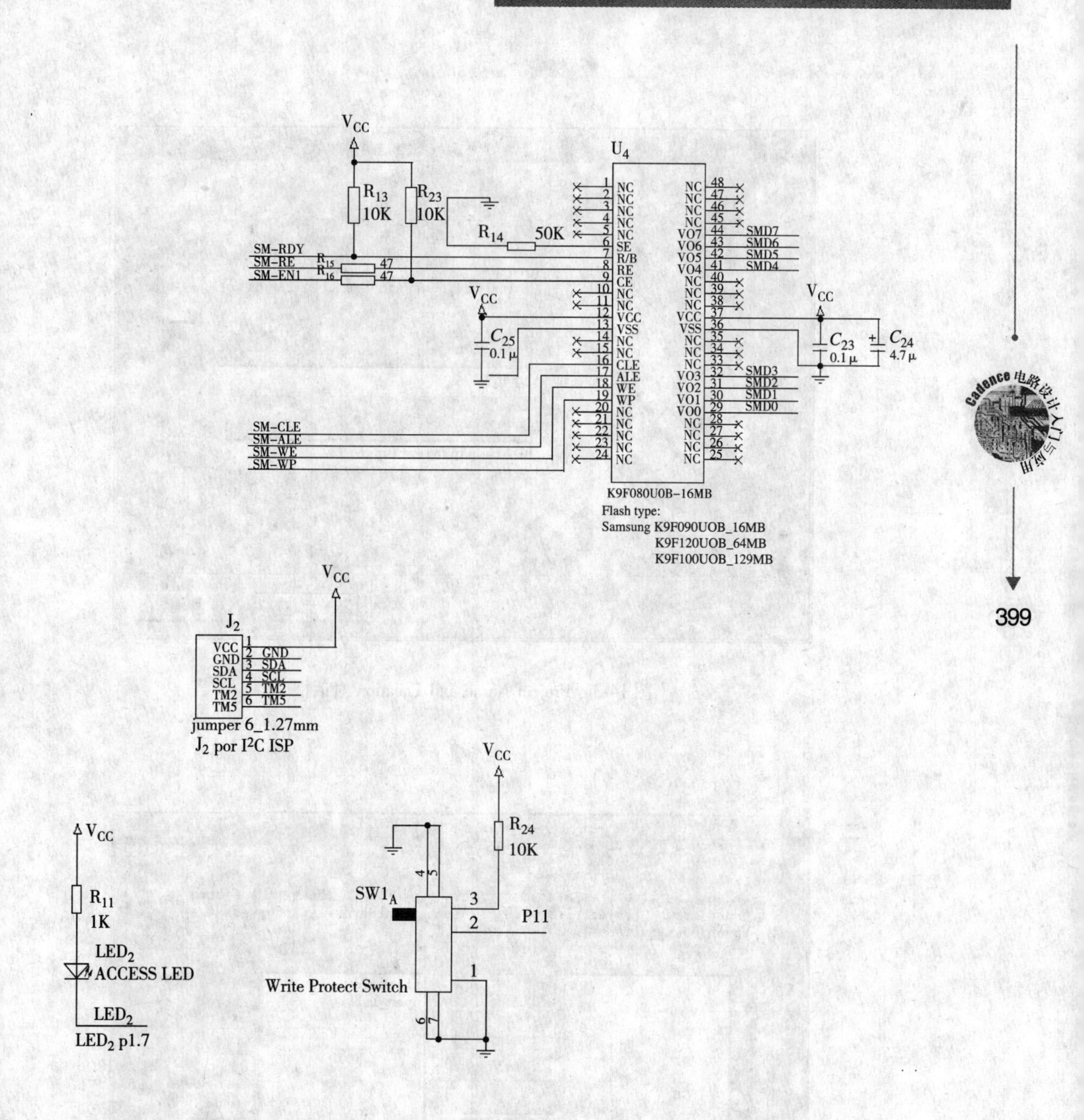

图 14-2　U 盘电路设计二

14.3　创建项目工程文件

从程序中打开 Project Manager，选择 File/New/New Design 命令，新建一个项目文件，命名为 upan，选取文件保存的路径，如图 14-3 所示。

单击 下一步(N) > 按钮，出现库选择对话框，将所有库添加到当前库，如图 14-4 所示。

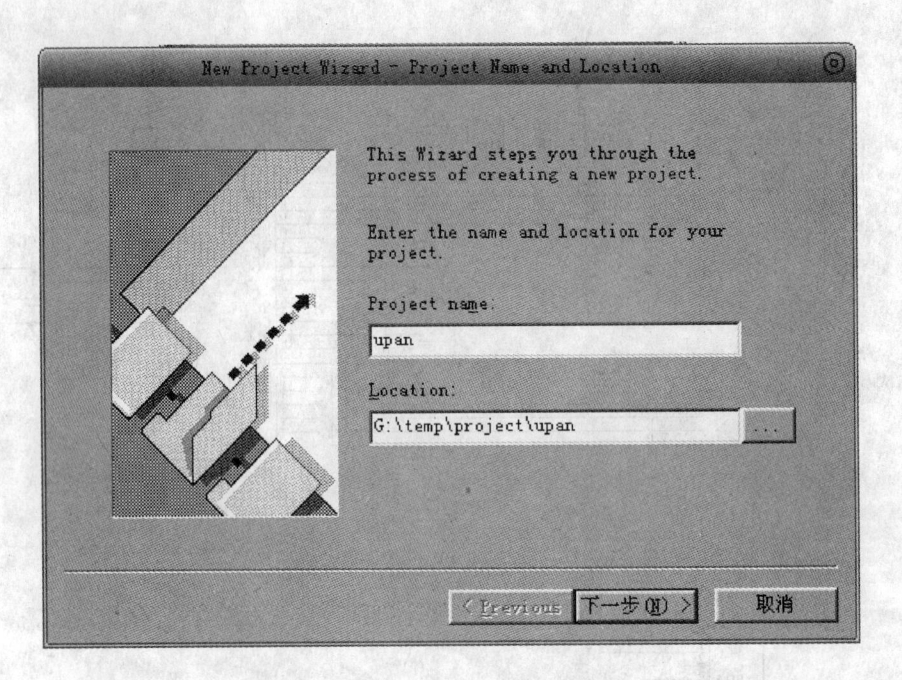

图 14-3　Project Name and Location 对话框

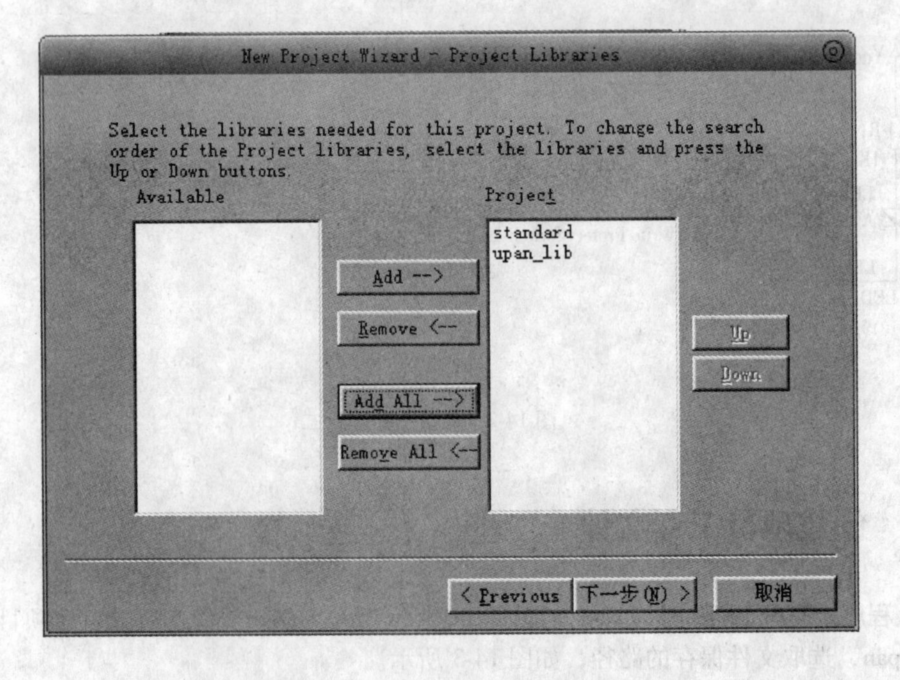

图 14-4　Project Libraries 对话框

单击下一步(N) >按钮，输入设计名称，如图 14-5 所示。

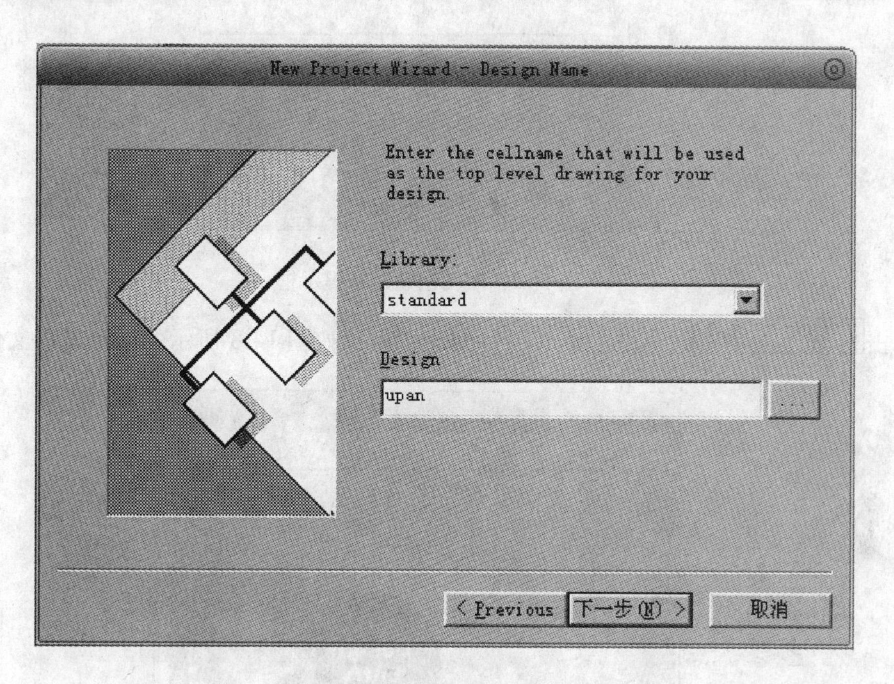

图 14-5　Design Name 对话框

单击下一步(N) >按钮，出现如图 14-6 所示的对话框。

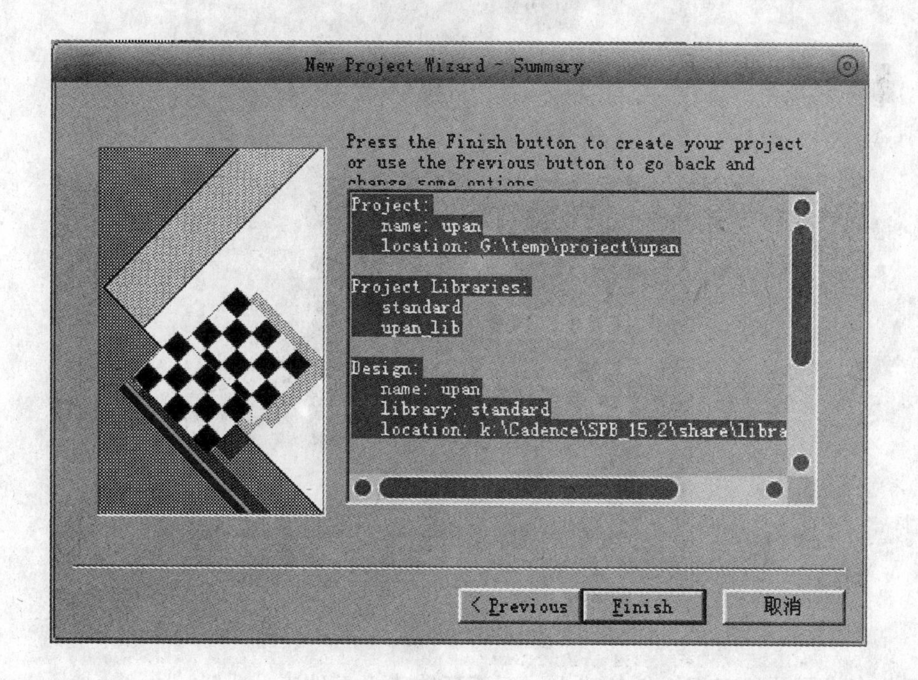

图 14-6　Summary 对话框

单击 Finish 按钮，出现如图 14-7 所示的提示框。

图 14-7　项目创建成功提示框

单击 确定 按钮，完成 upan 项目创建，得到如图 14-8 所示的项目工程文件。

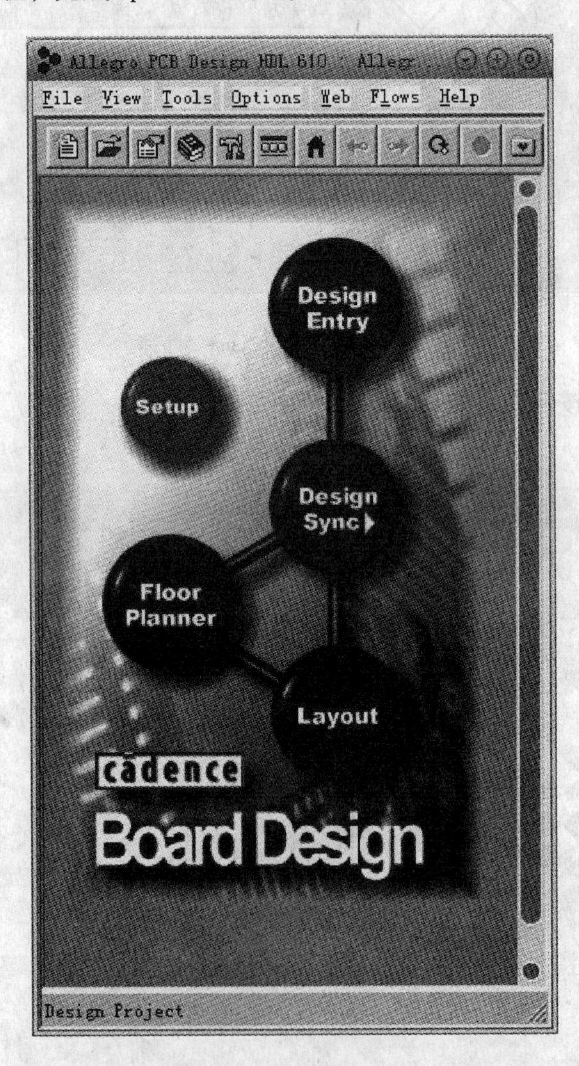

图 14-8　Design Project

至此完成了项目工程文件的建立。下面开始建立元件库。

14.4　建立元件库

本节介绍两个主要芯片：USB 桥接芯片 IC1114 和 Flash 存储芯片 K9F1208U0M 的库设计过程，其他元件库请读者自行设计。

14.4.1　原理图库设计

1. USB 桥接芯片 IC1114

从程序中打开 Project Manager，选择 File/New/New Library，新建一个库文件，命名为 upan，选取文件保存的路径，如图 14-9 所示。

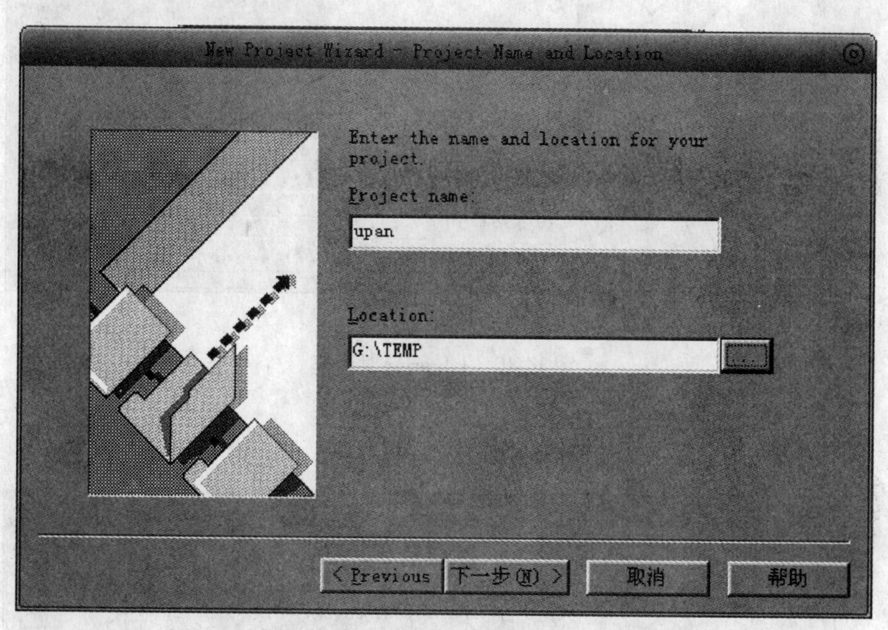

图 14-9　Project Name and Location 对话框

单击下一步(N) >按钮，弹出如图 14-10 所示的对话框。

继续单击下一步(N) >按钮，弹出如图 14-11 所示的对话框。

单击完成按钮，弹出如图 14-12 所示的创建成功提示框。

单击确定按钮，弹出如图 14-13 所示的库项目文件。

选择 File/Change Product，再选择 Allegro PCB Librarian 610 产品，单击图标，进入如图 14-14 所示的原理图库设计界面。

选择 File/new/cell，新建一个元件库，输入库名称 IC1114，如图 14-15 所示。

单击OK按钮，弹出如图 14-16 所示的 IC1114 库设计界面。

选中 Symbols，单击鼠标右键，单击 New 按钮，弹出如图 14-17 所示的对话框。

选中 sym _ 1，局部图示如图 14-18 所示。

单击Pins按钮，出现如图 14-19 所示的菜单。

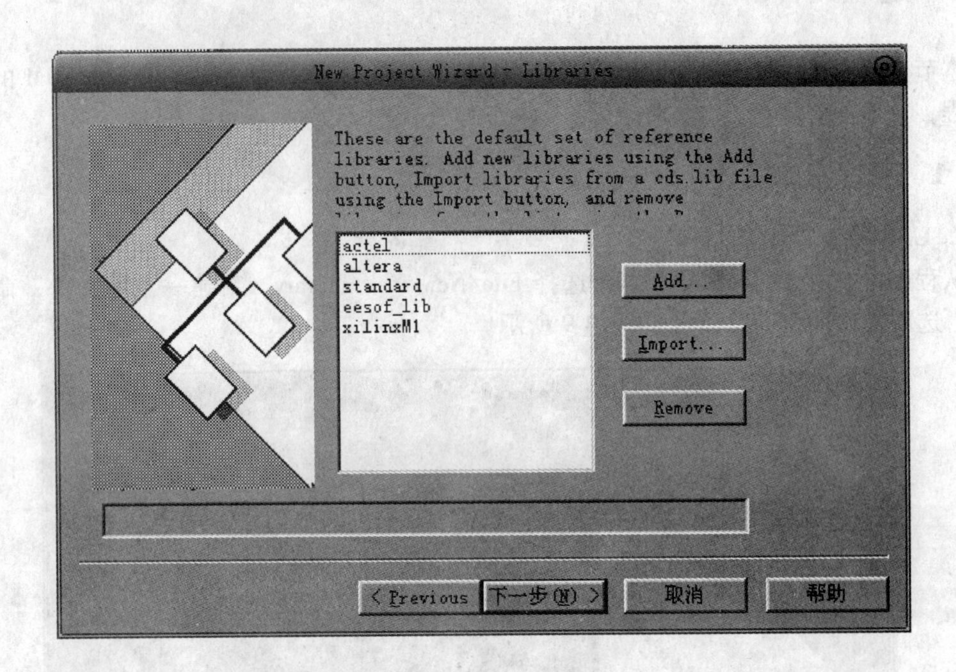

图 14-10 Libraries 对话框

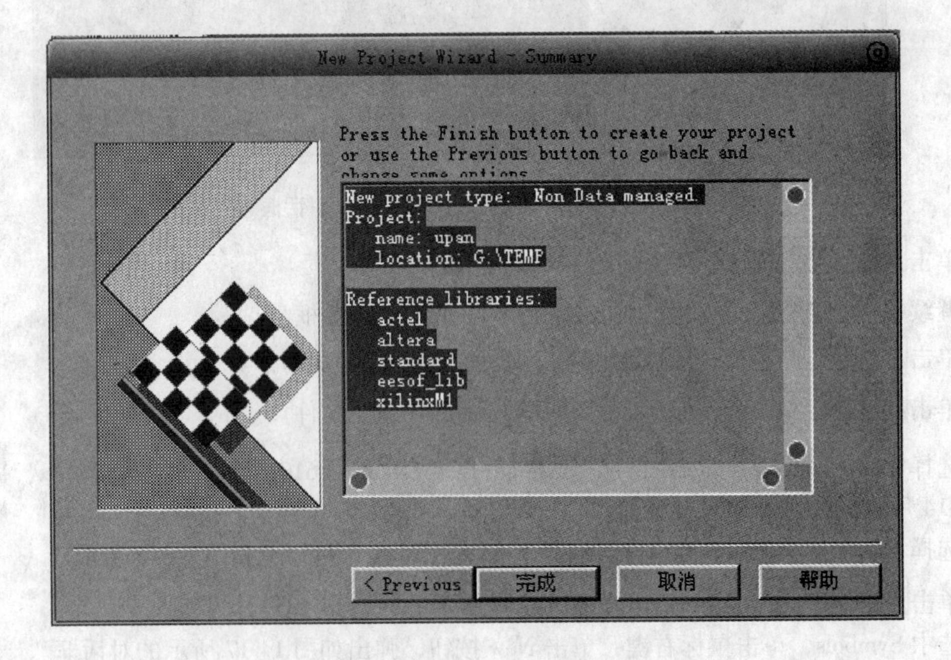

图 14-11 Summary 对话框

图 14-12　创建成功提示框

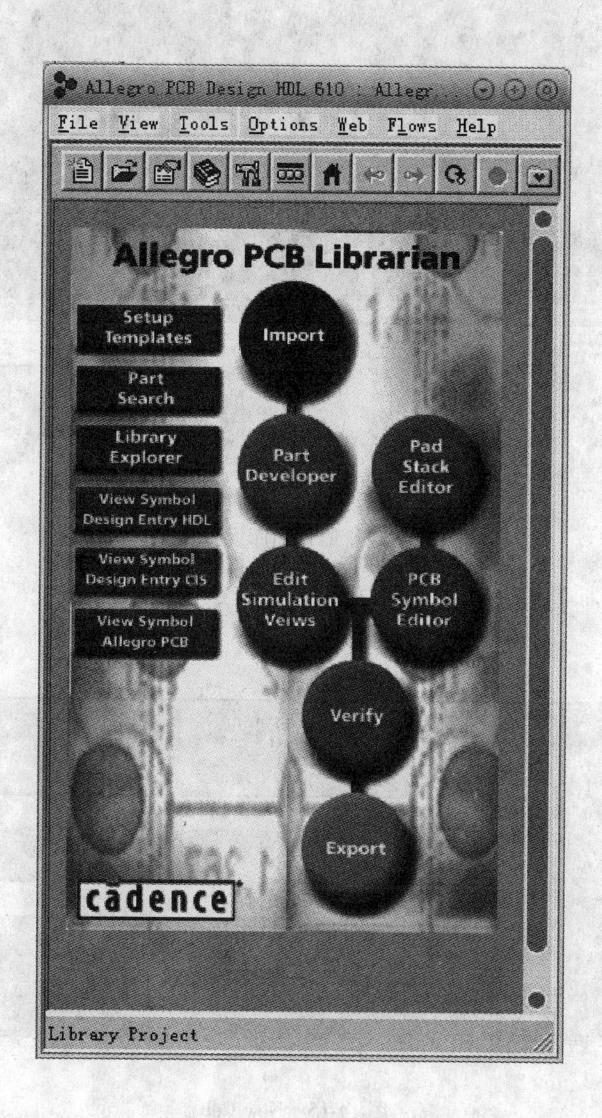

图 14-13　Library Project

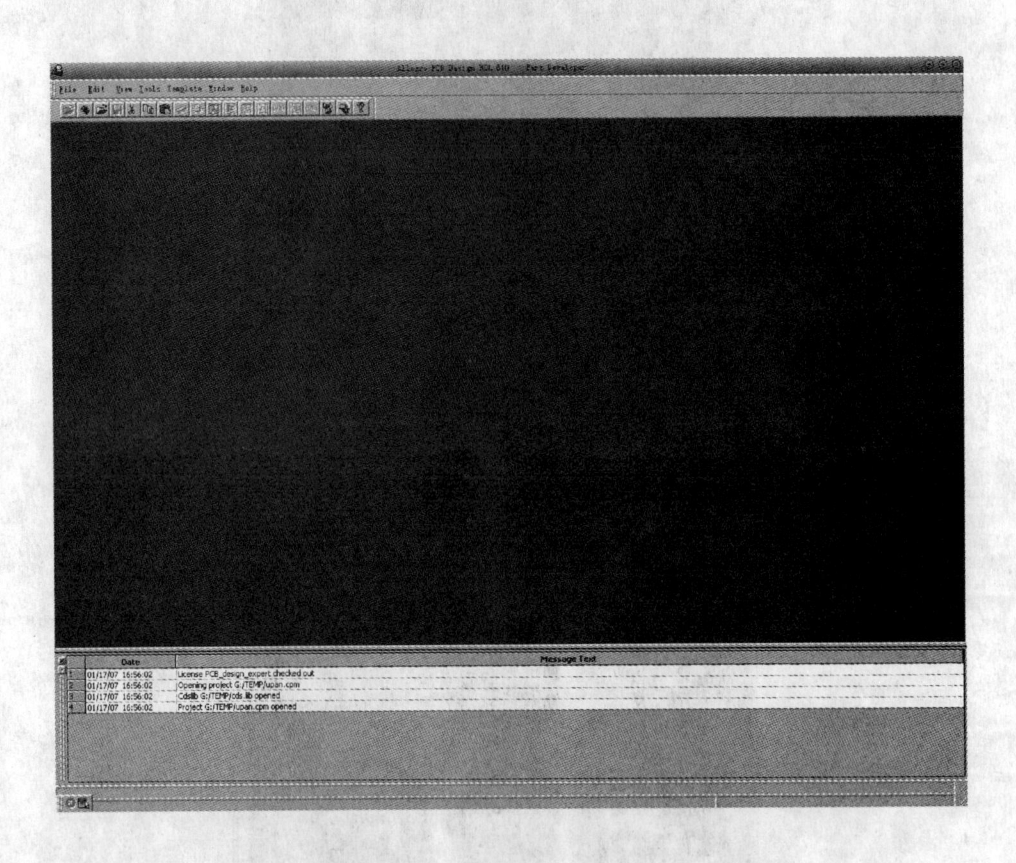

图 14-14　原理图库设计界面

New Cell

Library　upan_lib

Cell　IC1114

OK　Cancel　Help

图 14-15　New Cell

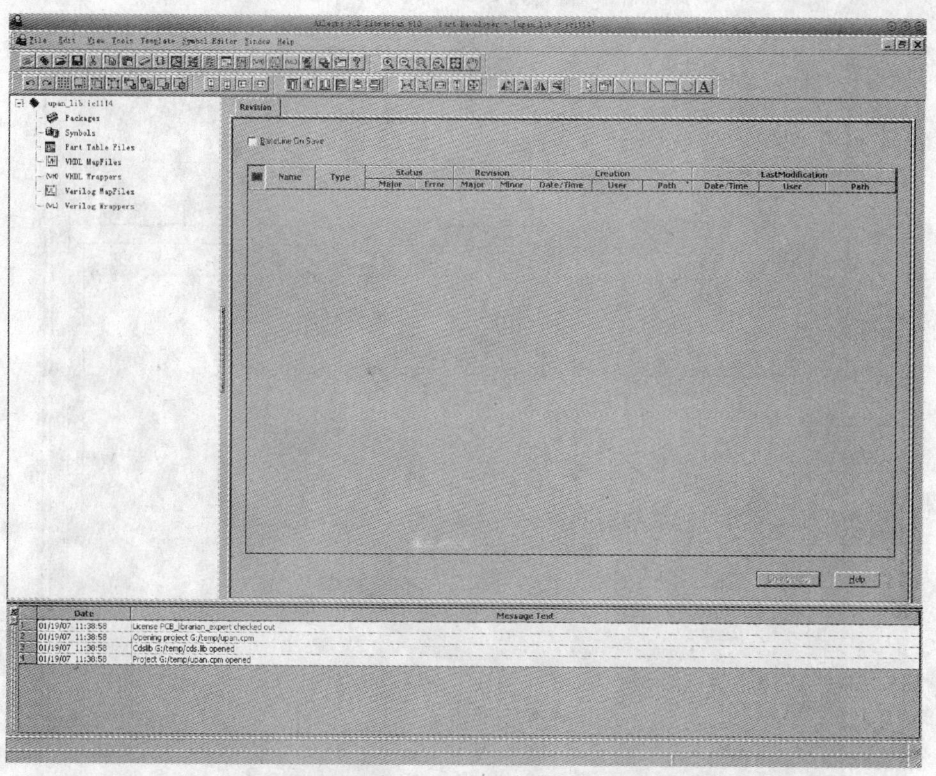

图 14-16　IC1114 库设计界面

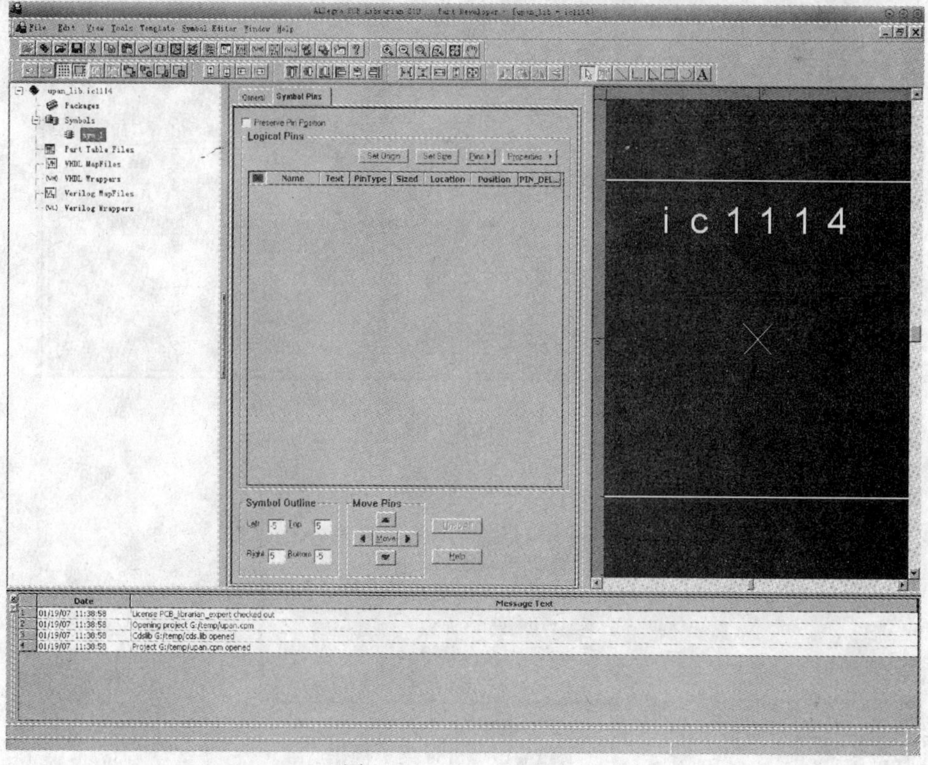

图 14-17　New Symbols

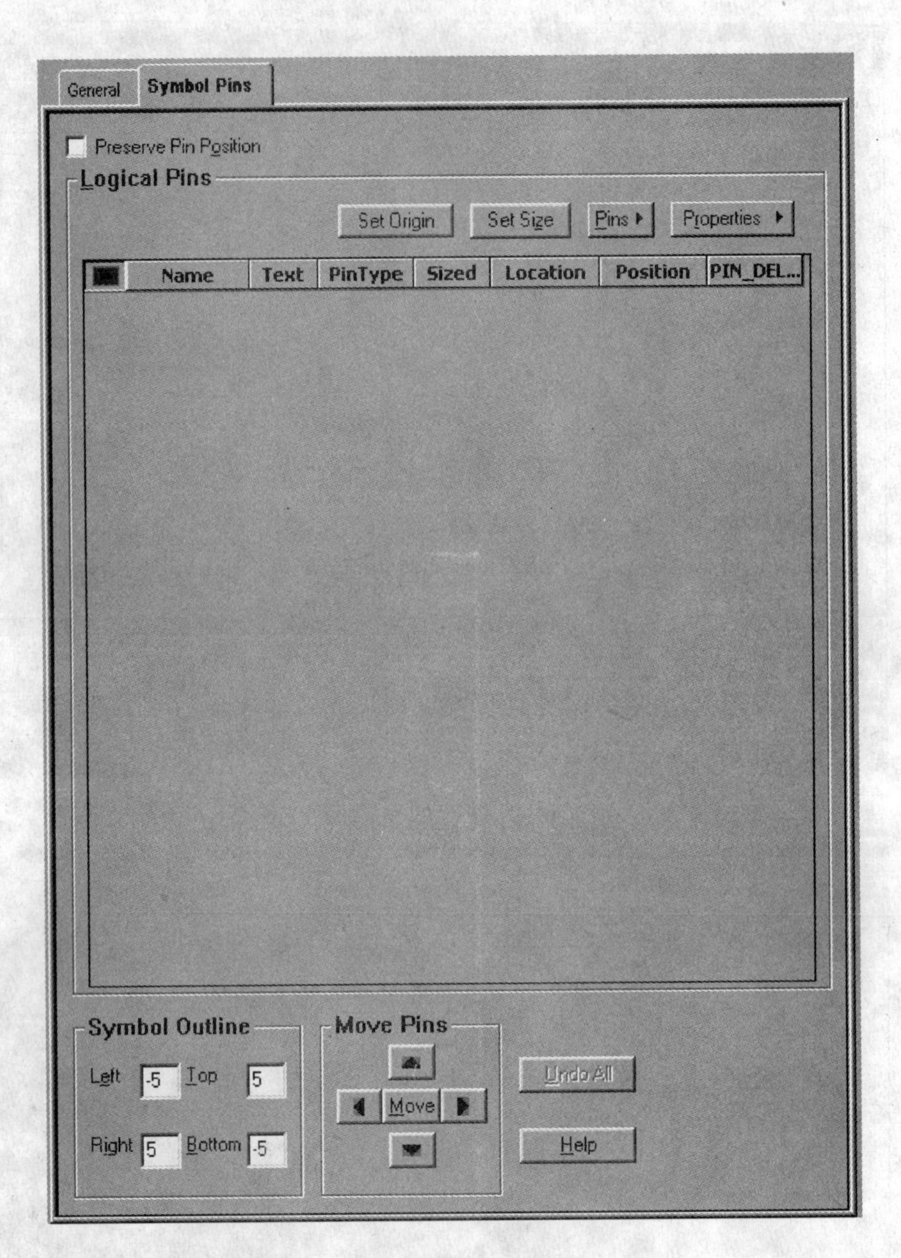

图 14-18 sym _ 1

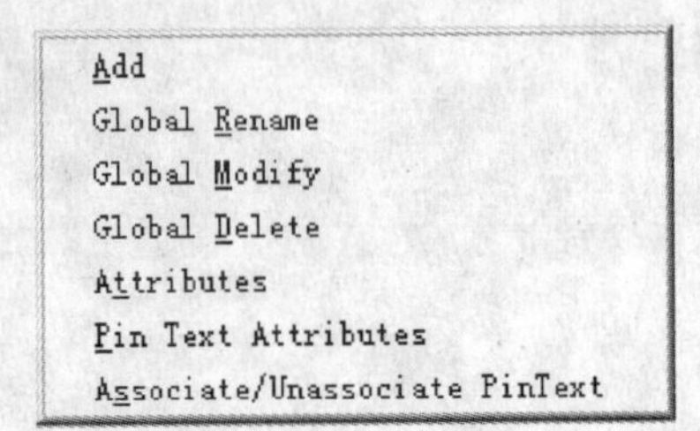

图 14-19 Pins 菜单操作

单击菜单中的 Add 命令，出现如图 14-20 所示的添加 Pin 信息界面。

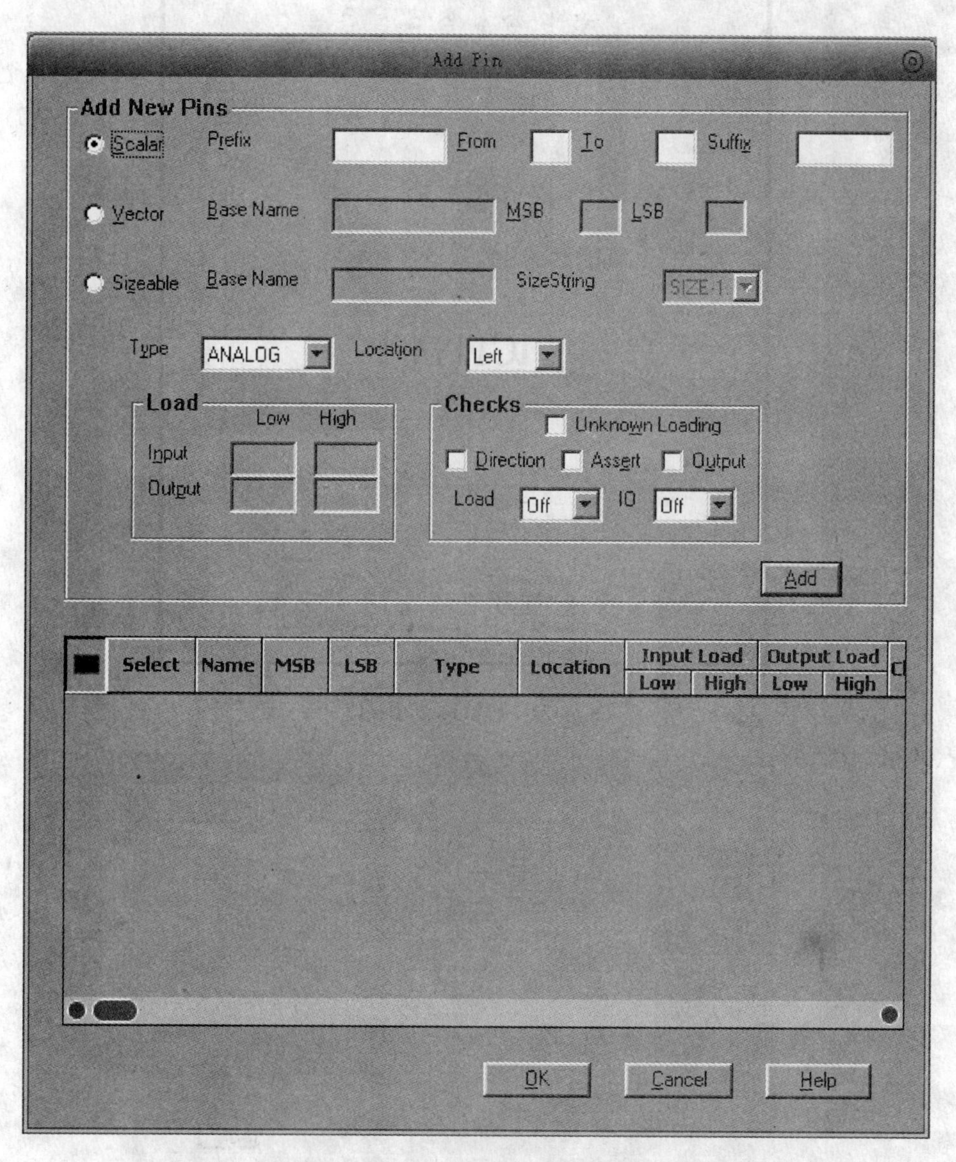

图 14-20　Pin 信息添加界面

IC1114 的 Pin 信息如图 14-21 所示，详细资料请看元件的 datasheet。

将对应的引脚信息从图 14-20 的界面添加到 sym_1 中，得到如图 14-22 所示的界面。

单击 OK 按钮，得到如图 14-23 所示的界面。

选中 sym_1，单击鼠标右键，出现如图 14-24 所示的菜单。

单击菜单中的 Generate Package 命令，得到 14-25 所示的创建 PCB 元件封装库。

可以看到 IC1114 已经增加了封装一项，选中 General 为当前视图，得到如图 14-26 所示的封装信息界面。

选择 Class 属性为 IC，RefDes Prefix 属性为 U。切换 Package Pin 为当前视图，得到如图 14-27 所示的封装引脚界面。

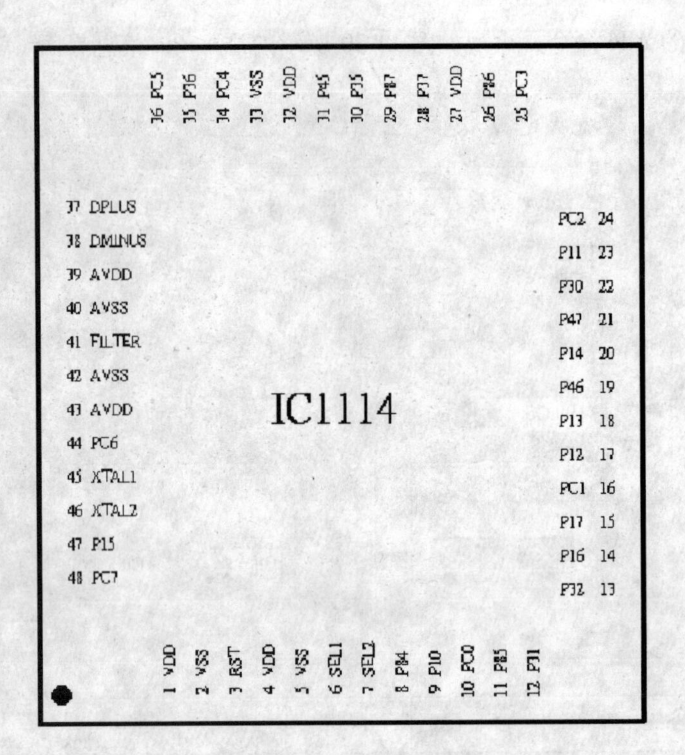

图 14-21　IC1114 的 Pin 信息

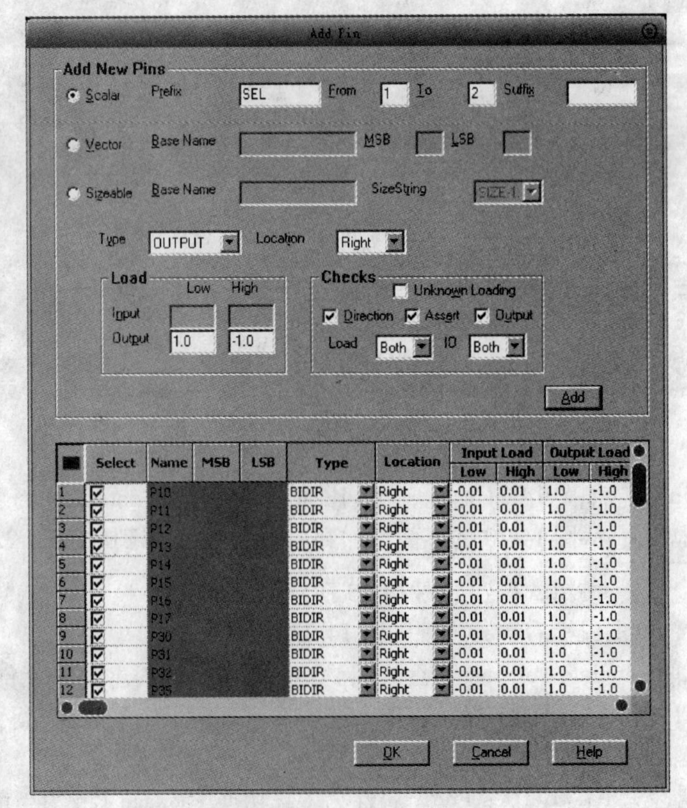

图 14-22　输入 Pin 信息界面

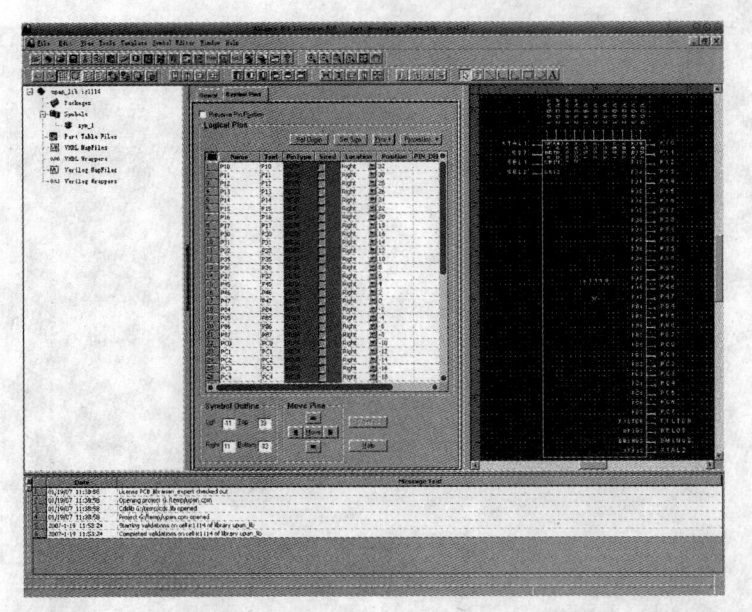

图 14-23　sym _ 1 设计界面

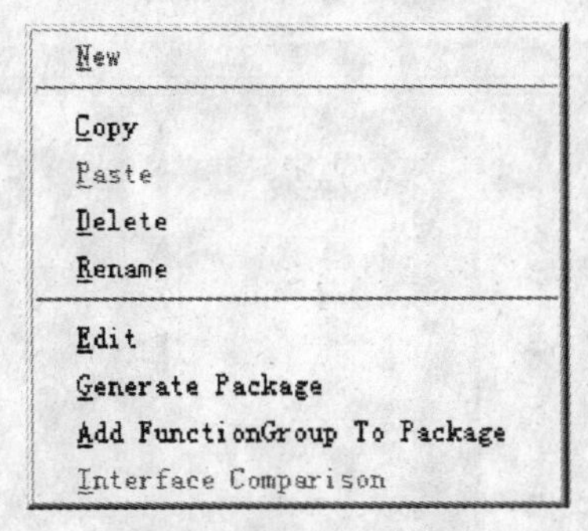

图 14-24　菜单操作

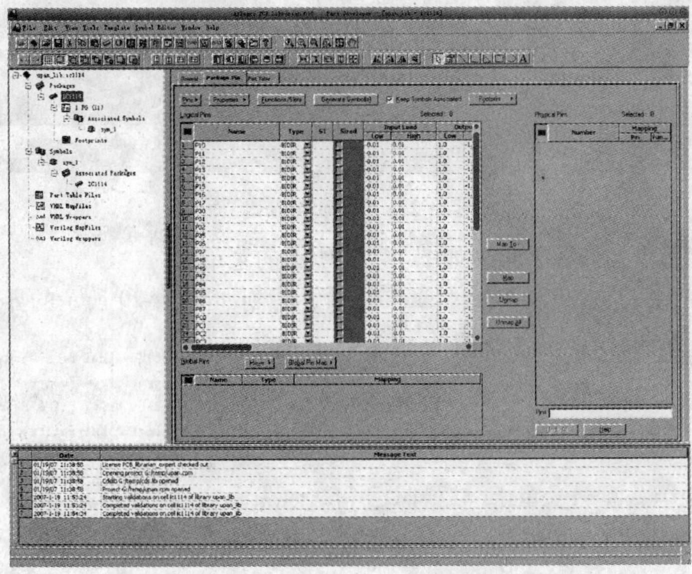

图 14-25　建立与 sym _ 1 对应的封装信息界面

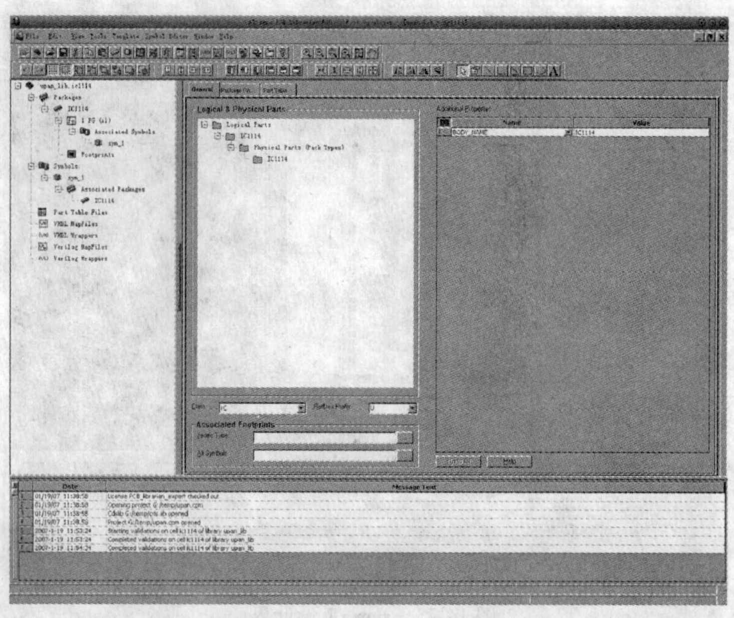

图 14-26　对应封装信息界面

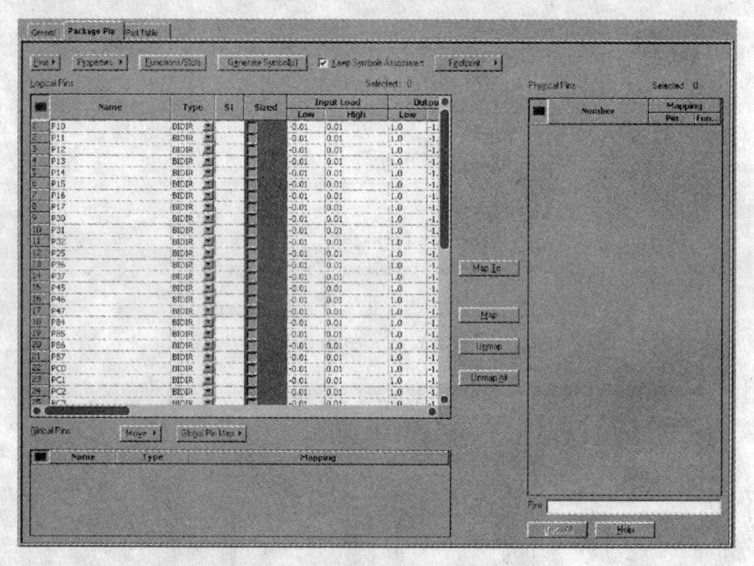

图 14-27　Package Pin 界面

单击 Footprint ▸ 按钮，出现如图 14-28 所示的菜单。

单击菜单中的 Add Physical Pins Manually 项，得到如图 14-29 所示的界面。

选择 Linear 方式，在空白处输入 1 ~ 48，单击 OK 按钮，得到如图 14-30 所示的界面。

根据 datasheet 进行映射，映射结果如图 14-31 所示。

保存文件，选中 sym _1，单击图标，进入 Symbol 设计界面，得到如图 14-32 所示的 IC1114 库设计界面。

为了绘制原理图时使用方便，对引脚位置进行调整。

Add Physical Pins Manually
Extract From Footprint
Select Using Ptf & Extract From Footprint
Select & Extract From Footprint
Verify With All Footprint(s)
Select Using Ptf & Verify With Footprint
Select & Verify With Footprint

图 14-28　Footprint 菜单

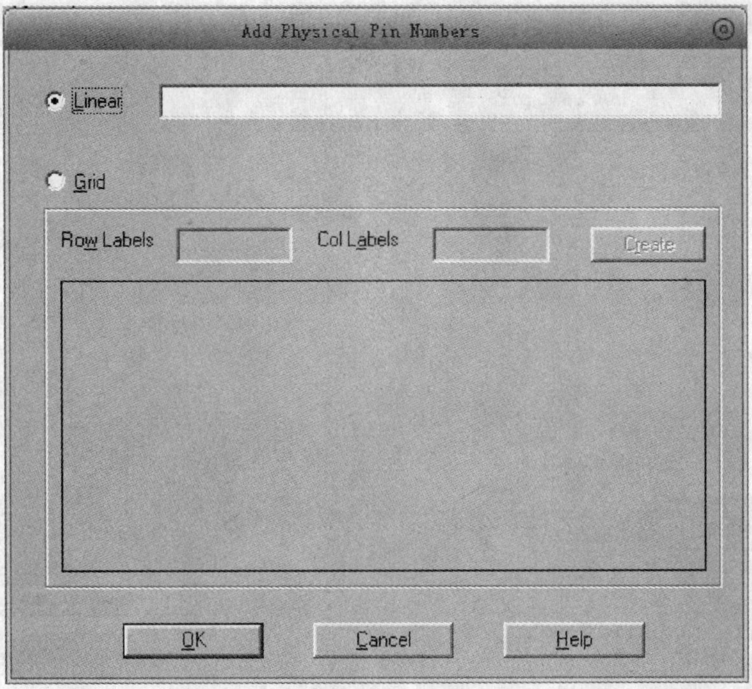

Add Physical Pin Numbers

Linear

Grid

Row Labels　Col Labels　Create

OK　Cancel　Help

图 14-29　Add Physical Pin Numbers 界面

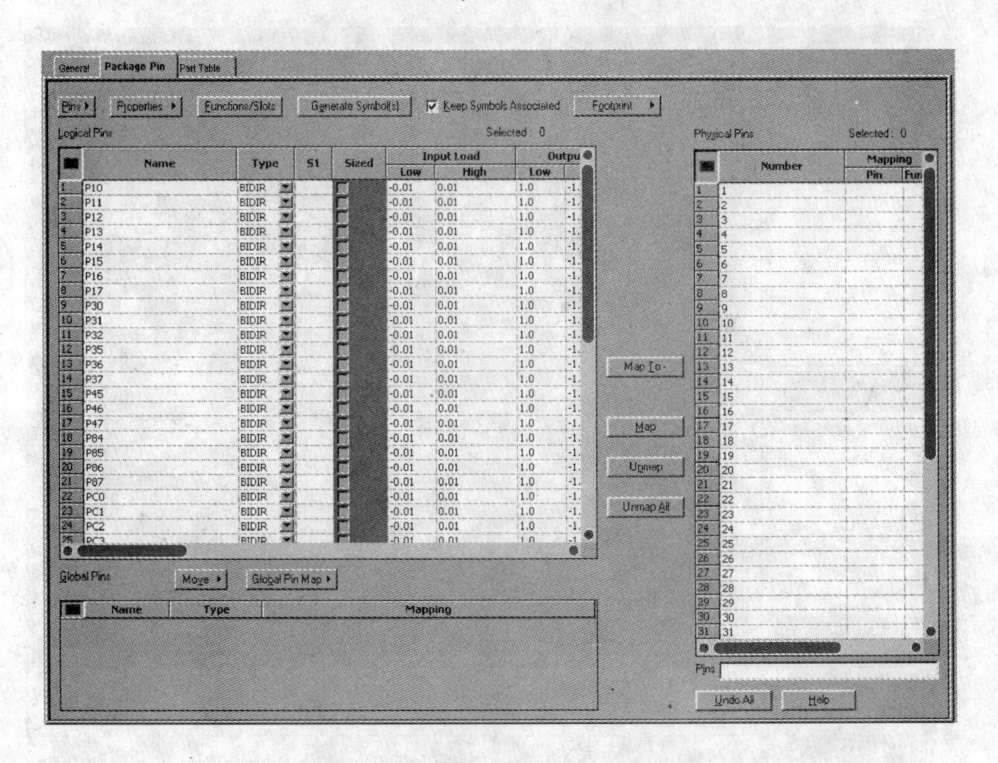

图 14-30　添加了 Physical Pins 的界面

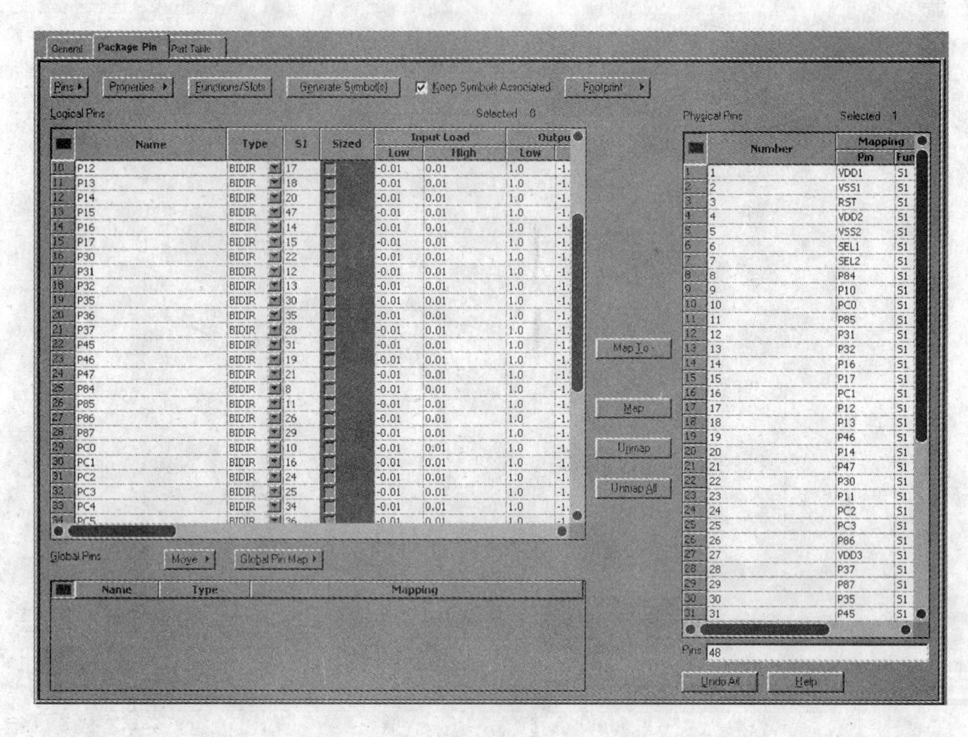

图 14-31　映射结果

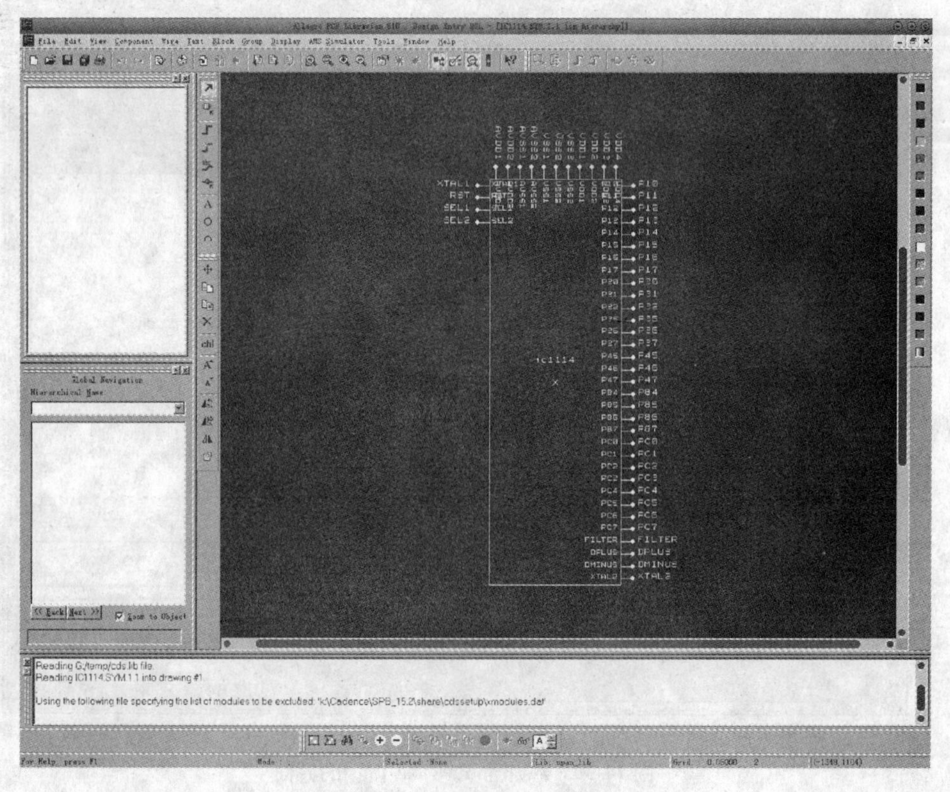

图 14-32　IC1114 库设计界面

调整引脚分布后的结果如图 14-33 所示。

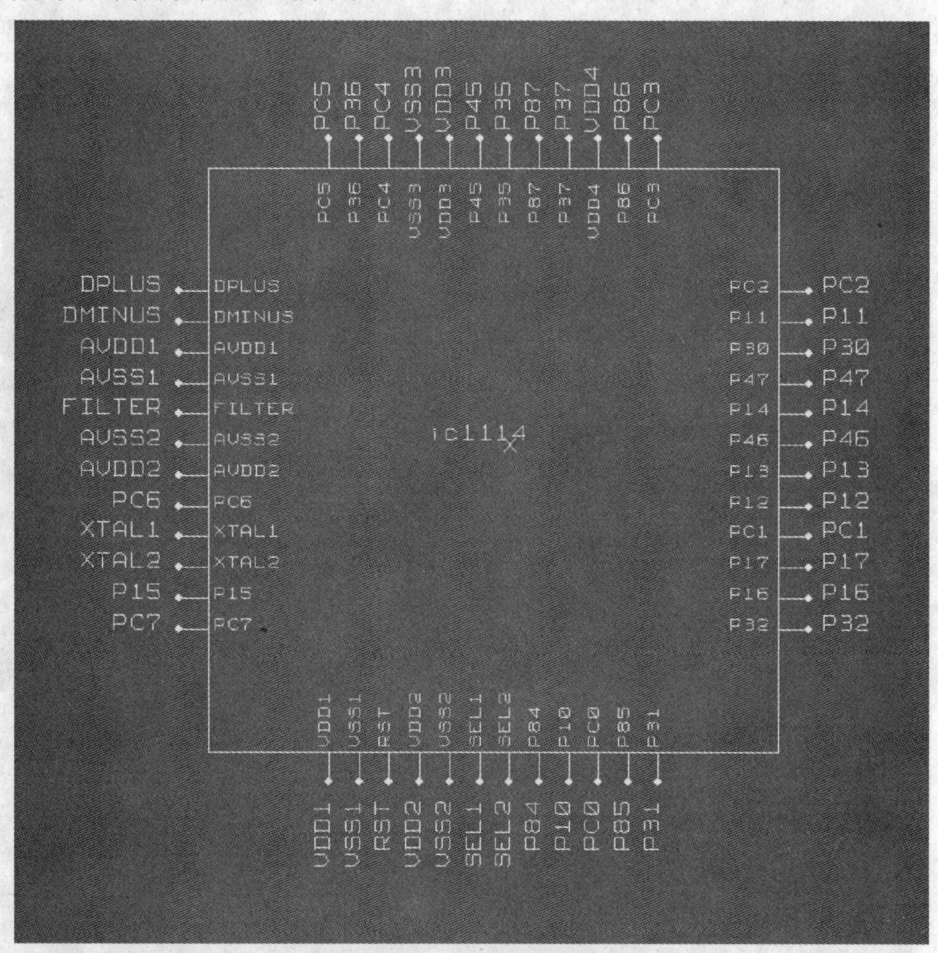

图 14-33　调整引脚分布后的 IC1114 库

保存文件，关闭库设计界面。选中 General 为当前界面，进行属性设置。属性设置完成后如图 14-34 所示。

Properties

	Name	Value	Visibility	Location	Text Heig...	Alignment	Rotation	Parame
1	$LOCATION	U?	Value	Center	0.050	Left	0	☐
2	JEDEC_TYPE	?	Invisible	Center...	0.050	Left	0	☐
3	PART_VALUE	IC1114	Invisible	Center...	0.050	Left	0	☐

图 14-34　属性设置后

由于封装库还没有设计，因此 JEDEC_TYPE 属性设置为“?”，在原理图设计时，再进行封装指定，这将在后面介绍。保存设计，完成 IC1114 的 Symbol 元件库设计，关闭当前设计。放进原理图的显示结果如图 14-35 所示。

图 14-35　IC1114 在原理图中的显示

2. Flash 存储器芯片 K9F1208U0M

K9F1208U0M 元件资料如图 14-36 所示，具体请看 datasheet。

按照 IC1114 的设计步骤设计出 K9F1208U0M 的元件库如图 14-37 所示。

用同 IC1114 的方法进行属性设置，就完成了 K9F1208U0M synbol 库设计，保存设计，退出库设计界面。将 K9F1208U0M 放进原理图的显示结果如图 14-38 所示。

14.4.2　PCB 封装库的设计

1. IC1114 封装库——F48LQ 封装库设计

从程序中打开 PCB Librarian，如图 14-39 所示。

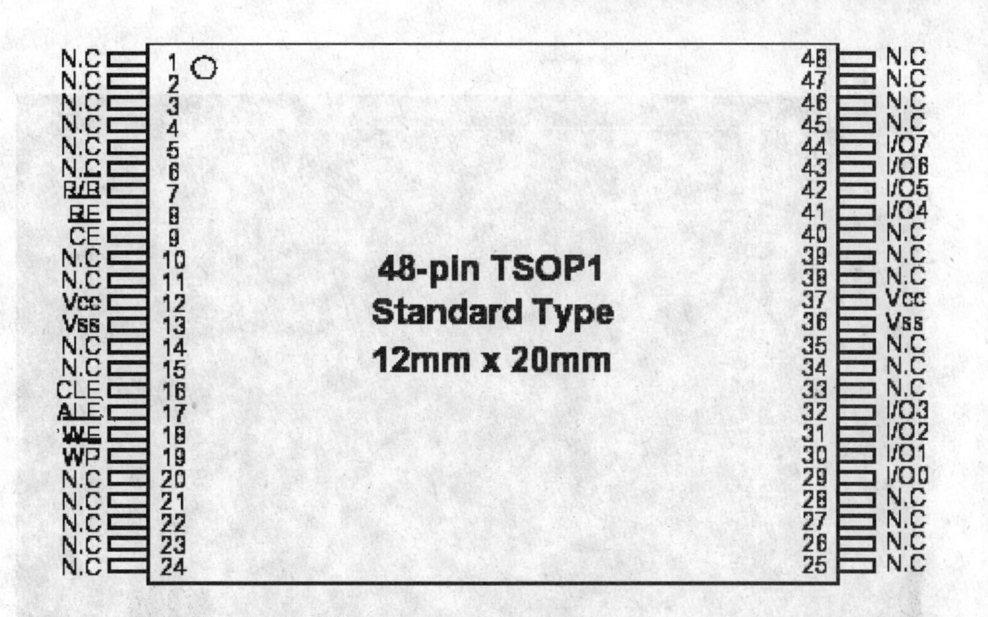

图 14-36　K9F1208U0M 引脚信息

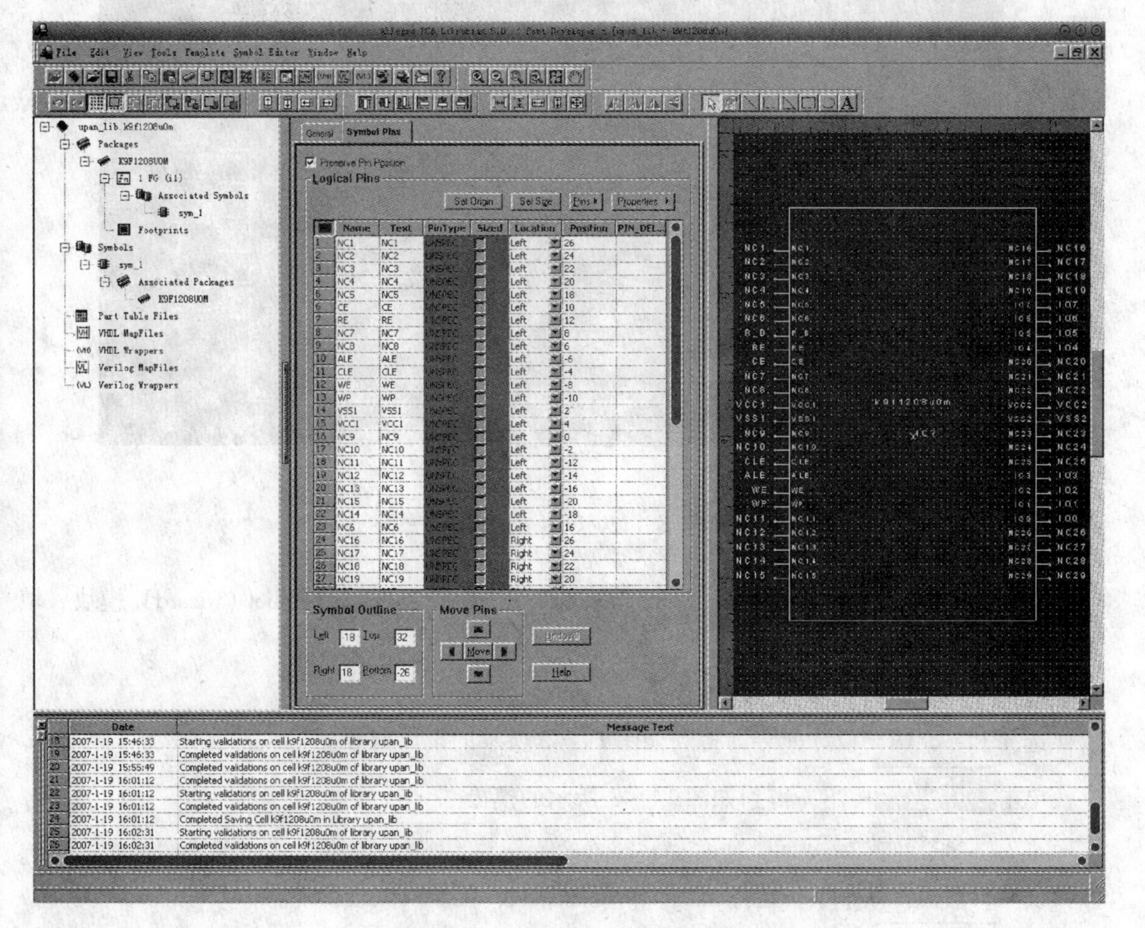

图 14-37　K9F1208U0M 原理图库

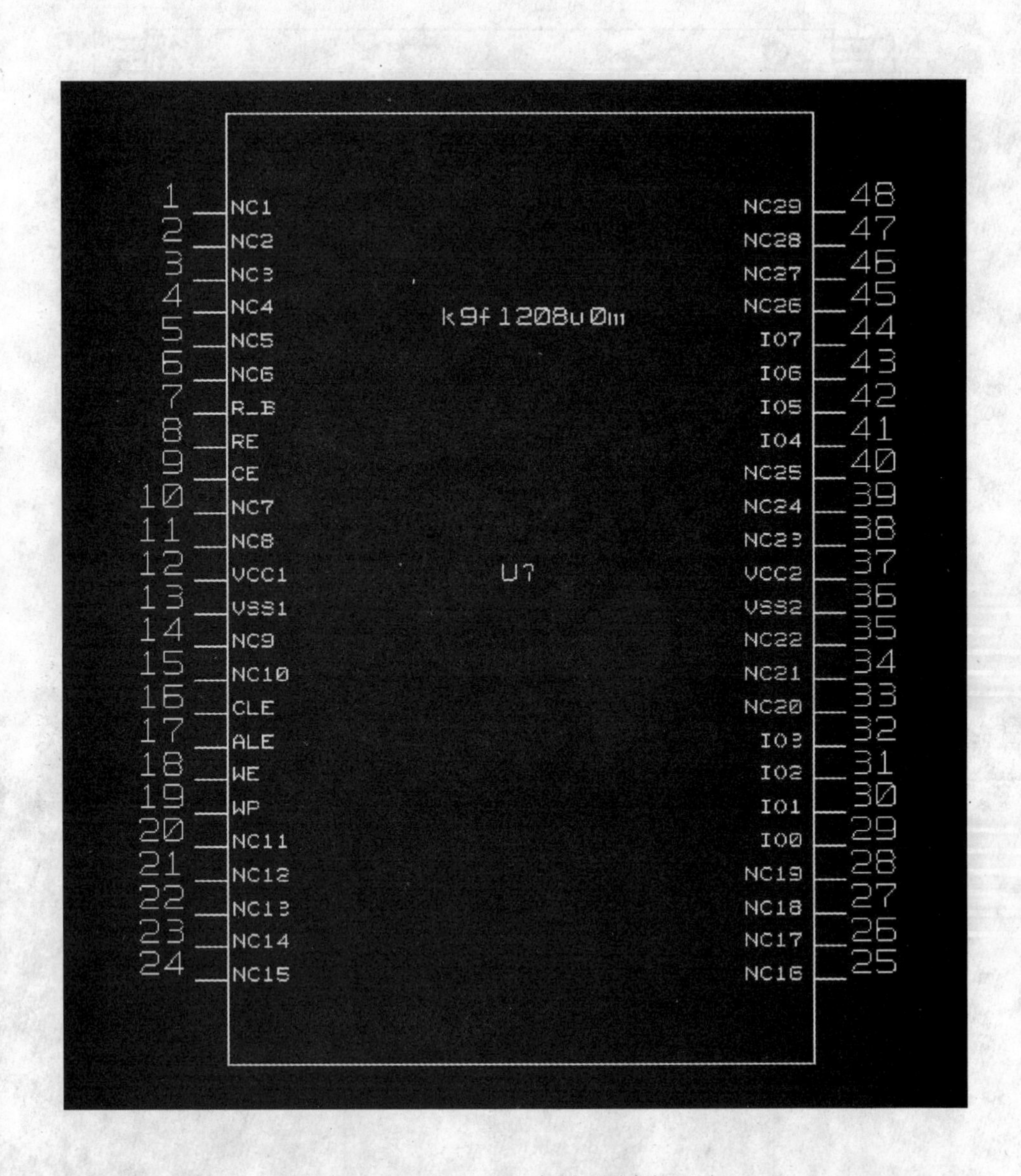

图 14-38　K9F1208U0M 在原理图中的显示

选择 File/New，弹出如图 14-40 所示的对话框，选择 Package Symbol（wizard）模块，填写封装名称 F48LQ。

单击 OK 按钮，弹出如图 14-41 所示的界面。

选择 PLCC/QFP 设计向导，得到如图 14-42 所示的设计向导。

单击 Next > 按钮，得到如图 14-43 所示的模板。

单击 Load Template 按钮，执行模板文件。单击 Next > 按钮，弹出如图 14-44 所示。参数设置对话框，其中单位选择公制，精度为 3 位，位号前缀选择 U。

单击 Next > 按钮，弹出如图 14-45 所示的引脚布置对话框，其中设置好每边的引脚

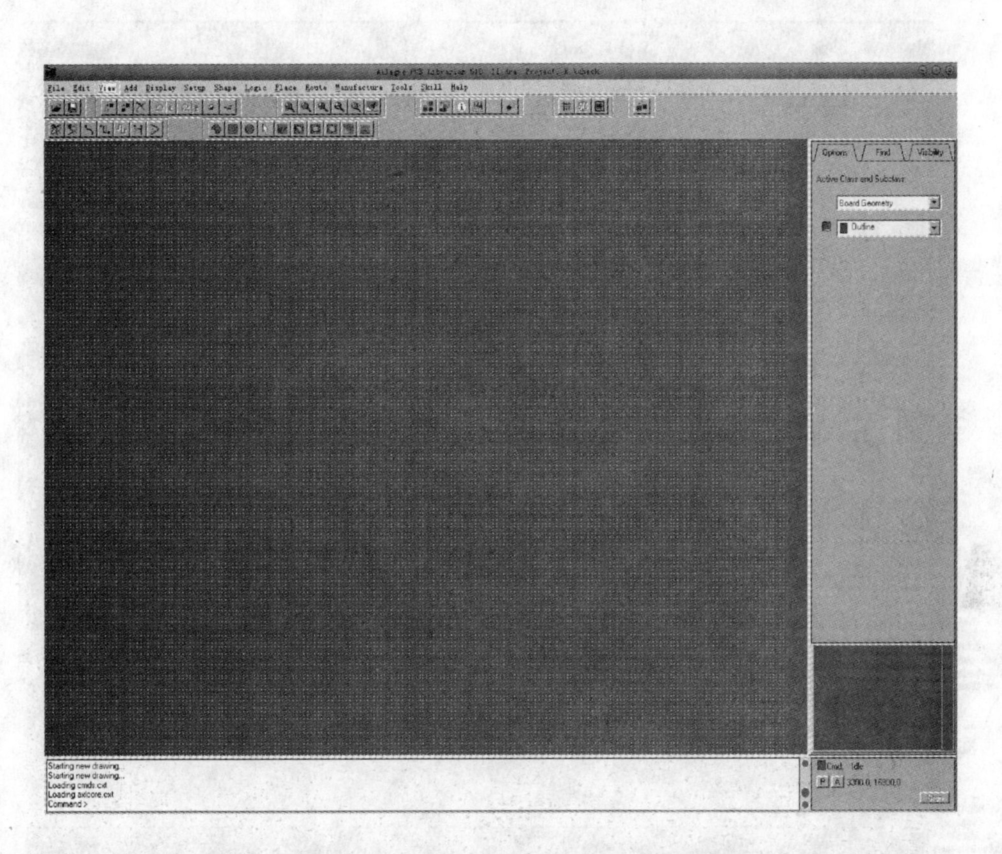

图 14-39　PCB 封装库设计

New Drawing

Project Directory:　E:\check

Drawing Name:　F48LQ

Drawing Type:　Package symbol (wizard)

Module
Package symbol
Package symbol (wizard)
Mechanical symbol
Format symbol

Browse...　OK　Cancel　Help

图 14- 40　New Drawing 对话框

数为 12，引脚间距为 0.5，选择 1 脚的位置为 Top left corner，详细信息请看元件资料。

单击 Next > 按钮，弹出如图 14- 46 所示的填写封装信息。

单击 Next > 按钮，选择焊盘，将路径设置到存放焊盘的位置，选择已设计好的 F48LQ 焊盘，如图 14- 47 所示。

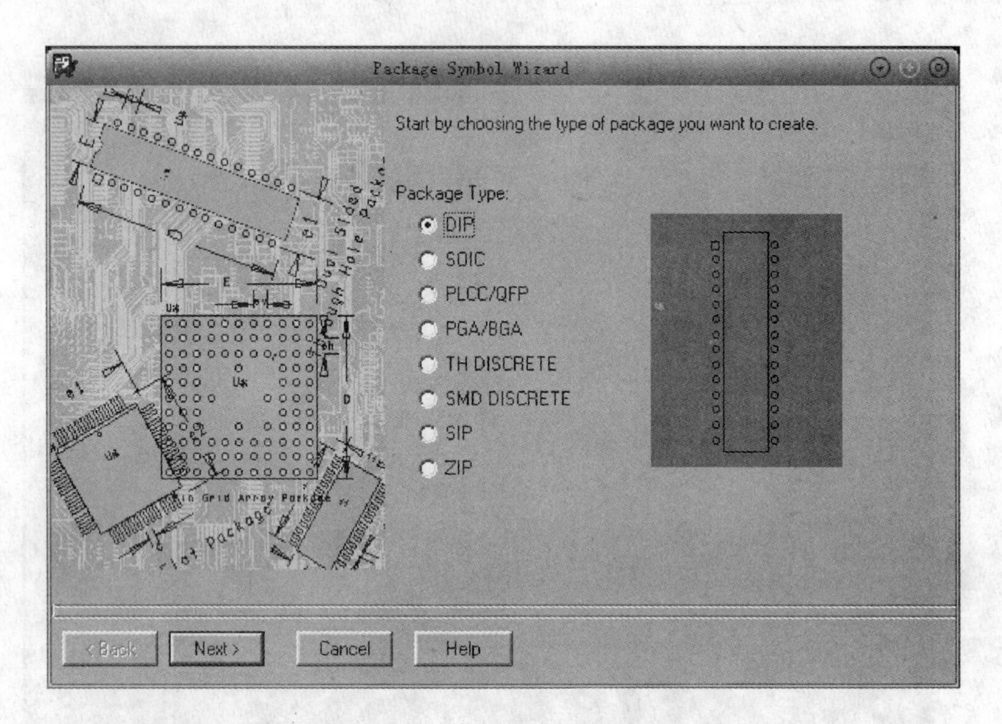

图 14-41　Package Symbol Wizard 界面

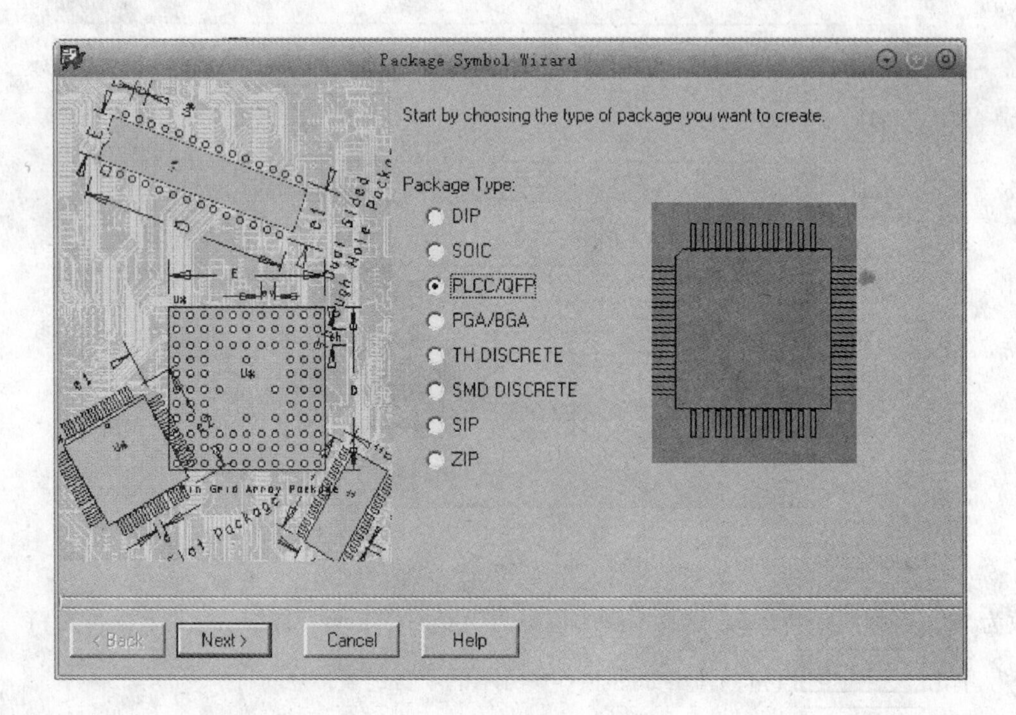

图 14-42　PLCC/QFP 设计向导

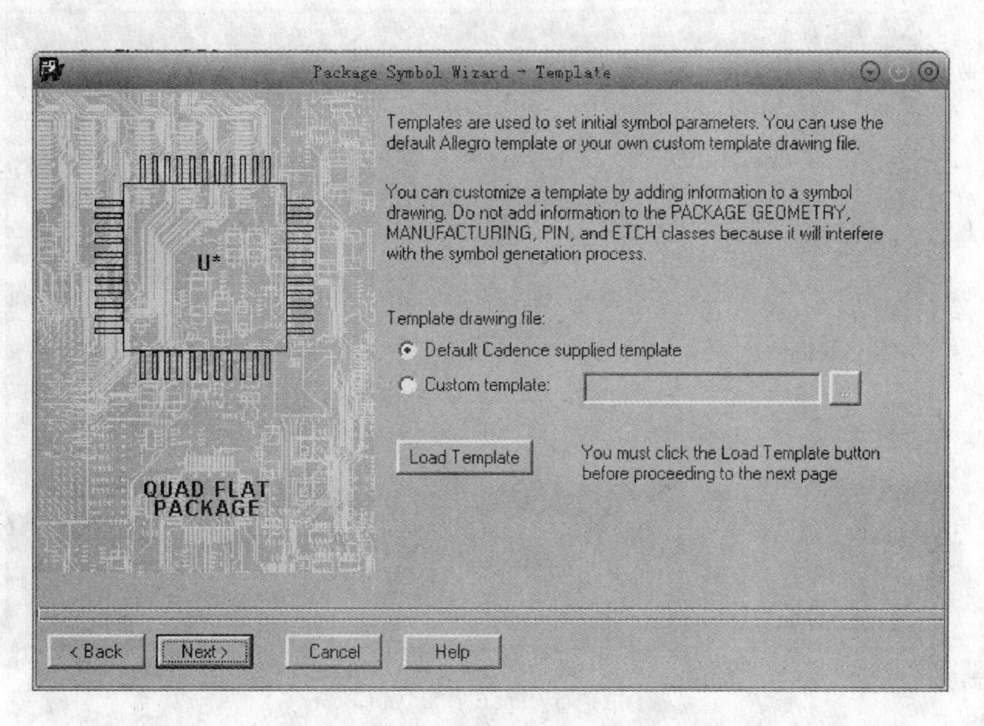

图 14-43　PLCC/QFP 设计向导模板

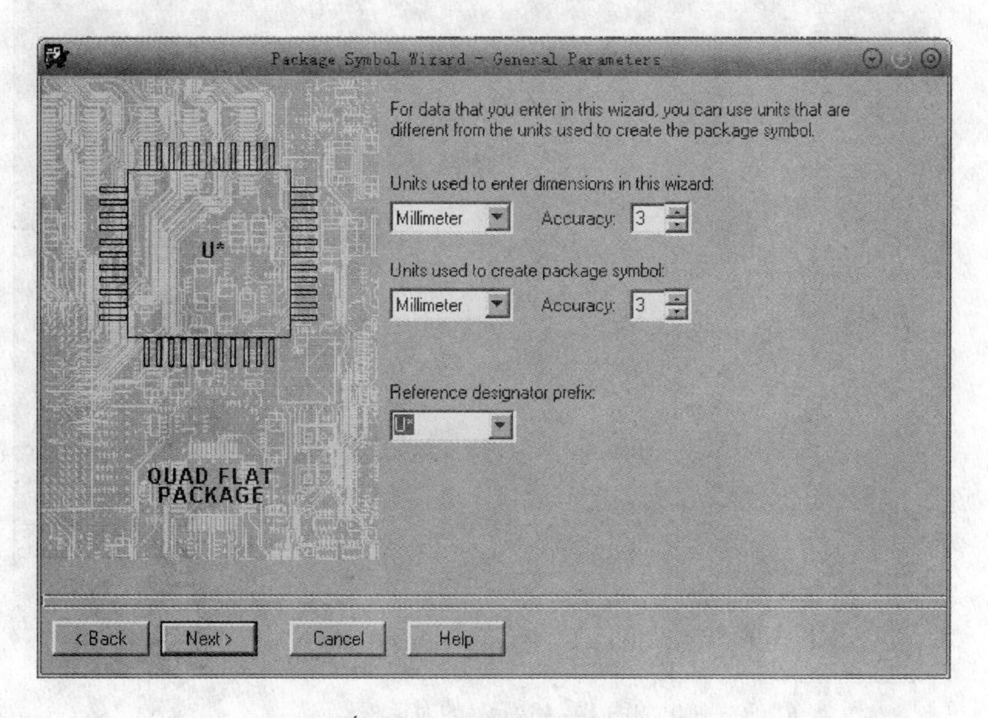

图 14-44　参数设置对话框

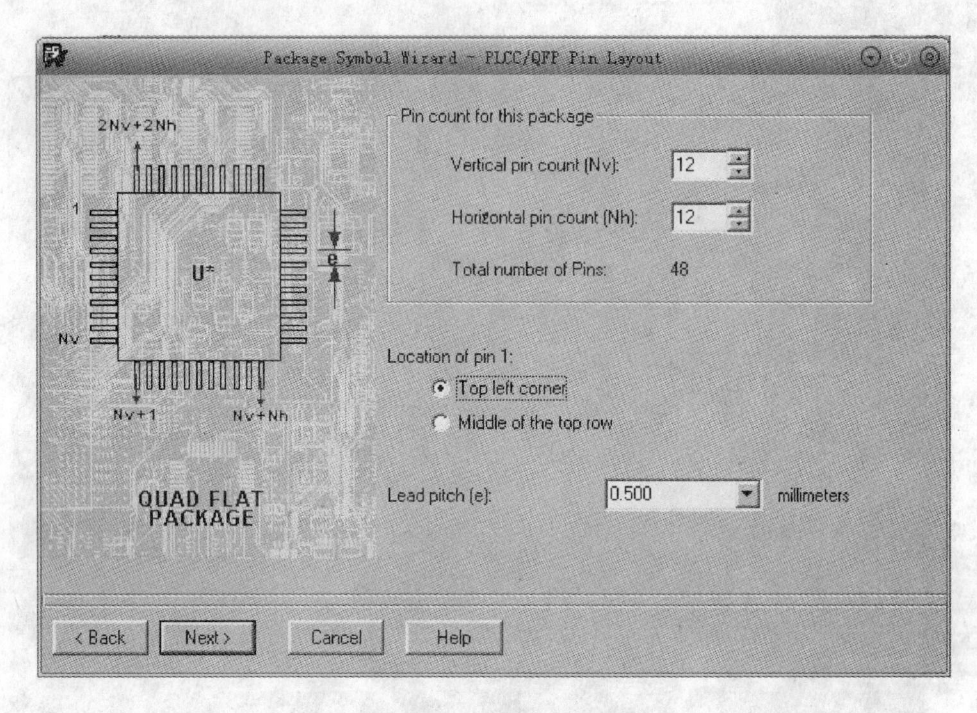

图 14-45　PLCC/QFP Pin Layout

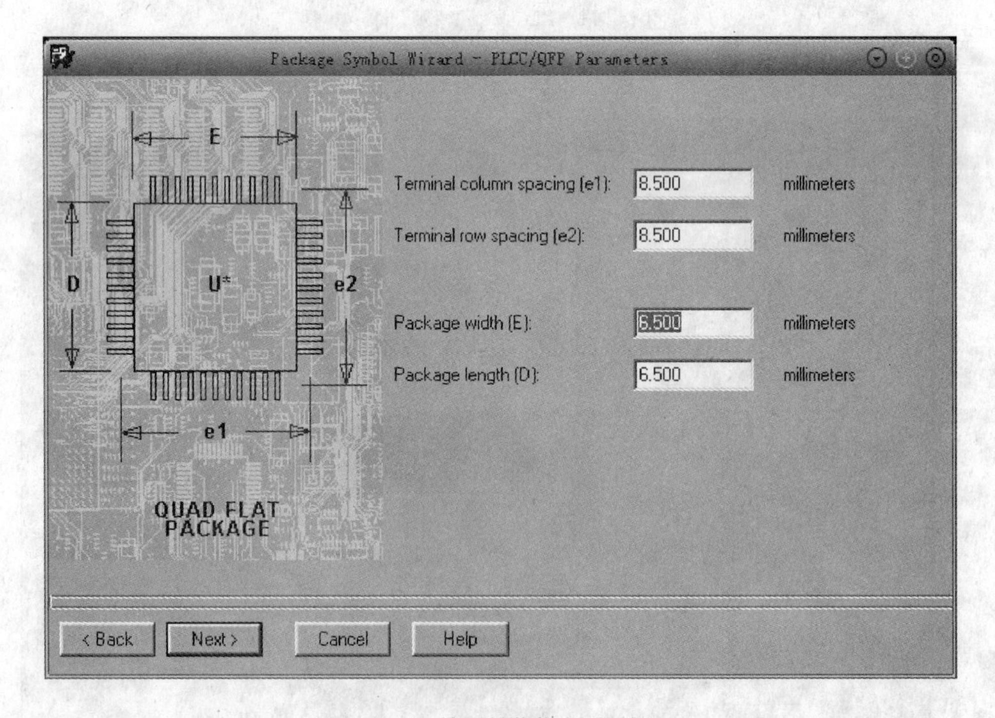

图 14-46　填写封装信息对话框

单击 Next > 按钮，弹出如图 14-48 所示的对话框。

继续单击 Next > 按钮，弹出如图 14-49 所示的对话框。

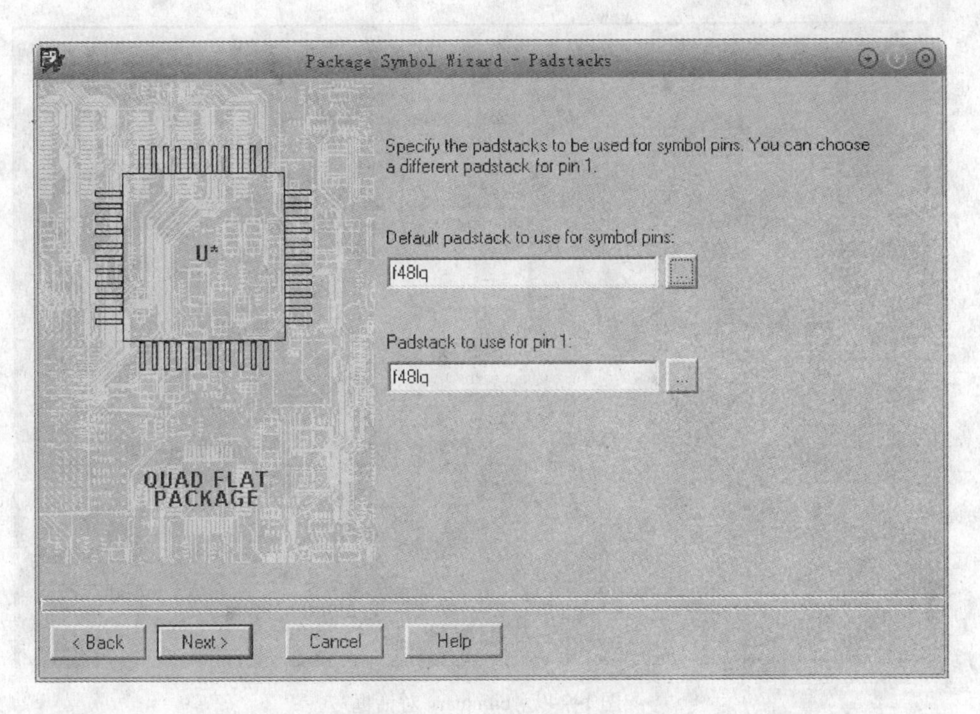

图 14-47　选择焊盘

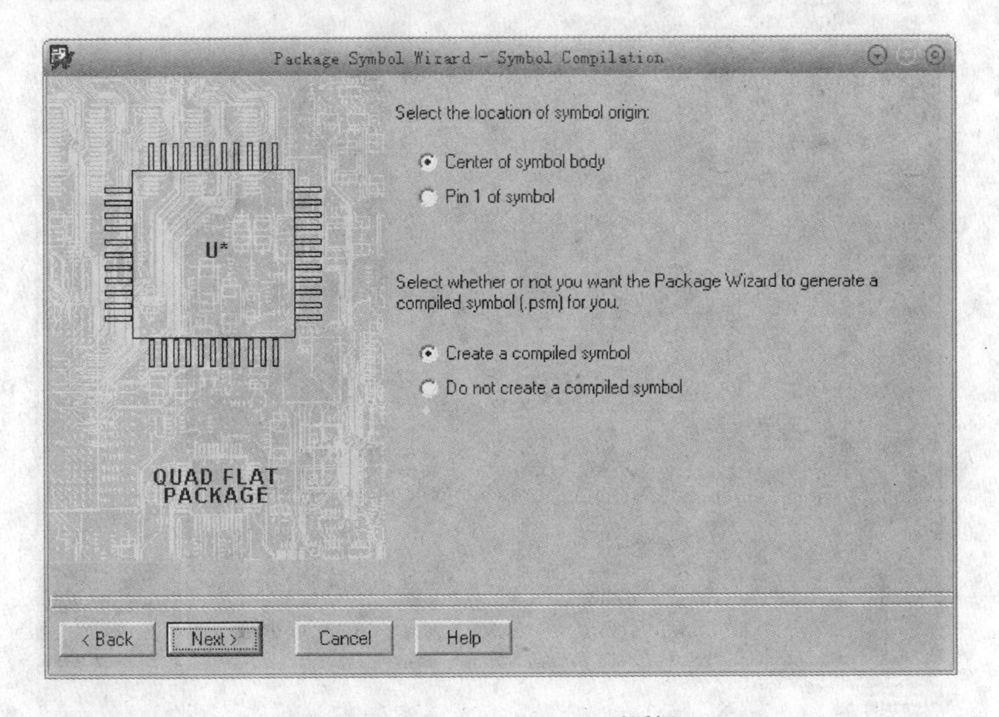

图 14-48　Symbol Compilation 对话框

单击 Finish 按钮，弹出如图 14-50 所示的完成封装库的设计界面。

对库进行一些调整和修改并增加 1 脚标记，得到如图 14-51 所示的封装库。

选择 File/Create Symbol，保存设计，完成 F48LQ 封装库设计。

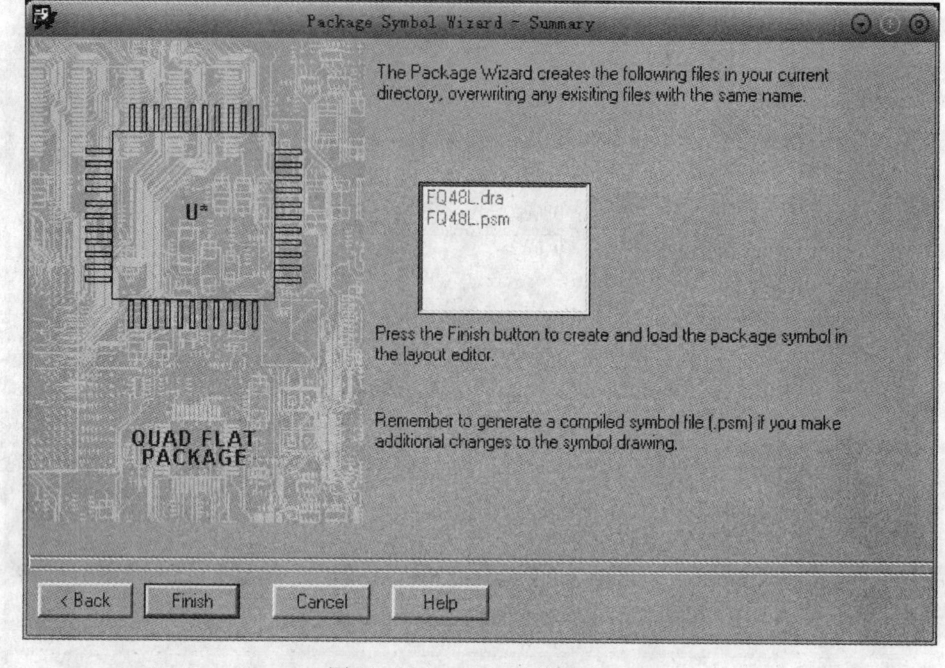

图 14-49　Summary 对话框

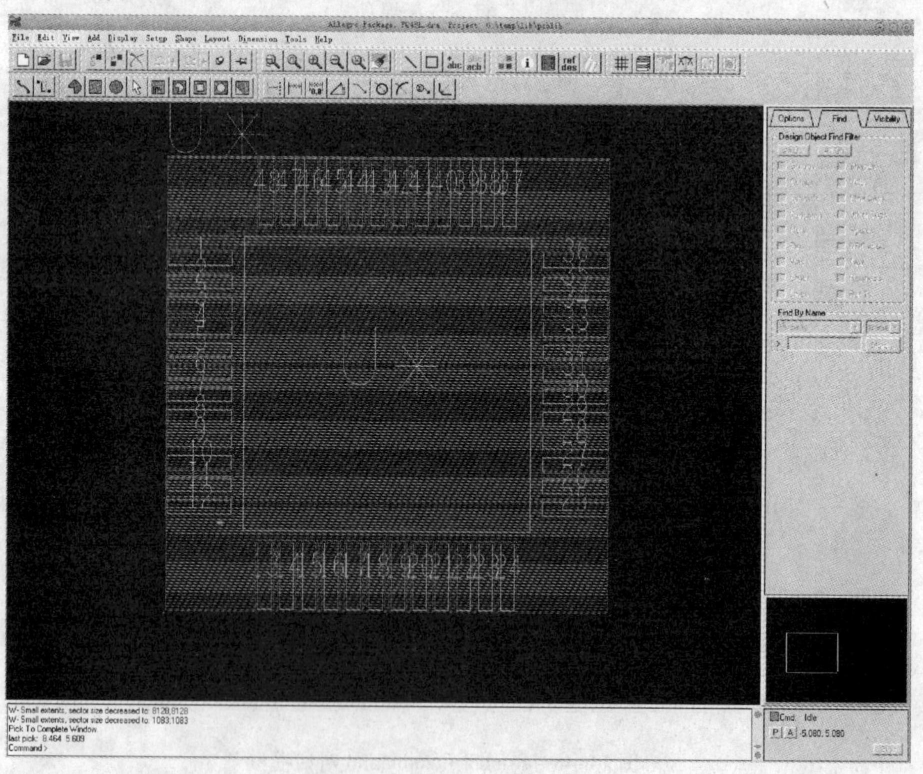

图 14-50　完成封装库的设计

2. K9F1208U0M 封装库——SOP48 设计

按照与 F48LQ 相同的步骤，根据元件资料，完成 SOP48 的设计，如图 14-52 所示。

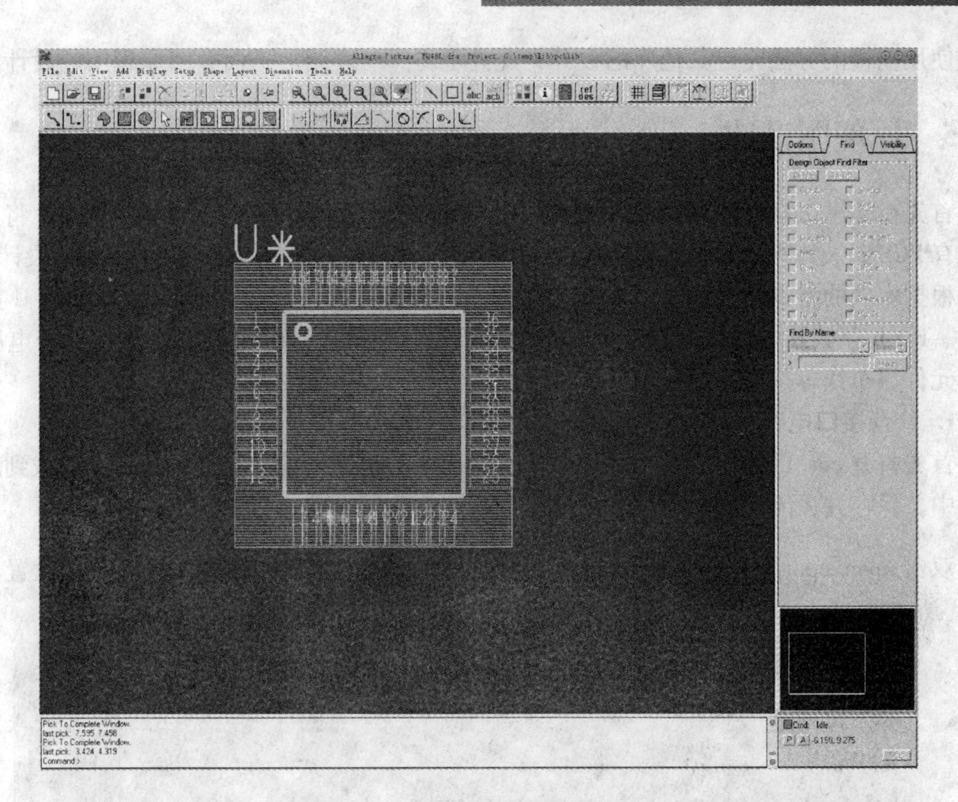

图 14-51　完成调整的 F48LQ 封装库

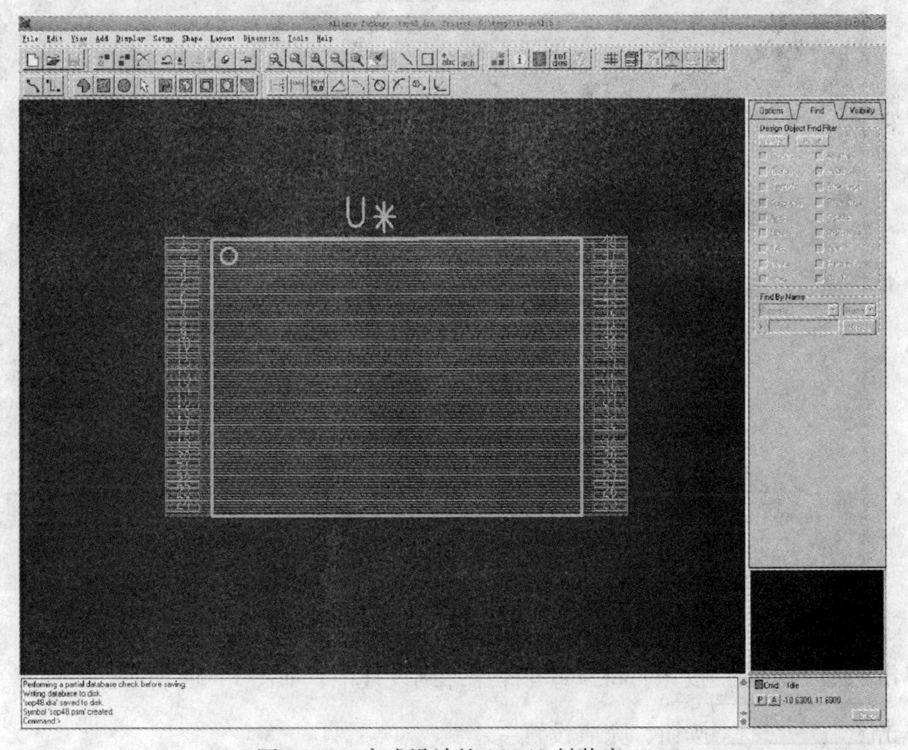

图 14-52　完成设计的 SOP48 封装库

使用同样的方法完成其他库的设计，此处不再一一介绍。下面介绍原理图的设计。

14.5　原理图设计

首先在已建立的 upan 项目管理器相同的目录层，建立 pcblib 和 schlib 文件夹，将此项目的所有 PCB 封装库和原理图库均放在这两个相应的文件夹下面。就可以开始原理图设计了。

根据本例的特点，本章采用模块化的方法绘制原理图，将整个原理图划分为 U 盘接口电路、Flash 存储器电路、电源模块电路、连接器电路等 4 部分电路，先对每部分电路进行放置元件、布线等操作，最后对整个原理图进行编译和修改。

1. U 盘接口电路

首先打开 cds. lib 文件，增加一行“define schlib schlib”命令，将 schlib 库加载到所使用的库中，保存并关闭文件。

双击 upan. cpm 文件，打开 upan 项目管理器，单击 Setup 图标，进入原理图库设置，如图 14-53 所示。

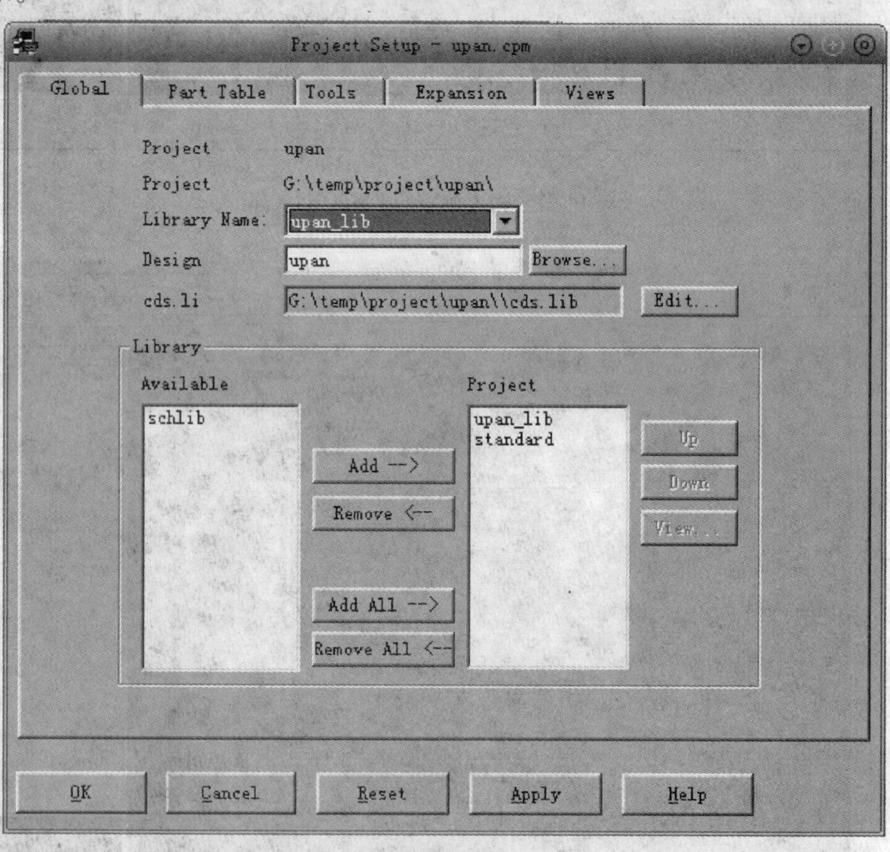

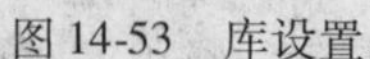

图 14-53　库设置

单击 Add All --> 按钮，将 schlib 库添加到设计中，如图 14-54 所示。

单击 OK 按钮，完成设置。

单击 Design Entry 图标，进入原理图设计界面，如图 14-55 所示。

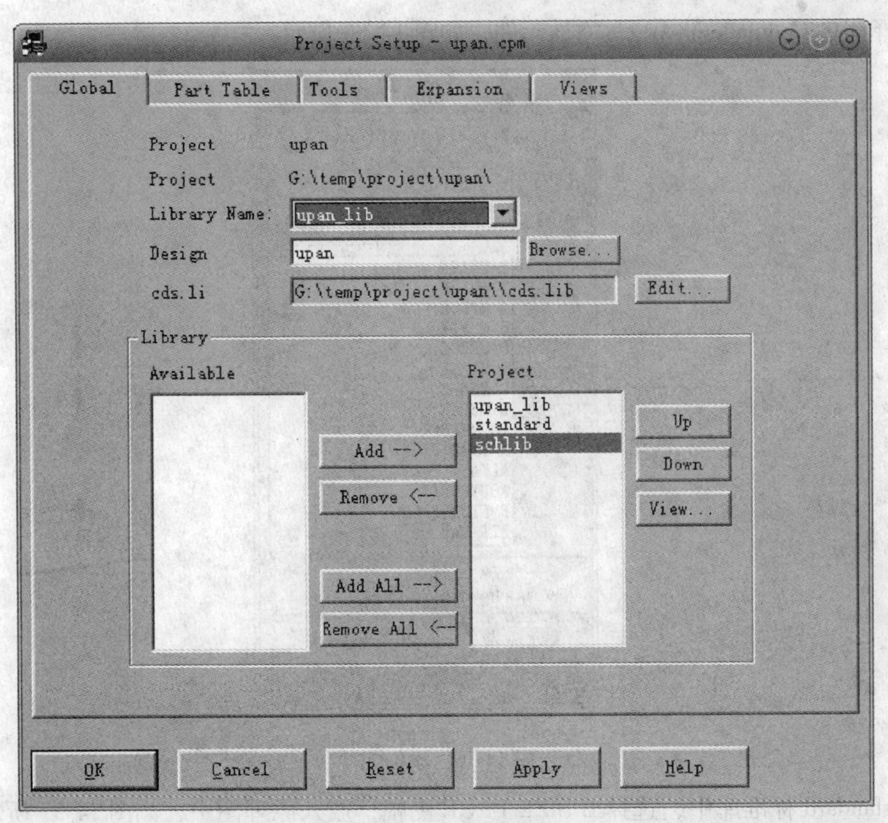

图 14-54　添加原理图库

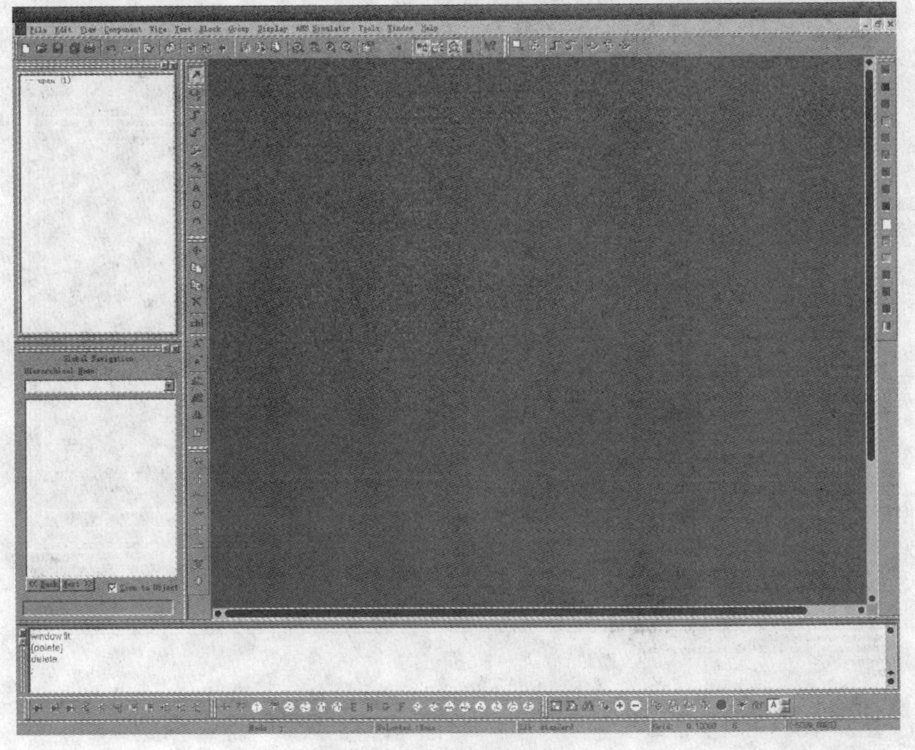

图 14-55　原理图设计界面

选择菜单 Component/Add，添加元件，如图 14-56 所示。

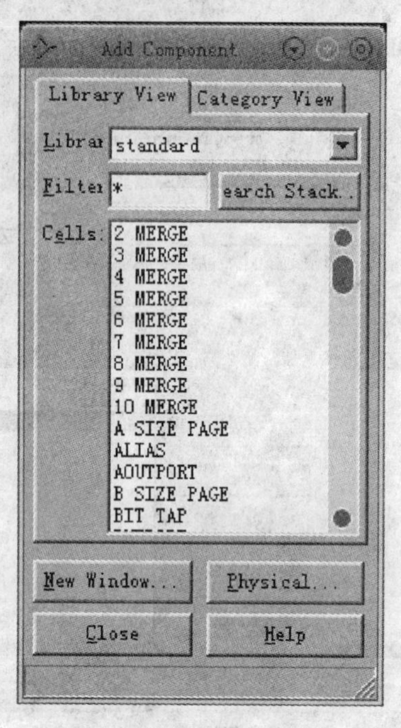

图 14-56　添加元件

在 standard 标准库中，选择 B SIZE PAGE 图幅，放入原理图中，如图 14-57 所示。

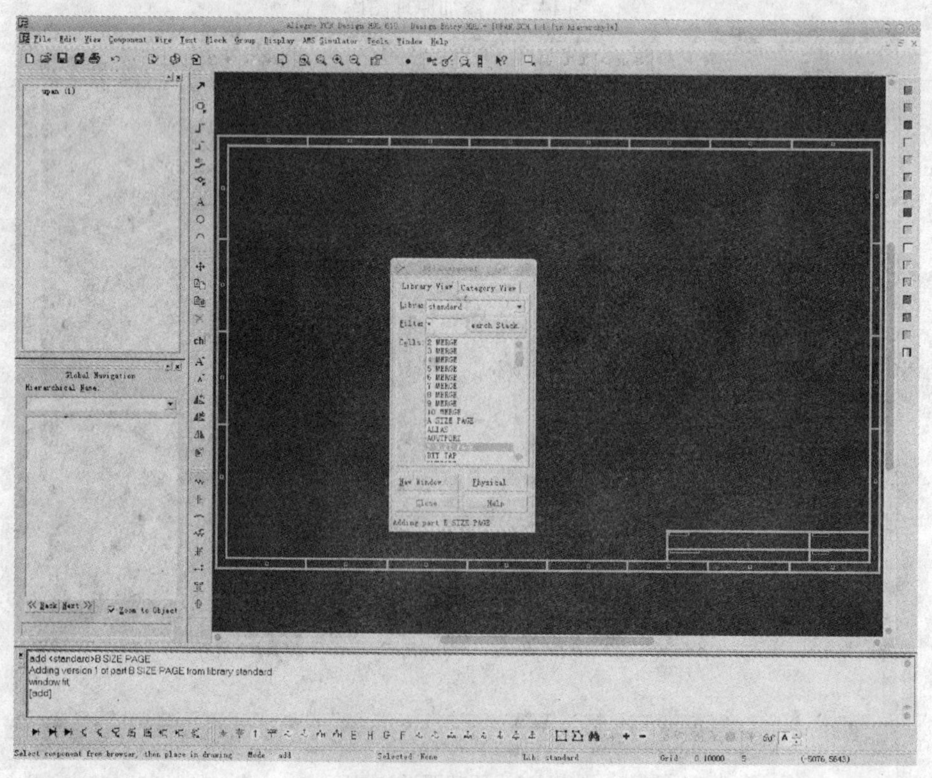

图 14-57　放置图幅

从自建库“schLib”中取出 IC1114、USB 接口、晶振、LED、电阻和电容，放置在原理图中，单击图标，单击元件 IC1114，出现如图 14-58 所示的属性设置。

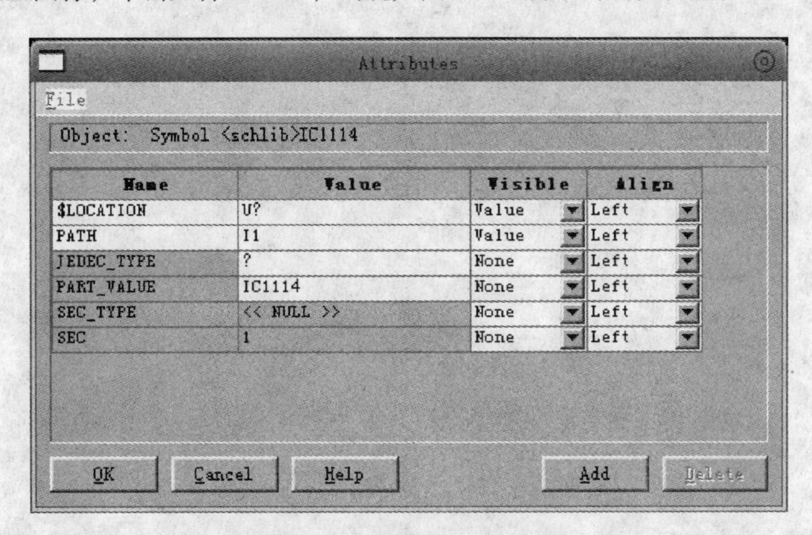

图 14-58　属性设置

对应 JEDEC _ TYPE 属性，填写 F48LQ，如图 14-59 所示。

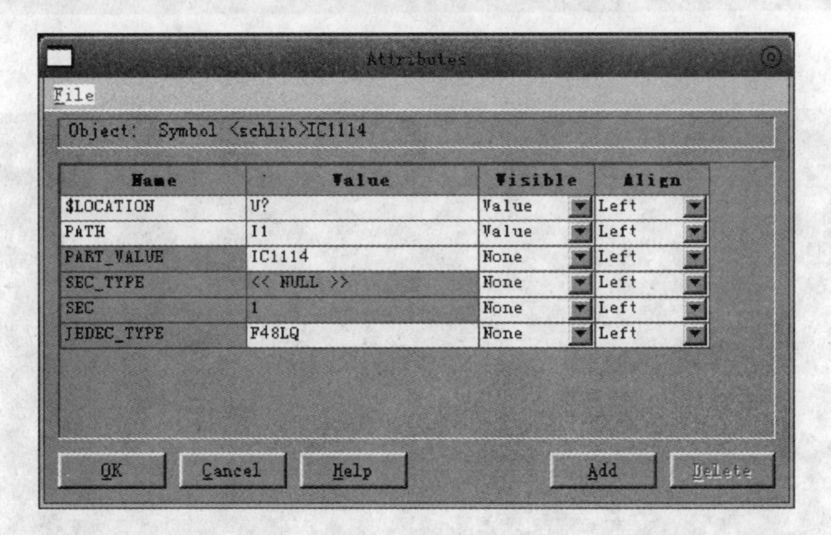

图 14-59　属性设置完毕

其他元件也是同样进行设置，属性设置完成后，进行布局、添加网络等操作，绘制的原理图如图 14-60 所示。

2. Flash 存储器电路

从自建库“schlib”中取出 IC1114、电阻和电容，放在原理图中，对元件进行属性设置后，进行布局、添加网络等操作，绘制的原理图如图 14-61 所示。

3. 电源模块电路

从自建库“Schlib”中取出 AT1201、电阻和电容放在原理图中，对元件进行属性设置后，进行布局、添加网络等操作，绘制的原理图如图 14-62 所示。

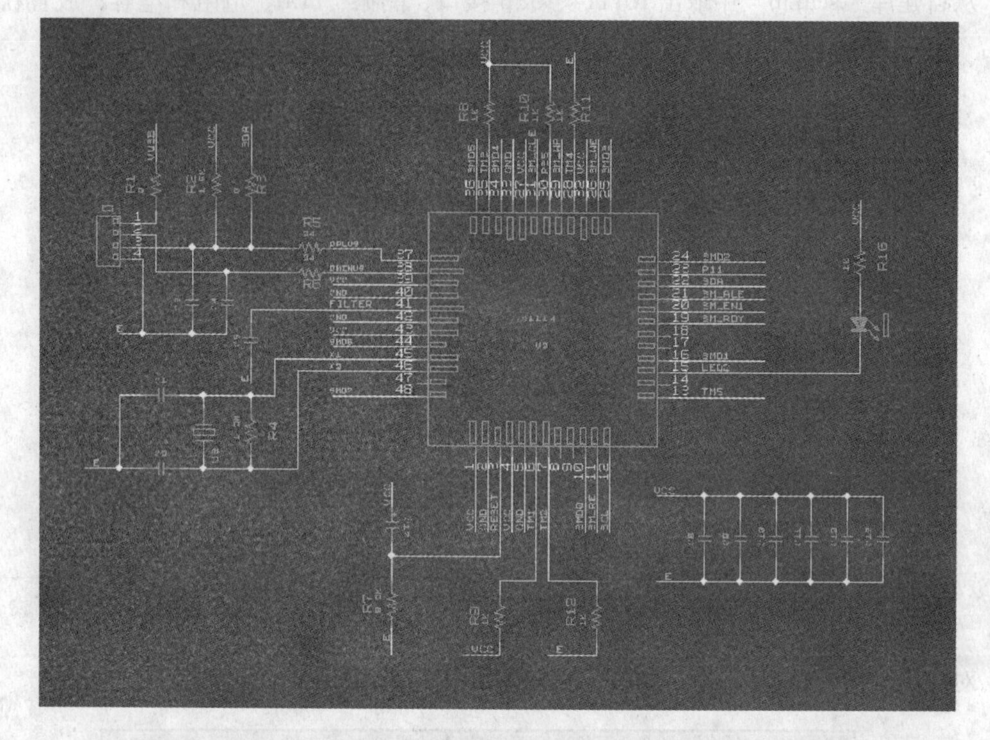

图 14-60　U 盘接口电路

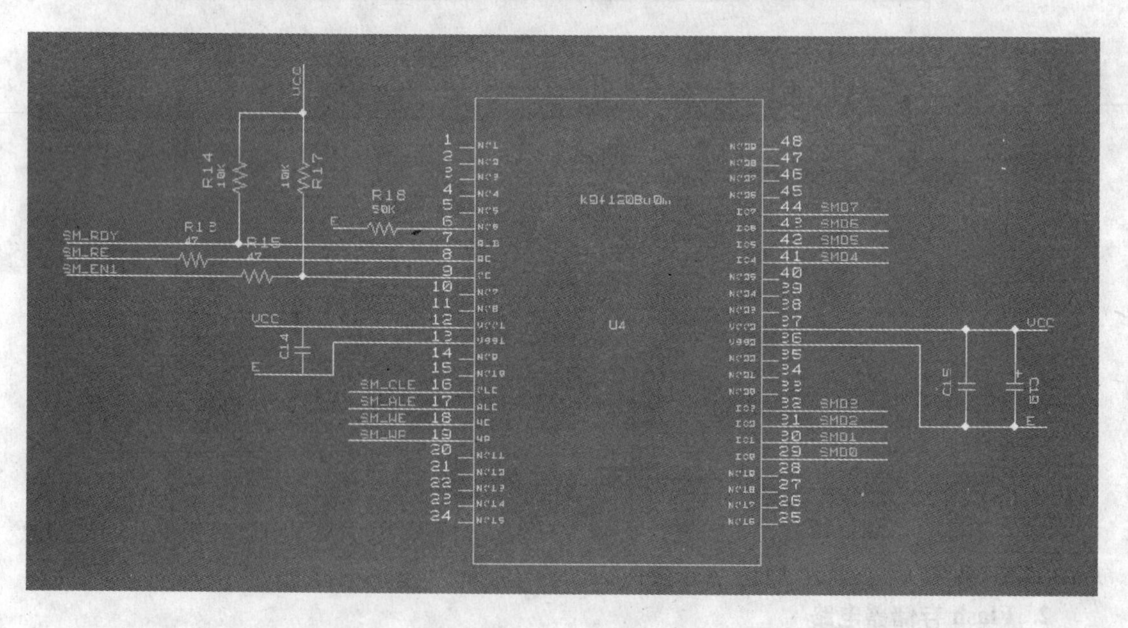

图 14-61　Flash 存储器电路

4. 连接器电路

从自建库“Schlib”中取出 J6、SW1A、LED、电阻放在原理图中，对元件进行属性设置后，然后进行布局、添加网络操作，绘制的原理图如图 14-63 所示。

最后完成的原理图如图 14-64 所示。

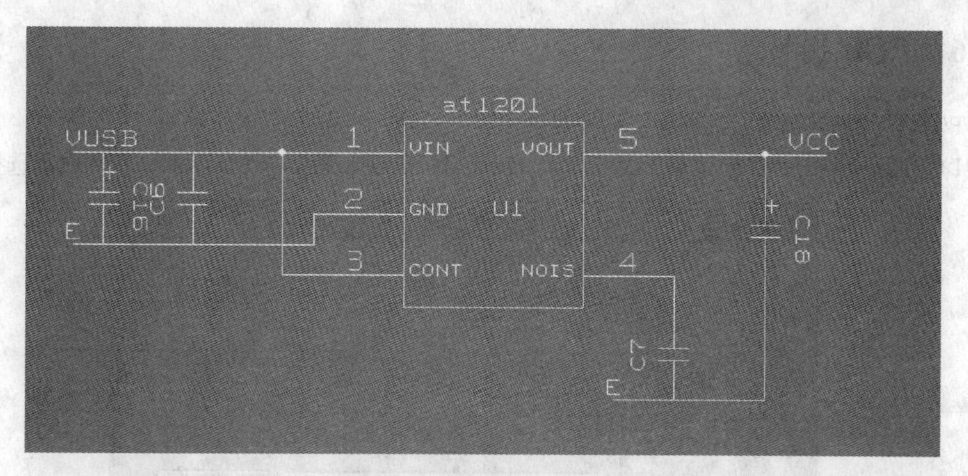

图 14-62　电源模块电路

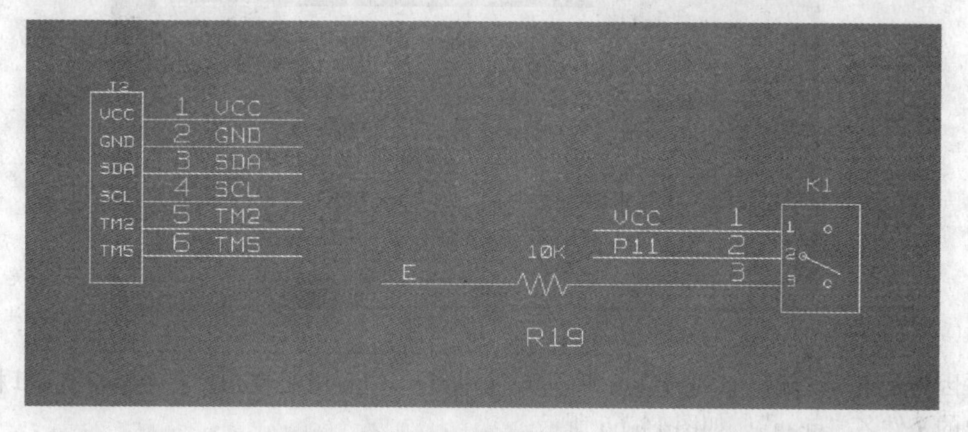

图 14-63　连接器电路

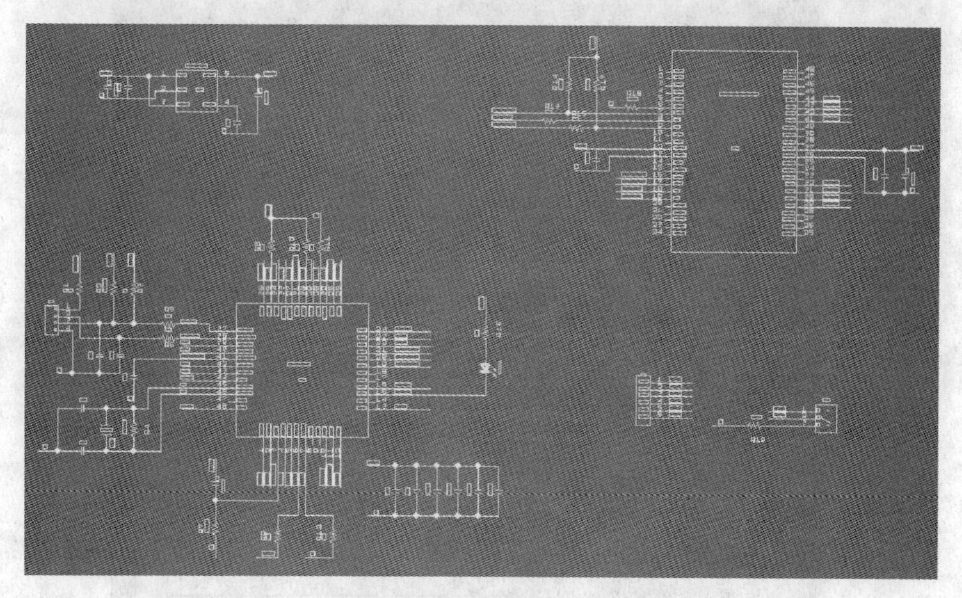

图 14-64　U 盘电路

14.6 PCB设计

PCB设计的步骤如下：

1）在原理图中，选择菜单File/ExPort Physical，出现如图14-65所示的原理图输出选择框。

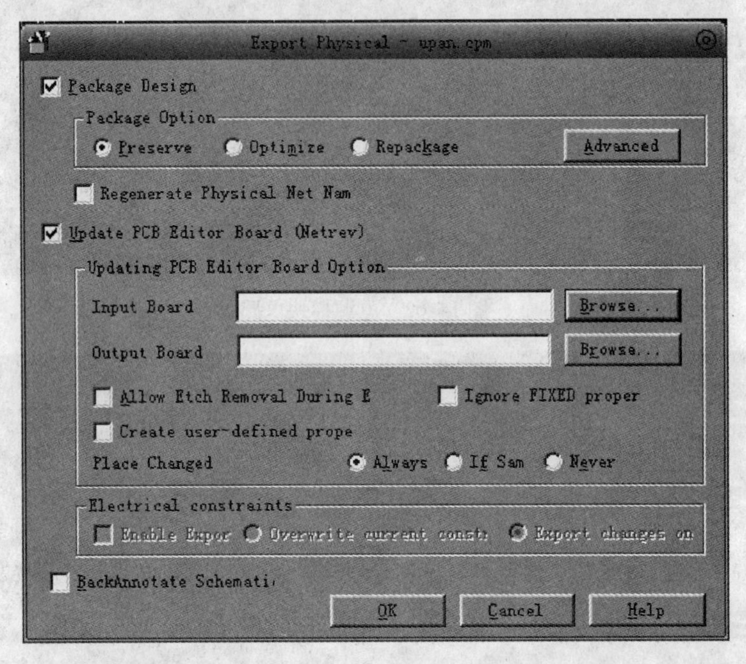

图14-65　Export Physical

因为是第一次输出原理图信息到PCB，因此Input Board处空白，在Output Board栏填写输出的文件名“upan”，如图14-66所示。

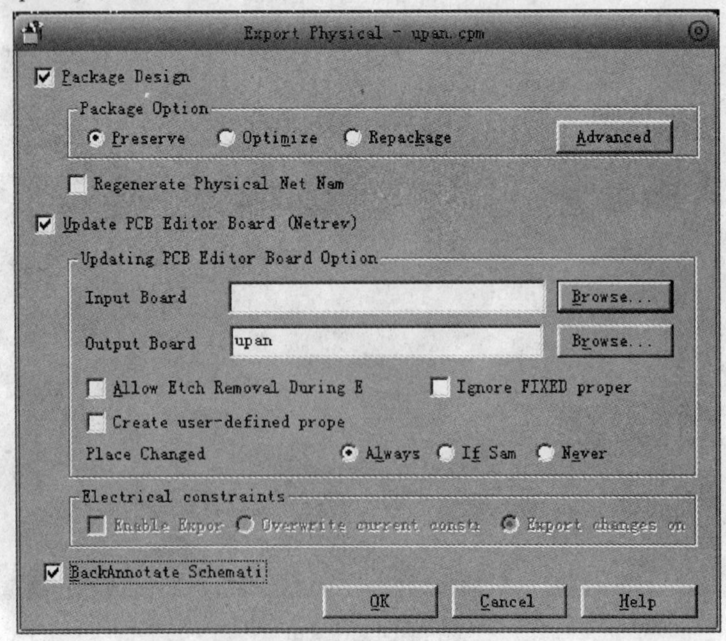

图14-66　原理图输出设置

单击 OK 按钮，输出过程如图 14-67 所示。

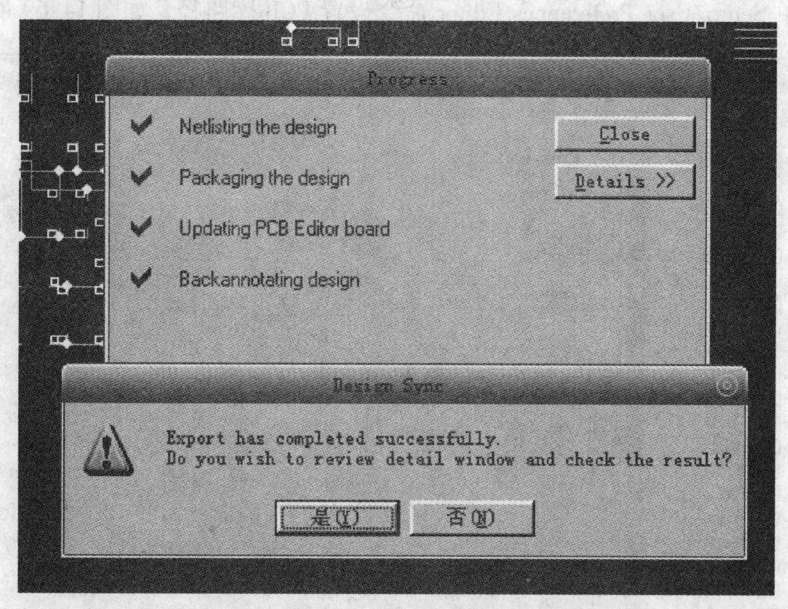

图 14-67　原理图输出过程

单击 否(N) 按钮，完成原理图输出。在项目管理器界面，单击 Layout 模块，进入 PCB 设计界面，如图 14-68 所示。

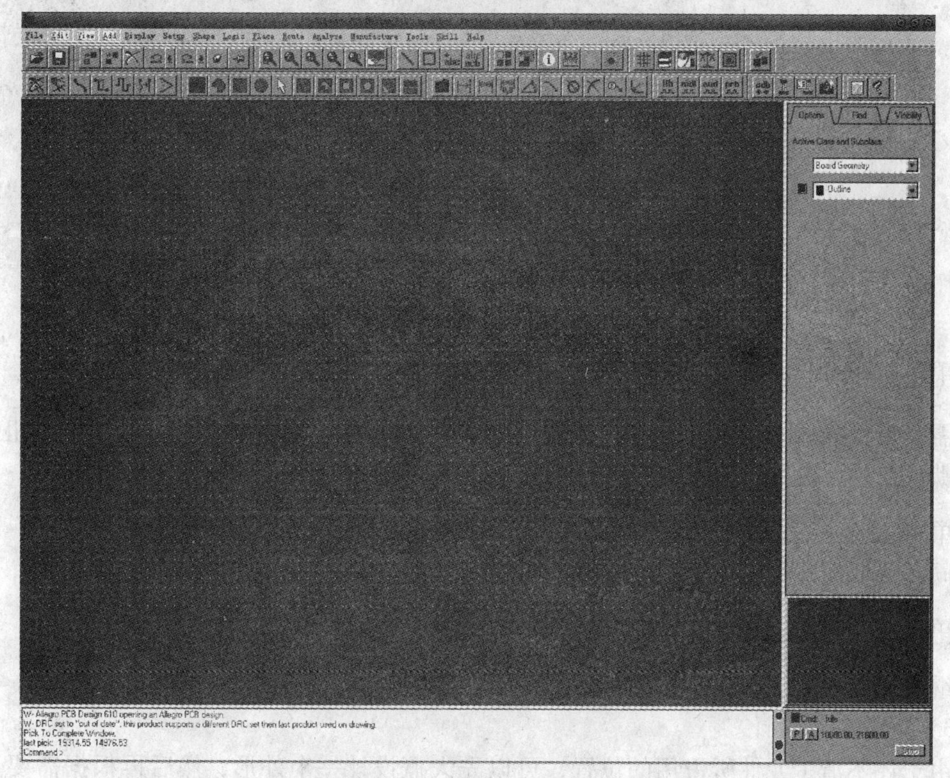

图 14-68　PCB 设计界面

2）PCB库路径设置

选择菜单 Setup/User Preferences Editor 命令设置 PCB 库路径，如图 14-69 所示。

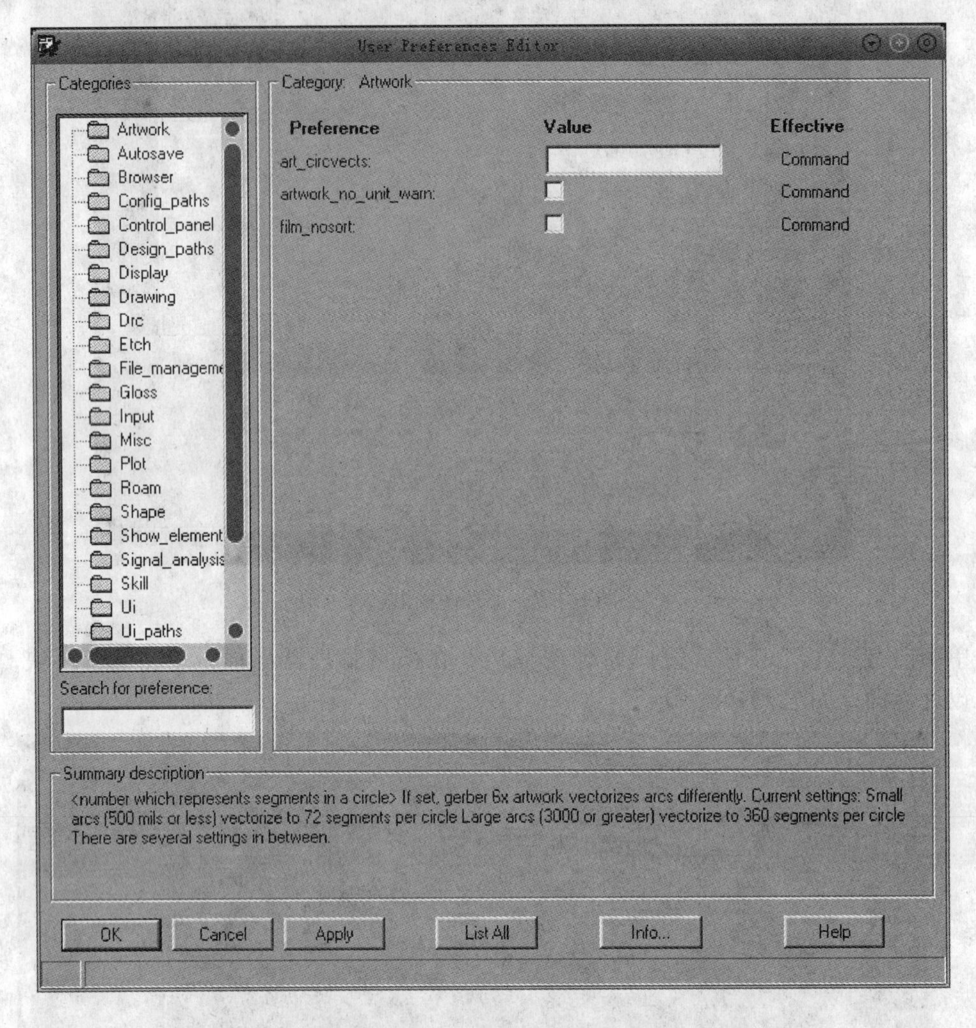

图 14-69　User Preferences Editor

单击 Design _ paths，如图 14-70 所示。

需要设置 padpath 和 psmpath，首先设置 padpath，单击 padpath 对应的 ... 按钮，删除软件默认路径，设置所使用的库路径，设置结果如图 14-71 所示。

单击 OK 按钮，完成设置。

同样完成 psmpath 设置，如图 14-72 所示。

单击 OK 按钮，完成设置。

继续单击 OK 按钮，完成路径设置。

3）PCB 外形设计

由于还不清楚元件所占用的位置，可以先大概设计一个外形，然后再根据需要进行修改。选择菜单 Add/Rectangle 命令，在 PCB 设计界面单击一下鼠标左键，松开鼠标，按照对

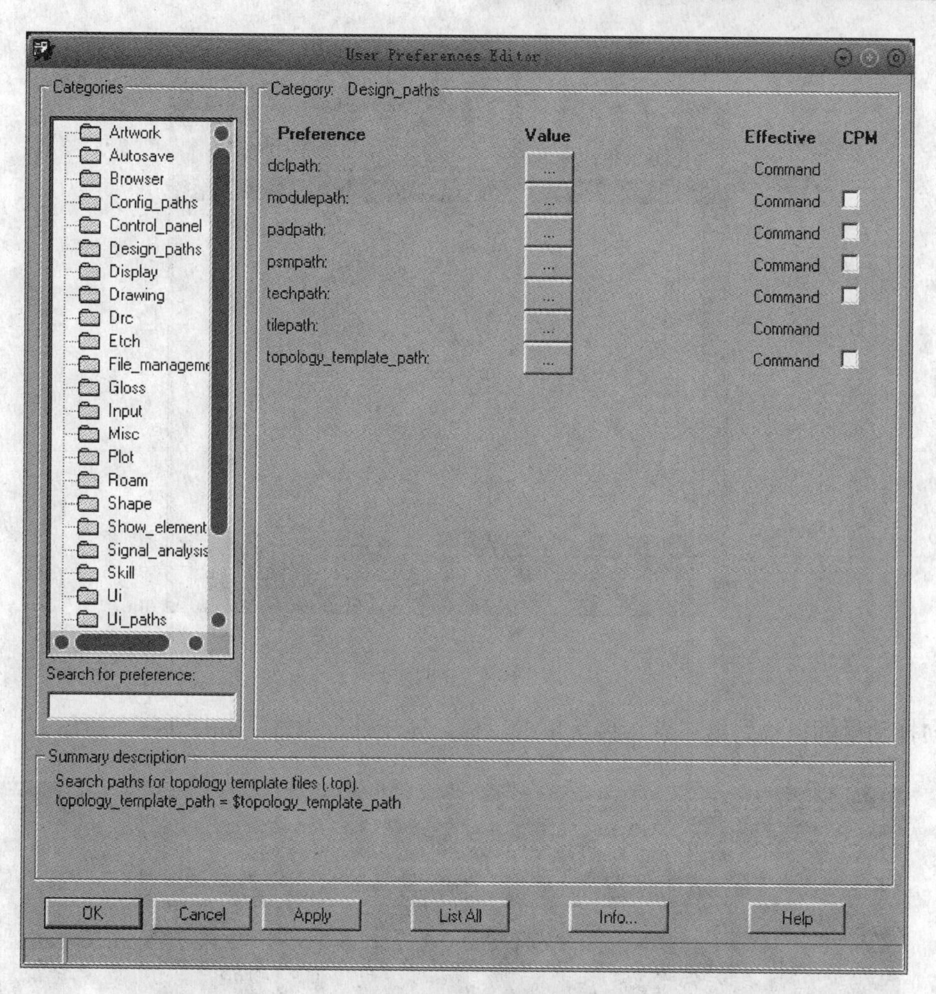

图 14-70　Design _ paths 设置

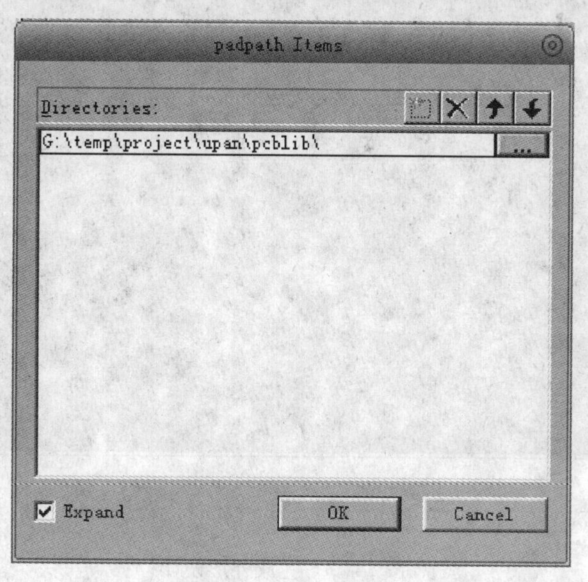

图 14-71　padpath 项

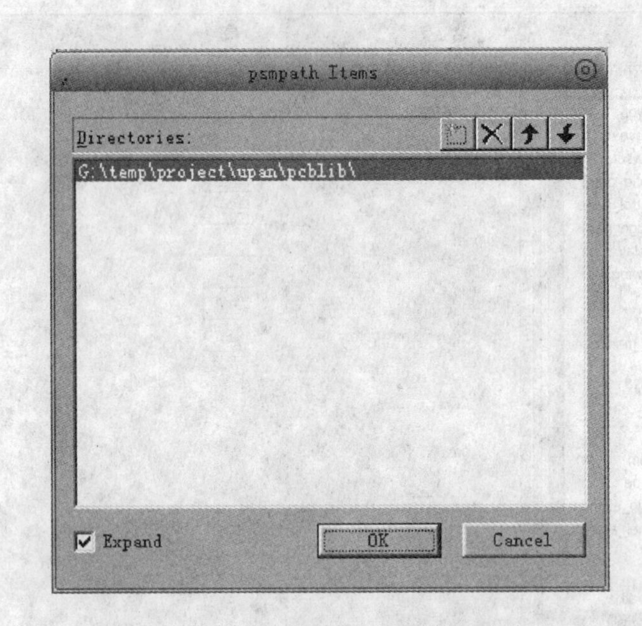

图 14-72　psmpath 项

角方向拖动鼠标，找到第二点，再次单击鼠标，完成外形设计，如图 14-73 所示。

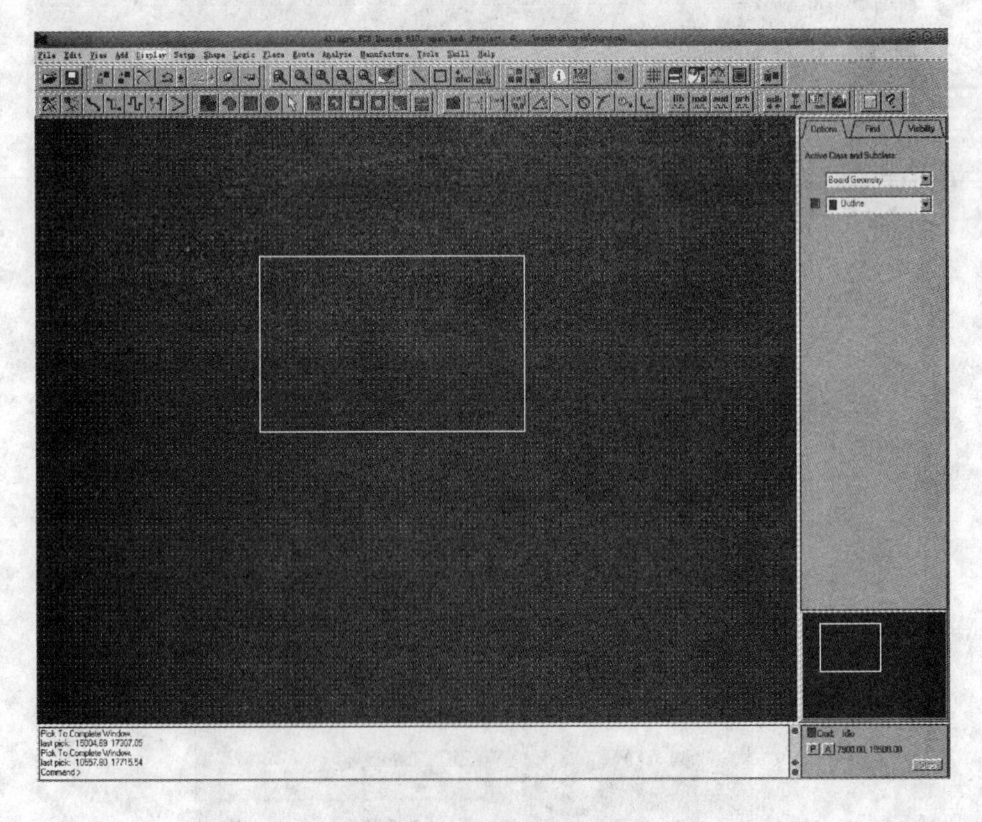

图 14-73　完成外形设计

4）放置元件

在放置元件前，请确认设计所使用的库、焊盘、flash 以及布线时所使用的过孔均已放置在当前使用的 pcblib 库中。否则元件是无法放到 PCB 上的。

选择菜单中的 Place/Quickplace 命令，出现元件放置设置界面，如图 14-74 所示。

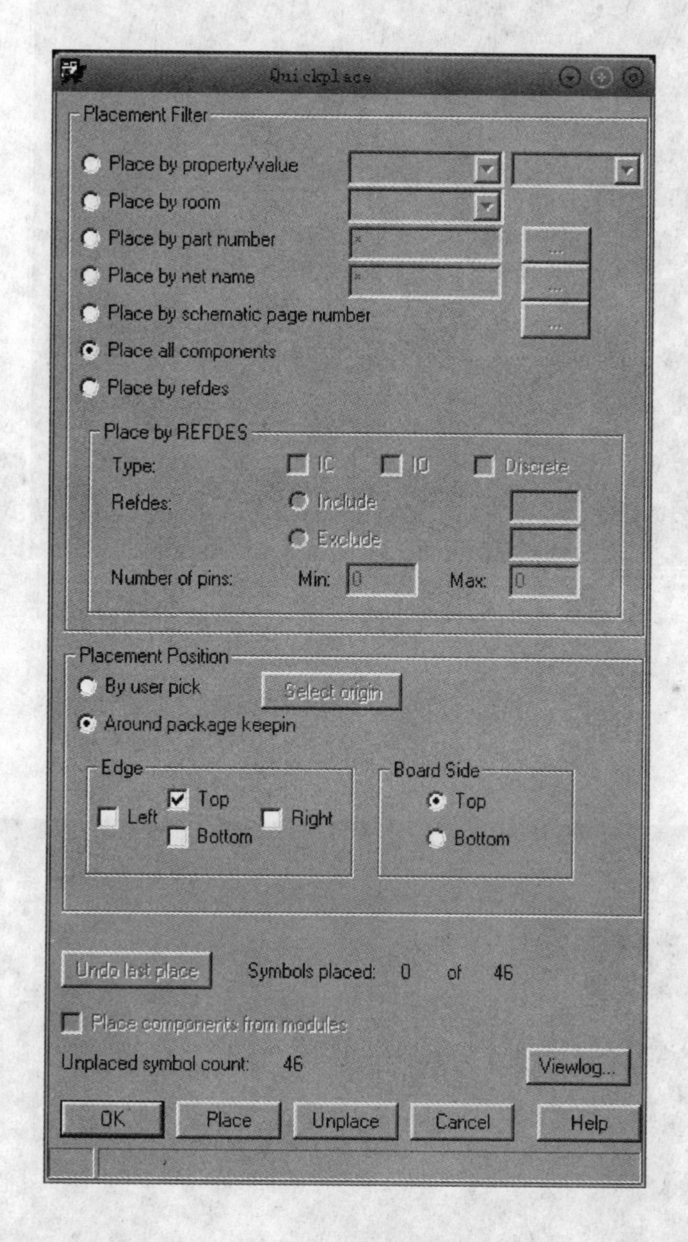

图 14-74　Quickplace

单击 Place 按钮，将元件放置在 PCB 界面上，如图 14-75 所示。

5）PCB 布局

对元件进行手工布局，并将外形调整到合适的大小，布局结果如图 14-76 所示。

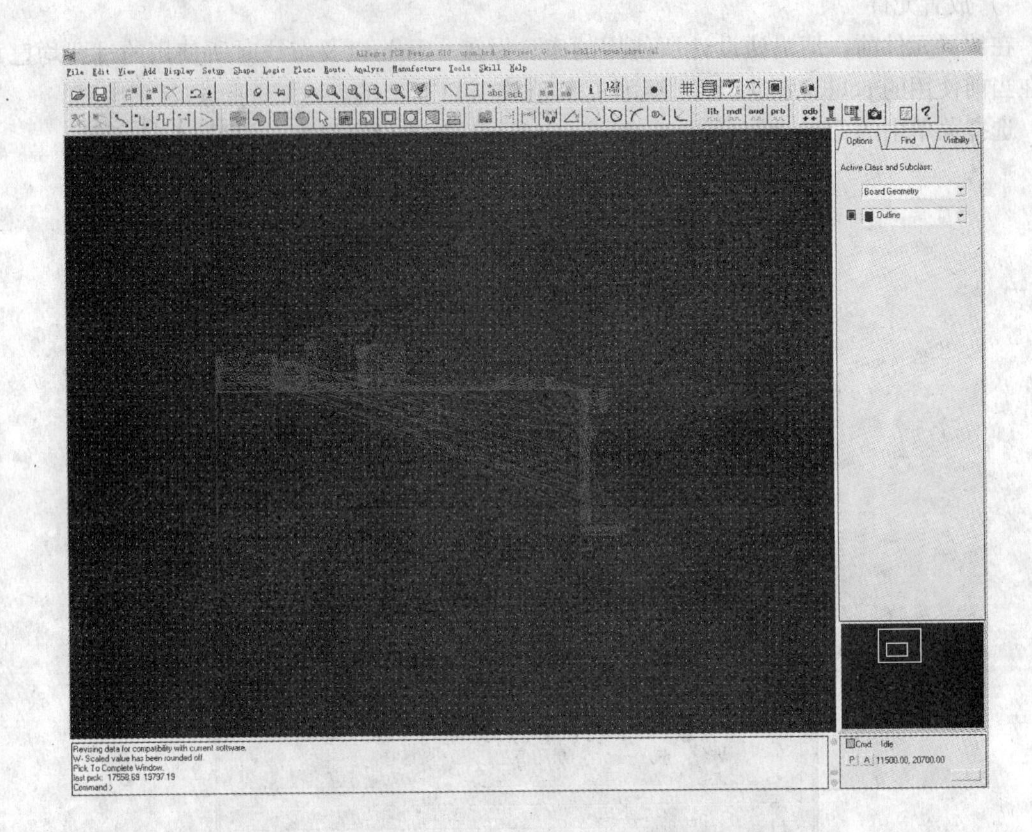

图 14-75　元件放置后

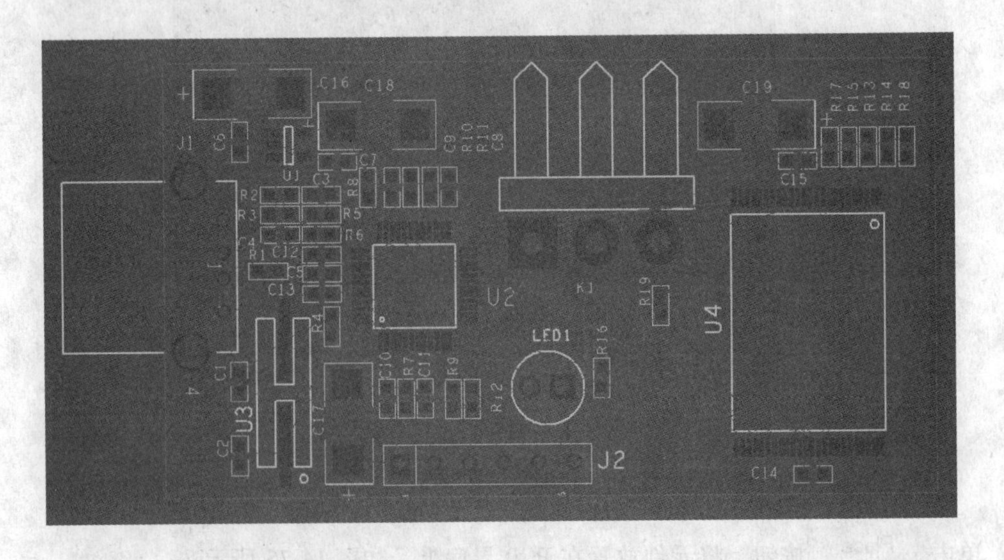

图 14-76　布局图

6）叠层设置

由于本例 PCB 设计比较简单，而且需要低成本开发，因此就采用双面板（两层板）设计。如设计需要多层板，具体叠层设置参见 PCB 设计有关章节，此处不做介绍。

7）规则设置

选择菜单中的 Setup/Constraints...，如图 14-77 所示。

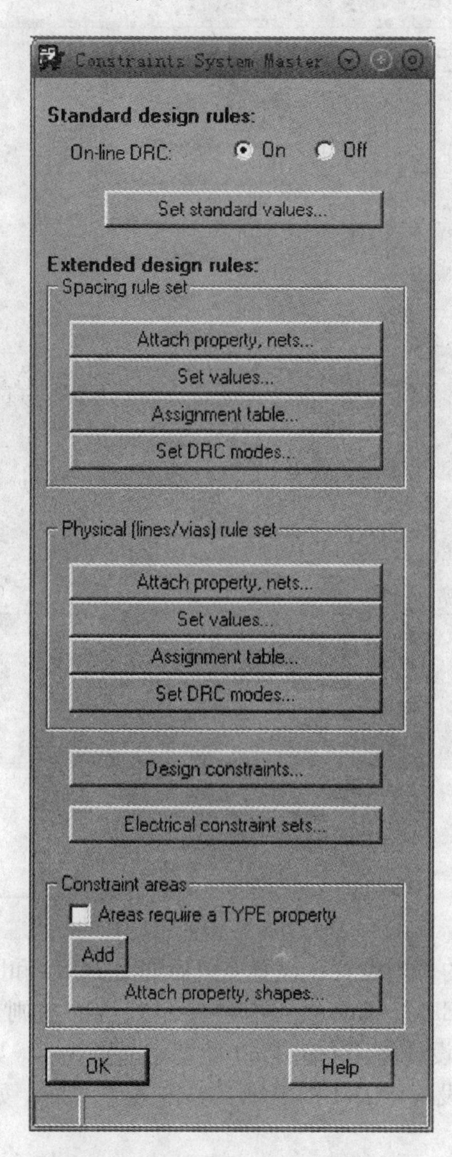

图 14-77　规则设置

单击 Spacing rule set 中的 Set values... 按钮，设置间距规则，具体方法请参见 PCB 设计有关章节，设置后如图 14-78 所示。

再增加一组电源规则，具体方法请参见 PCB 设计有关章节，设置完成后如图 14-79 所示。

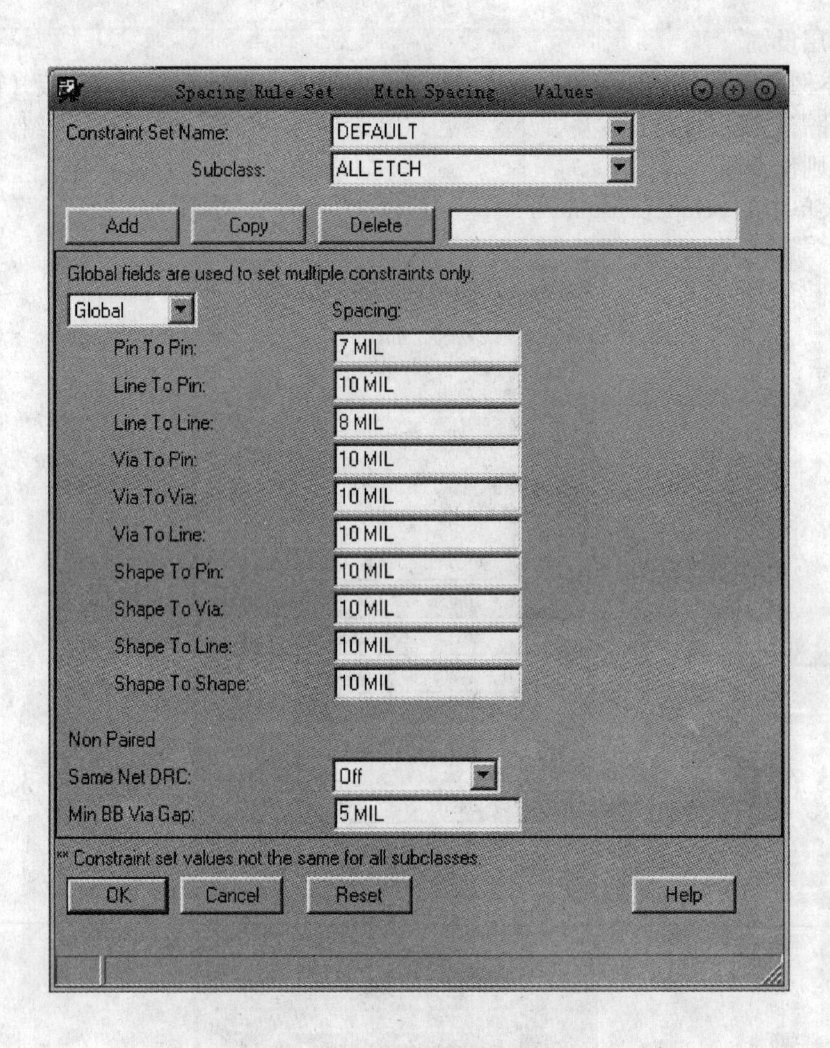

图 14-78 默认的规则设置

单击图 14-77 中的 Physical（lines/vias）rule set 中的 Set values... 按钮，进行线宽和使用过孔的规则设置，设置完成后如图 14-80 和图 14-81 所示。

将电源、地按照 POWER 规则布线，信号按照默认的规则布线。选择菜单中的 Edit/Properties 命令，对应 PCB 设计界面右边 Find 设置，选择 Nets，如图 14-82 所示。

下面介绍如何给网络设置 POWER 规则。单击某个网络，如网络 E，系统将出现如图 14-83 所示的对话框。

拖动下拉条，找到 Net_Physical_Type 和 Net_Spacing_Type，分别设置成 POWER 规则，设置完成后，如图 14-84 所示。

单击 OK 按钮，完成网络 E 的规则设置，同样的方法完成其他 Nets 的规则设置。

单击图 14-77 中 Spacing rule set 中的 Assignment table... 按钮，进行间距规则分配，设置后如图 14-85 所示。

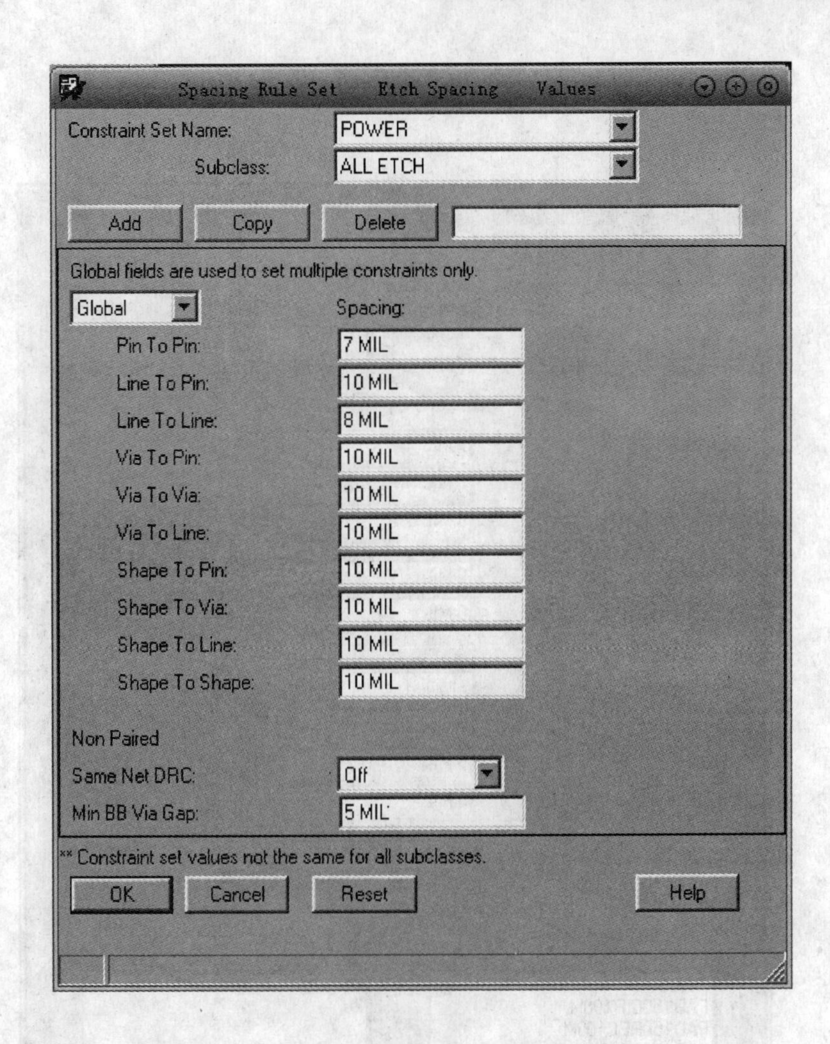

图 14-79　POWER 规则设置

单击 OK 按钮，完成间距规则分配。

单击图 14-77 中的 Physical（lines/vias）rule set 中的 Assignment table... 按钮，进行线宽规则分配，设置后如图 14-86 所示。

单击 OK 按钮，完成线宽规则分配。

8）手工布线

对 PCB 进行手工布线，并双面铺设地 shape，如图 14-87 所示。

9）设计完成后的检查

选择 Tools/Reports 命令，出现如图 14-88 所示的报告选择。

根据需要选择需要报告的内容，常需报告的内容有：Design Rules Check Report、Unconnected Pins Report、Unplaced Components Report 等。

选中 Design Rules Check Report，双击鼠标左键，就选择了该项报告，如图 14-89 所示。

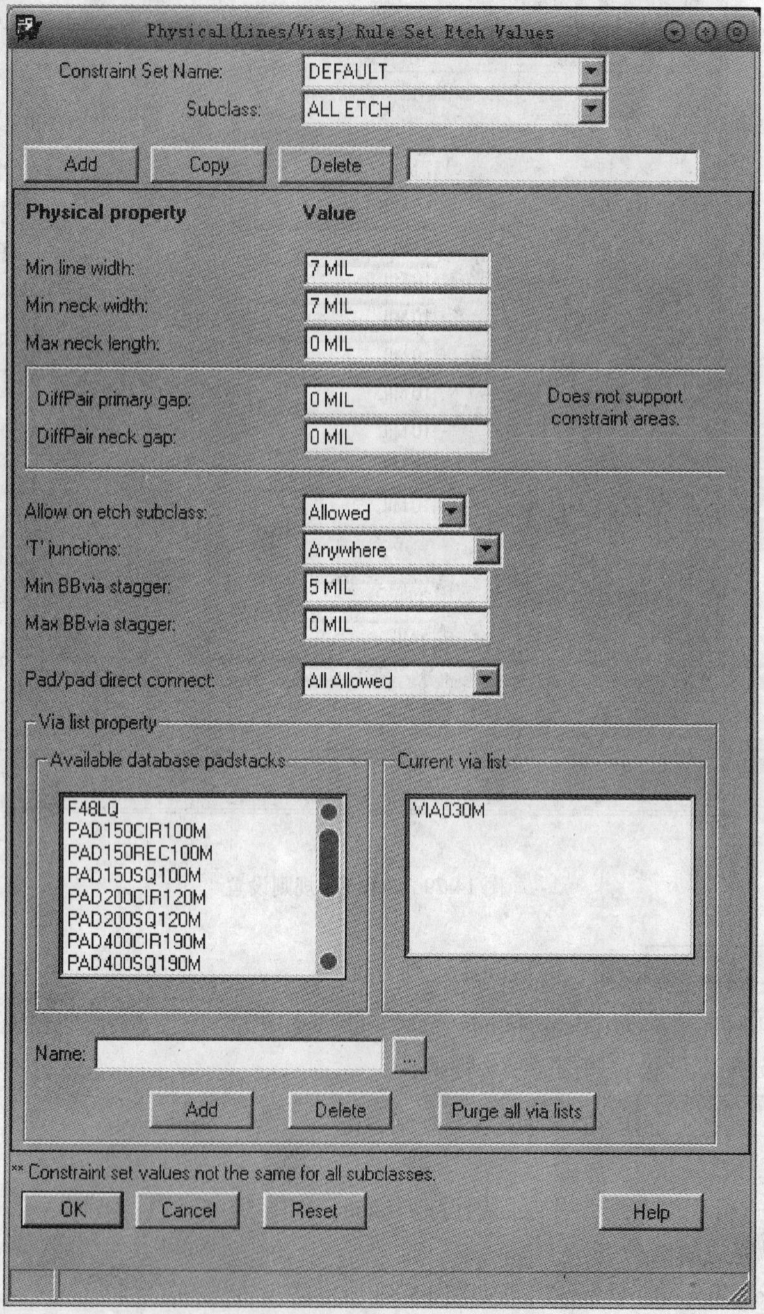

Physical (Lines/Vias) Rule Set Etch Values

Constraint Set Name: DEFAULT

Subclass: ALL ETCH

Add　Copy　Delete

Physical property	Value
Min line width:	7 MIL
Min neck width:	7 MIL
Max neck length:	0 MIL
DiffPair primary gap:	0 MIL
DiffPair neck gap:	0 MIL
Allow on etch subclass:	Allowed
'T' junctions:	Anywhere
Min BBvia stagger:	5 MIL
Max BBvia stagger:	0 MIL
Pad/pad direct connect:	All Allowed

Does not support constraint areas.

Via list property

Available database padstacks

F48LQ
PAD150CIR100M
PAD150REC100M
PAD150SQ100M
PAD200CIR120M
PAD200SQ120M
PAD400CIR190M
PAD400SQ190M

Current via list

VIA030M

Name: ...

Add　Delete　Purge all via lists

** Constraint set values not the same for all subclasses.

OK　Cancel　Reset　Help

图 14-80　默认的规则设置

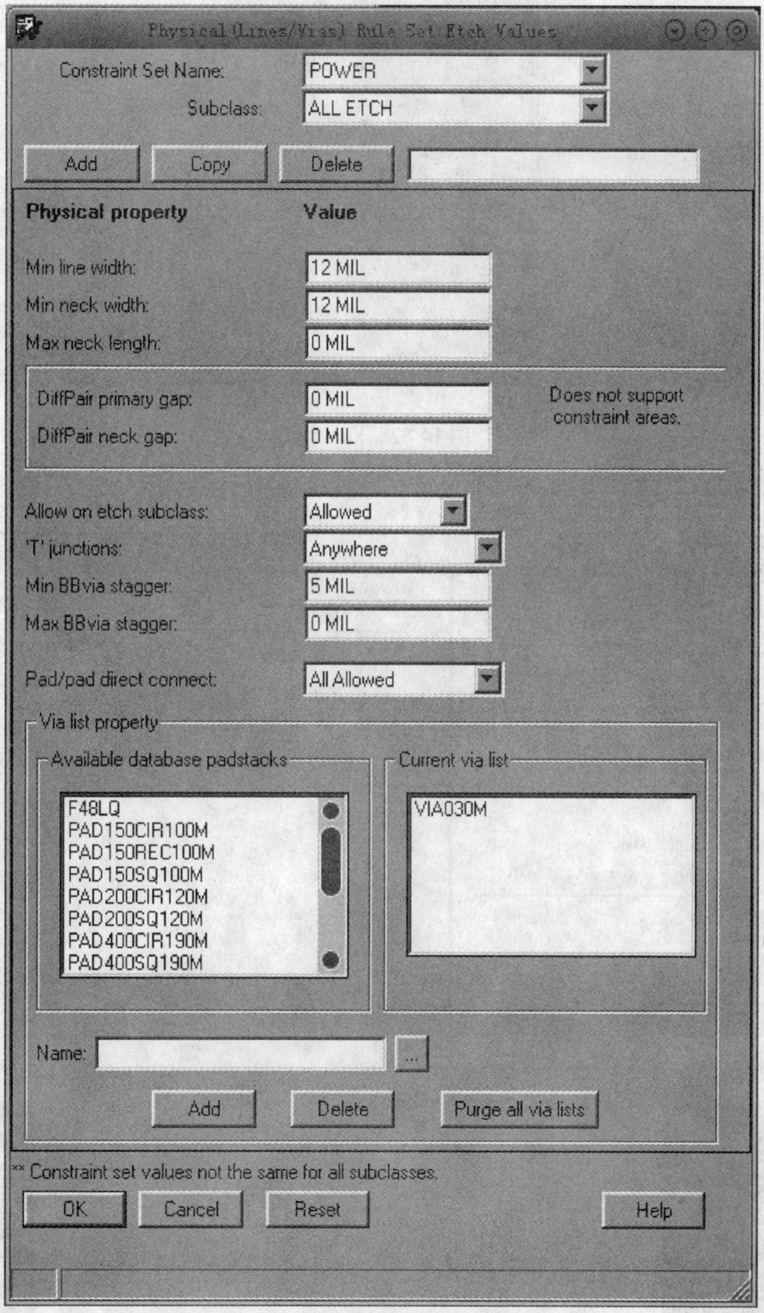

Physical (Lines/Vias) Rule Set Etch Values

Constraint Set Name: POWER

Subclass: ALL ETCH

Add　Copy　Delete

Physical property　**Value**

Min line width: 12 MIL

Min neck width: 12 MIL

Max neck length: 0 MIL

DiffPair primary gap: 0 MIL

DiffPair neck gap: 0 MIL

Does not support constraint areas.

Allow on etch subclass: Allowed

'T' junctions: Anywhere

Min BBvia stagger: 5 MIL

Max BBvia stagger: 0 MIL

Pad/pad direct connect: All Allowed

Via list property

Available database padstacks

F48LQ
PAD150CIR100M
PAD150REC100M
PAD150SQ100M
PAD200CIR120M
PAD200SQ120M
PAD400CIR190M
PAD400SQ190M

Current via list

VIA030M

Name: ...

Add　Delete　Purge all via lists

** Constraint set values not the same for all subclasses.

OK　Cancel　Reset　Help

图 14-81　POWER 规则设置

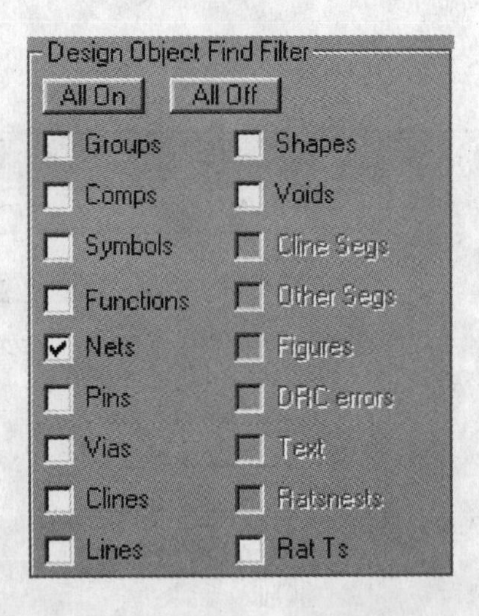

图 14-82　Find 设置

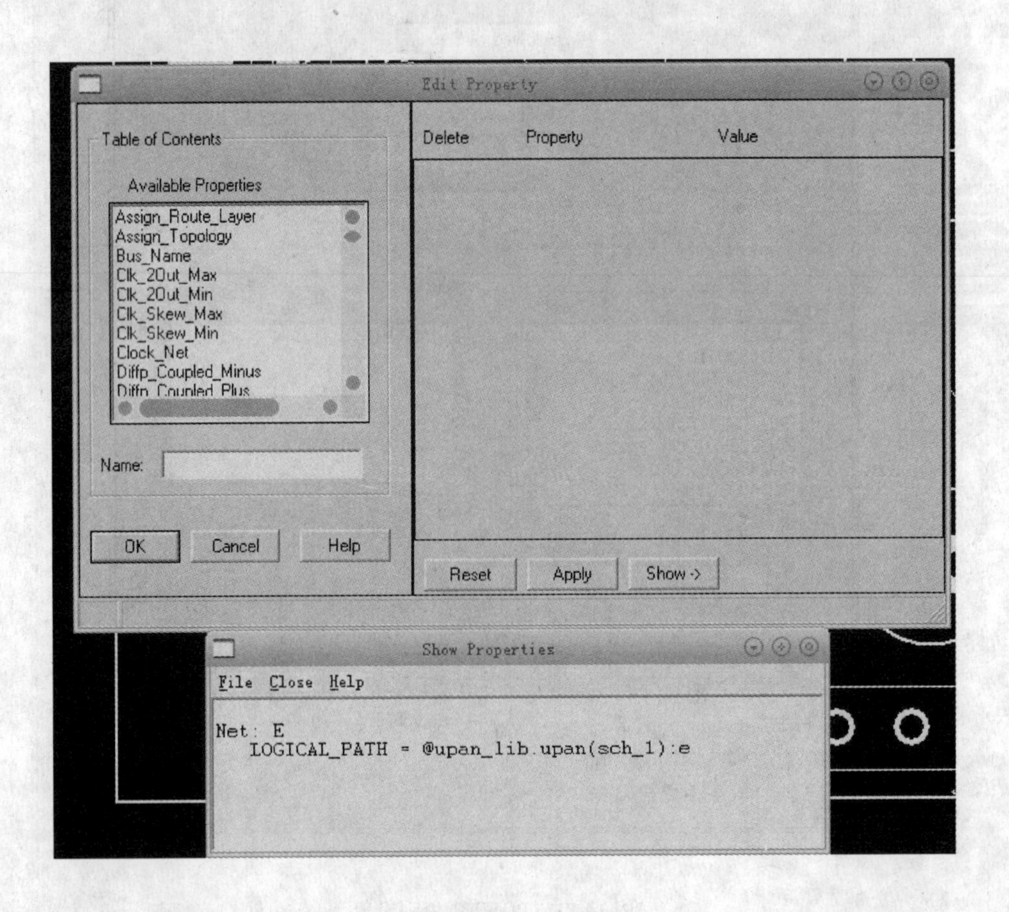

图 14-83　网络 E 的规则设置

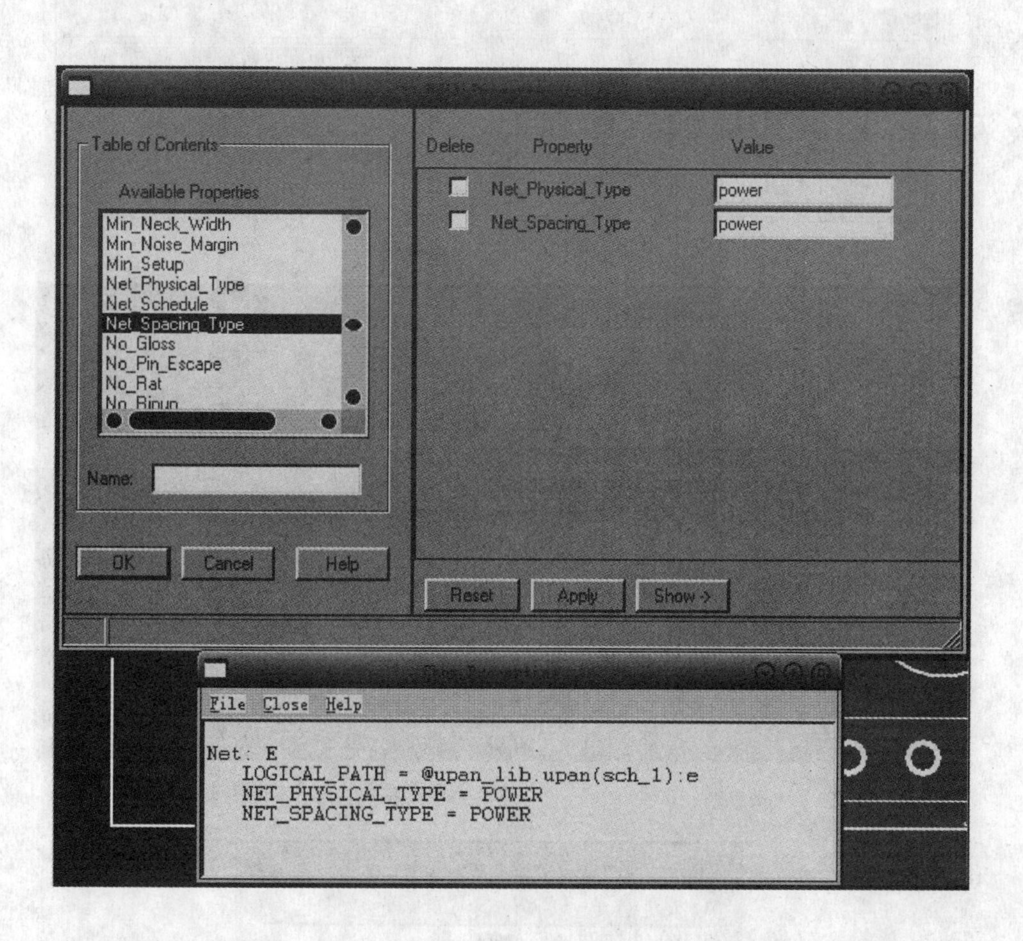

图 14-84　网络 E 的 Power 规则设置

Spacing Rule Set　Assignment Table

Net Spacing Type Properties		Area Property	Net Spacing Constraint Set
NO_TYPE	NO_TYPE	NO_TYPE	DEFAULT
POWER	NO_TYPE	NO_TYPE	DEFAULT
POWER	POWER	NO_TYPE	POWER

OK　Cancel　Reset　Purge　Sort ->　Help

图 14-85　间距规则分配

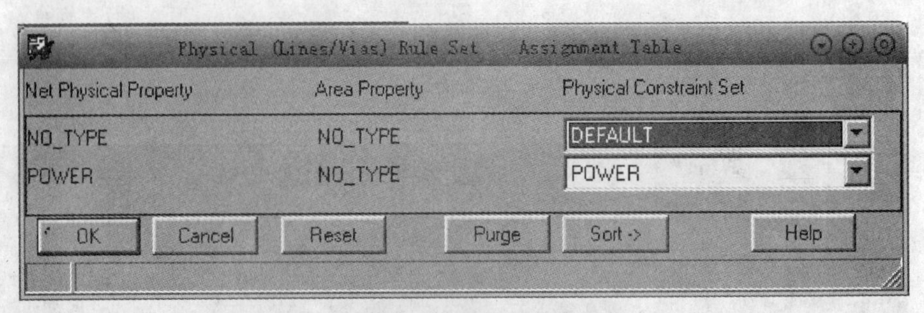

图 14-86　线宽规则分配

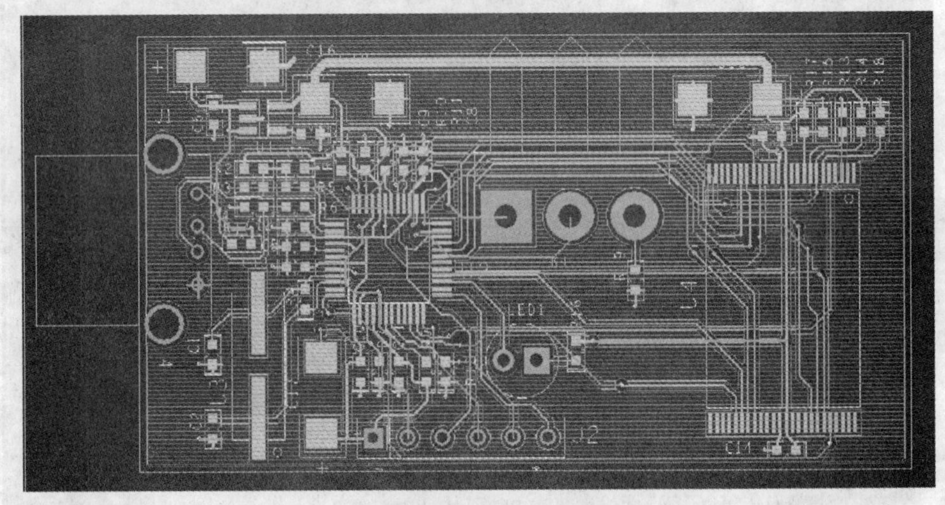

图 14-87　PCB 手工布线结果

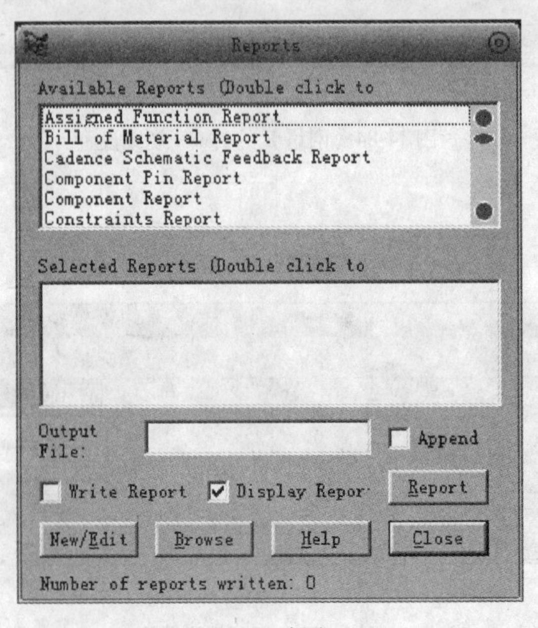

图 14-88　报告

单击 Report 按钮，报告结果如图 14-90 所示。

Reports

Available Reports (Double click to

Component Report
Constraints Report
Dangling Lines Report
Design Rules Check Report
Etch Length by Layer Report
Etch Length by Net Report

Selected Reports (Double click to

Design Rules Check Report

Output File:　　Append

Write Report　Display Repor　Report

New/Edit　Browse　Help　Close

Number of reports written: 0

图 14-89　Design Rules Check Report

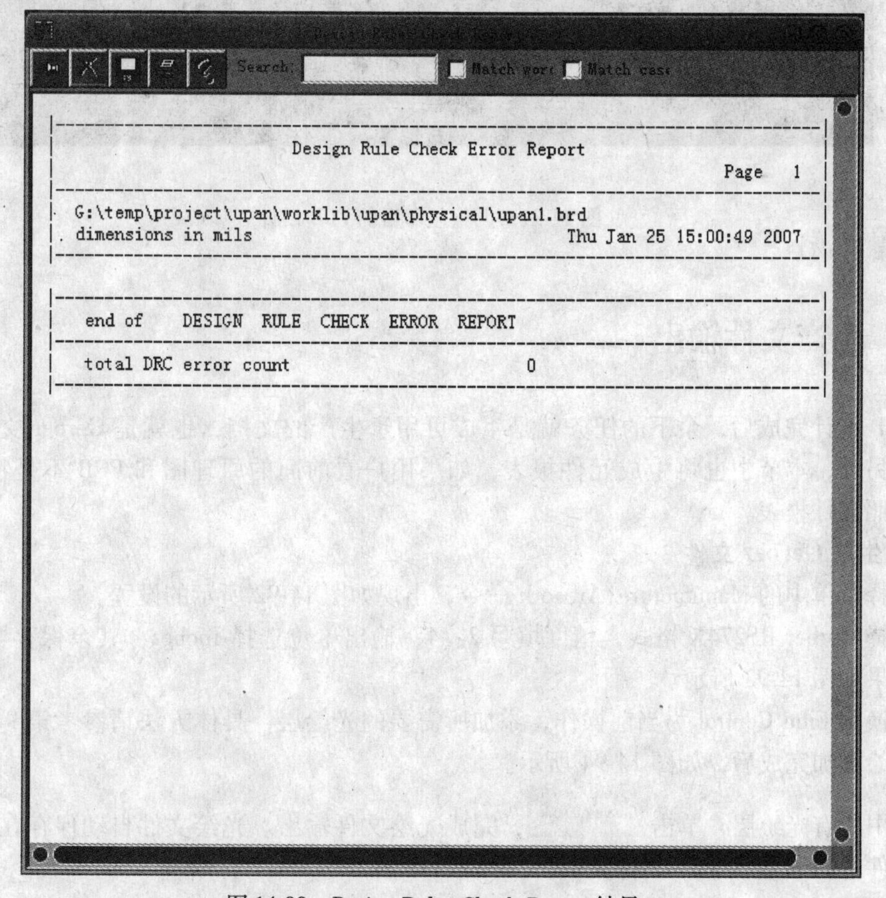

图 14-90　Design Rules Check Report 结果

此报告说明没有 DRC，如果有 DRC，则需要逐项进行检查、确认，以免设计出现错误。

使用同样的方法完成其他的报告，此处不再一一介绍。当所有需要报告的内容检查完毕后，就完成了基本的 PCB 设计。

10）调整丝印

为了使 PCB 版图清晰易懂，还需要对位号进行手工调整，丝印要大小合适，方向一致，调整结果如图 14-91 所示。

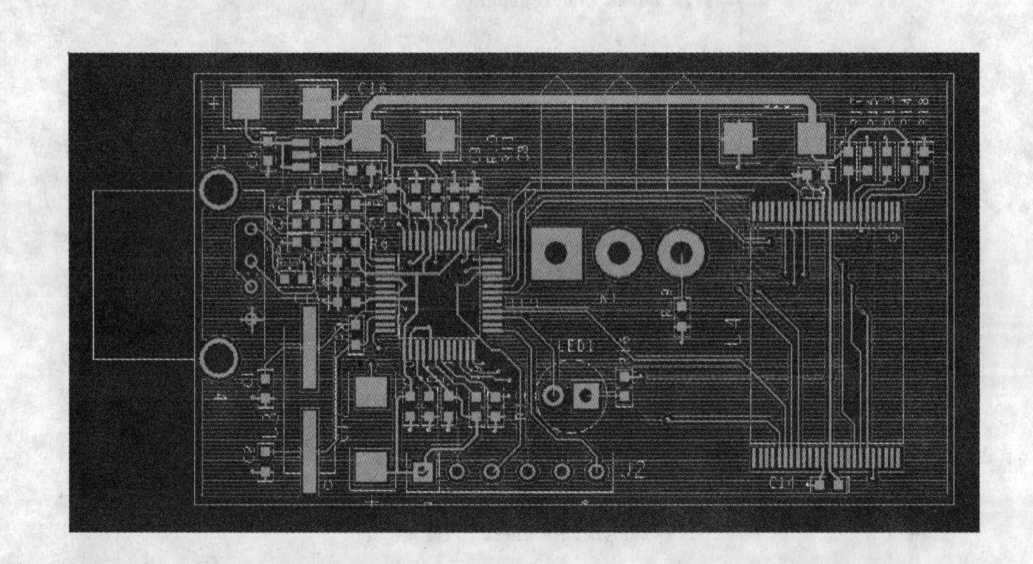

图 14-91　调整丝印后的 PCB 设计

14.7　生产文件输出

PCB 设计完成后，余下的任务就是生成可用于生产的文档，也就是 Gerber 文件和钻孔文件。另外，本节中也将生成元件报表，如果用户看前面的原理图和 PCB 不是特别清楚，可以对照元件报表。

1. 生成 Gerber 文件

选择菜单中的 Manufacture/Artwork 命令，出现如图 14-92 所示的设置。

选择 Gerber RS274X 格式，精度填写 2：4，输出单位选择 Inches，其余保存默认设置，设置结果如图 14-93 所示。

切换到 Film Control 为当前操作，添加所需要的光绘层，具体方法请参考第 9 章有关章节，光绘添加完成后，如图 14-94 所示。

选中所有光绘层，单击 Create Artwork ，完成光绘文件输出。光绘文件自动保存在用于生成光绘文件的 . brd 文件同一文件夹下。

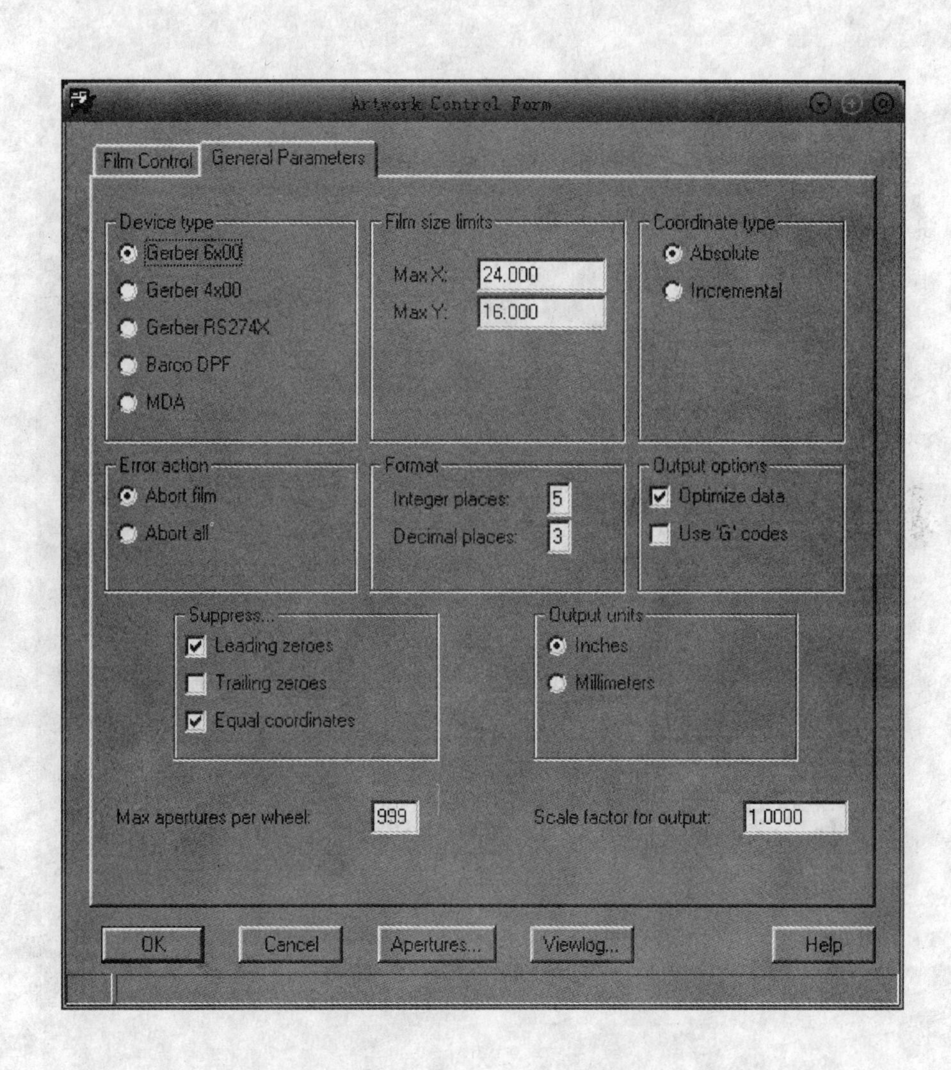

图 14-92　Gerber 文件参数设置

2. 生成钻孔文件

选择菜单中的 Manufacture/NC/Nc Drill 命令，出现如图 14-95 所示的钻孔设置卡。

单击 NC Parameters... 按钮，设置钻孔参数文件，设置结果如图 14-96 所示。

单击 Close 按钮，关闭 NC 参数设置。

单击 Drill 按钮，输出钻孔文件。钻孔文件自动保存在与光绘层同一文件夹下。光绘和钻孔文件所在路径及文件如图 14-97 所示。

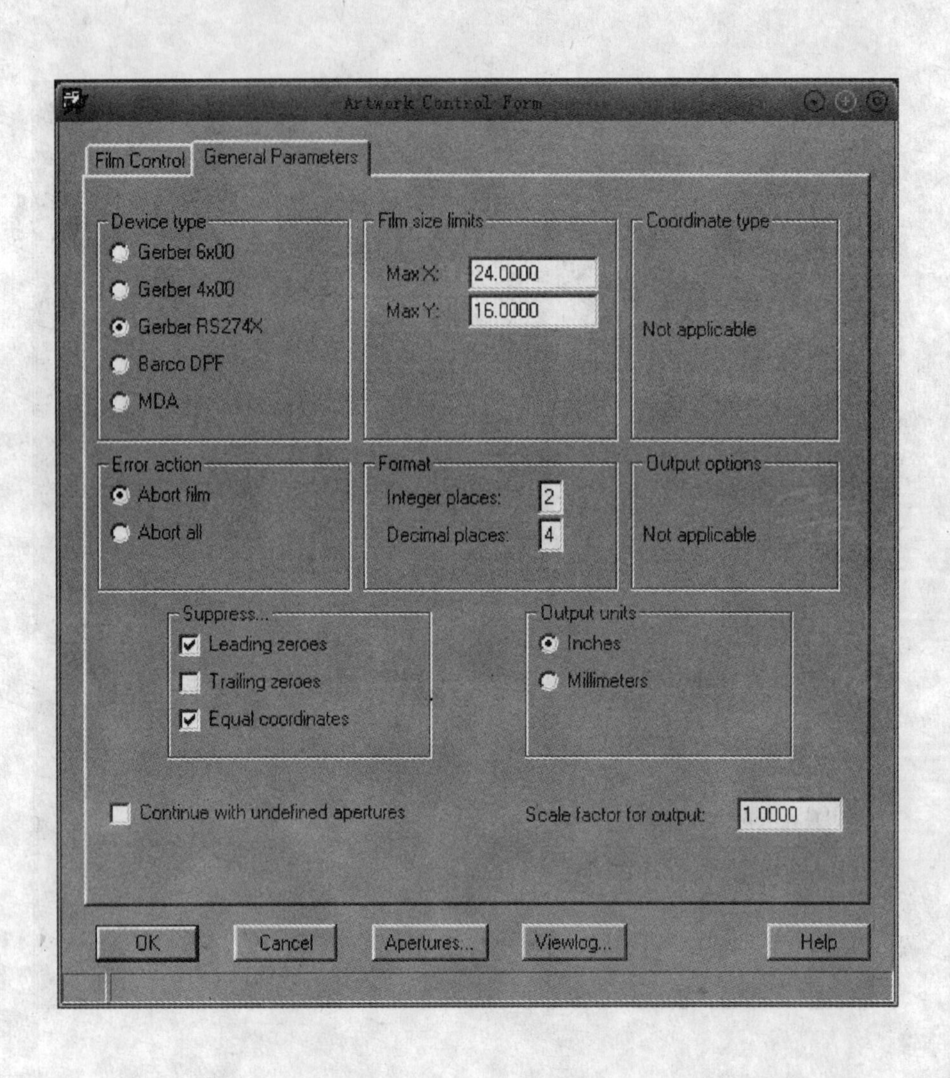

图 14-93 Gerber 文件参数设置后

选中部分的 . art 文件为光绘文件，upan－1－2. drl 为钻孔文件，nc _ param. txt 为参数文件。至此完成了加工文件的输出，只需要将图 14-97 选中的文件送至 PCB 厂家就可以完成 PCB 制板了。

3. 输出元件表

选择 Tools/Reports 命令，选中 Bill of Material Report，如图 14-98 所示。

单击 Report 按钮，输出元件表清单，如图 14-99 所示。

保存文件，这种方法生成的元件报表以 . html 格式保存在 physical 目录下。

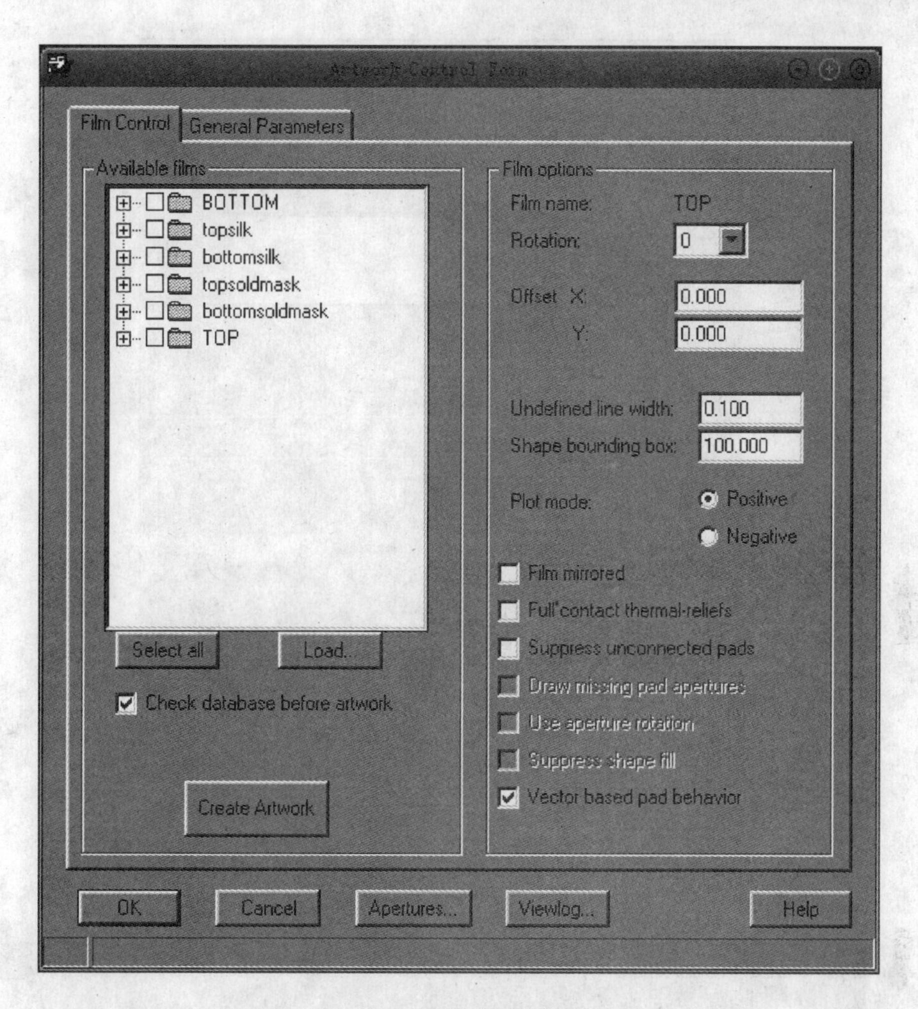

图 14-94　光绘文件设置完成

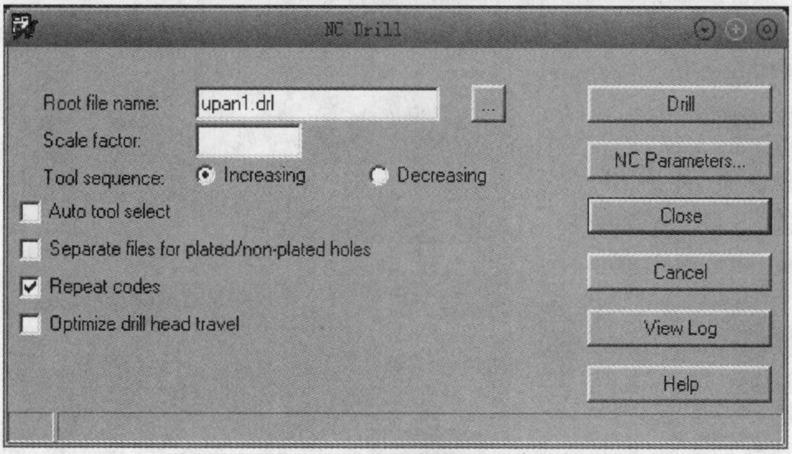

NC Drill

Root file name: upan1.drl

Scale factor:

Tool sequence: Increasing Decreasing

Auto tool select

Separate files for plated/non-plated holes

Repeat codes

Optimize drill head travel

Drill

NC Parameters...

Close

Cancel

View Log

Help

图 14-95　钻孔文件设置

NC Parameters

Parameter file: G:\temp\project\upan\worklib

Output file:

Header: none

Leader: 12

Code: ASCII EIA

Excellon format:

Format: 2 . 4

Offset X: 0.00 Y: 0.00

Coordinates: Absolute Incremental

Output units: English Metric

Leading zero suppression

Trailing zero suppression

Equal coordinate suppression

Enhanced Excellon format

Close Cancel Help

图 14-96 NC 参数设置

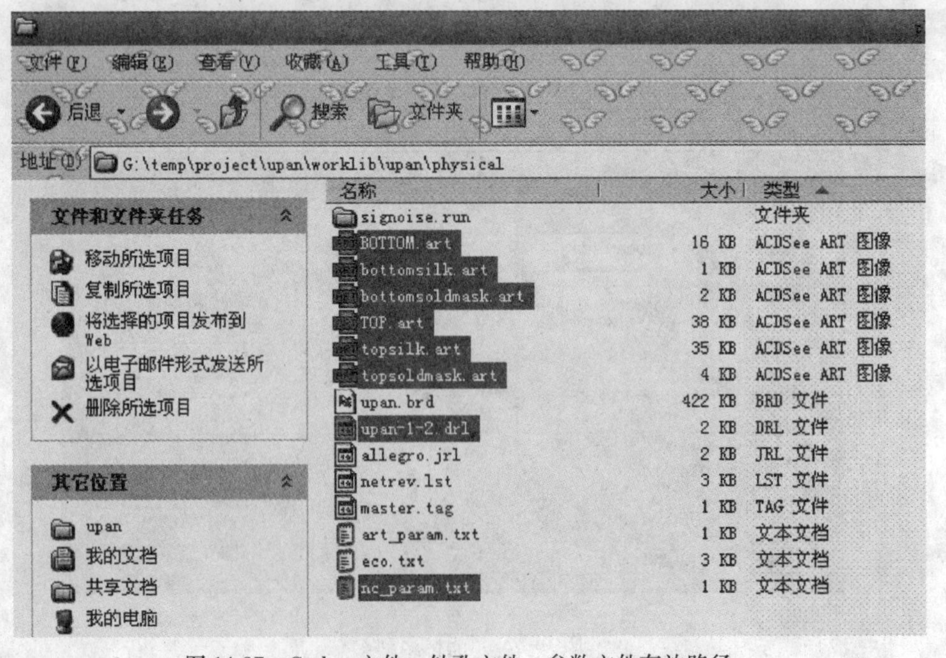

图 14-97 Gerber 文件、钻孔文件、参数文件存放路径

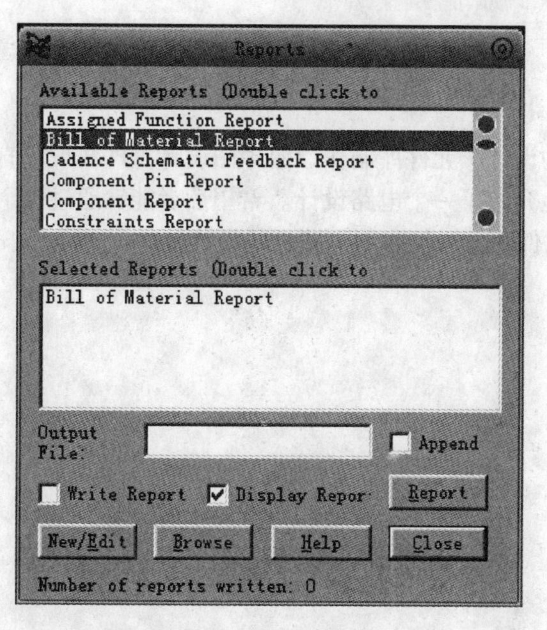

图 14-98　元件表输出

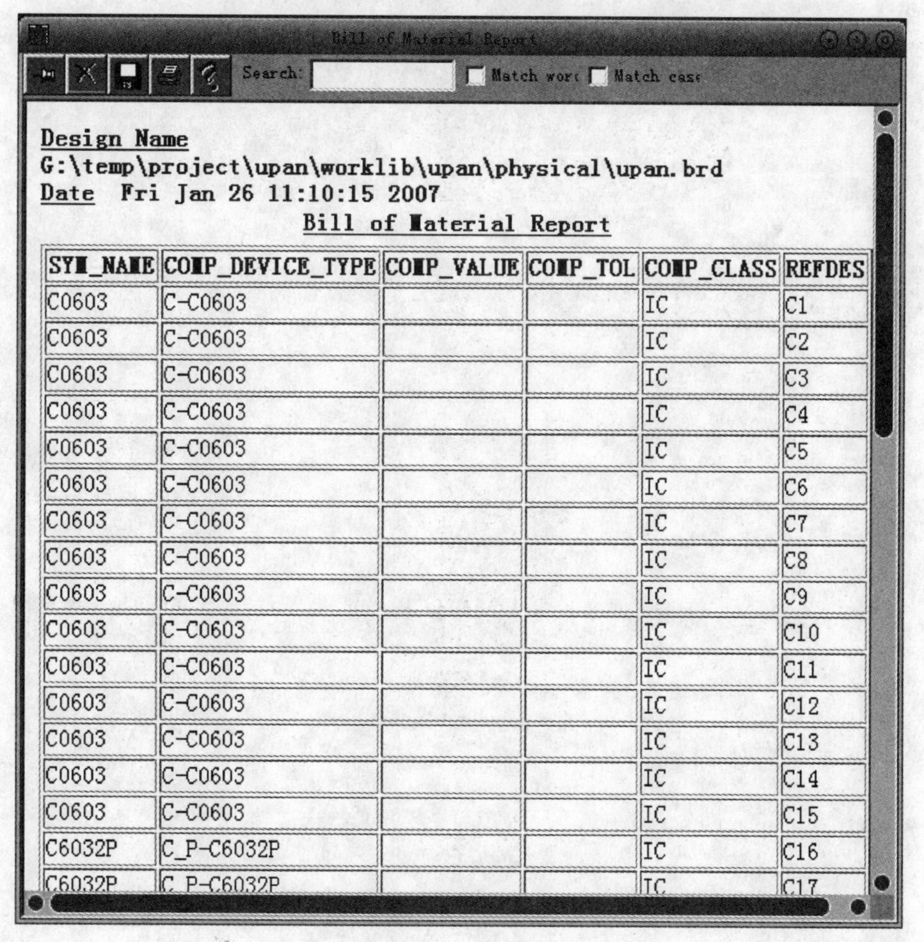

Design Name
G:\temp\project\upan\worklib\upan\physical\upan.brd
Date　Fri Jan 26 11:10:15 2007

Bill of Material Report

SYM_NAME	COMP_DEVICE_TYPE	COMP_VALUE	COMP_TOL	COMP_CLASS	REFDES
C0603	C-C0603			IC	C1
C0603	C-C0603			IC	C2
C0603	C-C0603			IC	C3
C0603	C-C0603			IC	C4
C0603	C-C0603			IC	C5
C0603	C-C0603			IC	C6
C0603	C-C0603			IC	C7
C0603	C-C0603			IC	C8
C0603	C-C0603			IC	C9
C0603	C-C0603			IC	C10
C0603	C-C0603			IC	C11
C0603	C-C0603			IC	C12
C0603	C-C0603			IC	C13
C0603	C-C0603			IC	C14
C0603	C-C0603			IC	C15
C6032P	C_P-C6032P			IC	C16
C6032P	C_P-C6032P			IC	C17

图 14-99　元件表

14.8 本章小结

上面例子从项目的设计、元件库制作、原理图设计、PCB 设计直到最后的制板文件和元件列表的生成，完整地介绍了一个电路设计。希望读者能够通过这个例子的学习，熟悉并能够熟练使用 Cadence 软件独立进行印制电路板的设计。

第 15 章　印制电路板设计实例（二）

本章简单介绍 USB / RS232 转换器的基本原理、电路设计和 PCB 设计等，不再进行详细的过程描述，目的在于使读者朋友自行动手完成此设计的细节之处。

15.1　项目的提出

随着计算机运行速度的大幅度提高、外设数量的急剧增加和品种的多样化，对主机与外设之间的总线传输速度、拓扑结构以及连接的方便性提出了更高的要求。由于 RS232 的接口和通信协议比较简单，所以在计算机串行通信领域中得到了广泛的应用，同时开发出了大量的以 RS232 为接口的各类产品。然而，现代 USB 总线规范推出后，便迅速以其速度快、用户安装方便等优点对 RS232 总线产生了冲击。为了顺应这种情况，对习惯使用 RS232 的开发者和使用 RS232 的产品可以考虑设计 USB / RS232 转换器，以便通过 USB 总线传输 RS232 数据，在这种情况下，PC 端的应用软件依然是针对 RS232 串行端口（COME PORT）编程的，外设也是以 RS232 为数据通信通道，但从 PC 到外设之间的物理连接却是 USB 总线，其上的数据通信也是 USB 数据格式。采用这种方式的好处在于，一方面可保护原有的软件开发投入，并使已开发成功的针对 RS232 外设的应用软件不加修改即可继续使用；另一方面充分利用了 USB 总线的高传输速率和即插即用的特性。

15.2　整体设计规划

虽然 RS232 与 USB 都是串行通信，但无论是底层信号电平定义、机械连接方式，还是数据格式、通信协议，两者都完全不同。RS232 与 USB 之间的转换方法有多种方案，本例采用专用的 USB / RS232 双向转换芯片——FT8U232AM 来实现此功能。

FT8U232AM 的主要功能就是进行 USB 和 RS232 之间的协议转换，利用该芯片一方面可从主机接收 USB 数据并将其转换为 RS232 信息流格式送给外设；另一方面可从 RS232 外设接收数据并转换为 USB 数据格式传送回主机。

本例还使用一片 MAX3245 来实现电压转换，一片 93C46 EEPROM 芯片，用于存储产品的 VID、PID、设备序列号及说明性文字等。

下面进行电路设计。

15.3　创建项目工程文件

采用与实例（一）同样的方法创建项目文件，并建立相应的库文件夹。此处不再详细介绍，请读者朋友自行完成，完成后如图 15-1 所示。

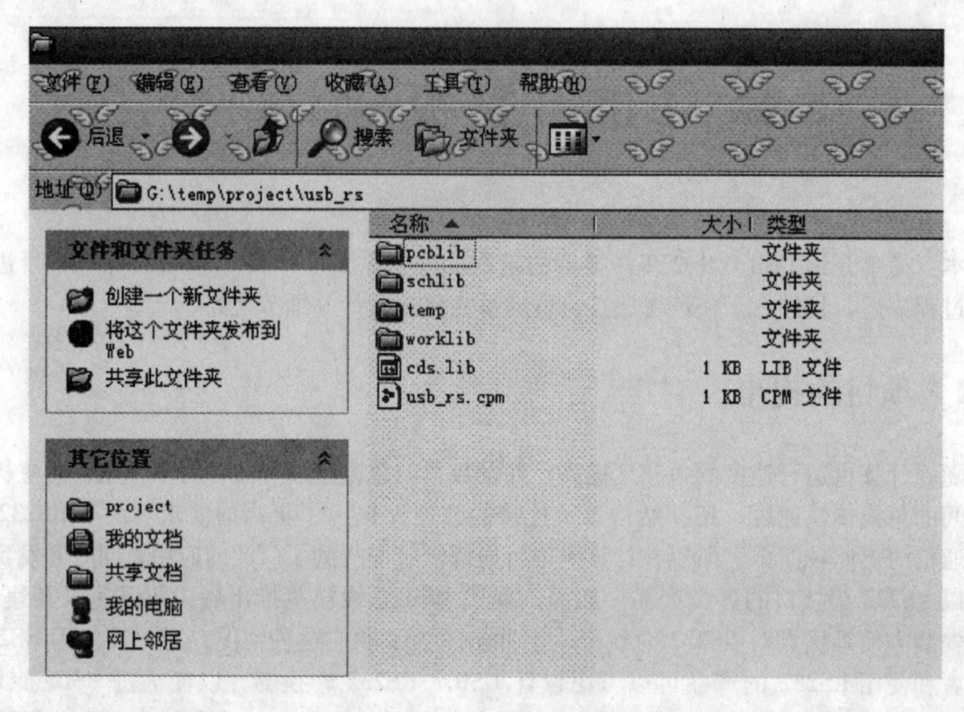

图 15-1 usb_rs 工程项目

打开 cds. lib 文件，增加一行“define schlib schlib”命令，将 schlib 库加载到所使用的库中，如图 15-2 所示。

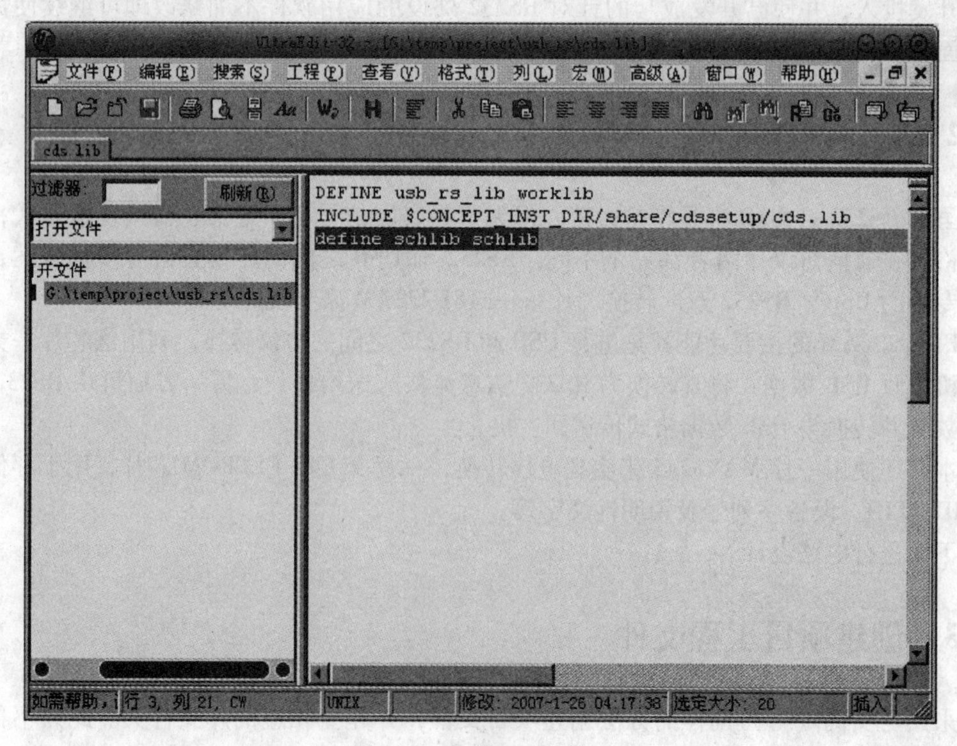

图 15-2 加载 schlib 库

保存并关闭文件，下一步进入元件库建立环节。

15.4 建立元件库

使用与实例（一）同样的方法，建立元件库和封装库，并存放在 schlib 和 pcblib 文件夹下。供后面的电路设计和 PCB 设计使用，请读者自行完成。

15.5 原理图设计

进入原理图设计界面，将所需要的元件放进原理图中，并画线并添加网络名，完成后的原理图如图 15-3 所示。

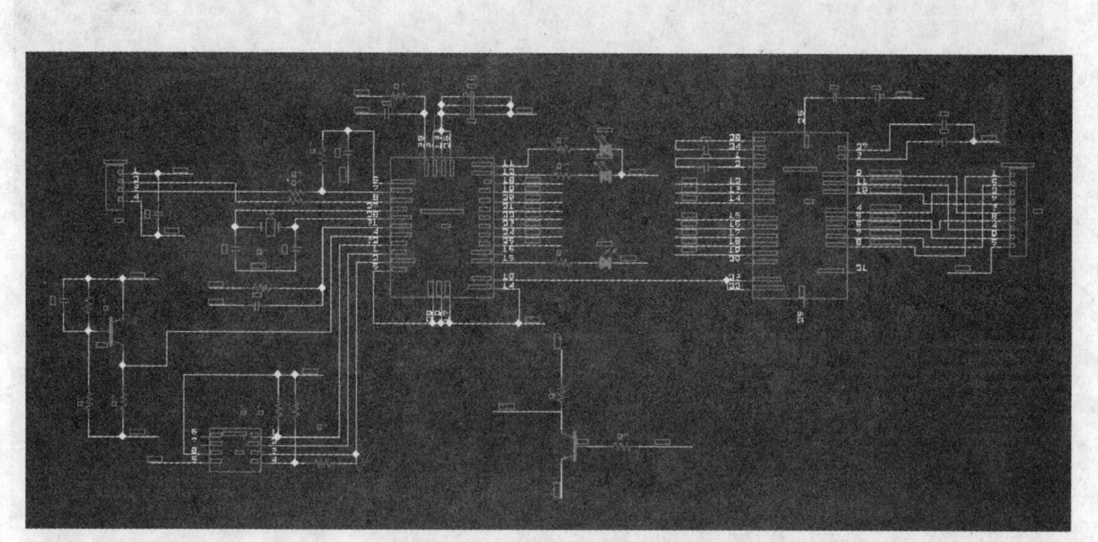

图 15-3 完成的原理图设计

15.6 PCB 设计

将原理图信息输出到 PCB 中，进入 PCB 设计界面，首先绘制 PCB 外形，然后将元件放进 PCB 上，接着进行布局、规则设置等操作，具体过程请读者朋友参照实例（一）完成，最后开始布线、铺设 shape 等。完成后的 PCB 如图 15- 4 所示。

15.7 生产文件输出

使用与实例（一）同样的方法，完成文件输出，输出结果如图 15-5 所示。

其他输出文件请参考实例（一），具体操作完成。此例不再介绍。

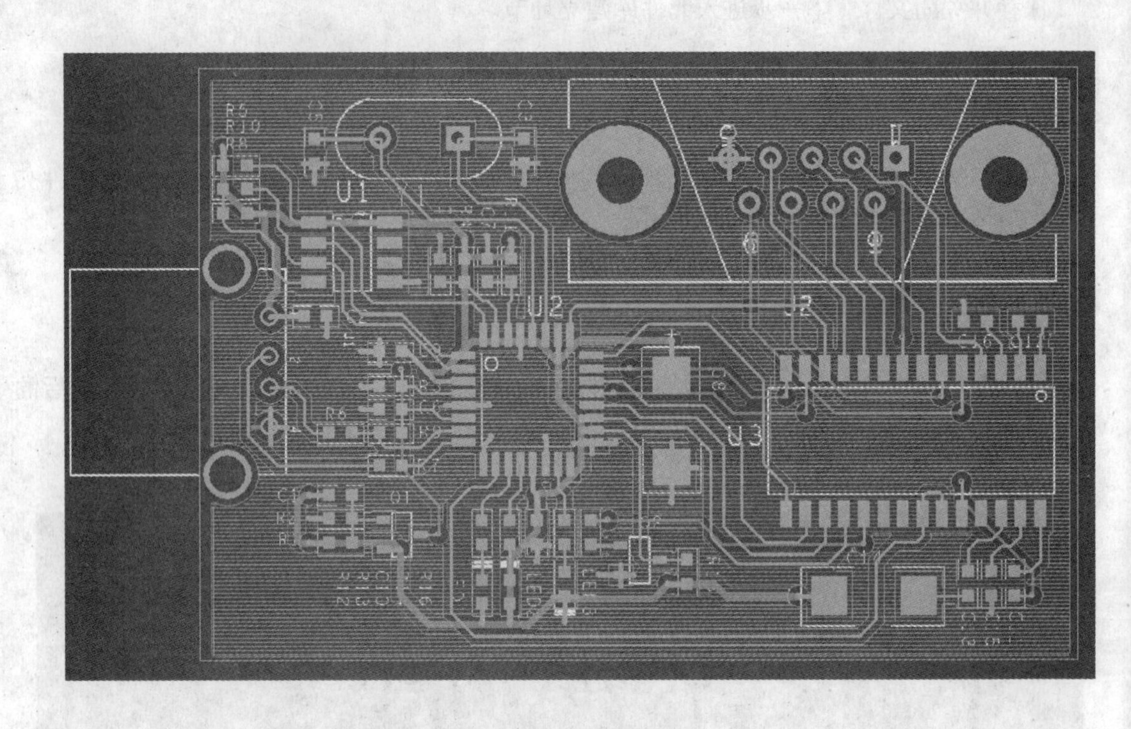

图 15-4　完成的 PCB 设计

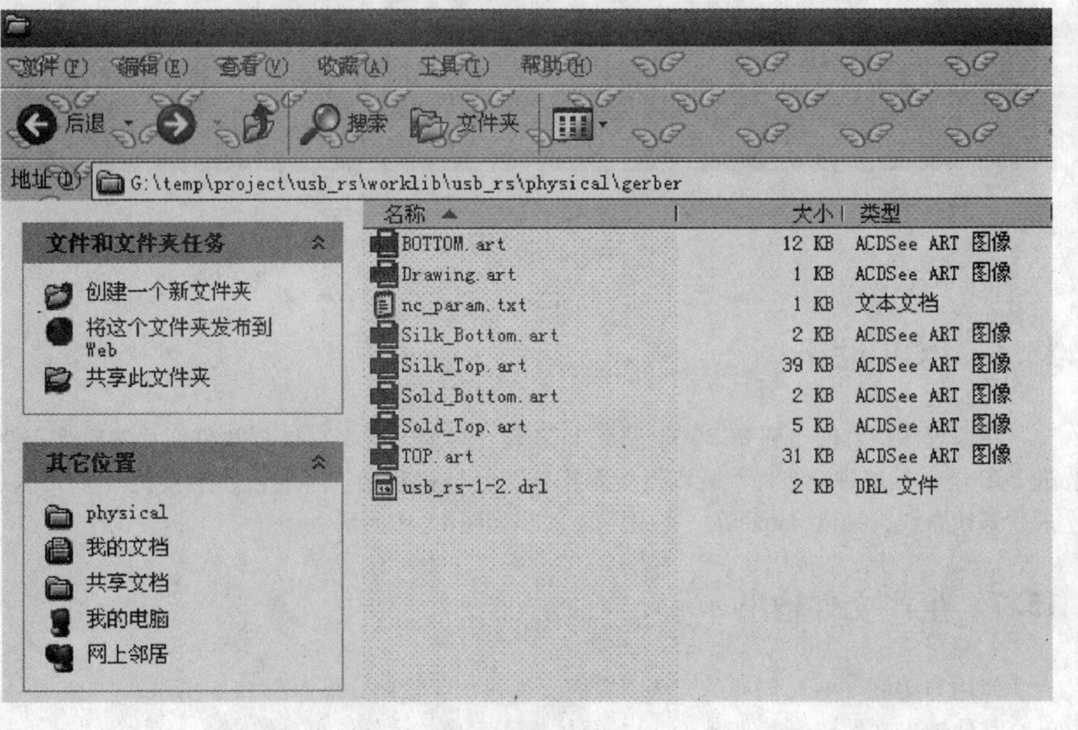

图 15-5　输出的光绘文件

15.8　本章小结

本例大概介绍了从芯片选型到最后的 PCB 生产文件输出的整个过程，但是并没有像实例（一）那样进行详细的介绍，而是仅仅介绍了设计的过程和框架，目的就是在于培养读者朋友的实际动手操作能力，必须要经常动手进行实际的操作，才能够有所提高。希望本例能够达到编者所希望的目的。

附　录

附录 A　信号仿真分析常用名词解释

信号完整性（Signal Integrity）：

信号在一个电路中所具备完整的相应能力以及在需要的时候能够具有所必须达到的电压值。主要的信号完整性问题包括：信号反射、信号串扰、地弹噪声等问题。

反射（Reflection）：

信号功率的一部分传输到导线上并达到负载处，但是有一部分被反射回来就称为反射。如果负载阻抗小于源阻抗，为负反射；反之，如果负载阻抗大于源阻抗，为正反射。

串扰（Cross Talk）：

串扰是两条信号线之间的耦合，信号线之间的互感和互容引起信号线上的噪声。容性耦合引发耦合电流，而感性耦合引发耦合电压。

地弹噪声：

在电路中有大的电流涌动时会引起地平面反弹噪声称为地弹噪声。

传输线（Transmission Line）：

在高频电路设计中，电路板线路上的线电容和线电感会使导线等效于一条传输线。

微带线（Micro - Trip Line）：

只有一个参考平面的传输线，称为微带线。一般为表层导线，但不一定都是表层导线。

带状线（Trip Line）：

有两个参考平面的传输线，称为带状线。它肯定是内层导线。

振荡（Ringing）：

反复出现过冲（Overshoot）和下冲（Undershoot）的现象称为振荡。振荡分为振铃（Ringing）和环绕振荡（Rounding）两种。振铃属于欠阻尼状态；振荡属于过阻尼状态。

过冲（Overshoot）：

过冲就是第一个峰值或谷值超过设定电压——对于上升沿是指最高电压而对于下降沿是指最低电压。

下冲（Undershoot）：

下冲是指下一个谷值或峰值。

阻抗（Impedance）：

阻抗是传输线上输入电压对输入电流地比率值。

设置时间（Settling Time）：

设置时间就是对于一个振荡的信号稳定到指定的最终值所需的时间。

延时（Delay）：

延时是指在驱动器状态的改变到接收器状态的改变之间的时间。

偏移（Skew）：

偏移是对于同一个网络到达不同的接收器端之间的时间偏差。

斜率（Slew Rate）：

一个信号的电压有关的时间改变的比率。

IBIS 模型：

IBIS 是 I/O buffer Information Specification 的缩写，它是一种基于 I/V 曲线的对 I/Obuffer 快速准确建模的方法。

附录 B　常用的叠层设置

叠层结构：4 层（2 层信号 2 层平面）板厚：2mm

TOP　1.2mil
5.6 mil
P　1.9mil
59mil
P　1.9mil
5.6mil
BOT　1.2mil

50Ω 的单端阻抗：TOP/BOT 阻抗控制线宽 8. 0mil 设计。

100Ω 的差分阻抗：TOP/BOT 阻抗控制线宽 6. 0mil，线间距 9. 0mil 设计。

叠层结构：6 层（4 层信号 2 层平面）板厚：2mm

TOP　1.2mil
5.6 mil
P1　1.9mil
8mil
S1　1.9mil
40mil
S2　1.9mil
8mil
P2　1.9mil
5.6mil
BOT　1.2mil

50Ω 单端阻抗：TOP/BOT 阻抗控制线宽 8. 0mil 设计；S1/S2 阻抗控制线宽 10. 0mil 设计。

100Ω 的差分阻抗：TOP/BOT 阻抗控制线宽 6. 0mil，线间距 9. 0mil 设计；S1/S2 阻抗控制线设计为 7. 0mil 线宽 12. 0mil 的间距。

叠层结构：8 层（4 层信号 4 层平面）板厚 2mm

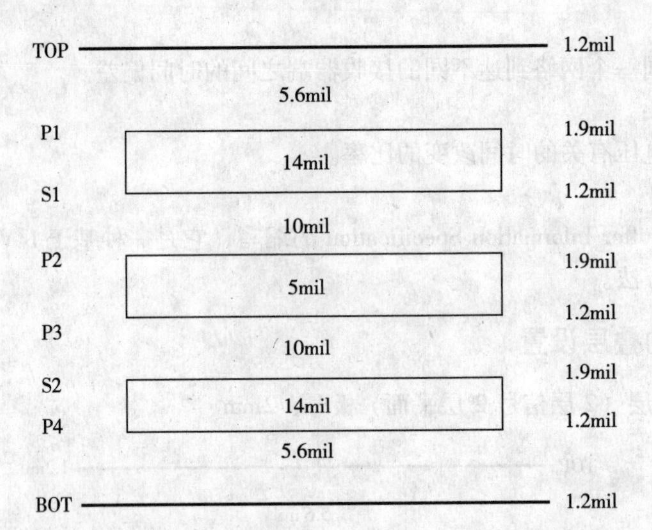

50Ω 的单端阻抗：TOP/BOT 阻抗控制线宽 8. 0mil 设计；S1/S2 阻抗控制线宽 9. 0mil 设计。

100Ω 的差分阻抗：TOP/BOT 阻抗控制线宽 6. 0mil，线间距 9. 0mil 设计；S1/S2 阻抗控制线设计为 7. 0mil 线宽 12. 0mil 的间距。

叠层结构：10 层（6 层信号 4 层平面）板厚 2mm

TOP 1.2mil
5.6mil
P1 1.9mil
8mil
S1 1.2mil
6.5mil
P2 1.9mil
8mil
S2 1.2mil
15mil
S3 1.9mil
8mil
P3 1.2mil
6.5mil
S4 1.9mil
8mil
P4 1.2mil
5.6mil
BOT 1.2mil

50Ω 的单端阻抗：TOP/BOT 阻抗控制线宽 8. 0mil 设计；S1/S4 阻抗控制线宽 6. 0mil 设计；S2/S3 层阻抗控制线宽设计为 10. 0mil。

100Ω 的差分阻抗：TOP/BOT 阻抗控制线宽 6. 0mil，线间距 9. 0mil 设计；S1/S4 阻抗控制线设计为 6. 0mil 线宽 12. 0mil 的间距；S2/S3 阻抗控制线设计为 7. 0mil 线宽 9. 0mil

的间距。

附录 C　设计中常用的小技巧

PCB 设计小技巧：

1. 定义 ENV 文件

Cadence 的环境目录是用来记录软件的默认参数、初始化工作界面及保存修改参数等。分为系统目录和个人目录：

系统目录：%CDSROOT% \ SPB _15. 2 \ share \ pcb \ text \ env

为了设置方便同时不修改系统的文件，一般将系统目录中的 env 文件复制到如下的个人目录中：

Home \ pcbenv \ env（Home 为安装软件时，自动产生）

2. 重新设定放大、缩小快捷键

在此提到的设定快捷键都是在个人目录也就是 Home 中的 env 文件中设定。

重新设定放大、缩小键：

默认放大缩小键为键盘中的 F10、F11，env 中定义如下：

alias F10 zoom in

alias F11 zoom out

直接找出将其更改为：

alias Pgup zoom in

alias Pgdown zoom out

更改后重新启动 Allegro。

3. 设定旋转角度快捷键

以设定空格键为旋转 90° 的快捷键为例，在 Home 中的 env 中文件添加以下语句：funckey" iangle 90，设定后重新启动 Allegro。

4. Script 录制功能

该功能是用来录制一段我们的操作，在下次使用时就直接重放此文件，以节省设置时间。如可以录制一段对颜色、单位、图幅大小设置的文件，保存后供下次调用。

录制过程如下：

选择 File/Script 命令，在 name 栏中输入一定的名字，如 color。默认目录为与印制电路板同一个的目录，可更改。

单击 Record 按钮开始录制，进行你要进行的操作：设定合适的颜色、选择单位及图幅大小等。

单击 Stop 按钮完成录制，存为 color. scr 文件。

回放过程如下：

选择 File/Script 命令，选择你回放的文件，如：color. scr。单击 Replay 按钮，完成回放过程。软件自动运行 color. scr 中所录制的操作。

5. 网络常用的属性

对一个网名单击 Edit/Properties 编辑属性的时候，会有很多常用的属性如下：

MIN _ LINE _ WITH：设定最小线宽；

NET _ SPACING：设定间距规则；

NET _ PHYSICAL：设定物理规则；

BUS _ NAME：设定 BUS 总线名；

NO RAT：不显示此网络的飞线；

FIXED：将此网络固定住。

6. 对单独的网络设定延时

对于单独的一个网络，如不愿意在约束管理器设定延时，通过下面的方法也可以进行设定：

选择 Edit/Properties 命令，选择要设定的网络，在属性中选择 PAOPAGATION _ DELAY。输入设定的延时值。

延时值输入格式如下：

L：S：600MIL：800MIL　　表示导线长度在600mil 和800mil 之间；

L：S：600MIL　　表示导线长度大于600mil；

L：S：：800MIL　　表示导线长度小于800mil。

7. Allegro 中的切线功能

类似于自动布线器中的切线功能，在 Allegro 中也可以实现切线的功能。

选择 Edit/Delete 功能，单击鼠标右键，选择 CUT 功能后，然后选择切线的线段的两端，完成切线功能。

8. Sub-Drawing 功能的使用

通过 Allegro 提供的输入、输出 Sub-Drawing 的功能，可以实现对于不同电路板之间的复制线的功能。

输出 Sub-Drawing：

选择 Edit/Export/Sub-Drawing 命令，使用鼠标选中要复制的线、过孔等信息，敲入原点坐标（注：两个印制电路板的坐标必须一样，否则会引起错位），保存复制文件默认文件名为 Standard. clp 文件；文件路径与 brd 同一个目录。

输入 Sub-Drawing：

选择 Edit/Import/Sub-Drawing 命令，在弹出的对话框中，选择要调入的 Sub-Drawing 文件，敲入原点坐标（与输出的坐标一样），完成复制功能。

9. Gloss 功能的使用

Gloss 功能是 Allegro 提供的自动布线优化器，使用此功能可以将布线进一步优化，但是使用前对蛇行线一定要先 Fix。

选择 Route/Gloss/Parameters 命令，设置要优化的项，主要功能说明如下：

1）Line and via cleanup：　　清理线和焊盘；

2）Via Eliminate：　　消除多余过孔；

3）Line Smoothing：　　线的平滑；

4）Center Lines Between Pads：　　线自动居中；

5）improve line entry into pads：　　修改线到焊盘的距离；

6）Line Fattening：　　线加粗；

7）Converting Corner to Arc：　　将拐角转换为弧；

8）Pad and T Connection Fillet：　　将焊盘和T形接头进行泪滴处理；
9）Dielectric Generation：　　绝缘层产生，用于MCM设计

原理图设计小技巧：

1. 同一个元件的多次调用

如果对于同一个元件有多次调用的时候，可以设置好此元件的所有属性，然后使用Copy命令，来复制此元件调用。如：现有一个0.01μF的C0603封装的电容需要使用1个，就可以设定好一个然后复制即可。

2. 复制多个线的操作

在画线的时候对一个元件特别如BGA那种引脚很多的元件，对每个引脚都画线就比较麻烦，这时可以选择复制一根线，然后在命令栏中敲入想要复制的数量，当复制后放下去时候，软件会自动复制等间距等数量的线。一定要注意间距的选取，当你放置的时候就相当于设定了间距。

3. 整页隐藏属性的命令

如果要隐藏一页原理图的所有属性，就可以在命令栏中通过敲入命令来实现。

例如：现在要隐藏一页中所有的PATH属性，操作如下：

①在命令栏中输入“Find path”，回车命令栏中会显示组的名字（一般从a开始），②在命令栏中输入“Display invalue a”，回车，系统将隐藏Path属性。③如果想显示属性，则在命令栏中输入“Display Value a”系统将显示Path属性，此项命令的就是定义一个组来使用，这种操作还有很多，就不举例了。

4. 鼠标快捷键的使用

Design Entry HDL为了方便使用鼠标来更好地操作原理图，提供大量的鼠标快捷键——Stroke命令。在命令栏中键入Stroke可以查看详细说明。

5. 项目之间的复制

对于在同一页之间的复制，已经很清楚了。那么对于不同页之间，不同项目之间如何复制呢？其实也很简单。我们已经学习了原理图设计的目录结构，知道了其实在一个项目之间每一个模块的原理图就是在 Worklib 中的一个文件夹，而每一页就是一个page页面。那么如果在不同项目之间的复制就直接将其复制到另外一个项目中的相同目录结构中就可以了。在一个项目之间的复制，可以把窗口平铺显示，这样就可以实现不同页之间的复制了。

6. 整页修改网名的方法

在原理图中有时候可能遇到对一个网名如GND忘记添加全局有效符号\G,可以在命令栏中输入以下的命令来完成：

Find Sig_name = GND　回车

Change　A（软件自动创建组名）

按下键盘CTRL+E键，在弹出的文本文档中直接编辑网名后，保存。

7. 调整Block Symbol技巧

对于Block的调整，要选择File/Open命令，打开其Symbol，在Symbol编辑界面中调整其引脚位置、Block的大小。

参考文献

[1] Douglas Brooks，信号完整性分析和印制电路板设计［M］．刘雷波、赵岩，等译．北京：机械工业出版社，2005.

[2] Garrett Hall，Stephen Hall，James McCall. High-Speed Digital System Design［M］. Willey - Interscience，2000.

[3] Howard Johnson，Martin Graham. 高速数字设计［M］．沈立，朱来文，陈宏伟，等译．北京：电子工业出版社，2004.

[4] EDA 先锋工作室人员．Cadence Concept HDL & Allegro 原理图与 PCB 设计［M］．北京：人民邮电出版社，2005.

[5] 易鸿．Allegro15. x 学习与使用［M］．北京：清华大学出版社，2005